降雨型滑坡泥石流监测预警研究

乔建平 等 编著

科学出版社

北京

内 容 简 介

本书选取"5·12"汶川大地震震区的都江堰市白沙河流域作为研究示范区,建立降雨型滑坡泥石流监测预警的基本理论和方法体系,并对区域空间的滑坡泥石流进行危险区划分,研发空间降雨型滑坡泥石流预警系统软件。将典型泥石流沟道物源按 4 类启动模式进行划分,分别建立降雨条件下 4 类活动模式的灾害预警模型和临界雨量值。介绍典型泥石流沟实时监测预警系统的仪器设备类型和安装范围,以及数据传输等基本情况和实时监测预警系统平台的工作原理及数据处理结构。最后对降雨型滑坡泥石流的预警模型、临界雨量、预警标准、监测系统运行等研究成果进行分析验证,评价目前示范区降雨型滑坡泥石流的发育现状和未来发展趋势。

本书可供地质灾害防治工作者、地质环境类工科院校师生、科研单位的科技人员参考使用。

图书在版编目(CIP)数据

降雨型滑坡泥石流监测预警研究/乔建平等编著.—北京:科学出版社,2018.9
ISBN 978-7-03-057304-9

Ⅰ.①降… Ⅱ.①乔… Ⅲ.①滑坡-地质灾害-监测系统-预警系统-研究②泥石流-地质灾害-监测系统-预警系统-研究 Ⅳ.①P642.2

中国版本图书馆 CIP 数据核字 (2018) 第 086096 号

责任编辑:莫永国 刘莉莉/责任校对:陈 杰
责任印制:罗 科 / 封面设计:墨创文化

科 学 出 版 社 出版
北京东黄城根北街16号
邮政编码:100717
http://www.sciencep.com

四川煤田地质制图印刷厂印刷
科学出版社发行 各地新华书店经销
*
2018年9月第 一 版 开本:787×1092 1/16
2018年9月第一次印刷 印张:35 1/4
字数:830 千字
定价:218.00 元
(如有印装质量问题,我社负责调换)

前　言

经历了"5·12"汶川大地震破坏后，地震灾区在强降雨条件下滑坡泥石流频繁发生，成为危害当地群众生命财产安全的巨大隐患。虽然灾后重建中已对直接危害人民生命财产安全的主要地质灾害点进行了工程治理，但还有大部分的滑坡泥石流没有得到工程治理。已进行工程治理的滑坡泥石流中，由于防治方案不全，或设计标准不够，或缺乏后期维护等原因，在极端降雨条件下仍然存在继续发生灾害的可能性。对已进行工程治理但仍存在一定危险性，或未进行工程治理的重点滑坡泥石流，开展必要的监测预警是一项长期有效的非工程措施，这既能提高生命财产的安全性，又能节省工程经费开支。因此作者选择"5·12"汶川大地震震区的都江堰市白沙河流域为研究示范区，开展降雨型滑坡泥石流监测预警专题研究。本书研究的目标是建立滑坡泥石流超前预警临界雨量标准，提高减灾避险的安全余度。该项研究获得科技部"国家国际科技合作专项"（2013DFA21720）、国家自然科学基金（41471012、41502334）、中国科学院率先行动"百人计划"、中科院·水利部成都山地灾害与环境研究所青年百人团队项目（SDSQB-2016-01）的资助，项目研究成果形成了本书内容。

本书共 83 万字，分为 12 章，全书由乔建平统稿。其中：绪论由乔建平编著，主要介绍研究目标、研究内容、研究方法，以及取得的研究成果；第 1 章由乔建平编著，在总结长期研究成果的基础上，建立降雨型滑坡泥石流监测预警的基本原理和方法体系；第 2章由杨宗佶、孟华君编著，主要介绍研究示范区滑坡泥石流的发育特点和分布规律，为区域空间预警系统提供依据；第 3 章由王萌编著，主要针对区域空间的滑坡泥石流进行危险区划分，并建立空间降雨型滑坡泥石流预警方法和标准；第 4 章由田宏岭、杨宗佶编著，根据区域空间预警的结果，研发空间降雨型滑坡泥石流预警系统软件；第 5 章由杨宗佶、潘华利、姚维益编著，介绍示范区典型的滑坡泥石流概况，为后续章节的模型试验提供依据；第 6 章由黄栋、李倩倩编著，针对典型降雨型滑坡开展室内模型试验，确定滑坡滑动的预警模型和临界雨量值；第 7 章由姜元俊、赵高文编著，根据溃决型泥石流特点，通过室内模拟试验确定溃决型泥石流的预警模型和临界雨量值；第 8 章由李明俐、姚维益编著，从各种坡度的泥石流坡面物源启动模拟试验入手，确定泥石流坡面物源启动的预警模型和临界降雨值；第 9 章由潘华利编著，根据沟道泥石流的启动特点统计，确定在缺少历史资料情况下的沟道泥石流预警模型和临界雨量值；第 10 章由田宏岭编著，介绍典型泥石流沟实时监测预警系统的仪器设备类型和安装范围，以及数据传输等基本情况和实时监测预警系统平台的工作原理及数据处理结构；第 11 章由田宏岭、石朝烈、刘武编写，介绍监测预警后台数据处理软件和实时监测预警平台结构；第 12 章由乔建平、石莉莉编著，对降雨型滑坡泥石流的预警模型、临界雨量、预警标准、监测系统运行等研究成果进行分析验证，评价目前示范区降雨型滑坡泥石流的发育现状和未来发展趋势。

　　本书各章节介绍的研究内容，是作者们在总结多年积累的研究成果基础之上完成的。由于这些研究成果还没有经过典型事件案例验证，难免存在一些不足。但作者的研究方法和主要研究结论仍可供同类专业科研和技术人员参考，也可供高校师生借鉴。

　　本书编写过程中，日本东京大学、日本埼玉大学、日本中央开发株式会社的学者和技术人员参与了部分研究工作，聂勇提供了无人机影像资料，在此一并表示感谢！

目　　录

第 0 章　绪论 ……………………………………………………………………… 1

　0.1　研究目标 …………………………………………………………………… 2

　0.2　研究内容 …………………………………………………………………… 2

　0.3　研究方法 …………………………………………………………………… 3

　0.4　研究成果 …………………………………………………………………… 5

　参考文献 ………………………………………………………………………… 6

第 1 章　降雨型滑坡泥石流预警的原理和方法 ………………………………… 7

　1.1　预警的基本原理和定义 ……………………………………………………… 7

　　1.1.1　预警分类 …………………………………………………………… 8

　　1.1.2　预警原则与重点 …………………………………………………… 10

　1.2　预警系统结构 ……………………………………………………………… 11

　　1.2.1　预警系统结构形式 ………………………………………………… 11

　　1.2.2　滑坡泥石流空间预警系统 ………………………………………… 12

　　1.2.3　滑坡泥石流时间预警系统 ………………………………………… 14

　1.3　空间预警系统 ……………………………………………………………… 16

　　1.3.1　空间预警方法 ……………………………………………………… 18

　　1.3.2　空间预警的空间与时间尺度 ……………………………………… 20

　　1.3.3　空间预警等级标准 ………………………………………………… 22

　1.4　时间预警系统 ……………………………………………………………… 23

　　1.4.1　成功预报滑坡时间的案例分析 …………………………………… 24

　　1.4.2　成功预报泥石流时间的案例分析 ………………………………… 30

　　1.4.3　时间预警方法 ……………………………………………………… 31

　　1.4.4　时间预警的雨量标准 ……………………………………………… 45

　　1.4.5　时间预警的监测数据采集与处理 ………………………………… 47

　1.5　预警检验和分析 …………………………………………………………… 56

　　1.5.1　预警方法检验 ……………………………………………………… 56

　　1.5.2　预警技术检验 ……………………………………………………… 57

　　1.5.3　预警级别检验 ……………………………………………………… 58

　参考文献 ………………………………………………………………………… 58

第 2 章　示范区白沙河流域地质环境及滑坡泥石流分布规律 ………………… 61

　2.1　白沙河流域自然地理环境概况 ……………………………………………… 61

2.1.1 地形地貌 ·· 61

2.1.2 气象与水文 ··· 64

2.2 白沙河流域地层岩性 ··· 67

2.3 白沙河流域构造与地震 ··· 70

2.3.1 汶川地震 ··· 70

2.3.2 地表破裂分布 ··· 71

2.4 滑坡、泥石流概况及影响因素 ······································ 72

2.4.1 滑坡、泥石流的基本特征 ······································· 72

2.4.2 滑坡、泥石流影响因素 ··· 77

2.5 滑坡、泥石流发育特征 ··· 79

2.5.1 滑坡发育特征 ··· 80

2.5.2 泥石流发育特征 ··· 84

2.6 滑坡、泥石流分类 ··· 86

2.6.1 滑坡、泥石流分类方法 ··· 86

2.6.2 泥石流物源分类方法 ··· 87

2.7 滑坡、泥石流分布规律 ··· 89

2.7.1 不同形态滑坡分布规律 ··· 89

2.7.2 泥石流物源分布规律 ··· 95

参考文献 ·· 102

第3章 白沙河流域滑坡、泥石流空间预警的危险度区划及临界雨量研究 ··· 105

3.1 滑坡、泥石流危险度区划方法 ······································ 105

3.1.1 滑坡危险度区划方法 ··· 105

3.1.2 泥石流危险度区划方法 ··· 110

3.2 白沙河流域滑坡危险性评价及临界雨量 ························· 113

3.2.1 滑坡危险性评价指标系统 ·· 113

3.2.2 基于统计模型的滑坡危险性评价 ······························ 114

3.2.3 危险度区划结果检验 ··· 127

3.2.4 基于确定性模型的滑坡临界雨量 ······························ 128

3.3 白沙河流域泥石流危险度评价及临界雨量 ····················· 134

3.3.1 临界雨量确定方法 ··· 135

3.3.2 危险度评价指标体系 ··· 135

3.3.3 危险度评价模型 ··· 135

3.3.4 泥石流基础数据 ··· 136

3.3.5 泥石流危险度及预警标准 ·· 137

参考文献 ·· 141

第4章 白沙河流域降雨型滑坡泥石流空间预警系统 ················· 143

4.1 系统设计目标 ·· 143

4.2 降雨型滑坡、泥石流空间预警 ······································ 143

4.3 降雨诱发滑坡、泥石流概率分析方法 ·· 144
    4.3.1 滑坡泥石流有效降雨量统计模型 ······························· 144
    4.3.2 降雨条件下诱发滑坡泥石流的概率 ························· 144
    4.3.3 不同危险度区概率分析 ·· 151
4.4 预警模型 ·· 153
    4.4.1 雨量插值 ··· 153
    4.4.2 基于概率的区域降雨预警 ····································· 154
4.5 预警流程 ·· 155
4.6 软件开发平台 ·· 156
4.7 系统框架与应用平台 ··· 156
4.8 用户界面 ·· 157
4.9 预警示例 ·· 157
    4.9.1 操作流程 ··· 158
    4.9.2 结果分析 ··· 162
  参考文献 ··· 164

第 5 章　白沙河流域典型降雨型滑坡、泥石流特征 ······················· 165
5.1 干沟泥石流特征 ·· 165
    5.1.1 泥石流基本特征 ··· 165
    5.1.2 物源特征 ··· 170
    5.1.3 水源特征 ··· 172
    5.1.4 泥石流发育规律 ··· 173
    5.1.5 灾害危害程度及趋势 ··· 174
    5.1.6 干沟泥石流与降雨相关性分析 ······························ 179
5.2 银洞子沟泥石流特征 ··· 184
    5.2.1 泥石流基本特征 ··· 184
    5.2.2 物源特征 ··· 186
    5.2.3 水源特征 ··· 188
    5.2.4 银洞子沟滑坡 ··· 188
    5.2.5 泥石流发育规律 ··· 190
    5.2.6 灾害危害程度及趋势 ··· 190
    5.2.7 银洞子沟泥石流与降雨 ··· 195
5.3 锅圈岩沟泥石流特征 ··· 201
    5.3.1 泥石流基本特征 ··· 201
    5.3.2 物源特征 ··· 207
    5.3.3 水源特征 ··· 209
    5.3.4 锅圈岩滑坡 ··· 211
    5.3.5 泥石流发育规律 ··· 216
    5.3.6 灾害危害程度及趋势 ··· 218

5.4　结论 ··· 218

参考文献 ··· 218

第6章　滑坡破坏降雨临界值及预警模型 ······················· 220

6.1　研究现状 ··· 220

   6.1.1　统计模型 ··· 220

   6.1.2　数值模型 ··· 221

   6.1.3　模型试验 ··· 222

   6.1.4　研究存在的问题 ··· 222

   6.1.5　降雨临界值 ··· 223

6.2　降雨型滑坡滞后性机理 ··· 223

   6.2.1　粒径对土持水性能的影响 ··································· 223

   6.2.2　孔隙结构特征对土-水特征曲线的影响 ···················· 233

6.3　塔子坪滑坡降雨破坏临界值 ··· 243

   6.3.1　塔子坪滑坡概况 ··· 243

   6.3.2　野外人工降雨试验 ··· 246

   6.3.3　试验结果 ··· 254

   6.3.4　预警模型及检验 ··· 256

6.4　银洞子沟滑坡降雨破坏临界值 ······································· 258

   6.4.1　银洞子沟滑坡概况 ··· 258

   6.4.2　模型试验 ··· 262

   6.4.3　基于仿真模型试验滑坡降雨临界值 ························· 267

   6.4.4　破坏模式总结 ·· 280

   6.4.5　仿真滑坡预警临界雨量模型 ································· 281

   6.4.6　仿真滑坡模型的预警等级指标 ······························ 282

6.5　基于降雨入渗堆积层滑坡的稳定性 ································· 284

   6.5.1　降雨入渗的试验研究 ··· 284

   6.5.2　堆积层降雨滑坡的稳定性分析 ······························ 293

6.6　基于稳定系数计算的预警体系 ······································· 301

   6.6.1　仿真模型的稳定性计算 ······································· 301

   6.6.2　基于稳定性参数的预警指标 ································· 303

   6.6.3　银洞子沟滑坡预警标准 ······································· 303

参考文献 ··· 304

第7章　溃坝泥石流启动降雨临界值及预警模型 ················· 307

7.1　简介 ··· 307

7.2　银洞子沟小流域泥石流概况 ··· 310

   7.2.1　研究区地理位置及地形地貌 ································· 310

   7.2.2　泥石流发生历史 ··· 311

   7.2.3　物源基本特征及分布 ··· 314

  7.2.4 银洞子沟泥石流威胁对象 ··· 316
 7.3 银洞子沟泥石流预警方法 ··· 317
  7.3.1 预警目标 ··· 317
  7.3.2 预警指标确定依据 ··· 317
  7.3.3 预警方法 ··· 318
 7.4 模型试验设计 ··· 319
  7.4.1 堰塞坝堆积形态分析 ··· 319
  7.4.2 模型试验相似准则 ··· 325
  7.4.3 试验方案 ··· 328
  7.4.4 试验步骤 ··· 330
 7.5 模型试验过程 ··· 330
  7.5.1 室内土工试验 ··· 331
  7.5.2 物理模型试验 ··· 334
  7.5.3 试验现象 ··· 339
  7.5.4 坝体破坏的影响因素 ··· 343
 7.6 试验结果分析 ··· 351
  7.6.1 溃坝试验统计结果 ··· 351
  7.6.2 历史雨量分析 ··· 352
  7.6.3 模型试验阈值确定 ··· 353
  7.6.4 银洞子沟堰塞坝溃决泥石流预警标准 ································ 354
 参考文献 ··· 355
第 8 章 泥石流坡面物源启动降雨临界值及预警模型 ······················ 357
 8.1 研究动态及目标 ··· 357
 8.2 银洞子沟泥石流坡面物源基本特征及分布 ······················· 361
  8.2.1 银洞子泥石流沟物源条件 ·· 361
  8.2.2 泥石流堆积物组成和结构特征 ·· 362
  8.2.3 物理性质指标 ··· 364
  8.2.4 崩塌滑坡九个典型灾害点分区详情 ·································· 365
 8.3 泥石流坡面物源启动人工降雨试验研究 ··························· 369
  8.3.1 模型试验装置及试验原理 ·· 369
  8.3.2 模型试验设计 ··· 374
  8.3.3 泥石流坡面物源启动模型试验结果分析 ··························· 384
  8.3.4 试验结果分析 ··· 413
 8.4 基于模拟试验的泥石流坡面物源破坏规律研究 ·················· 420
  8.4.1 坡面物源启动的时空规律与统计模型 ······························ 420
  8.4.2 银洞子沟坡面物源失稳预警标准 ····································· 427
 参考文献 ··· 428

第9章 沟道泥石流启动降雨临界值及预警模型 ···················429

9.1 泥石流降雨临界值的研究现状 ···························429

9.2 锅圈岩泥石流沟特点 ································431

9.3 沟道泥石流启动的降雨临界值研究 ·······················432

9.3.1 前期影响雨量的计算 ···························433

9.3.2 基于泥石流启动机理的雨量阈值计算 ··················433

9.3.3 锅圈岩沟泥石流雨量阈值计算 ·····················435

9.4 实时预警模型 ··································436

参考文献 ······································437

第10章 降雨型滑坡、泥石流实时监测系统及监测数据分析 ···········439

10.1 监测系统及设计 ·······························439

10.1.1 监测意义 ·······························439

10.1.2 监测目标及对象 ···························440

10.1.3 监测内容 ······························440

10.1.4 监测方案设计 ···························440

10.1.5 地表传感器 ····························447

10.1.6 无人机遥感 ····························454

10.1.7 服务器 ·······························456

10.1.8 监测系统安装与测试 ·······················459

10.2 监测数据分析 ·······························460

10.2.1 数据预处理 ····························461

10.2.2 银洞子沟泥石流 ···························465

10.2.3 干沟泥石流 ·····························480

10.2.4 锅圈岩沟泥石流 ···························490

10.3 监测结论与建议 ······························499

10.3.1 仪器设备评价 ···························499

10.3.2 监测结论 ······························500

10.3.3 减灾建议 ······························503

参考文献 ······································503

第11章 滑坡泥石流监测信息系统 ·······················505

11.1 系统设计 ·································505

11.1.1 用户 ·································505

11.1.2 系统结构 ······························505

11.1.3 数据库设计 ····························506

11.1.4 功能设计 ······························508

11.1.5 终端用户平台 ···························508

11.1.6 界面设计 ······························508

11.2 系统开发平台 ······························509

11.3 客户端界面 ·· 509
    11.3.1 网页客户端 ·· 509
    11.3.2 移动客户端界面 ·· 523
11.4 系统查询应用实例 ·· 528
    参考文献··· 530
第 12 章　成果检验与分析 ··· 531
12.1 主要研究成果及结论 ··· 531
    12.1.1 预警模型及临界值 ·· 531
    12.1.2 实时监测结果 ··· 532
    12.1.3 预警标准 ·· 533
12.2 成果检验 ·· 535
    12.2.1 检验方法 ·· 535
    12.2.2 检验分析 ·· 548
12.3 检验结论 ·· 549
    参考文献··· 551

第0章 绪 论

    2008 年 5 月 12 日汶川大地震诱发了数万处崩塌、滑坡和不稳定斜坡。之后在 2009 年 9 月 24 日、2010 年 8 月 13 日、2013 年 7 月 9 日几次强降雨过程中，又诱发了数以万计的滑坡、泥石流灾害。这些降雨型滑坡泥石流主要分布在地震烈度为Ⅺ的极震灾区[1]。根据统计，震后的滑坡泥石流基本由降雨诱发[2,3]，这些灾害损失有的甚至超过了地震灾害损失，给地震灾区人民的生命财产安全造成极大危害。面对大地震灾区降雨型滑坡泥石流的威胁，从国家层面到地方政府，都采取了积极应对措施，以防御和减轻灾害损失。震后经过各级政府 7 年来的努力(2008~2015 年)，主要威胁人民生命财产安全的滑坡泥石流大多进行了防治工程治理，危害程度得到有效控制。但还有众多的滑坡泥石流由于受到各种条件限制，没有进行有效工程治理，主要依靠专业监测技术手段和群测群防以防御灾害发生及减少造成的损失。依靠这些技术手段和人工方法进行预警，前提是需要确定在什么降雨条件下能够发布预警信息。经历了前人多年努力研究，如何认识降雨量诱发滑坡泥石流形成的条件关系，已成为科研和工程技术人员都试图获得理想结果的关键问题。但时至今日，众人仍在探索的道路上，仍然没有取得真正令人满意的结果。尽管如此，作者根据多年研究经验选择了"降雨型滑坡泥石流实时监测预警与示范研究"课题，力图进一步提高监测预警的可靠性。该课题获得科技部"国家国际科技合作专项"(2013DFA21720)、国家自然科学基金(41471012)及(41502334)、中国科学院率先行动"百人计划"、中科院成都山地所青年百人团队项目(SDSQB-2016-01)的资助，推动降雨型滑坡泥石流监测预警的研究工作继续向前发展。

    地震灾区的降雨型滑坡泥石流与非地震灾区的有所不同。前者在强降雨条件下，形成速度快，雨强和当日累计降雨量占主导作用，往往具有片状分布和规模化发育的特点。而后者通常以单体为主，前期降雨量作用明显，发展速度相对较慢。两种类型的降雨型滑坡泥石流临界雨量也应该有所差别。正因为地震灾区降雨型滑坡泥石流有这些诸多特点存在，所以开展监测预警是十分有益的。该项研究包括"点"和"面"两方面的内容。"点"包括单体滑坡和单沟泥石流在降雨条件下的发生时间问题；"面"包括区域空间滑坡泥石流在降雨条件下的发育趋势或危险程度问题。"点"上的滑坡泥石流需要通过实时监测、动态变化分析，确定单体灾害的临界雨量进行预警。而"面"上的滑坡泥石流需要通过经验判断、概率统计，确定群发灾害的临界雨量进行预警。其中泥石流具有灾害链的特点，如泥石流物源多是由滑坡、崩塌、坡面物源转化形成新的灾害。所以物源的活动性是超前预警的关键。作者根据这些特点制定了以下研究目标、内容、方法，力争获得有价值的研究成果。

0.1　研　究　目　标

　　根据汶川地震带地震扰动区滑坡泥石流灾害发育规律和活动特点,引进国外先进监测预警方法和灾害模型实验平台与实验室,开展四川龙门山地震断裂带区域滑坡泥石流监测预警技术及其示范研究。以小流域为单元,开展滑坡泥石流监测预警系统和平台建设,以滑坡泥石流模型试验、现场试验和数值计算等方法为基础,研究滑坡泥石流临界条件、临界判别指标和关键参数的确定技术方法和标准,进而在龙门山建立典型滑坡泥石流时空预警示范区和示范点,为地震灾区的监测预警和减灾防灾提供技术支撑。

　　为了实现超前预警的目标,需要针对灾害链的特点,重点研究泥石流形成区的物源启动与降雨条件的相关性,将典型泥石流沟道物源按四类启动模式进行划分,即:①滑坡启动模式;②堰塞坝溃决启动模式;③坡面物源体启动模式;④最终汇流形成沟道泥石流模式。分别建立在降雨条件下四类活动模式的灾害预警模型和临界雨量值。

　　在地震带扰动区内,滑坡与泥石流往往交混在一起,没有明显的界线划分。如存在泥石流的地方,必然有沟道中的滑坡和崩塌分布,为其提供主要物源。但有滑坡分布的地方,不一定产生泥石流。滑坡分布的范围广,数量多。泥石流分布受沟道地形条件制约,分布范围有限。两类灾害常常互为补充,互为交替。因此在区域空间的降雨型滑坡泥石流预警研究中,将采用主控因素方法以滑坡为主要灾种,重点研究区域滑坡与降雨临界雨量的相关性,预测区域降雨滑坡的危险性。因为滑坡是控制泥石流的主要物源,所以在降雨条件下斜坡一旦失稳形成滑坡,就有产生泥石流的可能性。但在单体滑坡、单沟泥石流点的预警研究中,将仍然按两类不同灾种,分别研究预警模型和降雨临界值。

0.2　研　究　内　容

1. 降雨型滑坡泥石流多参数耦合无线实时传输监测预警系统研究

　　针对降雨型滑坡泥石流灾害监测预警系统的复杂工作环境,研究开发灾害监测预警无线传感器网络,研究支持多传感类型、多通信体制的异构传感网互联、传感网与公共网络互联的网络架构,设计面向节能的低成本无线传感器网络通信装置,重点研究灾害预警信息的节能与可靠传输技术,构建降雨型滑坡泥石流多参数耦合无线实时传输监测预警系统设计方案和实施方案。

2. 降雨激发滑坡泥石流发生临界条件试验研究

　　通过室内模型试验和野外大型灾害体原位试验,建立在降雨激发条件下,滑坡泥石流变形破坏和启动过程与坡体含水量的空间分布状况和含水量特征值之间的耦合关系,并通过试验得到降雨量和径流量与侵蚀量之间的关系,反演不同下垫面约束条件下的震裂坡地破坏的降雨阈值。同时，通过对比灾区实地监测点监测资料和数值模拟分析，模拟和检验不同下垫面约束条件下斜坡含水量的空间分布及特征值和降雨阈值与斜坡的变形破坏的关系，进一步修正试验分析得到的结果，提高降雨阈值的可靠性，为地震灾区大量震裂坡地的降雨预警报提供科学依据。

3. 引进开发实时监测仪器设备，建设滑坡泥石流监测预警平台

针对降雨型滑坡泥石流运动特点和形成机理，引进和开发适合西部山区复杂工作环境的监测设备，集成滑坡泥石流过程的系统阈值，建立基于滑坡泥石流活动规律的多级滑坡泥石流监测预警体系，形成具有理论支持又有可操作性的监测预警技术平台系统。基于滑坡泥石流形成过程预警等级划分研究，具体依据滑坡泥石流的形成运动规律和各阶段的监测预警阈值特征指标，建立滑坡泥石流(山洪)临灾预警等级划分指标、标准。综合预警平台建设，集成现有监测预警软硬件设备，建立基于滑坡泥石流形成过程预警的综合预警平台。

4. 龙门山区典型滑坡、泥石流发育区空间预警系统及应用示范研究

针对地震灾区特殊的地质构造特点和地质环境本底状况，以龙门山典型滑坡泥石流灾害敏感区的都江堰市白沙河流域为研究对象，开展区域滑坡泥石流危险性区划，摸清灾害的空间分布规律和本底条件，结合降雨致滑概率模型，以气象部门提供的前期有效降雨量和降雨概率为基础进行滑坡泥石流区域空间预警，建立龙门山区降雨型滑坡泥石流预警的指标体系，并根据滑坡概率的不同进行预警分级：蓝色预警、黄色预警、橙色预警和红色预警，达到对研究区进行降雨型滑坡预警的目的。并采取点面结合的方式和概率预警模型对研究区进行综合预警，最后集成到降雨型滑坡泥石流预警平台，对研究方法、成果及数据进行整合和应用。

5. 龙门山区典型滑坡泥石流实时监测预警临界指标及其应用示范研究

研发、引进和集成监测系统技术、通信技术和预警技术以及野外能源保障技术，建立滑坡泥石流监测预警系统，并在成都市极震区都江堰市开展应用示范研究。具体选择区域研究区都江堰白沙河流域 2～3 个典型地震滑坡泥石流作为试验示范对象，将研究形成的滑坡泥石流监测预警设备安装在相应的点位，依据流域特征进行传输模式的选择并安装，接入后端监测预警平台，建设典型滑坡泥石流研究示范点，进行监测预警示范并实时总结和修正监测预警指标与技术。

0.3 研 究 方 法

运用野外实地考察，典型地质灾害勘测与剖析，野外观测、数值模拟与室内物理模型试验相结合，重点通过室内综合物理模型试验，解决滑坡泥石流降雨激发条件下启动变形破坏机制及降雨阈值的关键科学问题，实现预期目标。

1. 环境调查方法

通过野外调查与定点观测,选择典型区域(如"5·12"汶川地震极震灾区的都江堰市白沙河小流域)调查震裂坡地现状、稳定性状况及坡体下垫面情况等现场情况。选择典型滑坡泥石流作定点观测和监测,并建立监测点,现场监测降雨量与斜坡变形发展状况。

2. 统计分析方法

广泛收集现有降雨激发地质灾害方面的相关研究资料,主要包括地质灾害与降雨的关系及其数据,裂缝空间分布、裂缝发育程度、临空面要素对降雨入渗的影响等方面的资料,通过对这些基础数据的统计分析,揭示震裂坡地影响因素的客观规律。

3. 室内模拟试验

通过室内物理模型试验,对不同强度的降雨激发条件下滑坡泥石流在不同组合状态与发育程度条件下发生变形及破坏的物理过程进行模拟试验,建立降雨条件下滑坡泥石流破坏的物理过程与不同下垫面组合影响因素的耦合关系。通过室内人工降雨试验和物理模型试验,并结合数值模拟和野外监测数据,探明不同约束条件下降雨激发滑坡泥石流启动破坏的降雨阈值,为地震灾区震后地质灾害的降雨预警提供科学依据。

4. 数值模拟方法

离散单元方法是20世纪70年代发展起来的适用于散体力学数值模拟的计算方法,研究方法与传统的连续介质模型完全不同,是以固体颗粒运动学和接触力学理论建立的数值模型。拟基于高性能计算机,采用颗粒离散元方法,分析颗粒尺度流动结构特征,细致分析裂缝中与颗粒间的孔隙水动力作用,研究震裂坡地散体运动破坏的非线性动力学演化机制。

5. 开发降雨型滑坡泥石流实时监测设备、数据传输、数据处理系统

研发新型监测仪器设备,提升原有设备的技术性能和可靠性,形成滑坡泥石流动态变化实时跟踪的完整配套监测体系。实现稳定可靠的监测信号数据传输,克服在恶劣气象条件下容易丢失数据的弊端。搭建室内后期数据分析处理平台,建立多功能客户端,使预警信息能够准确及时到达设置目标位置。

研究方法如图0-1所示。

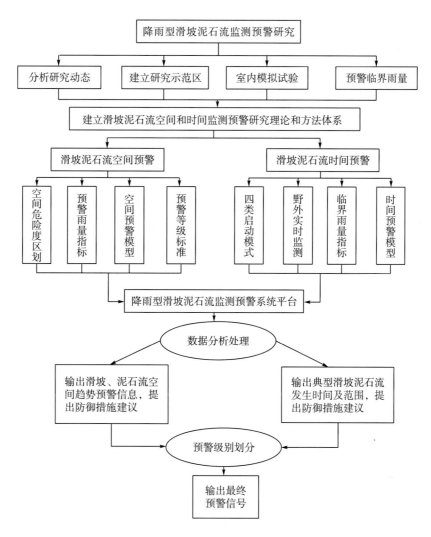

图 0-1　降雨型滑坡泥石流监测预警研究结构框图

0.4　研究成果

经过三年的研究和实践,作者在降雨型滑坡泥石流监测预警方面取得了以下初步研究成果:

(1)建立了降雨型滑坡泥石流监测预警的基本理论体系(第 1 章)。通过对降雨型滑坡泥石流时、空监测预警的原理、分类、方法、技术标准等归纳和梳理,建立了较完整的区域滑坡泥石流及典型单体滑坡、单沟泥石流监测预警方法和理论体系,成为指导研究工作和实际应用的重要参考。

(2)建立了降雨型滑坡泥石流监测预警的研究示范区(第 2 章、第 5 章)。选择汶川地震极灾震区(Ⅺ度区)的都江堰市白沙河小流域为区域空间滑坡泥石流空间监测预警示范区,选择小流域区内的塔子坪滑坡、银洞子沟泥石流(沟内滑坡、坡面物源)、干沟泥石流、锅圈岩沟泥石流为单沟泥石流时间监测预警示范点。这些泥石流沟具有较丰富的沟源物，如崩塌、滑坡、坡面松散堆积体，成为早期预警的典型靶场。

（3）建立了降雨型滑坡泥石流区域空间监测预警模型（第3章、第4章）。在示范区小流域全域滑坡泥石流危险度区划的基础上，选择灾后重建集中安置区为主要研究对象，统计研究区域空间预警的临界雨量，确定预警等级标准，预测了降雨条件下滑坡危险区的分布范围，划分了降雨型泥石流主要物源类型和规模，以及易发性区域。同时还开发了实时雨量分布图叠加生成的滑坡泥石流空间预警系统软件，通过数据处理平台实时发布空间预警信息。

（4）针对泥石流沟道的坡面物源、滑坡物源，分别开展了在降雨条件下坡面物源启动、滑坡物源滑动、堵沟物源溃坝、沟道物源启动4类泥石流物源早期活动与临界雨量相关性室内模拟试验（第6章、第7章、第8章、第9章）。根据不同物源启动机理，采用土力学、统计学、概率学、数值模拟的理论和方法，建立了泥石流不同物源类型（滑坡、堵溃坝、坡面堆积体）早期启动的临界雨量统计模型和预警标准。

（5）采用成熟的监测设备，结合与国外联合开发的先进仪器设备和技术，通过对三条泥石流沟道物源的实时监测、信息传输、数据处理等，配合后台预警模型，实现实时监测预警目标，构成功能完整的监测预警系统（第10章、第11章）。

（6）根据三年来的野外监测及现场考察结果，在强降雨条件下示范区的三条泥石流沟及沟内滑坡的活动频率明显降低，发生规模显著变小。由此证明，汶川地震灾区的降雨型滑坡泥石流已开始进入衰减期，滑坡泥石流逐渐趋于稳定（第12章）。

参 考 文 献

[1] 乔建平. 大地震诱发滑坡分布规律及危险性评价方法研究[M]. 北京：科学出版社，2014：40-74.

[2] 唐川. 汶川地震灾区暴雨滑坡泥石流活动趋势预测[J]. 山地学报，2010，28(3):341-349.

[3] 齐信,唐川,陈州丰,等. 汶川地震强震区地震诱发滑坡与后期降雨诱发滑坡控制因子耦合分析[J]. 工程地质学报，2012(4)：522-531.

第1章 降雨型滑坡泥石流预警的原理和方法

1.1 预警的基本原理和定义

降雨型滑坡泥石流预警是根据降雨诱发地质灾害的一般规律,提前发布灾害可能发生的时间和地点范围的一种报警信号,以便人们按预定的方式和路线撤离危险区,减少人员伤亡及财产损失。滑坡泥石流预警可以分为两种类型:区域空间预警和发生时间预警。滑坡泥石流区域空间预警指在一定区域范围及降雨条件下,对滑坡泥石流发生的可能性进行趋势性预测。滑坡泥石流发生时间预警指在降雨条件下,对已有监测点的单体滑坡、单沟泥石流可能发生的加剧变形破坏和待发时间进行预报。可见无论空间预警,还是时间预警,都是以降雨为前提条件的预警方式。因为目前滑坡泥石流发生频率最高的触发因素是降雨。而且,只要有准确的降雨量预报技术作为支撑,就有实现预报滑坡泥石流灾害发生的可能。因为研究"天"(降雨量)与"地"(滑坡泥石流)的耦合关系,是目前预报降雨型滑坡泥石流发生时间最可靠的研究途径。而其他触发因素类的滑坡泥石流,如地震滑坡泥石流、人为滑坡泥石流等,很难从时间和定量化程度上获得可靠结果。所以目前的滑坡泥石流预警,还仅仅局限在降雨型滑坡泥石流预警方法研究。要想突破所有触发因素引起的滑坡泥石流,还需要长期努力实现。在这种前提条件下,可确定**降雨型滑坡泥石流预警的基本原理是:根据降雨对滑坡泥石流触发作用的相关性分析,通过区域空间预警和时间监测预警系统研究,建立滑坡泥石流空间和时间发生趋势预测及发生时间预警报模式**(图1-1)。

降雨型滑坡泥石流预警的基本原理从两个方面概括了滑坡泥石泥监测系统的功能和用途。一是从宏观上掌握区域滑坡泥石流在降雨条件下发育的趋势性,二是从微观上分析单体滑坡、单沟泥石流在降雨条件下发生的时间性。前者不需要具体滑坡泥石流监测手段,只需要通过地质灾害综合因素分析,确定降雨临界值对其影响的范围和可能性。后者需要通过对单体滑坡、单沟泥石流的监测,分析降雨临界值与地表变形的相关性,才能判断其发生的时间性。根据降雨型滑坡泥石流预警的基本原理可知,区域空间预警的精度比较低,选用的空间尺度是根据预警范围的大小确定的,如省级空间尺度、县级空间尺度、乡镇级空间尺度等。预警的趋势性也可以根据降雨预报的时间尺度而定,如什么时间与什么范围滑坡泥石流发生的可能性预警。而单体滑坡、单沟泥石流预警的精度一般比较高,要求研究具体灾害点在降雨条件下变形的趋势和灾害可能启动的时间。所以,在实际工作中必须区分滑坡泥石流预警的目标和类型,准确选用适宜的技术方法进行滑坡泥石流预警。

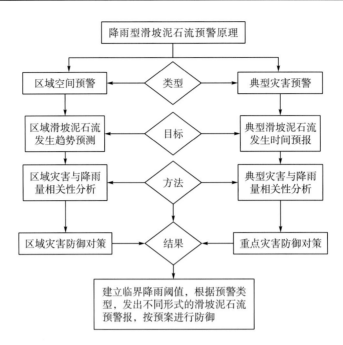

图 1-1　滑坡泥石流预警基本原理结构图

滑坡泥石流预警需要通过触发因素与灾害相关性分析,采用不同的技术手段及人为分析判断能力,从空间和时间上发出灾害的具体范围和发生灾害时间的准确信息,使危险区的民众能够根据这些信息提前做出防御准备。根据滑坡泥石流预警的基本原理,可以给出**滑坡泥石流预警的定义是: 通过人工和技术手段提前向受到滑坡泥石流威胁的对象发出灾害危险性警报**。定义的关键词: 提前、威胁对象、危险性、警报。所以, 滑坡泥石流预警必须从空间范围和时间阶段上, 提前发布可能引发人员伤亡和财产损失的危害性警报信号。该定义说明, 滑坡泥石流预警既要对灾害可能发生的空间和时间作出判断, 还必须做到提前一定的时间阶段发出警报信息。空间预警首先需要确定灾害可能发生的范围, 然后提供在什么触发因素条件下, 发生灾害趋势的时间阶段(如 24 小时、48 小时、72 小时内等)。时间预警首先需要确定典型滑坡泥石流是否有变形迹象, 然后提供在什么触发因素条件下, 灾害体可能启动的相对可靠时间和破坏方式(如 1 小时、2 小时、3 小时……, 1天、2 天……)。在目前的技术水平条件下, 滑坡泥石流预警主要还是采用以降雨量为主要标准的预警方式。本书研究的主题亦即降雨型滑坡泥石流预警。

1.1.1　预警分类

广义的滑坡泥石流预警包括: 预测、预报、预警、预警报等, 其类型可以按功能作用进行分类(表 1-1)。狭义的滑坡泥石流预警包括广义滑坡泥石流预警中的每一个单项类型及其亚类。按照以下原则和方法可以进行滑坡泥石流预警分类: ①分类原则。基本类型→亚类→适用性范围→目标要求→技术标准→负责对象。②分类方法。根据滑坡泥石流预警分类原则, 采用定性方法进行每项内容评价和类型划分, 达到简单易懂的目的。

表 1-1　滑坡泥石流预警分类

类型	适用亚类	适用阶段	目标	技术要求	责任主体
I—预测	I_1—空间预测	中期、长期	滑坡泥石流可能发生的范围预测	根据滑坡泥石流孕育的本底环境条件，划分易发区域，预测潜在危险性区域范围	专业技术部门
	I_2—时间预测	中期、长期	滑坡泥石流可能发生的时间阶段(月、年度)预测	根据滑坡泥石流发育的时间规律和主要触发因素，划分易发时段，预测潜在的危险期	专业技术部门
II—预报	II_1—预报	近期	滑坡泥石流可能发生的时间近期(天)预报	根据触发因素的临界阈值，针对滑坡泥石流易发区，发布近期灾害发生的可能性预报	专业技术部门
	II_2—临报	临灾期	滑坡泥石流可能发生的时间临近(时)预报	针对重点滑坡泥石流，根据触发因素的临界阈值，发布实时灾害预报	专业技术部门
III—预警	III_1—空间预警	近期	滑坡泥石流可能危害的空间范围预警	根据滑坡泥石流危险区划，针对有滑坡泥石流直接或间接危害对象的空间范围，进行区域滑坡泥石流危险性趋势预测	专业技术部门、政府部门
	III_2—时间预警	近期	滑坡泥石流可能危害的时间预警	根据触发因素的出现时间，针对有滑坡泥石流直接或间接危害对象的危险区，进行滑坡泥石流可能发生的时间预测	专业技术部门、政府部门
IV—预警报	IV_2—时间预警	近期	滑坡泥石流可能发生的提前警报(天)	根据滑坡泥石流空间和时间预警的结果，向直接或间接危害对象发出提前避险预警报，并要求尽快组织避险	政府部门
V—警报	V_2—时间预警	临灾期	滑坡泥石流发生的临灾实时警报(时)	根据滑坡泥石流即将发生的情况，向直接或间接危害对象发出立即避险的警报，并要求立即组织避险	政府部门

　　从表 1-1 可见，滑坡泥石流预警可以分为 5 个大类和 8 个亚类。其中，I、II 与 III、IV、V 类的差别在于前者一般不涉及具体的危害对象，后者主要针对危害对象，所以发布信息的方式也有所不同。凡不向公众发布预警信息的部分，应该由专业技术部门提供决策支持系统的技术支撑。只要涉及向公众发布预警信息的部分，只能由政府实施。

　　在没有发布预警报之前，都可以对滑坡泥石流可能出现的两种形式进行预测预报，即空间范围和时间阶段。因为这种类型的预警不涉及威胁对象，不需要组织公众参与。专业技术部门根据预警的结果，分析滑坡泥石流发生的规律性，为政府提供一些基本信息情况。I、II、III 类型预警的形式可以包括空间和时间的两个亚类。由专业技术部门发出的预测预报，原则上不承担责任主体，仅作为技术参考。一旦涉及威胁对象，就应该按照防御滑坡泥石流的要求发布避险信息，所以必须采取预警报的方式发布。原则上预警报只能由政府发布，并且承担责任主体。IV、V 类型的预警报主要适用于典型滑坡泥石流时间预警，这项预警的前期包括 I、II、III 类型预警的工作基础。空间预警还难以达到这种精度。

1.1.2　预警原则与重点

1.1.2.1　预警原则

要建立一个有效的滑坡泥石流预警体系，必须以准确性、及时性、可行性、发展性、经济性为基本原则。

1. 准确性

准确性是指滑坡泥石流预警的结果与实际情况的相近性。准确性越高，发布预警的决策者越有能力在滑坡泥石流防御管理中掌握主动权，越能有目的地预先行动，及时化解危机，以达到防患于未然，有效控制滑坡泥石流所带来的风险。

2. 及时性

及时性强调的是滑坡泥石流预警的时效，即在发出预警信号后应当为滑坡泥石流防御管理者留出足够的反应时间。从滑坡泥石流被识别到发出预警信号，再到管理者作出判断和决策，最后到执行决策，是需要有一个过程的。这个过程必然造成一种"时滞"，即滞后性，而这个滞后性必然会给滑坡泥石流风险管理的效果带来不利的影响。"时滞"越大，预警的效果越差。所以，滑坡泥石流预警系统应当做到一定的超前性。

3. 可行性

可行性是指：滑坡泥石流预警应当符合客观实际，在技术上科学合理，其解决方案能够真正得到实现；在经济上合算，其建设成本与维护、运行成本低于其带来的社会与经济效益；在逻辑上严谨，其输入信息源与输出的信号之间存在可靠的因果关系。

4. 发展性

人类社会是不断向前发展的，其逻辑结果之一是滑坡泥石流也必然随之不断发生变化。滑坡泥石流预警系统必须满足这种要求，能不断更新数据、不断改进算法，随着经济的发展而发展，与时俱进，发挥预警作用。

5. 经济性

滑坡泥石流预警系统的建造成本与维护、运行成本，归根结底要社会公众或纳税人来承担，要占用一定的社会经济资源。若成本过高，滑坡泥石流预警有可能使社会不堪其负甚或失去必要性。所以滑坡泥石流预警也应和一般的公共产品一样，尽可能以最低的代价取得最好的效果。

1.1.2.2　预警重点

滑坡泥石流预警的方法关键是地质灾害启动特点和触发预警阈值的确定。一个完整的滑坡泥石流预警系统应遵循的工作流程如下。

1. 滑坡泥石流辨识

滑坡泥石流辨识着重于地质灾害的危险性分析, 即在明确滑坡泥石流预警的对象和目标的基础上, 确定滑坡泥石流的位置、范围、特性及其活动等相关的不确定性; 从各种渠道收集、获取有关滑坡泥石流的自然属性和危险区范围、空间信息, 以及以往相关的滑坡泥石流的基础资料和数据, 建立滑坡泥石流管理数据库并确定相关的方法理论和标准, 为后续工作奠定基础。由于目前的信息量巨大, 如何有效地利用有限的人力、物力和财力资源, 提供预警信息, 规避风险, 至关重要。因此, 在信息采集时, 必须从滑坡泥石流预警的角度出发, 对信息源做一番筛选, 确保信息的真实性、准确性、有效性和及时性, 并且需要将所收集到的数据和资料进行标准化处理, 以便快速使用。

2. 滑坡泥石流危险性分析

滑坡泥石流危险性分析是指对区域空间和单体滑坡及单沟泥石流信息进行危险性评价和风险程度分析判断。因此, 确定滑坡泥石流发生的概率, 以及灾害一旦发生时可能产生的不良后果, 都是预警决策的基础条件。

3. 滑坡泥石流风险评估

在滑坡泥石流危险性分析的基础上开展致灾因子评估、脆弱性评估、抗灾能力和灾后恢复能力的评估及成本-效益分析等, 评估滑坡泥石流可能造成的风险程度。

4. 滑坡泥石流预警

根据风险评估的分布区间, 结合滑坡时间预报, 对有可能发生灾害区域的风险进行排序, 确定预警阈值; 根据区域实际情况, 发布对应的滑坡风险预警信息。预警信息的发布可以通过多渠道、多方式综合利用各种载体或媒介来告知相关部门、当地群众所面临的风险及时间。

1.2　预警系统结构

1.2.1　预警系统结构形式

根据滑坡泥石流预警分类(表 1-1), 滑坡泥石流预警系统结构形式主要分为两个部分: 滑坡泥石流区域空间趋势预警与滑坡泥石流时间预警(图 1-2)。

这两种预警方式都是根据滑坡泥石流的主要触发因素——降雨, 与灾害点发生时间和区域范围内若干灾害发育的相关性分析统计后, 得到启动临界降雨量而确定的预警时间和预警危险区域范围进行提前预报。所以, 滑坡泥石流预警的全过程都与降雨量密切相关。在此, 不妨给出两种预警方式的基本概念: ①滑坡泥石流时间预警是针对典型滑坡泥石流体, 采用监测技术手段获得降雨引发变形发展趋势的发生时间预警; ②滑坡泥石流区域空间趋势预警是针对不同滑坡泥石流危险度区,在降雨条件下可能发生灾害的区域范围预警。在滑坡泥石流预警的实践中,应该根据特定的预警目标,采用不同的预警技术手段和方法实施。由此可见,两种预警系统的服务对象是不相同的。这两种不同预警方式和目标的滑坡泥石流预警系统的内涵如下。

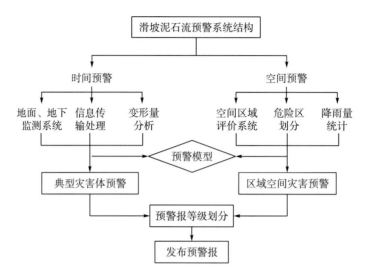

图 1-2 滑坡泥石流预警系统结构图

1.2.2 滑坡泥石流空间预警系统

滑坡泥石流空间预警主要针对降雨触发因素,对区域范围内可能发生滑坡泥石流的范围进行宏观趋势性预警。空间预警系统包括四个组成部分:①区域危险性划分(人为、GIS技术);②不同等级危险区群发性滑坡泥石流与降雨量统计(人为);③模型分析(软件处理、人工处理);④等级预警(危险区范围等级划分)。空间预警首先需要对预警区域进行滑坡泥石流危险性区划,划分出不同等级的滑坡泥石流易发区(包括泥石流沟)。在此基础上,分析滑坡泥石流与降雨的相关性,根据不同区域滑坡泥石流发生的临界降雨量,建立预警模型。空间预警适用于区域内各种地质灾害类型,如滑坡、崩塌、泥石流等。空间预警的技术要求较低,一般是对一次降雨过程的滑坡泥石流可能发生范围做出预警,以宏观性和趋势性判断为主。该系统的优点是,可以进行区域概率性预警。所需要的监测仪器主要为雨量监测仪,多以气象部门的预报结果为准。参考降雨预报的时间,以及降雨量趋势,可以提前 1~3 天对可能发生灾害的范围预警,提供的避险处理时间较充裕。不足之处是不能预报灾害点的准确位置,可能给避险工作带来一定盲目性(主要指崩塌、滑坡灾害点,泥石流除外)。

空间预警系统的四个部分可称为子系统,子系统还可以分解为若干次级系统,成为支撑预警系统的必要条件。该系统的相关性模型为

$$Y' \to f'(Y_i') \to f(Y_1', Y_2', Y_3', Y_4')$$

式中,Y' 为预警系统;f 为相关性系统;Y_i' 为子系统。子系统中包括的内容更详细,可

以分解到具体的设备系统和结构。四个子系统发挥的功能作用不同，但缺一不可。一个严格完整的滑坡泥石流预警系统必须满足上式给出的基本条件。四个子系统的功能和目标如图 1-3 所示。

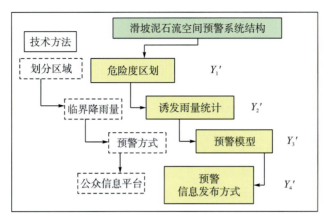

图 1-3   滑坡泥石流空间预警系统功能结构框架图

1. Y_1' 子系统：危险度区划

功能：对拟设预警区进行地质环境本底条件的地质灾害危险度区划，划分出不同危险等级的空间区域范围，形成空间预警 "天""地" 耦合的基础下界面。

目标：根据本底条件对滑坡泥石流发育的贡献作用，划分预警区内 3～5 级易发地质灾害的危险程度区域范围。通过相关性统计，确定不同危险区范围内诱发地质灾害的降雨量值及发生概率，划分可能发生滑坡泥石流的具体空间范围。

2. Y_2' 子系统：临界降雨量

功能：对预警区多年诱发地质灾害的降雨量进行相关性统计，划分出触发各类滑坡泥石流的临界降雨量标准，形成空间预警 "天""地" 耦合的基础上界面。

目标：统计精确到日降雨量，总结区域空间滑坡泥石流群发的基本规律，复核不同降雨量诱发滑坡泥石流的规模和数量，提供可能诱发滑坡泥石流的临界降雨量。

3. Y_3' 子系统：预警模型

功能：建立预警区在降雨条件下，可能诱发滑坡泥石流的"天""地"耦合关系模型，形成空间预警系统的关键接口。

目标：将滑坡泥石流危险性区划图与降雨量分布图进行叠加后，分析每一种组合可能产生的结果，建立预警判别数据和图示，以及预警等级划分标准。

4. Y_4' 子系统：公众信息平台

功能：通过手机通信、新闻媒体等方式，向全社会发布滑坡泥石流预警信息，以及查询滑坡泥石流信息的公众服务平台。

目标: 根据气象部门的降雨预报信息,及时通过预警模型系统迅速确定滑坡泥石流预警的范围、等级,并从公众信息平台向当地政府和群众发送避险信号,减少滑坡泥石流可能造成的损失。

空间预警的基础工作是滑坡泥石流危险性区划,根据判别标准划分不同等级的危险度区域。通常的滑坡泥石流预警重点针对高、中危险区,危险性小和安全区均不是预警的主要区域范围,所以对危险性区划的基础性工作要求较高。只有区划的精度可靠,才可能提高预警的准确率。

1.2.3 滑坡泥石流时间预警系统

采用各种仪器设备对重点滑坡泥石流点实施监测(包括地表、地下变形,降雨量),根据触发因素的影响,观测分析地表、地下变形结果,以及临界降雨量,并进行滑坡泥石流发生时间预警报。系统包括五个组成部分:变形量及降雨量数据采集(监测设备)、终端数据传输(传输设备)、数据处理(处理软件、人工处理)、预警模型分析(数学物理模型)、预警信息发布(发生可能性等级划分)(图1-4)。这五个部分可称为子系统,子系统还可以分解为若干次级系统,成为支撑预警系统的必要条件。该系统的相关性模型为

$$Y \rightarrow f(Y_i) \rightarrow f(Y_1, Y_2, Y_3, Y_4, Y_5)$$

式中,Y 为时间预警系统模块;f 为相关性系统;Y_i 为子系统。子系统模块中包括的内容更详细,可以分解到具体的设备系统和结构。五个子系统模块发挥的功能作用不同,但缺一不可。一个完整的滑坡泥石流预警系统必须达到上式给出的基本条件。五个子系统模块的功能和目标如图1-4所示。

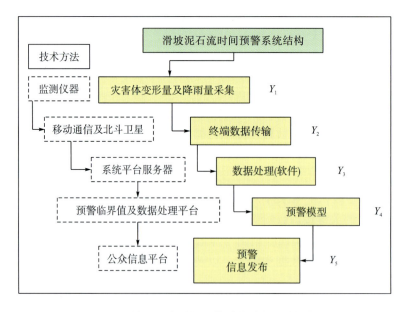

图 1-4   滑坡泥石流时间预警系统功能结构框架图

1. Y_1 子系统：变形量及降雨数据采集

功能：采用滑坡泥石流及降雨专业监测仪器的传感器进行原位监测，提取滑坡泥石流变形和相关降雨量资料，并汇集到野外局地数据终端。专业传感器包括：泥石流监测传感器以泥位计、水位计、孔压计、地表测斜仪、视频摄像头、自动雨量计及泥石流次声报警仪为主；滑坡监测传感器主要有地表和深部测斜仪、GPS、水位计、视频摄像头。

目标：能源供应采用耗电小的传感器，以太阳能和小型蓄电池供电为主；视频监测需要交流电才能保证其探照效果，因此需要专线。野外监测站以蓄电池供电、太阳能充电为主，以发电机应急供电为辅。

2. Y_2 子系统：终端数据传输

功能：将前端野外现场采集的滑坡泥石流变形和降雨数据导入局地数据终端后，通过移动公网（或北斗通信卫星）传输到室内后端数据平台。

目标：通信子系统主要任务包括数据传输设备的选择以及相应的设备安装，从而由ZigBee 实现中低速组网，实现震动、气温、降水等一般传感器端所得物理传感信息的传输，以无线网桥进行大数据量的视频监测数据传输，监测站以后则以光纤网进行传输。

3. Y_3 子系统：数据处理（软件）

功能：对室内后端数据平台接收的海量数据进行专业软件处理，获得有用信息数据，供预警模型使用。

目标：数据处理（软件）子系统主要通过开发滑坡泥石流综合信息平台、监测数据分析子系统、预警预报子系统，从而集成以应用软件为主要形式的泥石流、滑坡监测预警平台。

4. Y_4 子系统：预警模型

功能：通过已有事件统计分析和野外现场或室内试验，获得滑坡泥石流在降雨条件下启动的临界参考阈值（降雨临界值、变形临界值），建立滑坡泥石流时间预警的数学和物理模型。

目标：预警模型应包括数学模型和预警等级划分标准两项内容。数学模型将数据处理后的滑坡泥石流变形电信号转换为数值信息进行推理分析，判别滑坡泥石流发育现状。根据数学模型对滑坡泥石流的识别结果，划分不同预警阶段的时间标准。

5. Y_5 子系统：决策及预警信息发布

功能：经过滑坡泥石流预警模型判别，建立预警信息等级标准，通过专业决策系统（专家和管理系统）分析判断，确定预警级别，向政府相关部门提出发布预警信息建议，最后采用不同的通信和媒体形式发布预警指令。

目标：充分依靠专业技术的知识和经验，准确判断滑坡泥石流的活动迹象，为预警决策提供参考依据，建立规范、严格的预警、警报信息的发布制度。监测站点发现险情后，确定警报级别上报政府，预警、警报命令由地方政府决策发布，防止令出多门。紧急情况下（确定大规模泥石流已经暴发）由事先得到政府授权的监测站直接发布警报。同时要求报警值准确可靠,避免不准确报警造成地方混乱。

时间预警的重点是滑坡泥石流变形量与触发因素降雨量的相关性分析预报,也可以对其他因素引起的变形迹象进行观测,如重力卸荷、水库水位变化、人为破坏等(这些触发因素的滑坡泥石流时间预警难度很大,目前尚无成功案例)。灾害体变形时间预警比较适合于滑坡、崩塌。泥石流变形监测则需要多个滑坡、崩塌位移监测点,才能组成物源变形监测系统,同时结合降雨监测进行预警。时间预警要求的精度较高,尤其对时间的准确性尽量避免出现太大的误差。所以,只有满足该系统的技术条件,才能建立此监测系统。此外,采用群测群防方法也可以实施简易时间预警。该系统的组成多依靠人工宏观地表变形监测和经验判断分析,也可发出预警报。该系统的优点是:点对点进行预警报,目标清楚,范围准确,并且可以人工和仪器相结合。不足的是:变形量与临界值的关系难以确定,预报的时间可靠性较低。

1.3　空间预警系统

我国从 20 世纪 70 年代末到 80 年代初逐步建立起了一些滑坡泥石流数据库。地理信息系统(GIS)技术的出现为解决复杂地理问题提供了可能。随着 GIS 技术在滑坡泥石流研究中逐渐得到广泛应用,滑坡泥石流数据库逐步从单纯的属性数据发展到与空间数据并用的局面。随着 GIS 技术的不断发展,国内从 20 世纪 90 年代起相应出现了基于 GIS 技术的滑坡(灾害)信息系统。

1999 年,李长江等结合区域地质、水文地质、第四纪地质等方面的研究,提出了一种基于 GIS / ANN(artificial neural network,人工神经网络)预警预报群发性滑坡灾害概率的方法。2002 年,浙江省国土资源厅信息中心根据浙江省 1257 个雨量观测站在 1990~2001 年记录的日降雨量数据,及同时期内 609 处滑坡、泥石流等灾害数据,通过对地质构造、地层岩性、土地利用类型、人口分布、降雨量分布、已知滑坡灾害点分布等资料的综合分析,开发出了集 GIS 与 ANN 于一体的区域群发性滑坡灾害概率预警系统(LAPS)。

2003 年 6 月 1 日起,国家气象局与国土资源部正式发布地质灾害气象预报预警,在中央电视台发布了 56 次地灾气象预报信息,在中国地质环境信息网发布了 109 次,共成功预报了 101 起至少 878 处地质灾害,预报成功率为 38%。当年全国共有四川、浙江、湖南等 16 个省开展了地灾气象预警预报工作。2004 年,全国地质灾害多发的省(自治区、直辖市)都开展了地灾气象预警预报,部分地市如大连、柳州等,以及极个别的县也在开展这项工作。

其中,广东、湖北、陕西三省的地质灾害信息系统以灾害信息管理为主;重庆市的地质灾害信息系统是以地质灾害风险管理为主;贵州省、福建省、甘肃省已建立省级的地质灾害气象预警系统;福建省的预警系统以气象预报为主;云南省以群测群防方式进行灾害监测和预警;三峡库区以专业监测与群测群防相结合,建成了库区地质灾害监测预警系统。中国地质环境监测院于 2001~2005 年,选择四川省雅安市雨城区作为西南地区地质灾害预警试验区,结果精度达到 50%。一些地质灾害多发区的市、地区、州、县级的国土部门也有类似系统在运行。

目前国内的滑坡泥石流数据库/信息/预警系统,有些纯粹是数据库,有些仅具有气象预报功能,与地质、地貌情况完全无关,或是纯粹的变形监测。而已建成的区域空间滑坡泥石流预警系统通常是在详细分析滑坡泥石流地质环境特征以及滑坡泥石流特征的基础上,运用空间预测模型得出滑坡泥石流空间预测结果。再利用具有短时性、动态性的灾害诱发因素对已存在或经预测而知的灾害进行时间预警,并通过 GIS 及网络技术将预警信息向各政府部门和公众发布。

可见 20 世纪 90 年代初"十年减灾"正式提出灾害预警以来,还没有真正提出滑坡泥石流空间预警与时间预警的基本概念,也不能划分这两种预警体系的功能与结构类型。直到 2000 年以后,人们逐渐将空间预警引入滑坡泥石流防御中,并开始出现空间与时间预警研究。但仍没有严格区分两者的关系和类型,多数称为"监测预警"。空间预警是在降雨条件下,对滑坡泥石流发生空间区域预测的具体实施程序。可以将地面的滑坡泥石流危险性区划与气象的降雨量预测分析相叠加,达到滑坡泥石流发生区域范围的趋势性预测的效果,提醒可能受灾区域的政府和民众提前做好避险准备。在精确降雨量预报条件满足的情况下,本系统也可以进行实时滑坡泥石流空间预警。通常滑坡泥石流预警是采用区域降雨与滑坡泥石流相组合的预警系统,即区域空间预警。根据预警系统的结构与功能,滑坡泥石流空间预警结构系统和实施方法如图 1-5 所示。

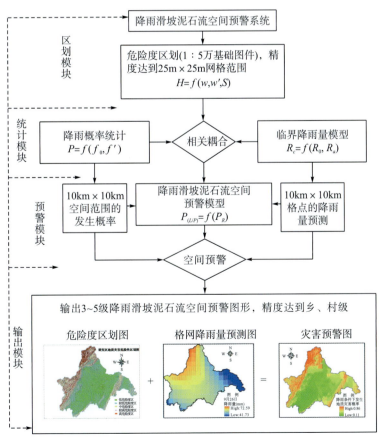

图 1-5　滑坡泥石流空间预警系统结构框架图

1.3.1　空间预警方法

1.3.1.1　空间预警模式

如图 1-5 示，空间预警模型由 4 大模块组成，其中每个模块代表了一个阶段需要完成的基本准备工作内容。并且模块之间关联性极强，前者都是后者的基础条件，缺一不可。

1. 危险度区划模块

确定预警区内滑坡泥石流发育的环境本底条件，建立评价因子指标及作用权重，根据预警范围的大小，划分不同等级的滑坡泥石流危险度区域。

2. 相关性统计模块

需要对预警区内滑坡泥石流前期的有效降雨与诱发滑坡泥石流的数量和规模进行统计，寻找 72h、48h、24h 的相关性，确定降雨诱发滑坡泥石流的区间临界值和空间发生概率关系。

3. 预警模型模块

在以上两项结果的基础上，建立危险度区划与临界降雨耦合的预警模型。将各格网点不同时段的临界降雨概率与各危险区滑坡泥石流空间分布概率相乘，得出未来降雨条件下的滑坡泥石流发生概率。该模块中没有给出滑坡泥石流时间预警的模型系统，因为在滑坡泥石流空间预警模型中，重点体现对区域环境条件下发生滑坡泥石流可能性的判断和决策。而时间预警主要取决于降雨预报的时间和可靠性。所以在空间预警模块中没有进行重点讨论分析。但以下也将给出滑坡泥石流空间预警中的基本时间尺度概念。

4. 预警输出模块

将预警模型计算的结果，采用 3～5 级预警通过图形方式输出，构成简而易懂的滑坡泥石流预警图，达到区域空间预警效果。

1.3.1.2　空间预警功能

空间预警系统功能可以如同气象预报的形式，提前向不同群体和相关部门发布阶段性预警信息，使受众者预先了解当地滑坡泥石流在降雨条件下的动态情况。现代气象预报的技术手段基本能够满足降雨形势预测和降雨量实时预报，滑坡泥石流空间预警根据气象预报方式也能够实现危险性趋势预警和实时动态预警。

1. 趋势预警

雨季，必须定期对区域范围内滑坡泥石流的危险性进行趋势性预警，如表 1-1 介绍的近期预警。通常可根据气象部门降雨预测的雨量数据，输入预警系统中，划分出未来滑坡泥石流可能发生的主要区域范围。这种预警功能可以做到提前 1～5 天发出滑坡泥石流不同等级的危险区趋势预测。

2. 实时动态预警

降雨期间，将监测降雨量变化数据随时输入预警系统中，可以对滑坡泥石流高危险区进行实时动态预警，随时发布预警信号。这种预警功能可以实时输出降雨及可能发生滑坡泥石流的高、中、低危险区空间范围。

1.3.1.3　空间预警条件

滑坡泥石流空间预警需要满足的条件是由图 1-5 中结构 4 个模块的内容所决定的，每一个模块的数据处理和运行必须具备一个基本条件。如滑坡泥石流数据缺少准确的时间，难以统计发生灾害与降雨的相关性，也无法确定滑坡泥石流的降雨临界值。实际应用预警系统时，只能通过几个水文年的观测统计，逐渐建立相关性和临界值。

1. 滑坡泥石流数据库

必须具有详细时间、地点、规模等内容的地质灾害数据，供分析滑坡泥石流与降雨相关性统计和危险度区划使用（危险度区划的必要条件可参考文献[1]）。

2. 雨量数据库

必须具有多年降雨量及逐月、日降雨量的资料，供分析滑坡泥石流临界降雨值使用。

3. 格网降雨预测数据

采用雷达气象和实时监测雨量计，按照预警空间的范围大小，设置不同的降雨量格网，如 5 km×5 km、10 km×10km、15 km×15 km 组成的格网，供提高滑坡泥石流预警精度使用。

4. 数据处理通用软件

开发滑坡泥石流空间预警的通用软件。根据不同地区情况，采用通用软件随时建立当地滑坡泥石流预警系统。

1.3.1.4　预警结果修正

任何新开发的系统都有其不完善性，对系统结果的检验修正是十分必要的。针对空间预警结果一般可采用三种方法检验。

1. 事件检验

利用历史上典型降雨滑坡泥石流事件，回检预警结果的正确性。如利用"5·12"汶川大地震后几次强降雨诱发的大规模滑坡泥石流事件进行回检，根据室内计算结果与实地调查结果相比较，分析预警系统的正确率。

2. 预测检验

根据气象部门的降雨量预测，选择滑坡泥石流危险度较高的地区进行预警检验，之后分析预警系统的可靠性，并给出可靠率评价。

3. 时间检验

预警系统一般需要两个以上的水文年进行修正检验，不断调整设置的降雨临界值，以及危险度区划的结果，才可能得到相对可靠的系统。

1.3.2　空间预警的空间与时间尺度

1.3.2.1　空间尺度

空间预警是在有限空间范围内进行的滑坡泥石流趋势预测，所以应该给出空间尺度概念的标准。空间预警尺度的标准应该取决于地质灾害管理部门要求达到的减灾防灾效果。专业技术部门可以根据管理部门的需求，为其决策提供参考标准。

1. 空间尺度的概念

广义的空间尺度一般是指宏观区域空间大小的度量。地学上将空间尺度定义为地域面积大小的度量单位。如按行政区域和流域划分，大空间可以包括全国、省(自治区、直辖市)，大型流域面积；中空间可以包括地区、市，中型流域面积；中小空间可以包括县，小型流域面积；小空间可以包括乡镇，沟溪面积；等等。滑坡泥石流预警可以参考这些地域面积的度量标准来确定空间预警的尺度范围。可以在空间尺度概念的基础上，根据预警的空间精度范围，进一步划分次级空间标准，以达到有效减灾防灾的目的。

2. 空间尺度划分标准

根据空间预警系统结构图(图1-5)的程序，空间预警的第一模块内容是进行滑坡泥石流危险度区划，在此基础上开发其他模块的技术产品。因为危险度区划模块必须对空间尺度标准作出划分，所以空间预警尺度可以由危险度区划的尺度标准确定。一般情况下，空间预警尺度的标准也就是危险度区划的尺度标准(表1-2)。

表 1-2　滑坡泥石流空间预警的区域尺度标准

空间尺度等级	预警精度评价	空间尺度标准	区域范围	面积 S/km^2	危险度区划比例尺 S'
I_k	低	大区域	行政省，大江大河及一级支流流域	$S \geqslant 10$ 万	$S' \leqslant 1:25$ 万
II_k	较低	中等区域	行政地区、市，大江大河及二级支流流域	1 万 $\leqslant S < 10$ 万	$1:25$ 万 $< S' \leqslant 1:10$ 万
III_k	较高	中小区域	行政县，大江大河及二级支流流域	$1000 \leqslant S < 1$ 万	$1:10$ 万 $< S' \leqslant 1:5$ 万
IV_k	高	小区域	行政乡、镇，小流域	$S < 1000$	$S' > 1:1$ 万

3. 空间尺度的有效性评价

根据实际预警精度的需要,可以参考表 1-2 的滑坡泥石流空间预警尺度标准,判定空间预警精度:

(1) I_k 级空间尺度预警的要求精度不高。仅仅能够达到"打招呼"的效果,如同电视台播放的全国及各省滑坡泥石流趋势预警。目的是预测大区域空间滑坡泥石流在降雨条件下的可能分布范围,预警准确率低于 50%。

(2) II_k 级空间尺度预警的要求精度稍高于 I_k 级空间尺度预警。基本能够对地、市区内县级行政区的地质灾害进行降雨条件的预警,可以区分不同类型地貌单元的滑坡泥石流发育趋势,预警准确率应该达到 50%。

(3) III_k 级空间尺度预警比 I_k、II_k 级空间尺度预警的要求精度明显提高。在县域范围内基本能够对乡镇区域空间的地质灾害进行降雨条件的预警,甚至划分出村级行政区的地质灾害发育趋势,预警准确率应该达到 60%。

(4) IV_k 级空间尺度预警为目前精度最高的空间预警标准。通常采用 1∶1 万比例的空间尺度预警,可以控制村级行政区域内所有山地的滑坡泥石流发育趋势,尤其对重大滑坡泥石流灾害点的范围、避险路线的选择都可以作出预测,预警准确率应该达到 70%。

1.3.2.2 时间尺度

滑坡泥石流空间预警中既有空间预警尺度的概念,同时还包括了时间预警尺度的内容。时间尺度的标准应该取决于气象部门天气预报的时间尺度,如 24h、48h、72h 等。滑坡泥石流时间预警必须根据天气预报的时间尺度划分标准等级,并建立起不同时间尺度预警的精度标准。

1. 时间尺度概念

广义的时间尺度一般是指时间长短的度量。滑坡泥石流预警的时间尺度不同于地学的时间尺度,是一个短时间区间内持续变化的过程。目前滑坡泥石流时间预警还没有时间尺度的量化标准。但是可以参考地震预报的时间尺度标准,建立滑坡泥石流长期、中期、短期预警的时间尺度标准,逐渐形成有时间尺度的预警概念。因为滑坡泥石流预警与降雨预报的相关性极为密切,所以滑坡泥石流时间预警也应该与天气预报的时间尺度相关联,如年度降雨分布范围趋势预报,雨季月度降雨分布范围趋势预报,小时降雨分布趋势预报,24h、48h、72h 降雨分布趋势预报,等等。因此参考地震和降雨预报的时间尺度标准,也可以建立长期、中期、短期及临时等滑坡泥石流空间预警时间尺度。

2. 时间尺度标准

如上所述,空间预警是发生滑坡泥石流的趋势性预测预报,所以时间尺度相对要长些,这样更便于组织群众及时转移,其时间精度肯定达不到临报标准。根据气象部门能够采用气象雷达提前 3h 做出降雨趋势预报的技术标准,即可以划分出滑坡泥石流空间预警的时间尺度基本标准。为了达到超前避险的目的,本书希望给出的空间预警的时间尺度划分基准应该大于 3h(表 1-3)。

表 1-3　滑坡泥石流空间预警的时间尺度标准

时间尺度等级	预警精度评价	时间尺度标准	预警类型	适用范围
I_s	低	30d	中期	I_k 空间预警区
II_s	较低	48~72h	中短期	II_k 空间预警区
III_s	较高	24h	短期	III_k 空间预警区
IV_s	高	3h	临期	IV_k 空间预警区

表 1-3 给出的时间尺度主要针对空间预警区域。因为中期、中短期预警对大、较大区域空间的预警效果影响不会很明显，而短期、临期预警将很容易影响小、中小区域的安全，所以选择预警的时间尺度应该考虑空间预警效果的有效性。超过 30d 的长期尺度预警不具有实用价值。

3. 时间尺度的有效性评价

根据实际预警精度的需要，可以参考表 1-3 的滑坡泥石流时间预警尺度标准，判定时间预警精度：

(1) I_s 级中期时间尺度预警的要求精度不高。需要提供 30d 内大区域中哪几天是必须重点关注的滑坡泥石流可能发生的时间范围。预警准确率低于 50%。

(2) II_s 级中短期时间尺度预警的要求精度稍高于 I_s 级时间尺度预警。根据降雨天气中期预报，需要提供 2~3d(48~72h)内中等区域中滑坡泥石流可能发生的时间范围。预警准确率可达到 50%。

(3) III_s 级短期时间尺度预警的精度明显提高。未来 24h 的降雨预报准确率一般较高，在此时间尺度上发出的预警信息可成为准备避险转移的重要依据。预警准确率可达到 60%。

(4) IV_s 级临期时间尺度预警的精度很高。采用雷达技术监测降雨云团的活动范围，能够准确预报降雨的信息。所以在此时间尺度上发出的预警信息可成为迅速避险转移的重要依据。预警准确率可达到 70%~80%。

1.3.3　空间预警等级标准

空间预警级别标准划分的基本原则是：①滑坡泥石流发生的可能性判别；②滑坡泥石流发生的范围判别；③滑坡泥石流发生的规模判别；④应该采取的避险措施。同时还应该采用定性描述与半定量评价，以及明显的预警等级标示突出各级预警的内容。根据目前较通用的预警级别划分标准，本书拟建立四级空间预警指标(表 1-4)。

表 1-4　滑坡泥石流空间预警级别标准

预警等级	预警标示	发生灾害 可能性分析	灾害性质描述及防御对策
I	蓝色	可能性小 (发生概率低于 20%)	高危险区域内有发生小型地质灾害的可能性，但发生概率低，当地群众可不避险转移
II	黄色	可能性较小 (发生概率 40%)	高危险区域内有发生中、小型滑坡泥石流的一定可能性，但发生概率较低，当地群众可暂不转移，但应根据灾害的发展趋势作避险转移准备
III	橙色	可能性较大 (发生概率 60%)	高、中危险区域内发生大、中型滑坡泥石流的可能性增大，发生的概率较高，当地群众可暂不转移，但应根据灾害的发展趋势随时做好避险转移准备
IV	红色	可能性大 (发生概率 80%)	高、中危险区域内发生大、中型滑坡泥石流的可能性大，发生的概率高，危险地带的群众必须及时撤离转移

表 1-4 中的滑坡泥石流发生概率采用专家经验判别，不具定量计算的意义。因为空间区域中的大型滑坡泥石流一般都发生在高、较高危险区内，但中等危险区中也偶有发生大型滑坡泥石流的可能性，所以在预警防御时，表中内容可供参考使用。

1.4　时间预警系统

典型滑坡发生的时间预测预报研究，是以日本学者斋藤迪孝滑坡灾害预测预报为先驱代表之一。他于 20 世纪 40 年代中期就开始开展有关滑坡预报的实验研究。1963 年在室内实验和仪器监测的基础上，他根据岩土体变形破坏阶段提出了预报滑坡的经验公式及图解——即著名的"斋藤法"，利用此理论成功地预报了 1970 年 1 月 22 日发生的日本饭山线高场山滑坡。该理论至今仍在不同的地方发挥着作用。

而这一时期，典型滑坡时间预测预报起步阶段，以经验和简单统计为主。1959 年，苏联 Е. П. мельянова 曾从 8 个方面讨论滑坡预报内容；1969 年，Hoek 据智利 Chuqicamata 矿滑坡监测时间-位移曲线提出了外延法；1961 年 Jones，1970 年 Endo，1976 年 Fussganger，1976 年 Guidicini，1977 年 Stevenson，1979 年 Nilsen 等先后对滑坡预报进行过类似研究。

20 年代 80 年代始，典型滑坡时间预测预报发展开始出现加速的局面，除了传统经验式和统计方法的预测预报有了进一步的发展，信息论、敏感性制图、灰色理论等新技术和新理论不断应用于滑坡的预测预报，取得了大量的成果，如 1984 年 Haruyama；1984 年 Kawakami，Saito；1984 年 Brabb；1985 年福圃；1987 年 Yan Tongzheng 等；1987 年 Yu Suolong；1988 年 Einstein；1988 年 Harteen，Viberg；1988 年 Wangner 等；1989 年 Romana；1990 年 Wiecaorek 等。

以斋藤方法为主的典型滑坡时间预报方法，主要用于单体滑坡的时间预报，难以用于区域性滑坡泥石流的预测预报。区域滑坡泥石流预警中首先需要确定灾害体的具体位置，其次才是可能发生的时间。目前的区域滑坡泥石流预警通常是以危险度分区进行空间预测，而后主要根据诱发因素来预报滑坡泥石流时间。截至目前，由降雨引发的滑坡泥石流研究开展最为广泛。典型降雨地质灾害的预报从 20 世纪 80 年代起得到了极大的发展，成为地质灾害预测预报中发展最快、研究较多的一个分支。2000 年，根据 Polemio 的统计，全球至少有 23 个国家和地区的学者对降雨地质灾害进行了不同程度的研究，以美国、意大利、中国（香港）、日本、英国、澳大利亚和新西兰学者发表的研究论文最多。

美国、日本、中国香港、中国台湾等多个国家和地区都已经开展了面向公众的区域性降雨型地质灾害实时预报预警，并建立了相应的预报预警系统，预报精度可以达到小时。在这些国家和地区，以美国预警系统的发展过程最具代表性，其共同特点是：拥有长期、比较完整的降雨资料，具有布置密度比较合理的降雨遥控监测网络和先进数据传输系统，完成了详细的滑坡泥石流调查和深入的灾害发育特征研究，以及灾害易发区或危险区分区评价研究。众多学者都对滑坡泥石流时间预报预警研究进行过综述评价，总结了采用的技术手段和方法，提出了滑坡泥石流时间预报预警的发展方向[2,3]。但纵观我国滑坡泥石流时间预报预警的成功案例仍然很少。因为时间预报预警需要可靠的降雨和滑坡泥石流变形监测仪器设备，以及大量准确的相关性数据资料才能建立统计分析模型，实现预报目标。而现阶段在国内能够满足这些条件的滑坡泥石流灾害监测点极少，已有的监测数据又难以达到相关统计的要求。我国真正成功预报滑坡泥石流的案例很少，大部分专家学者都是在滑坡泥石流事件发生后，采用各种数学方法和模型试验进行反演和拟合，或许也曾得出过较理想的结果。但这些结果都不能代表成功预报了滑坡泥石流发生的真实事件。因为后期拟合和反演对监测数据的筛选处理，以及分析决策判断，都不能再现当时的环境条件，必然存在很多人为因素影响，客观性难以保证。后期拟合和反演首先缺少宏观变形的真实场面。在没有对宏观现象判别的情况下，仅仅通过室内数据统计方法，试图达到准确预报是不可靠的。滑坡泥石流预报必须建立在宏观分析判断与微观监测数据统计相结合的基础之上，这才是滑坡泥石流时间预报的最基本原则。

滑坡泥石流时间预报预警必须回答单体滑坡或单沟泥石流具体发生时间的预报问题，其准确性、可靠性、精度要求都比空间预测预警更高。时间预报预警既要依靠专业仪器设备监测滑坡泥石流的宏观和微观活动性，还要根据监测数据分析未来发展趋势，最终对发生的时间做出准确判断。要实现这样的目标，根据预警系统的结构与功能，滑坡泥石流时间预报预警结构系统和实施方法如图 1-6 所示。

1.4.1　成功预报滑坡时间的案例分析

国内真正意义上成功预报滑坡事件的案例仅有 3 个，包括 1985 年 6 月湖北秭归县的新滩滑坡、1991 年 6 月秭归县鸡鸣寺滑坡、1995 年 1 月甘肃省永靖县盐锅峡镇黄茨滑坡。之后尽管国内众多学者又采用各种方法反演了这些滑坡的发生时间，但都不能代表能够成功预报真实滑坡时间。作者认为有必要对这 3 次滑坡成果预报的案例进行剖析，从中总结有价值的经验。

1. 1985 年 6 月湖北省秭归县新滩滑坡预报

新滩位于长江西陵峡左岸，属典型的岩质（灰岩）滑坡。1985 年 6 月 12 日发生体积约 3000 万 m³ 特大型崩塌滑坡,滑坡将新滩古镇全部淹埋,危险区内的 1300 多人在当年的 3～

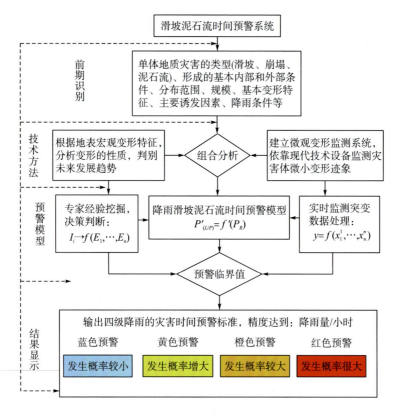

图 1-6　滑坡泥石流时间预警系统结构框架图

4 月接到预警信息后, 已提前全部安全搬迁转移, 因此成功避免了重大人员伤亡发生。早在 1968 年, 湖北省西陵峡岩崩调查工作处便开展了新滩两岸的岩崩监测工作[4]。工作组在危岩区共建立了 45 处地面观测点, 对危崖裂缝进行了长达 15 年的变形监测, 直到 1985 年新滩发生大规模崩塌滑坡。监测技术为视准线法, 监测仪器为水准仪, 监测周期为每月一次。新滩滑坡成功进行时间预警的方法为变形趋势分析法[5,6]。工作组通过监测数据分析, 1984 年 10～12 月监测曲线从"渐变"发展到"突变"阶段, 出现了变形破坏突变区域(表 1-5、图 1-7)。根据监测数据分析, 以及现场调查结果, 工作组认为滑坡已经处于极危险状态。1984 年 3 月有关部门向湖北省政府做了预报, 与此同时加强临报和报警。当地群众及时搬迁转移, 避免了重大人员伤亡发生。

表 1-5　新滩滑坡监测点渐变期位移变化率[4]

时间(年.月)	月平均降雨量/mm	月位移量/mm	相关系数计算值	临界风险值/%
1978.10～1979.6	58.8	4.2	0.974	0.616
1979.11～1980.6	34.6	8.6	0.992	0.707
1980.10～1982.7	67.2	12.8	0.897	0.425
1982.11～1984.6	59.2	20.3	0.991	0.616
1983.12～1984.6	55.5	48.3	0.963	0.754
1984.10～1984.12	88.5	288.4	0.997	0.997

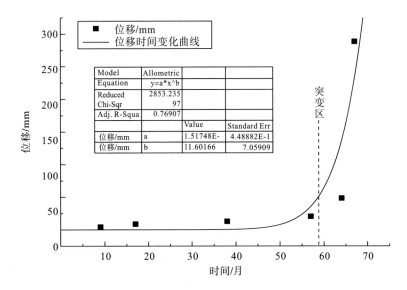

图 1-7 新滩滑坡变形监测曲线图

新滩滑坡的成功预报取决于两方面因素：

(1)现场长期持续监测数据中出现了有特殊性的突变拐点，滑坡已具有明显的变形加剧迹象。

(2)根据微观和宏观变形迹象，专业技术人员能够做出准确判断，为决策者提供了可靠的信息。

2. 1991 年 6 月湖北省秭归县鸡鸣寺滑坡预报

鸡鸣寺滑坡位于湖北省秭归县郭家坝镇头道河，属典型的岩质(灰岩)滑坡。1991 年 6 月 29 日凌晨 4 时 58 分发生体积约 60 万 m^3 的大型滑坡。"滑坡发生前由于进行了有效监测，预报准确，警报及时，在抢险救灾指挥部组织下，及时撤离了灾区 2504 名群众，无一人伤亡。"[7-9]1990 年 3 月，鸡鸣寺斜坡顶部开始出现裂缝，当地有关部门采用简易的排桩监测方法，以卷尺和水准仪监测裂缝的变化规律。经过监测发现裂缝变形出现 4 个阶段：蠕变阶段(1990 年 4 月之前)；匀速变形阶段(1990 年 4 月～1991 年 5 月底)；加速变形阶段(1991 年 6 月 1 日～23 日)；剧变临滑至失稳阶段(1991 年 6 月 24 日～29 日 4 时)。此时，采用三种方法进行滑坡预报[10]：①数值推理与宏观判定；②剖面排桩变位量与宏观现象复核分析；③历时曲线外延法推测滑坡破坏失稳时间。同时还采用了有关专家的不稳定斜坡危险度判别方法[11]进行预报。根据变形数据统计，监测曲线出现变形破坏突变区域(表 1-6、图 1-8)。

鸡鸣寺滑坡的成功预报同样取决于三方面因素：

(1)现场长期持续监测数据中出现了有特殊性的突变拐点，滑坡已具有明显的变形加剧迹象。

(2)专业技术人员采用半定量方法，推测了滑坡变形发展趋势，划分了滑坡变形的不同阶段，使结果分析更加合理。

表1-6 鸡鸣寺滑坡监测数据统计表[8]

监测时间(年.月.日)	各监测点变形量/cm			
	G_1	G_4	G_6	G_7
1990.3.5～1991.2.3	0.95	1.72	0.57	0.73
1991.2.4～1991.4.30	116	1.94	1.07	1.25
1991.5.1～1991.6.25	18.4	23.9	17.3	18.3
1991.6.26～1991.6.28	107.3	162.3	92.7	90.7

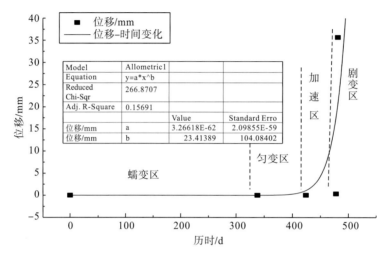

图1-8 鸡鸣寺滑坡位移监测图

(3) 根据微观和宏观变形迹象,专业技术人员能够做出准确判断,为决策者提供了可靠的信息。

3. 1995年1月甘肃省永靖县黄茨滑坡

黄茨滑坡位于甘肃省永靖县盐锅峡镇的黄河四级阶地黑方台南缘,属于典型黄土滑坡。1995年1月30日凌晨2时30分发生体积约600万 m³ 的大型滑坡。1994年5月,滑坡后缘出现裂缝贯通并下错,政府部门当即组织危险区63户300余名群众搬迁。同时有关专业技术单位开始对滑坡进行监测。监测设备包括:地面倾斜盘、钻孔测斜仪、声发射仪、简易滑坡位移观测桩等,形成网络化监测系统。对黄茨滑坡进行了长达7个月监测后,积累了大量监测数据,为分析预报滑坡发生时间提供了可靠支撑。黄茨滑坡时间预报与真实滑坡发生时间最短的仅相差3天。该滑坡成功预报取决于宏观变形迹象与观测数据分析计算相结合的方法。宏观变形迹象分析主要对滑坡前后缘裂缝变形迹象的发育状态做出判断。数据分析采用两种方法[12,13]。

1) 滑坡破坏功率法

采用破坏功率模型确定突变时间区域,即

$$\int_v F_i^P V_i^P \mathrm{d}v = \int_{S_D'} K \langle V_i \rangle \mathrm{d}S_D' = 7850 \mathrm{N \cdot m / s}$$

式中，F_i 为滑坡体积力；V_i 为滑坡变形速度场；K 为滑面剪切屈服极限；S'_D 为滑面。根据破坏功率数据统计，监测曲线出现变形破坏突变区域(图 1-9)。

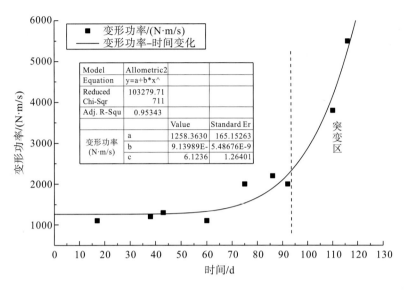

图 1-9　黄茨滑坡变形功率频谱曲线图

2) 回归分析法

采用多项式回归统计模型预报滑坡剧变时间，即

$$t = aS^2 + bS + c$$

式中，t 为预报时间；S 为变形位移量；a、b、c 为回归系数。当 S 剧变时，$t' \to 0$，于是可通过求 t 的导数零值点确定剧滑时间。同时与斋藤蠕变突变曲线图解法进行对比，得到相似结果(表 1-7、表 1-8)。

表 1-7　黄茨滑坡回归统计法时间预报成果统计表[12]

时间	监测桩号									
	C1	C2	C3	C4	C5	C6	C7	C8	C9	C10
1994.12.29	1.01	—	—	1.03	12.31	1.13	1.15	1.05	12.30	1.01
1995.1.25	2.01	2.03	2.01	1.31	1.30	1.30	1.26	2.04	2.09	2.01
1995.1.27	2.03	2.02	1.30	1.31	1.29	1.31	1.28	2.06	2.09	1.30

表 1-8　黄茨滑坡斋藤蠕变突变曲线图解法时间预报成果统计表[12]

时间	监测桩号									
	C1	C2	C3	C4	C5	C6	C7	C8	C9	C10
1994.12.29	—	—	1.02	—	1.22	1.07	1.15	1.02	1.16	1.23
1995.1.25	1.31	1.23	1.29	2.03	1.26	1.27	1.30	2.05	2.03	1.29
1995.1.27	1.31	1.29	1.28	2.05	1.30	1.29	1.31	1.31	2.05	1.27

黄茨滑坡的成功预报同样取决于三方面因素:

(1)更精密多样化的地表、地下监测仪器经过现场持续监测,统计数据中出现了有特殊性的突变区域,滑坡已具有明显的变形加剧迹象。

(2)专业技术人员采用定量方法,推测了滑坡变形发展趋势,拟合了滑坡发生时间。

(3)根据微观和宏观变形迹象,专业技术人员能够做出综合准确判断。

4. 结论分析

总结以上成功预报滑坡的案例经验可得,三处滑坡均无一例外地采用了宏观变形迹象识别及微观监测曲线变形破坏突变区域分析相结合的方法,成为我国真正成功预报滑坡发生时间的典范。单靠一种方法成功预报滑坡发生时间,几乎是不可能的。所以,宏观变形迹象分析判断与微观监测数据统计分析两者相结合,是滑坡时间成功预报的最可靠保证。

1)宏观变形迹象识别

案例中的三处滑坡都出现了不同程度的变形迹象,随着时间推移,地表宏观变形迹象逐步加剧,最终滑坡滑动。在滑坡变形发育过程中,根据专家的知识和经验,对滑坡每一阶段变形特点进行充分分析,并对未来发展趋势做出准确判断,果断提出防御措施。宏观变形迹象判别一般可以大致分为三个阶段:早期识别、迹象跟踪、决策判断。因此,宏观判别专家的知识挖掘对预报滑坡时间起到至关重要的作用。

2)微观突变特征分析

依靠各类滑坡监测仪器设备,记录滑坡变形量化数据,分析滑坡变形趋势,建立分析理论模型,及时发现滑坡发育突变区域,成为微观分析滑坡发生时间的必要条件。案例中新滩滑坡和鸡鸣寺滑坡预报没有建立过多的理论分析模型,只根据监测数据的突变特点进行成功预报。黄茨滑坡预报的理论模型起到了重要作用。从三处滑坡的监测数据统计分析中可见,当滑坡发育到一定阶段时出现突变的概率很高。所以,滑坡变形发育的突变区域成为预报滑坡发生时间的至关重要依据。

3)滑坡类型相对单一

除以上两个特点外,三处成功预报时间的滑坡案例都有一个共性,亦即滑坡的物质结构相对单一。如新滩滑坡和鸡鸣寺滑坡同属岩质滑坡,岩性均为灰岩,整体性较好,变形破坏规律性较强,便于监测到突变阶段的特点。黄茨滑坡为黄土滑坡,岩性为均质土和半成岩,变形破坏模式清楚,便于分析预测滑动趋势,所以能够进行成功预报。滑坡时间预报难度较大的是坡积层碎石土滑坡。这类滑坡在我国的分布范围最广,数量最多,规模最大,危害最严重。碎石土滑坡的岩性混组,结构复杂,变形破坏模式多样,因此滑坡时间预报的难度很大。

然而,也不是所有的滑坡只要通过监测都能够获得理想的时间预报分析数据,或者也根本无法建立预测理论分析模型。如中国科学院成都山地灾害与环境研究所(简称"成都山地所")自 1985 年以来,在雅砻江二滩电站金龙山滑坡体上建立了至今监测时间最长(30多年)、监测资料数据最完整的滑坡观测站,但这些数据都不能对预测滑坡做出判断,除了能够对水库蓄、泄水影响滑坡变形的趋势做出判别外,均没有建立时间预报的数值模型。因为监测数据反映的结果并不一定都能成为支撑分析滑坡发生的时间依据,如监测数据曲线无规律变化，或监测数据曲线没有变化等。当地面没有出现滑坡变形迹象时，对监测数据进行任何分析判断都是不准确的。因为在斜坡地表没有真正出现破坏变形迹象的前提下，监测数据都不足以证明存在滑坡的可能，更不可能预测滑坡滑动的具体时间。

1.4.2　成功预报泥石流时间的案例分析

从理论上分析，泥石流时间预报的成功概率应该较大，因为泥石流具有明确的沟道位置，冲淤范围也相对固定。在充分掌握物源活动特点的基础上，长期监测物源启动与降雨条件的关系，建立相关性统计模型，判断启动的雨量临界值，就可以准确预报泥石流发生时间。但事实并非如此，因为泥石流与降雨强度和降雨过程紧密相关，准确的时间预报除了要对降雨类型进行精确预报外，关键还要对泥石流的物源体活动性做出准确判断。两者结合才能够真正对泥石流发生时间进行预报。目前的研究表明，泥石流时间预报大多停留在对降雨时间、降雨量和泥石流发生概率的分析预报，同时划分预报类型(长期预报、中期预报、短期预报、临报)和时间(月、天、小时)阶段[14]。将物源活动性与降雨结合之后的预报研究成果则很少。如2008年"5·12"汶川地震之后，2010年8月13日四川省绵竹市清平乡文家沟暴发罕见的大型泥石流未造成任何人员伤亡，完全取决于村干部根据当时降雨情况，及时组织灾后重建集中安置区的群众转移，才得以成功避险。现有的泥石流监测设备，如泥位计、次声仪等都是在泥石流形成发生之后，才能记录收集到监测数据[15-18]，相对预报而言明显滞后。这些数据只能成为研究统计分析泥石流降雨条件、规模、活动规律的参考。所以至今为止，还没有真正意义上采用监测技术手段成功预报泥石流发生时间的案例。在我国所有的关于成功预报泥石流灾害的案例，基本上都是依靠群测群防人工手段实现。泥石流时间预报的目标基本还没有真正实现。目前的预报水平仅仅可以对区域性泥石流发生规律做出一些判断，单沟泥石流的成功预报时间几乎为空白。

泥石流时间预报的主要技术难度如下：

(1)泥石流沟域内降雨量分布不均难以确定主要触发雨量。

首先，泥石流沟域内不同高程降雨量分布不均。泥石流沟域小者几平方公里，大者几十平方公里，纵坡高程相差几十米至几百米。在这样的流域小环境内，降雨量分布极不均匀，相差几十倍甚至上百倍。如2010年8月8日甘肃舟曲特大泥石流，沟口县城高程1300m，记录的降雨量仅12.8mm；县城以东10km的东山镇，泥石流沟源附近高程2800m，降雨量达到96.3mm[19]。泥石流沟口和沟源降雨量可以相差8倍。又如云南东川蒋家沟泥石流，沟口高程1300m，沟源高程3200m，长年记录的沟口与沟源雨量可以相差2～10倍，所以有时出现沟口出太阳，沟源发生泥石流的现象。再如四川绵竹文家沟泥石流，沟口高程910m，沟源高程2400m，5～9月累计降雨量相差一般为200mm。山区降水量受到海拔的影响明显：从山脚开始随着海拔的增高，地势抬高形成的地形雨造成降水量逐渐增多，到了一定的高度后，空气里的水汽由于大量的降水而减少，降水量就会随着海拔的继续上升而减少。一般情况下降水量最多的地方是山地的山坡中部，到了山顶附近降水量会明显减少。

此外，山地降雨量与坡向还有一定关系。一般在迎风坡，地形抬升作用有利于降水，所以降雨量是随高程增加的。而背风坡不利于降水，降雨量比迎风坡小。

最后，泥石流沟域内各支沟降雨量分布不均。流域面积超过 $10km^2$ 的大型泥石流多由若干支沟组成。每条支沟间都有分水岭隔断，支沟间也会经常出现不同的降雨量。以哪一条支沟的降雨量为预警雨量标准，也成为泥石流时间预报难点。

因此，以哪一个高程、哪一种坡向、哪一条支沟的降雨量为预警主要触发雨量标准，成为泥石流时间预报的技术难点之一。

(2)泥石流物源活动特点及启动时间难以掌握。

泥石流物源的启动方式和启动时间是决定泥石流是否发生的关键。泥石流的物源类型非常复杂，包括滑坡、崩塌、沟道堆积物、坡面碎屑物等，启动的方式和条件也不一样[20,21]。不同于滑坡监测是一个明确的点，建立地下、地面的监测系统，可以捕捉到很多有分析价值的数据。泥石流物源可以是一个大的面(如坡面物源)，或者是多个点(如滑坡、崩塌物源体)，或者是一片有限区域(如沟道物源堆积体)，而且物源还在随时间和降雨条件发生动态演化[22]，有的物源体启动时间可达 $5\sim10a$[23]。如果完全采用现代技术手段对可能参与泥石流活动的物源体全部进行监测，查清活动规律，无论其监测设备成本、时间周期，还是技术难度都无法估量。因此，目前国内外针对泥石流物源启动时间监测预报的研究极少，距离物源启动时间预报的目标差距还很大。不能完全掌握泥石流物源的活动规律和启动时间，成为泥石流时间预报的技术难点之二。

(3)降雨触发泥石流的临界雨量多变。

在什么降雨条件下可能诱发泥石流，是人们主要关注的问题。通过研究泥石流临界雨量问题，确定触发因素条件，可以对泥石流发生时间做出大致判断。如泥石流启动的 10min 降雨模型[24,25]，前期降雨量和当日降雨量的 Logistic 回归分析模型[26,27]，降雨强度与历时统计的 I-D 模型[28]，1h 雨强与累计雨量的 I-P 模型[29]，等等。然而，众多的降雨型泥石流预报模型也都是在泥石流事件发生之后进行反演和拟合，没有真正的成功预报案例，因此缺乏可信度。缺少准确的预警临界雨量，成为泥石流时间预报的技术难点之三。

尽管泥石流时间预报的以上难题目前还难以完全解决，但泥石流发生完全受到降雨条件控制，活动范围(危险区)相对局限，采用现代化精准监测仪器设备与宏观判别相结合，对重点单沟泥石流通过长期监测，研究降雨量与泥石流活动规律(发生频率)的关系，可以实现泥石流发生时间的短期预报(天)。如中国科学院成都山地所自 1961 年以来，持续 40 多年开展云南省东川区蒋家沟泥石流的监测预报研究，降雨型泥石流短期成功预报准确率可达到 85%(主要支沟泥石流发生率)。也曾尝试过提前 20 多分钟预报的案例。但到目前为止，蒋家沟泥石流还没有十分准确的时间预报案例。

1.4.3 时间预警方法

如图 1-6 示，时间预报预警模型由四大部分组成，其中每个部分代表了一个阶段需要完成的基本工作内容准备。并且每部分之间关联性极强，前者都是后者的基础条件，与空间预警结构相同，缺一不可。

1.4.3.1　宏观识别

任何一处地质灾害点在建立监测预警系统前，都必须对地质灾害体地表进行宏观判别，识别地质灾害的类型、基本特征、发育规律、触发因素条件等。在此基础上，确定主要变形区位置和范围，分析地质灾害的发展趋势，评价时间预警的可能性，建立监测点的位置和采用仪器设备。

1. 滑坡破坏迹象识别

斜坡演变成滑坡除需要具备必要的基本内部条件外，还必须根据地表变形特征判断是否可能遭到滑动破坏，危险范围有多大，主要变形迹象是什么，变形位置的分布特点，滑动的方式是什么，等等。在制定监测预警方案前，首先应该通过地表宏观调查，对地表出现的任何变形迹象认真进行现场踏勘，识别滑坡变形发育阶段、危险程度，分析监测预警的可能性和必要性，确定监测设备适宜安放的具体位置，评估监测工程实施的价值和效益，为预警方案决策提供参考。因此前期的滑坡变形迹象识别，是开展监测预警工作的基础。没有这项基础工作，后续工作将全都是盲目的。简而概之可包括如表 1-9 所示的基本内容。如果经宏观识别后，认为有必要时也可以进行专业勘查，进一步查明滑坡的内部结构和滑动面位置，确定地下监测内容。

表 1-9　滑坡时间预报预警的前期宏观识别

识别内容					识别方法	监测仪器布设位置
主要变形位置	破坏力学模式	变形破坏时序	触发因素	现状评价		
滑坡前沿出现新的逐渐牵引破坏的变形迹象，并有向后部延伸发展的趋势	牵引式破坏。滑坡破坏动力主要来自于坡体前部，并逐渐向中、后部牵引扩展	调查滑坡中、前沿裂缝、坍塌等破坏迹象的发育时间过程，统计变形与时间的相关性	降雨、人为切坡、河水冲刷、其他	根据地表各类物体的变形破坏特点，建立危险等级，划分变形强弱区域，提供主要监测范围，论证滑坡时间预警的必要性	根据剪出口高程和位置，搜索可能的滑动面，确定后缘可能牵引破坏范围	牵引式滑坡主要进行地表变形监测，布设点为变形裂缝，以及可能发展范围
滑坡前沿出现鼓胀变形迹象，后部出现拉张裂缝，有连通发展的趋势	推移式破坏。滑坡的破坏动力主要来自于坡体中、后部，并逐渐向前部推动发展	调查滑坡前沿鼓胀变形、后缘拉张变形的发育时间过程，统计变形与时间的相关性	降雨、渠道漏水、加载	根据地表各类物体的变形破坏特点，建立危险等级，划分变形强弱区域，提供主要监测范围，论证滑坡时间预警的必要性	可进行滑坡必要的勘查，揭示滑动面，或根据前后缘裂缝和鼓胀变形部位推测滑面位置	推移式滑坡主要进行地表和地下变形同时监测，包括后缘裂缝和前沿鼓丘

2. 泥石流形成条件识别

"5·12"汶川地震发生之后，地震灾区泥石流的发育现状已经完全改变了原先的认识。从未发生过泥石流的地区，成为泥石流重灾区。而且规模之大、频率之高、危害之严重，突破了原有的研究和认知程度。如果继续沿用原有的理论和方法认识泥石流，将会受到大自然严重惩罚。本书认为，泥石流形成条件识别关键是对可参与泥石流活动物源的认识。监测预警方案应该主要针对泥石流各类物源选择适宜的监测仪器设备进行监测，做到超前响应，提前预警。而不能当泥石流启动后才发出预警信号，滞后撤离时间，成为亡羊补牢的监测预警。泥石流物源识别的内容如表 1-10 所示。

表 1-10　泥石流时间预报预警的前期宏观识别

物源类型及产流类型					识别方法	监测仪器布设位置
堵溃型物源	坡积型物源	沟道型物源	触发因素	现状评价		
在地震力或水动力作用下,诱发的大型滑坡将沟道完全堵断,形成堰塞坝。一旦堰塞坝溃决,将形成堵溃型泥石流,对下游将造成极严重危害	在地震力或重力卸荷作用下,诱发的沟道两侧陡坡崩塌物堆积在坡面。坡崩积物能够源源不断产流汇入沟道,形成阵型泥石流,对下游将造成严重危害	在地震力或水动力作用下,两侧松散物质逐渐堆积沟道,形成沟道物源。随着沟道揭底冲刷和掏蚀,沟道物源可形成持续型泥石流,对下游将造成较严重危害	强降雨或持续降雨	根据泥石流各类物源的分布特点、物源的稳定性,以及形成泥石流类型和危害性,建立危险等级,划分危险区域,提供主要监测范围,论证泥石流时间预警的必要性	①沟谷下切侵蚀堵溃物源的启动模式识别,估算可能启动物源的范围和规模 ②沟谷侧缘侵蚀滑塌性物源启动模式识别,估算可能启动物源的范围和规模	沟床部位\n\n沟床两侧的坡面部位

1.4.3.2　技术支持

时间预报预警必须采用宏观判别与微观监测相结合的技术方法。宏观判别主要通过分析灾害体地表的任何变形迹象,推测灾害体发育的阶段、变形速度、破坏范围、危险性。微观监测主要对肉眼无法观察的变形迹象,采用不同的监测仪器设备进行定时定点实时监测。采集任何有价值的变形数据,为时间预警提供参考资料。

1. 宏观分析

滑坡泥石流危险性和发育趋势宏观分析是依靠有经验的地质灾害专家,对灾害体地表各类变形迹象综合分析后,做出的评估预测。本书推荐采用专家预测法进行评估预测。专家预测法是以专家信息为索取对象,依靠专家的知识和经验,以及判断能力来评估预测滑坡泥石流危险性和发育趋势的一种方法。该方法的首要问题是确定评估专家水平标准,其次是建立评估模型。

评估预测专家的专业水平及专家权重值,可以采用可信度指标评价(表 1-11)。

表 1-11　地质灾害专家资格认定参考标准

专家分类标准	正高职称任职年数(I_j^1)	从事地灾工作年数(I_j^2)	专家级别划分(I_j^3)	可信度标准($E_i=\sum I_j^i$)	专家权重(w_i)
国家级专家	$I_1^1 \geqslant 20$	$I_1^2 \geqslant 30$	I_1^3-国家相关部委聘任	$E_1=3I_1^i$,可信度很高	0.4
省级专家	$10 \leqslant I_2^1 < 20$	$20 \leqslant I_2^2 < 30$	I_2^3-省级相关部门聘任	$E_2=3I_2^i$,可信度高	0.3
地、市级专家	$5 \leqslant I_3^1 < 10$	$10 \leqslant I_3^2 < 20$	I_3^3-地级相关部门聘任	$E_3=3I_3^i$,可信度较高	0.2
行业内专家	$I_4^1 < 5$	$I_4^2 < 10$	I_4^3-行业内聘任	$E_4=3I_4^i$,可信度一般	0.1

注：当评估预测专家不能满足分类标准中任一必要条件时,自动进入下一级别专家行列。

宏观分析方法通常可采用 F-A-M(field survey-analysis-meeting)模式，即：野外调查、分析论证、会议决策的预测判断程序。

2. 微观监测

借助仪器设备监测地质灾害体地表及地下肉眼无法观察的变形迹象，是现代滑坡泥石流监测预警的必要技术手段。在滑坡泥石流前期识别和宏观分析的基础上，对确认单体滑坡和单沟泥石流变形的关键部位安放适当的仪器设备，长期监测变形规律是成功预报滑坡泥石流的重要保证。目前现代技术已将监测信号实时传输到室内，对实时跟踪滑坡泥石流变形迹象，预测发展趋势起到了关键技术支撑。市场上可供选择的滑坡、崩塌、泥石流监测仪器设备众多，归纳起来如表 1-12 所示。

表 1-12　地质灾害监测仪器设备类型统计

地质灾害类型	应用范围及仪器设备分类			
	监测目标	仪器类型	布设位置	数据传输
滑坡	地表变形监测	地表测斜仪、地表伸缩仪、地表光纤、地表倾斜仪、全站仪、GPS 等	滑坡主滑方向纵剖面不同部位，地表明显变形部位	分季节设定高频及低频率方式实时传输监测数据
	地下变形监测	地下测斜仪、地下应变仪、地下光纤、孔隙水压计、水位计等	滑坡主滑方向的滑面位置，前沿不同深度位置	分季节设定高频及低频率方式实时传输监测数据
	相关因素监测	雨量计	滑坡体外部	分季节设定高频或断电方式实时传输监测数据
崩塌	地表变形监测	地表测斜仪、地表伸缩仪、地表光纤、地表倾斜仪、全站仪、GPS 等	重力卸荷裂隙(缝)部位两侧	高频方式实时传输监测数据
泥石流	物源体变形监测	地表测斜仪、地表伸缩仪、地表光纤、地表倾斜仪、全站仪、GPS 等	物源主要破坏方向、不同地表明显变形部位	分季节设定高频及低频率方式实时传输监测数据
	泥石流形态监测	泥位计、断线仪	泥石流沟道不同断面部位	分季节设定高频或断电方式实时传输监测数据
	泥石流报警监测	声发射仪	泥石流沟口部位	分季节设定高频或断电方式实时传输监测数据
	相关因素监测	雨量计	根据泥石流规模，可设计在上、中、下，或沟口部位	分季节设定高频或断电方式实时传输监测数据

滑坡泥石流监测仪器设备仅仅完成了提取变形信号的任务，而预警真正的难度是分析这些信号的类型、相关性，建立预警模型和确定临界预警值。

1.4.3.3　预警模型

根据以上对我国成功预报滑坡时间案例的分析，无一例外都采用了宏观分析与微观监测相结合的滑坡时间预报方法。这些经验应该成为滑坡泥石流时间预警的基本原则，实际预警模型也应该根据这个原则建立。

1. 专家评估预警模型

挖掘地质灾害专家的知识和经验，针对滑坡泥石流不同类型的宏观变形特征，开发相应的人工智能判断系统，将专家的定性经验上升为定量化的数字语言，增强宏观判别的客观性和科学性，使专家的分析判断成为决策的重要参考依据。本书拟采用分析模型为专家评估预警模型，可获取多位专家综合宏观判断的结果。根据表 1-11 对预警专家的等级评定，可建立评估预警统计指标(表 1-13)。

表 1-13　地质灾害危险性专家评估预警表

预警专家类型	危险性评估	预警值(H_j^i)/d	概率(P_j^i)	期望值(η_j^i)	专家权重(w_i)
	即刻发生破坏	H_1^1	$P_1^1 = 0 \sim 1$	$\eta_1^1 = H_1^1 \cdot P_1^1$	
1(国家级)	渐进破坏阶段	H_2^1	$P_2^1 = 0 \sim 1$	$\eta_2^1 = H_2^1 \cdot P_2^1$	0.4
	变形初期阶段	H_3^1	$P_3^1 = 0 \sim 1$	$\eta_3^1 = H_3^1 \cdot P_3^1$	
⋮	⋮	⋮	⋮	⋮	⋮
	即刻发生破坏	H_1^4	$P_1^4 = 0 \sim 1$	$\eta_1^4 = H_1^4 \cdot P_1^4$	
4(行业级)	渐进破坏阶段	H_2^4	$P_2^4 = 0 \sim 1$	$\eta_2^4 = H_2^4 \cdot P_2^4$	0.1
	变形初期阶段	H_3^4	$P_3^4 = 0 \sim 1$	$\eta_3^4 = H_3^4 \cdot P_3^4$	

表 1-13 中，预警值 H 表示专家对滑坡泥石流可能发生启动的时间判断，范围包括月、天、时不等；概率值 P 表示专家对自己判断结果的可靠性评价；期望值 η 表示对专家做出的判断结果的预测。当出现多位专家同时进行分析判断时，可以建立以下评估预警模型：

$$\eta_j^i = H_j^i \cdot P_j^i \tag{1-1}$$

式中，η 为专家期望值；H 为预警破坏时间值(天)；P 为专家评估概率值。专家评估预警值为

$$y_i = \eta_j^i \cdot w_i = H_j^i \cdot P_j^i \cdot w_i \tag{1-2}$$

式中，y 为专家评估预警值(天)。一般的预测都应该采用 F-A-M 模式，所以采用会议形式对滑坡泥石流发生时间做出最终预判。会议决策由多位专家共同制定，则多专家综合评估预警结果为

$$Y = \sum y_i / \sum w_i \tag{1-3}$$

式中，Y 为多专家综合评估预警值。结合表 1-11、表 1-13，式(1-1)、式(1-2)、式(1-3)可以获得地表变形宏观分析的专家综合评估预警结果。

2. 降雨滑坡(泥石流物源体)预警模型

通过监测数据统计，分析降雨量与滑坡变形发育的相关性，预判滑坡启动的时间，建立微观监测雨强、雨量与泥石流物源活动性统计模型。重点监测泥石流物源启动条件，分

析雨强、雨量与物源的活动规律，预判泥石流物源启动时间，建立降雨触发滑坡(泥石流物源)的临界雨量标准。滑坡的触发因素比较复杂，包括降雨、人为、地震、河水侵蚀等。本节讨论的要点仅仅是降雨因素与滑坡(泥石流物源)发生时间的预警问题，所以时间预警模型应该首先考虑降雨量和滑坡(泥石流物源)体变形量的关系。现实情况中一般都需要根据雨量条件发布灾害预警信息。根据 1.4.1 节的统计分析结果，成功的滑坡(泥石流物源体)时间预报，都是依靠监测数据突变拐点分析法模型。滑坡(泥石流物源)在降雨因素触发条件下，岩土体的破坏变形规律也应该基本服从四阶段破坏论，即：蠕变阶段→匀速变形阶段→提速变形阶段→加速变形阶段(图 1-10)。但在降雨条件下这种关系更为复杂，包括斋藤的滑坡蠕变破坏理论也没有关联降雨的问题。如：

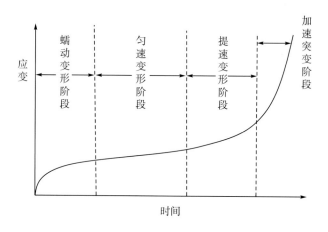

图 1-10　滑坡(泥石流物源体)破坏的时间关系图

$$T_r - t_0 = \frac{1/2(t_1 - t_0)^2}{(t_1 - t_0) - 1/2(t_2 - t_0)} \tag{1-4}$$

式(1-4)中没有降雨条件的影响，只有变形破坏的时间阶段。降雨条件下，坡体内部的孔隙水压现象改变很大，地表宏观变形迹象发展迅速，滑坡破坏速度明显大于无降雨条件的滑坡蠕变速度，所以能够真实监测到降雨滑坡全过程的事件极少。到目前为止，还没有成功预报降雨滑坡的典型案例介绍。降雨滑坡是一个小概率事件，采用区域降雨滑坡统计方法，是不能够解释典型滑坡破坏变形现象的。降雨滑坡应该也存在加速突变的拐点，但监测这个拐点成为建立降雨型滑坡(泥石流物源体)时间预警模型的难题。在此情况下，可以依靠模拟试验获取相似预警模型。降雨型滑坡(泥石流物源体)时间预警模型应该是时间与三种降雨量的关系式，即

$$T_L = f(Q_{L1}, Q_{L2}, Q_{L3}) \tag{1-5}$$

式中，T_L 为滑坡发生时间；f 为函数关系式；Q_{L1} 为滑坡雨强；Q_{L2} 为滑坡前期降雨量；Q_{L3} 为滑坡累计降雨量。式中雨量 Q_L 为 T_L 的变量函数。其中，Q_{L1}、Q_{L2}、Q_{L3} 三个变量可以由实验方法确定，T_L 应该成为滑坡破坏的突变拐点时间。建立雨量与时间的相关性模型，一般需要大量的实验样本进行统计分析。由于每一处滑坡的特性不一样，得出的滑坡时间预警模型也仅仅能成为一个近似解，或者是一个概率，但都不可能有 100%的可靠度。

3. 降雨泥石流预警模型

与滑坡灾害不同,降雨是触发泥石流的必要条件,所以降雨型泥石流的预警模型主要指降雨过程与发生灾害时间的关系式。预警人员将根据此模型对泥石流发生时间的可能性进行统计分析,决定发布预警信号的必要性。这个模型应该是针对区域范围内多次泥石流事件或者单沟泥石流频率统计的结果,需要具有大量雨量和泥石流监测数据支撑。应该说明,泥石流预警模型与泥石流临界雨量不是同一种概念。泥石流预警模型仅仅是发生灾害时间的条件概率,即在什么降雨历时条件下,发生泥石流可能性有多大。这个模型包括降雨历时过程中发生泥石流的频率,因此需要大量监测数据统计分析。临界雨量是决定能否启动泥石流的必要条件,即当雨量达到一定标准时,泥石流才可能启动。前者是时间条件问题,后者是雨量条件问题。本书认为,在众多的泥石流时间预警模型中,降雨强度与历时统计的 I-D 模型比较符合泥石流预警模型[28-30]。因为泥石流是一个多发概率事件,在同一个地质环境条件的区域内,以区域泥石流或单沟泥石流发生数量或频率为样本,统计雨强与历时的关系,可以获得一个较理想的泥石流发生时间预警模型,建立降雨泥石流预警模型的函数关系式,即

$$T_F = f(Q_{F1}, Q_{F2}, Q_{F3}) \tag{1-6}$$

式中,T_F 为泥石流发生时间;f 为函数关系式;Q_{F1} 为泥石流雨强;Q_{F2} 为泥石流前期降雨量;Q_{F3} 为泥石流累计降雨量。式中雨量 Q_F 为 T_F 的变量函数。其中,Q_{F1}、Q_{F2}、Q_{F3} 三个变量可以由单沟泥石流监测方法确定。由式(1-6)获得的结果其实也仅仅是发生泥石流时间的趋势,而不是准确时间,只能表示当雨强达到多长时间后,就有触发泥石流的可能性。由于受泥石流发育周期的影响,区域和单沟泥石流都会出现高发期和低频期。如果出现这种现象,式(1-6)统计结果也应该随时间和泥石流的暴发频率变化有所不同。所以,需要定期调整模型的相关性统计。

4. 综合预警模型

在现实情况中,以上介绍的滑坡和泥石流时间预警模型都是理想化的模型系统,由于没有真正意义上成功预报滑坡和泥石流准确发生时间的案例,所以在实际预警中可以不按时刻的标准(如时、分)预警,改用时域,即以天(d)、小时(h)的标准进行预警。这样就可以获得一个比较现实的预警时段,也便于开展有效的避险工作。此节将建立的综合预警模型,是将专家评估预警模型与滑坡泥石流时间预警模型相结合的模型系统。此模型系统将专家宏观评估判断结果与监测数据统计结果相融合,得出最终综合预判结果。综合预警模型可采用加权平均方式表示,即

综合预判时间=专家宏观预测时间+微观监测数据统计时间

或

$$\bar{d} = d_1 \cdot w_1 + d_2 \cdot w_2 = d_1 \cdot \frac{R}{R+S} + d_2 \cdot \frac{S}{R+S} \tag{1-7}$$

式中,$\bar{d}$ 为综合预测发生时间(天);d_1 为专家评估预测时间(天);d_2 为监测数据统计分析预测时间;w_1 为专家权数;w_2 为监测设备权数;R 为评估专家人员数;S 为监测设备

数。其中 S 监测设备数应该是有效数据统计分析的设备数，未参加统计数据的设备为无效设备，不计入设备数。通过式(1-7)，可以将宏观判断与微观数据统计预报相结合，定量化地综合预判地质灾害发生的时间。该模型结果既吸收了专家的知识和经验，又发挥了监测设备的精准作用，使滑坡泥石流时间预警更科学可靠。

1.4.3.4 预警临界值

针对公众性的降雨型地质灾害预报，通常采用发布雨量尺度标准进行前期预警。这是降雨型滑坡泥石流最通俗易懂的预警方式。亦即当出现什么级别的降雨量时，就有发生滑坡泥石流灾害的可能性。这种雨量尺度标准就是滑坡泥石流时间预警临界值[31]。在1.4.3.3 节讨论的降雨型滑坡泥石流预警模型系统中，希望建立降雨量与滑坡泥石流发生时间的关系式，从而达到时间预警的目的。但由于滑坡泥石流的复杂性，无论哪一种预警模型所获得的结果也仅仅是降雨趋势与滑坡泥石流发生时间趋势的相关性，是难以真正得到准确的滑坡泥石流发生时刻和雨量值的。从滑坡泥石流预警模型中得出的触发雨量条件，也还需要划分出不同的临界雨量标准。现实中在有关部门发布预警信息前，都需要技术支撑系统提供预判滑坡泥石流可能发生时间的临界雨量标准，即降雨滑坡泥石流预警临界值。本书认为，降雨临界值应该包括一个值域区间范围，不能仅仅以一个简单的数值表示，如 50mm 雨量、100mm 雨量、150mm 雨量等。可以采用 50~80mm 雨量、80~100mm 雨量的方式表示临界值域，并制定这个临界值域内滑坡泥石流发生特点、危害性标准。这种方式才更便于人们有效地采取防御避险措施。滑坡泥石流时间预警的降雨临界值与区域空间滑坡泥石流预警临界值不一样。区域空间预警可以在同等危险空间区域内建立一个降雨临界值即可。但每一处单体滑坡单沟泥石流都具有一定的差异性，所以不可能建立一个通用的降雨临界值域标准。应该根据每一处滑坡和泥石流灾害的形成条件、结构类型、发育特点分别确定降雨临界值才能达到准确预警的效果。

1. 降雨型滑坡临界值

降雨滑坡临界值是指触发滑坡变形破坏的最小雨量标准。在这个雨量条件下，滑坡有启动的可能，超过这个雨量标准，滑坡滑动的可能性增大。雨量临界值是降雨型滑坡时间预警的基础判别标准。从 1.4.1 节总结的我国成功预报滑坡案例中可见，几乎没有有效降雨量与滑坡变形破坏的相关性统计分析结果，同属于非降雨因素的自然滑坡事件。由于降雨滑坡是一个小概率事件，因此到目前为止，真正成功预报降雨单体滑坡的案例很少，能够得到降雨滑坡临界值的概率也极低。一是在降雨条件下突发的滑坡通常是没有被识别的，因此没有安装任何变形监测技术设备，也无可供统计分析的有效数据；二是具备监测技术手段的滑坡往往在降雨条件下又没有遭到破坏，因此难以建立起降雨量与滑坡变形的相关性统计模型。现有能够供降雨型滑坡临界值统计的资料数据，一般都是降雨量与滑坡发生数量的相关性统计。研究者根据雨量与滑坡数的相关性统计，建立了各类区域降雨型滑坡临界值标准，但仍少见单体降雨型滑坡临界值研究成果[30-34]。

1)野外监测数据统计方法

在 1.4.1 节中介绍的成功预报滑坡事件的案例，都是依靠野外监测数据统计分析的结果。尽管这些案例都没有涉及降雨量与滑坡发生时间的临界值，但不难看出，依靠仪器设备对滑坡进行长期监测，通过数据统计分析是可以实现滑坡预报，同时也应该建立降雨临界值。目前，滑坡监测已经进入实时监测、远程传输、后台处理的快速信息化时代，只要能够监测到不同类型降雨滑坡多样本的阈值，就可以获取较理想的降雨临界值。

(1) 野外监测原则。

滑坡野外监测的基本原则是：选用性能可靠、成本较低的仪器设备，准确安装在滑坡体主要变形部位，保证数据传输质量。

(2) 野外监测技术。

降雨滑坡的实时监测除可采用表 1-12 中的监测仪器设备外，还应该根据滑坡破坏力学模式设计仪器设备的位置，这样才能有效发挥监测仪器的功能作用，及时监测滑坡变形的信号(表 1-14)。

表 1-14　降雨型滑坡监测设备类型及安装位置

滑坡破坏力学模式	变形部位	仪器设备类型	设计安装位置
牵引式滑坡	滑坡前沿	地表伸缩仪、地表测斜仪、地表光纤	安放在滑坡牵引破坏体中部及前沿部位，主要监测牵引体滑动变形破坏范围及变形速度
	滑坡后缘	地表测斜仪、全站仪、GPS	安放在滑坡牵引破坏后缘裂缝及变形迹象的部位，主要监测滑坡后缘牵引范围及变形速度
	外部	雨量计	安放在滑坡范围外，监测实时雨量变化
推移式滑坡	滑坡后缘	地表伸缩仪、地表测斜仪、GPS	安放在滑坡推移破坏后缘裂缝及变形迹象的部位，主要监测滑坡后缘张拉范围及变形速度
	滑坡中部	地表测斜仪、全站仪、GPS	安放在滑坡推移挤压体中部及前沿鼓胀部位，主要监测推移体滑动变形破坏的范围及速度
	滑坡中部及前沿	地下(深、浅层)测斜仪、地下光纤	安放在滑坡推测滑动面以下，主要监测潜在滑动面的位置和深度，以及滑坡体整体变形的速度
	外部	雨量计	安放在滑坡范围外，监测实时雨量变化

(3) 监测统计数据。

参加统计分析的数据主要包括降雨条件下地表和地下变形数据，以及降雨量数据。降雨量数据应该包括前期雨量和过程雨量两类。这些数据是建立临界值域的重要支撑。数据统计分析方法很多，可以采用任何模型进行降雨量与滑坡发生相关性统计，这些统计模型应该获得雨量的临界值域结果。本书主要推荐采用 I-D 模型统计分析。

2) 模拟试验分析方法

在难以获得野外实时监测数据的情况下，借助室内相似模拟试验可以获取降雨滑坡参考临界值[35]。降雨型滑坡临界值相似模拟试验的一般程序方法和设备装置如图 1-11、图 1-12。根据图 1-11 的方法，可以确定降雨型滑坡临界值相似模拟试验的程序及内容。

(1) 试验目标。

针对野外监测难以获得的降雨滑坡临界值，采用室内相似模拟试验方法，得到降雨型滑坡启动的临界值雨量值域近似解，经过实际应用后检验修正完善，最终建立降雨型滑坡预警临界值。

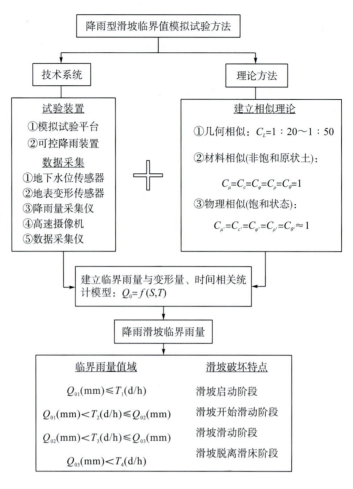

图 1-11　降雨型滑坡临界值模拟试验结构框图

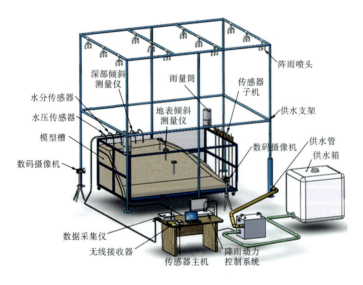

图 1-12　降雨滑坡临界值模拟试验装置示意图(据李倩倩)

(2)试验基本原则。

①试验模型必须具备相似条件,不能采用简单的物理模型试验方法,主要针对典型单体滑坡或同类型滑坡开展相似模拟试验研究,否则将失去应用价值;

②选用较大尺度的试验平台($\geqslant 3m \times 2m$),增强试验的几何相似性,尽量减少边界约束条件,达到仿真效果;

③同时安装雨量计、地表测斜仪、孔隙水压计、地下水位计、高速摄像机、高频数据采集仪等监测设备,获取相关性分析模型使用的地表降水、地表宏观变形、孔隙水压、地下水变化的有效数据;

④拟定通用标准雨强-历时降雨试验方案,相关性试验样本次(组)数。

(3)试验拟解决的关键技术问题。

①在什么雨量(Q_{01})标准的作用下,持续多长时间(T_1)后,可能引起滑坡地表开始变形;

②在什么雨量(Q_{02})标准的作用下,持续多长时间(T_2)后,可能触发滑坡开始局部滑动破坏;

③在什么雨量(Q_{03})标准的作用下,持续多长时间(T_3)后,可能使滑坡整体滑动;

④在什么雨量(Q_{04})标准的作用下,持续多长时间(T_4)后,可能达到滑坡脱离滑床。

(4)试验临界值统计模型。

降雨型滑坡的临界值可以通过多次试验统计数据建立 I_L-D_L(强降雨与持续时间相关性)模型统计获取,即

$$I_L = f(D_L) \tag{1-8}$$

或

$$I_L = a \cdot D_L^{\,b} \tag{1-9}$$

式中,I_L 为滑坡发生小时雨量(mm);D_L 为滑坡雨强历时(h);a、b 为雨强与历时的统计常数。式(1-9)表示在降雨条件下,当坡体开始出现初始变形破坏迹象时(如地面裂缝、局部滑动等),也就是降雨诱发滑坡发生的临界雨量值。

由于单体滑坡类型复杂,形成条件的差异性很大,所以采用相似模拟试验获得的临界雨量值域,通常仅能适用于一个特定的滑坡,或者同类型滑坡预警的临界指标,不具有普适性,成为相似模拟试验的局限性。现实情况中,凡需要监测预警的滑坡都应该具有其必要性和重要性。对这些典型降雨型滑坡的时间预警,除长期监测统计降雨临界值外,在有条件的情况下,均可以采用模拟试验方法预先提出建议降雨临界值域参考值,然后再根据实时监测不断总结调整,最终建立理想的临界雨量标准。

2. 降雨型泥石流临界值

因发生降雨型泥石流受到沟域条件的限制,又是一种高概率事件,相对而言,获取降雨临界值应该比滑坡容易。一种方法是通过对泥石流易发区域,或者高频单沟泥石流野外发生频率与降雨量实时监测数据统计分析,从而获得诱发泥石流的临界雨量值。另一种方法是采用模拟试验技术手段,监测降雨量与泥石流启动的关系,获得诱发泥石流的临界雨量值。

1)野外监测数据统计方法

(1)野外监测原则。

泥石流野外监测的基本原则是：选用性能可靠、成本较低的仪器设备，并主要安装在泥石流物源体(滑坡、崩塌、坡面松散堆积体)及沟道部位，保证数据传输质量。

(2)野外监测技术。

对降雨型泥石流进行实时监测时，相对物源体(如滑坡、崩塌、坡面松散堆积体)可采用表 1-14 中同样的仪器设备，重点监测物源体的活动变形情况。在流通区的沟道中，可以采用表 1-15 中的监测仪器设备观测泥石流流量、流速、冲击力等特征参量变形情况。

表 1-15　降雨型泥石流监测设备类型及安装位置

泥石流类型	仪器设备类型	设计安装位置
沟道泥石流	超声波泥位计、红外线泥位计、断线仪	安放在泥石流流通区多断面，主要监测泥石流流体规模及特征参数变化特性
	地声仪、次声仪	地声仪安放在泥石流形成区或流通区，次声仪安放在泥石流区域以外，监测泥石流活动，并发布预警信号
	雨量计	安放在泥石流纵断面的不同高程处，实时监测雨量变化
坡面泥石流	地表测斜仪	安放在坡面松散层，主要监测地表松散物源的活动情况
	雨量计	安放在泥石流区域外，监测降雨量与坡面松散物源的活动规律

目前，在我国采用野外监测数据统计方法确定临界雨量的研究成果较多[18]，如其中的 1h 预警临界雨量、10min 预警临界雨量统计模型[24-26]，即

1h 泥石流临界雨量模型为

$$R = \frac{B + KI}{R_0} \tag{1-10}$$

式中，R 为临界雨量(mm)；B 为泥石流暴发前期雨量(mm)；I 为泥石流触发 1h 雨量(mm)；R_0 为当地年平均雨量(mm)；K 为统计系数。

10min 泥石流临界雨量模型为

$$R = \frac{R^*}{R_0 \cdot C_v} = \frac{B + KI}{R_0 \cdot C_v} \tag{1-11}$$

式中，R 为临界雨量(mm)；B 为泥石流暴发前期雨量(mm)；R_0 为当地年平均雨量(mm)；C_v 为当地 10min 降雨变差系数；I 为 10min 泥石流触发雨量(mm)；K 为统计系数。

这些模型都需要基于大量统计数据分析，才能获得其中的系数值 K。甚至每一条泥石流沟就应该有一个系数值，模型的可靠性也取决于系数的准确性。所以要实现取值的可靠度，分析样本数量和监测资料是关键。有学者采用这些方法对已发生的泥石流进行了反演，并获得一定效果。但这些模型都没有在实际预警设置临界雨量中得到过检验，其适用性和可靠性还有待验证。目前我国能够满足足够多的监测统计数据及泥石流事件样本的仅有云南东川蒋家沟泥石流。上述 1h 和 10min 预警降雨临界值也是根据蒋家沟泥石流发育特点开发的模型。因为蒋家沟是典型的高频泥石流沟，自中科院成都山地所建站 40 余年来，几乎每年都有大小不等的泥石流发生，能够获得大量的监测统计数据，为建立预警临界雨量值提供了可靠保证。而"5·12"汶川大地震诱发大量泥石流后，有关单位在地震灾区分

别建立了绵竹文家沟泥石流、汶川映秀红椿沟泥石流、都江堰龙池和虹口泥石流、彭州泥石流监测系统，但至今没有获得理想的雨量临界值结果。其原因是地震前，这些地区基本没有泥石流发生，属偶发性泥石流区域。由于地震因素提供了丰富的物源，才开始发生泥石流。随着泥石流物源的消失殆尽，泥石流发生频率越来越低，规模越来越小。因此现有的监测设备都难以记录到有效资料数据，给统计建模带来极大的难度。而且目前所有的降雨型泥石流临界值统计模型都缺少泥石流发生频率衰减的影响，所以真正能够成功预警泥石流的案例几乎没有。

2）室内试验分析方法

相比野外监测统计法，室内试验比较容易获得希望的有效数据资料。试验方法能够在短时间内获取大量统计数据，建立分析模型，确定预警临界雨量指标。室内降雨型泥石流临界值模拟试验，主要针对高频泥石流类型。因为高频泥石流的发育特征明显，规律性强，容易得到验证。而低频泥石流的形成机理、发生规律不清楚，模拟试验的边界条件难以确定，验证的概率极低，所以模拟试验的可靠度较差。常规的降雨型泥石流临界值模拟试验方法如图1-13、图1-14所示。根据图1-13的方法，可以确定降雨型泥石流临界值相似模拟试验的以下内容：

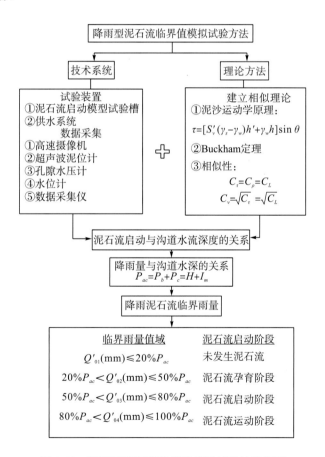

图1-13 降雨型泥石流临界值模拟试验结构框图

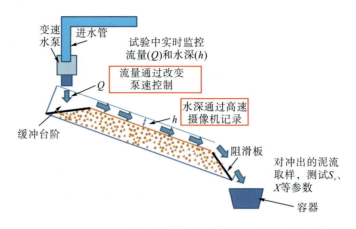

图 1-14　降雨泥石流临界值模拟试验装置示意图(据姜元俊)

（1）试验目标。

针对高频降雨泥石流发育特点，采用室内相似模拟试验方法，得到高频降雨型泥石流（物源、沟床）启动的临界雨量值域近似解。经过实际应用后检验修正完善，最终建立降雨型高频泥石流预警临界值。

（2）试验基本原则。

①模型试验应模拟典型单沟泥石流和同类型泥石流的形成条件，尽量具备相似性，如果仅采用物理模型试验方法，必须通过多次(组)同类试验逼近真条件，达到仿真结果；

②由于泥石流模型试验的材料相似、物理力学相似性都难以实现，所以应选用较大尺度的试验平台(物源区试验台≥3m×2m，沟道试验槽≥1m×0.5m×10m)，增强模拟试验的几何相似性，减少边界约束条件；

③同时安装雨量计、孔隙水压计、断线仪、高速摄像机、高频数据采集仪等监测设备，获取相关性分析模型使用的地表降水、孔隙水压变化的有效数据；

④模拟试验装置必须充分考虑降雨条件下的产汇流作用关系，模拟降雨量与产汇流的转化过程，观测泥石流启动规律，建立临界雨量标准；

⑤根据泥石流主要物源分布和启动的特点(如沟道物源、坡面物源、崩塌滑坡堵溃物源等)，制定具体模拟试验方案。

（3）试验拟解决的关键技术问题。

①模拟试验的相似率能够达到的比例是多少，与仿真的差距有多大；

②在什么雨量(Q_0')标准的作用下，持续多长时间(T_1)后，物源可能开始蠕动；

③在什么雨量(Q_0')标准的作用下，持续多长时间(T_2)后，物源可能开始启动；

④在什么雨量(Q_0')标准的作用下，持续多长时间(T_3)后，物源可能转化为泥石流。

（4）试验临界值统计模型。

降雨型泥石流的临界值也可以通过多次试验统计数据建立 I_F-D_F(强降雨与持续时间相关性)模型统计获取，即

$$I_F = f(D_F) \tag{1-12}$$

或

$$I_F = a \cdot D_F^b \tag{1-13}$$

式中，I_F 为泥石流发生小时雨量（mm）；D_F 为泥石流雨强历时（h）；a、b 为雨强与历时的统计常数。式(1-13)表示在降雨条件下，各类体物源已经启动进入沟道形成泥石流，也就是降雨诱发泥石流发生的临界雨量值。

　　同滑坡模拟试验，由于单沟泥石流类型复杂，形成条件的差异性很大，所以采用相似模拟试验获得的临界雨量值域，通常仅能适用于一个特定的泥石流沟，或者同类型泥石流预警的临界指标，不具有普适性，所以成为相似模拟试验的局限。现实情况中，凡需要监测预警的泥石流都应该具有其必要性和重要性。对这些典型单沟泥石流时间预警，除长期监测统计降雨临界值外，在有条件的情况下，均可以采用模拟试验方法预先提出降雨临界值域的建议参考值，然后再根据实时监测不断总结调整，最终建立理想的临界雨量标准。

1.4.4　时间预警的雨量标准

　　地质灾害时间预报预警结果需要通过政府公众信息平台发布，而各级政府通常是根据降雨量预报的方式发布地质灾害预警信息。这种预警方式通俗易懂，便于广大受众掌握。至于地质灾害体在什么降雨条件下，将发生什么样的结构性破坏，最终被诱发产生灾害，则属地质灾害形成机理研究分析的范畴。本节的研究将结合地质灾害体结构变化的内部破坏特点和地质灾害地表变形监测获得的临界雨量，按危险性划分预警等级，建立预警雨量标准。无论从专业角度，还是社会受众角度，都能够共同受益。参考我国目前地质灾害气象预警的分级方法[36]，拟定地质灾害时间预警的降雨量采用四级标准输出结果。预警的每一等级划分都源自对典型地质灾害体的前期识别、长期降雨和地表地下变形监测、启动破坏模式分析等综合研究结果，而不只是简单的降雨量区间划分。在此必须指出，地质灾害时间预警的雨量标准是针对每一处特指的灾害点确定的。因为每一处灾害点的性质不同，形成机理各异，所以很难找到统一的雨量标准。如果要实现精确化时间预警，只能经过长期野外监测，或者反复的室内模拟试验，才能建立参考的雨量预警标准。除此之外，没有任何捷径可以选择。

1.4.4.1　滑坡时间预警雨量标准

　　根据 1.4.3 节分析，降雨型滑坡主要受持续降雨量或累计降雨量 Q_i 控制。无论通过野外滑坡监测数据统计方法，还是室内模拟试验方法，所获得的最终临界雨量值都需要划分不同的危险等级值域区间，建立降雨型滑坡时间预警雨量标准，以便预报人员根据雨量标准发布预警信息。根据图 1-6 关于降雨滑坡泥石流监测预警等级划分标准、滑坡在降雨条件下变形发育的特点，以及暴雨持续时间预警分级的标准，可建立四级降雨型滑坡时间预警临界雨量标准（表 1-16）。表中临界雨量 Q_{0i} 值是针对不同类型滑坡确定的，应该在野外滑坡监测或室内模拟试验数据统计分析的基础上，划分出四级标准。实际应用中，可参考表 1-16 推荐的方法，具体确定每处滑坡点的预警雨量 Q_{0i} 标准。由于每个滑坡的发育特点、变形规律都有所差别，因此滑坡时间预警的雨量标准都应该根据具体滑坡量身定制。这样的标准才可能达到真正预警的目标。

表 1-16　降雨型滑坡时间预警临界雨量标准

预警级别	级别分类图标	累计雨量 Q_i(mm) 及 预警雨量 Q_{0i}(mm)	暴雨预警 参考标准	滑坡变形特点
I 极高危险性	红色预警	$Q_3 < Q_{04}$	3h 内降雨量达到 100mm 以上	在 Q_{04} 雨量标准条件下，滑坡监测数据出现特殊拐点或发生突变，滑坡内部结构已经严重破坏，地表变形严重，极有可能产生整体滑动，危险区内所有人员必须立刻撤离
II 很高危险性	橙色预警	$Q_2 < Q_{03} \leqslant Q_3$	3h 内降雨量达到 50mm 以上	在 Q_{03} 雨量标准条件下，监测数据开始出现加剧变形趋势，滑坡内部结构加剧破坏，地表变形明显，有整体破坏的可能性，危险区内所有人员随时撤离
III 较高危险性	黄色预警	$Q_1 < Q_{02} \leqslant Q_2$	6h 内降雨量达到 50mm 以上	在 Q_{02} 雨量标准条件下，监测数据出现匀速变形，滑坡内部结构开始破坏，地表出现蠕变迹象，有继续发展的可能性，危险区内所有人员应该做好撤离准备
IV 存在一定危险性	蓝色预警	$Q_1 \leqslant Q_{01}$	12h 内降雨量达到 50mm 以上	在 Q_{01} 雨量标准条件下，监测数据有微小变化，滑坡内部结构有局部破坏，地表变形不明显，整体仍处于稳定状态，危险区内人员可暂不撤离

1.4.4.2　泥石流时间预警的雨量标准

降雨诱发泥石流的条件与滑坡有一定差别。根据 1.4.3 节分析，降雨型泥石流主要受前期降雨量和小时雨强控制，而且小时雨强为主导因素。如有研究表明[37]，在汶川地震灾区当前期雨量与小时雨强满足下式时，就有发生泥石流的危险性，即

$$R \geqslant 31 - 0.11P \qquad (1\text{-}14)$$

式中，R 为小时降雨量(mm)；P 为前期降雨量(mm)。式(1-14)表明，在前期雨量的铺垫作用下，当小时雨强超过 30mm 时，就可以激发单沟泥石流发生。尽管这个研究结论仅仅代表区域泥石流发育统计规律，本书不妨借鉴此结论作为划分降雨型泥石流时间预警雨量标准的参考。同上方法也可以将小时降雨量作为主要预警指标，建立降雨型泥石流时间预警雨量标准(表 1-17)。尽管泥石流相对滑坡是一种高概率事件，但由于单沟泥石流的物源类型、地形条件不同，预警雨量标准也应该有其特殊性。所以，单沟泥石流也没有统一的预警雨量标准。实际应用中，可以参考表 1-17 推荐的方法，确定具体每条泥石流的预警雨量 Q'_{0i} 标准。

表 1-17　降雨型泥石流时间预警临界雨量标准

预警级别	级别分类图标	累计雨量 Q'_i(mm) 及 预警雨量 Q'_{0i}(mm)	暴雨预警 参考标准	泥石流发育特点
I 极高危险性	红色预警	$Q'_3 < Q'_{04}$	3h 内降雨量达到 100mm 以上	当预警雨量 Q'_{04} 超过累计雨量 Q'_3 时，泥石流各类物源已进入沟道，汇入主沟后泥石流即可发生，危险区内所有人员必须立刻撤离

续表

预警级别	级别分类图标	累计雨量 Q_i'(mm) 及预警雨量 Q_{0i}'(mm)	暴雨预警参考标准	泥石流发育特点
II 很高危险性	橙色预警	$Q_2' < Q_{03}' \leqslant Q_3'$	3h 内降雨量达到50mm 以上	当预警雨量 Q_{03}' 超过累计雨量 Q_2' 时，泥石流部分物源开始启动，一旦汇入主沟，将可能诱发泥石流，危险区内人员应该密切观察，随时撤离
III 较高危险性	黄色预警	$Q_1' < Q_{02}' \leqslant Q_2'$	6h 内降雨量达到50mm 以上	当预警雨量 Q_{02}' 超过累计雨量 Q_1' 时，泥石流物源具有启动的可能性，一旦物源启动，主沟存在发生泥石流的可能性，危险区内所有人员应该做好撤离准备
IV 存在一定危险性	蓝色预警	$Q_1' \leqslant Q_{01}'$	12h 内降雨量达到50mm 以上	当预警雨量 Q_{01}' 达到累计雨量 Q_1' 时，泥石流物源暂时不会启动，发生泥石流的可能性较小，应该随时监测降雨量的变化情况，危险区内人员可暂不撤离

本书参考了表 1-16 和表 1-17 的暴雨预警标准，可见气象部门将"暴雨"作为主要灾害性天气进行时间与雨量关系预警(即 $Q \geqslant 50$mm)。但由于降雨型滑坡及泥石流个性化的差异、局地降雨量的差异(尤其是大型泥石流沟域内降雨量的不均匀性)，都导致了时间预警很难找到一种统一的降雨量标准，因此在具体制定每一处滑坡、泥石流的时间预警雨量标准时也仅仅作为参考，还应该结合现场宏观现象分析，最终做出预警判断。

1.4.5　时间预警的监测数据采集与处理

根据不同的监测对象，滑坡、泥石流监测方法可以分为：滑坡、泥石流物源体地表和地下变形监测，泥石流流量流速监测。监测的目的是观测滑坡和泥石流物源体的位移、斜坡倾角、内部应力应变、地下水位、泥石流规模和特征参数等变化情况，实时跟踪动态发展趋势。目前常用的监测设备的工作原理可以分为振弦式、微机电式(MEMS 技术)、光纤光栅类等。在测试技术指标上，位移类的传感器通常可以达到 1mm 级；倾角类的传感器精度可以达到 0.015°；雨量类的传感器分辨率在 0.2mm 以上；孔隙水压力类传感器的非线性度可达 0.1%。这些传感器的监测数据可以接入数据采集仪或者通过无线传感器网络或 GPRS 通信等手段传回控制中心。由后者的数据分析软件辅之以相应的预警模型，实现对滑坡和泥石流物源体的变形破坏进行统计分析，及时发出预警信息。每一个单体滑坡或单沟泥石流将可能安放多种和多个监测设备仪器传感器探头，在实时监测中将会接收到海量的监测数据。如中国科学院成都山地所在龙门山区安装的 5 处滑坡泥石流监测预警点，仅 2015 年获得的地表测斜仪、孔隙水压计、水分计、GPS、雨量计数据就高达 169 万组。将这些数据进行综合统计，判断了 5 处地质灾害的发育趋势，成为成都市地质灾害监测预警的重要基础支撑。可靠地获取这些数据，精确统计分析这些数据是滑坡泥石流时间预警的基本保证。时间预警需要将野外各类监测仪器设备海量的数据传输到室内数据平台进行汇总(图 1-15)。经过统计模型分析处理后，还原变形的特点和趋势，分析滑坡泥石流可能发生的时间，发布预警信号。当今的"大数据处理技术"应用于滑坡泥石流监测预

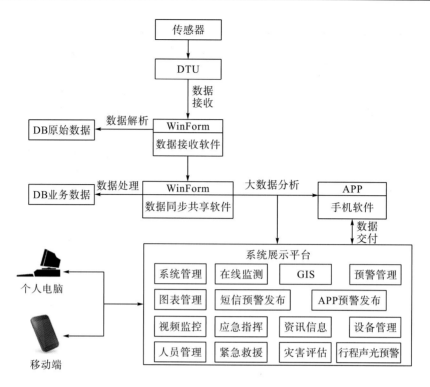

图 1-15　监测预警数据处理平台工作原理示意图(据王林)

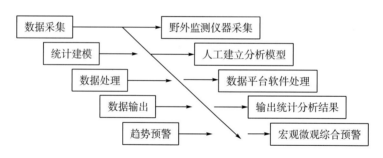

图 1-16　监测大数据处理瀑布式工作流程

警数据分析,具有十分重要的作用。滑坡泥石流监测数据处理工作流程如图 1-16 所示,可以分为:数据采集(传输)→统计建模→数据处理→输出结果→趋势预警。

1.4.5.1　数据采集

1. 数据采集方法

数据采集是依靠各种仪器设备系统将外部的数据输入内部系统的一个接口。滑坡泥石流变形的动态数据采集,主要依靠表 1-12 介绍的滑坡、崩塌、泥石流监测仪器设备,通过野外现场长期实时监测获得有效数据,然后再输入到室内数据处理平台系统。本节不对监测仪器设备进行过多赘述,主要讨论监测仪器设备获取有效数据的监测方法。无论滑坡、崩塌、泥石流,通过监测仪器设备采集的那些数据怎样才能达到"有效数据"的标准,是大数据处理的最基本要素，但又往往被众多研究者轻描淡写而过。在大数据时代，人们往往只注重数据处理结果，忽视数据来源的真实性和可靠性，导致数据处理结果与预想出现偏差。监测数据的可靠性和真实性，将直接关系到对结果判断的准确性。所以监测仪器设计位置必须按照位置可靠、容易识别、变形敏感、发展迅速、便于监测的原则安装到位。并按不同的灾害类型设计仪器设备监测点，尽可能采集到最能反映变形信号的数据。同时仪器设备的选型也十分重要，并不一定都需要"高、大、全"的监测仪器设备，应该视崩塌、滑坡、泥石流的基本特性和保护对象的重要性及灾害体类型特点而指定监测设备的选型。根据这些原则，可以将有效数据采集方法归纳为表 1-18 的内容。

表 1-18　采集有效监测大数据方法

灾害类型		破坏模式	主要变形区域	监测部位	仪器选型
滑坡	牵引式	斜坡前沿遭到自然营力或人为动力破坏损伤后，出现后退渐进破坏模式，剪切裂缝发育，地表变形量比地下明显。此类滑坡不是主要的降雨滑坡	主要变形区为滑坡前沿出现剪切裂缝的部位，渐进破坏时还会出现多级后退式台坎	牵引式滑坡主要采用地表监测，可在滑坡前沿剪切裂缝两端安放监测仪器，不宜进行深部位移变形监测	地表伸缩仪、地表测斜仪、光纤传感仪、简易人工监测手段、雨量计
	推移式	在降雨作用下，大量地表水入渗，斜坡首先在中、后部以拉裂为主，伴随前沿鼓胀的地表推动破坏的模式。后缘的破坏变形大于前沿	主要变形区为滑坡后缘出现拉张裂缝的部位，后期前沿逐渐出现鼓胀裂缝，或鼓丘	推移式滑坡可采用地表和地下相结合的方法进行变形监测。可在滑坡后缘裂缝两端及深部安放监测仪器，同时监测地表和地下的变形	地表伸缩仪、地表测斜仪、GPS、地下光纤传感仪、地下测斜仪、孔压计、水位计、简易人工监测手段、雨量计
崩塌	倾倒式	在卸荷裂隙的控制作用下，直立危岩体沿岩层面（节理面）垂直倒塌破坏	危岩体顶部卸荷裂隙带裂缝	通过卸荷裂隙扩展变形，监测危岩发育状况	地表伸缩仪、地表测斜仪、简易人工监测手段、雨量计
	坠落式	下部具有凹岩腔的危岩体沿节理面（层理面）坠落破坏	危岩体顶部张拉裂缝	通过张拉裂缝扩展变形，监测危岩发育状况	地表伸缩仪、地表测斜仪、简易人工监测手段、雨量计
	滑移式	危岩体沿顺坡向岩层面滑动破坏	危岩体顶部拉张裂缝	通过拉张裂缝扩展变形，监测危岩发育状况	地表伸缩仪、地表测斜仪、简易人工监测手段、雨量计
泥石流	坡面物源	如在降雨条件下，坡面松散堆积体受地表水影响，主要形成类推移式浅表层滑坡。如在沟道侵蚀作用下，主要形成类牵引式浅表层滑坡	降雨型浅表层滑坡都是在瞬间发生，没有典型滑坡破坏模式的变形部位，一般陡坡地带是最先遭到破坏的位置	坡面物源应通过加密坡面监测点的方法，进行地表变形监测。监测位置可按纵坡面方向网格排列。监测物源的活动性。不需采用地下变形监测	地表测斜仪、简易人工监测手段、雨量计
	沟道物源	丰富的沟道松散堆积物源在洪水冲刷和掏蚀的作用下启动，沿沟道形成泥石流	变形范围包括全沟道松散堆积物源带，没有典型的一个或几个变形点位	监测设备不宜直接设置在沟道物源体上，应该以监测泥位变化判断物源的启动情况	泥位计（雷达、红外）、简易人工监测手段、雨量计
	滑坡物源	同滑坡的两类破坏模式，常见堵塞沟道，多形成溃决型泥石流	同两类滑坡的主要变形区域	同两类滑坡的监测部位即可	选用两类滑坡的监测仪器设备即可
	崩塌物源	同崩塌的三类破坏模式，常见堵塞沟道，多形成溃决型泥石流	同三类崩塌的主要变形区域	同三类崩塌的监测部位即可，不需采用地下监测	地表伸缩仪、地表测斜仪、简易人工监测手段、雨量计

降雨型滑坡泥石流最有价值的监测数据是早期动态变形数据。通过早期的趋势识别判断，发布预警信息，才能够真正实现避险目标。通常灾害体的地表变形现象早于地下变形，地表变形现象更明显、更容易被识别。地表监测仪器设备安装简单，安装成本相对低。降雨量与变形数据的相关性统计更直观，对早期预警更有利。所以无论滑坡，还是泥石流灾害的数据采集除特大型外，都应该以地表监测数据为主。如采集泥石流物源体变形监测数据，就更有利于超前预警。如沟道泥位计监测是采集泥石流已经形成后的数据，获得的信息相对滞后，不利于及时组织避险安置，因此也达不到预警的目的。

2. 数据采集周期和频率

数据采集周期和频率指野外监测采样的时间方式，即隔一定时间(称采样周期)对同一灾害点数据重复采集次数(频率)。采集的数据大多是瞬时值，也可以是某段时间内的一个特征值。准确的数据测量是数据采集的基础。分析滑坡泥石流动态变形趋势时，都希望得到连续理想的数据信息。数据的间隔时间越短，连续数据支撑趋势分析的结果越可靠。降雨型滑坡、泥石流(物源)动态变形完全受到降雨条件控制，监测数据采集应该具有明显的时间周期性。通常在雨季变形加剧发生破坏，旱季变形减缓，或者变形停止。因此数据采集时间频率与降雨周期紧密相关。采集数据的周期和频率都应该根据降雨的规律性进行设计，既不能丢失有价值的数据，也不能过多消耗能源。对于每个需要监测预警的单体滑坡、单沟泥石流灾害点，都应该以当地降雨规律性和灾害体变形趋势，制定严格的数据采集时间周期和频率，保证能够获取完整有效的数据信息。采集数据的周期大致分为雨季和旱季两个阶段。采集频率可根据数据处理系统平台存储的空间和采集周期的特点，确定为高频采集和低频采集两类(表1-19)。

表1-19 监测数据采集周期和频率

监测类型	雨季采集		旱季采集	
	周期(T)	频率(f)	周期(T)	频率(f)
仪器设备自动化实时监测	每年6~9月，灾害变形加剧期，采集频率加密	设定为24h连续间距为：1~10min一次的高频采集	每年1~5月和10~12月，灾害体基本稳定期，采集频率降低	设定为按月连续间距为1~10d一次的低频采集
人工手动监测	每年6~9月，灾害变形加剧期，采集频率加密	设定间距为1~5d一次的高频采集	每年1~5月和10~12月，灾害体基本稳定期，采集频率降低	可设定间距为10~30d一次的低频采集

为了满足滑坡、泥石流(物源)变形规律分析的需要，监测数据采集率应该达到一定的标准。设v为采集率，则

$$v = f / T \tag{1-15}$$

式中，f为采集频率(次数)；T为采集周期(天，月)。根据式(1-15)，可以给出滑坡、泥石流(物源)变形监测采集率的技术参考标准(表1-20)。

表 1-20 监测数据采集率

监测类型	雨季采集率/%			旱季采集率/%		
	周期(T)	频率(f)	采集率(v)	周期(T)	频率(f)	采集率(v)
仪器设备自动化实时监测	设定雨季周期共 120d	每天采集频率不低于 10min 一次	每天采集率为：$v \geqslant 10\%$	设定旱季周期共 7 个月	每月采集频率不低于 10d 一次	每月采集率为：$v \geqslant 10\%$
人工手动监测	设定雨季周期共 4 个月	每月采集频率不低于 5d 一次	每月采集率为：$v \geqslant 16\%$	设定雨季周期共 7 个月	每月采集频率不低于一次	每月采集率为：$v \geqslant 3\%$

综上分析，降雨型滑坡、泥石流监测预警数据采集应该遵循以下原则：

(1)准确判断灾害体变形最明显的部位，合理设计监测仪器设备的安装位置，采集早期变形数据。

(2)数据采集率设计合理，可按雨季和旱季两个时段划分采集周期，既能满足变形分析需要，又能减少能源消耗。

1.4.5.2 数据传输

20 世纪滑坡泥石流监测数据基本靠人工读数记录获取。这样不但工作成本高，而且由于人为因素，有可能导致获取的数据准确性降低。特别在极端气候条件下，往往还无法获得必要的数据，因此降低了分析判断滑坡泥石流发育趋势的可靠性。21 世纪后，随着无线通信技术翻天覆地的变化，滑坡泥石流野外监测数据传输也得到了革命性的改变。无线数据传输技术替代了传统的人工读数技术，使滑坡泥石流变形监测进入全天候、实时跟踪监测时代。由于实现了数据无线传输，才可能到达"大数据时代"，才可能使滑坡泥石流变形的可靠性、准确性分析水平大大提高，同时加快成功实现监测预警的步伐。

数据无线传输可分为公网数据传输和专网数据传输(图 1-17)。公网无线传输包括：GPRS、3G、4G、北斗等；专网无线传输包括：MDS 数传电台、WiFi、ZigBee 等。GPRS 是通用分组无线业务(general packet radio service)的英文简称，是在 GSM 系统上发展出来的一种承载业务，目的是为 GSM 用户提供分组形式的数据业务。GPRS 理论带宽可达 171.2kb/s，实际应用带宽为 40~100kb/s，在此信道上提供 TCP/IP 连接，可以用于 Internet 连接、数据传输等应用。GSM 网络经过多年的建设，信号覆盖范围广。因此，利用 GSM 成熟网络通过 GPRS 进行数据传输拥有通信质量可靠、误码率低、传输时延小、永远在线、使用成本低等优势。传感器(雨量计、地表测斜仪、水分计、泥位计等)每次采集的数据量不大，一般每条为几百字节到几千字节，通过 GPRS 进行传输即可达到可靠的效果。传感器的数据接入无线传输模块(DTU/RTU)后通过 GPRS 传输到服务器上，服务器接收到数据后进行解析导入到数据库中再进行相关的数据处理，用户可通过计算机或手机上网查询有关信息。

3G 是第三代移动通信技术，是支持高速数据传输的蜂窝移动通信技术，能够同时传送声音及数据信息，速率一般在几百 kb/s 以上；4G 是第四代移动通信技术，该技术包括 TDD-LTE 和 FDD-LTE 两种制式，具备 100Mb/s 数据下行、50Mb/s 数据上行的能力。视频监控中视频图像要达到标清(D1, 10 帧/秒)的效果, 码流要求在 300kb/s 以上, 而上行传输所耗费的流量与码率、上传时间长短成正比, 因此视频图像可根据监控现场的网络情况采用 3G 或 4G 进行无线传输。

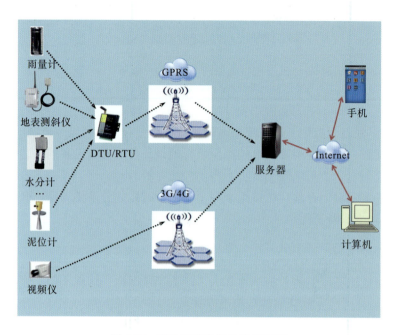

图 1-17 野外监测数据传输流程图

1.4.5.3 数据处理

野外监测数据进入室内监测预警数据处理平台的服务器之后, 需要对海量的数据经过处理后, 建立图或表格形式的统计监测数据——时间和降雨量相关性曲线。根据统计曲线的线性或非线性特点, 采用不同的数据处理模型进行相关性统计分析, 分析滑坡泥石流发育变形规律, 预判发生时间。最后提供决策者发布预警信息参考。可见数据处理模型首先需要满足"大量监测原始数据"的基本条件, 在此基础上才能实现数据模型处理。数据处理应该包括两方面的内容:

(1)将野外监测的原始电子信号数据全部转换成数字代码信号, 再转变为各类所需数据, 并建立变形监测量与时间和降雨量相关的时序图形或表格。

(2)根据统计曲线的特点, 建立线性或非线性的数据处理模型进行相关性分析, 编制数据处理模型软件, 最后输出计算结果。

由此可见, 数据处理的基础是"数据源", 输出结果的关键是"统计计算模型"。本节主要讨论数据处理中的第(2)项内容, 即滑坡泥石流时间预报预警模型研究问题, 而不涉及计算机数据处理的技术性问题。

如前所述, 为了达到滑坡泥石流监测预警的目的, 前人已经历了长期预测预报模型研究的探索路程。到目前为止, 滑坡泥石流时间预报预警数据模型研究大致经过了三个阶段[38,39]。

1. 宏观定性分析阶段

20 世纪 60～70 年代，国内外的大多数研究和技术人员基本上采用定性方法宏观判定滑坡、泥石流的变形发育特点和降雨相关性，分析灾变趋势。早期监测预报阶段受限于当时的技术和经济条件，没有大量的滑坡、泥石流监测数据积累。在缺少大数据积累的前提下，仅仅能够根据已有的地表宏观变形迹象分析灾害特点，预测灾害未来发育趋势。不可否认，分析专家的经验是预报成功的决定因素。如何将多位专家的经验和知识转变为统一的认识，逐渐成为探索预报模型的方向。但在此阶段，也有为数极少的人已开始注重滑坡、泥石流监测数据的积累。如 20 世纪 60 年代中期，中国科学院兰州冰川冻土研究所在云南东川蒋家沟泥石流建立监测站，监测泥石流活动性，开始积累泥石流监测数据，并逐渐形成当今中国泥石流监测史上设备类型最全、监测时间最长、数据最多的野外台站。但监测数据仅仅满足于台站短距离传输有线接收。早期的研究工作主要集中在降雨量与单沟泥石流发生事件的相关性统计，没有建立严格的监测数据处理模型，多依靠降雨量和泥石流发生事件统计相关曲线模型来预测泥石流发生趋势。滑坡预报研究开始根据斋藤的变形三阶段理论，同时结合专家经验宏观判断发育趋势，但也未见有更多的定量化数据处理模型。早期的地质灾害预测预报基本没有形成理论基础，依靠专家的经验，是预测预报的基本条件。

2. 量化数据处理起步阶段

自 20 世纪 80～90 年代，国内成功预报了新滩滑坡、鸡鸣寺滑坡、黄茨滑坡后，定量化分析预测预报模型逐渐显现。根据参考文献[38]统计，发展期的地质灾害预测预报模型大概有 20 多种。其中包括：斋藤蠕变理论的滑坡监测数据突变拐点模型、数理统计模型、破坏功率模型、概率统计模型、灰色理论模型等。如 1.4.1 节介绍，依靠这些模型系统，曾成功预报了几处单体滑坡发生时间。又如 1.4.2 节介绍，建立了泥石流的 10 分钟雨强预报模型、小时雨强预报模型、发生概率模型等，但这些模型都没有实现过成功预报。虽然此阶段已经有了大量的滑坡泥石流监测数据可供预报模型定量化分析使用，但最终的决策还是依靠专家判断。所以数据处理模型仅仅提供了一种参考依据，而不能完全取代最终的判断结果。另外，由于当时的监测方法基本都是现场监测，人工采集数据没有实现信息化和无线传输技术，难以获得变形的实时监测数据。由于数据采集的时间间隔大，数据的连续性较差，加密度不够、完整性不足，难免出现监测数据丢失和漏测。所以无论利用什么样的模型进行相关性统计，准确度都会受到一定程度影响。

3. 量化数据处理提高阶段

21 世纪以来，随着实时监测、无线传输技术广泛应用，以及大数据时代的到来，必须在原有的基础上开发出更多、更实用的滑坡泥石流监测预警模型，快速准确地处理海量监测数据，以利于提高监测预警的质量。由于监测数据丰富了探索滑坡泥石流预测预报的研究空间，加之科研人员、专业技术人员的不断努力，现在的监测预警模型种类更加丰富了。根据参考文献[39]统计，至 2004 年在模型研究起步阶段的基础上，已有的滑坡泥石流监测预警数据处理模型已多达 33 种。其中包括三大类：①确定性预报模型；②统计预报模型；③非线性预报模型。近几年滑坡泥石流预测预报、监测预警研究模型仍层出不穷，具体数量有多少还无法完整统计。本节就不对已有的数据处理模型作具体赘述了。

4. 存在的问题

至今除斋藤的滑坡蠕变模型能够被公认具有一定预报价值外，纵观已有的众多数据处理模型，真正被业内公认为可靠、适用性强、便于操作、能够达到成功预测预报滑坡泥石流发生时间目标的模型微乎其微。这使得"时间预警监测数据处理"的任务和目标还继续面临极大的挑战。究其原因，可能有以下几种：

1) 缺少可靠数据源，建模依据不充分

目前能够真正通过自身野外实测数据建模的实例极少。大多数都是根据他人的资料数据，采用数学方法拟合一种模型，再反推验证已有的案例结果，从而建立数据处理模型。这样的研究方法最大的不足是对数据源的可靠性、真实性不了解，对灾害体的真实变形过程不了解，建模的依据不充分，所以建立的模型仅仅适用于提供数据参数的那种特指灾害体。这种模型一般没有普适性，推广十分困难。

2) 缺少试验数据支撑，建模条件不成立

在没有实测数据情况下，建模应该通过大量相似模拟试验或物理模型试验，提供监测数据支撑。同时说明建模必须成立的基本条件，并且在试验条件下又得到验证，才能说明数据分析模型的合理性和可靠性。然而，现有的多数模型均不具备这些环节，因此数据处理模型成立的条件不充分。

3) 缺少真实案例检验，可靠性不能检验

目前收集到的几十种数据处理模型，都缺少滑坡泥石流预测预报真实事件的检验，甚至连物理模型试验、仿真模型试验检验都没有，成功概率分析几乎为零，因此模型系统的可靠性难以证实。

5. 发展方向

根据上述总结，作者认为仅从数据处理的模型而言，降雨型滑坡的时间预报预警可选择监测曲线突变拐点理论预测模型(图 1-10)，该理论模型基于降雨型滑坡破坏力学机理的原理，分析了坡体内部结构变形发展阶段。国外采用 I-D 模型进行滑坡临界雨量预警的也较多[39-44]，即

$$I = aD^{-B} \tag{1-16}$$

式中，I 为雨强；D 为持续时间；a、b 为统计系数。该模型的优点是将降雨量与滑坡发生事件进行了较全面的统计，可以获得特殊降雨条件下滑坡的发生趋势，从而得出降雨诱发滑坡的临界雨量，无论单体滑坡还是区域滑坡都较为适用。并且还可以根据不同地区的降雨滑坡发生规律性，统计差别性模型系数。该方法简便，获取降雨及滑坡泥石流事件数据容易，可操作性强。不足是降雨型滑坡发生频率较低的地区统计误差较大。总之，曲线突变拐点理论预测模型和 I-D 模型都较适合应用于各类降雨型滑坡预警。降雨型泥石流的时间预报预警也可以雨强与持续时间的 I-D 模型为宜。该统计模型基于多泥石流发生事件

统计结果，突出了随时间变化的降雨强度对区域和典型泥石流发生的贡献作用。同时适用于泥石流空间和时间预警。

随着时间的推移，新技术、新方法、新理论的不断引入，以及人们对降雨型滑坡、泥石流形成机理研究的加深，滑坡、泥石流监测数据处理模型将不断改进和完善。但有一点是永远不会改变的，即滑坡、泥石流监测预警决策还是由人的知识和智力来决定。所以成功的监测预警中，任何数据处理模型仅仅是监测预警的充分条件，必然条件还是取决于人。只有通过不断的探索，最终才会找到可靠的滑坡泥石流监测预警数据处理模型。

1.4.5.4　数据输出和预警

1. 结果输出

经过数据处理后的滑坡泥石流监测数据输出包括两种形式(图 1-18)：一是数据资源共享与交换，利用网络和通信技术共享各网点的数据资源，使每个客户端(地质灾害预警站点、监测人员等)能够直接共享数据处理结果信息，并发出撤离信号；二是数据处理结果以表格、图形、报告、文件等形式输出到各级决策部门，提供发布预警信号参考。第一种输出形式主要针对基层地质灾害监测人员。由于我国地质灾害监测点监测员一般都是非技术人员，所以目前开发的数据资源共享客户端所能得到的数据输出结果，基本是降雨量数据信息。监测人员可以根据降雨量的大小，参考发生滑坡泥石流的预定临界值，发布撤离信号。因此，非专业人员共享的信息与其他专业结构获得的监测数据信息应该有所差别。第二种输出形式主要针对政府相关职能机构和相关的技术支撑部门。通过这种信息，决定是否发布预警信号。

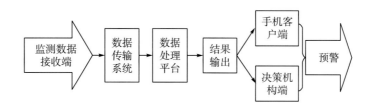

图 1-18　数据处理结果输出端示意图

2. 预警方式

通常经过数据统计和模型处理之后输出的结果，并非都能够直接发布预警信息。可以参考若干监测点的数据参数，准确判断是否需要发布预警信息，采用 1.4.3 节推荐的微观监测与宏观判断综合决策模型系统式(1-7)，进行滑坡泥石流时间预报预警。

因为所有数据分析统计模型都是由人设定的，这些模型判断的结果难免出现错判或误判。在做出决策前，应该结合专家经验根据宏观判断结果，推导判断的准确性，决定划分预警信号的等级和标准，尽量减少主观意识造成的错误决策。

1.5　预警检验和分析

　　无论发布滑坡泥石流空间预警，还是时间预警，都希望得出一个准确、可靠的预警结果。由本章前部分的总结可见，区域滑坡泥石流空间预警一般仅代表宏观趋势分析结果。可靠度主要受到基础数据资料精度的影响，预警结果可深可浅，一般不会对滑坡泥石流宏观发展趋势的分析判断造成大的影响，预警结果的可靠度相对较高。实际情况中，对典型滑坡泥石流时间预警的精度要求较高，但现实中真正实现可靠性预警的成功案例极少。由于滑坡泥石流发育环境和个体的复杂性，所以目前还难以确定哪一种方法和技术手段能保证成功预警的可靠性。在这种前提条件下，研究人员必须在实践过程中不断检验各种预警方法的优劣，不断总结每一次预警结果的可靠性，逐步提高空间和时间预警的标准，真正实现准确预警的目标。通常可以采用"逆推法"检查预警流程的各个环节是否符合要求，精度是否满足需要，如图1-19示。

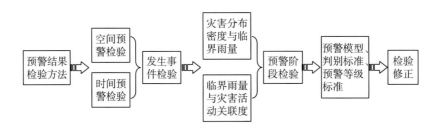

图 1-19　预警效果检验工作流程

　　预警检验应该对预警流程、预警标准、预警模型、预警降雨临界值等进行系统检查，验证预警方法的可靠性，分析出现问题的原因和阶段，提出修改调整的具体方案。

1.5.1　预警方法检验

1.5.1.1　空间预警检验

　　在没有真实事件支持检验的前提下，空间预警可以选择分析在不同临界雨量级别条件下滑坡泥石流数量分布密度的变化规律，检验滑坡泥石流数量随雨量增加变化的趋势性，验证预警效果。一般情况下，变化趋势性越明显，预警的效果越可靠。无论哪一种危险区内，如果出现雨量递增，滑坡泥石流数量反而递降，证明预警结果有误。由此，可以逆向推断检验预警方法(图1-19)，主要包括：

　　(1)危险度区划的准确性，如基础数据来源的真实性、评价指标体系的完整性、评价模型的合理性、分级标准的适度性。

　　(2)临界雨量设置依据是否充分，与历史统计降雨量的差别有多大。

　　(3)预警精度标准是否合理，如危险度区划范围精度标准与雨量设定范围精度标准是否一致，形成差距的原因是什么。

1.5.1.2　时间预警检验

时间预警所要求的精度比空间预警更高。因为预警降雨临界值是随时间变化，随滑坡、泥石流物源体变化的，如果没有多事件检验，一般都难以获取公认可靠的结果。一个合理的降雨临界值需要经历灾害体长期监测、数据统计分析、模型修正等过程，才能够获得可靠结果。因受本研究周期的限制，本章介绍的时间预警模型和拟定的降雨临界值，大多只能通过室内模拟试验获取(除个别预警模型和临界雨量值是统计数据获取外)。理想条件下，应该是在实际应用中获得检验，并经过修正得出准确的时间预警模型和临界值域结果。但在没有真实事件验证的情况下，室内外相似模拟试验可以提供一个基本的参考方法和结果。时间预警检验方法应该遵循的基本原则为：

(1)坚持野外长期有效监测，包括降雨量、地表地下变形、地下水变化等，积累海量监测数据资料。

(2)定期进行野外实地宏观调查，分析滑坡泥石流变化趋势，判断复活启动的可能性。

(3)通过长期观测，找准降雨事件发生机会，对拟定的降雨预警临界值进行反复校核，最终获得较理想的结果。

(4)采用已有成功预警案例的监测数据样本，对预警模型进行反复验证，检验模型的适用性和合理性。

(5)检查时间预警的流程和方法是否完善，各阶段任务是否完成，全系统的科学性是否严谨。

1.5.2　预警技术检验

从以上研究内容可见，希望获得预警临界雨量结果除需要大量理论方法研究外，还需要投入大量技术手段，如滑坡泥石流野外监测技术设备、室内模型试验监测技术设备、遥感和无人机技术，等等。典型滑坡泥石流时间预警，必须对野外的灾害体进行长期监测，积累大量资料数据，才可能建立降雨与变形的相关性分析结果。但由于野外监测设备在长期室外条件影响下数据传输的技术性能和可靠性，以及室内模型试验监测设备反复试验影响下的准确性，都会出现一定程度的数据缺失和不稳定。根据这些监测技术设备数据统计得出的预警降雨临界值如果与实际情况不符时，应该逐一检查各类技术设备的运行情况和稳定性。预警技术检验方法如图1-20所示。

预警技术检验不同于一般方法检验。特别是野外监测设备每天都在运转，数据时时刻刻传回预警平台。所以应该根据室内预警平台的数据接收时段，制定严格的限时检验程序。雨季加密检验，如1天、5天；旱季延长检验，如15天、30天，等等。这样才可能保证监测数据不丢失。

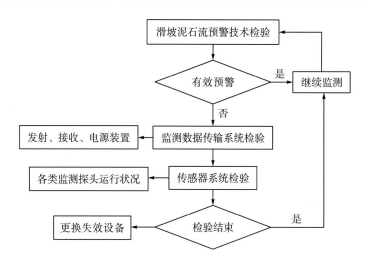

图 1-20　预警技术检验方法流程图

1.5.3　预警级别检验

预警级别是指导防灾减灾实施的标准。目前国家对暴雨、高温、雾霾等灾害性气象天气已经有了预警划分标准。这些气象预警标准的划分基本能够建立在量化数据指标之上。而滑坡泥石流预警存在一定难度，原因是滑坡泥石流在不同降雨条件下，都会产生一个发展变化的过程，随机性很强。因灾害体的属性不同，规模不等，发展演化的过程有长有短，有的甚至发展到一定阶段就停止活动，因此难以获得一个通用预警划分标准。如目前各种滑坡泥石流预警标准划分基本上是人为经验确定，均缺乏实际检验。在现实中，如果预警级别划分阶段不合理、不科学，危险区的人们按错误的预警标准减灾防灾，有可能发生延误避险。无效避险次数太多，也会造成人们的麻痹情绪。预警级别检验的方法可以根据滑坡泥石流专家经验，在已经假设预警级别的基础上(表 1-4、表 1-16、表 1-17)，最好能够通过当地多次灾变过程的实践检验，认真校对预警级别划分标准是否符合实际，提高预警级别划分的可靠性。

参　考　文　献

[1] 乔建平. 滑坡风险区划理论与实践[M]. 成都：四川大学出版社，2009：12-39.

[2] 文海家，张永兴，柳源. 滑坡预报国内外研究动态及发展趋势[J]. 中国地质灾害与防治学报，2004,15(1): 1-4.

[3] 易顺民. 滑坡活动时间预测预报研究现状与展望[J]. 工程地球物理学报，2007, 4(2): 157-163.

[4] 湖北省西陵峡岩崩调查工作处. 长江西陵峡新滩岩崩区调研资料汇编[R]. 1983:75-81.

[5] 胡其裕，邓德润. 新滩滑坡的监测和预报[J]. 水电与抽水蓄能，1987, (1):11-17.

[6] 湖北省西陵峡岩崩调查工作处. 新滩滑坡征兆及其成果的监测预报[J]. 水土保持通报，1985, (5):1-9.

[7] 向立斌. 秭归县鸡鸣寺滑坡监测预报方法初探[J]. 中国水土保持，1992, (11): 25-27.

[8] 吴贵芳. 鸡鸣寺滑坡形成及监测预报[J]. 中国地质灾害与防治学报，1994, 5:376-383.

[9] 王法读. 秭归县鸡鸣寺滑坡的监测与临滑预警报实例[J]. 水土保持通报, 1992, 12(3):40-45.

[10] 梅荣生, 王发读, 郭厚祯, 等. 鸡鸣寺滑坡辩析[J]. 人民长江, 1993, (7):29-36.

[11] 乔建平. 不稳定斜坡危险度的判别[J]. 山地学报, 1991, 9(2):117-122.

[12] 徐峻龄, 廖小平, 李荷生. 黄茨大型滑坡的预报及其理论和方法[J]. 中国地质灾害与防治学报, 1996, (3):18-25.

[13] 王恭先. 甘肃省永靖县黄茨滑坡的滑动机理与临滑预报[J]. 灾害学, 1997, (3):23-27.

[14] 韦方强, 崔鹏, 钟敦伦. 泥石流预报分类及其研究现状和发展方向[J]. 自然灾害学报, 2004, 13(5):10-15.

[15] 师哲, 张平仓, 舒安平. 泥石流监测预报预警系统研究[J]. 长江科学院院报, 2010, 27(11):115-119.

[16] 李宏福. 泥石流监测预警系统研究[D]. 吉林: 吉林大学, 2015.

[17] 杨成林, 丁海涛, 陈宁生. 基于泥石流形成运动过程的泥石流监测预警系统[J]. 自然灾害学报, 2014, (3):1-9.

[18] 杨顺, 潘华利, 王钧, 等. 泥石流监测预警研究现状综述[J]. 灾害学, 2014, 29(1):150-156.

[19] 狄潇泓, 吉惠敏, 肖玮, 等. "8.8"舟曲特大泥石流天气背景分析[J]. 安徽农业科学, 2013, 41(12):5448-5452.

[20] 乔建平, 黄栋, 杨宗佶, 等. 汶川地震极震区泥石流物源动储量统计方法讨论[J]. 中国地质灾害与防治学报, 2012, 23(2):1-6.

[21] 郝红兵, 赵松江, 李胜伟, 等. 汶川地震区特大泥石流物源集中启动模式和特征[J]. 水文地质工程地质, 2015, 42(6):159-165.

[22] 蒋志林, 朱静, 常鸣, 等. 汶川地震区红椿沟泥石流形成物源量动态演化特征[J]. 山地学报, 2014, 32(1):81-88.

[23] 胡凯衡, 崔鹏, 游勇, 等. 物源条件对震后泥石流发展影响的初步分析[J]. 中国地质灾害与防治学报, 2011, 22(1):1-6.

[24] 余斌, 朱渊, 王涛, 等. 沟床启动型泥石流预报研究[J]. 工程地质学报, 2014, 22(3):450-455.

[25] 余斌, 朱渊, 王涛, 等. 沟床启动型泥石流的10min降雨预报模型[J]. 水科学进展, 2015, 26(3):347-355.

[26] 丛威青, 潘懋, 李铁峰, 等. 降雨型泥石流临界雨量定量分析[J]. 岩土力学与工程学报, 2006, 25:2808-2813.

[27] 田述军, 樊晓一. 基于临界降雨的震后泥石流监测预报研究[J]. 自然灾害学报, 2015, 24(4):176-181.

[28] 郭晓军, 范江琳, 崔鹏, 等. 汶川地震灾区泥石流的诱发降雨阈值[J]. 山地学报, 2015, 33(5):579-586.

[29] 陈源井, 余斌, 朱渊. 地震后泥石流临界雨量变化特征[J]. 山地学报, 2013, 31(3):356-361.

[30] 唐小明, 冯抗建, 游省易. 泥石流与降雨历时关系研究[J]. 地质评论, 2013, 59:1163-1165.

[31] 唐亚明, 张茂省, 薛强, 等. 滑坡监测预警国内外研究现状及评述[J]. 地质评论, 2013, 58(3):535-539.

[32] 陈洪凯, 魏来, 谭玲. 降雨型滑坡经验性经验阈值研究综述[J]. 重庆交通大学学报(自然科学版), 2012, 31(5):993-996.

[33] 杨军, 杨仲国, 陈春林, 等. 逻辑回归模型在降雨型滑坡降雨临界值中的分析与应用[J]. 工程勘察, 2014, 42(10):27-31.

[34] 张友谊, 胡卸文. 雅安峡口滑坡蠕变监测及其演化趋势[J]. 铁路建筑, 2007, 5:69-72.

[35] 苏燕, 邱俊炳, 兰斯梅, 等. 基于室内试验的降雨型滑坡机理研究[J]. 福州大学学报(自然科学版), 2015, 43(1):118-122.

[36] 中国气象局. 中国气象局关于下发《突发气象灾害预警信号分布试行办法》的通知, 气发(2004)206号.

[37] 马超, 何晓燕, 胡凯衡. 汶川地震灾区泥石流群发雨量及预警等级划分[J]. 北京林业大学学报, 2015, 37(9):37-43.

[38] 许春青. 滑坡预测预报模型比较分析[D]. 哈尔滨: 哈尔滨工程大学, 2011.

[39] 许强, 黄润秋, 李秀珍. 滑坡时间预测预报研究进展[J]. 地球科学进展, 2004, 19(3):478-493.

[40] Saito H, Nakayama D, Matsuyama H. Relationship between the initiation of a shallow landslide and rainfall intensity - duration thresholds in Japan[J]. Geomorphology, 2010, 118(1):167-175.

[41] Guzzetti F, Peruccacci S, Rossi M, et al. Rainfall thresholds for the initiation of landslides in Central and Southern Europe[J]. Meteorology & Atmospheric Physics, 2007, 98(3-4):239-267.

[42] Aleotti P. A warning system for rainfall-induced shallow failures[J]. Engineering Geology, 2004, 73(3):247-265.

[43] Guzzetti F, Peruccacci S, Rossi M, et al. The rainfall intensity-duration control of shallow landslides and debris flows: an update[J]. Landslides, 2008, 5(1):3-17.

[44] Nikolopoulos E I, Crema S, Marchi L, et al. Impact of uncertainty in rainfall estimation on the identification of rainfall thresholds for debris flow occurrence[J]. Geomorphology, 2014, 221(11):286-297.

第2章 示范区白沙河流域地质环境及滑坡泥石流分布规律

研究区位于四川省成都市都江堰白沙河流域，地处东经 103°33′59″~103°43′18″、北纬 31°01′58″~31°22′10″，流域面积为 364km²。在地理位置上，白沙河流域位于我国南北地震带的龙门山中段，属长江流域岷江水系，系岷江一级支流。在行政区划上，白沙河流域大部分坐落在都江堰市虹口乡境内，只有出河口一小部分属于都江堰市紫坪埔镇辖属。

白沙河发源于虹口乡境北的光光山南麓，自北向南，在虹口境内汇集 20 余条大小河沟南下，于紫坪埔镇境内注入岷江。白沙河全长 49.3km，其中虹口境内长达 43.2km，河床比降 12‰，主要支流有正河、头道河、二道河、小河、磨子沟、深溪沟、关凤沟等，皆发源于虹口乡境内。

2.1 白沙河流域自然地理环境概况

都江堰市白沙河小流域距成都 70km，距都江堰市区 21km。虹口乡东以分水岭、山王顶、象鼻子、干树子山梁与向峨乡、蒲阳镇联界；南以白果岗沟与蒲阳镇、紫坪埔镇接壤；西以虹口岗、挖断山与龙池镇毗邻；西北以光光山与汶川县相邻；东北以油罐顶与彭州市大宝山联界。最东点为安子坪，最西点为尖尖山，最北点为光光山脊，最南点为棕花嘴。它东西宽约 16.6km，南北长约 43.2km，面积约为 364km²（图 2-1）。

2.1.1 地形地貌

2.1.1.1 地形

白沙河流域位于都江堰市北端，境内全为山区，地势北高南低，最高峰为矗立于境北的光光山，是龙门山脉九顶山的旁支，海拔4582m，白沙河就发源于光光山南麓；最低点为南端的棕花嘴的河谷，海拔仅 740m，相对高差达 3842m。全境平均海拔 1500m。光光山山脉自光光山山脊分东西两支，沿河蔓延，对虹口形成合围之势。东支：南下沿彭州、都江堰交界处的大梁子(3711m)至土地岭，分支一直延伸到火烧山(1738m)，后向西南走为二峨眉(1804m)、山王顶、白果岗(1050m)，出虹口境；西支：由虹口向龙溪方向延伸，过桃坪、桠口，再折向南，经桶棚子梁子(3820m)、尖尖山(3487m)，再伸到龙溪岗(3072m)，入龙溪乡查关山落脚[1]。

图 2-1 虹口乡区位示意图

境内按地势可以分为高山区(海拔 3500m 以上)、中山区(海拔 1000～3500m)和低山丘陵区(海拔 740～1000m)。其中,高山区面积 19.580km^2,占全区面积的 5.32%,分布在虹口乡境的最北端,出露地层为中元古代黄水河群(包括黄铜尖子组、干河坝组),多由玄武岩、安山岩、凝灰岩及部分变质岩类构成;中山区面积 330.562km^2,占全区面积的 89.79%,几乎覆盖虹口全境,主要出露花岗岩、玄武岩以及部分变质岩系;低山丘陵区面积 18.015km^2,占全区面积的 4.89%,分布在虹口村下游的河谷区,呈带状,主要出露中元古代普通花岗岩、开建桥组和长岩窝-石喇嘛组的火山碎屑岩及三叠系的须家河组。

2.1.1.2 地貌

白沙河流域所处区域的大地貌单元处于我国地貌第一阶梯和第二阶梯的过渡地带,流域范围内的地貌特征明显地反映出受到地层岩性和地质构造的控制,按其成因和形态可分为三大类六小类(图 2-2)。

1. 侵蚀堆积地貌

侵蚀堆积地貌主要包括:冲洪积扇、滑坡崩塌堆积和残坡积、洪坡积台地或崩坡积斜坡地貌。①冲洪积扇主要分布于山前暂时性溪流出山口,形成扇状,比降为 4‰～11‰;②滑坡崩塌堆积主要分布于中山/低山的坡麓、切割较深的河谷岸坡及低山缓斜坡,一般面积较小,分布零星,其中,崩坡积则主要分布于山坡的中下部,常是产生滑坡的部位;③残坡积、洪坡积台地主要分布于低山坡顶的侵蚀基准面。

图 2-2   都江堰市研究区地貌图

2. 构造侵蚀地貌

(1)断块构造高山：主要分布于乡境北部，多为无人区，面积 124.89km², 占工作区面积的 33.9%，海拔为 2000~4582m，高差为 1100~2000m，由花岗岩、闪长岩、安山岩、凝灰岩、安山玄武岩及部分变质岩组成。由于地壳抬升强烈，高差大，山坡上部以融冻风化为主，下部以侵蚀切割为主要特征，常形成不对称"V"形谷，坡麓地段常形成岩屑坡积锥，局部坡面上有小型坡面泥石流，支沟支谷中时有泥石流(或水石流)发生。多属无人区，植被较发育。

(2)断裂构造中山：主要分布于"北川-映秀"断裂一线，面积 263.33km²，占工作区面积的 21.8%，海拔为 1100~1700m，高差为 200~900m，由震旦系、三叠系、侏罗系及白垩系的砂、泥、页岩、砾岩组成。深切沟谷发育，坡陡坡长，厚层砂岩及厚层灰岩常形成陡坎或陡崖，斜坡稳定性较差，规模不大的崩塌、滑坡较发育，处于断裂构造部位有大型的滑坡或崩塌发生；支沟口常发育规模不等的洪积锥、泥石流扇等。

3. 构造侵蚀溶蚀中山地貌

主要分布于中山区域的中间地带，分布面积 48.32km²，占全区面积的 4.0%，海拔为 800~1700m，高差为 400~700m，由泥盆系、石炭系、二叠系、三叠系下统的灰岩组成。

深切沟谷发育，断崖峭壁常见，形成断块状中山、帽状及梁状飞来峰，厚层灰岩常形成陡崖，坡陡且长，一般斜坡稳定性较好，坡脚有崩坡积，处于断裂构造破碎带上有滑坡或崩塌发生。溶蚀形态有：洼地、平台、漏斗及落水洞、溶洞、峰丛等。

另外，区内河谷下切表现明显，呈"V"形。河流阶地较为发育，白沙河沿岸分布Ⅱ、Ⅲ级阶地，Ⅱ级阶地阶面高出河流 20～30m，Ⅲ级阶地阶面高出河流 60～75m。

2.1.2　气象与水文

2.1.2.1　气象

都江堰市属四川盆地中亚热带湿润季风气候区，区内四季分明，冬无严寒，夏无酷暑。与同一气候区的其他各地相比，又表现为温度较低，日照较少，阴雨天气频繁。主要的气象灾害有暴雨、洪涝、大风、冰雹、雷电、连阴雨、寒潮、霜冻、雪灾、大雾和高温等。

都江堰市降雨有以下几个特点：

1. 雨量充沛

1987～2008 年平均降雨量为 1134.8mm（表 2-1、图 2-3）。1955～2008 年，年降雨量小于 1000mm 的年份仅有两年，年降雨量最少仅 713.5mm（1974 年），最多达 1605.4mm（1978 年）。

表 2-1　都江堰市多年平均月降雨量一览表（1987～2008 年）

月份	1 月	2 月	3 月	4 月	5 月	6 月	7 月	8 月	9 月	10 月	11 月	12 月	全年
降雨量/mm	18.0	24.4	43.2	64.2	85.7	126.3	241.1	250.6	170.4	63.9	35.8	11.2	1134.8

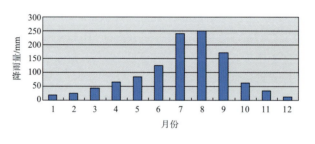

图 2-3　都江堰市多年平均月降雨量柱状图

2. 降雨量时间分布不均匀

5～9 月降雨量占全年降雨量的 80%，月降雨最多的 8 月降雨量达 289.9mm，最少的 1 月仅 12.7mm。

3. 降雨量空间分布不均匀

降雨量的空间分布不均匀表现为随地势由东南向西北逐渐升高而增加，东南部平原区多年平均降雨量为1100～1300mm，西北部山区多年平均降雨量为1300～1800mm。

另外，在气温方面，都江堰市极端最高温34℃，极端最低温-5.0℃，北部虹口乡年平均气温12.2℃，南部柳街镇年平均气温15.7℃；在蒸发量上，年平均蒸发量930.9mm，占年降雨量的82%，最大月(7月)蒸发量140.2mm，最小月(12月)蒸发量27.1mm(表2-2)；多年平均湿度81%，最大85%，最小76%。

表2-2　都江堰市气温、蒸发量多年平均值一览表(1955～2008年)

指标	1月	2月	3月	4月	5月	6月	7月	8月	9月	10月	11月	12月	全年
气温/℃	4.6	6.4	11.0	15.7	19.6	22.7	24.7	24.2	20.2	15.8	10.9	6.6	15.2
蒸发量/mm	30.6	39.6	64.1	84.7	114.1	133.0	140.2	132.8	83.1	48.6	38.0	27.1	930.9

4. 雨强大是地质灾害的主要诱发因素

由于受大气环境影响，各次降雨雨强差异较大，洪期降雨的小时雨强和日雨强通常很大，往往会激发地质灾害。1957～2008年，月最大降雨量为592.9mm，日最大降雨量为233.8mm，1小时最大降雨量为83.9mm，10分钟最大降雨量为28.3mm，一次连续最大降雨量为457.1mm，一次连续最长降雨时间为28天。

2.1.2.2　水文环境

1. 地表水

白沙河河流主干全长49.3km，集雨面积364km²，河床比降12‰，年平均流量为16.1m³/s，最大流量一般为1450m³/s，最小流量1.5m³/s。历史上最大流量为1964年7月21日的1600m³/s，最小流量为228m³/s。其主要支流有正河、头道河、二道河、小河、磨子沟、关凤沟和深溪沟等(图2-4)。

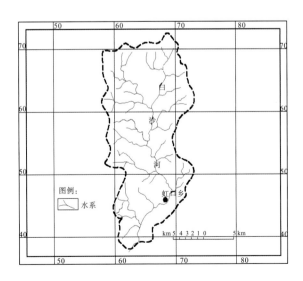

图2-4　虹口乡水系图

白沙河水流清澈透明，年径流量达 $5 \times 10^8 m^3$，其水质达到了国家地表水饮用指标，是都江堰市乃至成都市最大的水资源储备库。由于降水的季节分配极度不均，白沙河在枯水期、丰水期流量变化很大，洪期常常引发洪水，河流侵蚀易引发滑坡、河岸坍塌等。

2. 地下水

根据多份调查资料，按含水介质的储水能力和地下水的水力性质，将地下水类型划分为四大类。

1) 松散堆积岩类孔隙水

该类地下水可分为冲洪积、冰水堆积砂砾卵石孔隙水和洪坡积物、残坡积物、崩塌堆积物、滑坡堆积物等松散堆积孔隙水（上层滞水）。冲洪积、冰水堆积砂砾卵石孔隙水广泛分布于平原区和狭窄的山区河谷一级阶地，单井出水量以 $1000 \sim 5000 m^3/d$ 为主。洪坡积物、残坡积物、崩塌堆积物、滑坡堆积物等松散堆积含水层分布零星，厚度变化大，物质组成复杂，一般透水性好，富水性差，出水量小，往往是就地补给，就近排泄。该类孔隙地下水（上层滞水）有两个特点：一是含水层饱水时容重增大，起到加大松散堆积体不稳定性的作用；二是地下水沿松散堆积体与下界面运移，常常形成软弱结构面，为松散堆积体的活动创造了条件。

2) 碎屑岩类裂隙孔隙水

（1）砂、页岩裂隙层间水。

由三叠系须家河的海陆相和河湖沼泽相的砂、页岩含煤建造组成。砂岩坚硬性脆，裂隙发育，贮水性较好。由于由泥、页岩作相对隔水层，地下水主要在层间运动，普遍承压或自流，富水程度中等。泉流量一般为 $0.1 \sim 1L/s$，单井出水量以 $100 \sim 500 m^3/d$ 为主。

（2）"红层"砂岩及泥岩、砾岩裂隙孔隙水。

主要分布在前山低山区，含水层由侏罗系、白垩系、第三系一套陆相、河湖相建造的红色砂岩、泥岩及砾岩组成。含水层以砂砾岩为主，厚度变化大，相变快，胶结物以钙质、硅质为主，在切割深、坡度大的地形有利部位，普遍具溶蚀现象。富水性为差—较好，泉流量为 $0.1 \sim 5.6L/s$，单井出水量 $27.7 \sim 604.8 m^3/d$。

3) 碳酸盐岩岩溶水

主要由三叠系嘉陵江组、二叠系、石炭系、泥盆系等地层组成。因地层所处部位、化学成分和夹碎屑岩百分比的不同，其富水性不均。泉流量一般为 $10 \sim 100L/s$，小者 $0.1 \sim 1.0L/s$，暗河最大流量可达 $1071L/s$。

4) 基岩裂隙水

由岩浆岩、变质岩系组成高山地貌，风化带厚 $10 \sim 30m$。受地貌单元和气象要素的控制，地下水主要表现为补给、径流和排泄很快就完成，即径流短。富水性较差，泉流量一般为 $0.1 \sim 1.0L/s$。基岩裂隙水在岩体中的运移和物理（结冰膨胀的劈裂）、化学（溶蚀、溶解）等直接作用及间接作用（如提供树木生长的水分加速根劈风化等），可能加速岩体风化，促使岩体失稳[1-9]。

2.2　白沙河流域地层岩性

　　龙门山构造带及其邻区的地层区域分布特征主要表现为：地层层序完整，且地层空间展布明显受构造带的优势走向控制。地层多呈条带状沿 SW-NE 向或近 EW 向分布，太古代(Ar)—上古生代(Pz₁)等时代较老地层主要沿龙门山断裂带及其北侧秦岭弧盆系呈"J"字形分布；龙门山断裂带南东侧的成都平原则分布时代较新的中生代(Mz)—第四纪(Q)地层，且以侏罗系(J)和白垩系(K)分布为主；北西侧川西高原地区主要以中生代的三叠系(T)分布最广，其次为第四系(Q)及二叠系(P)；区域内海西期及燕山期的岩浆岩则主要零星散布于龙门山断裂带及其北西侧高原和秦岭弧盆系地区。

　　虹口乡境内，北川—映秀断裂的上盘是龙门山中央推覆体的一部分，以"彭灌杂岩"为主，由元古界绿片岩相变质岩、晋宁—澄江期岩浆岩和下震旦统火山岩地层组成，被北川—映秀断裂和汶川—茂县断裂夹持于前山须家河组地层和后山志留泥盆纪地层之间[10]；下盘则是前山推覆体的一部分，前山推覆体是受逆冲断层破坏、推移的无根断片，主体为上三叠统须家河组煤系地层，下伏岩层主要由侏罗系至古近系红层构成。总体来看，研究区存在古生代到新生代的地层，整个地层从老到新为：元古界有黄水河群和震旦系下震旦统火山岩；古生界有泥盆系、石炭系、二叠系；中生界有三叠系、侏罗系；新生界有古近系、新近系、第四系(图 2-5、表 2-3)。

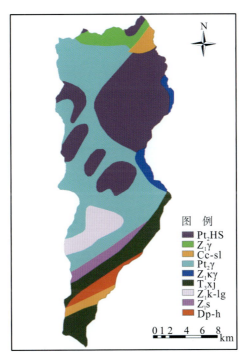

图 2-5　白沙河流域岩性分布图

表 2-3 虹口乡地层岩性简表

界	系	统	地层名称	符号	厚度/m	岩相	岩性简述
新生界	第四系	全新统		Q_4	0~257	冲积、坡积	砂土、亚砂土、亚黏土、黏土、粉土、块碎石土
	新近系			N	0~532	内陆洪积相	砾岩、透镜状岩屑砂岩
	古近系			E	>400	内陆洪积相	砾岩与粉砂岩、泥岩互层
中生界	白垩系	上统	灌口组	K_2g	0~687	山麓洪积相	粉砂岩、粉砂质泥岩互层
		下统	夹关组	K_1j	140~557	山麓洪积相	砂质泥岩、砾岩夹岩屑砂岩
	侏罗系	上统	莲花口组	J_3l_1	1055~1083	滨湖、浅湖相	中层砂岩、粉砂岩与砂质泥岩不等厚互层夹灰质砾岩
		中统	遂宁组	J_2sn	0~194	河湖相	厚层砂岩与砂质泥岩、泥岩互层为主，夹少许石英质砾岩
			沙溪庙组	J_2s	259~951	滨湖交替相	厚层砂岩与泥岩间互为主，夹少量灰质砾岩
		下统	自流井群	$J_{1-2}zl$	400~700	内陆冲积、滨湖、浅湖相	灰、绿灰色砾岩、砂岩与紫红色泥岩不等厚互层
	三叠系	上统	须家河组	T_3x	1100~3079	海相、海陆交替相、河湖沼泽相	砂岩、泥岩、碳质页岩为主夹煤
古生界	二叠系	上统	龙潭组	P_2l	54~370	海陆交替相	碳质页岩、细砂岩夹灰煤、铁及铝土，局部为海底基性火山玄武岩
		下统	茅口组	P_1m	90~378	浅海相	灰岩、白云质灰岩夹燧石条带
			栖霞组	P_1q	42~255	浅海相	灰岩夹黑色页岩
			梁山组	P_1l	0~29	海陆交替相	粉砂岩、铝土页岩、碳质页岩夹透镜状无烟煤
	石炭系			C	0~495	浅海相	灰岩、生物碎屑灰岩、泥质灰岩
	泥盆系	上统	沙窝子组	D_3s	100~718	浅海相	白云岩、白云质灰岩夹灰岩、页岩
		中统	观雾山组	D_2g	137~1378	浅海相	白云质灰岩、白云岩夹泥质灰岩、碳质页岩
元古界	震旦系			Za	0~863	海相、喷发相	安山岩、凝灰岩及安山玄武岩

1. 元古界(Pt)

(1)黄水河群($Pthn_2$)：分布在虹口乡光光山一带，为一套变质火山岩、绿色片岩、石英片岩类的中变质岩系。

(2)震旦系下统火山岩组(Za)：分布在虹口关房沟一带，以灰绿色安山岩、凝灰岩及安山玄武岩为主。

2. 古生界(Pz)

(1)泥盆系(D)：中泥盆统观雾山组(D_2g)出露于九甸坪向北东至懒板凳一带，为碳酸盐岩建造，岩性为浅灰色薄—厚层白云质灰岩、白云岩夹泥质灰岩、碳质页岩，厚137~1378m。上泥盆统沙窝子组(D_3s)分布在懒板凳、九甸坪一线，岩性为灰色薄层块状白云岩、白云质灰岩夹灰岩、页岩，前者厚 718m，后者厚 276m。

(2) 石炭系(C)：分布在龙溪至懒板凳一带，为浅海碳酸盐岩建造，岩性为灰岩、生物碎屑灰岩、泥质灰岩等，厚 0～495m。

(3) 二叠系(P)：下二叠统的梁山组(P_1l)见于龙溪沟，为海陆交替相铝铁页岩含煤建造，岩性为褐灰色粉砂岩、铝土质页岩、碳质页岩夹透镜状无烟煤，厚 0～29m；下二叠统的栖霞组(P_1q)分布于龙溪向北至小鱼洞，岩性为深灰色灰岩夹黑色页岩，厚 42～255m；下二叠统茅口组(P_1m)在九甸坪较完整，为浅海碳酸盐岩建造，岩性为浅灰色中层块状灰岩、白云质灰岩夹燧石条带，厚 90～378m；上二叠统龙潭组(P_2l)分布在九甸坪及懒板凳向斜核部，为海陆交替相沉积，岩性为黑色碳质页岩、细砂岩夹灰煤、铁及铝土，局部为海底基性火山玄武岩，厚 54～370m。

3. 中生界(Mz)

(1) 三叠系(T)：以上三叠统须家河组(T_3x)分布最广。属海相、海陆交互相、河湖沼泽相含煤建造，岩性以砂岩、泥岩、碳质页岩为主夹煤，厚度 1100～3079m；下三叠以灰岩为主。

(2) 侏罗系(J)：下侏罗统自流井群($J_{1-2}zl$)，分布在赵公山向斜，在须家河组之上发育一套山麓洪积相砾石层，岩性为灰、绿灰色砾岩、砂岩和紫红色泥岩不等厚互层，厚 400～700m。中侏罗统沙溪庙组(J_2s)分布在两河、泰安、中兴、玉堂一带，以厚层砂岩与泥岩间互为主，夹少量灰质砾岩，厚 259～951m；遂宁组(J_2sn)在两河、周家岩一带，以厚层砂岩与砂质泥岩、泥岩互层为主，夹少许石英质砾岩，厚 0～194m。上侏罗统莲花口组(J_3l_1、J_3l_2)分布在向峨场、金凤山、玉堂镇南华、泰安镇沙坪、五环岩、两河石板滩一带，为滨湖、浅湖红色砂泥岩建造，岩性为中层砂岩、粉砂岩与砂质泥岩不等厚互层夹灰质砾岩，厚 1055～1083m。

(3) 白垩系(K)：分布在区内平原边缘二王庙至青城山一带，与侏罗系呈假整合接触，其下部为夹关组(K_1j)，厚度 140～557m，上部为灌口组(K_2g)，厚度 0～687m，属内陆磨拉式山麓洪积相砂泥岩建造及浅湖相砂泥岩建造。

4. 新生界(Kz)

(1) 古近系、新近系(R)：古近系相当于原白垩系灌口组上段(E)地层，岩性为棕红色厚层—块状含砾砂岩或砾岩与粉砂岩、泥岩互层，分布在青城山以东及玉堂、白沙、都江村一带，不整合于白垩系之上，最大出露厚度>400m；新近系大邑砾石层(N)，岩性为褐灰色块状砾岩，中上部夹褐黄色透镜状岩屑砂岩，分布在玉堂、大观等，不整合于古近系之上，厚度 0～532m。

(2) 第四系(Q)：全新统冲洪积层(Q_4^{al+pl})、残坡积(Q_4^{el+pl})、洪坡积(Q_4^{pl+dl})、崩坡积(Q_4^{col+dl})、泥石流堆积(Q_4^{sef})、滑坡堆积(Q_4^{del})。分布在山前台地以及山区河流谷地、沟口和部分平缓斜坡。残坡积、洪坡积、崩坡积、泥石流堆积、滑坡堆积等主要由黏土、粉土、块碎石土组成。人工弃土(Q_4^{ml})：主要在采石场、蒲洪公路、居民集中安置点周围零星分布，又相对集中堆放，为块碎石或块碎石夹黏土松散堆积。

2.3　白沙河流域构造与地震

　　龙门山构造带的中南段是地震活动比较发育的地区。据统计，自公元 638 年有历史地震资料记载以来，龙门山构造带的破坏性地震皆集中于南段，北段尚未有破坏性地震的记载，且龙门山构造带的优势发震深度为小地震 5～15km，强震 15～20km，均属浅源性地震[11-21]。同时对近 300 次历史地震活动的发震时间统计，发现近几十年来是龙门山断裂带地震活动高发期[22-26]。

2.3.1　汶川地震

　　汶川地震震源浅、主震持续时间长和余震多且震级高的特点决定了在一定烈度范围内滑坡泥石流灾害必然广泛发育。

　　白沙河流域处于龙门山中段，是一个地震活动频繁的地区，距映秀震中最近仅 8.6km，最远距离 37.1km。映秀—北川断裂从乡境内南端穿过，长达 40km，走向 NE40°～50°，倾角 50°～60°。根据"5·12"地震前的地震烈度分布图可知，该区域

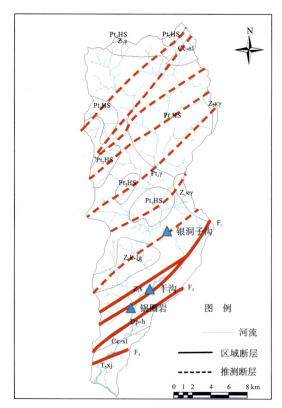

图 2-6　白沙河流域构造示意图

F$_1$：映秀断裂；F$_2$：彭灌断裂；F$_3$：二王庙断裂

地震基本烈度为Ⅵ～Ⅷ，属地震强烈和邻区强震波及区，地震动峰值为 0.20g，地震动反应谱特征周期为 0.4s。2008 年 5 月 12 日汶川地震发生以后，根据中国地震局发布的汶川地震烈度区图，该区域处于汶川地震极震灾区范围内，即Ⅺ烈度区。震后科考队发现，在中央断裂带出现的长达 240km 的地表破裂中，虹口乡境内的破裂长度为 14km，共计 14 条(图 2-6、表 2-4)。破裂所到之处造成公路错断、局部河道废弃、河流跌水、发育挠曲崖、陡坎等，影响宽度约 300m[27-33]，带来的破坏和损失极其严重。

2.3.2　地表破裂分布

根据震后实地调查，汶川地震导致龙门山断裂带出现了大规模的地表破裂情况，且表现为脆性破裂特征，主要分布于映秀—北川断裂带上，共约 240km(表 2-4)；在彭灌断裂也有少量地表破裂出现，总长达 72km[34]。映秀—北川断裂是汶川地震的主震断裂，地震导致同震地表破裂沿映秀—北川断裂带断续分布，形成了总长约 235km 的地表破裂带[34]。以映秀震中为界，向东北方向延伸的破裂较长，从映秀震中开始，穿过白沙河流域，止于平武石坎子附近，全长 180～190km[21]；在都江堰白沙河流域断裂的走滑分量明显小于垂直分量，说明断层活动以逆冲运动为主，兼有少量右行走滑。在地表形成较多的逆断层陡坎中，最大垂直位错达 6.2m，最大水平位错 4.9m[35,36]。

表 2-4　白沙河流域主要地表破裂带[37]

破裂地段	走向	形态特征
茶坪南—燕岩村	NS－NE40°	NW 盘向 SE 上冲形成挠曲崖，地貌上沿深溪沟阴坡脚产生一条新的深 1~5m、宽 1~10m 的沟谷；而在南北两端分别出现左旋和右旋走滑位移。该段主要的破裂现象表现在逆冲断裂前端的挠曲、挠曲弧顶的张裂、挠曲面上的植被倒伏、挠曲前缘路面的倾斜以及地面缩短。垂直位移量在燕岩村的深溪七组最大，为 5m，而且这种垂直位移量向 NE 逐渐减小；右旋位移量则相反，向 NE 逐渐增大，最大达 4.8m。总长度约 3km
灯草坪	NE40°～50°	沿河流上溯距灯草坪约 300m，地震地表破裂错动阶地和河漫滩形成断层挠曲崖和河流跌水。以村级水泥路和农家乐旅馆院坝面为标志，垂直位移 6.5m，但未见明显的走向滑动
塔子坪	南支 NE55°北支 NE40°	在塔子坪红色村七组产生 2 条左阶斜列破裂带。南支破裂形成高 6m 的断层崖，走向 55°，造成了 4.3m 左右的上盘隆起和 4.5m 左右的地表缩短；北支破裂走向 40°，形成 1.3m 的断层挠曲崖，未见水平错动
马甲咀	NE70°～90°	在白沙河右岸，破裂切过一级阶地和漫滩，形成高度一致为 1.3m 的挠曲坎，并使一级阶地上的厚朴林向南倒伏；切过白沙河河道的 2 条分支形成跌水；在白沙河左岸，也切过一级阶地和漫滩，形成高度一致为 2.0m 的挠曲崖；破裂继续向东延伸切过二级阶地，并使该阶地前缘形成一个宽约 50m 的褶皱隆起
周家坪	总体走向 73°	出露在白沙河河谷，与马甲咀破裂段左阶斜列，阶距约 200m。由 4 条发育于河漫滩上右阶斜列的地表破裂组成，最东侧的较短，不足 100m，其余断层长度均>300m。整个破裂带的影响宽度达 300m。测得最南支右旋位移 1.9m，垂直位移 3.1m。沿此破裂向 NE 方向水平滑动量减小，并以垂直位移为主；在反向陡坎的北端，本次地震废弃的河道左岸被左旋水平位错 4.2m，垂直位错 1.9m
高原村	NE50°～65°	主要破裂形式为反向断层挠曲崖(坎)和走滑破裂，可以分成阶地后缘和前缘相互平行的 2 条。后缘沿下坪和中坪一线，表现为以右旋走滑为主兼有少量垂直滑移分量；前缘表现为以反冲断层挠曲为主，局部兼有少量右旋走滑分量
纸厂		分布在白果林沟左右两岸，破裂形式主要为断层崖和破裂面。断层崖高 4.6m，未见水平分量；破裂面产状 NW40° ∠70°；破裂面上发育有擦痕，上部的擦痕(距地表 2.3m 以上)侧伏角为 SW80°，下部的擦痕(距地表 2.3m 以下)侧伏角为 SW75°

2.4　滑坡、泥石流概况及影响因素

2.4.1　滑坡、泥石流的基本特征

汶川地震诱发了大量的地震地质灾害。这些地质灾害沿主发震断裂带和河流、沟谷成带状分布，规模之大、数量之多、密度之高、类型之复杂、造成损失之重，前所未有，或直接导致人员伤亡和财产损失，或引发次生灾害冲击震后救援和重建[38]。据初步统计，汶川地震引发的地质灾害直接导致了约 2 万人死亡，约占总死亡人数的四分之一[38,39]。

都江堰市白沙河流域特殊的地理位置、地质条件也导致该地区地震地质灾害尤其发育。据 2010～2011 年快鸟影像解译结果显示，白沙河流域 364km² 范围内发育的崩塌滑坡和泥石流一共达 6119 处，包括滑坡 223 处，崩塌 5971 处，泥石流 199 处（表 2-5），其中不乏枷担湾滑坡、王爷庙滑坡、塔子坪滑坡等大型地震滑坡发育。

表 2-5　白沙河小流域滑坡泥石流灾害统计表（据孟华君，2012 年）

小流域	支沟	滑坡数	崩塌数	泥石流数	地表破坏面积/m²	流域面积/m²	灾点总数
贾家沟	-	3	0	0	13 037.45	2 492 802	3
燕岩村沟	-	6	80	7	76 216.687	8 352 033	93
白果沟	白果沟 1	1	1		976.246	2 166 752	
	白果沟 2	5	86		88 601.816	3 847 448	
	白果沟 3	3	58		66 631.997 7	2 827 904	
	白果沟 4	0	8		17 623.366	1 779 273	
	林家沟		4		8 785.737	1 177 560	
	小计	9	140	6	182 619.142	11 798 937	155
关门石沟	-	0	28	1	56 908.61	1 656 105	29
深溪沟	深溪沟—苍坪沟	2	124		122 988.808	4 507 208	
	深溪沟—付家坪	6	66		100 297.039	4 108 429	
	深溪沟—紫荒坪	6	126		257 522.138	3 295 306	
	深溪沟—狮子坪	1	4		9 931.346	3 908 671	
	深溪沟	16	124		454 211.936	7 830 224	
	小计	31	414	10	83 857.779	23 649 837	455
磨子沟	磨子沟 1	1	30		195 098.857	9 503 55.3	
	磨子沟 1-1	4	89	5	212 676.546	2 370 312	
	磨子沟 2	4	270		769 207.097	10 212 743	
	磨子沟 3	0	30		34 998.157	5 483 954	
	长河坝 1	0	24		11 486.956	1 263 998	
	长河坝 2	0	57		145 951.213	4 365 551	

续表

小流域	支沟	滑坡数	崩塌数	泥石流数	地表破坏面积 /m²	流域面积 /m²	灾点 总数
	长河坝 3						
	小计	11	519	11	1 369 418.826	24 646 912	541
炭窑沟	–	4	75	3	147 582.2	2 322 920	82
大水沟	大水沟 1	0	55		257 327.903	2 567 083	
	大水沟 2	1	92		145 968.253	2 511 383	
	大槽沟	2	24		61 588.677	2 003 541	
	小计	3	171	11	464 885	7 082 006	185
正沟	苍坪沟	3	186	8	810 871	4 342 500	197
	正沟 1	1	40	0			41
	原木棚子沟	4	224	3	925 917	8 883 000	231
	小干沟	0					
	大干沟	1	125	5			131
	双棚子沟	9	349	6			363
	深源沟五神沟	2	111	0			113
	青羊沟	3	53	0			56
	筷子笼沟	0	61	0			61
	正沟 2	0	180	0			180
	小计	23	1131	18	4 724 900	68 045 705	1372
头道河	头道河 1	0	250		998 089.28	10 205 985	
	头道河 2	0	47		49 258.604	3 832 999	
	头道河 3	0	20		66 728.811	1 942 030	
	小计	0	317	4	15 981 013	15 981 013	321
小河	小河 1	1	37		199 990.584	1 772 100	38
	小河 2	12	282		1 278 762.226	12 379 622	294
	小河 3	4	102		308 343.313	5 356 765	106
	小河 4	0	0				
	木厂沟	9	116		320 123.174	4 700 463	125
	小计	26	537	16	2 107 219	24 208 949	579
解板沟	–	3	87	4	155 119	1 656 105	94
关门山沟	关门山沟 1	5	73		1 042 814.101	4 950 900	78
	关门山沟 2	7	109		898 998.65	7 830 900	116
	关门山沟 3	1	58		243 558.564	1 657 800	59
	关门山沟 4	1	36		115 151.515	1 700 100	37
	关门山沟 5	3	159		1 044 120.296	10 573 369	162
	大阴沟	2	95	7		9 472 323	104
	双阴沟	0	98	8	1 087 660	7 893 912	106

续表

小流域	支沟	滑坡数	崩塌数	泥石流数	地表破坏面积/m²	流域面积/m²	灾点总数
	七层楼沟1	0	90	10	486 831	13 136 569	100
	七层楼沟2	0	0				
	七层楼沟3	0	0				
	大崩山沟	2	85	6	548 834	4 102 814	93
	小计	21	803	44	5 957 268	61 318 635	868
椒子坪沟	-	3	145	13	561 772.663	5 461 976	161
关凤沟	-	16	321	7	1 355 521.898	12 392 145	344
二道河	二道河1	2	184		1 057 961.366	4 340 495	186
	二道河2	0	286		739 549.156	9 189 593	586
	二道河3	2	39		55 256.015	1 452 682	41
	小计	4	509	9	1 852 767	14 982 769	522
肖家沟	-	4	50	2	257 194	2 029 500	56
白沙河主河段	白沙河—大岩坊段	2	36	2	165 171	2 631 600	40
	红色村段	9	32	10	354 898.236	10 226 910	51
	白沙河起始段	1	1	5	520 069.236	29 220 934	7
	墙院子—甜竹坪段	16	115	8	473 536.983	7 237 257	139
	王爷庙段	4	182	3	582 591.1	5 958 900	189
	中坪—下坪段	12	19	5	143 456.535	11 519 005	36
	白沙河椒子坪—廖家坪段	0	1	0	3 036.309	495 000	1
	白沙河联合村段	2	12		50 514.333	796 561.6	13
	正河段1	4	39		635 300.014	2 839 500	
	正河段2	5	119		977 206.696	4 939 877	
	正河段2-1	1	88		466 325.163	1 584 223	
	小计	56	644	33	4 372 105.605	77 449 768	259
合计		223	5971	199	39 719 405	365 528 116	6119

注：本表数据根据实际情况对滑坡泥石流灾害点进行了规并和处理，不对应具体数，以此表数据为准。

该地区地震诱发的地质灾害主要有以下特征：

1. 灾害类型丰富

汶川地震在虹口乡境内触发的直接地质灾害包括崩塌、滑坡、碎屑流、滚石、山剥皮等多种类型[40-51]。这些直接灾害又间接形成包括堰塞湖和泥石流的次生山地灾害和复合型灾害，进一步导致灾情加重（图2-7）。其中，枷担湾堰塞湖蓄水量约$610 \times 10^4 m^3$，最大水深54m，湖面长度2.23km。堰塞坝垂直高度60～80m，宽度达200余米，坝体厚度190余米。该坝体成分主要为花岗岩漂石、块石和碎石土，最大漂石可达$20m^3$，一般为0.5～$3.0m^3$；

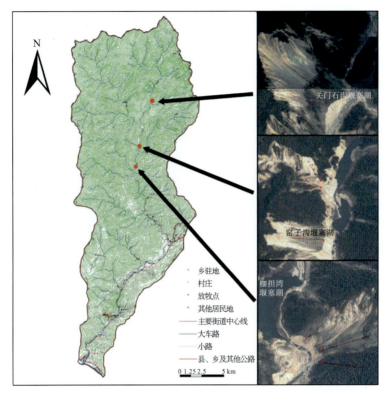

图 2-7 白沙河流域三大堰塞湖位置示意图

窑子沟和关门山堰塞湖在枷担湾堰塞湖的上游，窑子沟堰塞湖已蓄水约 $620 \times 10^4 m^3$，最大水深 50m，湖面长度 1.98km，坝体高 60m，宽 180m，坝体厚度约 250m，堰体体积约 $80.8 \times 10^4 m^3$；关门山堰塞湖蓄水量约 $370 \times 10^4 m^3$，最大水深 60m，湖面长度 800m，坝体高 80m，宽 230m，厚约 150m，堰体体积约 $92.3 \times 10^4 m^3$。

2. 灾害数量巨大

根据 2010～2011 年的快鸟影像解译结果，虹口乡境内遭受地震影响的地表发生破坏点多达 5000 多处，数量密度达 13.4 个/km²，远远大于整个汶川灾区的灾害数量平均密度[40,41]。其中，以小型崩塌、山剥皮现象居多，也发育大量碎屑流和滑坡。这些碎裂流和松散物质在暴雨条件下极易转化为泥石流，致使区内呈现"逢沟即泥石流"的现象。

3. 大型崩滑体发育

2008 年汶川地震诱发了大量的地震滑坡，根据文献统计的滑坡面积大于 $5 \times 10^4 m^2$ 的地震滑坡排行表[43]可知，整个汶川震区共发育 112 处面积大于 $5 \times 10^4 m^2$ 的滑坡，其中有 9 处发育在都江堰辖区内，如关门山滑坡(图 2-8)。这 9 处滑坡中，有 8 处坐落在虹口乡境内。另外，虹口乡境内的塔子坪滑坡面积约 $9.4 \times 10^4 m^2$(图 2-9)、银洞子滑坡面积约 $14.49 \times 10^4 m^2$(图 2-10)，虽未被列入排行，但面积均超过 $5 \times 10^4 m^2$，属大型滑坡。可见，白沙河流域大型滑坡发育超过 8 处(表 2-6)。

图 2-8　关门山沟滑坡-堰塞湖

图 2-9　塔子坪滑坡

2-10　银洞子沟滑坡

表 2-6　面积大于 $5\times10^4\text{m}^2$ 的滑坡面积统计[42]

总排序号	滑坡名称	经度	纬度	面积/m²	断层距/m	盘位
35	和尚桥 3#	103.658	31.281	257 635	10 400	上
40	白茶坪	103.676	31.199	241 874	4 700	上
44	和尚桥 1#	103.649	31.278	214 020	10 900	上
58	王爷庙	103.631	31.210	167 980	9 300	上
59	枷担湾 1#	103.648	31.217	166 643	7 900	上
67	和尚桥 2#	103.659	31.276	147 394	9 600	上
82	枷担湾 2#	103.645	31.234	114 905	9 300	上
91	夏家坪	103.655	31.122	96 345	790	上

4. 转化程度高、危害大

地震诱发的崩塌、滑坡、碎屑流等灾害在降雨条件下极易转化为泥石流,产生和加重地质灾害造成的损失。例如深溪沟锅圈岩滑坡、银洞子沟滑坡、干沟崩塌群等都已经产生了数次泥石流,给当地居民带来了严重的危害。其中,2010 年 8 月 12 日 8 时至 13 日 8 时,虹口乡境内普降大雨,日最大雨量为 183.2mm(13 日),6 小时降雨量达到 136.6mm,1 小时最大降雨量为 90.6mm(13 日凌晨 1 时至 2 时),平均雨强 22.8mm/h,最大雨量点为虹口乡联合村。强降雨过程促使区内泥石流群发,银洞子沟、下坪老沟、红色村干沟、关凤沟、白果沟、泡桐树槽、二家沟、付家沟、深溪村锅圈岩均暴发泥石流,并致 1 人死亡。

2.4.2　滑坡、泥石流影响因素

汶川地震引起的地质灾害有以崩塌、滑坡、地震地裂缝为主的伴生灾害,也有以堰塞湖、泥石流等为主的次生灾害,类型齐全多样。地质灾害的发生、发展不是孤立的,而是相互关联,形成链式灾害特征的。在滑坡等单体灾害发生的同时,灾害单体往往会伴生或次生其他灾害类型,构成地震次生地质灾害链。随着时间的推移,由崩塌-碎屑流、滑坡-堰塞湖、堰塞湖-泥石流、滑坡-泥石流等一系列灾害演化而成的地质灾害链是地震重灾区主要的次生灾害表现形式。大量的次生地质灾害将进一步演化形成更加严重的次生地质灾害链,其危害周期和防治难度都将大大超过灾害单体。

通过灾区实地考察发现,研究区内大量崩滑体堆积于山谷、道路、河流两岸,主要有以下形态:

(1)小型滑坡多以浅表覆盖层滑溜为主,多沿火成变质岩表面顺斜坡下滑,多呈流动形态,或堆积于坡脚,或在山坡滑动过程中滑体解体能量耗散就地堆积,滑体本身危害不大,没有明显的滑坡堆积形态,却成为泥石流的有利坡面物源(图 2-11)。

(2)中型滑坡发育主要以强风化壳、残坡积堆积物为滑体,以岩体表面或者弱风化层面为滑面,在震动过程中崩散解体顺坡下滑,遇阻后就地堆积。滑体并没有完全解体,在后期降雨作用下被逐渐侵蚀,成为泥石流物源(图 2-12)。

(3)大型滑坡主要发育在白沙河主河道两岸,如塔子坪滑坡、关门山沟 1# 滑坡等。这类滑坡滑面位于基岩强弱风化层交界处,在反复地震动作用下整体下滑,滑体形态较好,基本没有破坏,或堆积于山坡上较缓处(如塔子坪滑坡),或冲向沟谷形成坝体(如关门山沟滑坡、白茶坪滑坡等),形成堰塞湖。

(4)山坡坡肩崩塌是发育数量最多的一类灾害,多以坡度较陡处胶结较好的残坡积物为孕灾体,孕灾地表面积小,崩塌下落过程中或以滚石形态,或以碎屑流形态沿有利坡面流动堆积,往往大面积摧毁坡面植被,或造成坡体表层耕植土脱落,最终堆积于坡脚或沟道形成泥石流物源(图 2-13)。

(5)大型崩塌灾害多造成基岩脱落,大块石最终堆积于坡脚,形成倒石锥形态(图 2-14)。

通过以上分析灾害的发育形态,可以发现区内岩质灾害主要为崩塌,滑坡则主要发育在覆盖层内,这表明研究区地震地质灾害的发育受孕灾环境影响非常大。孕灾环境可分为

地质环境和生态环境两方面,前者又包括地层岩性、地质构造、地形地貌等因素,后者则包括气象水文、植被覆盖和人类活动等。

图 2-11　浅表层滑溜　　　　　　　　　图 2-12　中型滑坡

图 2-13　小型崩塌　　　　　　　　　图 2-14　白茶坪上游大型崩塌

研究区的地震地质灾害主要分布在映秀-北川断裂的上盘,而上盘区域正好广泛分布彭灌杂岩体。自龙门山隆升以来,这一区域一直处于被剥蚀状态,广泛出露以花岗岩、安山玄武岩为主的坚硬岩石,山坡上的覆盖层较薄,以残坡积物为主。由于岩石坚硬、抗风化能力强,山体多以大角度坡面或者陡崖面出现,这也导致研究区内地形陡峻、沟壑纵横。这种地形条件下,风化、构造等剥蚀作用下产生的细颗粒物质只有很少一部分留在坡体,大部分跌入沟谷被水流带走。残留于坡体表层的散体物质黏性较差,在强烈反复的地震作用下,很快松动开始滑移,甚至整体被甩出去形成山剥皮的现象。同时,由于本区构造丛生、地质作用强烈,导致坡体裸露面或者植被覆盖较薄的坡面岩体破碎,震动作用下,破碎岩体很快演化为碎裂流;而结构面发育且存在不利临空面组合的岩质坡,则会在坡顶或临空面出现局部大规模的崩塌。同时,研究区属亚热带湿润季风气候区,冬无严寒,夏无酷暑,雨量丰富,光照充足,湿度较大,植被覆盖较好,这也使得坡体表面遭受生物风化、雨水冲刷等作用更加强烈。

　　综上所述，独特的岩性特征、强烈的构造作用以及潮湿多雨的气候环境是导致研究区灾害发育的根本原因。

2.5　滑坡、泥石流发育特征

　　地震可以诱发滑坡、崩塌、碎屑流和滚石等地质灾害。根据卫星影像解译结果，白沙河流域共出现滑坡 223 处，崩塌 5971 处，其中大部分处于无人区(香樟坪上游地区)，很难进行实地考察验证，各个沟道小流域范围内的灾害数量如表 2-5 所示，沟域范围及灾害分布如图 2-15 所示。

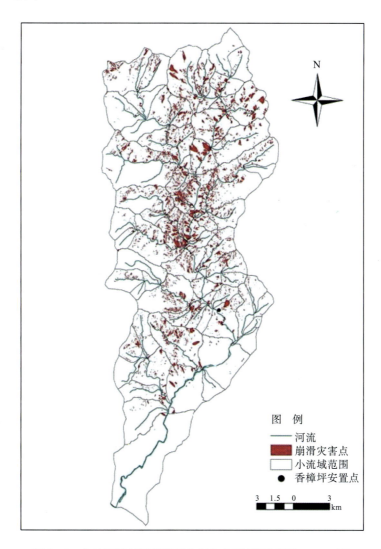

图 2-15　白沙河流域地震地质灾害分布图(据孟华君，2012 年)

表 2-5 中分别列出各个大型沟道的沟域面积、沟域内地质灾害面积之和、沟内发育灾害数量等几项基本数据，同时采用地表破坏面积与沟域面积之比作为地表破坏比率，来衡量各个支沟在地震作用下遭受损毁的水平。其中，关门石沟、正沟等大型沟谷虽支沟众多，但距离下游居民安置点较远，因此未具体单列出各支沟灾害发育数据，只是采用总数表示；对于下游深溪沟等沟谷，其灾害发育状况直接影响到当地居民的后续生活问题，因此详细给出具体灾害发育数据。整个白沙河流域地表破坏总面积达到 25.715km²，占流域总面积的 7.03%，这个比例可以代表在汶川地震影响下白沙河流域地表面积遭受破坏的平均水平。从表中可以看出，破坏比较严重的几条沟谷分别是小河、关门山沟、椒子坪沟、二道河、肖家沟、关凤沟以及整个正河段，其中，正河段破坏最为严重。

2.5.1 滑坡发育特征

2.5.1.1 滑坡与地形地貌

一般认为，滑坡的发育与地形地貌存在直接关系[43]，当地形条件达到一定程度的时候，在地震作用下，岩土体物理力学性质对滑坡发育的影响可能会减弱，坡形因素反而会起到主导作用。汶川地震以后，很多科研人员都曾探讨过地震灾害分布与地形地貌的相关性[43-45]，大致给出了所研究区域内地震崩滑体集中发育的高程范围、坡度范围以及坡向，并由分析结果得出地震滑坡与降雨滑坡在地形分布上的明显区别。白沙河流域地震崩滑灾害的发育同样与流域内地形条件密切相关。在统计该流域内灾害发育分布状况时，考虑到灾体规模大小不一，灾害数量并不能有效反映地表遭受损坏的绝对情况，因此本章采用灾害体面积作为统计指标对白沙河流域内地震崩滑灾害的分布情况进行分析。

白沙河流域地震崩滑体面积分布与地形相关性的统计结果分别如图 2-16、图 2-17 示。图中分带面积比例表示每个区间跨度内地表总面积与研究区地表总面积的比值，表示各限定区间坡面面积占白沙河流域总坡面面积的比重；地表破坏比率表示某区间地表崩滑破坏的总面积与该区间地表面积之比，衡量各区间内遭受破坏的程度；分带灾害比率则表示各区间坡面地表崩滑破坏的总面积与白沙河流域总损毁地表面积之比，表示各区间灾害面积占研究区总灾害面积的百分比。

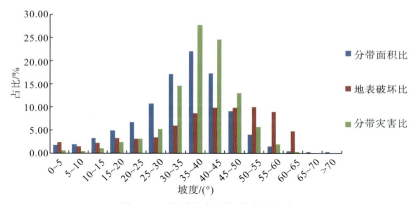

图 2-16　地震灾害面积分布与坡度

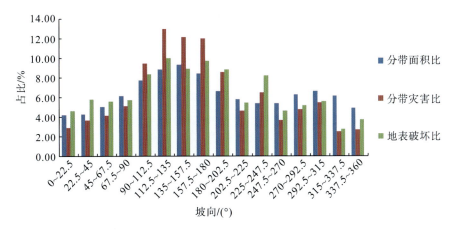

图 2-17　地震灾害面积分布与坡向

1. 滑坡灾害分布与坡度

图 2-16 所示为以每 5° 为一个坡度区间的灾害面积分布统计结果。图中表明，白沙河流域灾害分布最多的坡度范围是 35°～40°，其次是 40°～45°，这两个坡度区间的灾害总面积占全流域灾害面积的一半以上；总体来看，30°～50° 坡度范围是白沙河流域地震崩滑体集中发育的坡度范围。

从统计结果可以看出，30°～50° 坡度范围同样是白沙河流域地表面积广布的坡度区间。因此，可以通过地表破坏比率分析该坡度为 35°～65° 时地表破坏比较严重，呈现出高角度坡面易于遭受地震影响的趋势。

2. 滑坡灾害分布与坡向

图 2-17 所示为以每 22.5° 为一个坡向区间的灾害面积分布统计结果。可见，白沙河流域灾害多分布在 90°～202.5° 的坡向范围，即正东方向到正南偏西方向的坡面。整体上，灾害主要分布坡向区间与地表面积较大的坡向范围是一致的。

从地表破坏比率统计结果来看，除了 90°～202.5° 的坡向范围，225°～247.5°（代表正南西方向）坡向的坡面遭受毁坏的程度也大于白沙河流域的平均水平。这两个范围总体上处于 90°～270°，代表阳坡遭受损坏的程度大于阴坡。

3. 灾害分布与高程

图 2-18 所示为以每 400m 为一个高程区间的地震崩滑灾害面积分布统计结果。由图可知，地震崩滑灾害主要集中分布在 1540～2740m 高程范围内，且灾害主要分布区间与各高程区间坡面面积的比例基本一致。同时，按地表破坏比率的统计绝对值可知，1540～2340m 及 3540～3940m 两个高程段的斜坡更易发生地震崩滑现象，为遭受地震损坏较严重地区。若是除去 3540～3940m 这个高程段，则发现并不是越高的地方遭受地震破坏最严重，而是在 1940m 高程左右会出现破坏峰值。

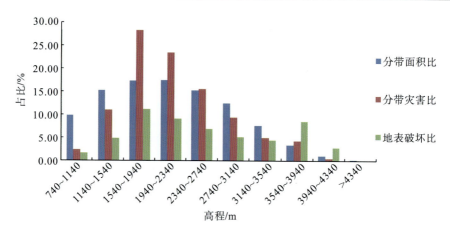

图 2-18 地震灾害面积分布与高程

2.5.1.2 滑坡与地层岩性

白沙河流域地震地质灾害主要发育在映秀—北川断裂的上盘，该盘岩性主要以彭灌杂岩为主（表 2-7、图 2-19）。

表 2-7 白沙河流域地层岩性表

地层岩组	符号	面积/km	百分比/%
黄水河群（包括干河坝组、黄铜尖子）	Pt_2HS	117.38	31.88
早震旦世普通花岗岩	$Z_1\gamma$	13.54	3.68
长岩窝组、石喇嘛组	Cc-sl	11.77	3.20
中元古代普通花岗岩	$Pt_2\gamma$	140.04	38.03
早震旦世碱长花岗岩	$Z_1\kappa\gamma$	8.29	2.25
须家河组	T_3xj	36.97	10.04
开建桥组、列古六组并层	Z_1k-lg	20.34	5.52
苏雄组	Z_1s	10.26	2.79
捧达组、河心组并层	Dp-h	9.67	2.63

目前，映秀—北川地表破裂带出露的位置，基本是坐落在苏雄组与中元古代普通花岗岩的交界处。因此，较新的地层岩组基本都位于龙门山中央断裂的下盘，遭受地震活动的影响较弱。白沙河流域地震崩滑灾害面积分布与地层岩性的统计关系如图 2-19 所示。

从图 2-19 可以看出，地震崩滑体主要分布在黄水河群地层和中元古代普通花岗岩分布区；从地表破坏比率统计结果可知，黄水河群地层、早震旦世普通花岗岩地层、中元古代普通花岗岩地层和"开建桥组、列古六组"等地层分布的区域地表遭受的破坏大于白沙河流域地表损坏的平均水平。

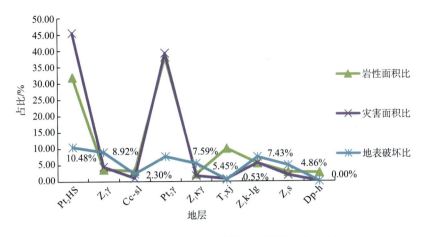

图 2-19 白沙河流域地震崩滑体面积分布与地层

2.5.1.3 滑坡与降雨条件

降雨是滑坡灾害的主要诱发因素之一。都江堰市降雨具有降水充沛；时间上分配严重不均，5～9 月降水量占全年降水量的 80%；降水量在地域上分布不均；雨强大等特点。

根据都江堰市虹口乡地质灾害危险性评估专项报告提供的资料，1987～2010 年平均降水量 1109.8mm。最少年降水量：790.9mm（2009 年）；最多年降水量：1499mm（1990 年）。降雨多集中于 5～9 月。区内地质灾害主要发生于雨季（5～9 月），地质灾害发生频率与降雨量变化基本一致，特别是 7 月份，可占到被调查的 47%左右，而直接发生的可占到已发生的 50%左右。年内的 6～7 月可占到被调查的 70%左右（图 2-20）。

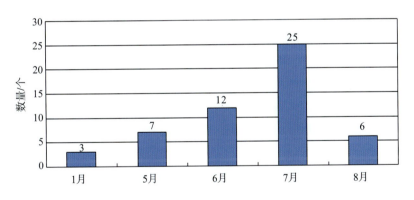

图 2-20 震前滑坡泥石流灾害发育的时空分布特征

降雨不仅增加土体自重，增大下滑推力，还转变为地下水，产生渗透力、扬压力，软化、润滑滑动面，对松散土体斜坡的稳定性极为不利。降雨对崩塌的影响主要表现在两方面：一是泥化、软化下部软质岩层，形成良好的临空面和凹岩腔；二是产生较高的孔隙水压力，使裂缝增大、增宽。

地震后在区内斜坡、沟谷处堆积了大量的松散体，在降雨的条件下诱发泥石流的可能性增大，泥石流将是相当长时间内区内地质灾害防治关注的重点。如玉堂镇王家沟，地震致使沟道两侧发生了大规模的崩塌,松散体堆积于沟道内,2008 年 7 月 20 日和 7 月 28 日经两次暴雨致使沟道内的松散物质在雨水的带动下,沿着陡峻的沟道向下游冲出,威胁到 17 户农户的生命财产安全。

2.5.1.4 滑坡与地震活动

白沙河小流域是一个地震活动频繁的地区。根据国家标准 GB18306—2001《中国地震动参数区划图》第 1 号修改单(国标委服务函〔2008〕57 号)对四川、甘肃、陕西部分地区地震动参数的相关规定,对汶川地震后相关地区县级及县级以上城镇的中心地区建筑工程抗震设计时所采用的抗震设防烈度、设计基本地震加速度值和所属的设计地震分组加以调整。地震动峰值加速度由 0.10g 提高为 0.20g,地震动反应谱特征周期为 0.4s。

"5·12"汶川 8 级地震改变了区内地质环境条件,产生了大量的滑坡、崩塌等地质灾害。区内震前仅发育虹口乡久红村撑箱岩崩塌灾害 1 处,经过"5·12"特大地震后,根据都江堰市虹口乡地质灾害危险性评估专项报告提供的资料显示区内有威胁对象的滑坡泥石流灾害数量激增,达 78 处。虹口乡映秀断裂及灌县断裂带附近为"5·12"地震Ⅺ度区,地震加速度大,直接导致虹口乡成为整个都江堰地震灾区受灾最为严重的乡镇。虹口乡白沙河流域则成为整个都江堰市滑坡灾害数量最多,受灾最重的地区。据地质部门调查,白沙河流域滑坡灾害隐患点数量占整个都江堰灾害总数的 22%。

2.5.2 泥石流发育特征

2.5.2.1 泥石流与地形条件

在泥石流形成的三个基本条件中,地貌条件是相对稳定的,其变化也较缓慢。据统计,形成区的沟床比降>250‰或是岸坡坡度>25°、流域相对高差超过 1 000m 的泥石流沟在诱发因素作用下就可能暴发泥石流。白沙河流域内山势陡峻,岸坡坡度由东南至西北逐渐增加。通过对数字高程模型进行分析可知,各支沟沟床形成区平均比降为 284‰;而流域内平均岸坡坡度为 34.90°,均满足泥石流形成的地形条件。汶川地震虽然对流域造成极大影响,甚至局部地形地貌条件有所改变,但流域总体比降和特征变化不大。

2.5.2.2 泥石流与地质构造

虹口乡区内岩石经过了多期构造运动的破坏,岩体中的片理和裂隙极为发育,其均一性和完整性受到破坏,加之后期遭受强烈风化和剥蚀,岩体强度有所降低,这就导致岩石的风化、卸荷、崩塌、坠落等地质作用显著,造成滑坡、泥石流等不良物理地质现象较普遍。区内地质灾害多发育于褶皱密集和断裂交汇等构造复活部位,具有沿构造线方向密集展布的特点,说明构造对灾害的控制作用明显。虹口映秀断裂正好穿越调查区,滑坡、崩塌的发生与该断裂密切相关,该断裂向北东延伸至虹口乡深溪沟泥石流。地震新产生的滑坡泥石流灾害点主要沿该断裂带分布,如虹口乡白沙河右岸关凤沟泥石流附近滑坡崩塌发育,沟口夏家坪北侧滑坡也属高速滑坡,长约 500m,虹口映秀断裂一支正好由山前通过(图 2-21)。该断裂南延至庙坝附近,通过红色干沟泥石流,旁边发育塔子坪上方滑坡,长达 750m,断裂由滑坡中前部横向穿越。紫宽公路撑箱岩段崩塌群宽达 1.5km,彭灌断裂两分支断裂由此穿越[46]。

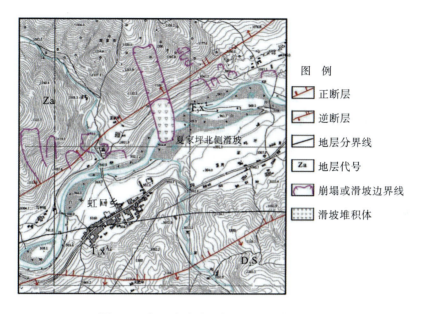

图 2-21　虹口乡地质灾害与断裂关系示意图

2.5.2.3　泥石流与物源条件

流域内的固体松散物质控制着泥石流的暴发,这些固体松散物质包括崩塌、滑坡松散堆积物、沟床堆积物、古老泥石流堆积物、低植被覆盖地区的表土层和残坡积物、局部的风成堆积物等。这些固体松散物质的积累一般受流域地层岩性、断层分布以及风化强度等影响。而与其他流域相比,地震灾区小流域的最大特点就是在极短时间内富集大量由滑坡和崩塌产生的固体松散物质。这些崩塌和滑坡物质非常松散,孔隙率高,渗透性大,颗粒级配不连续,呈宽级配特征,是形成泥石流的主要物源,在前期降雨、短历时暴雨激发或径流冲刷下极易引发泥石流。如联合村银洞子沟滑坡,地震以前没有发生泥石流等记录,地震诱发沟内产生规模约 50 万 m³ 的滑坡,震后雨季受降雨和沟道流水侵蚀影响,在地震滑坡发生浅层滑塌和拉槽侵蚀,从而转化为泥石流物源,地震以后从 2009~2014 年,先后暴发了 14 次泥石流,严重威胁联合村二组居民点安全。

2.5.2.4　泥石流与降雨条件

降雨是泥石流最主要的诱发因素。都江堰市降雨具有降水充沛;时间上分配严重不均,5~9 月降水量占全年降水量的 80%;降水量在地域上分布不均;雨强大等特点。泥石流发生和水源的关系极为密切,白沙河流域泥石流的主要水源来自降雨。都江堰地区有完整降雨观测资料开始于 1951 年,只有极少数年份缺失。从都江堰年降雨的变化情况发现,近 50 年来整个地区的年降雨量有下降趋势,基本上仍维持在 800~900mm。

泥石流的发生与降雨关系密切。区内泥石流多为沟谷型，汇水面积广，沟床纵坡降一般较大，暴雨时容易在短时间内汇流形成洪水，为泥石流的形成提供水流条件。虹口乡由于地震在区内斜坡、沟谷处堆积了大量的松散体，在多次强降雨的作用下，从而诱发了群发性的泥石流。

2009年7月17日凌晨，龙池镇、虹口乡等地突降暴雨，6小时内降雨达219mm，为146.8年一遇的特大暴雨，降雨时间主要集中在凌晨3点至6点，雨强达60～70mm/h。强降雨使区内泥石流群发，虹口乡银洞子沟、下坪老沟、红色村干沟、关凤沟、白果沟、泡桐树槽、二家沟、付家沟、深溪村锅圈岩及龙池镇碱坪沟、核桃树沟均暴发泥石流，并致2人死亡。

2010年8月，虹口乡境内出现强降雨天气。根据气象资料，12日8时至13日8时，虹口乡境内普降大雨，日最大雨量为183.2mm(13日)，6小时降雨量达到136.6mm，1小时最大降雨量为90.6mm(13日凌晨1时至2时)，平均雨强22.8mm/h。最大雨量点就在虹口乡联合村。强降雨过程促使区内泥石流群发，虹口乡银洞子沟、下坪老沟、红色村干沟、关凤沟、白果沟、泡桐树槽、二家沟、付家沟、深溪村锅圈岩均暴发泥石流，并致1人死亡。

2013年7月8日至2013年7月10日都江堰连续普降大暴雨。据都江堰市气象部门的监测数据显示，截至7月9日上午8时，滨江街道办降雨量达386mm，国家站、柳街水月站、向峨龙竹站等10个站点降雨量为200～300mm，聚源大合站等10个站点降雨量为100～200mm，其余站点则为100mm以下。根据调查报告，虹口乡白沙河流域总共排查滑坡泥石流51处。

2.6　滑坡、泥石流分类

2.6.1　滑坡、泥石流分类方法

滑坡、泥石流分类是认识和研究滑坡泥石流的基础，也是滑坡、泥石流认识深化的体现。由于研究区滑坡、泥石流数量众多，因此需要对滑坡、泥石流进行分类，进而选择代表性滑坡、泥石流进行细致研究。传统的分类方法重在对滑坡、泥石流现象的定性描述，或图示表达，这与长期以来滑坡泥石流研究人员多为地质专业背景有关，也与研究人员对滑坡泥石流的认识水平有关，这种分类方法在工程人员、科研人员认识滑坡、泥石流现象的过程中具有非常重要的意义。但是，在现代科技、工程高度依赖计算机的今天，传统的滑坡、泥石流分类方法显然不利于滑坡、泥石流数据的编目、阅读和使用。现代滑坡泥石流分类，除了要保持传统滑坡、泥石流分类所携带的内涵，还应该更好地为现当代的科研、工程治理服务。因此，采用可量化的参数指标对滑坡、泥石流进行分类是目前滑坡、泥石流分类学突破的方向[47-60]。

本章在采用传统方法对白沙河流域滑坡、泥石流分类的基础上，提出了以滑坡形态为分类依据的定量化滑坡分类方法，重点介绍了该分类方法的原理，并采用该方法对白沙河流域地震滑坡进行了类型划分。对泥石流的分类则依据物源的形成条件和破坏补给类型来

开展分类研究。

根据白沙河流域地震滑坡编目数据，共有 450 个地震滑坡具备平面形态分析的数据条件，占滑坡总数的 97.6%。

将滑坡分为宽展型、等距型和狭长型。宽展型滑坡又可以划分为三个亚类，分别命名为宽展 1 型~宽展 3 型。狭长型滑坡划分为五个亚类，分别命名为狭长 1 型~狭长 5 型。对白沙河流域地震滑坡进行归类(表 2-8)，根据分类结果，白沙河流域地震滑坡以狭长型滑坡数量最多，为 294 个，占滑坡总数的 65.33%。其中，狭长 2 型滑坡数量最多，占全部狭长型滑坡的 41.16%，累计面积也最大，占狭长型滑坡的 45.19%，占全部滑坡的 33.70%；等距型滑坡总数为 83 个，占全部滑坡的 18.44%；宽展型滑坡数量最少，共 73 个，占滑坡总数的 16.22%，其中宽展 1 型滑坡数量最多，为 48 个。

根据滑坡累计面积来看，狭长型滑坡面积最大，其次是等距型，宽展型面积最小；滑坡面积的分配基本呈现与个数一致的情况。统计滑坡面积百分比与数量百分比，发现除狭长 2 型和狭长 4 型外，其余类型滑坡的面积百分比均小于数量百分比，说明狭长 2 型和狭长 4 型滑坡具有较多大面积滑坡出现。

表 2-8　白沙河流域地震滑坡类型划分

滑坡类型	宽展型			等距型	狭长型				
图示标准									
滑坡总数	73			83	294				
亚类	-3	-2	-1	1	-1	-2	-3	-4	-5
亚类滑坡个数	4	21	48	83	51	121	79	35	8
亚类滑坡占全部滑坡总数比例 P_n/%	0.89	4.67	10.67	18.44	11.33	26.89	17.56	7.78	1.78
累计面积/($\times 10^4$m²)	2.68	12.77	23.15	68.03	41.96	141.36	65.71	57.22	6.53
滑坡面积百分比 P_b/%	0.64	3.05	5.52	16.22	10.00	33.70	15.67	13.64	1.56
P_b/P_n	0.72	0.65	0.52	0.88	0.88	1.25	0.89	1.75	0.88

2.6.2　泥石流物源分类方法

1. 滑坡堵沟型物源

地震瞬间触发的巨、大型滑坡是泥石流的最主要沟道型物源。大量松散堆积物将泥石流的沟源堆填，形成数十米，甚至数百米厚的沟道物源(图 2-22)。如白沙河流域银洞子沟泥石流，汶川地震以后，在银洞子沟形成一个规模约 50 万 m³ 的大型滑坡，该滑坡为随后在 2009 年、2010 年和 2013 年银洞子沟发生的大规模泥石流提供物源。又如白沙河流域锅圈岩泥石流，该泥石流沟流域面积不到 1km²，但是由于沟道内地震滑坡覆盖形成区，在后地震时期降雨激发条件下形成泥石流。

　　这类物源的特点是滑坡规模大、堆积体厚度大，在降雨作用下容易形成沟槽揭底冲刷型和溃决型泥石流。

图 2-22　白沙河流域典型滑坡堵塞沟道型物源

2. 崩塌覆盖型物源

　　地震瞬间触发的大规模崩塌是泥石流重要的沟道型物源。崩塌物的规模虽然不如上述滑坡体的规模大，但其数量比滑坡更多，有的可以沿泥石流物源区全流域覆盖（图 2-23）。如都江堰白沙河流域干沟泥石流，由于汶川地震触发的大型崩塌物质大量堆积在形成区，这些物质非常松散，在降雨激发条件下容易启动形成泥石流。干沟在 2009 年"7·17"，2010 年"8·13"洪灾及 2013 年"7·9"洪灾中都暴发了大规模泥石流，直接威胁都江堰红色村安置点村民的安全。这类物源的特点是覆盖层虽不如滑坡的厚度大，但分布范围广，可以将原沟道普遍覆盖填高，在降雨作用下容易形成沟槽揭底冲刷型泥石流。

图 2-23　白沙河流域典型崩塌覆盖型物源

3. 碎屑坡积型物源

地震瞬间触发的大规模崩坍和坍滑碎屑物是泥石流沟道坡面补偿型物源。坡面崩坍和坍滑碎屑物在地震瞬间暂时没有进入沟道，堆积在沟道较缓的上部坡面(图 2-24)。如白沙河流域深溪沟泥石流，由于形成区在地震以后大量的碎屑物质堆积在沟道和斜坡表面，在 2010 年"8·13"暴雨激发条件下形成大规模泥石流，直接冲击沟口的深溪村安置点。这类物源的特点是有大有小，一般分布位置较高，在后期降雨作用下形成坡面泥石流，汇入沟道，不断补充主沟泥石流物源。

图 2-24　白沙河流域典型碎屑坡积型物源

2.7　滑坡、泥石流分布规律

2.7.1　不同形态滑坡分布规律

分析不同形态滑坡的分布特征，旨在分析各种本底因素对不同滑坡发育的影响，探索各类滑坡发育的条件因素。

2.7.1.1　滑坡分布与地形地貌

为了分析不同类型滑坡发育与环境因子的关系，以滑坡面积为基础数据，分别统计不同类型滑坡面积百分比(P_b)。

1. 滑坡与坡度

图 2-25 为不同类型滑坡面积百分比按照坡度分级统计结果图。每一种滑坡都存在优先发育的优势坡度，其结果反映了不同倾向坡面对不同类型滑坡发育的影响。

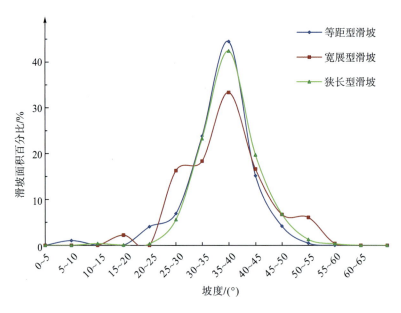

图 2-25　不同类型滑坡与坡度的关系

(1)等距型滑坡各个坡度区间滑坡面积百分比大小关系为

$P_b(35°\sim40°)>P_b(30°\sim35°)>P_b(40°\sim45°)\geqslant P_b(25°\sim30°)>P_b(45°\sim50°)>P_b(20°\sim25°)$。

(2)宽展型滑坡各个坡度区间滑坡面积百分比大小关系为

$P_b(35°\sim40°)>P_b(30°\sim35°)>P_b(40°\sim45°)>P_b(25°\sim30°)\gg P_b(45°\sim50°)>P_b(50°\sim55°)$。

(3)狭长型滑坡各个坡度区间滑坡面积百分比大小关系为

$P_b(35°\sim40°)>P_b(30°\sim35°)>P_b(40°\sim45°)\gg P_b(45°\sim50°)>P_b(25°\sim30°)>P_b(50°\sim55°)$。

三种滑坡均集中分布在35°～45°的坡面上,且最优坡度为35°～40°,说明这一坡度区间是白沙河流域斜坡发育地震滑坡的优势坡度区间,而与具体滑坡类型无关。

从第4坡度区间可以发现,宽展型滑坡在25°～30°坡度区间也大量发育,而狭长型滑坡则优先发育在45°～50°区间,这也说明滑坡滑源区位于较陡坡面时,滑坡多为狭长型;滑源区处于较缓坡面时,滑坡滑动距离很短,多发育宽展型滑坡。

2. 滑坡与坡向

图 2-26 为不同类型滑坡面积百分比按照坡向统计结果图。每一种滑坡都存在优先发育的优势坡面倾向,其结果反映了不同倾向坡面对不同类型滑坡发育的影响。

(1)等距型滑坡。

$P_b(S)>P_b(E)>P_b(W)\approx P_b(NE)>P_b(SE)>P_b(N)>P_b(SW)>P_b(NW)$,说明该类型滑坡优先发育于倾向180°和90°的坡面,最不容易发育在倾向为315°和225°左右的坡面上。

(2)宽展型滑坡。

$P_b(E)>P_b(W)>P_b(SE)>P_b(NW)>P_b(S)\approx P_b(NE)>P_b(N)>P_b(SW)$,说明该类型滑坡优先发育在倾向为90°、270°和135°左右的坡面上,这些方向与中央大断裂走向近乎呈正交关系,说明该类型滑坡发育的优势坡面倾向方向与地震波传播方向一致;而最不利坡面倾向方向为 225°的南西方向，为大断裂破裂来临的方向。

(3)狭长型滑坡。

$P_b(E) > P_b(SW) > P_b(S) > P_b(NW) > P_b(W) > P_b(NE) > P_b(N) > P_b(SE)$，说明该类型滑坡大量发育在倾向为 90°、225°和 180°的坡面，而在断裂破裂延伸方向、正北向和 135°坡向的坡面分布较少。

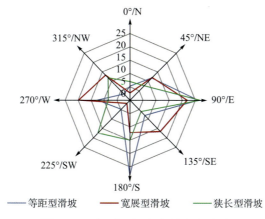

图 2-26　不同类型滑坡与坡向的关系

对比三种不同类型滑坡分布与坡向的统计结果可知：①倾向为 90°的坡面，三种类型滑坡都较为发育，说明这类坡面易于发生地震滑坡，而与滑坡破坏类型无关。②倾向正北(0°)的坡面，三种滑坡都不发育，推测与这类坡面整体面积较小且坡面坡度处于不适合发生滑坡的坡度有关。③其他倾向的坡面均呈现出对某一类或某两类滑坡集中分布的特点：倾向 180°和 270°坡面为等距型滑坡发育的优势倾向坡面；倾向为 270°和 135°则为宽展型滑坡优势发育坡向，这与地震波传播方向较一致；倾向 225°和 180°则为狭长型滑坡优势发育坡向，为断裂破裂来临方向。

3. 滑坡与高程

图 2-27 为不同类型滑坡面积百分比按照绝对高程统计结果图。每一种类型的滑坡都存在发育优势高程，其结果反映了不同高程对滑坡发育、变形及运动的影响。

(1)等距型滑坡。

$P_b(1540 \sim 1940\text{m}) > P_b(1940 \sim 2340\text{m}) > P_b(1140 \sim 1540\text{m}) \gg P_b(<1140\text{m})$。

(2)宽展型滑坡。

$P_b(1540 \sim 1940\text{m}) > P_b(1940 \sim 2340\text{m}) > P_b(2340 \sim 2740\text{m}) > P_b(2740 \sim 3140\text{m}) \approx P_b(<1540\text{m})$。

(3)狭长型滑坡。

$P_b(1540 \sim 1940\text{m}) > P_b(1940 \sim 2340\text{m}) > P_b(2340 \sim 2740\text{m}) > P_b(1140 \sim 1540\text{m}) \gg P_b(<740\text{m})$。

三类滑坡均集中分布在 1540~2340m 高程范围，说明该高程范围是受汶川地震强烈扰动地带，对滑坡类型的影响不明显。从第 4 类高程范围来看，三类滑坡均分布于 1540m 高程以下，只有宽展型滑坡部分分布在 2740~3140m 高程。

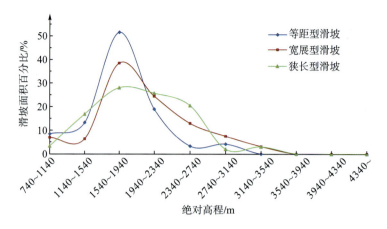

图 2-27　不同类型滑坡与高程关系

比较三类滑坡的高程分布区间,发现等距型滑坡基本分布在较低高程范围,总体来看,绝对高程对滑坡类型的影响较小。

2.7.1.2　滑坡分布与岩性

图 2-28 为不同类型滑坡面积百分比按照下伏地层分布统计结果,目的在于探索地层对滑坡发育类型的影响。

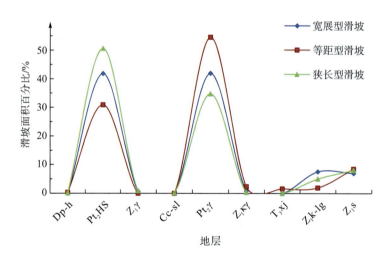

图 2-28　不同类型滑坡与地层关系

(1) 等距型滑坡:$P_b(\mathrm{Pt_2\gamma}) > P_b(\mathrm{Pt_2HS}) > P_b(\mathrm{Z_1s}) \gg P_b(\mathrm{Z_1\kappa\gamma})$。

(2) 宽展型滑坡:$P_b(\mathrm{Pt_2\gamma}) \approx P_b(\mathrm{Pt_2HS}) \gg P_b(\mathrm{Z_1k\text{-}lg}) > P_b(\mathrm{Z_1s})$。

(3) 狭长型滑坡:$P_b(\mathrm{Pt_2HS}) \gg P_b(\mathrm{Pt_2\gamma}) > P_b(\mathrm{Z_1s}) > P_b(\mathrm{Z_1k\text{-}lg})$。

总体来看,滑坡集中分布在 $\mathrm{Pt_2\gamma}$ 和 $\mathrm{Pt_2HS}$ 地层分布区,说明这两种地层分布区是白沙河流域地震滑坡易发区。根据 P_b 值的大小可知,地层对滑坡发育类型有影响。其中,$\mathrm{Pt_2\gamma}$ 地层区有利于发育等距型滑坡,而 $\mathrm{Pt_2HS}$ 地层区则有利于发育狭长型滑坡;宽展型滑坡的发育则不受这两种地层的影响。从第 3 类地层来看，Z_1k-lg 较有利于发育宽展型滑坡。

2.7.1.3　滑坡分布与坡面位置

分别统计坡面上不同部位三种类型滑坡的个数和面积(图 2-29)。其中，滑坡个数统计是以滑源区形心位置代表滑坡所在位置；滑坡面积统计则是以滑坡大部分面积所在区域确定滑坡位置，对于覆盖整个坡面的滑坡，则将其面积均分在坡面上。

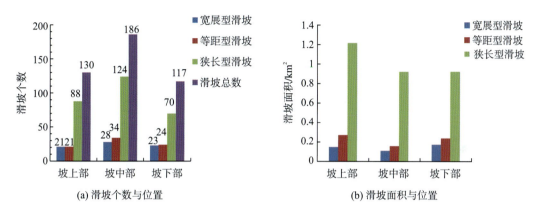

图 2-29　不同类型滑坡与斜坡破坏位置

滑坡个数结果为斜坡中部发育滑坡数量最多，其次是斜坡上部，斜坡下部滑坡最少；而斜坡上部发育滑坡的面积最大，其次为斜坡下部，滑坡中部最小。

根据滑坡个数统计结果，宽展型滑坡和等距型滑坡都是在斜坡中部发育滑坡最多，其次为斜坡下部，但是斜坡上部和斜坡下部滑坡数量接近；而狭长型滑坡则是斜坡中部最多，其次是斜坡上部，斜坡下部最少。

根据滑坡面积统计结果，斜坡下部发育宽展型滑坡的面积略大于斜坡上部，斜坡中部最小；等距型滑坡则是斜坡上部面积略大于斜坡下部，斜坡中部面积最小；狭长型滑坡则是斜坡上部面积最大，斜坡中部和斜坡下部基本相等。

综合分析，斜坡下部是发育宽展型滑坡和等距型滑坡的有利部位，而斜坡中部和斜坡上部则更容易发育狭长型滑坡。

2.7.1.4　不同形态滑坡分布特征与坡形

图 2-30～图 2-32 分别为三种类型滑坡发育位置与坡形的统计结果，统计数据为滑坡累计面积。

根据统计结果：

(1)等距型滑坡主要发育在 4 种坡形的斜坡上，按滑坡面积大小为：凸坡＞凹坡＞直线坡＞上凸下凹坡。

(2)宽展型滑坡主要发育在 3 种坡形的斜坡上，按滑坡面积大小为：凹坡＞凸坡＞上凸下凹坡，直线坡面发育宽展型滑坡的面积不及上凸下凹坡的一半。

(3)狭长型滑坡主要发育在 4 种坡形的斜坡上，按滑坡面积大小为：凸坡＞凹坡＞直线坡＞上凸下凹坡。

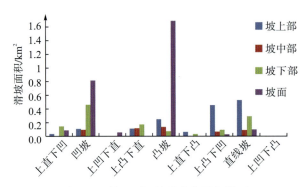

图 2-30　等距型滑坡发育位置与坡形

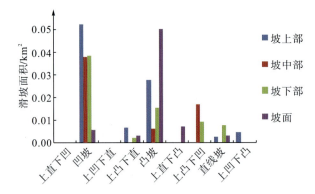

图 2-31　宽展型滑坡发育位置与坡形

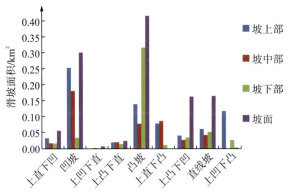

图 2-32　狭长型滑坡发育位置与坡形

表 2-9 按照滑坡面积从大到小列出了不同类型滑坡在各种坡形斜坡上的发育部位，可见对于不同坡形的斜坡，各种滑坡发育的优势部位也不一样。总体来说，等距型滑坡一般发育在斜坡坡度较缓的地带；而狭长型滑坡主要发育在坡度较陡、相对较高的斜坡位置。

表 2-9　不同类型滑坡在不同坡形斜坡上的破坏位置

滑坡类型		坡形			
		凹坡	凸坡	直线坡	上凸下凹坡
等距型滑坡	易发	下部	上部	上部	上部
	较易发	上部	中部	下部	下部
	欠易发	中部	下部	中部	中部
宽展型滑坡	易发	上部	上部	下部	下部
	较易发	下部/中部	下部	上部	下部
	欠易发		中部		
狭长型滑坡	易发	上部	上部	上部	上部
	较易发	中部	上部	下部/中部	下部/中部
	欠易发	下部	中部		

2.7.2　泥石流物源分布规律

2.7.2.1　基于航测数据的泥石流物源分布

汶川地震之后，地震诱发的海量地震崩塌、滑坡灾害为后地震时期泥石流等大规模暴发提供了直接物质来源。地震后松散物质的总量是流域泥石流危险性评估和防治方法的直接依据和重要指标，但是由于地震灾区地震崩塌滑坡灾害数量太多，在短时间内无法一一测量，因此估计区域性崩滑松散物质总量和泥石流物源总体积是一个难题。震后为有效指导防灾减灾，许多专家通过经验估算，提出区域性崩滑松散物质总量和总体积。但依据经验估计而造成对区域地震滑坡体积结果认知不统一的现象也比较普遍[56]。即使具备可靠翔实的地震滑坡编录的面数据，由于崩滑堆积体的厚度难以估计，准确地计算物源体积的难度极大。虽然国内外大量学者开展了这方面的统计和研究工作，并取得了一定进展，但由于区域性体积-面积函数关系缺乏真实检验，且由于地质结构、地层岩性和地貌条件的限制，物源体积与面积的关系各异，所得结果和相关关系式的可靠性也值得商榷。正是基于以上考虑，本研究采用直接翔实的高精度航片解译得来的崩滑体和松散物质面数据作为白沙河流域泥石流崩滑有效物源量的依据。

1. 崩滑物源与总面积因子

研究区崩滑物源总面积因子的提取是利用经过专业测绘处理并配准校正后的白沙河流域航空影像(分辨率 0.5m)，通过地质灾害专业研究人员开展人工解译所得的面源数据。经解译，白沙河流域共有滑坡崩塌灾害点 6223 处，总面积 25.2km^2。

以白沙河流域一级支流的泥石流沟为单元，对 50 个一级支流的泥石流流域内灾害体面源数据进行空间分析，并对崩滑有效物源总面积因子在各个流域的数量和百分比进行统计分析，从而揭示崩滑有效物源总面积与泥石流沟数量的分布关系。从图 2-33 可以看出，单沟流域崩滑有效物源总面积同所占泥石流沟的数量(比例)呈明显的负相关关系。也就是说，虽然从感观认识上地震崩滑灾害不同于震前地质灾害分布特征，地震崩滑灾害具有典型的成片成群分布特征,但是经过仔细的数据处理分析,以单沟为单元的流域崩滑物源量仍然表现出崩滑体总量越大,其数量越少的一般规律。

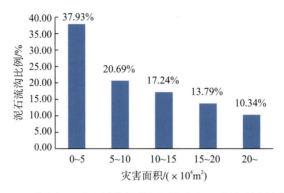

图 2-33　单沟泥石流流域崩滑物源面积与泥石流沟所占比例图

以上分析并未考虑单沟泥石流流域面积的影响,也就是说,单沟的流域面积越大,其可以包含的崩滑体越多,反之亦然。因此不考虑单沟流域面积来体现流域崩滑物源总面积可能出现一定的问题。因此,本研究还采用单位流域物源面积与该流域总面积的比例关系,即崩塌物源单位面积比例,对崩滑物源单位面积比例同泥石流沟的数量关系进行了统计分析。从图 2-34 可知,崩滑物源单位面积比例与泥石流沟数量的分布关系和崩滑物源总面积与泥石流沟数量的分布关系趋势基本一致,都呈指数下降的趋势。

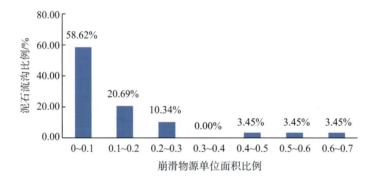

图 2-34　崩滑物源单位面积比例与泥石流沟数量分布图

2. 崩滑物源与沟口高差因子

白沙河流域海拔高度从 740m 到最高 5000m 以上,地貌单元从低山—中高山,因此每个一级支流的流域地貌差异显著,地表起伏较大。本研究通过崩滑物源与沟口高差平均值作为物源的分布趋势,分析崩滑物源与沟口高差和泥石流沟数量的分布关系。崩滑物源与沟口高差平均值的提取采用解译所得的各个泥石流沟流域内所有崩滑面源数据与 DEM 数据进行空间分析,首先提取出崩滑面源数据的高程,然后再减去沟口的高程,即可得到各个流域每个灾害面源数据与沟口的高差,最后再取每个流域高差的平均值。

从图 2-35 可以看到，泥石流流域数量分布在崩滑物源距沟口高差为 400～600m 的最多，占总泥石流沟数量的 34.48%，而白沙河流域的泥石流沟的崩滑物源主要分布在 200～600m 的高差范围内，占全流域泥石流沟数量的 60% 以上。距沟口高差大于 200m 的崩滑物源的泥石流沟占总量的 85% 以上，且最大高差达 1200m。一般来讲，高差越大，势能越大，泥石流能量越大，破坏力和危险性越高。由此可以看出白沙河流域崩滑物源本身的势能都相当大，为白沙河流域在地震后成为泥石流高度活跃区提供了物质和能量基础。

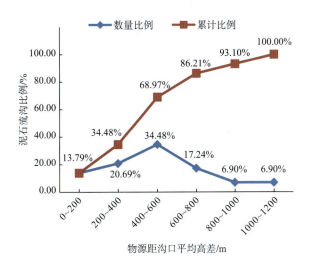

图 2-35　崩滑物源与沟口高差和泥石流沟数量的分布关系

3. 崩滑物源与沟道距离因子

前人有研究表明，崩滑堆积物转化为泥石流物源同泥石流的沟道条件关系密切。崩滑堆积物与沟道的距离和组合关系直接决定了泥石流物源总的动储量，并与物源的转化过程和转化模式密切相关。通过将崩滑物源距离沟道直线距离的平均值作为物源与沟道关系的分布趋势，分析崩滑物源距沟道距离和泥石流沟数量的分布关系。崩滑物源与沟道距离平均值的提取采用解译所得的各个泥石流沟流域内所有崩滑面源矢量数据与沟道线状矢量数据进行空间距离分析，首先提取出崩滑面源数据与最近的沟道的直线距离，然后获取流域内所有崩滑面源数据距离的平均值、最大值和最小值，这样就得到了每条泥石流沟崩滑物源与沟道距离的平均值、最大值和最小值。

从图 2-36 可以看出，沟道距离的平均值和最小值都与所占泥石流沟数量的比例呈负相关关系，其中近 80% 的泥石流沟物源与沟道距离的最小值在 0～100m，说明物源直接堆积在沟道内部。从平均值看，超过 60% 的物源集中在 0～300m 的范围之内。故在白沙河流域多数泥石流沟的崩滑物源与沟道距离较短，也就是说物源转化为泥石流物质的距离较短，所需要的能量较小，物源交易转化为泥石流物质。而沟道距离的最大值与所占泥石流沟数量的比例呈正相关关系，40% 的崩滑物源同泥石流沟最大距离超过 1000m，说明物源分布广，因此在白沙河流域多数泥石流沟物源的汇集空间大，分布广，物源总量大，因此较易暴发大规模的泥石流。

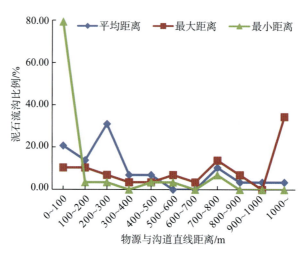

图 2-36　崩滑物源与沟道距离和泥石流沟数量的分布关系

因此，物源与沟道的关系敏感，即较短的物源输移距离和较大的物源汇集空间是白沙河流域泥石流震后进入敏感期的主要诱因之一。

4. 崩滑物源与坡度因子

泥石流的地形条件同降雨条件和物源条件一起，构成了泥石流启动的三大控制因素。地形条件是崩滑物源转化和启动的内因和必要条件。在三大控制因素中，地形条件是相对稳定的。地形条件主要以坡度和沟床比降来反映，是物质和流体势能转化为动能的底床条件，是影响泥石流形成和运动的主要因素。本研究通过将崩滑物源与其所在斜坡的平均坡度和最大坡度作为物源与地形关系的分布趋势，分析崩滑物源的平均坡度与最大坡度和泥石流沟数量的分布关系。崩滑有效物源与其斜坡坡度平均值和最大值的提取采用解译所得的各个泥石流沟流域内所有崩滑面源数据与坡度图层数据进行空间分析，首先提取出所有崩滑面源数据的坡度，然后再分别计算每个流域崩滑物源坡度的平均值和最大值。

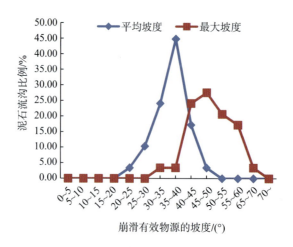

图 2-37　崩滑物源坡度和泥石流沟数量的分布关系

崩滑物源平均坡度可反映泥石流沟物源的地形条件的大体趋势。如图 2-37 所示，白沙河流域泥石流崩滑物源的平均坡度主要集中分布在 25°～45°，统计表明近 90%的崩滑物源都集中分布在这一坡度范围之内，这与地震滑坡崩塌在地形上的分布规律基本相符。同时，这一范围也与前人研究成果中泥石流固体物质补给方式与数量最为有利的沟坡坡度相符。

如图 2-37 所示，白沙河流域泥石流崩滑物源的最大坡度主要集中分布在 40°～60°。一般来讲，崩滑物源的坡度越大，越有利于物质的转化，但是也不尽然，在坡度大于 60°的陡坡，固体物质反而无法立足和聚集，因此不利于固体物质的汇集和积累。

2.7.2.2　基于调查数据的泥石流物源分布

白沙河流域地震前为成都市著名风景旅游区，无泥石流暴发记录，而地震后泥石流敏感性大大增加，对灾后重建造成巨大威胁。地震对于泥石流的地貌条件和降雨条件并无根本影响，因此其根本原因是地震诱发的崩塌滑坡松散物质为白沙河流域泥石流提供了最为关键的物质基础。而泥石流的物源量同泥石流的固体物质冲出量之间是相对应的。本次对于白沙河泥石流物源环境控制因素及条件的分析主要通过结合 2010 年"8·13"群发性泥石流灾害调查资料，统计分析了有详细泥石流暴发资料的 30 条泥石流沟单次最大冲出量与单沟灾害点总面积、物源与沟口平均高差、物源与沟口平均距离及物源与沟道平均距离等环境条件之间的关系，从而揭示泥石流暴发物质的冲出量同崩滑有效物源及其环境控制因素之间的关系。

1. 崩滑有效物源与总面积因子

如前所述，本研究采用直接翔实的高精度航片解译得来的崩滑体和松散物质面源数据作为白沙河流域泥石流崩滑有效物源量的依据，通过统计分析白沙河流域有资料记载的30 条泥石流沟单次最大固体物质冲出量与流域崩滑物源总面积比例的关系，从图 2-38 可

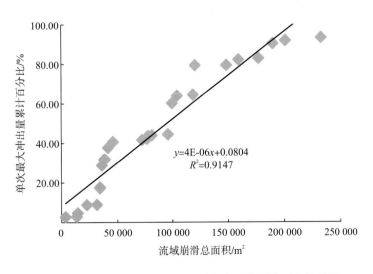

$$y=4\text{E-06}x+0.0804$$
$$R^2=0.9147$$

图 2-38　单次最大固体物质冲出量与崩滑物源总面积关系图

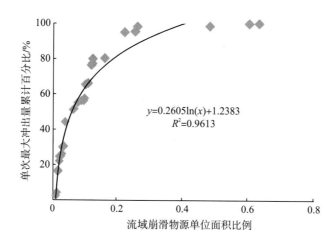

图 2-39　单次最大固体物质冲出量与流域崩滑物源单位面积比的关系图

以看出，30 条泥石流沟的单次最大固体物质冲出量与流域内崩滑灾害的总面积呈正相关，相关系数为 0.9147。而图 2-39 统计数据表明，流域崩滑物源单位面积比例与泥石流的单次最大固体物质冲出量同样存在正相关的关系，相关系数为 0.9613，说明泥石流的规模和固体物质冲出量与流域的崩滑物质破坏面积是相对应的，流域中崩滑体总面积越大，崩滑体破坏面积的比例越高，越容易形成大规模泥石流，危害程度也越大。

2. 崩滑物源与沟口高差

崩滑物源与沟口高差同泥石流物源可能提供的势能有一定关系。图 2-40 统计分析了白沙河流域有资料记载的 30 条一级支流的泥石流沟单次最大固体物质冲出量与崩滑有效物源距沟口平均高差的关系。从图 2-40 中看出，崩滑物源距沟口平均高差与 30 条泥石流沟的单次最大固体物质冲出量具有正相关关系，相关系数为 0.9189，即崩滑物源距沟口平均高差越大，泥石流的冲出量越大。究其原因显而易见，高差越大，物源的势能也就越大，可转化为泥石流物质的动能就越大，越可能为泥石流提供更大能量和规模。

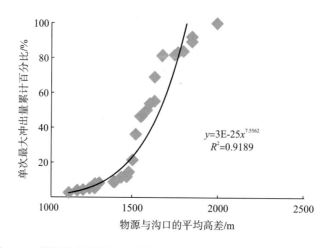

图 2-40　单次最大固体物质冲出量与崩滑物源距沟口平均高差的关系

3. 崩滑物源与沟口距离

崩滑物源与沟口距离和泥石流冲出量的相关性分析主要目的是揭示泥石流物源的沟口距离对泥石流固体物质规模的影响。图 2-41 统计分析了白沙河流域有资料记载的 30 条一级支流的泥石流沟单次最大固体物质冲出量与崩滑物源距沟口平均距离的关系,相关系数为 0.9485。从图 2-41 中看出,崩滑物源距沟口平均距离与 30 条泥石流沟的单次最大固体物质冲出量具有正相关关系,即崩滑物源距沟口平均距离越远,泥石流的冲出量可能越大。主要原因一方面是物源距沟口平均距离越远,说明流域范围越大,所包含的松散物质也越多;另外一方面也可能是物源距沟口平均距离越远,则松散固体物质可能积累的空间就越大,因此更可能发生大规模泥石流。

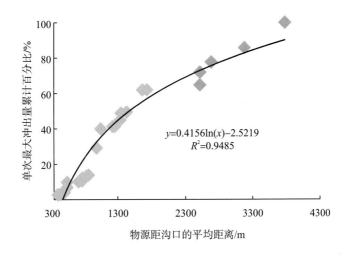

图 2-41　单次最大固体物质冲出量与物源距沟口平均距离的关系

图 2-42 统计分析了 30 条一级支流的泥石流沟单次最大固体物质冲出量与崩滑物源距沟道平均距离的关系,相关系数为 0.9094。从图 2-42 中看出,崩滑物源距沟道平均距离

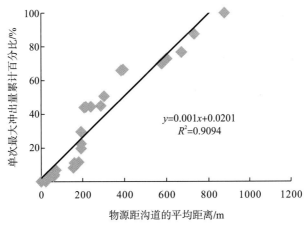

图 2-42　单次最大固体物质冲出量与物源距沟道平均距离的关系

与 30 条泥石流沟的单次最大固体物质冲出量具有正相关关系，即崩滑有效物源距沟道平均距离越远，泥石流的冲出量可能越大。主要原因是物源距沟道平均距离越远，则松散固体物质可能积累的空间就越大，暴发泥石流的规模就可能更大，而物源离沟道较近，较小流量就可能启动发生小规模泥石流，反而不太可能积累物质形成大规模泥石流。

崩滑物源距沟口和沟道的距离都是反映泥石流物源积累的空间范围的量。根据上述分析可以看出，崩滑有效物源距沟道平均距离和距沟口的距离与泥石流的冲出量都成正相关，说明泥石流物源积累的空间范围越大，发生大规模泥石流的可能性也越大。

4. 崩滑物源与坡度

崩滑物源的平均坡度主要反映物源所处地形条件对泥石流的影响。地形条件是物源和泥石流势能转化为动能的底床条件，是影响泥石流形成和运动的主要因素。图 2-43 统计分析了白沙河流域有资料记载的 30 条一级支流的泥石流沟单次最大固体物质冲出量与崩滑有效物源的平均坡度的关系。从图 2-43 中看出，30 条泥石流沟崩滑物源主要集中在 30°～40°，且崩滑物源的平均坡度与泥石流沟单次最大固体物质冲出量呈负相关，主要原因是在物源坡度较陡的条件下，固体物质不易积累和聚集，因此反而不利于形成规模较大的泥石流。

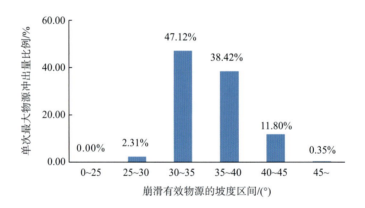

图 2-43　单次最大固体物质冲出量与物源的平均坡度的关系

综上所述，白沙河流域泥石流崩滑物源储量不仅与流域内松散物质总储量有关，松散物质输移的沟道条件和地形条件对泥石流物源的积累和泥石流的单次冲出量也有较大的影响。

参 考 文 献

[1]《中国大百科全书》总编委会. 中国大百科全书—中国地理[M]. 北京：中国大百科全书出版社, 2009.

[2] 李智武, 刘树根, 陈洪德, 等. 龙门山冲断带分段-分带性构造格局及其差异变形特征[J]. 成都理工大学学报(自然科学版), 2008, 35(4)：40-54.

[3] 郭斌. 龙门山造山带构造特征及演化过程研究[D]. 北京：中国地质大学, 2006.

[4] 吴山, 赵兵, 苟宗海, 等. 龙门山中南段构造格局及其形成演化[J]. 矿物岩石, 1999, 19(3): 82-85.

[5] 宋春彦, 刘顺, 何利. 龙门山南段构造变形及应力序列[J]. 大地构造与成矿学, 2009, 33(3): 334-342.

[6] 龙学明. 龙门山中北段地质发展的若干问题[J]. 成都地质学院学报, 1991, 18(1): 8-16.

[7] 刘光鼎. 中国大陆构造格架动力演化[J]. 地学前缘, 2007, 14(3): 39-46.

[8] 刘光鼎, 郝天珧. 中国的地质环境与隐伏矿床[J]. 地球物理学报, 1998, 41(2): 182-188.

[9] 李勇, 黄润秋, 周荣军, 等. 龙门山地震带的地质背景与汶川地震的地表破裂[J]. 工程地质学报, 2009, 17(1): 3-18.

[10] 林茂炳, 马永旺. 论龙门山彭灌杂岩体的构造属性[J]. 成都理工学院学报, 1995, 22(1): 42-46.

[11] 罗志立, 等. 龙门山造山带的崛起和四川盆地的形成与演化[M]. 成都: 成都科技大学出版社, 1994.

[12] 郭正吾, 等. 四川盆地形成与演化[M]. 北京: 地质出版社, 1996.

[13] 王二七, 孟庆仁. 对龙门山中生代和新生代构造演化的讨论[J]. 中国科学 D 辑: 地球科学, 2008, 38(10): 1221-1233.

[14] 罗志立, 龙学明. 龙门山造山带崛起和川西陆前盆地沉降[J]. 四川地质学报, 1992, 12(1): 1-17.

[15] 王道永. 龙门山中段前陆盆地的构造演化史[J]. 成都理工学院学报, 1994, 21(3): 20-28.

[16] 赵宗溥. 论燕山运动[J]. 地质论评, 1959, 8: 339-346.

[17] 陈国光, 计凤桔, 周荣军, 等. 龙门山断裂带晚第四纪活动性分段的初步研究[J]. 地震地质, 2007, (03): 657-673.

[18] 殷跃平. 汶川地震地质与滑坡灾害概论[M]. 北京: 地质出版社, 2009.

[19] 张勇, 冯万鹏, 许力生, 等. 2008 年汶川大地震的时空破裂过程[J]. 中国科学 D 辑, 2008, 38(10): 1186-1194.

[20] 陈国光, 计凤桔, 周荣军, 等. 龙门山断裂带晚第四纪活动性分段的初步研究[J]. 地震地质, 2007, (03): 657-673.

[21] 黄润秋, 等. 汶川地震地质灾害研究[M]. 北京: 科学出版社, 2009.

[22] 周荣军, 李勇, Densmore A L, 等. 青藏高原东缘活动构造[J]. 矿物岩石, 2006, 26(02): 40-51.

[23] 李勇, 周荣军, Densmore A L, 等. 青藏高原东缘龙门山晚新生代走滑-逆冲作用的地貌标志[J]. 第四纪研究, 2006, 26(1): 40-51.

[24] 李勇, ALLEN P A, 周荣军. 青藏高原东缘中新生代龙门山前陆盆地动力学及其与大陆碰撞作用的耦合关系[J]. 地质学报, 2006, 80(8): 1101-1109.

[25] 四川省地质矿产局. 四川省区域地质志[M]. 北京: 地质出版社, 1991.

[26] 李勇, 周荣军, Densnore A L, 等. 青藏高原东缘大陆动力学过程与地质响应[M]. 北京: 地质出版社, 2006.

[27] 刘树根. 龙门山冲断带与川西前陆盆地形成演化[M]. 成都: 成都科技大学出版社, 1993.

[28] 邓起东, 陈社发, 赵小麟. 龙门山及其邻区的构造和地震活动及动力学[J]. 地震地质, 1994, 16(4): 389-403.

[29] 钱洪, 周荣军, 马声浩, 等. 岷江断裂南段与 1933 年叠溪地震研究[J]. 中国地震, 1999, 15(4): 333-338.

[30] 李勇, 周荣军, Densmore A L, 等. 龙门山断裂带走滑方向的反转及其沉积与地貌标志[J]. 矿物岩石, 2006, 26(4): 26-34.

[31] 江娃利, 谢新生, 张景发, 等. 四川龙门山活动断裂带典型地段晚第四纪强震多期活动证据[J]. 中国科学 D 辑:地球科学, 2009, 39(12): 1688-1700.

[32] 陈运泰. 汶川特大地震的震级和断层长度[J]. 科技导报, 2008, 26(10): 26-27.

[33] 乔建平, 黄栋, 杨宗佶, 等. 汶川大地震宏观震中问题的讨论[J]. 灾害学, 2013, 28(1): 1-5.

[34] 何宏林, 孙昭民, 魏占玉, 等. 汶川 Ms8.0 地震地表破裂带白沙河段破裂及其位移特征[J]. 地震地质, 2008, 30(03): 658-673.

[35] 徐锡伟, 闻学泽, 叶建青, 等. 汶川 Ms8.0 地震地表破裂带及其发震构造[J]. 地震地质, 2008, 30(3): 597-629.

[36] 李勇, 周荣军, DENSMORE A L. 映秀-北川断裂的地表破裂与变形特征[J]. 地质学报, 2008, 82(12): 1688-1706.

[37] 何宏林, 孙昭民, 魏占玉, 等. 汶川 Ms8.0 地震地表破裂带白沙河段破裂及其位移特征[J]. 地震地质, 2008, 30(03):

658-673.

[38] 殷跃平. 汶川八级地震地质灾害研究[J]. 工程地质学报, 2008, 16(4): 433-444.

[39] 殷跃平. 汶川八级地震滑坡特征分析[J]. 工程地质学报, 2009, 17(1): 29-38.

[40] 许冲, 戴福初, 陈剑, 等. 汶川 Ms8.0 地震重灾区次生地质灾害遥感精细解译[J]. 遥感学报, 2009, 13(4): 754-762.

[41] 王猛, 王军, 江煜, 等. 汶川地震地质灾害遥感调查与空间特征分析[J]. 地球信息科学学报, 2010, 12(4): 480-486.

[42] 许强, 李为乐. 汶川地震诱发大型滑坡分布规律研究[J]. 工程地质学报, 2010(06): 818-826.

[43] 乔建平. 滑坡体结构与坡形[J]. 岩石力学与工程学报, 2002, 21(9): 1355-1358.

[44] 祁生文, 许强, 刘春玲, 等. 汶川地震极重灾区地质背景及次生斜坡灾害空间发育规律[J]. 工程地质学报, 2009 , 17(1): 39-49.

[45] 郭兆成, 周成虎, 孙晓宇, 等. 汶川地震触发崩滑地质灾害空间分布及影响因素[J]. 地学前缘, 2010, 17(5): 234-242.

[46] 河北省地勘局秦皇岛资源环境勘查院. 都江堰市虹口乡深溪村锅圈岩泥石流应急勘查设计书[R]. 2010.

[47] 殷跃平, 等. 汶川地震地质灾害与滑坡概论[M]. 北京: 地质出版社, 2009.

[48] Huang R Q, Li W L. Analysis of the geo-hazards triggered by the 12 May 2008 Wenchuan Earthquake, China.[J]. Bulletin of Engineering Geology & the Environment, 2009, 68(3):363-371.

[49] Wang F, Cheng Q, Highland L, et al. Preliminary investigation of some large landslides triggered by the 2008 Wenchuan earthquake, Sichuan Province, China[J]. Landslides, 2009, 6(1):47-54.

[50] Tang C, Zhu J, Li W L, et al. Rainfall-triggered debris flows following the Wenchuan earthquake[J]. Bulletin of Engineering Geology & the Environment, 2009, 68(2):187-194.

[51] Yang Z, Qiao J, Tian H, et al. Epicentral distance and impacts of rainfall on geohazards after the 5.12 Wenchuan earthquake, China[J]. Disaster Advances, 2010, 3(4):151-156.

[52] 崔鹏, 陈晓清, 张建强, 等. "4.20" 芦山 7.0 级地震次生山地灾害活动特征与趋势[J]. 山地学报, 2013, 31(3): 257-263.

[53] 乔建平, 蒲晓虹, 王萌, 等. 汶川地震滑坡的分布特点及最大震中距分析[J]. 自然灾害学报, 2009, 18(5):10-15.

[54] 乔建平, 黄栋, 杨宗佶, 等. 汶川震中距问题讨论[J]. 灾害学, 2013, 28(1):1-5.

[55] 许强. 四川省 8.13 特大泥石流灾害特点、成因与启示[J]. 工程地质学报, 2010,18 (5): 596-608.

[56] 乔建平, 黄栋, 杨宗佶, 等. 汶川地震极震区泥石流物源动储量统计方法讨论[J]. 中国地质灾害与防治学报, 2012, 23(2): 1-6.

[57] 黄伟. 藏东南林芝地区典型冰湖溃决泥石流基本特征和灾害链研究[D]. 成都: 成都理工大学, 2013.

[58] 程尊兰, 崔鹏, 李泳, 等. 滑坡、泥石流堰塞湖灾害主要的成灾特点与减灾对策[J]. 山地学报, 2008, 26(6):733-738.

[59] 周家文, 杨兴国, 李洪涛, 等. 汶川大地震都江堰市白沙河堰塞湖工程地质力学分析[J]. 四川大学学报(工程科学版), 2009, 41(3):102-108.

[60] 许冲, 徐锡伟. 2008 年汶川地震导致的斜坡物质响应率及其空间分布规律分析[J]. 岩石力学与工程学报, 2013, 32 (S2): 3888-3908.

第3章　白沙河流域滑坡、泥石流空间预警的
危险度区划及临界雨量研究

3.1　滑坡、泥石流危险度区划方法

中国是世界上崩塌、滑坡、泥石流(以下简称崩滑流灾害)特别严重的国家之一。受地貌、地质、气候以及社会经济等条件影响，崩、滑、流分布极不均衡。此类地质灾害的危险性是一个地区在一定时期内地质灾害活动程度的综合反映，即一个地区在某一时期内可能发生的某种地质灾害的密度、规模、频次，以及可能产生的危害范围与危害强度的综合概括[1,2]。地质灾害危险性是决定地质灾害破坏损失大小的基础条件之一，地质灾害危险性主要是地质灾害自然属性特征的体现，其核心要素是地质灾害的活动程度。地质灾害活动条件的充分程度是控制地质灾害潜在危险性的最重要因素。从总体上说，地质、构造、地形地貌、气候、水文、植被、人为活动等条件是控制所有地质灾害活动的基本条件，但这些条件在不同类型的地质灾害中的主次地位和作用方式不尽相同[3]。

3.1.1　滑坡危险度区划方法

近 20 年来，许多科学家尝试进行滑坡灾害的各种评价，描述各种因素条件对滑坡灾害的影响。然而由于地质环境是一个极其复杂的系统，其突出特征就是系统信息的多源性、模糊性、非确定性和随机性，因此从滑坡灾害分布规律入手，从宏观上研究易滑地质环境，进行滑坡灾害危险性评价成为目前滑坡灾害研究的主要内容和热点。

常用的滑坡灾害危险性评价方法一般可归纳为三类：专家打分法、基于物理确定性模型和工程地质的方法以及统计学习方法[4-28]。专家打分法过于依赖专家的经验，其结果带有一定主观性。确定性方法建立在滑坡失稳的物理机制之上，需要收集工程地质、水文地质等方面的大量数据，比较适合小范围的详细研究，如特定滑坡的监测等，其结果很难拓展到较大的空间范围。统计方法通过机器学习从样本中发现规律，具有客观性，同时不需要收集大量的滑坡物理特性方面的数据，因而更加适宜开展大范围的滑坡灾害危险性评价和预测预报。

3.1.1.1　专家打分法

根据专家经验，确定影响滑坡发生发育的主要因子，通过匿名方式征询有关专家的意见，对专家意见进行统计、处理、分析和归纳，客观地综合多数专家经验与主观判断，对

大量难以采用技术方法进行定量分析的因素做出合理估算，经过多轮意见征询、反馈和调整后，完成对目标对象的评估。该方法计算简便、直观性强，能够对无法定量化的指标进行定性评价。

3.1.1.2　确定性模型

确定性模型是建立在对坡体失稳的力学机制研究基础上，根据不同的诱因对坡体的稳定性进行评价。

1. 考虑降雨条件下崩塌滑坡危险性评价方法

$$K = \frac{c' + \left[(\rho_s gD - \rho_w gh)\cos\theta\right]\tan\varphi'}{\rho_s gD\sin\theta} \tag{3-1}$$

式中，K 为稳定性系数；c' 为坡体有效黏聚力（kPa）；φ' 为坡体有效内摩擦角（°）；ρ_s 为土体的天然密度（kg/m³）；ρ_w 为水的密度（kg/m³）；D 为滑坡体厚度（m）；h 为坡体地下水位高度（m）；θ 为坡体坡度（°）。

根据 1986 年 O'Loughlin 的研究，在特定降雨强度下，坡体中地下水位高度为

$$h = \frac{IA}{Tb\sin\theta} \tag{3-2}$$

式中，I 为等效降雨强度（m/d）；A 为流域面积（m²）；T 为饱和土体的导水率（m²/d）；b 为考虑的水流横切面宽度（即网格精度）（m）；θ 为斜坡坡度（°）。

将式（3-1）与式（3-2）结合，可得如下关系式：

$$K = \frac{c' + \left[\rho_s gD\cos\theta - \left(\frac{IA}{Tb}\right)\rho_w gD\cot\theta\right]\tan\varphi'}{\rho_s gD\sin\theta} \tag{3-3}$$

令 $K=1$，则可得降雨诱发滑坡启动的临界降雨强度：

$$I_{cr} = T\left(\frac{b}{A}\right)\sin\theta\left(\frac{\rho_s}{\rho_w}\right)\left[\left(1-\frac{\tan\theta}{\tan\varphi'}\right)+\frac{c'}{\rho_w gD\cos\theta\tan\varphi'}\right] \tag{3-4}$$

当 $h=D$ 时，若 $K\geqslant1$，则此时的区域为无条件稳定区，即坡体完全处于饱和状态时，坡体仍处于稳定。

$$\tan\theta \leqslant \frac{c'}{\cos\theta\rho_s gD}+(1-\frac{\rho_s}{\rho_w})\tan\varphi' \tag{3-5}$$

当 $h=0$ 时，若 $K<1$，则此时的区域为无条件不稳定区，即，即使坡体没有地下水的作用也仍然处于不稳定的状态。

$$\tan\theta > \frac{c'}{\cos\theta\rho_s gD}+\tan\varphi' \tag{3-6}$$

通过此模型，可以得到不同降雨条件下不稳定斜坡的分布。

2. 考虑地震条件下崩塌滑坡危险性评价

如果同时考虑地震力、静水压力和动水压力（渗透压力）时，稳定性系数可以表示为

$$F_s = \frac{C_r + C_s + \cos^2\theta[\rho_s g(Z - Z_w) + (\rho_s g - \rho_w g)Z_w - F_e\sin\theta]\tan\varphi}{\rho_s gZ\sin\theta\cos\theta + F_e\cos\theta + D_w} \tag{3-7}$$

$$D_w = \rho_w g\sin\theta Z_w\cos\theta \tag{3-8}$$

式中，C_r 为植被根的强度(N/m^2)；C_s 为土黏聚力(N/m^2)；θ 为斜坡坡度(°)；ρ_s 为土的密度(kg/m^3)；ρ_w 为水的密度(kg/m^3)；g 为重力加速度(m/s^2)；Z 为竖直土层厚度(m)；Z_w 为潜水层的竖直厚度(m)；φ 为土的内摩擦角(°)；F_e 为水平地震力(N)；D_w 为动水压力(N/m^2)。

如若水平地震力不容易确定，也可以利用简化公式计算临界加速度：

$$F_s = \frac{c'}{\gamma t\sin\alpha} + (1 - m\frac{\gamma_w}{\gamma})\frac{\tan\varphi'}{\tan\alpha} \tag{3-9}$$

式中，c' 为黏聚力(kPa)；φ' 为摩擦角(°)；α 为坡角(°)；m 为滑动条块被水浸润的厚度比例；t 为滑动面深度(m)；γ 和 γ_w 分别为岩土和水的重度(kN/m^3)。

临界加速度则表示为

$$a_c = (F_s - 1)g\sin\alpha' \tag{3-10}$$

式中，g 为重力加速度(m/s^2)；α' 代表滑块推力角(°)。如果针对浅层滑坡来讲，α' 可以用坡角 α 代替。

这样就可以得到不同地震加速度地带不稳定斜坡的空间分布。

3.1.1.3　统计学模型

1. 单变量评价模型

根据日本学者 Masamn Aniya 提出的统计学方法计算滑坡敏感性指数 IL。IL 能够描述不同类别因素对滑坡发育的敏感性大小，因此可以利用该指标计算滑坡各影响因素中每个类别的权值，并将该权值赋予属于该类别的每个格网。在此基础上对每个格网将全部滑坡因素集相对应的类别权值进行叠加，从而得到整个研究区每个格网的滑坡危险性评价值。

单变量滑坡危险性评价模型计算简单，其具体步骤如下：

(1)各因素按滑坡分布百分比方法进行类别划分，并对各类别进行滑坡敏感性指标 IL 值的计算。

(2)依次将各因素中每个类别的 IL 值进行标准化处理，得到值域为[0，1]的新的敏感性指标作为该类别的权值，并将该值赋予所有属于该类别的格网，用于后续网格叠加计算。

(3)将研究区各因素按格网进行简单叠加，从而得到区域内每个格网的滑坡危险性指标值。

(4)根据全部格网的危险性指标值的分布图，确定滑坡危险性类别。一般根据分布图可以分为极不稳定区域、不稳定区域、稳定区域、极稳定区域 4 个类别，并制成最终滑坡危险性分布图。

2. 信息量模型

Shannon 把信息定义为"随机事件不确定性的减少"，并提出了信息量的概念及信息熵的数学公式。信息量的概念已被广泛应用于滑坡灾害的空间预测和危险性评价等研究中。滑坡灾害与地形地质等环境因素密切相关。信息量法的原理是利用滑坡的易滑度影响因素进行类比，即具有类似边坡的地形、地质因素的斜坡具有类似的易滑度。对于滑坡而言，在不同的地质环境中存在一种最佳因素组合。因此，对于区域滑坡预报要综合研究最佳因素组合，而不是停留在单个因素上。每一种因素对边坡失稳所起作用的大小，可用信息量来表示，即

$$I_{A_j \to B} = \ln \frac{P(B/A_j)}{P(B)} \qquad (j=1,\cdots,n) \tag{3-11}$$

式中，$I_{A_j \to B}$ 为因素 A 在 j 状态显示事件 B 发生的信息量；$P(B/A_j)$ 为因素 A 在 j 状态下实现事件 B 的概率；$P(B)$ 为事件 B 发生的概率。

在具体计算中，通常将总体概率改用样本频率进行估算，于是式(3-11)可转化为

$$I_{A_j \to B} = \ln \frac{N_j/N}{S_j/S} = \ln \left(\frac{S}{N} \frac{N_j}{S_j} \right) \qquad (j=1,\cdots,n) \tag{3-12}$$

式中，N_j 为具有因素 A_j 出现滑坡的单元数；N 为研究区内已知滑坡所分布的总数；S_j 为因素 A_j 的单元数；S 为研究区单元总数。其值越大表明越有利于滑坡的发生。

3. Logistic 回归模型

Logistic 回归模型是二分类因变量进行回归分析时经常使用的统计分析方法，对分类因变量和分类自变量(或连续自变量，或混合变量)进行回归建模，有对回归模型和回归参数进行检验的标准，以事件发生概率的形式提供结果。

Logistic 回归是一种非线性模型，普遍采用的参数估计方法是极大似然估计法，必须通过迭代计算完成，不借助计算机几乎无法完成求解。

Logistic 回归模型中，假设用 P 表示出现滑坡的概率，$X_1,\cdots,X_n$ 表示对结果影响的 n 个因素，用 Logistic 回归公式表示滑坡发生的概率分别为

$$P = \frac{e^{\beta_0 + \beta_1 x_1 + \cdots + \beta_n x_n}}{1 + e^{\beta_0 + \beta_1 x_1 + \cdots + \beta_n x_n}} \tag{3-13}$$

式中，$\beta_1, \beta_2, \cdots, \beta_n$ 为常数，也称为 Logistic 回归系数。根据 P，可以划分灾害发生可能性等级。

4. 神经网络回归模型

人工神经网络发展最为完善、应用最广的是 BP 网络，由输入层、隐含层及输出层三部分组成。输入层用来接收外界信息，输出层对输入层信息进行判别和决策，中间的隐含层用来表示和存储信息。网络同一层神经元之间不存在相互联系，各层神经元之间为全连接，连接程度用权值表示，其值通过学习不断调整。

BP 网络按照有教师的方式进行学习。当一对学习模式提供给网络后，神经元的值从输入层经各中间层向输出层传播，在输出层的各神经元获得网络的输入响应后，按希望减少输出与实际输出的误差方向，从输出层经各中间层，逐层修正各连接权，最后回到输入层，从而构成误差逆传播算法。它的学习过程可归结为模式顺传播→误差逆传播→记忆训练→学习收敛四个过程。

根据上述人工神经网络理论，解决实际问题应包括:①根据具体问题建立合适的网络结构；②建立学习样本集和期望输出；③训练网络直至其收敛；④用收敛的网络进行预测。

具体的程序包括以下步骤:

①确定滑坡风险性评价因子，选择评价函数；

②确定学习评价的神经网络结构参数(输入层、隐含层和输出层的神经元个数)；

③为网络的连接权系数和神经元阈值赋初值；

④输入样本的评价矩阵和期望输出；

⑤对各样本计算隐含层和输出层各单元的实际输出值，并计算方差；

⑥若方差小于给定的收敛值，则结束学习，否则作进一步计算；

⑦修改权值；

⑧转到第⑤步；

⑨用训练好的网络，输入要识别的样本的评价因子，即可得到滑坡风险性评价的结果输出。

5. 层次分析法模型

AHP 是一种多指标分析评价方法，具有精度高、使用方便的特点，被广泛采用。如樊晓等 2004 年的研究，楚敬龙等 2008 年的研究中都用到此方法。AHP 方法通过专家估计两两影响因子之间的关系构造矩阵，因而这种方法带有一定的主观性。不过构造关系矩阵是通过所有影响因子两两比较来确定，所有关系的两两比较综合决定了各个影响因子的权重，这样避免了个别比较不合理而造成的结果偏差过大，评价因子比较的结果也可以用一致性比率来衡量，它代表矩阵一致性指标与随机性指标，范围是 0～1。具体的步骤如下:①建立层次结构模型:把问题层次化，即根据问题的性质和需要达到的总目标，将问题分解为不同的基本组成因素，并按照因素间的相互关联影响以及隶属关系将因素按不同层次聚集组合，形成一个多层次的分析结构模型，由高层次到低层次分别包括目标层、准则层、指标层和方案层等；②构建判断矩阵:分析每一层的因素相对于上一层次某因素的单排序情况，对一系列成对因素进行量化判断比较，并写成矩阵形式，即构成判断矩阵；③计算权向量和最大特征值；④一致性检验。

6. 贡献权重区划模型

贡献权重模型是由中科院成都山地所乔建平首先提出的。该方法是对滑坡易发性评价因子在滑坡发育中的贡献率进行统计后，通过贡献率均值化、归一化处理，利用权重转换模型计算出每一个因子内部的权重——自权重 w，以及因子相互之间的权重——互权重 w'。然后将滑坡因子贡献率、自权重、互权重分别相乘叠加计算，从而确定区域滑坡灾害的不同易发程度。该方法可以反映因子内部以及各因子之间对滑坡发育贡献的不同作用大小，揭示滑坡区域分布规律，还可避免主观因素的干扰。

$$Y = \sum U'_{oi} \cdot w_{if} \cdot w'_i \quad (i=1,\cdots,n \quad f=h,m,l) \tag{3-14}$$

式中，Y 为滑坡易发度；U'_{oi} 为评价样本贡献率；w_{if} 为本底因子自权重；w'_i 为本底因子互权重。

此模型优点是评价因子对滑坡发育的作用得到充分解析评价，得到区划因子的多重指标权重，没有人为因素影响，定量化程度高。不足之处是该方法对基础资料数据的可靠性和精度要求较高，而实际的采样数据往往受到基础资料精度(如滑坡原始数据、地质图、地形图等资料的精度和比例的匹配)的限制，将影响采样效果。

3.1.2　泥石流危险度区划方法[29-31]

泥石流危险性评价是灾情评估、预测、防灾救灾决策的基础。根据研究范围，可以分为单沟泥石流危险度评价和区域泥石流危险度评价。单沟泥石流危险性评价是指对一条泥石流沟或相邻近、具有统一动力活动过程和破坏对象的几条泥石流沟或沟群进行评价，它是其他评价工作的基础，其特点是评价面积小，致灾体(泥石流)和承灾体清晰明确，评价精度高，采用的指标、模型以及得出的评价结果定量化程度高。区域泥石流危险度评价是对一个流域、一个地区或更大的自然、行政区域内的泥石流灾害进行评价，其特点是面积大，致灾体的成灾条件复杂，致灾因素多样，承灾体类型多，分布广，特征复杂，许多因素具有较高程度的模糊性和不确定性，因此采用的指标多为相对指标，评价结果定量化程度较低。

由于单沟泥石流危险性评价和区域泥石流危险性评价的对象、手段和目的等方面很不相同，泥石流学者经过长期的研究，发展出了多种评价方法(图 3-1)。

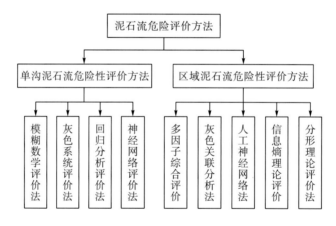

图 3-1　泥石流危险性评价方法

3.1.2.1　单沟泥石流危险度评价

目前的评价方法大多是从影响泥石流沟的发育、发展以及导致其暴发的背景因子和诱发因子入手，采用不同的数学方法确定因子间的主次关系和权重，从而构造出相应的数学模型。这些评价方法虽不尽相同，但其原理却是一致的。现在国内研究得比较成熟的方法有模糊数学评价法、灰色系统评价法以及回归分析法等。

泥石流的形成发展受到多种因素的影响制约。对于单沟泥石流评价，1986 年，谭炳炎学者起先采用综合评判法来判别泥石流沟和泥石流沟活动强度。而后随着研究的深入，张跃、刘丽、刘希林、梁明贵、铁永波等将越来越多的数学模型，如专家打分法、层次分析法(AHP)、蒙特卡洛模拟法、超熵评价法、模糊综合评判法、灰色系统关联度评价法、回归分析法、熵权评判法引入到泥石流灾害评价领域,泥石流危险度研究逐渐从定性判别向定量的判别转化。随后开始出现以数学定量为主,结合定性为辅的手段。目前比较成熟的研究方法有层次分析与模糊综合评判法、灰色关联度与模糊综合评判法、熵权法等,这些方法都是采用对应的数学方法构建合理的数学模型,然后确定主次因子关系,进而进行单沟泥石流危险性评价。诸多研究表明,灰色关联度与模糊综合评判法在单沟泥石流评价中精度较高,如魏永明等在 1998 年、部翔等在 2003 年、王春晶等在 2010 年、宁娜等在 2013 年的研究都采用了这种方法。泥石流危险性灰色关联评价法的基本方法是:首先用均值化方法将原始数据做无量纲化处理,得到均值化矩阵,然后计算主导因子序列与各关联因子序列相互比较的绝对差值,并找出最大绝对差值和最小绝对差值,最后计算主导因子与关联因子间的关联度。

泥石流堆积的数值模拟是泥石流研究的前沿领域,其成果可为高精度小范围泥石流灾害风险评估提供翔实而又必需的多项评估要素。它不仅是灾害危险性评估的基本成果,也是确定灾害易损程度的基本依据,并可据此直接用于计算泥石流灾害损失强度。因此,数值模拟是泥石流灾害风险评估的关键性工作。1970 年美国地质学家 Johnson 和 Rahn 提出利用宾汉黏性流模型解释泥石流现象,第一次建立了泥石流运动方程,并计算出了泥石流的最大流速。当前国外泥石流二维数值模拟软件主要有 Titan-2D 和 LAHARZ 等,这些软件各自采用不同的数学模型对泥石流进行模拟。1985 年,Takahashi 等建立了泥石流膨胀体模型,模型主要以库仑阻力为基本理论,采用离散方法中的有限差分方法计算泥石流平面二维的运动方程。1987 年,Mizuyama 等提出泥石流运动的一维和二维方程,通过一维的方程来计算泥石流的沟床比降变化,使用二维方程计算泥石流的泛滥范围情况。1993 年,美国 O'Brien 博士等对泥石流的研究做出了新的尝试,他将前人讨论的宾汉模型和拜格诺模型结合起来,建立了一种称为膨胀塑性模型的泥石流运动通用模型。1999 年,Morris 等使用无网格方法中的光滑粒子流体动力学方法(即 SPH 方法)模拟计算了水流通过土壤中复杂孔隙所需要的时间,虽然他的模拟结果效果并不好,有些甚至难以解释,但是在土颗粒含量高的孔隙中,采用他的模拟结果与试验结果的一致性还是比较高的。2000 年,Brufau 等采用流体与固体耦合的动力学模型对泥石流进行模拟,模型中主要采用数值方法中的有限体积法的迎风格式求解方程,并提出了一维微分方程。2003 年,De Joode 等提出了一种新的泥石流预报模型,该模型考虑了特定暴雨的影响,以及沉降条件下的 GIS 技术等问题,并将该模型用于预测泥石流的发生。在模型中他采用专家自身经验的方程和 GIS 技术相结合的操作,将暴雨等影响因素表示为时空变异性的函数。2004 年,McDougall Scott 等建立了一种新的泥石流数学模型,模型是在模拟三维地形的基础上,考虑了急流崩泄的特点以及泥石流动力特性等因素,同时利用该模型进行了固体和液体两相流运动的各种特性研究。2005 年,Bui 等发表了关于基于光滑粒子流体动力学方法的土体和水流相互作用的应用型研究成果,数学模型中考虑了土的弹塑性,同时也反映了土中孔隙水的变化情况,采用该方法完成了干土崩塌过程的数值模拟。2008 年,Martinez 等基于非牛顿宾汉流体和交叉流变理论提出了一种沿速度平均的二维泥石流模型,该二维模型建立在浅水方程基础上,内部摩擦损失通过交叉本构关系体现。2010 年,Martinez 等又考虑了连续水流相、细沉积物和非连续相石块等大颗粒,提出一种准三维数值模型来模拟多石的泥石流。

我国对于泥石流的研究起步比较晚,但是进步却很快,也取得了一些令人可喜的成果。1993 年,匡尚富使用理论分析和水槽试验,对天然坝的溃决过程及泥石流的形成机理进行探讨,对坝体内浸透流、坝体的稳定性及初期滑动面进行了分析,并取得了良好效果;应用由高桥提出的变坡泥石流预测理论,并使用有限差分法对滑动崩决型、溢流侵蚀型、逆流渐进破坏型泥石流进行计算,提出计算各溃决过程的泥石流流量过程及坝体变形的数学模型。1993 年,解明曙等应用泥石流的形成力学理论和泥沙运动力学理论,讨论固相松散堆积物构成准泥石流体的条件,研究水动力类泥石流,分析准泥石流体启动前的单颗粒受力及堆积体受力状态,得到准泥石流体的屈服方程,从而得出准泥石流体启动需水量的数学模型。1994 年,范椿以泥石流沿山坡倾斜面的长度远远大于泥石流横向截面的特征长度为基础,分析处理了描述泥石流运动的连续方程、运动方程和 Bingham 模型的本构方程,使用量级比较并忽略 H0/L 量级的量,最终得到泥石流一维定常运动的微分方程。1994 年,唐川以二维非恒定流理论为基础,模拟了泥石流的堆积泛滥过程,结果表明空间二维非恒定流是一组拟线性双曲线方程,此拟线性双曲线方程是由一个连续方程和两个动量方程构成的,他用隐式剖开算子法去求解处于泥石流扩散过程中的二维非恒定流方程组,同时建立了预测泥石流危险堆积范围的数学模型。1995 年,余斌研究了美国的一些火山碎屑流和泥石流数学模型的情况,使用 Savage-Hutter 模型和浅水方程技术共同组成一个新的被称为 TITAN2D 的模型,在模型计算中,使用一种简捷的自适应网格,在对模型进行研究中发现,改善依赖时间的双曲方程中保留了未被改进的网格单元的附加模块,并在每一个子区域为一层的"影子"网格单元进行了附加数据储存,由此得到,TITAN2D 模型对于火山碎屑流运动和较平坦的坡面泥石流运动的模拟得到了很好的效果,但在模拟小坡度沟道中的泥石流时误差较大。1996 年,章书成等进行了野外原型观测和室内模型试验研究,得到黏性泥石流的带流核的层流特征,从而可以用 Bingham 模型来表达黏性泥石流,并对黏性泥石流的阻力和平均流速的计算方法进行了推导。1998 年,刘学等采用二维泥石流流团模型及 GIS 技术对泥石流进行研究,此模型应用于不同区域,并具有不同的模型参数,如区域原始地形高程、泥石流体密度、泥石流体二维摩阻向量及黏性系数等。2008 年,王纯祥等学者提出,在重力的作用下,将砂粒石块和水等物质组成的固液混合物假定为遵循连续、均匀、不可压缩、非定常的牛顿流体运动规律,可以得到一个泥石流运动的二维数学模型,这个模型采用有限差分的方式进行求解,成功模拟了泥石流的运动规律,预测出降雨时的泥石流到达距离和泛滥范围。

3.1.2.2　区域泥石流危险度评价

区域泥石流危险性评价可以反映区域内泥石流灾害的整体特征以及区域间泥石流灾害的空间异质性,从而为区域规划和宏观决策提供依据。对区域泥石流危险性研究,起初最具影响力的是刘希林学者,最典型的是其 2002 年提出的区域多因子综合评价模型,后来基于 MAPGIS 平台的二次开发,分形理论评价法、专家打分法、AHP 分析法、人工神经网络、信息量模型、逻辑回归模型、统计量模型等方法逐渐被应用到地质灾害预测领域,形成了定性-半定性半定量-定量-非线性关联复合评价的模型链,而后借助 Arcgis 技术,完善了泥石流灾害危险性区划系统。2004 年,殷坤龙、赵鹏大等对地质灾害进行研究,表明信息量法评价结果较其他方法更精确和可靠。2008 年，魏从玲运用信息量法对巫山县地质灾害进行危险性评价，最终得出信息量模型精度较敏感性分析法更高的结论。2013 年，程维明在对北京军都山区泥石流进行危险性评价时，得出结论：信息量模型法较因子叠加法和粗糙集法得到的评价结果更加准确，尤其粗糙集法结果存在极大偏差，需要进一步研究。

多因子综合评价模型的基本步骤是：首先选取主要因子泥石流沟分布密度 y，从地质、地貌、水文气象、森林植被和人类活动 5 个方面 17 个环境因子中采用关联度分析方法选取 7 个次要因子(岩石风化程度系数 x_1、断裂带密度 x_3、$\geqslant$25°坡地面积百分比 x_6、洪灾发生频率 x_8、平均月降雨量变差系数 x_9、年平均降雨量$\geqslant$25mm 大雨日数 x_{11}、$\geqslant$25°坡耕地面积百分比 x_{16})；然后确定各因子的权重，再运用分段函数赋值的方法对 8 项评价因子分别建立分段赋值函数；最后建立区域泥石流的多因子综合评价模型。

3.2　白沙河流域滑坡危险性评价及临界雨量

在本研究中，拟采用两种方法对白沙河流域的滑坡危险性进行评价：贡献率权重法与确定性模型中考虑降雨条件的崩塌滑坡危险性评价方法。贡献率权重模型主要针对全流域，因为评价范围较大，并且环境本底因素的基础数据较为翔实，利用基于历史滑坡数据的统计模型会得到更为可靠的结果。确定性评价模型主要针对白沙河区域范围内典型的 17 条泥石流沟，因为沟内主要有滑坡分布，为泥石流提供物源，因此可以研究不同降雨条件下可能产生滑坡的分布范围、数量，以及可能参与到泥石流活动的物质规模，从而引起的泥石流危险性发生，可以对灾害链的发生发育做出评判。

3.2.1　滑坡危险性评价指标系统

本项研究中，在对白沙河流域滑坡灾害考察后认识总结的基础上，选定了以下 6 个因子作为危险性评价指标(图 3-2)：

(1)坡度。坡度可以表述为过地面某点的切平面与水平地面的夹角，是高度变化的最大值比率，表示地表面在该点的倾斜程度。一般来说，坡度对滑坡的发育具有重要的控制作用，它与土层厚薄、气候条件、水文条件等许多因素密切相关。滑坡的形成是坡体的临空面逐步积累为有效临空面的结果，而有效临空面又与地形坡度有很大关系，这就取决于地形坡度与可能演化为滑动面的坡体结构面倾角的关系。发育滑坡的斜坡坡度大于或者接近滑坡面的倾角，较利于滑坡的发生。

(2)坡向。坡向是指斜坡临空面的朝向，在数值计算中通常被定义为地面任何一点切平面的法线在水平面的投影与过该点的正北方向的夹角。按顺时针方向计算，坡向值为0°～360°。近些年来的研究资料表明，坡向对滑坡发育的影响作用是内、外营力的反映。由于朝向不同，山坡的小气候和水热比情况有规律性差异。水热条件的坡向差异，导致不同朝向坡面上自然地理诸要素的规律性分异。这种自然地理要素的坡向分异，与滑坡灾害的孕育、发生息息相关。

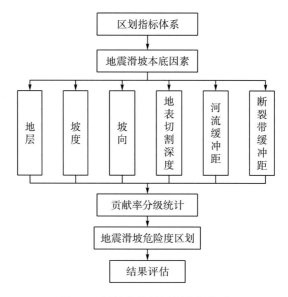

图 3-2　滑坡危险性区划指标体系

（3）地层岩性。地层岩性是滑坡赖于发生的基础，可以控制滑坡的发育并为其提供物质来源。不用岩性的地层由于其本身物理化学特性可以为滑坡发育做出不同的贡献。

（4）地表切割深度。地表切割深度是指地面某点邻域范围平均高程与该邻域范围内最小高程的差值，它直观反映了地表被侵蚀切割的情况，是影响滑坡发育的重要影响因素之一。主要表现在：随斜坡不断变高变陡，坡体的应力状态发生改变，张力带范围扩大，在坡脚处形成应力集中而使斜坡的稳定性不断降低。

（5）河流缓冲距。发生滑坡一个必要条件就是有足够的有效临空面。当临空面使滑移控制面易暴露或剪出时，滑坡就会发生。由于水系的冲刷、侵蚀作用产生了众多的临空面，以致大量滑移控制面得以暴露，坡体失稳时有发生，因此有必要考虑河流缓冲距这一指标。

（6）断裂带缓冲距。汶川"5·12"地震发震断裂为映秀—北川断裂带，地质灾害点主要沿该断裂带分布，断裂带及附近地质灾害点数量及规模均大于无断裂带分布的区域。虽然在本次地震中其余小的断裂带没有发生地震，但是为了预测今后地震滑坡的分布状况，应将区域内分布的所有断裂带一并纳入考虑范围内。

3.2.2　基于统计模型的滑坡危险性评价

根据参考文献[23]的评价方法，基于 GIS 技术，采用贡献权重模型对滑坡危险性进行划分。该模型针对研究区内对滑坡发育、发生起作用的各种本底因素，即地质环境内部条件，定量分析它们对滑坡发育发生贡献作用的大小，确定其贡献率，得到各个因子的不同权重值，经过叠加分析从而确定区域内部滑坡灾害的不同危险程度。

1. 坡度因子对白沙河流域滑坡发育的贡献统计

白沙河流域山高谷深，坡度分布为 0°～73°。按照 10° 的间隔，将坡度因子划分为 6

个等级：0°~10°，10°~20°，20°~30°，30°~40°，40°~50°，>50°（图 3-3）。

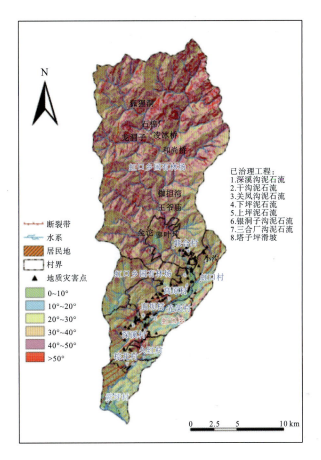

图 3-3　白沙河流域坡度图

分别计算不同坡度等级对滑坡发育的贡献率（图 3-4）。

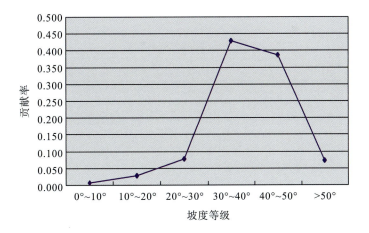

图 3-4　坡度贡献率

为了分析各级坡度对滑坡发育的贡献程度,即对贡献率进行分级表示,根据贡献权重法将贡献率区间划分为高、中、低三类,贡献率为 0 不参与区间划分计算,直接归入低贡献率区,获得区域坡度因子对滑坡贡献率分级结果(表 3-1)。

表 3-1 坡度贡献率分级评价表

贡献率等级	坡度/(°)	贡献率
高	30~40,40~50	0.429,0.386
中	—	—
低	0~10,10~20,20~30,>50	0.006,0.028,0.077,0.072

然后求得不同贡献率等级的坡度自权重(表 3-2)。

表 3-2 坡度自权重

贡献率等级	坡度/(°)	自权重
高	30~40,40~50	0.898
中	—	—
低	0~10,10~20,20~30,>50	0.102

对滑坡的坡度因素贡献率计算表明,30°~50°这个坡度区间对滑坡的贡献率高,是该区滑坡的主要发育坡度,提供了 89.8% 的概率;其余的坡度等级区间对滑坡的贡献率低,仅提供 10.2% 的概率。

2. 坡向因子对白沙河流域滑坡发育的贡献统计

坡向因子通过研究区 1:1 万 DEM 在 GIS 软件中直接提取(图 3-5)。将坡向每隔 45°分为一个区间,所对应的方向与数值如表 3-3 所示。

表 3-3 坡向分类对照表

Flat	N	NE	E	SE	S	SW	W	NW
-1	0°~22.5° 337.5°~360°	22.5°~67.5°	67.5°~112.5°	112.5°~157.5°	157.5°~202.5°	202.5°~247.5°	247.5°~292.5°	292.5°~337.5°

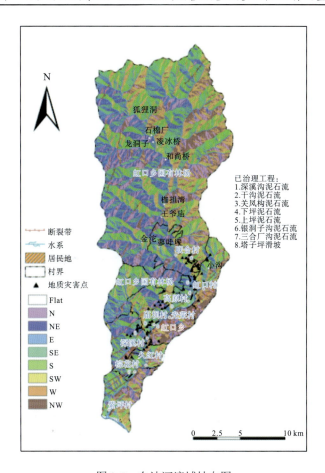

图 3-5 白沙河流域坡向图

分别计算对滑坡发育的贡献率(图 3-6)。

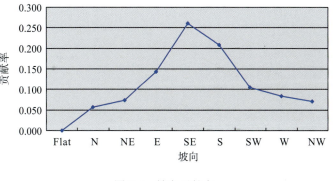

图 3-6 坡向贡献率

为了分析各级坡向对滑坡发育的贡献程度,即对贡献率进行分级表示,将贡献率区间划分为高、中、低三类,贡献率为 0 不参与区间划分计算,直接归入低贡献率区,获得区域坡向因子对滑坡贡献率分级结果(表 3-4)。

表 3-4　坡向贡献率分级评价表

贡献率等级	坡向	贡献率
高	SE，S	0.260.0.208
中	E	0.143
低	Flat，N，NE，SW，W，NW	0.000，0.057，0.073，0.105，0.083，0.071

然后求得不同贡献率等级的坡向自权重(表 3-5)。

表 3-5　坡向自权重

贡献率等级	坡向	自权重
高	SE，S	0.515
中	E	0.314
低	Flat，N，NE，SW，W，NW	0.171

对地震滑坡的坡向因素贡献率计算表明，SE、S 这两个坡向对滑坡的贡献率高，是该区地震滑坡的主要发育坡向，提供了 51.5%的概率；E 坡向对滑坡的发育贡献次之，提供了 31.4%的概率；其余的坡向范围区间对滑坡的贡献率较低，共提供 17.1%的概率。

3. 地层岩性因子对白沙河流域滑坡发育的贡献统计

研究区发育的地层共 9 种(图 3-7)：

(1)黄水河群 Pt_2HS(灰、灰绿、褐灰等杂色钠长绿泥片岩、绿泥石石英片岩、绢云母石英片岩夹变质英安岩及少量灰岩；灰紫色、灰绿色变质玄武岩、变质安山岩、安山质火山角砾岩夹少量变质流纹岩、凝灰岩)；

(2)早震旦世普通花岗岩 $Z_1\gamma$；

(3)长岩窝组和石喇嘛组 Cc-sl(浅灰色、灰白色中厚层状微晶灰岩、角砾状灰岩夹生物碎屑灰岩；灰色、深灰色中厚层状灰岩夹生物碎屑灰岩及少量硅质岩薄层或团块)；

(4)中元古代普通花岗岩 $Pt_2\gamma$；

(5)早震旦世碱长花岗岩 $Z_1\kappa\gamma$；

(6)须家河组 T_3xj(浅灰色厚层中粗粒-细粒岩屑砂岩、岩屑石英砂岩夹粉砂岩、泥岩及薄煤层，底部发育底砾岩)；

(7)开建桥组、列古六组并层 $Z_1k\text{-}lg$(以酸性火山碎屑岩为主的地层，下部以紫红、紫灰砂岩凝灰岩为主，上部以灰紫、绿灰色含砾砂质凝灰岩、凝灰角砾岩、流纹质玻凝灰岩及凝灰长石岩屑砂岩为主)；

(8)苏雄组 Z_1s(灰绿、紫红等杂色凝灰质火山集块岩、火山角砾岩夹流纹质凝灰岩)；

(9)捧达组、河心组并层 Dp-h(灰白色、白色厚层-块状大理岩、大理岩化灰岩，底部为灰白色变质石英砂岩、白云岩夹变质石英砂岩及绢云母千枚岩。底部为灰色千枚岩，上部为深灰色中薄层状灰岩、泥灰岩、生物礁灰岩夹钙质千枚岩)。

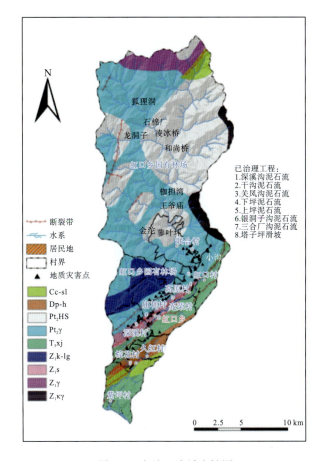

图 3-7　白沙河流域岩性图

分别计算不同地层岩性对滑坡发育的贡献率(图 3-8)。

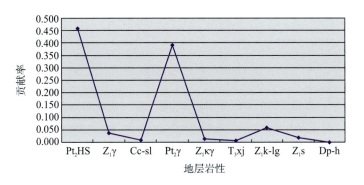

图 3-8　地层岩性贡献率

为了分析各地层岩性对滑坡发育的贡献程度,即对贡献率进行分级表示,将贡献率区间划分为高、中、低三类,贡献率为 0 不参与区间划分计算,直接归入低贡献率区,获得地层岩性因子对滑坡贡献率分级结果(表 3-6)。

表 3-6　地层岩性贡献率分级评价表

贡献率等级	地层岩性	贡献率
高	Pt₂HS，Pt₂γ	0.463，0.390
中	—	—
低	Z₁γ, Cc-sl, Z₁κγ, T₃xj, Z₁k-lg, Z₁s, Dp-h	0.037，0.009，0.014，0.006，0.059.0.020，0.000

然后求不同贡献率等级的地层岩性的自权重(表 3-7)。

表 3-7　地层岩性自权重

贡献率等级	地层岩性	自权重
高	Pt₂HS，Pt₂γ	0.921
中	—	—
低	Z₁γ, Cc-sl, Z₁κγ, T₃xj, Z₁k-lg, Z₁s, Dp-h	0.079

对地震滑坡的地层岩性因素贡献率计算表明，Pt_2HS、$Pt_2\gamma$ 这两个地层对滑坡的贡献率高，是该区地震滑坡的主要发育坡向，提供了 92.1% 的概率；其余地层岩性对滑坡的贡献率低，仅提供 7.9% 的概率。

4. 地表切割深度因子对白沙河流域滑坡发育的贡献作用分析

根据野外调查，此次地震滑坡的长、宽主要集中在几百米范围内，因此将邻域分析窗口大小设为 10×10。得到的切割深度分布范围为：0～317m，根据自然断点法，将它划分为 5 级：0～57m，57～96m，96～129m，129～167m，167～317m，分别计算它们对滑坡发育的贡献率(图 3-9、图 3-10)。

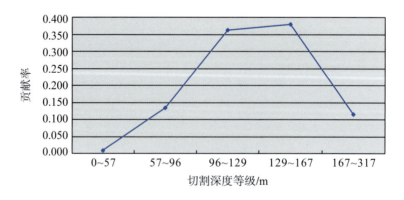

图 3-9　地表切割深度因子贡献率

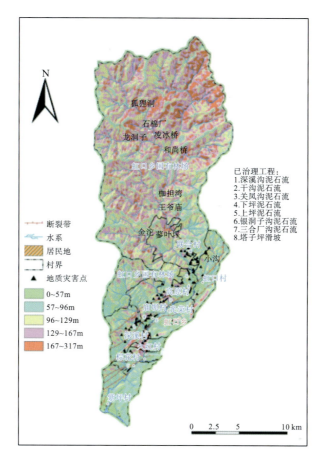

图 3-10　切割深度图

为了分析地表切割深度因子对滑坡发育的贡献程度，将贡献率区间划分为高、中、低三类，贡献率为 0 不参与区间划分计算，直接归入低贡献率区，获得地表切割深度因子对滑坡贡献率分级结果(表 3-8)。

表 3-8　地表切割深度贡献率分级评价表

贡献率等级	地表切割深度/m	贡献率
高	96～129，129～167	0.362，0.380
中	57～96	0.134
低	0～57，167～317	0.009，0.116

然后求不同贡献率等级的地表切割深度的自权重(表 3-9)。

表 3-9　地表切割深度自权重

贡献率等级	地表切割深度/m	自权重
高	96~129，129~167	0.654
中	57~96	0.236
低	0~57，167~317	0.110

对滑坡的地表切割深度因子贡献率计算表明，96~167m 这个范围内的切割深度对滑坡的贡献率高，提供了 65.4％的概率；57~96m 这个范围内的切割深度对滑坡的贡献率次之，提供了 23.6％的概率；0~57m，167~317m 这个范围的切割深度对滑坡的贡献率低，仅共提供 11.0％的概率。

5. 河流缓冲距因子对白沙河流域滑坡发育的贡献作用分析

将距离河流的远近按照 25m 的间隔划分为 5 个等级：0~25m，25~50m，50~75m，75~100m，>100m。然后将它与灾害分布图层进行叠加，分别计算其对滑坡发育的贡献率（图 3-11、图 3-12）。

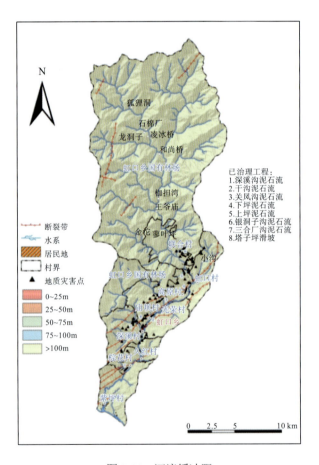

图 3-11　河流缓冲距

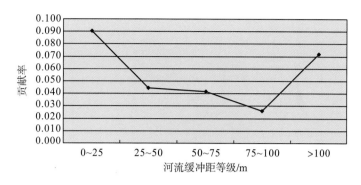

图 3-12　河流缓冲距因子贡献率

将贡献率区间划分为高、中、低三类，贡献率为 0 不参与区间划分计算，直接归入低贡献率区，获得河流缓冲距因子对滑坡贡献率分级结果(表 3-10)。

表 3-10　河流缓冲距因子贡献率分级评价表

贡献率等级	河流缓冲距因子/m	贡献率
高	0~25，>100	0.330，0.261
中	25~50，50~75	0.162，0.152
低	75~100	0.095

然后求不同贡献率等级的河流缓冲距因子的自权重(表 3-11)。

表 3-11　河流缓冲距因子自权重

贡献率等级	河流缓冲距因子/m	自权重
高	0~25，>100	0.539
中	25~50，50~75	0.287
低	75~100	0.174

对滑坡的河流缓冲距因子贡献率计算表明，0~25m 这个范围内的河流缓冲距对滑坡的贡献率高，提供了 53.9％的概率；25~75m 这个范围内的河流缓冲距对滑坡的贡献率次之，提供了 28.7％的概率；75~100m 这个范围的河流缓冲距对滑坡的贡献率最低，仅提供 17.4％的概率。

6. 断裂带缓冲距因子对白沙河流域地震滑坡发育的贡献作用分析

将距离断裂带的远近按照 500m 的间隔划分为 6 个等级：0~500m，500~1000m，1000~1500m，1500~2000m，2000~2500m，>2500m。然后将它与灾害分布图层进行叠加，分别计算它们对滑坡发育的贡献率(图 3-13、图 3-14)。

将贡献率区间划分为高、中、低三类，贡献率为 0 不参与区间划分计算，直接归入低贡献率区，获得断裂带缓冲距因子对滑坡贡献率分级结果(表 3-12)。

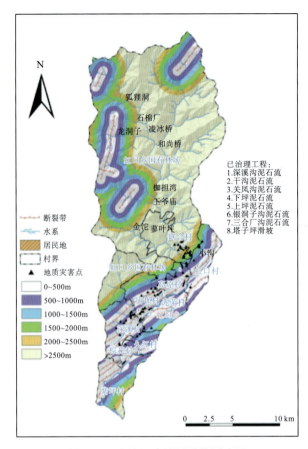

图 3-13 白沙河流域断裂带缓冲距

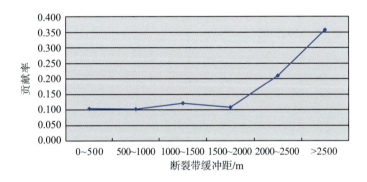

图 3-14 断裂带缓冲距因子贡献率

表 3-12 断裂带缓冲距因子贡献率分级评价表

贡献率等级	断裂带缓冲距因子/m	贡献率
高	>2500	0.357
中	2000～2500	0.210
低	0～500，500～1000，1000～1500，1500～2000	0.104，0.102，0.120，0.108

然后求不同贡献率等级的断裂带缓冲距因子的自权重（表 3-13）。

表 3-13　断裂带缓冲距因子自权重

贡献率等级	断裂带缓冲距因子/m	自权重
高	>2500	0.529
中	2000~2500	0.311
低	0~500，500~1000，1000~1500，1500~2000	0.160

对滑坡的断裂带缓冲距因子贡献率计算表明，>2500m 这个范围内的断裂带缓冲距对滑坡的贡献率高，提供了 52.9%的概率；2000~2500m 这个区间对滑坡发育的贡献率次之，提供了 31.1%的概率；<2000m 这个范围的断裂带缓冲距对滑坡的贡献率最低，提供了 16.0%的概率。

7. 白沙河流域地震滑坡危险性分区

计算得到各个因子的互权重（表 3-14）。

表 3-14　互权重权值分配表

权值分配	坡度	坡向	地表起伏度	地层岩性	河流缓冲距	断裂带缓冲距
w'	0.124	0.194	0.151	0.118	0.194	0.219

从表 3-14 中可以看出，对研究区滑坡发育影响作用从大到小依次为：断裂带缓冲距>河流缓冲距=坡向>地表起伏度>坡度>地层岩性。与地震相关的因素互权重最高，说明其对滑坡发育和产生起到了很大的作用。

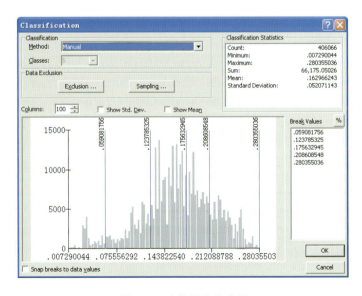

图 3-15　自然断点的选择

对研究区的地震滑坡危险性进行区划。根据模型计算结果直方图分布状态，选用自然断点法对滑坡危险度进行分区，采用五级划分方法。

滑坡危险度的分布范围是 0.007～0.280，依据自然断点法的分区原理，得到五个区间(图 3-15)：0.007～0.059，0.059～0.124，0.124～0.176，0.176～0.209，0.209～0.280。分别对应着五个区：低危险度区、较低危险度区、中危险度区、较高危险度区和高危险度区，最终得到研究区滑坡危险度分区图(图 3-16)。

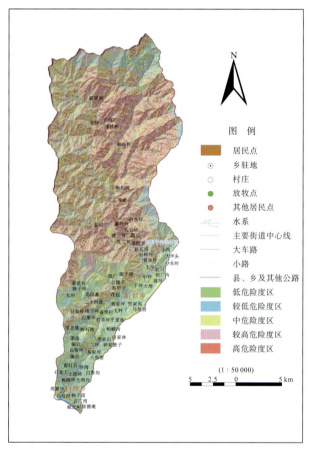

图 3-16　白沙河流域滑坡危险度分区图

危险度分区评价如表 3-15 所示。

表 3-15　白沙河流域滑坡危险性区划统计表

危险区等级	面积/km²	环境条件	灾害类型	灾害分布
高危险度区 I	70.36	区内具备了产生特大型地质灾害的地貌、地层岩性、构造等环境内部的必要条件，以及外部多种因素同时触发的充分条件，发生灾害的概率极高	以产生特大型地质灾害为主(体积 $V \geqslant 10^8 \text{m}^3$)	地质灾害分布密度极高，最大密度 $\rho \geqslant 10$ 处/10km²，通常以群灾害性出现，一次大外动力过程(大地震)可触发上万处灾害发生，并伴有严重的滞后效应

续表

危险区等级	面积/km²	环境条件	灾害类型	灾害分布
较高危险度区Ⅱ	76.84	区内具备了产生大型地质灾害的地貌、地层岩性、构造等环境内部的必要条件，以及外部多种因素同时触发的较充分条件，发生灾害的概率高	以产生大型地质灾害为主(体积 $10^7\text{m}^3 \leqslant V < 10^8\text{m}^3$)	地质灾害分布密度较高，最大密度 $\rho \geqslant 10$ 处/1000km²，可能产生群发性灾害，一次大外动力过程(大地震)可触发上百处灾害发生，并伴较严重的滞后效应
中等危险度区Ⅲ	147.61	区内具备了产生中型地质灾害的地貌、地层岩性、构造等环境内部的必要条件，以及外部单种因素触发的充分条件，发生灾害的概率较高	以产生中型地质灾害为主(体积 $10^6\text{m}^3 \leqslant V < 10^7\text{m}^3$)	地质灾害分布密度较高，最大密度 $\rho \geqslant 10$ 处/1000km²，偶然产生群发性灾害，一次大外动力过程(大地震)可能触发数十处至上百处灾害发生，并伴一定的滞后效应
较低危险度区Ⅳ	54.18	区内基本具备了产生中小型地质灾害的地貌、地层岩性、构造等环境内部的必要条件，以及外部单种因素触发的较充分条件，发生灾害的概率较低	以产生中小型地质灾害为主(体积 $10^5\text{m}^3 \leqslant V < 10^6\text{m}^3$)	地质灾害分布密度较高，最大密度 $\rho \geqslant 10$ 处/10 000km²，以单一地质灾害事件为主，一次大外动力过程(大地震)可能触发几处至数十处灾害发生
低危险度区Ⅴ	16.47	区内基本具备了产生小型地质灾害的地貌、地层岩性、构造等环境内部的必要条件，以及外部单种因素触发的一定条件，偶然发生灾害	以产生小型地质灾害为主(体积 $V < 10^5\text{m}^3$)	偶然出现单一地质灾害，不以分布密度为计算单位

3.2.3　危险度区划结果检验

根据第 2 章的成果，利用解译得到的 5882 个滑坡灾害点，面积共计 25.11km²，进行分布密度检验。从密度分布(每平方千米内分布滑坡点面积)曲线(图 3-17)可以看出，从低危险度区到高危险度区，滑坡点的分布密度逐渐增高，且高危险度区分布密度增加幅度明显大于其余等级。总体而言，白沙河流域属于滑坡的高发区，滑坡分布密度较高。中危险度区、较高危险度区和高危险度区拥有滑坡的数量占到全部滑坡数量的 93.3%。

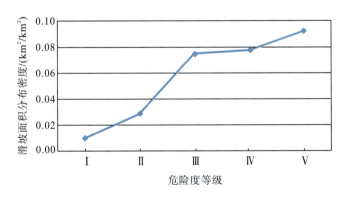

图 3-17　危险度级别与样本滑坡点分布密度

3.2.4 基于确定性模型的滑坡临界雨量

选择确定性模型中考虑降雨条件的崩塌滑坡危险性评价方法来确定研究单元的临界雨量值。如果实际降雨量大于研究单元的临界雨量值，则坡体会发生失稳，并为所在的泥石流沟提供物质来源。将滑坡和泥石流作为一个灾害链整体研究会具有更现实的意义。不同降雨条件下，可能发生失稳的坡体方量就有显著差别，那么为泥石流提供的物源量也会有所不同。因此，选择白沙河下游灾害重建集中安置区的 17 条泥石流沟(磨子沟、灯草坪沟、小沟、小沟支沟、银洞子沟、关门石沟、解板石沟、上坪沟、苍坪沟、关凤沟、林家沟、下坪沟、深溪沟、干沟、付家坪沟、林家磨子沟、三合厂沟)研究降雨条件下不稳定斜坡分布区(图 3-18)，即东经103°33′59″～103°43′18″，北纬31°01′58″～31°22′10″，面积约94km^2。

研究区按地势可以分为中山区(海拔 1000～2900m)和低山丘陵区(海拔 740～1000m)。其中，中山区面积87.1km^2，占全区面积的92.4%，几乎覆盖全区，主要出露花岗岩、玄武岩以及部分变质岩系；低山丘陵区面积 7.2km^2，占全区面积的 7.6%，分布在下游的河谷区，呈带状，主要出露中元古代普通花岗岩、开建桥组及长岩窝-石喇嘛组的火山碎屑岩及三叠系的须家河组。

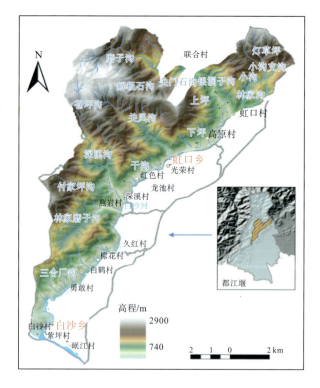

图 3-18 研究区区域位置图

研究区雨量充沛，1955～2008 年，年降雨量小于 1000mm 的年份仅有两年。但降雨量时间分布不均匀，5～9 月降雨量占全年降雨量的 80%，月降雨最多的 8 月降雨量达

289.9mm，最少的 1 月仅 12.7mm。并且降雨量空间分布不均匀，表现为随地势由东南向西北逐渐升高而增加。

采用的基础数据包括：2010~2011 年快鸟影像，根据它对滑坡、泥石流灾害点进行解译，生成灾害编目数据库；从 1∶50 000 地形图中生成栅格大小为 30m×30m 的 DEM；从 DEM 中衍生出坡度图；对 1∶200 000 地质图进行数字化处理，按照岩性归并为 6 种类型：灰岩，花岗岩，凝灰岩，砂岩，辉长岩，冲洪积砾石、砂土。通过查阅工程地质手册和野外勘察资料，确定了各种岩土类别的物理力学指标，如表 3-16 所示。

表 3-16　岩土类别物理力学指标

岩土类别	天然密度 ρ_s /(kg/m³)	导水率 T/(m²/d)	有效黏聚力 c' /(kPa)	有效内摩擦角 φ' /(°)
砂岩	2.4	75	47	33
灰岩	2.66	95	22	38
花岗岩	2.3	60	31	39
辉长岩	2.55	55	52	45
凝灰岩	2.75	80	20	31
冲洪积砾石、砂土	1.66	145	0	34

首先将研究区域 30m×30m 的大小进行栅格化处理，统计得到此区域滑坡深度一般为 2m。根据表 3-16 的参数设定，然后依据 3.1.1.2 中式(3-1)~式(3-6)，得到研究区域每一栅格的临界降雨量(图 3-19)。

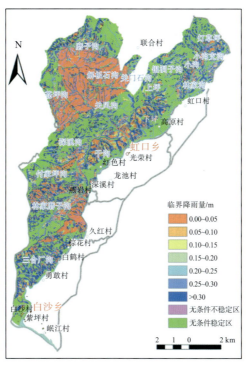

图 3-19　临界降雨量分布图

将临界雨量分布图按照 0.05 的区间进行划分，总共分为七级。统计数据见表 3-17。

表 3-17　临界降雨量统计表

临界降雨量分级/m	面积/km^2	比例
0.00～0.05	11.47	0.12
0.05～0.10	2.85	0.03
0.10～0.15	2.36	0.03
0.15～0.20	1.85	0.02
0.20～0.25	1.45	0.02
0.25～0.30	1.12	0.01
>0.30	35.19	0.37
无条件不稳定区	9.09	0.10
无条件稳定区	28.63	0.30

从上表可以看出，临界降雨量在 50mm/24h 以下的，以及无条件不稳定区总共占全区面积的 22%，之后的临界降雨量区间面积增长不明显，300mm/24h 以下及无条件不稳定区占全区面积的 32%。说明此研究区的坡体还是较为松散，容易受到降雨的影响从而发生失稳。

根据野外调查及收集的历史数据，此区域的泥石流暴发通常在 24h 降雨量达到 100mm 以上，曾经出现过的日最大降雨量为 300mm。因此设定 5 个 24h 降雨量，分别为：100mm、150mm、200mm、250mm、300mm，与临界降雨量分布图进行叠加分析，即可得到不稳定斜坡空间分布。若实际降雨量小于临界降雨量，则坡体稳定；如果实际降雨量大于临界降雨量，则坡体失稳。

参考 Fausto Guzzetti[32]通过对分布在世界各地的较为典型的 677 个崩塌、滑坡统计分析得到的崩塌滑坡体体积与其面积之间的关系式［式(3-15)］，即可得到不同降雨条件下不稳定斜坡的体积：

$$V_L = 0.074 \times A_L^{1.450} \qquad (R^2 = 0.9707) \tag{3-15}$$

式中，V_L 为崩塌滑坡体体积；A_L 为崩塌滑坡体面积。

1. 24h 降雨量 100mm 的不稳定斜坡危险性评价

这里假设降雨空间分布均匀，因此直接将 24h 100mm 降雨量与临界降雨量分布图进行叠加分析，即可得到不稳定斜坡空间分布(图 3-20)。按照公式(3-15)，可以根据面积估算出 24h 100mm 降雨条件下的不稳定斜坡体积约为 $1791 \times 10^4 \mathrm{m}^3$。

2. 24h 降雨量 150mm 的不稳定斜坡危险性评价

将 24h 150mm 降雨量与临界降雨量分布图进行叠加分析，得到不稳定斜坡空间分布(图 3-21)。按照公式(3-15)，可以根据面积估算出 24h 150mm 降雨条件下的不稳定斜坡体积约为 $2103 \times 10^4 \mathrm{m}^3$。

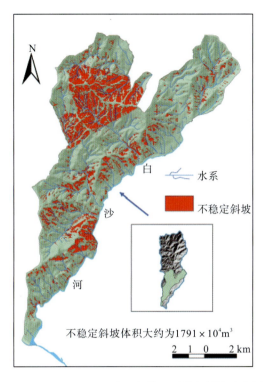

图 3-20　24h 100mm 降雨条件下不稳定斜坡分布图

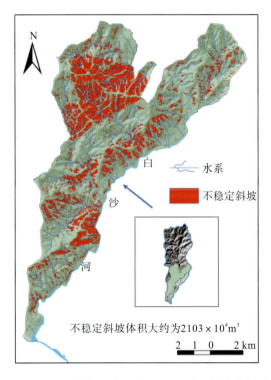

图 3-21　24h 150mm 降雨条件下不稳定斜坡分布图

3. 24h 降雨量 200mm 的不稳定斜坡危险性评价

将 24h 200mm 降雨量与临界降雨量分布图进行叠加分析，得到不稳定斜坡空间分布（图 3-22）。按照公式(3-15)，可以根据面积估算出 24h 200mm 降雨条件下的不稳定斜坡体积约为 $2377 \times 10^4 \mathrm{m}^3$。

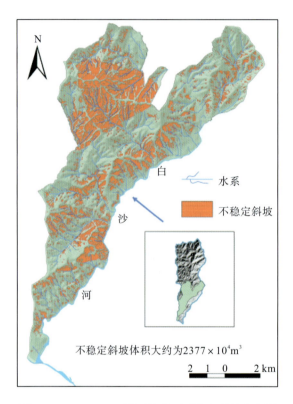

图 3-22　24h 200mm 降雨条件下不稳定斜坡分布图

4. 24h 降雨量 250mm 的不稳定斜坡危险性评价

将 24h 250mm 降雨量与临界降雨量分布图进行叠加分析，得到不稳定斜坡空间分布（图 3-23）。按照公式(3-15)，可以根据面积估算出 24h 250mm 降雨条件下的不稳定斜坡体积约为 $2620 \times 10^4 \mathrm{m}^3$。

5. 24h 降雨量 300mm 的不稳定斜坡危险性评价

将 24h 300mm 降雨量与临界降雨量分布图进行叠加分析，得到不稳定斜坡空间分布（图 3-24）。按照公式(3-15)，可以根据面积估算出 24h 300mm 降雨条件下的不稳定斜坡体积约为 $2827 \times 10^4 \mathrm{m}^3$。

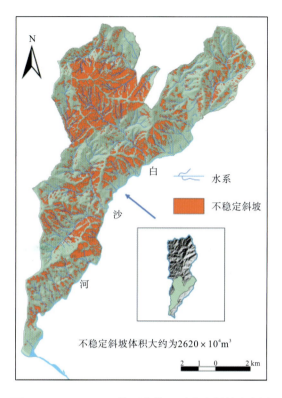

图 3-23　24h 250mm 降雨条件下不稳定斜坡分布图

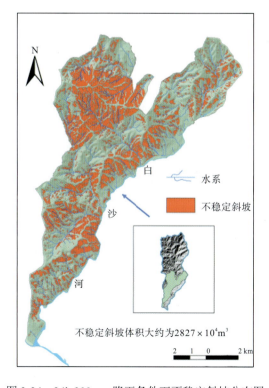

图 3-24　24h 300mm 降雨条件下不稳定斜坡分布图

但并非所有的失稳坡体都会参与到泥石流启动及运动过程中,因此还必须对其进行筛选。参考美国 USGS 标准[33],结合实际分析,认为同时满足以下三个条件的不稳定斜坡将会参与泥石流活动中:①汇流面积≥9000m²。②坡度≥20°。③当 24h 降雨量为 100mm 时,位于沟道两旁 50m 范围内的区域;当 24h 降雨量为 150mm 时,位于沟道两旁 100m 范围内的区域;当 24h 降雨量为 200mm 时,位于沟道两旁 150m 范围内的区域;当 24h 降雨量为 250mm 时,位于沟道两旁 250m 范围内的区域;当 24h 降雨量为 300mm 时,位于沟道两旁 350m 范围内的区域。

最后根据此标准对参与泥石流活动的不稳定斜坡体积进行筛选与统计,可以得到各条泥石流沟在不同降雨条件下参与泥石流活动的不稳定斜坡物源量(表 3-18)。

表 3-18 不同降雨条件下不稳定斜坡参与泥石流规模($\times 10^3 m^3$)统计

编号	泥石流	降雨量/mm				
		100	150	200	250	300
1	磨子沟	288.9	424.8	722.7	811.8	891.9
2	灯草坪沟	21.6	51.3	81.9	88.2	92.7
3	小沟	66.6	126	236.7	265.5	296.1
4	小沟支沟	19.8	39.6	86.4	103.5	110.7
5	银洞子沟	18	57.6	103.5	125.1	150.3
6	关门石沟	51.3	81.9	133.2	150.3	153.0
7	解板石沟	135.9	195.3	287.1	327.6	359.1
8	上坪沟	35.1	65.7	127.8	144.9	161.1
9	苍坪沟	121.5	176.4	278.1	308.7	344.7
10	关凤沟	461.7	681.3	1006.2	1107.0	1216.8
11	林家沟	1.8	7.2	20.7	25.2	36.9
12	下坪沟	134.1	187.2	339.3	378.0	410.4
13	深溪沟	86.4	178.2	290.7	324.0	351.0
14	干沟	84.6	147.6	261.0	291.6	356.4
15	付家坪沟	72.9	125.1	201.6	229.5	269.1
16	林家磨子沟	204.3	331.2	509.4	566.1	603.9
17	三合厂沟	218.7	371.7	637.2	718.2	846.0

3.3 白沙河流域泥石流危险度评价及临界雨量

2008 年汶川地震后,在强降雨过程中就会暴发泥石流,所以白沙河流域泥石流沟分布极为广泛。但由于每条沟的物源量有所差异,因此泥石流的规模也有所不同,造成的危害性也迥异。以单沟作为研究对象,可以体现出不同泥石流沟在不同降雨条件下危险程度的差异,并且由于这些单沟相互接临,从而可以达到从"点"到"面"的研究目的。

3.3.1　临界雨量确定方法

根据野外调查及收集的历史数据，此区域的泥石流暴发通常在 24h 降雨量 100mm 左右，最高一次达到日降雨量 300mm。因此可以认为白沙河流域泥石流沟的临界雨量在 100mm/d。基于不同的雨量，不稳定斜坡提供的物源量也不同，因此泥石流的规模也有差异。物源量取值根据表 3-18 的结果。

3.3.2　危险度评价指标体系

根据刘希林 2003 年的研究，选择以下七个因子作为评价指标：泥石流规模、泥石流发生频率、流域面积、主沟长度、流域相对高差、流域切割密度、不稳定沟床比例。

(1)泥石流规模：用一次泥石流冲出物堆积体积表示，单位：$10^3 m^3$。泥石流规模是影响泥石流危险度最直接的指标之一，属于主要因子。

(2)泥石流发生频率：用历史上泥石流发生次数除以统计年数表示，单位为次/100 年。它也是影响泥石流危险度最直接的指标之一，属于主要因子。

(3)流域面积：指分水岭包围下的汇水面积，不包括泥石流堆积扇部分，单位 km^2。流域面积反映流域的产沙和汇流状况。一般来说，流域面积与流域产沙量成正相关，产沙量的多少影响到流域内松散物质的储量，松散固定物质储量又影响到泥石流的冲出体积。

(4)主沟长度：主沟沟头到沟口的平面投影长度，单位 km。主沟长度决定着泥石流的流程和沿途接纳松散固体物质的能力。

(5)流域相对高差：流域内海拔最高点和最低点之差，单位 km。流域相对高差反映流域的势能和泥石流的潜在动能。一般来说，流域相对高差越大，山体的稳定性越差。

(6)流域切割密度：用流域内切沟和冲沟的总长度除以流域面积来表示，单位 km^{-1}。它综合地反映流域的地质构造、岩性、岩石风化程度以及产沙和汇流状况。一般来说，流域切割密度越大，沟道侵蚀越发育，固体和液体径流可能越大，泥石流潜在破坏力就越大。

(7)不稳定沟床比例：用不稳定沟床长度除以主沟长度来表示。不稳定沟床是指可以提供泥石流发生物质来源的沟道。不稳定沟床比例反映泥沙补给的范围和可能补给量的大小。比值越大，表明泥沙补给条件越有利于泥石流形成。

3.3.3　危险度评价模型

泥石流危险性评价模型采用加权叠加方法，利用前面介绍的七个因子作为评价指标：泥石流规模 m(单位：$10^3 m^3$)，泥石流发生频率 f(单位：次/100 年)，流域面积 s_1(单位：km^2)，主沟长度 s_2(单位：km)，流域相对高差 s_3(单位：km)，流域切割密度 s_4(单位：km^{-1})，不稳定沟床比例 s_5。权重系数的确定方法可见参考文献[14]。评价模型如下：

$$H = 0.29M + 0.29F + 0.14S_1 + 0.09S_2 + 0.06S_3 + 0.11S_4 + 0.03S_5 \tag{3-16}$$

式中，M、F、S_1、S_2、S_3、S_4、S_5 分别为 m、f、s_1、s_2、s_3、s_4、s_5 的转换值。转换函数可见表 3-19。

表 3-19　泥石流危险度评价因子转换函数

转换值(0~1)	转换函数(m, f, s_1, s_2, s_3, s_4, s_5 为实际值)
M	$M=0$　当 $m \leqslant 1$ 时 $M=\log m/3$　当 $1 < m \leqslant 1000$ 时 $M=1$　当 $m > 1000$ 时
F	$F=0$　当 $f \leqslant 1$ 时 $F=\log f/2$　当 $1 < f \leqslant 100$ 时 $F=1$　当 $f > 100$ 时
S_1	$S_1=0.2458\,s_1^{0.3495}$　当 $0 \leqslant s_1 \leqslant 50$ 时 $S_1=1$　当 $s_1 > 50$ 时
S_2	$S_2=0.2903\,s_2^{0.5372}$　当 $0 \leqslant s_2 \leqslant 10$ 时 $S_2=1$　当 $s_2 > 10$ 时
S_3	$S_3=2s_3/3$　当 $0 \leqslant s_3 \leqslant 1.5$ 时 $S_3=1$　当 $s_2 > 1.5$ 时
S_4	$S_4=0.05\,s_4$　当 $0 \leqslant s_4 \leqslant 20$ 时 $S_4=1$　当 $s_4 > 20$ 时
S_5	$S_5=s_3/60$　当 $0 \leqslant s_5 \leqslant 60$ 时 $S_5=1$　当 $s_5 > 60$ 时

3.3.4　泥石流基础数据

各条泥石流沟震后不同降雨条件下参与泥石流活动的物源量可见表 3-18。然后按照泥石流沟域分别统计其中的泥石流规模、发生频率、流域面积、主沟长度、相对高差、切割密度及不稳定沟床比例(表 3-20)。其中发生频率是根据震后野外调查数据而来。

表 3-20　泥石流评价因子赋值表

编号	泥石流	发生频率/ (次/100 年)	流域面积/ km²	主沟长度 /km	相对高差 /km	切割密度 /km⁻¹	不稳定沟床 比例
1	磨子沟	20	10.21	4.04	1.60	2.01	4.07
2	灯草坪沟	80	2.83	2.29	1.08	2.79	2.44
3	小沟	80	3.85	3.34	1.16	1.79	1.07
4	小沟支沟	80	1.78	1.41	0.69	2.34	1.95
5	银洞子沟	80	3.89	2.02	1.02	2.03	2.91
6	关门石沟	20	1.66	1.69	1.13	2.0	0.96
7	解板石沟	20	2.37	2.27	1.38	2.13	1.22
8	上坪沟	100	3.34	1.86	1.18	1.91	2.43
9	苍坪沟	50	4.51	3.54	1.52	2.21	1.82
10	关凤沟	100	12.39	6.41	1.90	2.2	3.26
11	林家沟	50	1.18	1.90	0.47	1.61	1.00
12	下坪沟	80	5.63	2.68	1.22	2.2	3.62

续表

编号	泥石流	发生频率/ (次/100 年)	流域面积/ km²	主沟长度 /km	相对高差 /km	切割密度 /km⁻¹	不稳定沟床 比例
13	深溪沟	80	7.58	5.42	1.14	2.3	2.22
14	干沟	100	4.33	1.89	0.90	2.05	3.69
15	付家坪沟	80	4.11	2.87	1.20	2.07	1.96
16	林家磨子沟	100	8.35	3.78	1.26	2.19	3.85
17	三合厂沟	20	11.88	1.55	0.90	1.53	10.68

3.3.5 泥石流危险度及预警标准

3.3.5.1 危险度评价

根据表 3-18，可以得到 24h 降雨量条件下各条沟参与泥石流活动的物源量。这些物源均是由不稳定斜坡提供，只要降雨量超过其临界降雨量，将转化为潜在物源量。再根据前面章节设定的三个标准即可提取出每次降雨条件下参与泥石流活动的有效物源量。基于公式(3-16)及表 3-17～表 3-20，即可得到不同降雨条件下泥石流危险性分区图及评价结果。评价结果以 0.2 为公差在[0，1]范围内划分为五级：极低危险度区(0.0～0.2)，低危险度区(0.2～0.4)，中危险度区(0.4～0.6)，高危险度区(0.6～0.8)，极高危险度区(0.8～1.0)(表 3-21)。

表 3-21 泥石流危险度评价表

危险度 指数	危险度分级 标准	泥石流规模/(10⁴m³)	泥石流活动 特点
0.0～0.2	极低	基本不会暴发泥石流	基本无泥石流活动
0.2～0.4	低	小型泥石流(<2)	低频泥石流
0.4～0.6	中	中型泥石流(2～20)	中频泥石流
0.6～0.8	高	大型泥石流(20～50)	高频泥石流
0.8～1.0	极高	巨型泥石流(≥50)	高频泥石流

1. 24h 降雨量 100mm 的泥石流危险性

从 24h 降雨量 100mm 的白沙河流域泥石流危险度评价分布图(图 3-25)可以看出，研究区域主要以高危险度泥石流沟为主，其中林家沟为低危险度泥石流沟，三合厂沟、解板石沟、关门石沟、银洞子沟、上坪沟、灯草坪沟和小沟支沟为中危险度泥石流沟。

2. 24h 降雨量 150mm 的泥石流危险性

从 24h 降雨量 150mm 的白沙河流域泥石流危险度评价分布图(图 3-26)可以看出，研究区域主要以高危险度泥石流沟为主，其中林家沟已从低危险度泥石流沟转为中危险度泥石流沟，解板石沟、关门石沟、银洞子沟、灯草坪沟和小沟支沟继续保持中危险度泥石流沟，而三合厂沟和上坪沟转变为高危险度泥石流沟。

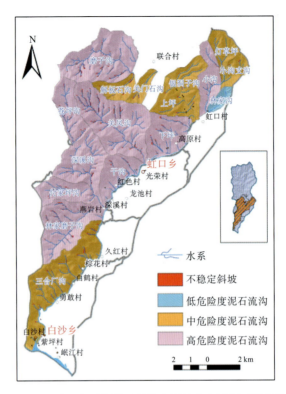

图 3-25　24h 100mm 降雨条件下不稳定斜坡分布及泥石流危险度分区

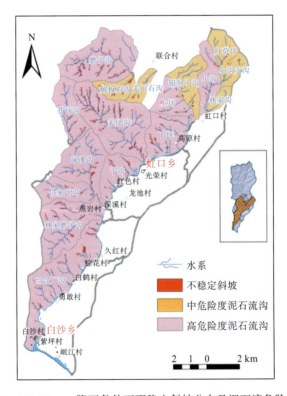

图 3-26　24h 150mm 降雨条件下不稳定斜坡分布及泥石流危险度分区

3. 24h 降雨量 200mm 的泥石流危险性

从 24h 降雨量 200mm 的白沙河流域泥石流危险度评价分布图(图 3-27)可以看出，研究区域主要以高危险度泥石流沟为主，其中关凤沟从高危险度泥石流沟转变为极高危险度泥石流沟，解板石沟、关门石沟、小沟支沟和林家沟继续保持中危险度泥石流沟，银洞子沟和灯草坪沟已从中危险度泥石流沟转为高危险度泥石流沟。

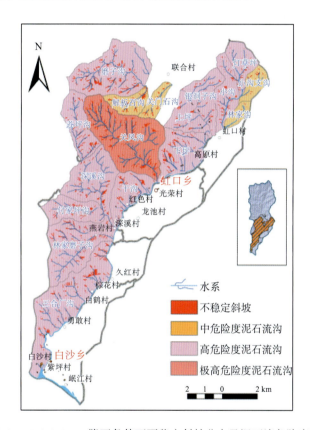

图 3-27　24h 200mm 降雨条件下不稳定斜坡分布及泥石流危险度分区

4. 24h 降雨量 250mm 的泥石流危险性

从 24h 降雨量 250mm 的白沙河流域泥石流危险度评价分布图(图 3-28)可以看出，研究区域泥石流沟的危险等级分布与 24h 降雨量 200mm 一致，只是危险度数值上发生了变化。

5. 24h 降雨量 300mm 的泥石流危险性

从 24h 降雨量 300mm 的白沙河流域泥石流危险度评价分布图(图 3-29)可以看出，研究区域泥石流沟的危险等级分布与 24h 降雨量 250mm 一致，也仅是危险度数值上发生了变化，继续增高，但未发生质变。

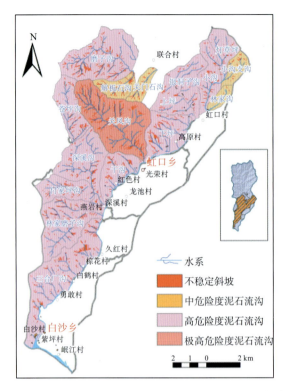

图 3-28　24h 250mm 降雨条件下不稳定斜坡分布及泥石流危险度分区

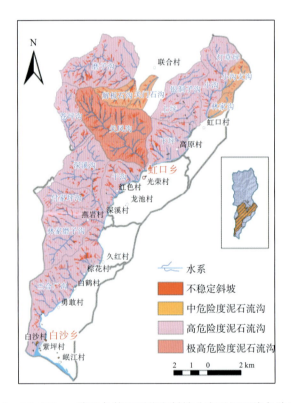

图 3-29　24h 300mm 降雨条件下不稳定斜坡分布及泥石流危险度分区

综上，在 24h 100mm 降雨量的情况下，17 条泥石流沟中 1 条为低危险度，7 条为中危险度，9 条为高危险度；在 24h 150mm 降雨量的情况下，17 条泥石流沟中 6 条为中危险度，11 条为高危险度；在 24h 200mm、24h 250mm 及 24h 300mm 降雨量的情况下，17 条泥石流沟中 4 条为中危险度，12 条为高危险度，1 条为极高危险度。即当 24h 降雨量超过 200mm 后，流域的泥石流危险等级基本不再发生变化。对于直接威胁到人民群众生命财产安全的高危险度及以上的泥石流沟，应该按照高等级设防标准进行工程治理。同时结果也表明，为了更加有效地对地质灾害风险进行评价和管理，必须将滑坡、泥石流作为灾害链，综合地加以分析和研究。

3.3.5.2 预警标准

根据区域空间滑坡泥石流危险度评价结果，输入不同降雨量标准后，可以建立五级降雨型区域空间滑坡泥石流预警指标(表 3-22)。

表 3-22 白沙河流域空间滑坡泥石流预警指标

降雨量 mm/24h	预警等级	泥石流物源量/(10^3m^3)	泥石流活动特点
100	中	2000	有泥石流活动，且具备中等规模
150	较高	3000	高频泥石流，且具备中等规模
200	较高	5000	高频泥石流，且具备较大规模
250	较高	6000	高频泥石流，且具备较大规模
300	极高	7000	高频泥石流，且具备极大规模

参 考 文 献

[1] 张梁, 张业成, 罗元华, 等. 地质灾害灾情评估理论与实践[M]. 北京: 地质出版社, 1998.

[2] 张业成, 胡景江, 张春山, 等. 中国地质灾害危险性分析与灾变区划[J]. 海洋地质与第四纪地质, 1995, 15(3):55-67.

[3] 张春山, 张业成, 张立海. 中国崩塌、滑坡、泥石流灾害危险性评价[J]. 地质力学学报, 2004, 10(1): 27-32.

[4] 李树德, 任秀生, 岳升阳, 等. 地震滑坡研究[J]. 水土保持研究, 2001, 8(2): 24-25.

[5] 李忠生. 国内外地震滑坡灾害研究综述[J]. 灾害学, 2003, 18(4): 64-70.

[6] 吴彩燕, 乔建平. 基于 GIS 与信息量模型的地层因素对三峡库区滑坡发育的影响关系[J]. 北京林业大学学报, 2007, 29(6): 138-142.

[7] 高克昌, 崔鹏, 赵纯勇, 等. 基于地理信息系统和信息量模型的滑坡危险性评价——以重庆万州为例[J]. 岩石力学与工程学报, 2006, 25(5): 991-996.

[8] 朱良峰, 吴信才, 殷坤龙, 等. 基于信息量模型的中国滑坡灾害风险区划研究[J]. 地球科学与环境学报, 2004, 26(3):52-56.

[9] 殷坤龙, 龙良峰. 滑坡灾害空间区划及 GIS 应用研究[J]. 地学前缘, 2001, 8(2): 279-284.

[10] 刘艺梁, 殷坤龙, 刘斌. 逻辑回归和人工神经网络模型在滑坡灾害空间预测中的应用[J]. 水文地质工程地质, 2010, 37(5): 92-96.

[11] 陶舒, 胡德勇, 赵文吉, 等. 基于信息量与逻辑回归模型的次生滑坡灾害敏感性评价——以汶川县北部为例[J]. 地理研究,

2010, 29（9）：1594-1605.

[12] 邢秋菊, 赵纯勇, 高克昌, 等. 基于 GIS 的滑坡危险性逻辑回归评价研究[J]. 地理与地理信息科学, 2004, 20（3）：49-51.

[13] 王志旺, 廖勇龙, 李端有. 基于逻辑回归法的滑坡危险度区划研究[J]. 地下空间与工程学报, 2006, 2（8）：1451-1454.

[14] 杨希武, 王徐东, 王爱华. 基于 BP 神经网络的降雨型滑坡预报研究[J]. 人民黄河, 2010, 32（10）：52-54.

[15] 王萌, 乔建平, 石莉莉. 基于 BP 神经网络的滑坡风险性评价研究[J]. The Conference on Engineering and Business Management（EBM 2010）, 2010, 5343-5349.

[16] 许冲, 戴福初, 姚鑫, 等. GIS 支持下基于层次分析法的汶川地震区滑坡易发性评价[J]. 岩石力学与工程学报, 2009, 28（2）：3978-3985.

[17] 樊晓一, 乔建平, 陈永波. 层次分析法在典型滑坡危险度评价中的应用[J]. 自然灾害学报, 2004, 13（1）：72-76.

[18] 楚敬龙, 杜加强, 腾彦国, 等. 基于 GIS 的重庆市万州区滑坡灾害危险性评价[J]. 地质通报, 2008, 27（11）：1875-1881.

[19] 乔建平, 吴彩燕, 田宏岭. 三峡库区云阳-巫山段地层因素对滑坡发育的贡献率研究[J]. 岩石力学与工程学报, 2004, 23（17）:2920-2924.

[20] 乔建平, 朱阿兴, 吴彩燕, 等. 采用本底因子贡献率的三峡库区滑坡危险度区划[J]. 山地学报, 2006, 24（5）:569-573.

[21] 乔建平, 吴彩燕. 滑坡本底因子贡献率与权重转换研究[J]. 中国地质灾害与防治学报, 2008, 19（3）:13-16.

[22] 乔建平, 石莉莉. 滑坡危险度区划方法及其应用[J]. 地质通报, 2009, 28（8）:1031-1038.

[23] 王萌, 乔建平. 贡献权重模型在区域滑坡危险性评价中的应用[J]. 中国地质灾害与防治学报, 2010, 21（1）:1-6.

[24] Newmark N M. Effects of earthquake on dams and embankments[J]. Geotechnique, 1965, 15: 139-159.

[25] Ambraseys N N, Menu J M. Earthquake-induced ground displacements[J]. Earthquake Engineering and Structural Dynamics, 1988, 16：985-1006.

[26] Jibson R W. Predicting earthquake-induced landslide displacement using Newmark's Sliding block analysis[J]. Transportation Research Record, 1993, 14（11）：9-17.

[27] Jibson R W. Regression models for estimating coseismic landslide displacement[J]. Engineering Geology, 2007, 91：209-218.

[28] Romeo R. Seismically induced landslide displacements：a predictive model[J]. Engineering Geology, 2000, 58：337-351.

[29] 李阔, 唐川. 泥石流危险性评价研究进展[J]. 灾害学, 2007, 22（1）:106-111.

[30] 刘希林, 莫多闻. 泥石流风险评价[M]. 成都: 四川科学技术出版社, 2003.

[31] 刘希林, 唐川. 泥石流危险性评价[M]. 北京: 科学出版社, 1995.

[32] Guzzetti F, Ardizzone F, Cardinali M, et al. Landslide volumes and landslide mobilization rates in Umbria, central Italy [J]. Earth and Planetary Science, 2009, 279:222-229.

[33] Griswold J P, Iverson R M. Mobility and Statistics and Automated Hazard Mapping for Debris Flows and Rock Avalanches[M]. U. S. Department o f the Interior U. S. Geological Survey, 2008.

第4章　白沙河流域降雨型滑坡泥石流空间预警系统

4.1　系统设计目标

降雨所诱发的滑坡与泥石流，暴发时间短、造成的危害大[1,2]，对防灾、减灾带来的压力极大，减灾部门每年在雨季需要安排大量的现场值守人员，以期降低灾害所带来的损失，然而效率较低。利用软件技术的方便性与灾害预警方法的进步，建立白沙河流域的降雨型滑坡、泥石流区域空间预警系统，是提高灾害预警效率，降低灾害所带来风险的有效方法之一[3]。

基于上述因素考虑，系统目标为：利用研究区内多年灾害记录与降雨历时等的相关关系，建立区域空间降雨诱发滑坡、泥石流的趋势预警系统，服务于减灾及灾害预警方法技术研究。

4.2　降雨型滑坡、泥石流空间预警

滑坡泥石流是地质环境因素和触发因素共同作用的产物，因此滑坡泥石流的预警必须基于内外因共同作用的发生机理来实现。近年来，基于 GIS 的耦合预警方法得到发展，目前国内外主要的降雨型滑坡泥石流预警方法是通过统计滑坡泥石流的降雨临界值和临界降雨量来进行滑坡泥石流预测。但是由于对滑坡泥石流形成机理分析的深入程度不够，在一定程度上制约了预警方法的准确性。而且通过预测指数和降雨临界值发布预警等级缺乏科学依据，预警关键值难以确定。这种方法的局限性主要表现为不能解决以下几个预警的关键问题：超过阈值就一定发生灾害？超过或达到临界值发生灾害的概率有多大？大到哪种程度？因此，滑坡泥石流空间预警的问题实际上应是在时空耦合条件下的滑坡泥石流发生概率问题[4]。

滑坡、泥石流预警应分为空间预警和时间预警。在详细分析滑坡、泥石流发育特征以及触发因素的基础上，运用空间预测模型获得滑坡、泥石流空间预测结果。再利用具有短时性、动态性的降雨诱发因素对已存在或已知的典型灾害体进行时间预警，为政府相关部门发布预报提供决策支撑[5]。本章应用 GIS 技术，通过耦合区域滑坡、泥石流危险区降雨发生概率、24h 降雨量和降雨概率，建立基于滑坡、泥石流发生机理的宏观区域概率预警模型。同时结合气象部门的降雨预报信息，预测哪些区域发生滑坡、泥石流的概率有多大，

从而为滑坡、泥石流的防灾减灾提供依据。

4.3　降雨诱发滑坡、泥石流概率分析方法

4.3.1　滑坡泥石流有效降雨量统计模型

由于一次降雨并不一定会导致滑坡、泥石流的发生,而每次降雨量中也只有部分对滑坡、泥石流发生起作用,从而提出有效降雨量的概念。滑坡、泥石流的有效降雨量是指对滑坡、泥石流产生影响的雨量,由两部分组成:即滑坡、泥石流发生前期的累计降雨量和滑坡、泥石流发生当天的 24h 降雨量[6]。由于地表径流的产生、水分的蒸发等过程,使进入斜坡体内的雨量小于实际雨量,即前期的实际雨量并不能完全进入斜坡体内对滑坡、泥石流的发生产生影响,所以提出前期有效降水量的概念。因此,用一定时间的当天降雨量分别乘以有效的降雨系数便可以得到有效降雨量。Bruce J P 提出了计算进入斜坡岩土体内雨量的经验公式[7]:

$$R_a = kR_1 + k^2 R_2 + \cdots + k^n R_n \tag{4-1}$$

式中,R_a 为滑坡泥石流发生的前期有效降雨量;k 为有效降雨系数,一般取 0.84;R_n 为滑坡泥石流发生前第 n 天的降雨量[8]。陈景武提出了泥石流预报前期间接雨量的计算公式[9]为

$$P_a = P_1 K_1 + P_2 K_2 + \cdots + P_n K_n \tag{4-2}$$

式中,P_a 是前期间接雨量;$P_1, P_2, P_3, \cdots, P_n$ 为灾害发生前第 $1,2,3,\cdots,n$ 日降雨量;K 为递减系数,并建议 K 取 0.8～0.9。92%的滑坡、泥石流发生在降雨结束后的 4d 以内,滑坡、泥石流对降雨的滞后时间一般是 2～3d。在滑坡、泥石流发生的前 10d 内有 4d 在降雨且其中有 2d 在连续降雨这种情况下发生滑坡、泥石流的可能性极大[4]。因此可以得出结论,滑坡、泥石流的有效降雨量为滑坡、泥石流发生当日和前 4d 的降雨量。这个结论与前人大量的研究成果是基本相符的。则滑坡、泥石流发生的有效降雨量可以表示为

$$R_c = R_0 + R_a = R_0 + kR_1 + k^2 R_2 + \cdots + k^n R_n \tag{4-3}$$

式中,R_c 为滑坡泥石流发生的有效降雨量;R_0 为滑坡泥石流发生当天的降雨量;R_a 为滑坡泥石流发生的前期有效降雨量;k 为有效降雨系数,通常取 0.9 或 0.8;R_n 为滑坡泥石流发生前第 n 天的降雨量。

4.3.2　降雨条件下诱发滑坡泥石流的概率

在降雨与滑坡、泥石流的相关性研究中,通过滑坡、泥石流与降雨的统计分析,可以得出当日和前 4d 的降雨量(占降雨型滑坡、泥石流总数的 92%)与滑坡、泥石流发生最为密切的结论[6]。因此可以确定滑坡、泥石流发生的有效降雨量公式的自变量。

将研究区降雨诱发滑坡、泥石流发生的有效降雨量公式直接作为计算概率的方程:

$$p = R_0 + k_1 R_1 + k_2 R_2 + k_3 R_3 + k_4 R_4 \tag{4-4}$$

因变量讨论的问题是：在一定的降雨条件下，滑坡、泥石流是否发生。而灾害的发生与不发生可以作为分类因变量。由于不是连续变量，线性回归将不适用于推导此类自变量和因变量之间的关系。其特点是因变量只有两个值，发生（1）或者不发生（0），这就要求建立的模型必须保证因变量的取值为"1"或"0"。

以上方程计算时常会出现 $p>1$ 的不合理情形，在这种情况下，通常采用对数线性模型（Log-linear Model）。而 Logistic 回归模型就是对数线性模型的一种特殊形式[10]。Binary logistic 回归模型可以用来预测具有两分特点的因变量概率，符合建模要求。

1. Logistic 回归模型

对于包含一个自变量的 Binary logistic 回归模型可以写为

$$P = \frac{e^p}{1+e^p} \qquad 或 \qquad P = \frac{1}{1+e^{-p}} \tag{4-5}$$

式中，$p = B_0 + B_1X_1 + B_2X_2 + \cdots + B_nX_n$，$P$ 为观测量相对于某一事件的发生概率，B 为相关系数。

2. Logistic 回归系数

为了理解 Logistic 回归系数的含义，可以将方程式重新改写为某一事件发生的比率。一个事件的比率被定义为它发生的可能性与不发生的可能性之比。

首先把 Logistic 方程写作概率的对数，命名为 logit P。

$$\text{logit } P = \ln\left(\frac{\text{Prob(event)}}{\text{Prob(noevent)}}\right) = B_0 + B_1X_1 + B_2X_2 + \cdots + B_nX_n \tag{4-6}$$

可以看出，Logistic 方程的回归系数可以解释为一个单位的自变量变化所引起的概率的对数改变值。由于理解概率要比理解概率的对数容易一些，所以将 Logistic 方程式写为

$$\frac{\text{Prob(event)}}{\text{Prob(noevent)}} = e^{B_0+B_1X_1+B_2X_2+\cdots+B_nX_n} \tag{4-7}$$

当第 i 个自变量发生一个单位的变化时，概率的变化值为 $\exp(B_i)$。自变量的系数为正值，意味着事件发生的概率会增加，$\exp(B_i)$ 的值大于 1；如果自变量的系数为负值，意味着事件发生的概率将会减小，此值小于 1；当 B_0 为 0 时，此值等于1。

3. 回归模型的检验

建立模型后，需要判断拟合的优劣。本章将数据分成两部分，用一部分数据建立回归方程，再将另一部分数据代入方程，评定模型对数据的拟合情况。

回归系数的显著性检验：回归系数的显著性检验目的是逐个检验模型中各解释变量是否与 logit P 有显著的线性相关，采用 Wald 检验统计量。Wald 检验统计量服从自由度为 1 的卡方分布，其值为回归系数与其标准误差比值的平方。

回归方程的拟合优度检验：判别模型与样本的拟合程度是判别模型优劣的一种方法，常用的指标有 Cox & Snell R^2 统计量和 Nagelkerke R^2 统计量。

Cox & Snell R^2 统计量与一般线性回归分析中的 R^2 有相似之处，也是方程对变量变差

解释程度的反映，其数学定义为

$$\text{Cox \& Snell} R^2 = 1 - \left(\frac{L_0}{L}\right)^{2/n} \tag{4-8}$$

Nagelkerke R^2 统计量是修正的 Cox & Snell R^2 统计量，也是方程对变量变差解释程度的反映，其数学定义为

$$\text{Nagelkerke } R^2 = \frac{\text{Cox \& Snell } R^2}{1 - L_0^{2/n}} \tag{4-9}$$

Nagelkerke R^2 的取值范围为 0～1，越接近 1，说明方程的拟合优度越高；越接近于 0，说明方程的拟合优度越低。

为此要对 P 做对数单位转换，设 P 为某事件发生的概率，取值范围为[0, 1]。$1-P$ 即为该事件不发生的概率，将其两者比值取自然对数，即令 logit $P=\ln[P/(1-P)]$。于是降雨引发滑坡概率可以改写为[11]

$$P_{(L/R)} = \frac{\exp(R_0 + k_1R_1 + k_2R_2 + k_3R_3 + k_4R_4)}{1 + \exp(R_0 + k_1R_1 + k_2R_2 + k_3R_3 + k_4R_4)} \tag{4-10}$$

为了确定白沙河流域滑坡泥石流发生前期的降雨量对滑坡发生产生的影响有多大，选取 2008 年 5～9 月一个连续的滑坡泥石流集中发育(共计 140 个样本点，其中滑坡泥石流发生天数 14 天)的时段数据，建立数据表(表 4-1)，利用逻辑回归模型(Logistic)求取每日降雨量与滑坡泥石流发生的相关系数。因变量为是否有灾害发生，当日有灾害发生定义为"1"，没有灾害发生定义为"0"。自变量为滑坡泥石流发生前每日的降雨量，选取当日降雨量(0d 降雨量)、前 1 天降雨量(1d 降雨量)、前 2 天降雨量(2d 降雨量)、前 3 天降雨量(3d 降雨量)、前 4 天降雨量(4d 降雨量)，将这些降雨量数据导入 SPSS 统计分析软件，计算各天前期降雨量与滑坡泥石流之间的关系及每天降雨对滑坡泥石流发生的影响，从而确定方程的各个系数 k。为了通过回归分析得到滑坡泥石流前各天降雨量对灾害的影响程度大小，运用回归模型中对自变量进行自动筛选方法——Backward(向后法)对各个自变量进行筛选，通过筛选和剔除变量的变化情况，来分析滑坡、泥石流前每天降雨对灾害的影响。

表 4-1 滑坡、泥石流及前期降雨量部分数据

时间	有无灾害	0d	1d	2d	3d	4d	5d	6d	7d	8d	9d
2008-5-12	1	0	0	0	5.7	0	0.2	0	0	5.9	8.4
2008-5-13	1	41	0	0	0	5.7	0	0.2	0	0	5.9
2008-5-14	0	6.6	41	0	0	0	5.7	0	0.2	0	0
2008-5-15	0	0	6.6	41	0	0	0	5.7	0	0.2	0
2008-5-16	0	0	0	6.6	41	0	0	0	5.7	0	0.2
2008-5-17	0	0	0	0	6.6	41	0	0	0	5.7	0
2008-5-18	0	5.3	0	0	0	6.6	41	0	0	0	5.7
2008-5-19	0	0	5.3	0	0	0	6.6	41	0	0	0
2008-5-20	0	0	0	5.3	0	0	0	6.6	41	0	0

续表

时间	有无灾害	0d	1d	2d	3d	4d	5d	6d	7d	8d	9d
2008-5-21	0	3.5	0	0	5.3	0	0	0	6.6	41	0
2008-5-22	0	1	3.5	0	0	5.3	0	0	0	6.6	41
2008-5-23	0	0	1	3.5	0	0	5.3	0	0	0	6.6
2008-5-24	0	0	0	1	3.5	0	0	5.3	0	0	0
2008-5-25	0	5.2	0	0	1	3.5	0	0	5.3	0	0
2008-5-26	0	0	5.2	0	0	1	3.5	0	0	5.3	0
2008-5-27	0	9.6	0	5.2	0	0	1	3.5	0	0	5.3
2008-5-28	0	0.2	9.6	0	5.2	0	0	1	3.5	0	0
2008-5-29	0	0.4	0.2	9.6	0	5.2	0	0	1	3.5	0
2008-5-30	0	0	0.4	0.2	9.6	0	5.2	0	0	1	3.5
2008-5-31	0	0	0	0.4	0.2	9.6	0	5.2	0	0	1
2008-6-1	0	0	0	0	0.4	0.2	9.6	0	5.2	0	0
2008-6-2	0	0	0	0	0	0.4	0.2	9.6	0	5.2	0
2008-6-3	0	0	0	0	0	0	0.4	0.2	9.6	0	5.2
2008-6-4	1	0	0	0	0	0	0	0.4	0.2	9.6	0
2008-6-5	0	0	0	0	0	0	0	0	0.4	0.2	9.6
2008-6-6	0	3.5	0	0	0	0	0	0	0	0.4	0.2
2008-6-7	0	29.5	3.5	0	0	0	0	0	0	0	0.4
2008-6-8	0	0	29.5	3.5	0	0	0	0	0	0	0
2008-6-9	0	1.8	0	29.5	3.5	0	0	0	0	0	0

将数据导入 SPSS 系统，将"有无灾害"作为二分类的应变量，将"当日雨量""前 1 日雨量"……"前 4 日雨量"作为自变量全部导入，然后选择 Backward（向后法）作为筛选变量的方法。

通过 SPSS 软件对 140 条记录进行分析计算（表 4-2）。

表 4-2　记录处理情况汇总

Unweighted Cases [a]		N	Percent
Selected Cases	Included in Analysis	139	99.3
	Missing Cases	1	.7
	Total	140	100.0
Unselected Cases		0	.0
Total		140	100.0

a. If weight is in effect, see classification table for the total number of cases.

全局检验中对每一步都做了 Step、Block 和 Model 的检验，从检验结果可以看到全部步骤的检验都是有意义的（表 4-3）。

表 4-3　模型全局检验表

		Chi-square	df	Sig.
Step 1	Step	16.767	10	−.080
	Block	16.767	10	−.080
	Model	16.767	10	−.080
Step 2[a]	Step	−.008	1	.930
	Block	16.759	9	.053
	Model	16.759	9	.053
Step 3[a]	Step	−.079	1	.778
	Block	16.680	8	.034
	Model	16.680	8	.034
Step 4[a]	Step	−.115	1	.734
	Block	16.565	7	.020
	Model	16.565	7	.020
Step 5[a]	Step	−.256	1	.613
	Block	16.309	6	.012
	Model	16.309	6	.012
Step 6[a]	Step	−.284	1	.594
	Block	16. 025	5	.007
	Model	16.025	5	.007
Step 7[a]	Step	−.631	1	.427
	Block	15.393	4	.004
	Model	15.393	4	.004
Step 8[a]	Step	−1.017	1	.313
	Block	14.376	3	.002
	Model	14.376	3	.002
Step 9[a]	Step	−1.176	1	.278
	Block	13.200	2	.001
	Model	13.200	2	.001

a. A negative Chi-squares value indicates that the Chi-squares value has decreased from the previous step.

表 4-4 中的 Cox & Snell R^2 和 Nagelkerke R^2 统计量，体现了回归模型所能解释的因变量变异的大小。Cox & Snell R^2 和 Nagelkerke R^2 不断下降是因为我们采用的是向后法，即每一步删除一个变量，随分析步骤的进行对各变量进行删除和筛选。

表 4-4　拟合度检验表

Step	-2 Log Likelihood	Cox & Snell R Square	Nagelkerke R Square
1	90.382[a]	.114	.211
2	90.390[a]	.114	.211
3	90.469[a]	.113	.210
4	90.584[a]	.112	.209
5	90.840[a]	.111	.206
6	91.124[a]	.109	.203
7	91.756[a]	.105	.195
8	92.773[a]	.098	.183
9	93.949[a]	.091	.169

a. Estimation terminated at iteration number 5 because parameter estimates changed by less than .001.

表 4-5 为每一步的预测情况汇总，"最终观测量分类表"是包含常数项与自变量的模型，以概率值 0.5 作为滑坡发生与否的分界点，得出的预测值与实际数据的比较表。从表中可以看到，随着步骤的增加，虽然对自变量进行了逐步剔除，但是预测结果并没有减小，而是在第 7 步预测准确率达到最小，但是第 8 步又达到了最优的预测结果。

表 4-5　模型预测检验分类表 [a]

Observed			Predicted		
			有无灾害		Percentage Correct
			.00	1.00	
Step 1	有无灾害	.00	121	0	100.0
		1.00	13	5	27.8
	Overall Percentage				90.6
Step 2	有无灾害	.00	121	0	100.0
		1.00	13	5	27.8
	Overall Percentage				90.6
Step 3	有无灾害	.00	121	0	100.0
		1.00	13	5	27.8
	Overall Percentage				90.6
Step 4	有无灾害	.00	121	0	100.0
		1.00	13	5	27.8
	Overall Percentage				90.6
Step 5	有无灾害	.00	121	0	100.0
		1.00	13	5	27.8
	Overall Percentage				90.6
Step 6	有无灾害	.00	121	0	100.0
		1.00	13	5	27.8
	Overall Percentage				90.6
Step 7	有无灾害	.00	120	1	99.2
		1.00	13	5	27.8
	Overall Percentage				89.9
Step 8	有无灾害	.00	121	0	100.0
		1.00	13	5	27.8
	Overall Percentage				90.6
Step 9	有无灾害	.00	120	1	99.2
		1.00	14	4	22.2
	Overall Percentage				89.2

a. The cut value is .500.

表 4-6 为方程中变量检验情况列表，B 为自变量系数，sig.为概率 p 值，constant 为常数项。通过自变量的每一步筛选，可以揭示每个自变量对于因变量的影响程度和重要性。

表 4-6　模型变量及其系数汇总表

		B	S.E.	Wald	df	Sig.	Exp(B)
Step 1[a]	d0d	.028	.015	3.091	1	.079	1.026
	d1d	.038	.016	5.768	1	.016	1.038
	d2d	.017	.016	1.159	1	.282	1.017
	d3d	.008	.017	.229	1	.632	1.008
	d4d	.002	.018	.008	1	.930	1.002
	d5d	.013	.023	.300	1	.584	1.013
	d6d	.017	.020	.722	1	.396	1.017
	d7d	-.009	.029	.086	1	.769	.991
	d8d	-.008	.032	.070	1	.791	.992
	d9d	-.036	.049	.542	1	.462	.965
	Constant	-2.615	.513	25.945	1	.000	.073
Step 2[a]	d0d	.026	.015	3.085	1	.079	1.026
	d1d	.038	.016	5.940	1	.015	1.039
	d2d	.017	.016	1.163	1	.281	1.017
	d3d	.008	.017	.242	1	.623	1.008
	d5d	.013	.023	.304	1	.581	1.013
	d6d	.017	.020	.715	1	.398	1.017
	d7d	-.009	.029	.089	1	.766	.991
	d8d	-.009	.032	.072	1	.789	.992
	d9d	-.036	.049	.541	1	.462	.965
	Constant	-2.608	.506	26.560	1	.000	.074
Step 3[a]	d0d	.026	.015	3.224	1	.073	1.026
	d1d	.038	.016	6.028	1	.014	1.039
	d2d	.017	.016	1.200	1	.273	1.017
	d3d	.008	.017	.240	1	.624	1.008
	d5d	.013	.023	.329	1	.566	1.013
	d6d	.017	.020	.734	1	.392	1.017
	d7d	-.010	.030	.103	1	.748	.990
	d9d	-.037	.049	.563	1	.453	.964
	Constant	-2.647	.489	29.252	1	.000	.071
Step 4[a]	d0d	.026	.015	3.308	1	.069	1.027
	d1d	.039	.016	6.172	1	.013	1.039
	d2d	.017	.016	1.232	1	.267	1.018
	d3d	.009	.017	.258	1	.612	1.009
	d5d	.014	.023	.351	1	.554	1.014
	d6d	.017	.020	.706	1	.401	1.017
	d9d	-.036	.049	.547	1	.459	.964
	Constant	-2.700	.467	33.449	1	.000	.067
Step 5[a]	d0d	.027	.014	3.648	1	.056	1.028
	d1d	.039	.016	6.239	1	.012	1.040
	d2d	.018	.016	1.334	1	.248	1.018
	d5d	.013	.023	.322	1	.570	1.013
	d6d	.016	.020	.658	1	.417	1.017
	d9d	-.037	.050	.570	1	.450	.963
	Constant	-2.654	.456	33.841	1	.000	.070
Step 6[a]	d0d	.027	.014	3.563	1	.059	1.027
	d1d	.038	.016	6.088	1	.014	1.039
	d2d	.017	.016	1.251	1	.263	1.018
	d6d	.017	.020	.720	1	.396	1.017
	d9d	-.039	.049	.610	1	.435	.962
	Constant	-2.573	.423	36.914	1	.000	.076
Step 7[a]	d0d	.026	.014	3.389	1	.066	1.026
	d1d	.037	.015	5.862	1	.015	1.038
	d2d	.016	.015	1.112	1	.292	1.016
	d9d	-.040	.050	.667	1	.414	.960
	Constant	-2.449	.386	40.332	1	.000	.086
Step 8[a]	d0d	.026	.014	3.499	1	.061	1.026
	d1d	.039	.015	6.501	1	.011	1.040
	d2d	.017	.015	1.202	1	.273	1.017
	Constant	-2.602	.360	52.174	1	.000	.074
Step 9[a]	d0d	.027	.014	3.808	1	.051	1.027
	d1d	.042	.016	7.134	1	.008	1.043
	Constant	-2.506	.344	53.196	1	.000	.082

a.Variable(s) entered on step 1：d0d, d1d, d2d, d3d, d4d, d5d, d6d, d7d, d8d, d9d.

从结果可以看到，在第 1 步(step 1)全部变量进入模型，得到的回归系数最大的是："前 1 日雨量"＞"当日雨量"＞"前 2 日雨量"。其余变量的系数非常小，其中"前 7、8、9 日雨量"的系数出现负值，说明该变量与因变量不相关。

在第 8 步时，相关性较低的变量相继被模型删除，这时候模型达到了最优的预测结果(表 4-5)，说明滑坡、泥石流前 3d 内的降雨量对灾害的概率模型预测作用最显著，影响最大；而"前 1 日雨量"作用最大，影响最明显，其次是 "当日雨量"和"前 2 日雨量"，即降雨距滑坡时间越近，对滑坡的影响越显著，但滑坡、泥石流对降雨体现了 1d 的滞后性，这与本章前面滑坡、泥石流和降雨关系的分析结果和相关研究成果是非常一致的。

根据表 4-6 中各变量的系数(B)，取第 8 步预测正确最优的组合可以得到：

$$p = 0.026R_0 + 0.039R_1 + 0.017R_2 - 2.602 \tag{4-11}$$

根据 Logistic 回归模型，滑坡、泥石流的降雨诱发概率可以通过式(4-10)和式(4-11)改写为[12]

$$P_{(L/R)} = \frac{1}{1+e^{-p}} = \frac{1}{1+e^{-(0.026R_0 + 0.039R_1 + 0.017R_2 - 2.602)}} \tag{4-12}$$

式中，$P_{(L/R)}$ 为滑坡、泥石流的降雨诱发概率，即降雨条件下发生滑坡、泥石流的条件概率；R_i 为灾害前 i 天的降雨量。

4.3.3　不同危险度区概率分析

在气象预报提供可能降雨的时间、雨量值的前提下，即可以计算滑坡、泥石流的时间概率。滑坡、泥石流的发生概率与区内已发生滑坡、泥石流的频率和降雨诱发滑坡、泥石流发生频率这两个独立事件相关。

通过将降雨诱发的滑坡、泥石流与滑坡、泥石流危险度区划图层进行叠加，得到不同危险地区的降雨诱发的滑坡、泥石流不同危险度区。根据第 3 章得到的已经发生的滑坡、泥石流在各个危险区的密度，可建立滑坡、泥石流预警概率关系式[4]：

$$P = [1-(1-f)(1-f')] = (1-p) \tag{4-13}$$

式中，P 为时间概率；f 为不同危险区单位面积发生滑坡、泥石流频率(表 4-7)；f' 为各危险区降雨诱发滑坡、泥石流发生频率(同 f 计算，取自表 4-7 数据)；$(1-f)$ 为不发生滑坡、泥石流的概率；$(1-f')$ 为不发生降雨诱发滑坡、泥石流的概率；p 为不发生滑坡、泥石流概率。利用式(4-13)对不同滑坡、泥石流危险区的频率计算如表 4-8 所示。

表 4-7　不同危险度区滑坡泥石流统计表

危险度分区	灾害点	数量百分比/%	密度/(个/km²)	面积/km²	滑坡泥石流频率/%
低	156	3.37	0.030 238	16.466	0.82
较低	551	11.90	0.170 348	54.182	4.64
中	1013	21.88	0.664 713	147.607	18.09
较高	1401	30.27	1.029 936	76.84	28.03
高	1508	32.58	1.778 971	70.364	48.42
合计	4629	100.00	3.674 206	365.459	100.00

表 4-8　白沙河区域滑坡泥石流频率统计表

危险度分区	已有灾害频率 (f_i)	降雨诱发频率 (f_i')
低	$f_1 = 0.0082$	$f_1' = 6/196 = 0.0306$
较低	$f_2 = 0.0464$	$f_2' = 17/196 = 0.0867$
中	$f_3 = 0.1809$	$f_3' = 39/196 = 0.1989$
较高	$f_4 = 0.2803$	$f_4' = 55/196 = 0.2806$
高	$f_5 = 0.4842$	$f_5' = 79/196 = 0.4030$

根据式(4-13)可得到不同危险区域内降雨滑坡发生概率(表 4-9)。

表 4-9　白沙河区域降雨诱发滑坡泥石流概率表

危险度分区	降雨诱发概率 (P_i)
低	$P_1 = 0.0386$
较低	$P_2 = 0.1290$
中	$P_3 = 0.3439$
较高	$P_4 = 0.4822$
高	$P_5 = 0.6920$

表 4-9 结果说明在给定降雨时间和雨量预报的情况下,可以采用滑坡泥石流预警概率对各个不同危险度区的滑坡泥石流进行预警。

在降雨条件不变的情况下,滑坡泥石流预警的空间是随机变化的。因为在示范区内,不同滑坡泥石流危险区的空间分布面积不同,所以滑坡泥石流发生概率也将随空间取样的大小而变化。根据参考文献[4],当预警空间取不同范围(如 $10km^2, 20km^2, \cdots, 100km^2$)时,对式(4-13)增加滑坡泥石流分布密度系数 x,可建立滑坡泥石流预警空间概率关系式:

$$P' = x[1-(1-f)(1-f')] = x(1-p) \tag{4-14}$$

式中,P' 为降雨诱发滑坡、泥石流概率;x 为降雨诱发滑坡泥石流分布密度系数[$x = md/s$,其中 m 为不同危险度区降雨滑坡、泥石流数;d 为样本分区区间;s 为不同危险度区总面积,s_1 为 16.466km²(低危险度区),s_2 为 54.182km²(较低危险度区),s_3 为 147.607km²(中危险度区),s_4 为 76.84km²(较高危险度区),s_5 为 70.364km²(高危险度区)]。将样本区间以每 $10km^2$ 为一个单元计算,得到滑坡泥石流密度 x 关系(图 4-1)。图 4-1 中,不同危险区内降雨诱发滑坡泥石流的分布密度存在很大差异,高危险区的滑坡泥石流分布密度占显著空间。

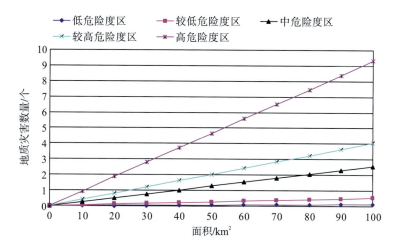

图 4-1　滑坡泥石流分布同面积变化曲线图

将图中滑坡泥石流密度 x 代入式(4-14)，得到降雨诱发滑坡泥石流随不同分布区间变化的概率(图 4-2)。在雨季，高危险区按每 $14km^2$ 范围为评价样本区间时，中危险度区按每 $50km^2$ 范围为评价样本区间时，低危险度区按每 $110km^2$ 范围为评价样本区间时，就可能发生滑坡泥石流。图 4-2 结果说明在给定预测降雨信息的情况下，可以采用滑坡泥石流预警的空间概率对不同范围的滑坡、泥石流危险性进行概率计算。

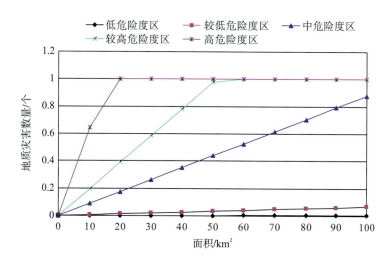

图 4-2　降雨诱发滑坡泥石流随机概率曲线图

4.4　预　警　模　型

4.4.1　雨量插值

目前示范区降雨数据来源主要有：①成都气象局天气预报数据；②自安装雨量计监测

雨量。

由于天气预报数据存在一定的失误概率，因此本节利用雨量计监测数据进行空间插值，形成雨量分布数据，供区域降雨型滑坡预警使用。

插值方法主要有距离平方反比法(IDW)、克里金(Kriging)法、梯度距离平方反比法(GIDS)、样条插值法等[13]。插值方法取决于应用场景，本节以灾害的快速预警为主，对于降雨插值的效果要求不高，因此采用 ArcGIS 内置的"Topo to Raster"方法生成[14,15]。

4.4.2　基于概率的区域降雨预警

滑坡、泥石流发育是受内外因共同作用的结果。内因主要是指地质环境因素，主要以危险度区划来体现。外因主要是降雨等触发因素，主要以降雨量和降雨概率来体现。对降雨型滑坡泥石流，降雨和地质环境条件二者缺一不可。

根据条件概率理论，最后耦合气象部门提供的预报降雨的时间概率 P_R 与降雨激发条件下区域滑坡泥石流空间概率 $P_{A(L/R)}$ 得到区域滑坡、泥石流发生概率 P_{AL}，建立区域滑坡泥石流发生概率预警的数学模型：

$$P_{AL} = P_{A(L/R)} \cdot P_R \tag{4-15}$$

$$P_{A(L/R)} = 1 - (1 - P_{L/R}) \cdot (1 - P_{DL}) \tag{4-16}$$

$$P_{(L/R)} = \frac{1}{1 + \mathrm{e}^{-p}} = \frac{1}{1 + \mathrm{e}^{-(0.026R_0 + 0.039R_1 + 0.017R_2 - 2.062)}} \tag{4-17}$$

式中，P_{AL} 为区域滑坡泥石流发生概率；$P_{A(L/R)}$ 为在降雨条件下发生滑坡泥石流的空间概率；P_{DL} 为不同危险度区滑坡泥石流的概率；$P_{(L/R)}$ 为降雨触发滑坡泥石流的概率；P_R 为气象部门预测的降雨概率即时间概率。

根据所得到的每个栅格的灾害发生概率不同，将预警结果进行等级划分；预警级别的划分方法比较多，划分的级别也不尽统一。一般是按照四级或五级划分[16,17]，也可根据计算的滑坡泥石流概率结合专家经验预警。根据《中华人民共和国突发事件应对法》[18]并参考三峡库区地质灾害监测预警标准[19]，本研究采用等距法将预警指标进行四级划分[20]，并给出不同级别的灾害特征(表 4-10)。

表 4-10　区域滑坡、泥石流预警分级表

等级	概率	颜色	特征
高	0.75~1	红色	发生群发性滑坡泥石流，灾害规模大
中	0.5~0.75	橙色	发生多起滑坡泥石流，规模中到大
低	0.25~0.5	黄色	有零星滑坡泥石流发生，规模较小
极低	0~0.25	蓝色	基本没有滑坡泥石流的发生

4.5　预　警　流　程

白沙河区域滑坡、泥石流的主要诱发因素是降雨，所以滑坡、泥石流的空间预警指标采用的是降雨指标。具体就是指在对研究区进行危险度区划的基础上，根据当地气象部门掌握的前 3 天的历史记录雨量以及气象预报做出的对未来 24h 内的降雨预报，判断是否开启预警程序。首先根据不同等级危险度区内的滑坡、泥石流降雨临界值表达式，以及已有的历史记录雨量可以求出不同等级危险度区内的 24h 降雨临界值 Q_i，然后根据气象部门对未来 24h 做出的降雨预测值分布，比较不同危险度区内的降雨预测值 R 与滑坡、泥石流降雨临界值 Q_i。如果 $R \geqslant Q_i$，即预测值超过高危险度区临界值，可能引起滑坡、泥石流，则开启预警程序；反之，则无须预警。

预警程序开启以后，利用气象部门提供的降雨概率 P_R 和预测雨量分布图，结合滑坡泥石流危险度区划图进行预警。先利用预测雨量分布图和危险度区划图的空间叠加得到危险区域，再通过危险区域不同危险度的空间概率 $P_{(L/R)}$ 与预报的降雨概率(时间概率)P_R 进行计算，得到滑坡泥石流发生概率，通过不同滑坡泥石流发生概率预警指标，发布预警结果(图 4-3)。具体步骤如下：

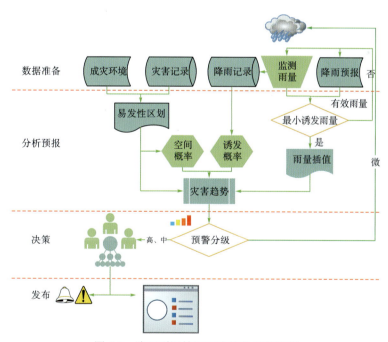

图 4-3　降雨型滑坡泥石流趋势预警流程

①根据对未来 24h 内的预报雨量得到研究区内单元格为 25m×25m 的预报雨量分布图；
②将每个单元格的预报雨量和其降雨临界值雨量进行比较，判断是否开启预警程序；
③根据历史记录雨量图层和预报降雨量图层计算出研究区的有效降雨量；

④将求出的前期有效降雨量分别代入滑坡泥石流降雨触发概率模型得到 $P_{(L/R)}$；

⑤结合降雨触发概率图和不同危险度区滑坡泥石流的概率图得到降雨触发区域滑坡、泥石流发生概率 $P_{A(L/R)}$；

⑥根据预报降雨概率 P_R 与降雨激发区域滑坡泥石流发生概率 $P_{A(L/R)}$ 耦合求解确定区域滑坡泥石流发生概率 P_{AL}，然后分级预警。

4.6　软件开发平台

软件开发平台如下：

数据库：Microsoft® SQL Server

开发工具：Microsoft® Visual Studio

开发语言：C#，ASP.net，Silverlight

地理信息系统平台：ESRI® ArcGIS 10

4.7　系统框架与应用平台

降雨滑坡预警系统多采用 C/S（客户端/服务器）结构或 B/S（浏览器/服务器）结构[21]。

C/S 架构是一种典型的两层架构，其全称是 Client/Server，即客户端/服务器端架构，其客户端包含一个或多个在用户的电脑上运行的程序，而服务器端有两种，一种是数据库服务器端，客户端通过数据库连接访问服务器端的数据；另一种是 Socket 服务器端，服务器端的程序通过 Socket 与客户端的程序通信。

B/S 架构的全称为 Browser/Server，即浏览器/服务器结构。Browser 指的是 Web 浏览器，极少数事务逻辑在前端实现，但主要事务逻辑在服务器端实现。Browser 客户端、WebApp 服务器端和 DB 数据库端构成所谓的三层架构。B/S 架构的系统无须特别安装，客户拥有 Web 浏览器即可。

二者优缺点对比[22]如表 4-11 所示。

表 4-11　C/S 架构与 B/S 架构对比表

架构	优点	缺点
C/S	界面和操作可以很丰富	适用面窄，通常用于局域网中
	安全性有保证，易实现多层认证	用户群固定，需要安装才可使用，不适合面向一些不可知的用户
	响应速度较快	维护成本高，升级时所有客户端的程序都需要改变
B/S	客户端无须安装，有 Web 浏览器即可	在跨浏览器上，B/S 架构不尽如人意
	可直接放在广域网上，通过权限控制实现多客户访问目的，交互性较强	表现要达到 C/S 程序的程度需要花费不少精力
		在速度和安全性上需要花费巨大的设计成本
	无须升级多个客户端，升级服务器即可	客户端服务器端的交互是请求-响应模式，通常需要刷新页面，这并不是客户乐意看到的

C/S 和 B/S 都可以进行同样的业务处理，但是随着 Internet 技术的兴起，B/S 是对 C/S 结构的一种改进或者扩展的结构。相对于 C/S，B/S 具有如下优势：

(1)分布性。可以随时进行查询、浏览等业务。

(2)业务扩展方便。增加网页即可增加服务器功能。

(3)维护简单方便。改变网页即可实现所有用户同步更新。

(4)开发简单，共享性强，成本低。数据可以持久存储在云端而不必担心数据的丢失。

因此，系统采用 B/S 架构进行开发。根据系统功能与后台所需技术，建立如下四层式框架(图 4-4)。

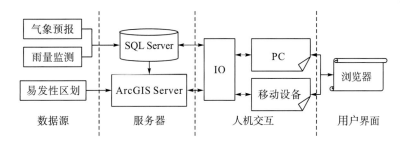

图 4-4　系统框架示意图

(1)数据源：降雨、灾害信息、地质灾害易发性成果。

(2)服务器：①以 ArcGIS 作为地理信息系统功能平台，存储地图、处理地图叠加运算、地图渲染等；②以 SQL Server 作为数据库平台，存储雨量站点、雨量等数据。

(3)人机交互：以地图为核心，以鼠标、手势(移动端)为输入工具。

(4)用户界面：以浏览器方式实现。

4.8　用　户　界　面

系统主界面由上部标题栏、中左部图层与功能栏、中右部地图显示栏、下部状态栏四部分组成(图 4-5)。

4.9　预　警　示　例

以下以 2016 年 7 月 5 日为例，输入之前 3d、2d、1d 的降雨(均为实际降雨监测值)和当日预报降雨(以 7 月 5 日实际降雨代替)，验证系统模型。

注：由于该系统仅有一项主要功能：用于降雨诱发滑坡泥石流灾害预警，用户来源较为单一。因此从研究效率的角度考虑，并未加入太多界面操控及其他功能，图例等请参考图层控制栏内图标。

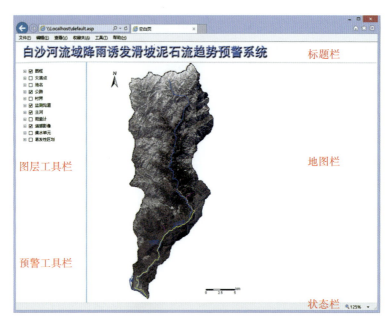

图 4-5　系统主界面

4.9.1　操作流程

1) 显示雨量站点

当勾选"雨量计"图层时，系统主界面中部左下将出现雨量工具栏(图 4-6)。

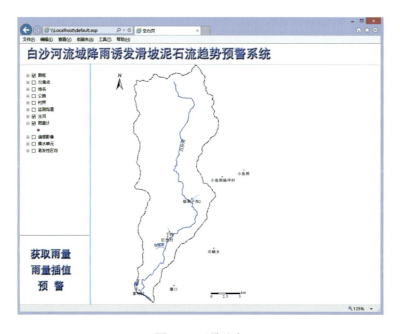

图 4-6　雨量站点

2）获取雨量

点击"获取雨量"，得到雨量值（以 2016-7-5 实际监测值为例，表 4-12）。

表 4-12　白沙河流域及周边雨量站 2016-7-2～2016-7-5 降雨数据　　　　单位：mm

站名	降雨日期			
	前 3d 2016-7-2	前 2d 2016-7-3	前 1d 2016-7-4	预报降雨 2016-7-5
向峨乡	15.1	0	1.8	116.3
紫坪村	10.4	0	5.6	90.8
虹口乡红色村	7.5	0	6	79
通济	5.2	0	13.3	60.4
小鱼洞	1	0.8	10.4	74.4
东林寺玉石沟	0.6	4	10	43.1
小鱼洞杨坪村	1	0	5.8	57.7
银洞子沟 2	0	8.8	0.4	74.8
干沟	11	0	1	95.6

3）雨量插值

点击"雨量插值"，生成雨量等值线图并更新页面显示（图 4-7）。

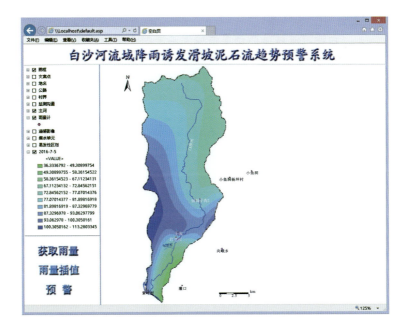

图 4-7　雨量等值线图

4) 预警

点击"预警"，后台将以易发性区划(图 4-8)和降雨等值线分布图为基础进行危险性计算分析，从而得到灾害趋势图，更新页面后显示结果即为当日灾害危险性趋势(图 4-9)。

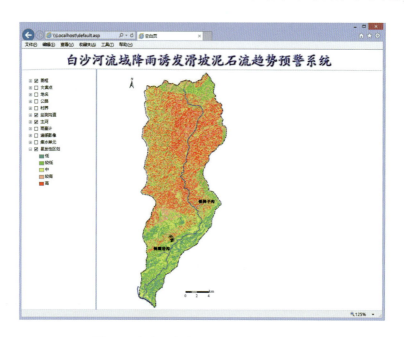

图 4-8　白沙河流域滑坡泥石流易发性区划

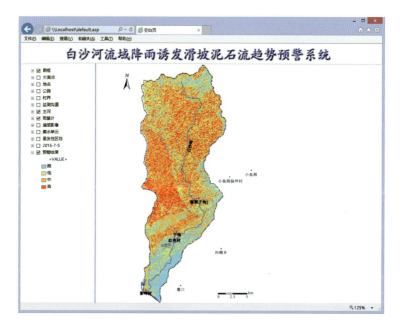

图 4-9　白沙河流域降雨诱发滑坡泥石流趋势预警图(以 2016-7-5 为例)

5）调整显示

根据需求可显示不同内容，如地名、村界、道路、雨量计等（图 4-10）。

建议：部分图层内容较多，显示时请自行调整，以避免结果内容繁杂。

(a) 显示地名的预警结果图

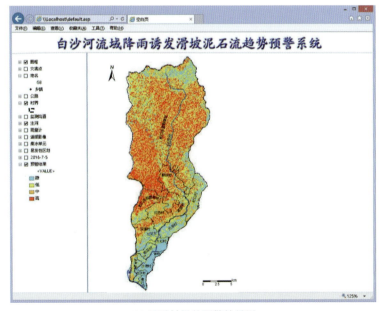

(b) 显示村界的预警结果图

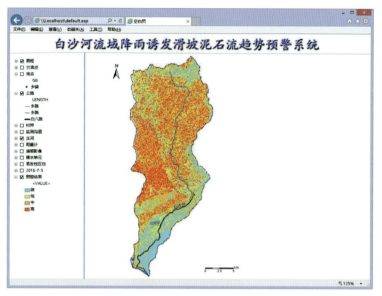

(c) 显示公路的预警结果图

图 4-10　白沙河流域降雨诱发滑坡泥石流趋势预警图(以 2016-7-5 为例)

4.9.2　结果分析

根据该日降雨预警结果可以看到，重点监测区域中彭-灌断裂附近危险性高；东方危险性较低；南方危险性低〔图 4-11(a)〕。重点监测沟道源区危险性普遍高，沟道下游危险性普遍低。

干沟整体处于高—较高危险区，北侧坡体危险性高〔图 4-11(c)〕。

银洞子沟整体处于中危险区，源区崩塌危险性高，中游两岸坡危险性高〔图 4-11(b)〕。

锅圈岩沟处于低—微危险区，源区崩滑体危险性中—低〔图 4-11(d)〕。

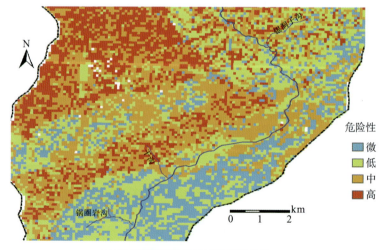

(a) 重点监测沟道区域地质灾害危险性

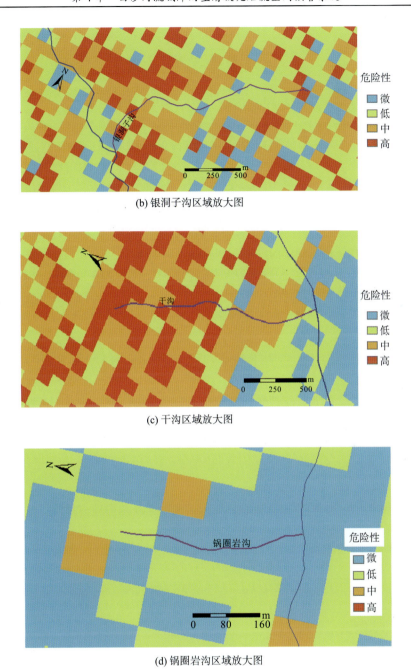

(b) 银洞子沟区域放大图

(c) 干沟区域放大图

(d) 锅圈岩沟区域放大图

图 4-11　白沙河监测区域降雨诱发滑坡泥石流趋势预警图(以 2016-7-5 为例)

　　注意：考虑到预警所用易发性区划的基础图件比例尺，以区域性危险性分析结果解释特定灾害点危险性存在着相当的精度误差；干沟、银洞子沟的易发性均与实际存在一定差异。

　　现场调查结果证实：上述区域并未发生泥石流和滑坡。基本验证了该预警模型的有效性。

参 考 文 献

[1] 黄四清. 区域降雨型滑坡监测预警系统的设计与实现[D]. 长沙：湖南大学, 2014.

[2] Yin K，Chen L，Zhang G. Regional landslide hazard warning and risk assessment[J]. Earth Science Frontiers，2007, 14（6）:85-93.

[3] 田宏岭. 降雨滑坡预警平台系统研究[D]. 成都:中国科学院研究生院（成都山地灾害与环境研究所），2007.

[4] 乔建平, 杨宗佶, 田宏岭. 降雨滑坡预警的概率分析方法[J]. 工程地质学报, 2009, （03）: 343-348.

[5] 田宏岭, 乔建平, 王萌, 等. 基于危险度区划的县级区域降雨引发滑坡的风险预警方法——以四川省米易县降雨滑坡为例[J]. 地质通报, 2009, 28（08）: 1093-1097.

[6] 丛威青, 潘懋, 李铁锋, 等. 降雨型泥石流临界雨量定量分析[J]. 岩石力学与工程学报, 2006(S1): 2808-2812.

[7] Bruce J P. Introduction to Hydrometeorology[M]. London: Pergamon Press, 1969.

[8] 李长江, 麻土华, 孙乐玲, 等. 降雨型滑坡预报中计算前期有效降雨量的一种新方法[J]. 山地学报, 2011, （01）: 81-86.

[9] 陈景武. 暴雨泥石流预报[J]. 山地研究, 1987, （04）: 217.

[10] 李铁锋, 丛威青. 基于Logistic回归及前期有效雨量的降雨诱发型滑坡预测方法[J]. 中国地质灾害与防治学报, 2006, （01）: 33-35.

[11] 杨宗佶, 乔建平, 张小刚. 三峡库区降雨型滑坡概率预测方法研究[J]. Procedings of International Conference on Engineering and Business Management, 2010.

[12] 杨宗佶, 乔建平, 田宏岭, 等. 地震后降雨激发区域地质灾害危险性预测[J]. 四川大学学报（工程科学版）, 2010(S1): 38-42.

[13] 黄永璘, 钟仕全, 莫建飞. GIS支持下的自动站雨量插值方法比较[J]. 气象研究与应用, 2011, （01）: 60-62, 64.

[14] 孔令娜, 向南平. 基于ArcGIS的降水量空间插值方法研究[J]. 测绘与空间地理信息, 2012, 35（3）: 123-126.

[15] http://www. cnblogs. com/lonelyxmas/p/5722260. html.

[16] 吴益平, 张秋霞, 唐辉明, 等. 基于有效降雨强度的滑坡灾害危险性预警[J]. 地球科学-中国地质大学学报, 2014. 39（7）: 889-895.

[17] 吴彩燕. 区域降雨滑坡的空间预警方法研究——以万州区降雨滑坡的空间预警为例[D]. 中国科学院成都山地灾害与环境研究所, 2007.

[18] 中华人民共和国第十届全国人民代表大会常务委员会. 中华人民共和国突发事件应对法[C]. 中华人民共和国主席令, 2007.

[19] 三峡库区地质灾害防治工作领导小组办公室. 三峡库区地质灾害防治崩塌滑坡专业监测预警工作职责及相关工作程序的暂行规定[C]. 三峡库区地质灾害防治工作领导小组办公室, 2007.

[20] 曾裕平. 重大突发性滑坡灾害预测预报研究[D]. 成都: 成都理工大学, 2009.

[21] 乔建平. 长江三峡库区蓄水后滑坡危险性预测研究: 以重庆市万州区库岸为例[M]. 北京: 科学出版社, 2012.

[22] http://www. jb51. net/article/56605. htm.

第5章 白沙河流域典型降雨型滑坡、泥石流特征

根据前部分研究，在白沙河流域选择了三条典型泥石流，分别为干沟泥石流、银洞子沟泥石流和锅圈岩泥石流，以及泥石流沟道内的滑坡为典型降雨型滑坡泥石流监测预警研究示范。本章主要介绍这些典型滑坡、泥石流在降雨条件下发育的特点和规律，统计与降雨量的相关性，为后续章节的相关滑坡泥石流监测预警研究铺垫。

5.1 干沟泥石流特征

5.1.1 泥石流基本特征

5.1.1.1 沟床特征

干沟泥石流位于都江堰虹口乡红色村白沙河流域下游[1-5]。干沟泥石流沟流域面积约 1.12km²（至下游白沙河），主沟全长 1.972km，标高 920～1773m。所在沟谷平面形态呈 V-U 字形；沟底标高 1150～1640m，相对高差 490m，沟谷两侧山坡坡度一般为 30°～40°，沟谷呈整体上陡下缓特征，沟谷总体坡降为 398.07‰左右。其中，上游形成区沟谷长约 1121m，平均纵坡降 530.78‰；流通区沟长约 219m，平均纵坡降 273.97‰；堆积区沟长约 632m，平均纵坡降约 205.70‰。该泥石流沟沟口以上汇水面积约 0.859km²，沟口以下堆积区面积约 0.261km²（图 5-1、图 5-2、表 5-1）。

图 5-1 干沟泥石流沟全貌

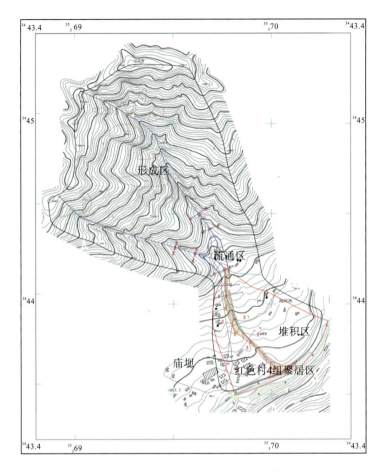

图 5-2　干沟泥石流沟平面示意图

表 5-1　泥石流主沟沟床纵坡降统计表

干沟泥石流沟段	编号	长度/m	走向/(°)	海拔/m	相对高差/m	纵坡降/‰
形成区	1	463	125	1390～1705	315	680.35
	2	218	159	1270～1390	120	550.46
	3	440	147	1110～1270	160	363.64
	小计	1121			595	530.78
流通区	4	104	181	1080～1110	30	288.46
	5	115	152	1050～1080	30	260.87
	小计	219			60	273.97
堆积区	6	195	173	1000～1050	50	256.41
	7	437	145	920～1000	80	183.07
	小计	632			130	205.70
	总计	1972			785	398.07

根据泥石流沟床纵坡降、地形地貌及物源分布特征，整条沟域形成区、流通区区分不明显，沟口以下堆积区特征显著。

干沟泥石流流域范围内主要出露基岩地层为震旦系下统火山岩组(Za)，岩性以花岗岩为主，为肉红色、浅红色、浅绿色、浅灰色，中、细粒显晶结构，块状构造，矿物成分以正长石、斜长石、石英为主，角闪石、黑云母含量较少。岩体节理裂隙发育，产状分别为 $325°\angle69°$、$35°\angle54°$、$37°\angle79°$、$127°\angle80°$，表层岩体较破碎(图 5-3)。

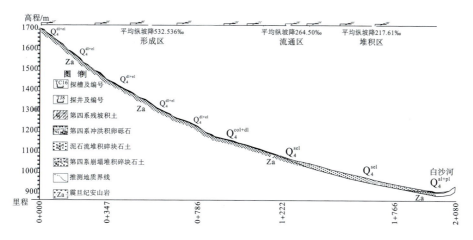

图 5-3　干沟泥石流工程地质剖面图

5.1.1.2　形成区特征

形成区(主要物源区)位于沟谷中上游段，最高海拔 1772.6m，最低海拔 1110m，相对高差约 662m，面积约 $0.842km^2$，占流域面积的 75.2%，平均纵坡降 530.78‰，沟谷形态呈 V 字形，谷底宽一般 6~15m，谷坡坡度一般 $35°~45°$。由于"5·12"地震作用，造成大部分表层剥落，山坡基岩裸露，多处山坡坡体出现裂缝，坡体明显下错，稍缓山坡及谷底堆积了大量崩塌堆积物，成分以碎石土为主，碎石含量 50%~70%。据调查，沟底堆积松散物厚度一般 3~5m，最厚可达到 15m。沟谷断面形态变化较大，地形地貌为中山地貌(图 5-4、图 5-5、图 5-6、图 5-7)。

图 5-4　形成区 V 型沟道

图 5-5　大量松散物源堆积

图 5-6　沟谷山坡表层剥落　　　　　　　图 5-7　沟谷上游山坡表层

5.1.1.3　流通区特征

流通区特征不太明显,沟道较短,面积约 0.017km²,流通区沟谷两侧山坡坡度为 30°～45°,右侧山坡较陡,大部分地段基岩出露,左侧山坡坡度 30°～40°,表层残坡积土厚 1～2m,沟床左岸掏蚀,形成陡岸,沟道宽 5～8m,沟深 3～5m。沟道中堆积大量石块,块径一般 30～50cm,大块石块径约 3.5m,属"5·12"地震左侧(北侧)山坡崩塌石块。但目前流通区发生了较大变化,2009 年 7 月 17 日的泥石流活动基本将流通区沟道填满,沟中堆满了碎块石,沟床坡度基本与原来相同。部分沟段堆积物已明显高出周围两侧地面高程,在暴雨流水冲刷下,易产生漫流、改道,将导致巨大灾害。泥石流流通区的冲淤特征表现为有冲有淤,其冲淤特征与不同沟段坡降及沟谷方向、沟床宽度的变化等有关。调查表明,泥石流流通区一般冲淤变幅为 1～2m(图 5-8、图 5-9)。

图 5-8　流通区沟道　　　　　　图 5-9　发生泥石流后流通区沟道淤积

5.1.1.4　堆积区特征

根据井探、探槽对底层的揭露,沟口以下至下游白沙河之间为老泥石流堆积区,村路以下至白沙河段为泥石流堆积影响区,地貌为河流阶地,地层为冲洪积卵砾石土层,面积约 0.261km²。

堆积区的冲淤特征表现为以淤积为主,局部冲刷。泥石流冲出山口后,因地形突然变得开阔和沟谷纵坡变缓，泥石流物质便停积下来形成泥石流堆积扇，同时，在沿沟段局部地段也有一定的冲刷痕迹。

1.2009 年 7 月 17 日泥石流新近堆积特征

根据调查，2009 年 7 月 17 日泥石流新近堆积区平面形态沿原有沟道呈长条形展布，比较完整，堆积前缘至下游白沙河一带，长约 692m，纵坡降 192‰～209‰，前后缘相对高度约 140m，面积约 0.0186km^2（图 5-10）。

图 5-10　堆积区 2009 年 7 月 17 日泥石流沟道

2. 老泥石流堆积区

沟口以下至红色村 4 社白沙河段之间为老泥石流堆积区，为泥石流堆积影响区，地貌为河流阶地，地层为冲洪积卵砾石土层，面积约 0.261km^2。老堆积区平面形态呈扇形，扇形态比较完整，扇前缘至乡村水泥路一带，扇长 600m，扇缘宽约 750m，扇面角约 58°，沿轴向堆积扇纵坡降 208‰，前后缘相对高度约 130m（图 5-11、图 5-12）。

图 5-11　堆积区沟道　　　　　　　图 5-12　干沟泥石流堆积扇中上部

5.1.2 物源特征

沟谷内泥石流固体物源以崩塌堆积碎石土及山坡残坡积土为主。"5·12"地震发生时，干沟泥石流沟中上游段内发生了多处崩塌、滑坡，造成多处山体开裂，形成潜在滑坡，部分沟段严重堵塞。沟域内物源类型主要分三类：

一是崩滑堆积物源，主要分布于主沟和支沟沟岸及沟源部位，分布较为广泛。物质组成以碎块石为主，土的含量较低，碎块石成分占比较高，为50%～70%，粒径一般为8～30cm，物质结构较松散。松散物堆积最严重的地段主要位于沟谷的上游，多处于欠稳定状态。据调查了解，干沟内原有崩塌滑坡等不良地质现象不发育，崩滑类物源大部分为"5·12"地震后新增物源。主要可能入沟崩滑物源纵剖面如图5-13～图5-16所示。

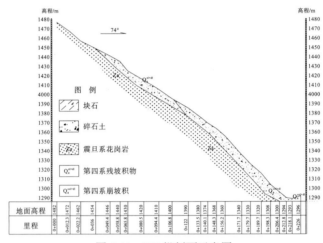

图 5-13　W7 纵剖面示意图

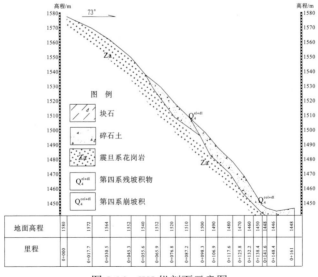

图 5-14　W5 纵剖面示意图

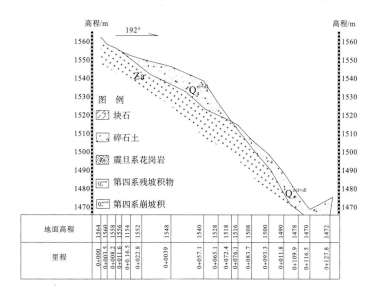

图 5-15　W2 纵剖面示意图

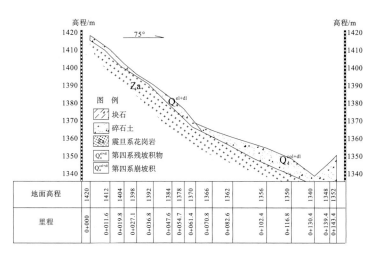

图 5-16　W8 纵剖面示意图

　　二是位于沟谷中下游的泥石流沟床堆积物,泥石流物质以含大块石松散碎石土为主,厚度 2~8m,主要为"7·17"泥石流发生时沿地形自然堆积形成。目前该部分新近堆积的块碎石土多处于欠稳定状态,若结合暴雨和沟水冲刷,其稳定性更差,将会再次启动,为泥石流提供大量固体物源。沟床堆积物参与泥石流活动的方式主要为揭底冲刷。预计这种条件下主沟沟床揭底冲刷深度可达 3m 以上,据此估算沟床揭底冲刷可能参与泥石流活动的松散固体物源量可达 $1.84×10^4m^3$ 左右。

　　三是坡面侵蚀物源等潜在物源,主要为沟道两侧的山坡残坡积碎石土。目前沟内主要的物源有泥石流沟床堆积物 3 处、崩滑堆积体 8 处及一些潜在物源(主要为沟道两侧的山坡残坡积碎石土)。其物源补给方式主要为崩塌、滑坡补给和地表径流侵蚀补给。沟域内物源总量为 35.24 万 m^3,可启动物源量为 9.12 万 m^3(表 5-2、表 5-3)。

表 5-2　干沟泥石流物源量统计表

物源编号	物源类型	长/m	宽/m	厚度/m	面积/m²	总方量/m³	可启动量/m³
WY1	支沟崩滑堆积物	120	80	2	9 600	19 200	6 000
WY2	支沟崩滑堆积物	130	100	3	13 000	39 000	7 800
WY3	主沟崩滑堆积物	30	25	2.5	750	1 800	1 000
WY4	主沟崩滑堆积物	100	35	2.2	3 500	8 700	3 000
WY5	主沟崩滑堆积物	150	80	5	1 200	26 000	7 500
WY6	主沟崩滑堆积物	160	100	3	16 000	48 000	11 000
WY7	主沟崩滑堆积物	780	8	6	6 240	37 000	8 500
WY8	主沟崩滑堆积物	150	150	3	22 500	67 500	13 000
WY9	主沟泥石流沟床堆积物	267	4	3	2 960	8 800	6 400
WY10	支沟泥石流沟床堆积物	340	2	2	2 700	5 400	3 000
WY11	主沟泥石流沟床堆积物	370	6	5	2 200	11 000	9 000
WY12	沟谷两侧残坡积碎石土					80 000	15 000
合计						352 400	91 200

表 5-3　干沟泥石流物源估算汇总统计表

分布	崩滑堆积物源/(10⁴m³)		坡面侵蚀物源/(10⁴m³)		沟床堆积物源/(10⁴m³)		合计/(10⁴m³)	
	总量	动储量	总量	动储量	总量	动储量	总量	动储量
主沟	18.90	4.40	6.00	1.20	1.98	1.54	26.88	7.14
支沟	5.82	1.38	2.00	0.30	0.54	0.30	8.36	1.98
合计	24.72	5.78	8.00	1.50	2.52	1.84	35.24	9.12

5.1.3　水源特征

　　干沟泥石流沟地处都江堰市虹口乡北部，该地区降水比较充沛，多年平均降雨量1134.8mm(1987~2006年)，且降雨时间比较集中，主要在5~9月份，降雨一般历时较短但降雨量大，多为暴雨。该地区降水的形式和过程为泥石流形成提供了充足水源，为泥石流形成创造了条件。

　　该泥石流沟沟口以上汇水面积约 0.859km²，沟口以下堆积区面积 0.261km²。该区地处中山—低中山区，经常产生强降雨。沟水主要接受大气降水补给，易产生洪流，特别是沟谷形态呈 V 字形，有利于降水短时间汇集形成洪峰，在狭窄陡深的沟谷中产生强大的动能。可见，泥石流沟内地表水流量不大，但水动力强大，冲蚀和携带固体物质的能力很强，为泥石流的产生提供了水动力条件。

5.1.4　泥石流发育规律

5.1.4.1　泥石流成因类型

1. 泥石流形成条件

干沟泥石流沟最高点海拔 1772.6m，沟口处海拔 1050m，下游白沙河处标高 920m，相对高差大。沟口以上沟谷谷坡坡度 35°～55°，沟床平均纵坡降为 398.07‰左右，沟谷形态呈 V-U 字形，有利于降水短时间汇集形成洪峰。流域内巨大的谷岭高差、陡峻的岸坡及较大的沟床纵坡降为泥石流的形成提供了地形地貌条件。

同时，该沟地处龙门山区，地质构造复杂，断裂发育，岩体破碎较严重，区域内昼夜温差大，基岩风化带较厚，河流侵蚀强烈。由于地震造成沟谷两侧山体崩塌、滑坡等地质灾害，大量固体松散物堆积于缓坡坡脚及沟底，将原沟床平均抬高 1～5m。另外崩塌下来的巨石在沟中下游堵塞沟谷，造成沟道堵塞严重，为泥石流形成提供了充足的固体物源。

该区地处中山—低中山区，经常产生强降雨，易产生洪流，在狭窄陡深的沟谷中产生强大的动能，为泥石流的产生提供了水动力条件。

从上述分析来看，该沟泥石流流域的固体物源、水源条件和地形条件，均有利于泥石流的再次发生和活动。但泥石流发生与否及其规模大小，主要取决于降雨量和降雨强度，其次为人类工程活动的强度及强地震等。

2. 泥石流类型

该泥石流沟为老泥石流沟，为间歇性泥石流沟，易发程度原本为低频，由于"5·12"地震影响泥石流发生频率增加。按照泥石流的流体性质、发生地形地貌条件、固体物质提供方式、诱发因素及动力特征等不同指标和综合指标，进行分类，详细如下：

(1) 按泥石流集水区地貌特征划分，该泥石流主要属于沟谷型泥石流。泥石流主、支沟发育于山体深切沟谷地带，物质来源为主沟两侧山坡及沟床松散堆积物，泥石流的形成、流通区区分不太明显，堆积区特征明显。

(2) 按照泥石流固体物质补给方式分类，该泥石流属于崩滑及沟床侵蚀型泥石流。泥石流在形成过程中，固体物质主要由滑坡、崩塌堆积物提供。在运动及发展过程中，固体物质主要由沟床堆积物冲刷再搬运提供。

(3) 按泥石流激发、触发及诱发因素分类，该泥石流属于暴雨型泥石流；该流域的泥石流主要由暴雨或特大型暴雨引起。

(4) 按照泥石流动力特征分类，红色村干沟泥石流属于水力类泥石流。

5.1.4.2　灾害活动强度特征

1. 泥石流活动历史

通过搜集资料及对虹口乡红色村 4 组村民调访，该泥石流沟在新中国成立以来 2008

年"5·12"地震之前的近 60 年中未发生过泥石流,仅有少量泥沙冲出,淹埋了少量农田,未造成严重的经济和财产损失,也没有造成人员伤亡。

根据调查,2009 年 7 月 17 日红色村一带普降大暴雨,暴雨历时近两个小时,累计降雨量约 219mm,凌晨 5 点左右发生泥石流,历时约 150 分钟,流速约为 3.5m/s。根据现场调查估算一次泥石流堆积总量约 32 820m³。沟谷夹杂泥石和被摧毁的树木,最大洪流量时沟谷宽 5.5m,泥痕位深 1.0~1.2m,河道淤高最高处约 2.1m。泥石流堆积物平面形态呈长条形堆积于形成区沟床上,"龙头"位于沟下游白沙河,标高为 920m。堆积物长约 645m,宽 10~20m,面积约 18 600m²,固体物质堆积厚度 1.5~4.0m,平均堆积厚度 1.72m,主要由块石组成,可以判定为稀性泥石流。综合暴雨频率统计分析,本次泥石流接近于 20 年一遇暴雨频率的泥石流。本次泥石流造成 2 人死亡,造成老堆积区猕猴桃园全毁 10 亩、半毁坏约 15 亩,经济损失约 50 万元,该次泥石流危害等级为小型。

2. 泥石流堆积扇特征

该泥石流沟沟口至红色村 4 社附近白沙河沿岸之间为老泥石流堆积区,沟口以下至下游白沙河段为泥石流堆积潜在影响区。

老堆积区平面形态呈扇形,扇形态比较完整,扇前缘至白沙河一带,扇长 600m,扇缘宽约 750m,扇面角约 58°,沿轴向堆积扇纵坡降 208‰,前后缘相对高度约 130m,面积约 0.261km²。根据收集附近相关工程钻孔资料,老堆积扇堆积物平均厚度大于 20m。

老堆积扇堆积物成分主要为碎石、巨块石夹粉土,碎石、巨块石直径一般 5~50cm,最大 1~1.5m。堆积扇顶部、中部一般颗粒较粗,侧缘及前缘颗粒较细,母岩成分以花岗岩为主,碎块石级配差,磨圆度差,呈次棱角状,呈现多期次、叠瓦式的逆向堆积特征。根据堆积扇上堆积物形态判断,堆积扇的中部及左缘堆积时期较右缘堆积早些。堆积扇右缘地势较低地段新近堆积特征明显,由于该地区地势比较低,汛期降水于沟谷中汇集后主要从此区域排泄,局部地段水冲刷迹象比较明显,但并未形成明显的排水沟道,排水以分散漫流向下游排泄为主。该区域植被与周围明显不同,属泥石流新近堆积区。据调查走访,红色村干沟多年以来主要是暴雨型洪水活动,偶尔携带些小块沙石,不属于泥石流。

2009 年 7 月 17 日凌晨 5 点左右,该沟发生泥石流,于老沟右侧新近堆积区堆积,堆积厚度达 1.5~4.0m,加上进入白沙河冲走约 0.1 万 m³,估算一次泥石流物质堆积量约 3.282 万 m³,最前缘至白沙河沿岸附近,部分泥沙越至公路下方阶地,造成猕猴桃园毁坏约 15 亩,使原有地貌形态发生较大改变。

5.1.5 灾害危害程度及趋势

5.1.5.1 2009 年 7 月 17 日泥石流概述

2009 年 7 月 17 日发生强降雨,降雨前后近两个小时,累计降雨量约 219mm。凌晨 5 点左右红色村干沟泥石流沟发生泥石流,造成堆积区猕猴桃地全毁坏 10 亩、半毁 15 亩,经济损失达 50 万元,并造成 2 人死亡。

1. 物源情况

2009 年 "7·17" 泥石流主要固体物质来源于沟谷的中上游由 "5·12" 地震引发崩塌产生的堆积松散物及流通区的山坡残坡积碎石土，堆积区内的固体物质 70%～80% 来源于沟谷中上游，20%～30% 来源于中下游的山坡和沟道。

2. 堆积情况

沟道内泥石流固体物质几乎将沟谷淤积满，造成原有沟道大大变化（图 5-17、图 5-18）。

图 5-17　"7·17" 泥石流堆积特征

图 5-18　沟内泥石流堆积情况

泥石流出山以后，其流路主要沿老堆积区右侧的自然排水区活动。泥石流固体物质大量在该区域堆积，原有简易防护堤以上宽 10～20m、长约 600m 的条带区域固体物质堆积，堆积厚度 0.8～2.8m，固体物质堆积量约 3.182 万 m³。

此外由于堆积区内原本无明显、良好的排泄沟道，洪水多以漫流形式向下游排泄。泥石流受阻后，在 4 社居民重建区附近原沟道下游冲出一条深 1.2～1.5m、宽 1.5～1.8m 的沟道。通过新沟道，泥石流固体物质最终在距离白沙河上方范围的区域停淤，形成一宽 10m、长 130m 的扇形堆积区，堆积厚度 0.5～1m，少量泥沙越至水泥路下方。社居民重建区附近沟道弯道冲淤高为 0.50～0.75m，容易以漫流形式向下游低洼处排泄，冲出新的沟道，直接威胁居民区(图 5-19)。

图 5-19　堆积区内泥石流堆积和弯道淤高

5.1.5.2　2010 年 8 月 13 日泥石流概述

2010 年 8 月 13 日及 8 月 19 日两次极端天气条件下，汶川地震灾区县、市均遭受了山洪泥石流袭击，造成重大灾情，其中尤以汶川映秀、绵竹清平及都江堰龙池、虹口暴发规模最大、灾情最为严重、影响最为显著。

2010 年 8 月，虹口乡境内出现强降雨天气。根据气象资料，12 日 8 时～13 日 8 时虹口乡境内普降大雨，日最大雨量为 183.2mm(13 日)，6 小时降雨量达到 136.6mm，1 小时最大降雨量为 90.6mm(13 日凌晨 1 时至 2 时)，平均雨强 22.8mm/h。最大雨量点就在虹口乡联合村。强降雨过程促使区内泥石流群发，致使白沙河上游三个堰塞湖整体自然泄洪，由此诱发山洪、崩塌等次生地质灾害。虹口乡银洞子沟、下坪老沟、红色村干沟、关凤沟、白果沟、泡桐树槽、二家沟、付家沟、深溪村锅圈岩均暴发泥石流，致 1 人死亡，因灾受伤 3 人，灾害冲毁房屋 48 户 306 间，受损房屋 34 户 255 间，因地质灾害紧急避让 221 户，涉及安置 963 人，直接经济损失 11 350 万元。灾害造成虹口乡紫宽路、蒲虹路、飞虹路、八联路、滨河路、龙虹路—堰塞湖应急通道等主要交通干线和施工道路因塌方、泥石流受损，2 座索桥和 2 座小桥被冲毁，3 座干线桥梁需加固除险，水、电、气、讯、路等一度中断，直接经济损失约 22 730 万元。紧急转移安置 3650 人，受灾人数达 7525 人，预计直接损失达 6.473 亿元。

红色村在 2010 年 8 月 13 日洪灾中泥石流灾害损失严重，泥石流破坏耕地 10 亩，破坏公路 1000m，破坏房屋 8 间，因灾死亡 1 人，直接经济损失 142.7 万元(图 5-20)。

1. 物源情况

2010 年 8 月 13 日泥石流主要固体物质来源于沟谷中上游形成区和流通区由崩滑产生的松散堆积物。泥石流在流通区强烈下切侵蚀，形成 3～8m 的沟道，局部地区则以堆积作用为主，原有沟道被淤积填埋(图 5-21)。

图 5-20　2010 年 8 月 13 日泥石流红色村房屋受损情况

图 5-21　2010 年 8 月 13 日干沟泥石流流通区沟道

2. 堆积情况

沟道内泥石流固体物质几乎将沟谷淤积满，造成原有沟道大大变化。估算泥石流单次最大冲出量约 60 000m³（图 5-22）。

图 5-22　"8·13"干沟泥石流沟口堆积区

5.1.5.3 2013 年 7 月 9 日泥石流概述

2013 年 7 月 8~11 日四川省全省范围内经历了一次强降雨过程，其中以 7 月 9 日最为严重。据报道，2013 年 7 月 9 日特大暴雨洪灾是一次极端天气事件，造成直接经济损失 201.9 亿元，全省死亡 58 人、失踪 175 人。其中都江堰幸福镇 6 天降雨总量达 1151mm，为四川省开展监测以来所未见，已接近都江堰一年的降水量，为超百年一遇特大暴雨。从 2013 年 7 月 8 日早晨 6 点开始降雨，到 7 月 11 日早晨 6 点，整个降雨过程持续了 72 个小时，累计降雨量达 564.8mm，其中最大小时雨强 35.3mm/h，出现在 7 月 8 日 22 点，7 月 8 日 24h 降雨量为 111.6 mm，7 月 9 日 24h 降雨量为 217.2mm，7 月 10 日 24h 降雨量为 186.1 mm（图 5-23）。受特大暴雨影响，虹口乡红色村距离塔子坪滑坡仅 500m 的干沟泥石流于 7 月 9~10 日发生大规模泥石流，并造成 1 户居民房屋损坏。由于之前防治工程措施得当，在灾害中发挥了作用，本次灾害的危害较 2009 年 7 月 17 日和 2010 年 8 月 13 日小很多。

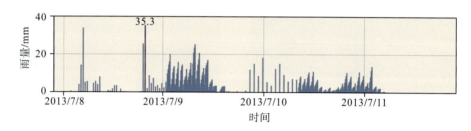

图 5-23 2013 年 7 月 9~11 日红色村小时降雨量

1. 物源情况

泥石流主要固体物质来源依旧是沟谷中上游形成区和流通区由崩滑产生的松散堆积物。由于泥石流防治工程于 2011 年竣工，在干沟暴发泥石流过程中主沟的拦沙坝全部淤满，排导槽也发挥了作用，约 2 万 m³ 固体物质排入主河，但由于流通区转弯处沟道上方有一座桥梁，在泥石流暴发过程中由于在转弯处爬高并在桥洞形成壅塞，使得泥石流在壅塞处开始漫流，冲毁了猕猴桃经济林木，并导致 1 户居民的房屋进水（图 5-24）。

图 5-24 2013 年 7 月 9 日干沟泥石流灾后流通区照片

2. 堆积情况

2013 年 7 月 9 日洪灾干沟泥石流沟道内泥石流固体物质几乎将沟谷淤积满，造成原有沟道大大变化（图 5-25）。估算泥石流单次最大冲出量约 40 000m³。

图 5-25　"7·9" 干沟泥石流灾后沟口堆积区照片

5.1.6　干沟泥石流与降雨相关性分析

5.1.6.1　灾害活动与降雨关系

根据现场调查结合访问和相关资料收集，对地震后泥石流灾害的发生时间及当时的降雨情况进行对比分析。干沟泥石流有记载的暴发只有 5 次，含 2009 年 "7·17" 和 2010 年 "8·13" 洪灾发生的群发性泥石流滑坡灾害事件。根据银洞子沟有记录的 5 次泥石流灾害事件的时间，以及灾害发生当日的 24h 降雨量和灾害发生前 10 天一次降雨过程累计降雨量开展统计。干沟泥石流暴发当日 24h 最大降雨量为 219 mm，发生在 2009 年 "7·17" 洪灾期间；一次降雨过程最大累计降雨量为 275.1mm，发生在 2010 年 "8·13" 洪灾期间；当日 24h 最小降雨量为 38mm，一次降雨过程最小累计降雨量为 100.4mm（表 5-4）。因此，当日降雨量超过 38mm，一次降雨过程累计降雨量达到 100mm 以上，就有可能诱发泥石流灾害。

表 5-4　干沟泥石流暴发时间和降雨量

时间	灾害特征	24h 降雨量/mm	累计降雨量/mm
2009.07.17	虹口乡群发性泥石流	219	219
2010.08.13	虹口乡群发性泥石流	183.2	275.1
2012.08.17	大量泥石流冲出	38	100.4
2012.08.18	泥石流冲出	105.6	206
2012.08.19	有浑水如泥沙冲出，毛草林滑坡有 4m³ 左右	41.9	247.9

5.1.6.2　灾害与降雨相关性统计

1. 与 24h 降雨量的关系

根据对 24h 降雨量等级和类型的划分，对表 5-4 中干沟泥石流暴发泥石流灾害相对应的降雨类型所占比重进行统计分析（表 5-5），可以得到的结果如图 5-26。由表 5-5 中可知，自 2010 年以来，干沟只暴发了 5 次有记录的泥石流灾害，5 次泥石流发生的当天都有降大雨以上。泥石流发生的当天降大雨有 2 次，占所有泥石流次数的 40%；泥石流发生的当天降暴雨有 1 次，占 20%；泥石流发生的当天降大暴雨有 2 次，占 40%。可见，泥石流的发生主要受到当日暴雨激发的影响。近 60%的泥石流事件发生的当日降雨量在 50mm 以上（图 5-26），可以看出干沟暴发泥石流灾害与大暴雨或暴雨的关系十分密切。

表 5-5　干沟泥石流发生当日雨型统计

雨型	降雨量/mm	泥石流数	百分比/%	累计百分比/%
无雨	0	0	0.00	0.00
小雨	0~10	0	0.00	0.00
中雨	10~25	0	0.00	0.00
大雨	25~50	2	40.00	40.00
暴雨	>50	1	60.00	20.00
大暴雨	>100	2	100.00	40.00

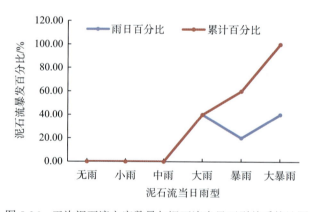

图 5-26　干沟泥石流灾害数量与泥石流当日雨型关系统计图

因此，从统计数据可以得出结论：当日降雨是诱发干沟泥石流的主要激发因素，而当日发生的大暴雨和暴雨对于激发干沟泥石流关系最为密切，即当日 24h 内降雨量越大，越容易激发泥石流灾害。

2. 与累计降雨量的关系

大量研究表明，滑坡泥石流的发生不仅同当日降雨量有关，有很多泥石流灾害也同前期降雨量关系密切[6,7]。本研究通过对干沟泥石流灾害日数及发生前 10 日内每天的降雨情况进行统计研究（表 5-6），发现自 2010 年开展监测以来的泥石流事件中，干沟发生泥石流当天没有下雨（无雨）为 0，即干沟泥石流 5 次暴发当天都有降雨，且大雨、暴雨和大暴雨的雨量从泥石流发生当日到灾害发生前 10 日内呈显著减小的趋势，说明当日降雨是诱发泥石流的主要因素，且离泥石流时间越近的降雨对引发泥石流发生的贡献越大。

表 5-6　泥石流发生前 10 日内每日降雨量

泥石流发生时间	泥石流发生前 10 日的 24h 降雨量/mm										
	0	1	2	3	4	5	6	7	8	9	10
2010.08.13	183.2	5.7	0.6	0.1	2	9.6	0	0	28.4	1.3	44.2
2012.08.17	38.8	3.6	0.4	19	38.6	0	0	0	0	0.1	32.1
2012.08.18	105.6	38.8	3.6	0.4	19	38.6	0	0	0	0	0.1
2012.08.19	41.9	105.6	38.8	3.6	0.4	19	38.6	0	0	0	0
2013.07.09	217.2	111.6	0.1	0.1	0.2	16.7	9.7	25.4	0.1	4.2	24.2

　　如图 5-27 所示，在泥石流发生的当日到前 10 日降大暴雨（日降雨量为 100mm 以上）在泥石流发生总次数中占的比例较高，大暴雨在泥石流发生的当日占比例达 40%，从泥石流发生前第 2 日开始所占的比例呈显著的下降趋势，并在泥石流前 2 日以前发生的大暴雨日数都在 10% 以内。而同样的，在泥石流发生的当日到前 10 日降暴雨（日降雨量为 50～100mm）的泥石流从其发生前第 2 日开始所占的比例也呈显著的下降趋势，并在泥石流前 2 日以前发生的暴雨日数基本为 0。说明大暴雨和暴雨在泥石流发生当日和前 1 日比例非常高，而大雨在泥石流发生的当日所占比例也达到 20%，之后呈现显著下降为 0 的特点，说明大雨也可能是泥石流诱发因素。因此，大雨、暴雨和大暴雨是干沟泥石流灾害主要的诱发因素，且和泥石流的发生呈同步性特点。相反地，中雨在泥石流发生前 5 日的比例均比较低，尤其是在泥石流发生的当日和前 3 日为 0，说明中雨同泥石流发生关系不明确。小雨和无雨的日数则在泥石流发生当日到前 10 日呈上升趋势，说明无雨和小雨与泥石流的发生没有相关性。

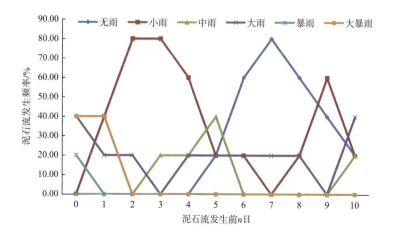

图 5-27　干沟泥石流发生 10d 内每天的不同雨型降雨频率统计

综上所述，干沟泥石流的控制性激发因素是当日暴雨激发，前期雨量对于干沟泥石流的发生主要表现在泥石流前 1 日的暴雨激发。

5.1.6.3　降雨临界值

通过对干沟泥石流灾害日数及发生前 10 日内每天的降雨量进行统计发现（图 5-28），从发生泥石流当日到前 10 日，降雨量呈减小趋势，即离泥石流发生的时间越远降雨量越小，泥石流发生的时间越近降雨量越大。图中也可以看出，综合多次泥石流发生日数的降雨量，泥石流当日平均雨量为 117.34mm，为大暴雨级别；泥石流前 1 日的降雨量为 53.6mm，为暴雨级别；而泥石流发生前 2 日以后降雨量均较小，说明干沟泥石流的发生与当日及前 1 日的暴雨激发有关。

对干沟 2010 年以来泥石流发生前 10 日内每天的降雨量最小值进行统计发现，当日雨量最小值为 38.8mm，即当日降雨量接近 40mm 以上就可能激发泥石流。

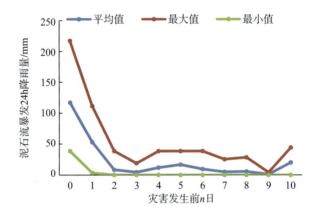

图 5-28　干沟泥石流发生 10 d 内每日降雨量统计

然而，由于泥石流的发生不仅仅与降雨有关，还与泥石流的物源储备、下垫面情况以及降雨径流和入渗等水文过程有关，因此泥石流的降雨临界值仅仅是泥石流发生的一个参考或者说是最低门槛。由于众多的不确定性，泥石流的发生不仅与降雨临界值有关，同样与发生频率或者概率有关。下面根据 2010~2013 年 7~8 月这段时间泥石流发生日数的降雨类型和整个降雨日（表 5-7）来分析不同雨型条件下泥石流发生的频率（概率）。

表 5-7　不同雨型条件下泥石流发生的频率

雨型	雨量范围/mm	灾害日数	降雨日数	灾害日数/降雨日数
无雨	0	0	216	0.00%
小雨	0~10	0	154	0.00%
中雨	10~25	0	56	0.00%
大雨	25~50	2	36	5.56%
暴雨	>50	1	15	6.67%
大暴雨	>100	2	11	18.18%

根据表 5-7 的统计可以看出，虽然前面统计可知当日降雨量接近 40mm 即大雨条件下就可能发生泥石流，但是根据 2010～2013 年雨季 7～8 月这段时间所有大雨的降雨日数来看，在大雨条件下干沟发生泥石流的频率(概率)仅仅为 5.56%，而暴雨条件下虽然总体记录的灾害日数只有 1 次，结合总降暴雨日数，暴雨激发条件下干沟泥石流的发生频率(概率)达到 6.67%；最主要的大暴雨条件下激发的频率(概率)达到 18.18%。因此，从图 5-29 统计的降雨量与干沟泥石流灾害发生的频率(概率)可以推断，降雨量越大，泥石流的发生概率越高。根据统计曲线，可拟合出降雨量与泥石流发生概率的关系式：

$$P=0.391\ln(R)-1.218 \quad (R^2=0.760) \tag{5-1}$$

式中，P 为泥石流发生概率；R 为 24h 降雨量，单位 mm。但是需要说明的是，由于上述经验公式仅是通过少数几次泥石流实例统计得到，仅能说明在一定雨量条件下发生泥石流概率大小的趋势，还需要在持续观测的基础上进行不断的检验和修正。

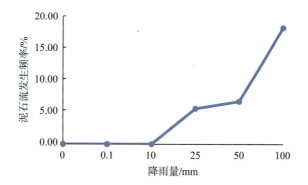

图 5-29　降雨量与泥石流灾害发生的频率关系

干沟泥石流从 2008 年地震以后开始暴发，2014 年以后没有暴发的记录。根据监测数据，2014～2016 年发生 30mm 以上的降雨事件共 16 次，50mm 以上的暴雨日数为 5 次，均未暴发泥石流。本研究通过对 2009～2013 年连续 5 年泥石流暴发的 24h 激发雨量和累计雨量进行统计(2011 年干沟泥石流没有暴发记录)，发现泥石流触发的 24h 雨量和累计雨量总体呈上升趋势(图 5-30)，这也从统计上支持了地震后泥石流激发雨量逐年升高，工程地质稳定性逐年恢复的观点。

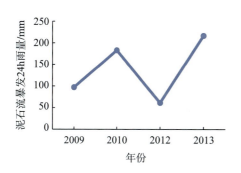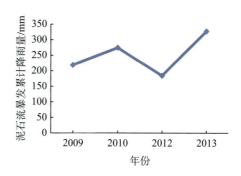

图 5-30　2009～2013 年干沟泥石流 24h 激发雨量与累计降雨量变化趋势

5.2　银洞子沟泥石流特征

5.2.1　泥石流基本特征

5.2.1.1　沟床特征

银洞子沟流域位于都江堰虹口乡联合村，为典型的中山峡谷地貌（图 5-31），最高海拔高程 2050m，最低海拔高程 1070m，相对高差 980m。银洞子沟域面积约 2.2km²，主沟整体长 2.5km，主沟平均纵坡降 310‰（表 5-8）。其中，海拔高程 1560～2050m 为清水区，为三面环山一面出口的漏斗状地形，集雨面积 0.45km²，为中山地貌，地形切割较浅，地形相对高差大，为该沟水系的发源地带。

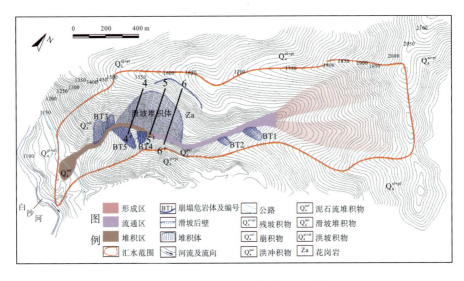

图 5-31　银洞子沟泥石流流域平面图

表 5-8　银洞子沟沟床特征统计表

沟床分区	长度/m	走向/(°)	海拔高度/m	相对高差/m	汇水面积/km²	纵坡降/‰
清水区	940	222	1560～2050	490	0.45	521
形成区	813	222～262	1330～1560	230	0.35	283
流通区	560	217～262	1150～1330	180	0.25	321
堆积区	190	170～217	1120～1150	30	0.15	158
总体	2503	—	1120～2050	930	1.20	310

5.2.1.2　形成区特征

海拔高程 1330～1560m 为形成区，沟长 813m，集雨面积 0.35km²，为典型的中山峡谷地貌，沟谷深切，地势陡峻，谷坡坡度 45°～75°，沟谷狭窄，沟床陡直，平均纵坡降 283‰（图 5-32）。这种地形条件使泥石流得以迅猛直泻，沟谷两侧大量分布"5·12"地震形成的崩塌堆积物，为泥石流的形成提供了大量的固体物源。

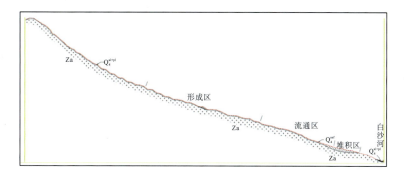

图 5-32　银洞子沟流域工程地质剖面图

5.2.1.3　流通区特征

海拔高程 1150～1330m 为流通区，沟长 560m，集雨面积 0.25km²，为狭窄陡深的峡谷地形，谷床纵坡平均比降为 321‰，河床较为平缓，两侧谷坡坡度 42°～70°，沟谷两侧大量分布"5·12"地震形成的崩塌、滑坡堆积物，在泥石流的流通过程中再次提供了大量的固体物源（图 5-33、图 5-34）。

5.2.1.4　堆积区特征

海拔高程 1120～1150m 为堆积区，地形坡度 7°，位于银洞子沟沟口。2009 年 7 月 17 日泥石流在沟口形成的泥石流堆积体呈不规则的扇形，前缘宽约 50m，纵向长约 120m，厚度 1.5～5m，最大厚度达 8m，体积 2.8 万 m³（图 5-35）。

图 5-33　银洞子沟沟口

图 5-34 形成区沟谷及形成区的滑坡堆积体

图 5-35 泥石流堆积区及天然排水沟道

据调查，泥石流堆积物以在出沟口附近堆积为主，堆积物中以粒径 5～100mm 的颗粒所占比例较大，碎块石成分较多。从地面调查情况看，泥石流堆积物中还含有较多的块石，直径大于 0.5m 的石块占 10%～15%；从沟口泥石流堆积的块石来看，块石直径一般为 0.5～1.0m。

调查表明，泥石流堆积模式为：泥石流冲出山口后，首先越过公路沿河道向白沙河宣泄，由于此段河道窄，受排导能力的限制，泥石流漫出河道而向两侧淤积。

5.2.2 物源特征

1. 古松散堆积体

调查区内地壳活动频繁、强烈，近南北向断层发育，河流下切强烈，岩石破碎，结构疏松，易于风化。且长期以来这些岩石在地震和构造运动的作用下处于强烈风化剥蚀状态；被风化剥蚀的固体物质一部分残留于地形坡度较缓地带，一部分被运移到沟谷中，为泥石流的发生贡献了少量固体物质。

2. 崩滑堆积体

"5·12"地震造成银洞子沟泥石流形成区及流通区发生 5 处崩塌、1 处滑坡，其形成的堆积物为泥石流的发生提供了丰富的物源。

1）滑坡

"5·12"地震引发的滑坡发生于主沟形成区和流通区衔接处的右侧山体,该滑坡后缘高程1520m,前缘高程1352m,前后缘相对高差168m,水平投影面积76 112m²,斜坡坡面面积102 418m²,主滑方向182°,总体呈扇形,滑落体堆积于沟道中,堆积体坡度35°~42°,体积约31万m³。目前,该山体整体处于基本稳定状态,但在坡面仍有较多残留物,处于不稳定状态有11万m³,在遭遇强降雨时将顺坡滑落,成为新的物源,此处的滑坡体堆积体主要成分以碎石、块石为主,为松散状态。从存在于堆积体上的两条冲沟推断,此堆积体为2009年7月17日发生的泥石流提供了主要的物源,现存堆积体也是发生潜在泥石流的主要物源之一(图5-36)。

图 5-36　滑坡体堆积物

2）崩塌

"5·12"地震引发沟内发生多处崩塌,经统计共有5处。这些崩塌堆积体沿形成区、流通区的沟谷两侧山体分布,堆积体坡度为30°~40°,主要崩塌特征见表5-9。

表 5-9　崩塌地质灾害特征表

编号	性质	特征	成因	稳定性	危险性	所处位置
BT1	岩质崩塌	崩塌堆积体长70m,宽30m,体积约6200m³。崩塌物为松散块碎石		欠稳定	小	形成区
BT2	岩质崩塌	崩塌堆积体长50m,宽20m,体积约4900m³。崩塌物为松散块碎石		欠稳定	小	形成区
BT3	岩质崩塌	崩塌堆积体长50m,宽160m,体积约16 000m³。崩塌物为松散块碎石	"5·12"地震形成	欠稳定	小	流通区
BT4	土质崩塌	崩塌堆积体长80m,宽20m,体积约6200m³。崩塌物为松散碎石土		欠稳定	小	流通区
BT5	土质崩塌	崩塌堆积体长70m,宽30m,体积约6000m³。崩塌物为松散碎石土		欠稳定	小	流通区

　　由于崩塌和滑坡形成的堆积体所在坡体坡度均大于 30°，通过现场勘查，堆积较薄的崩塌堆积体绝大多数松散不稳定，滑坡堆积体约 1/3 的表层松散不稳定，降雨入渗浸湿后，这部分很快会达到饱和，成为可移动物源。

　　综上所述，区内存在 35.93 万 m^3 的可被洪水带走形成泥石流的固体物源。其中，有 15 万 m^3 为近期可移动物源(表 5-10)。

表 5-10　泥石流物源情况统计表

位置	性质	物源总量/(10^4m^3)	动储量/(10^4m^3)
	BT1 堆积体	0.62	0.5
形成区	BT2 堆积体	0.49	0.4
	沟道	0.4	0.3
形成区下游 流通区上游	滑坡堆积体	31	11
	BT3 堆积体	1.6	1.2
流通区	BT4 堆积体	0.62	0.5
	BT5 堆积体	0.6	0.5
	沟道	0.6	0.6
合计		35.93	15

5.2.3　水源特征

　　银洞子主沟位于白沙河左岸，总体流向由东北向西南，汇水面积 1.1km²，沟谷幽深，呈岸坡较陡的"V"型谷，河谷谷底狭窄，沟床平均比降为 310‰，具有短时间内地表水汇聚的水流条件，水流湍急，对岸坡的掏蚀能力强，沟床破坏严重。全流域年均降雨量约为 1700mm，最大日降雨量 97.4mm(2009 年 7 月 17 日)，为百年一遇的特大暴雨。降雨时间主要集中在凌晨 3 点至 6 点，雨强达 60～70mm/h。

　　沟水主要受大气降水补给。目前泥石流沟内地表水流量不大，但水动力强大，冲蚀和携带固体物质的能力很强。正因为如此，特别是暴雨条件下，富含泥沙的地表水从较大落差的高处冲下，冲洗、掏蚀和裹带沟床及沟岸两侧松散物质并沿沟而下，致使流体中固体物质含量增多，并形成破坏力强的稀性泥石流。

5.2.4　银洞子沟滑坡

5.2.4.1　滑坡基本特征

　　在"5·12"大地震影响下，该处发生了滑坡变形，其边界比较清楚，后缘有陡坎，后缘附近未见拉张裂缝。该滑坡后缘高程 1520m，前缘高程 1352m，前后缘相对高差 168m，水平投影面积 76 112m²，斜坡坡面面积 102 418m²，主滑方向 182°，总体呈扇形，滑落体堆积于沟道中，堆积体坡度 35°～42°。根据河北省地勘局秦皇岛资源环境勘查院现场勘查结果，滑坡体积约 31 万 m³ 属于中型中层土质滑坡。

从滑坡物质结构来说，分为滑体土、滑带土和滑床土。通过野外勘查认为，滑体土为坡体的残积坡硬塑-可塑的粉质黏土，滑床土为坚硬的花岗岩，滑动带为土岩结合面。

5.2.4.2　滑坡稳定性评价

根据河北省地勘局秦皇岛资源环境勘查院现场勘查结果，本滑坡主要是上层土体滑动。将本滑坡看成土质斜坡，其变形破坏主要受软弱界面最大剪应力控制，因此采用传递系数法计算其稳定性系数。滑体的重度以现场大重度试验为主，结合实验室实验值，取天然重度 18.4kN/m³，饱和重度 19.0kN/m³；结合实验室实验值及当地经验值，天然状态下取内聚力 c 值为 12.0kPa，内摩擦角 ϕ 值为 30.0°，饱和状态下取 c 值为 9.0kPa，ϕ 值为 24.0°；地震加速度根据最新修订值取 0.2g。

参数取值如表 5-11，滑坡稳定性计算成果如表 5-12.

表 5-11　滑体参数取值表

计算工况	重度/(kN/m³)	内聚力 c/kPa	内摩擦角 ϕ/(°)	地震加速度/g
工况 1	18.4	12.0	30.0	0
工况 2	19.0	9.0	24.0	0
工况 3	18.4	12.0	30.0	0.2

表 5-12　滑坡变形体稳定性计算成果表

计算剖面	计算工况	稳定系数	安全系数	剩余下滑力/kN
4-4′ 剖面	工况 1	1.46	1.30	0
	工况 2	1.14	1.10	0
	工况 3	1.16	1.10	0
5-5′ 剖面	工况 1	1.40	1.30	0
	工况 2	1.12	1.10	0
	工况 3	1.15	1.10	0
6-6′ 剖面	工况 1	1.34	1.30	0
	工况 2	1.11	1.10	0
	工况 3	1.13	1.10	0

5.2.4.3　滑坡稳定性综合评价

根据河北省地勘局秦皇岛资源环境勘查院现场勘查结果，银洞子滑坡是由于该处山体坡度大，坡积物松散，在"5·12"大地震的影响下而引发的。通过对滑坡整体稳定性进行计算分析，其结果与实际情况基本吻合，且在勘查过程中未发现明显的滑动面，由此确定该处滑坡及其堆积体在天然状态下为稳定状态，降雨和地震工况下为基本稳定状态（表5-12）。形成的滑坡堆积体为银洞子 2009 年 7 月 17 日泥石流和潜在泥石流的主要物源，但由于该处滑坡位于银洞子沟中游，无直接威胁对象，因此不建议对其进行工程治理。

5.2.5　泥石流发育规律

1. 泥石流形成条件

该沟谷泥石流的形成与所处的位置、地形、地层岩性、地震、暴雨有着直接的联系。首先该区构造运动频繁，褶皱、断裂比较发育，沟谷两侧山高坡陡，高差大，海拔高，在长期遭受风化作用下岩石的构造破坏、风化裂隙发育、岩体破碎。"5·12"地震使山体的岩土体松动，裂隙进一步发育，致使沟谷两侧山体出现多处较大范围的崩滑，形成大量的松散堆积体，成为泥石流物源。同时，该地暴雨较频繁，雨量集中，这为泥石流的产生提供了水动力条件。正是这些因素的综合作用，导致了后续银洞子泥石流的暴发。

2. 泥石流类型

该泥石流沟为单沟泥石流沟，易发程度原本为低频，由于"5·12"地震，物源增加，在暴雨情况下泥石流发生频率增大，存在中型潜在泥石流。按照泥石流的流体性质、发生地形地貌条件、固体物质提供方式、诱发因素及动力特征等不同指标和综合指标，进行分类，详细如下：

（1）按水源成因分类，银洞子泥石流属于暴雨泥石流。2009 年 7 月 17 日发生的泥石流即由百年一遇暴雨引起；按物源成因分类，银洞子泥石流属于崩滑及沟床侵蚀型泥石流，泥石流在形成及流通过程中，固体物质主要由"5·12"地震引发的滑坡、崩塌堆积体提供。

（2）按泥石流集水区地貌特征划分，银洞子泥石流主要属于沟谷型泥石流。根据实地调查，泥石流主沟发育于山体深切沟谷地带，物质来源为主沟两侧山坡及沟床松散堆积物，泥石流的形成、流通区明显。

（3）按暴发频率划分，银洞子沟近期存在高频泥石流，但随着沟内物源量的减少，发生泥石流的频率呈逐年递减。根据调查，2009 年 7 月 17 日发生泥石流以前，该沟未发生过成规模泥石流。

（4）按泥石流物质组成，银洞子泥石流属于偏稀型泥石流。根据勘查现场试验及室内实验数据：重度 1.53t/m³，含各级粒度，不均匀，残留表面不干净，有泥浆残留。

（5）按流体性质划分，银洞子泥石流为稀性泥石流。根据调访及勘查，2009 年 7 月 17 日泥石流浆呈稠浆状。据泥石流灾害防治工程勘查规范中泥石流浆体稠度特征表可知，其容重为 1.4～1.6g/cm³，银洞子泥石流为稀性泥石流。

（6）按照泥石流动力特征分类，银洞子泥石流属于水力类泥石流。泥石流发生主要沿着较陡的沟谷运动，其中土体是靠部分水体提供推移力引起和维持其运动的。

综上所述，联合村银洞子泥石流属于稀性-高频-暴雨-沟谷型泥石流。

5.2.6　灾害危害程度及趋势

根据泥石流发生频率和发展阶段的演化，以及堆积区泥石流堆积物的叠置关系和泥石流发生趋势分析，近期该沟泥石流发生强度大，发生频率高，直接威胁联合村香樟坪重建点。但由于其物源为"5·12"地震引发的滑坡、崩塌堆积体，无新增物源，因此，随着洪水搬运，物源减少，2013 年以后泥石流发生强度逐渐降低，发生频率逐渐减小。

根据泥石流灾害防治工程勘查规范中的泥石流沟发展阶段识别表，对银洞子沟泥石流易发程度进行量化评分，其易发性量化分值为 106，泥石流易发程度为易发。

5.2.6.1　2009 年 7 月 17 日泥石流情况概述

据访问，新中国成立以来到"5·12"地震前，银洞子沟未曾发生泥石流，仅有少量泥沙顺沟道流出。2008 年的"5·12"地震，使沟内发生多处崩塌和滑坡，为泥石流的产生提供了大量的物源。2009 年 7 月 17 日凌晨，该区突降暴雨，6 小时降雨达 219mm，降雨时间主要集中在凌晨 3 点至 6 点，雨强达 60～70mm/h，此次暴雨诱使该沟发生了泥石流。通过调查以及访问当地居民，此次泥石流在沟口附近流速为 2～3m/s，根据沟两侧泥痕高度，过流高度约 3m，最大洪峰流量约为 100m³/s（表 5-13）。泥石流过后，沟口以下堆积总量达 2.8×10⁴m³，沟口以上沟道内淤积量可达 5×10⁴m³，规模达到中型。从此次沟口处堆积的固体颗粒来看，一般粒径 10～20cm，最大粒径约 1.0m，颗粒磨圆度较差，多呈棱角状。此次泥石流冲毁房屋 5 间，沟口段道路被掩埋，由于人员撤离及时，未造成人员伤亡，直接经济损失约 60 万元。由于以前未发生过成规模泥石流，因此该处未设置防护工程，原有排水桥涵一座，在 2009 年 7 月 17 日发生泥石流时被冲毁（图 5-37）。

表 5-13　2009 年 7 月 17 日泥石流特征

最大洪峰流量/(m³/s)	堆积总量/m³	规模	雨强/(mm/h)	暴雨频率/%
100	8×10⁴	中型	60～70	1

图 5-37　泥石流淤埋房屋并威胁香樟坪安置点

1. 物源特征

通过现场勘查，由"5·12"地震引发的滑坡其堆积体自沟道一侧山坡滑入并阻塞沟道，且阻塞堆积体为倾斜（一侧高/厚，一侧低/薄）状态。因此，在"7·17"暴雨沟内水位作用下，首先开始溢流部位在阻塞堆积体较薄一侧，随流量逐渐增大，淘刷宽度逐渐加宽，并以逐渐淘刷的方式溃决，并不是一次全部溃坝。

当时在泥石流沟口堆积扇区右侧正在修建虹口乡联合村灾后重建安置点，该安置点计划安置 56 户，人口 228 人，据此，泥石流潜在危险性为中型。

2. 堆积特征

据调查，泥石流堆积物以在出沟口附近堆积为主，沟道宽 40～60m，纵向长度 190m，平均沟床纵比降 158‰，下游堆积区地面高程 1120～1150m，整体地貌平面形态呈扇形，地形坡度 7°，扩散角 40°～60°，堆积区面积约 6000m²。根据调查资料，堆积物厚度 2～5m，堆积物中以粒径 5～100mm 的颗粒所占比例较大，碎块石成分较多。从地面调查情况看，泥石流堆积物中还含有较多的块石，直径大于 0.5m 的石块占 10%～15%。从沟口泥石流堆积的块石来看，块石直径一般为 0.5～1.0m。

调查表明，泥石流堆积模式为：泥石流冲出山口后，首先越过公路沿河道向白沙河宣泄，由于此段河道窄，受天然排导能力的限制，泥石流漫出河道而向两侧淤积（图5-38）。

图 5-38　2009 年 7 月 17 日泥石流沟口堆积扇

2009 年 7 月 17 日泥石流的产流和汇流主要过程如下：首先是流域上游由"5·12"地震形成的崩滑堆积体在强降雨等因素的作用下失稳，大量松散固体物质下滑到沟床两侧或者直接堵断主沟道。堵断主沟道的松散物质在流域上游形成一定规模的动储量物源，在主沟径流的作用下溃决坝体，造成流量突然剧增，同时径流携带溃决处的大量松散固体物质冲向下游，形成泥石流。泥石流在行进过程中由于流量较大，不断侵蚀沟道两岸和沟床底部的松散物质，同时沿岸斜坡地带松散物质大量加入，泥石流规模不断发展壮大。当泥石流运动到狭窄沟道区域时，流速、流量不断增大，同时浆体飞溅到沟道两侧岩壁上；当运动到比较开阔平缓地段，泥石流流速降低，大量固体物质开始堆积，并沿沟谷形成条带状堆积体。

5.2.6.2　2010 年 8 月 13 日泥石流情况概述

2010 年 8 月虹口乡境内出现强降雨天气，根据气象资料，12 日 8 时至 13 日 8 时，虹口乡境内普降大雨，日最大降雨量为 183.2mm（13 日），6 小时降雨量达到 136.6mm，1 小时最大降雨量为 90.6mm（13 日凌晨 1 时至 2 时），平均雨强 22.8mm/h。最大雨量点就在虹口乡联合村。强降雨过程促使区内泥石流群发，虹口乡银洞子沟、下坪老沟、红色村干沟、关凤沟、白果沟、泡桐树槽、二家沟、付家沟、深溪村锅圈岩均暴发泥石流，并致 1 人死亡。

从图 5-39 中可看出，虹口乡联合村在 8 月 12～15 日，其降雨雨强处于高峰期，日最大降雨量可达 183.2mm，同时也是该区地质灾害高发期。高强度的降雨是促使区内泥石流群发的主导因素（表5-14、图5-39）。

表5-14　虹口乡2010年8月逐日雨量（联合村观测站）

日期	1日	2日	3日	4日	5日	6日	7日	8日	9日	10日
雨量/mm	19.2	1.4	44.2	1.3	28.4	0	0	9.6	2	0.1
日期	11日	12日	13日	14日	15日	16日	17日	18日	19日	20日
雨量/mm	0.6	5.7	183.2	40.1	0.1	0	0.9	0	缺	0
日期	21日	22日	23日	24日	25日	26日	27日	28日	29日	30日
雨量/mm	5	0.1	3.7	4.9	1.9	0	0.3	0.4	6.4	12

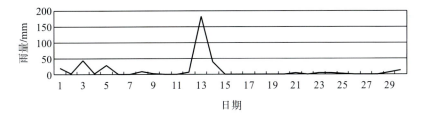

图5-39　2018年8月虹口乡逐日降雨量分布图（联合村观测站）

联合村银洞子沟泥石流在"8·13"洪灾中暴发大规模泥石流灾害，泥石流破坏耕地约4亩，破坏公路2000m，直接经济损失280.68万元。

1. 物源情况

2010年8月13日泥石流主要固体物质来源于离沟口约500m的银洞子滑坡。滑坡体由于结构松散，在后地震时期受到降雨作用下形成切沟，在泥石流过程中强烈下切侵蚀，形成8~20m深的沟道，形成典型的拉槽侵蚀型泥石流物源（图5-40）。

图5-40　泥石流物源区银洞子滑坡

2. 堆积情况

2010 年 8 月 13 日银洞子沟泥石流沟道内泥石流固体物质几乎将沟谷淤积满,造成原有沟道大大变化。泥石流主要堆积在沟口的公路附近区域,所幸香樟坪安置点未受到泥石流直接冲击,估算泥石流单次最大冲出量约 8 万 m³(图 5-41)。

图 5-41　2010 年 8 月 13 日银洞子沟泥石流沟口堆积区

5.2.6.3　2013 年 7 月 9 日泥石流情况概述

根据都江堰白沙河红色村塔子坪监测站的数据,从 2013 年 7 月 8 日早晨 6 点开始降雨,降雨过程持续 72 个小时,累计降雨量达 564.8mm,最大小时雨强 35.3mm/h,7 月 9 日 24h 降雨量为 217.2mm,7 月 10 日 24h 降雨量为 186.1 mm。银洞子沟暴发泥石流,由于 2011 年银洞子沟防治工程竣工,排导槽发挥了一定作用,泥石流主要对公路造成影响(图 5-42)。

1. 物源特征

据调查,泥石流物源主要来源是位于沟口约 600m 的银洞子沟滑坡,该滑坡是“5·12”地震同震滑坡,地震后受降雨影响,在滑坡体上方侵蚀出三条主要的沟道,泥石流物质主要是降雨作用下沿着沟道两侧的拉槽侵蚀破坏产生的物源。物质组成中以粒径 5~100mm 的颗粒所占比例较大,碎块石成分较多。泥石流冲出沟口后,在公路主要以堆积为主,泥石流漫出河道而向两侧淤积;之后由于堆积物规模增大,物质开始沿原侵蚀的天然沟道向主河宣泄(图 5-43)。

图 5-42　银洞子沟泥石流冲毁淤埋公路

图 5-43　银洞子沟泥石流冲刷下切沟道及物源区

2. 堆积特征

受地形条件影响，泥石流堆积物以在出沟口尤其是在过流路面附近以堆积为主，整体地貌平面形态呈扇形，堆积区面积约 5000m²，堆积物厚度 2～5m，规模为 3 万～5 万 m³（图 5-44）。

图 5-44　银洞子沟沟口泥石流堆积特征

5.2.7　银洞子沟泥石流与降雨

5.2.7.1　泥石流活动与降雨关系

汶川地震以后，银洞子沟泥石流有记载的暴发一共 14 次，含 2009 年 "7·17"、2010 年 "8·13"、2013 年 "7·9" 洪灾发生的群发性泥石流滑坡灾害事件（表 5-15）。根据银洞子沟有记录的 14 次泥石流灾害事件的时间，以及灾害发生当日的 24h 降雨量和灾害发生前 10 天一次降雨过程累计降雨量开展统计。银洞子沟泥石流暴发当日 24h 最大降雨量为 217.2 mm，一次降雨过程最大累计降雨量为 409.5mm，均发生在 2013 年 "7·9" 洪灾期间；当日 24h 最小降雨量为 39 mm，一次降雨过程最小累计降雨量为 61.7mm（2011 年 8 月）。因此，当日降雨量超过 40mm，一次降雨过程累计降雨量达到 60mm 以上，就有可能诱发泥石流灾害。

表 5-15 银洞子沟泥石流暴发时间及雨量统计表

时间	灾害特征	24h 降雨量/mm	累计降雨量/mm
2009.07.17	虹口乡群发性泥石流	97.40	219.00
2010.08.13	虹口乡群发性泥石流	183.20	275.10
2010.08.19	虹口乡群发性泥石流	98.00	150.00
2011.07.21	暴雨，发生泥石流	65.10	95.10
2011.08.15	4 点 30 分出现小规模泥石流	42.00	61.70
2011.08.16	9 点 15 分、16 点 23 分发生泥石流	49.00	110.70
2011.08.21	2 点 30 分发生泥石流	144.80	150.10
2011.09.06	5 点 30 分发生泥石流	39.00	66.60
2012.08.18	晚上发生泥石流	105.60	206.00
2012.08.19	泥石流一直流到白沙河	41.90	247.90
2013.07.08	有大量泥石流冲出	111.60	163.90
2013.07.09	有大量泥石流冲出	217.20	409.50
2013.07.26	4 点 10 分有大规模泥石流	108.80	235.00
2013.07.29	有大规模泥石流冲出	128.10	403.00

一般统计研究中发现的灾害当日激发雨量和累计雨量通常呈负相关[6]，即激发雨量越大，累计雨量越小的规律，但是根据表 5-15 的数据对银洞子沟泥石流当日 24h 降雨量和灾害发生前 10 天一次降雨过程累计降雨量开展统计发现(图 5-45)，当日 24h 降雨量和灾害发生前 10 天一次降雨过程累计降雨量呈现正相关的关系，反映出灾害发生当日 24h 雨量越大，累计降雨量越大的规律，这与前面提到的一般规律不一致，表明累计雨量主要与在灾害发生当日的 24h 雨量相关，与前期累计雨量不相关。因此可推测银洞子沟泥石流的诱发因素主要是当日降雨激发。

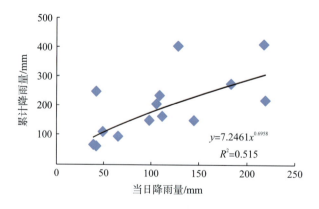

图 5-45 当日 24h 降雨量和灾前累计降雨量散点图

5.2.7.2　泥石流与降雨相关性统计

1. 与 24h 降雨量的关系

根据对 24h 降雨量等级和类型的划分，对银洞子沟泥石流自 2010 年以来暴发灾害的日数样本点及其发生当日对应的降雨类型进行统计分析(表 5-16)，可以得到如图 5-46 所示的结果。

表 5-16　银洞子沟泥石流发生当日雨型统计

雨型	降雨量/mm	泥石流数	百分比/%	累计百分比/%
无雨	0	0	0.00	0.00
小雨	0~10	0	0.00	0.00
中雨	10~25	0	0.00	0.00
大雨	25~50	4	30.77	30.77
暴雨	>50	2	15.38	46.15
大暴雨	>100	7	53.85	100.00

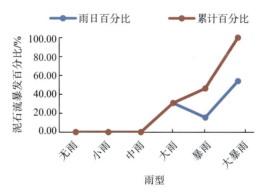

图 5-46　银洞子沟泥石流次数与当日雨型统计图

由表 5-16 可知，自 2010 年以来，银洞子沟所有 11 次暴发泥石流的当天都降了大雨以上。30.77%的灾害发生的当天降大雨，15.38%的灾害发生的当天降暴雨，53.85%的灾害发生的当天降大暴雨，可见灾害的发生主要受到当日暴雨激发的影响。同时，从图 5-46 也可以看出，近 70%的灾害事件发生的当日降雨量在 50mm 以上，53.85%的灾害事件发生的当日降雨量在 100mm 以上，可以看出银洞子沟暴发泥石流灾害与大暴雨或暴雨的关系十分密切。

因此，从统计数据可以得出结论：当日降雨是诱发银洞子沟泥石流的主要激发因素，而当日发生的大暴雨和暴雨对于激发银洞子沟泥石流关系最为密切，即当日 24h 内降雨量越大，越容易激发泥石流灾害。

2. 与累计降雨量的关系

大量研究表明，泥石流的发生不仅同当日降雨量有关，有很多也与前期降雨量关系密切[6,7]。本研究通过对银洞子沟泥石流日数及发生前 10 日内每天的降雨情况进行统计研究，发现自 2010 年开展监测以来的灾害事件中，泥石流当天无雨为 0，即 100%的泥石流当天有雨（表 5-17），从泥石流发生当日到发生前 9 日的 10 日内呈显著增加的趋势，说明降雨是诱发泥石流的主要因素，且降雨时间越近，引发泥石流的概率越高。

表 5-17　银洞子沟泥石流发生前 10 日内每日降雨量

灾害时间	发生前 n 日的 24h 降雨量/mm										
	0	1	2	3	4	5	6	7	8	9	10
2010.08.13	183.2	5.7	0.6	0.1	2	9.6	0	0	28.4	1.3	44.2
2010.08.19	98.5	49.8	0.9	0	0.1	40.1	183.2	5.7	0.6	0.1	2
2011.07.21	65.1	29.9	0	0	0	0	0	1.3	0.1	7	0.8
2011.08.15	42	19.7	0	0	0	0	0	0	0	0	0
2011.08.16	49	42	19.7	0	0	0	0	0	0	0	0
2011.08.21	144.8	0.3	0.1	0	0	49	42	19.7	0	0	0
2011.09.06	39	27.6	0	0	0	0	0	0	0	0.1	0
2012.08.18	105.6	38.8	3.6	0.4	19	38.6	0	0	0	0	0.1
2012.08.19	41.9	105.6	38.8	3.6	0.4	19	38.6	0	0	0	0
2013.07.08	111.6	0.1	0.1	0.2	16.7	9.7	25.4	0.1	0	0	0
2013.07.09	217.2	111.6	0.1	0.1	0.2	16.7	9.7	25.4	0.1	4.2	24.2
2013.07.26	108.8	126.2	0	0	15	0.1	0	1.1	0.1	0	0.1
2013.07.29	128.1	32.4	7.96	108.8	126.2	0	0	15	0.1	0	1.1

如图 5-47 所示，在泥石流发生的当日到前 10 日降大暴雨（日降雨量为 100mm 以上）的日数占泥石流发生总数的比例较高，大暴雨在泥石流发生的当日占比例达 53%，从泥石流发生前第 2 日降大暴雨日数开始呈显著的下降趋势，并在泥石流发生前 2 日以前降大暴雨日数都在 10%以内。而同样的，在泥石流发生的当日到前 10 日降暴雨（日降雨量为 50~100mm）的泥石流从其发生前第 2 日开始所占的比例也呈显著的下降趋势，并在泥石流前 2 日以前发生的暴雨日数基本为 0。说明暴雨和大暴雨是银洞子沟泥石流灾害主要的诱发因素，且和泥石流的发生呈同时性（同日）特点。

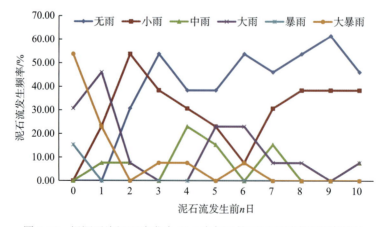

图 5-47　银洞子沟泥石流发生 10 d 内每天的不同雨型降雨频率统计

在泥石流发生的当日降大雨所占比例较大，达到 30%，在泥石流发生的前 1 日所占比例最大，达到 46.15%，之后呈现显著下降趋势，说明大雨也可能是泥石流诱发因素。中雨在泥石流发生前 10 日的比例均比较低，尤其是在泥石流发生的当日和前 3 日在 10%以下，说明中雨同泥石流发生关系不明确。相反地，在泥石流发生当日到前 10 日降小雨和无雨的日数则呈上升趋势，说明无雨和小雨日与泥石流的发生没有相关性。

综上所述，银洞子沟泥石流的控制性激发因素是当日暴雨激发，前期雨量对于银洞子沟灾害的发生主要表现在前 1 日的暴雨。

5.2.7.3　降雨临界值

根据表 5-17 统计，通过对银洞子沟泥石流与发生前 10 日内每天的降雨量分析发现（图 5-48），从发生泥石流当日到前 10 日，降雨量呈减小趋势，即离泥石流发生的时间越远降雨量越小，泥石流发生的时间越近降雨量越大。图中也可以看出，综合多次泥石流发生日数的降雨量，泥石流当日平均雨量为 110.9mm，达到大暴雨级别；泥石流发生前 1 日的平均降雨量为 45.36mm，接近暴雨级别；而泥石流发生前 2 日以后降雨量均较小，说明银洞子沟发生泥石流灾害主要与当日及前 1 日的暴雨激发有关。

对银洞子沟 2010 年以来灾害发生前 10 日内每天降雨的最小值进行统计发现当日雨量最小值为 39mm，即当日降雨量达到 40mm 以上就可能激发银洞子沟暴发泥石流。因此，40mm 日降雨量可以作为泥石流暴发的最低阈值。

然而，由于泥石流的发生不仅仅与降雨有关，还与泥石流的物源储备、下垫面情况以及降雨径流和入渗等水文过程有关，因此泥石流的降雨临界值仅仅是泥石流发生的一个参考或者说是最低门槛。由于众多的不确定性，泥石流的发生不仅与降雨临界值有关，同样与发生频率或者概率有关。下面根据 2010～2013 年 7～8 月这段时间泥石流发生日数的降雨类型和整个降雨日（表 5-18）来分析不同雨型条件下泥石流发生的频率（概率）。

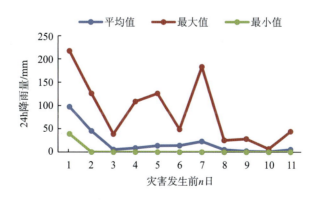

图 5-48　银洞子沟泥石流发生 10 d 内每日降雨量统计

根据表 5-18 的统计可以看出，虽然前面统计得到日降雨量为 40mm 即大雨条件下就可能发生泥石流（泥石流发生概率为 36%），但是根据 2010～2013 年雨季 7～8 月这段时间所有大雨的降雨日数来看，在大雨条件下（25～50mm）发生泥石流的频率（概率）仅仅为

19.05%，而暴雨条件下（＞50mm）虽然总体记录的灾害日数只有两次，但是考虑到总降暴雨日数只有 4 次，暴雨激发条件下泥石流的发生频率（概率）达到 50%；银洞子沟最主要的大暴雨条件下（＞100mm）激发的频率（概率）达到 63.64%。

表 5-18　不同雨型条件下泥石流发生的频率

雨型	降雨量/mm	灾害日数	降雨日数	灾害日数/降雨日数
无雨	0	0	62	0.00%
小雨	0～10	0	98	0.00%
中雨	10～25	0	20	0.00%
大雨	25～50	4	21	19.05%
暴雨	＞50	2	4	50.00%
大暴雨	＞100	7	11	63.64%

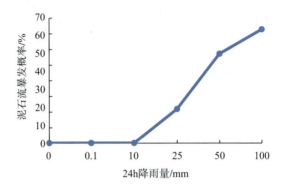

图 5-49　降雨量与泥石流灾害发生的频率关系

因此，从图 5-49 统计的降雨量与泥石流灾害发生的频率（概率）可以推断，降雨量越大，泥石流发生的概率越高。根据统计曲线，可拟合出降雨量与泥石流发生概率的经验关系式：

$$P=0.428 \ln R-1.222 \quad (R^2=0.960) \tag{5-1}$$

式中，P 为泥石流发生概率；R 为 24h 降雨量（mm）。

银洞子沟泥石流从 2008 年地震以后开始暴发，2014 年以后没有暴发的记录。根据监测数据，2014～2016 年发生 30mm 以上的降雨事件共 13 次，50mm 以上的暴雨日数为 6 次，均未暴发泥石流。因此，超过降雨临界值不一定发生泥石流，而是发生泥石流的概率比较大。但是需要说明的是，由于上述经验公式仅是通过少数几次泥石流实例统计得到，仅能说明在一定雨量条件下发生泥石流概率大小的趋势，还需要在持续观测的基础上进行不断的检验和修正。

虹口白沙河流域在地震以前没有泥石流暴发的记录。地震以后，许多学者对泥石流的恢复情况和持续效应开展了研究，认为地震后十多年后会恢复到震前水平，即到 2018 年以后，泥石流的敏感性就会恢复到震前水平。本研究通过对 2009～2013 年连续 5 年泥石流暴发的 24h 激发雨量和累计雨量（图 5-50）进行统计，发现泥石流触发的 24h 雨量和累计雨量是先减小再升高的趋势，这也从统计上支持了地震后泥石流激发雨量逐年升高，工程地质稳定性逐年恢复的观点。

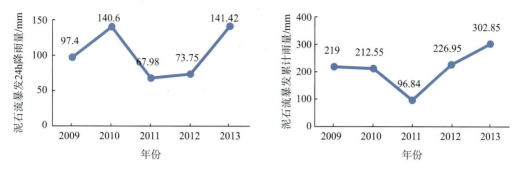

图 5-50　2009～2013 年银洞子沟泥石流 24h 激发雨量及累计降雨量变化

5.3　锅圈岩沟泥石流特征

5.3.1　泥石流基本特征

锅圈岩沟流域为典型的中山峡谷地貌(图 5-51)，最高海拔高程 1222m，最低海拔高程 950m，相对高差 272m。

图 5-51　锅圈岩泥石流沟全貌

  锅圈岩沟域面积约 0.15km²，主沟整体长 890m，主沟平均纵坡比降 270‰，沟道两侧斜坡坡度为 15°～35°。锅圈岩沟流域平面如图 5-52 所示。

  海拔高程 1170m 以上为形成区，沟长 220m，集雨面积 0.10km²，为典型的中山峡谷地貌，沟谷深切，地势陡峻，谷坡坡度 45°～75°，沟床陡直，平均比降 434‰。三面环山一面出口的漏斗状地形，使泥石流得以迅猛直泻，沟谷三面分布着"5·12"汶川大地震形成的滑坡堆积物，为泥石流的形成提供了大量的固体物源（图 5-53、图 5-54）。

  海拔高程 1020～980m 为流通区，沟长 170m，集雨面积 0.03km²，为狭窄陡深的峡谷地形，沟床较为平缓，谷床纵坡平均比降为 248‰，但沟床两侧坡度较陡，达 42°～70°，该区段植被茂密，沟谷两侧无明显固体物源，V 型沟道易形成束流，增大泥石流冲击力（图 5-55）。

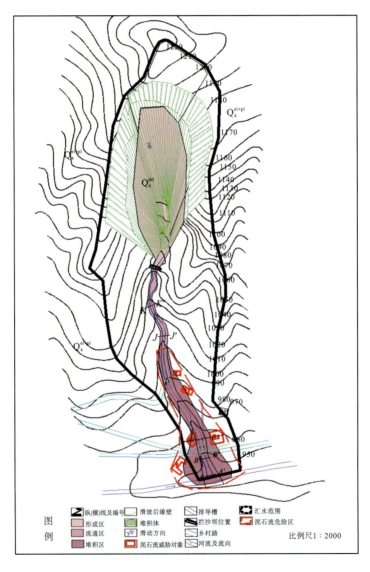

图 5-52 锅圈岩泥石流沟流域平面图

图 5-53 形成区滑坡堆积体局部

图 5-54 形成区滑坡堆积体全景

(a)锅圈岩沟流通段(向上游方向)

(b)锅圈岩沟流通段(向下游方向)

图 5-55　锅圈岩泥石流沟流通区

海拔高程 980～943m 为堆积区，地形平均坡度为 17°，位于锅圈岩沟口(图 5-56)。2009 年 7 月 17 日泥石流在沟口形成的泥石流堆积体呈不规则的舌形，前缘宽约 30m，纵向长约 150m，厚度 1.5～4m，最大厚度达 5m，体积约 0.788 万 m³。

图 5-56　沟口堆积区

锅圈岩沟泥石流堆积物以在出沟口附近堆积为主(图 5-57)，该处沟道宽约 10m，纵向长度 150m，整体平面形态呈扇形，扩散角 40°～60°。根据调查资料，在 2009 年 "7·17" 泥石流暴发时冲入深溪沟主河道的堆积物约 0.788 万 m³，堆积物中以粒径 5～100mm 的颗粒所占比例较大，碎块石成分较多。从地面调查情况看，泥石流堆积物中还含有较多的块石，直径大于 0.5m 的石块占 10%～15%(图 5-58)。

图 5-57　汇入深溪沟

(a)锅圈岩沟物源区巨石

(b)锅圈岩沟道内巨石

图 5-58　锅圈岩沟内块石

锅圈岩沟域面积约 0.15km²，主沟整体长 580m（至下游道路，此下可以看作堆积区），主沟平均纵坡降 270‰。整个流域大致可以分为形成区、流通区和堆积区三大区，各区沟床的特征如表 5-19 所示。

表 5-19　沟床特征统计表

沟床分区	长度/m	走向/(°)	海拔高度/m	相对高差/m	汇水面积/km²	纵坡降/‰
形成区	220	180	1020~1170	150	0.10	434
流通区	170	190	980~1020	40	0.03	248
堆积区	190	170	943~980	37	0.02	236
总体	580		950~1222	272	0.15	270

野外调查发现，锅圈岩沟山脊狭窄，上陡下缓，沟谷弯曲，沟谷切割较深，多为"V"型谷。

泥石流流通区呈现"V"型，深切严重，沟床主要为前期泥石流活动留在沟床的泥石流堆积体，坡度较为平缓，沟谷两侧坡度陡直且有基岩出露，植被良好，沟床泥石流堆积体颗粒大小不一，沟床粗糙程度大，很容易被侵蚀加入后续泥石流的活动中来。流通区泥石流实测断面如图 5-59 所示。

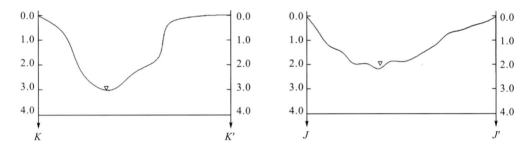

图 5-59　锅圈岩沟流通区沟道实测横剖面示意图

堆积区主要是威胁对象所在的区域，地形平缓，人类活动程度高，沟口建有泥石流排导槽与深溪沟主沟相交，泥石流常常堆满泥石流排导槽，淹没沟口的民房、公路，堵塞深溪沟主沟。实测的堆积区断面如图 5-60 所示。

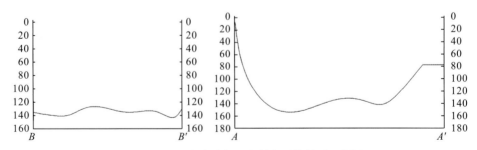

图 5-60　锅圈岩沟堆积区沟道实测横剖面示意图

5.3.2 物源特征

锅圈岩沟的物源分布和纵剖面如图 5-52、图 5-59 和图 5-60 所示。泥石流物源的类型主要有以下几类。

1. 古松散堆积体

调查区内地壳活动频繁、强烈，近南北向断层发育，河流下切强烈，岩石破碎，结构疏松，易于风化。且长期以来这些岩石在地震和构造运动的作用下处于强烈风化剥蚀状态；被风化剥蚀的固体物质一部分残留于地形坡度较缓地带，一部分被运移到沟谷中，主要是一些残坡积、洪坡积物，为泥石流的发生贡献了少量固体物质。

2. 滑坡堆积体

"5·12"地震造成锅圈岩沟泥石流形成区发生滑坡，其形成的堆积物为泥石流的发生提供了丰富的物源。

"5·12"地震引发的滑坡发生于主沟形成区的 U 型三面山体，该滑坡后缘高程 1207m，前缘高程 1035m，前后缘相对高差 172m，水平投影面积约 28 700m^2，斜坡坡面面积约 42 900m^2，主滑方向 176°，滑落体堆积于坡面及沟道中，堆积体坡度 35°～42°，体积约 4×10^4m^3。目前，该滑坡堆积体整体处于基本稳定状态，通过现场勘查结合试验资料，坡度大于 30° 的滑坡堆积体在降雨入渗浸湿后，这部分很快达到饱和，成为可移动物源，约占整个堆积体的 1/4。因此，随雨水冲刷约有 1×10^4m^3 堆积体处于不稳定状态，将成为泥石流形成的动储量物源，需要拦固，此处的滑坡体堆积体主要成分以碎石、块石为主，为松散状态。从存在于堆积体上的两条冲沟推断，此堆积体连续为 2009 年 7 月 17日、2011 年 7 月 6 日、2012 年 7 月 6 日、2013 年 7 月 26 日等发生的泥石流提供了主要的物源，现存堆积体也是再次发生泥石流的主要物源。

3. 建筑弃渣

汶川地震造成锅圈岩流域内居民房屋垮塌，当地居民在原来地基基础上修建了大量建筑物，形成弃渣，直接堆积于下游沟道中，如图 5-61。通过初步估算，弃渣量达到 0.5 万 m^3。考虑到震后锅圈岩沟上游松散物质丰富以及该区域属龙门山雨区，该沟建筑垃圾在当地部门督促下定期输移到附近渣场，暂不考虑为形成锅圈岩沟泥石流松散固体物质来源，但不及时清理必定会参与形成泥石流。

泥石流形成区为三面环山一面出口的漏斗状地形，坡度陡直，物源丰富，沟床颗粒粗大，粗糙程度高，沟道堵塞程度大，主要为滑坡堆积体，土体欠固结、孔隙度大、下渗速率快，源区土体颗粒级配曲线如图 5-62 所示。

(a)2012 年 5 月(向下游方向)

(b)2012 年 10 月(向上游方向)

图 5-61 沟道内建筑弃渣

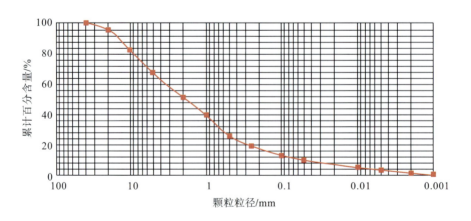

图 5-62 锅圈岩沟源区土体样品颗粒级配图

从土体级配曲线可以得出：不均匀系数 $C_u = \dfrac{D_{60}}{D_{10}} = 70$，说明土体级配良好，粗颗粒分布较广；曲率系数 $C_c = \dfrac{D_{30}^2}{D_{60} \cdot D_{10}} = 2.41$，累计曲线整体形状良好，不缺乏中间某种粒径的颗粒，粗细颗粒均匀分布。

综上所述，锅圈岩流域目前存在 4 万 m³ 可被洪水带走形成泥石流的固体物源，其中，有 1 万 m³ 为近期可移动物源。锅圈岩沟物源的静、动储量如表 5-20 所示。

表 5-20　锅圈岩沟泥石流物源的动、静储量统计表

沟谷名称	动储量/m³	静储量/m³
锅圈岩沟	4×10^4	20×10^4

5.3.3　水源特征

锅圈岩沟位于白沙河支流深溪沟北岸，总体流向由北向南，汇水面积 0.10km²，沟谷短浅，呈岸坡较陡的 "V" 型谷，河谷谷底狭窄，沟床平均比降为 270‰，具有短时间内地表水汇聚的水流条件，水流湍急，对岸坡的掏蚀能力强，沟床破坏较严重。全流域年均降雨量约为 1700mm，最大日降雨量 97.4mm（2009 年 7 月 17 日），6 小时降雨达 219mm，为百年一遇的特大暴雨，降雨时间主要集中在凌晨 3 点至 6 点，雨强达 60～70mm/h。

如：2013 年 7 月 26 日 14:00，深溪沟流域锅圈岩沟流域产生强降雨，暴发了山洪泥石流灾害，泥石流倾泻而下，对沟口居民和深溪沟主沟、白虹路、白沙河等造成了严重的影响，如图 5-63 所示。

(a) "7·26" 泥石流冲毁沟口白虹路施工工地

(b)运动中的泥石流

图 5-63　锅圈岩沟 2013 年 7 月 26 日山洪泥石流灾害

　　根据安装在锅圈岩沟内两部雨量监测仪,得到 2013 年 7 月 26 日泥石流暴发前两天的总降雨量为 157.4mm,三个降雨时间段分别为 25 日凌晨 3:00、25 日晚上 18:00 以及 26 日下午 14:00;25 日第一次降雨总量达 25mm,对锅圈岩沟物源区进行浸润;第二次降雨总量达 70mm,1 小时雨量最大达到 28mm 且下雨持续时间长达 5 个小时,较第一次降雨浸润土体效果更明显;26 日下午 14:00 开始的第三次降雨,1 小时雨量继续增大到 40mm,在前面两次降雨浸润固体物质、降低固体物质抵抗力的基础上,突发的强降雨使锅圈岩沟物源区松散物质迅速饱水,快速形成泥石流喷泻而下(图 5-64)。

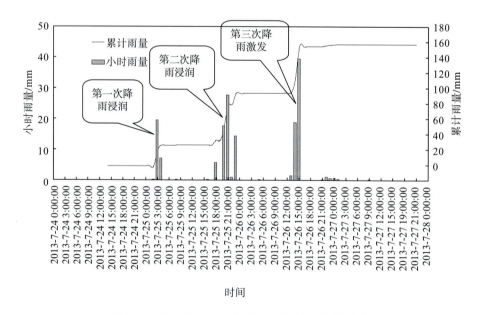

图 5-64　锅圈岩沟 2013 年“7·26”山洪泥石流灾害

　　7 月 26 日当日雨量为 62.2mm(图 5-65),其中泥石流的激发雨量为 39.6mm。

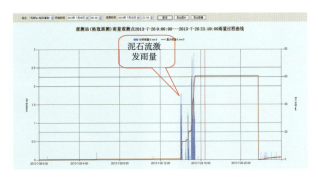

图 5-65　锅圈岩沟 2013 年"7·26"山洪泥石流暴发当日的雨量记录

统计锅圈岩沟前 5d、前 10d、前 20d、前 1 月的降雨量分别为 117.4mm、123.9mm、124.4mm 和 144.4mm，前 5d 的前期雨量如图 5-66 所示。由于地处龙门山雨区，雨季降雨十分充沛，震后的前 10～15 年内，锅圈岩沟泥石流激发雨量将逐步恢复到震前水平。

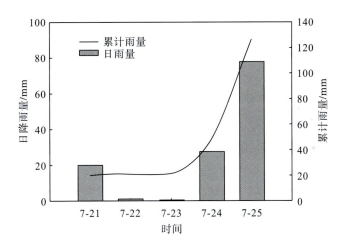

图 5-66　锅圈岩沟 2013 年"7·26"泥石流前 5 天的前期雨量示意图

总的来说，锅圈岩沟沟水主要受大气降水补给。目前泥石流沟内地表水流量小，水动力较强，冲蚀和携带固体物质的能力较强。正因为如此，特别是暴雨条件下，富含泥沙的地表水从较大落差的高处冲下，冲洗、掏蚀和裹带沟床及沟岸两侧松散物质并沿沟而下，致使流体中固体物质含量增多，并形成破坏力较强的稀性泥石流。

5.3.4　锅圈岩滑坡

2008 年"5·12"汶川特大地震之前，锅圈岩沟植被茂密，山清水秀，几无山洪泥石流灾害发生，如图 5-67（a）。而"5·12"汶川特大地震之后，锅圈岩沟物源区大量滑坡坍塌，形成类似围椅状陡峭地形。调查可得，锅圈岩沟滑坡体主要为第四纪堆积物，粗细颗粒物质混杂堆积，有一定的胶结，遇水易垮塌。由此可确定该围椅状滑坡体是锅圈岩泥石流形成的主要松散固体物质来源［图 5-67（b）］。

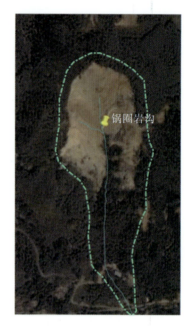

(a) 2005年7月22日   (b) 2008年6月28日

图 5-67   锅圈岩沟在汶川地震前后变化 (google earth)

5.3.4.1   滑坡基本特征

锅圈岩沟上游围椅状部分面积为 0.10km²，平均纵坡降为 333‰，相对高差近 300m，四个滑坡体坡度均大于 35°，局部甚至高达 50°。

根据现场测量、调查，锅圈岩沟拦挡坝以上主要发育有多处滑坡、崩塌土体，松散固体物质储量丰富。对其中主要的滑坡体进行编号 Ⅰ~Ⅳ（图 5-68），每个滑坡体见图 5-69。

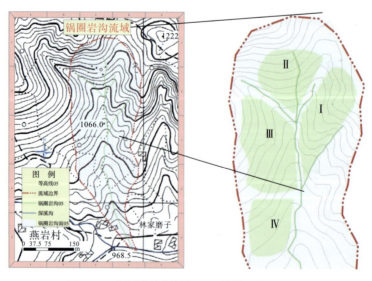

图 5-68   锅圈岩沟拦挡坝以上松散固体物质分布

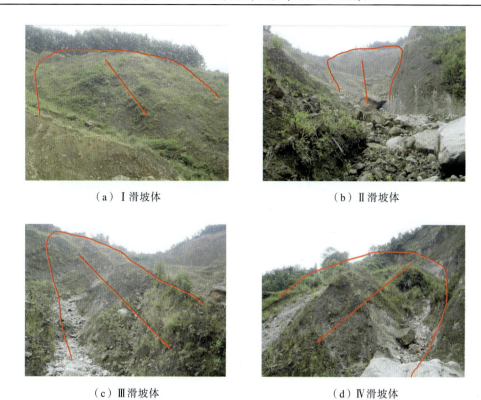

（a）Ⅰ滑坡体　　　　　　　　　　　（b）Ⅱ滑坡体

（c）Ⅲ滑坡体　　　　　　　　　　　（d）Ⅳ滑坡体

图 5-69　锅圈岩沟滑坡体

通过对四个滑坡体进行测量统计，得到锅圈岩沟四个滑坡体的具体参数及计算结果如表 5-21 所示。

表 5-21　锅圈岩沟拦挡坝以上崩滑土体计算结果

编号	S_i /m²	a_i /m	θ_i /(°)	h_i /m	W_i /(10⁴m³)
Ⅰ	8 673	45	30	4.01	3.474
Ⅱ	7 088	30	40	4.44	3.147
Ⅲ	11 393	45	35	5.04	5.742
Ⅳ	5 914	35	40	5.18	3.063

注：表中 S 为滑坡体表面积，a 为滑坡平均宽度，θ 为滑坡体坡角，h 为滑坡体平均厚度，W 为滑坡体体积。

5.3.4.2　滑坡变形特征

为研究锅圈岩沟物源区滑坡体变形情况，选择在Ⅱ滑坡体中部安装 GPS 对其进行实时监测，以获取滑坡体表面松散固体物质运移、变形特征(图 5-70)。

从 2013 年 GPS 监测正常运行以来，Ⅱ滑坡体表层土体位移随时间逐步增大，该滑坡表层松散固体物质持续变形，且随着时间推移，表层土体位移速率快速增大。2013 年 7 月 26 日暴发的强降雨将Ⅱ滑坡体上 GPS 监测传感器冲蚀垮塌(图 5-71)。

图 5-70　锅圈岩沟Ⅱ滑坡体 GPS 监测位置

图 5-71　"7·26"泥石流冲毁锅圈岩沟Ⅱ滑坡体 GPS 监测仪

　　通过实时监测，得到Ⅱ滑坡体监测位置表层滑坡土体位移随时间的变化关系，即该次暴雨诱发滑坡形成泥石流的 GPS 位移过程(图 5-72)。

　　通过分析该 GPS 位移-时间曲线，表明 2013 年 3 月～2013 年 5 月，该滑坡体表层松散固体物质平均位移速率为 1.2mm/d，最大为 1.5mm/d。通过对比锅圈岩沟雨量监测，发现最大位移时间为 5 月 15 日，当日降雨量达 15mm，之后平均速率逐渐恢复至 1.2mm/d。而 2013 年 6 月～2013 年 7 月 26 日，该 GPS 平均位移速率达到 2.3mm/d，在 7 月 26 日暴发强降雨当天达到最大位移速率 3.5mm/d。通过单点分析，发现锅圈岩沟后缘滑坡体欠稳定，尤其在降雨作用下滑坡体表面松散固体物质移动速率快速增加，一方面是滑坡体坡度较陡，另一方面该滑坡体岩性松散，固结较差，降雨浸润即发生较大位移，是锅圈岩沟滑坡泥石流形成的内在因素。

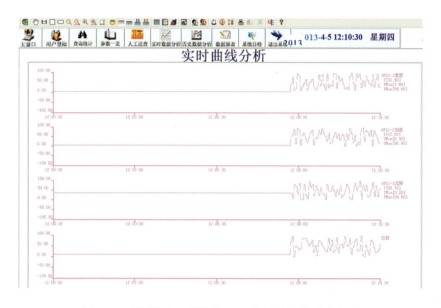

图 5-72　锅圈岩沟Ⅱ滑坡体 GPS 监测时间-位移曲线图

5.3.4.3　滑坡稳定性评价

1. 锅圈岩沟滑坡形成条件

锅圈岩沟上游物源区主要分布四个滑坡体，究其原因，四个滑坡产生的原因可分为内因和外因。内因是锅圈岩流域小，地形高差大，龙门山地震断裂带沿深溪沟分布，距离断层小于 0.2km，以及流域内地层岩性主要为第四纪松散物质，总体可表述为地质因素，也是锅圈岩沟降雨型滑坡泥石流的主要控制因素。而外因则是人们漫山种植厚朴等经济作物，增大陡峭的滑坡后缘负重，以及锅圈岩沟所处龙门山雨区，连绵不断的降雨等是锅圈岩沟滑坡发生的外因，也是这四个滑坡发生的激发因素。

（1）内部因素。锅圈岩沟滑坡体三面沟谷深切，地形呈 V 字形，造成滑体形成高陡的临空面。地形上形成陡坎，是形成滑体的有利条件。该滑坡物质为全新统残坡积（Q_4^{el+pl}）、洪坡积（Q_4^{pl+dl}）以及崩坡积（Q_4^{del}）、泥石流堆积（Q_4^{sef}）层。第四系地层以松散的碎石类土为主，厚度变化大，为 1～20m，主要呈现出山脊处薄、沟谷处厚的特点。另外，该地层岩性具有遇水易发生崩解的特性，其力学强度迅速降低，是滑坡形成的物质条件。其次，锅圈岩沟物源区后缘分布有裂缝，为降雨、地表水进入滑面及变形破碎带形成下渗提供通道，同时加剧了滑坡体的风化作用。

（2）外部因素。锅圈岩沟所在都江堰地区多年平均降雨约 1700mm，其中 80%以上雨量集中在 5～10 月，最大日降雨量 97.4mm（2009 年 7 月 17 日），小时雨强达 60～70mm/h。降雨的渗入致使滑坡土体饱和软化，影响了斜坡的稳定，是导致锅圈岩物源区滑坡形成的一个激发因素。

总的说来，锅圈岩滑坡主要由内因和外因共同作用形成，其中距离断裂带和所处龙门山雨区是该流域滑坡形成的直接因素。

2. 锅圈岩沟滑坡稳定性评价

通过前期调查，锅圈岩沟物源区滑坡体主要由基岩和第四纪地层组成，其中基岩主要岩性为砂岩、泥岩、碳质页岩夹煤层，表现为半坚硬-坚硬，而滑坡体表层以第四系碎石类土为主，遇水易坍塌。勘查发现，锅圈岩沟内滑坡体基岩面起伏变化不大，因此采用滑动面传递系数法计算滑坡稳定性，计算参数按照室内土工试验结果，其中，滑体重度取平均值，滑动面土重度取反复直剪残余值(表 5-22)。

表 5-22　稳定性计算参数取值

土层	天然重度/(kN/m³)	饱和重度/(g/cm³)	黏聚力 c/kPa	内摩擦角 ϕ/(°)
滑体	19	20	26	15
滑动面土	19	20	12	4

选择Ⅱ滑坡体主滑方向的剖面进行稳定性计算，稳定性系数为 1.15，基本稳定，即：

$$F_s = \frac{\sum_{i=1}^{n-1}\left(R_i \prod_{j=1}^{n-1}\psi_j\right) + R_n}{\sum_{i=1}^{n-1}\left(T_i \prod_{j=1}^{n-1}\psi_j\right) + T_n}$$

$$\psi_j = \cos(\theta - \theta_{i+1}) - \sin(\theta - \theta_{i+1})\tan\phi_{i+1}$$

$$\prod_{j=1}^{n-1}\psi_j = \psi_i \cdot \psi_{i+1} \cdot \psi_{i+2}\cdots\psi_{n-1}$$

$$R_i = N_i\tan\phi_i + c_iL_i$$

式中，F_s 为稳定系数；c 为内聚力（kPa）；ϕ 为内摩擦角(°)；θ_i 为第 i 块段滑动面与水平面的夹角(°)；R_i 为作用于第 i 块段滑面上的抗滑力(kN/m)；N_i 为第 i 块段滑面上的法向分力(kN/m)；T_n 为作用于第 i 块段滑面上的滑动分力(kN/m)；ψ_i 为下滑力传递系数。

从而，可知锅圈岩沟物源区滑坡由于下部基岩、上部第四系松散堆积物，且基岩滑面平缓，一次发生整体性滑动可能性较小；同时锅圈岩沟中上游拦挡坝正常运行以来，拦蓄 2 万 m³ 松散固体物质，其一方面稳定了沟床两侧滑坡体坡脚，一方面降低了沟床纵坡比降，使锅圈岩沟滑坡逐渐稳定。但锅圈岩沟位于龙门山雨区和断裂带附近，滑坡体表层固体物质发生局部滑动的可能性很大。

5.3.5　泥石流发育规律

5.3.5.1　灾害成因类型

锅圈岩沟内主要灾害形式表现为滑坡、泥石流、山洪等。

该沟谷泥石流的形成与所处的位置、地形、地层岩性、地震、暴雨有着直接的联系。首先该区构造运动频繁，褶皱、断裂比较发育，沟谷两侧山高坡陡，高差大，海拔高，在长期遭受风化作用下岩石的构造破坏、风化裂隙发育、岩体破碎，"5·12"地震使山体的岩土体松动，致使沟谷山体出现较大范围滑坡，形成大量的松散堆积体，成为泥石流物源。同时，该区域为四川典型的龙门山暴雨中心，暴雨较频繁，雨量集中，这为泥石流的产生提供了水动力条件。正是这些因素的综合作用，导致了 2009 年 7 月 17 日锅圈岩泥石流的暴发。

通过现场调查及历史资料分析，该泥石流沟为单沟泥石流沟，易发程度原本为低频，由于"5·12"地震，物源增加，在暴雨情况下泥石流发生频率明显增大。按照泥石流的流体性质、发生地形地貌条件、固体物质提供方式、诱发因素及动力特征等不同指标，对泥石流的形成条件进行分析如下：

(1) 按水源成因分类，锅圈岩泥石流属于暴雨泥石流。2009 年 7 月 17 日发生的泥石流即由百年一遇暴雨引起；按物源成因分类，锅圈岩泥石流属于崩滑及沟床侵蚀型泥石流，泥石流在形成及流通过程中，固体物质主要由"5·12"地震引发的滑坡堆积体提供。

(2) 按泥石流集水区地貌特征划分，锅圈岩泥石流主要属于沟谷型泥石流。根据实地调查，泥石流主沟发育于山体深切沟谷地带，物质来源为主沟上游的滑坡松散堆积物，泥石流的形成、流通区明显。

(3) 按暴发频率划分，锅圈岩沟近期存在高频泥石流，但随着沟内物源逐次被冲出，发生泥石流的频率将逐渐降低。根据调查，2009 年 7 月 17 日发生泥石流以前，该沟未发生过成规模泥石流，2009 年 7 月 17 日暴雨为百年一遇。

(4) 按流体性质划分，锅圈岩泥石流为稀性泥石流。根据调访及勘查，2009 年 7 月 17 日泥石流浆呈稠浆状，根据室内实验数据，其容重为 $1.4 \sim 1.6 \mathrm{g/cm}^3$，平均为 $1.53 \mathrm{g/cm}^3$，锅圈岩泥石流为稀性泥石流。

(5) 按照泥石流动力特征分类，锅圈岩泥石流属于水力类泥石流。泥石流发生主要沿着较陡的沟谷运动，其中土体是靠部分水体提供推移力引起和维持其运动的。

综上所述，深溪村锅圈岩泥石流属于稀性-高频-暴雨-沟谷型泥石流。

5.3.5.2　灾害活动强度特征

锅圈岩沟为 2008 年"5·12"汶川特大地震灾害极重灾区中心部位。特大地震不仅造成了大量的人员伤亡和经济财产损失，同时还诱发了为数众多的崩塌、滑坡、泥石流等次生地质灾害。和震前相比，锅圈岩沟滑坡泥石流的数量较震前有了明显增加。由于山体破碎，松散固体物源的储量大大增加，降低了锅圈岩沟泥石流的临界雨量，滑坡泥石流暴发的频率提高，泥石流的容重增大，灾害的规模和威胁范围都明显增加(表 5-23)。

表 5-23　震后锅圈岩沟滑坡泥石流活动特征

滑坡泥石流特征	震前	震后
沟道类型	非泥石流沟	泥石流沟
物源(滑坡)	少	多
频率	小	大
容重	低	高
规模	小	大
临界雨量	高	低
危险区域	小	大

5.3.6 灾害危害程度及趋势

汶川地震之后的 8 年来,锅圈岩沟内丰富的物源大大降低了该沟激发滑坡泥石流的临界雨量,滑坡泥石流连年发生,且规模呈逐年增大趋势(表 5-24)。随着时间的增长,锅圈岩沟物源区垮塌的滑坡体越来越少(主要得益于中上游拦挡坝拦蓄了数十万立方泥石流固体物质,稳定了锅圈岩沟上游斜坡坡脚,同时上游沟床纵坡急剧减缓),且平缓地带植被逐渐恢复并稳定下来,锅圈岩沟物源区滑坡体在降雨作用下失稳启动形成滑坡泥石流的可能性逐渐降低。在未来的 5～10 年,锅圈岩沟降雨型滑坡泥石流暴发频率将逐渐趋于震前水平,即锅圈岩沟滑坡泥石流危害程度将逐步降低,从震后最初高频滑坡泥石流演变成普通的清水沟。

表 5-24 汶川地震前后深溪沟流域泥石流灾害发生频次表

地震前	地震后
无泥石流记录,只发生山洪	(泥石流频发) 2008-09-24、2009-07-17 2010-08-13、2010-08-18 2011-07-01、2012-07-17 2013-07-09、2013-07-26 2014-05-20、2014-07-18

5.4 结 论

当日降雨是诱发银洞子沟和干沟泥石流的主要激发因素,而当日发生的大暴雨和暴雨对于激发银洞子沟泥石流关系最为密切;前期雨量对于银洞子沟灾害的发生主要表现在灾害前 1 日的暴雨。日降雨量为 40mm 即大雨条件下就可能发生泥石流,降雨量越大,泥石流的发生概率越高。激发 24h 降雨量与银洞子沟和干沟泥石流发生概率的关系式分别为:$P=0.428 \ln R-1.222$ 和 $P=0.391 \ln R-1.218$。据统计,地震后泥石流激发雨量逐年升高,表现出震后泥石流灾害开始恢复的趋势。

需要说明的是,由于前期区内气象观测站数量少,而山区气候变化大,降雨时间和空间的差异较大,给泥石流发生与降雨关系的规律总结带来很大难度,也制约了泥石流的预测和预报。本研究中 2013 年以前的降雨资料和数据,是根据气象部门和相关前期研究提供的白沙河境内的降雨资料进行整理和总结得到的,非本研究实测数据,特此说明。

参 考 文 献

[1] 四川煤田地质局 141 队开发总公司. 四川省特大山洪地质灾害城乡选址安全评估都江堰市虹口乡地质灾害危险性评估专项报告[R]. 2010.

[2] 四川省地质调查院. 四川省都江堰市地质灾害调查与区划报告[R]. 2005.

[3] 河北省地勘局秦皇岛资源环境勘查院. 都江堰市虹口乡红色村干沟泥石流应急勘查报告[R]. 2010.

[4] 河北省地勘局秦皇岛资源环境勘查院. 都江堰市虹口乡联合村银洞子泥石流应急勘查报告[R]. 2010.

[5] 河北省地勘局秦皇岛资源环境勘查院. 都江堰市虹口乡深溪村锅圈岩泥石流应急勘查报告[R]. 2010.

[6] Caine N. The rainfall intensity-duration control of shallow landslides and debris flows[J]. Geografiska Annaler, 1980 , 62: 23-27.

[7] 张珍, 李世海, 马力. 重庆地区滑坡与降雨关系的概率分析[J]. 岩石力学与工程学报, 2005, 24(17):3185-3191.

第6章 滑坡破坏降雨临界值及预警模型

2008 年汶川地震造成西南山区形成大量潜在的滑坡和泥石流物源。滑坡和泥石流物源常在降雨作用下启动形成滑坡泥石流，再次给地震灾区的灾后重建和人民生命财产安全造成巨大威胁。面对数量如此巨大的次生灾害，就目前条件，国家尚不能对每一处具有危险性的滑坡及泥石流物源进行工程治理，也不能保证每一次治理的效力。因此开展监测预警工作成为减少人员伤亡和财产损失的重要措施。多年来课题组以都江堰市白沙河流域为示范区，致力于典型降雨型滑坡监测预警的研究。目前，国内外众多学者已对降雨诱发滑坡这一现象开展了大量而有益的探索，并取得了实质性进展。但有关降雨诱发滑坡的研究大多集中在探讨降雨期间边坡的稳定性，且多采用确定性分析方法来评估其稳定性。鉴于此，在现有研究成果的基础上，分别从物理入渗模型和数值模型两个方面，以堆积层滑坡的破坏模式研究为出发点，研究堆积层滑坡的降雨临界值域，为该区域监测预警工作服务。

6.1 研 究 现 状

大量降雨型滑坡统计资料表明：大量的滑坡发生在大雨、久雨及特大暴雨期间或之后。事实上，"降雨诱发滑坡"仅仅是直观的说法，严格来说，是入渗雨水的渗流作用及其与斜坡岩土体之间复杂的相互作用致使滑坡的发生。相应的失稳机制可由以下四个方面阐释：①雨水入渗使岩土体自重增加，增大了滑坡体的下滑力，同时入渗雨水使斜坡岩土体内的基质吸力显著丧失，导致其抗剪强度明显降低；②降雨期间或降雨之后斜坡岩土体内孔隙水压力的上升使得潜在滑动面上的有效应力及抗剪强度降低；③干湿交替导致岩土体开裂，产生了大量的裂隙，使更多的雨水进入岩土体，加速滑坡的发生；④降雨使地下水位升高，改变了斜坡内初始的孔隙水压分布和渗透力。

一般而言，研究降雨型滑坡的降雨临界值的方法有三种：一是用统计分析方法寻求临界降雨量与降雨型滑坡之间的相关性，建立统计模型；二是研究降雨入渗引发滑坡的物理过程并建立相应的分析模型，然后借此建立数值或概念模型；三是基于人工降雨试验研究临界降雨量与滑坡之间的关系，从而建立数学模型。

6.1.1 统计模型

基于统计学原理建立某一区域滑坡发生数量与降雨量之间的数学关系，并根据滑坡发生时的降雨等气象资料和滑坡发生时的位移监测等资料建立滑坡发生与降雨特征之间的数学关系[1], 其中降雨特征包括累计雨量、降雨强度等, 最终根据这些数学关系对降雨型滑坡做预测预报。Caine[2]列出 73 种不同降雨时间和强度条件下导致滑坡发生的情况, 他首次提出一个临界降雨强度值, 即 I-D 曲线, 这一关系式并不适用于全球的每个地区, 但他所做的工作被认为是探讨诱发滑坡降水强度临界值的里程碑。Mark 与 Newman[3]根据美国某地区 1982 年 1 月的降水特征建立了诱发滑坡的降水强度和持续时间的临界关系曲线, 并进一步建立了滑坡实时预报系统。一些学者[4]后来进行了大量研究, 在不同的区域建立了不同的 I-D 曲线。Glade 等[5]建立了确定降雨临界值的三个模型, 确定出一个最小临界值和最大临界值。Polemio 与 Sdao[6]建立了滑坡发生概率与累计降雨量之间的模型。Guzzetti 等[7]改进了这一方法, 降雨强度用年平均降水量(MAP)和全年雨天平均降水量(RDN)来代替, 对降雨强度进行标准化处理, 然后对标准化的降雨数据分别建立阈值。国内对于地质灾害统计学的研究有很多成果。杜榕恒等[8]通过统计分析三峡地区暴雨诱发的多个典型滑坡, 得到了暴雨触发滑坡的临界降雨强度。李晓[9]通过对重庆一带地质、地貌特点、降水侵蚀强度等进行研究, 研究了发生地表侵蚀或触发滑坡灾害的雨强变化规律。乔建平等[10]通过研究三峡地区滑坡与降雨的相关关系, 在对大量滑坡和降雨资料进行概率统计分析基础上, 提出了一套基于概率模型的滑坡预警方法体系。谢剑明等[11]、李媛等[12]、李铁锋等[13]、高华喜等[14]均用数理统计的方法对滑坡灾害与降雨的数学关系进行分析, 建立滑坡发生率与降雨量或降雨强度的统计模型。

6.1.2 数值模型

从降雨诱发滑坡的机理出发, 研究降雨入渗条件下滑坡体渗流场的变化特征及稳态特征, 并结合与之对应的饱和-非饱和土抗剪强度特征, 采用无限斜坡稳定性模型来估计临界雨量。Montgomery 和 Dietrich[15]根据降雨入渗条件下的渗流场变化与无限斜坡稳定模型相结合, 提出诱发浅层滑坡的临界雨量计算方法。Wilkinson 等[16]将坡地水文模型与 Janbu 非圆弧滑动模型和简化 Bishop 方法相结合来研究滑坡启动的临界降雨条件。Chang 等[17]将统计方法与边坡稳定分析方法相结合, 对预测降雨滑坡启动的临界降雨量进行了研究。Iverson[18]、Casadei 等[19]、Jakob 等[20]也对此进行了研究, 取得了较好的效果。国内对于从降雨诱发灾害的机理出发研究临界降雨量的方法起步较晚。兰恒星等[21]考虑斜坡地形变化的地下水运动特征, 以此来研究滑坡的稳定性, 即将极限平衡法与基于 DEM 的水文分布模型结合, 提出了土力学-水文学-地形耦合模型, 并建立了滑坡稳定的综合判定标准。殷坤龙等[22]从动态分析和数值模拟两方面讨论了滑坡过程中的地下水作用机理, 建立了降雨所产生的水压力极限平衡模型。李德心[23]通过将降雨入渗渗流场变化与无限边坡模型结合, 建立了滑坡启动的临界雨量与边坡坡度、汇水区面积、地层岩性的定量关系。朱文彬等[24]、陈丽霞等[25]、刘礼领等[26]均从降雨诱发滑坡的机理出发, 对导致滑坡的临界雨量进行了定量化估算。

6.1.3　模型试验

王功辉等[27]用水槽做了一系列降雨诱发不同粒径的石英砂滑坡的试验,分析了粒径对孔隙水压力及破坏模式的影响。黄润秋和戚国庆[28]通过对滑坡基质吸力的现场观测,研究了滑坡基质吸力受滑坡物质组成成分的影响。罗先启等[29]通过构建室内人工降雨控制系统、水库水位控制系统、大型滑坡试验平台起降控制系统以及多物理量测试系统、非接触位移量测试系统、γ射线透射法水分测试系统等,研究了水库型滑坡的变形破坏规律。牟太平等[30]利用自己开发的土坡离心模型试验和测量技术进行自重加载离心试验,观察自重加载条件下土坡的变化特征。徐光明等[31]也采用离心模型试验方法,比较了边坡坡度、短期和长期的雨水入渗对坡体破坏的影响,建议膨胀土边坡的治理需要隔水与放缓边坡坡度双重工作。周中等[32]通过野外人工降雨模拟试验和原位监测认为降雨对土石混合体边坡坡体表面浅层深度有影响,而随着时间的推移,对坡体内部孔隙水压力产生影响,认为降雨入渗可能是导致边坡失稳的主要原因之一。许强[33]等结合多年来对我国数十起重大滑坡灾害监测预警和应急抢险的实践经验和教训,总结并提出了斜坡变形时间演化的三阶段规律和斜坡裂缝空间演化的分期配套特性。李焕强等[34]构建不同坡度边坡物理模型试验,研究边坡坡体含水率、坡前推力、坡体变形随坡度在降雨前后的变化规律。林鸿州等[35]通过降雨诱发土质边坡失稳的模型试验及已有研究成果来分析雨强及累计降雨量对边坡失稳的影响,并以此来选取出合适的雨量预警参数。王睿等[36]通过降雨条件下含软弱夹层黏性土坡的离心模型试验研究了降雨条件下坡体的吸力和变形规律,分析了软弱夹层对坡体的影响。詹良通等[37]自行研制了离心机机载降雨模拟装置,揭示了降雨诱发粉土边坡的失稳模式,并指出了该类降雨诱发滑坡的有效防治措施。Wu等[38]从一系列人工降雨试验证实了松散滑坡中孔隙水压力和含水量的变化是巨大的这一假设,并总结了坡度、降雨强度、初始吸力对滑坡变形和破坏的影响。左自波等[39]基于人工降雨试验研究了降雨条件下堆积体土坡的渗流、变形、破坏和颗粒运移的规律,探讨了颗粒级配对堆积体土坡稳定性的影响。

6.1.4　研究存在的问题

国内外众多学者对降雨诱发的滑坡做了大量系统、广泛的研究工作,从边坡现场试验到模型试验,从数值模型到概念物理入渗模型,从数学统计分析到边坡可靠度分析等。这些研究揭示了滑坡破坏机理,并为滑坡稳定评价和预报等奠定了坚实的基础。然而,尽管目前降雨诱发滑坡的问题已引起众多学者和政府部门的空前重视,且也已对其开展了大量而深入的研究和调查,但还存在以下几个方面的问题:①先前研究大多集中在降雨期间的边坡稳定性。但是滑坡历史统计记录表明,降雨型滑坡多发生在暴雨、大雨和长时间的连续降雨之后。据研究表明滞后时长为1~3天,但一般不会超过10天。目前对滑坡滞后性的研究仅基于统计上的相关性,而未从理论上对此予以解释。因此,就滑坡失稳滞后这一特性开展相关研究,为准确获取降雨型滑坡临界值提供了安全保障。②降雨滑坡临界值研究的关键问题,也是问题的难点,在于如何计算雨水入渗引起的斜坡暂态渗流场。目前应用入渗模型来评价边坡的稳定性还仅仅局限在均质无限长边坡中。但在实际工程中，由于地质、水文、风化以及生物过程等的复合作用，边坡土体表现为明显的各向异性和层状结构。因此，引入可靠度理论，基于岩土体材料入渗产生空间变异性特征，开展降雨条件下降雨型滑坡的临界雨量研究。③随机变量模型在一定程度上能够反映降雨条件下饱和渗透系数变异性对边坡破坏概率的影响，但随机变量模型依然未考虑饱和渗透系数的空间变异性和自相关性，因此宜将饱和渗透系数分布参数模拟为随机场而非随机变量。

6.1.5　降雨临界值

目前，部分国家和地区通过数据统计或数值模拟的方法给出了定量化的降雨型滑坡破坏降雨临界值(表 6-1)，可根据定量化的临界降雨强度对滑坡进行预测和预报。但是由于区域地质气候条件不同、灾害统计资料不足以及坡地地质条件的不确定性等因素，使得该法的应用范围存在一定的局限性，一般只能适用于本区域或相类似的地区。因此，针对都江堰市白沙河流域典型滑坡开展降雨型滑坡临界值的研究显得格外重要。

表 6-1　部分国家和地区触发滑坡的临界降雨强度

国家或地区	过程降雨量		降雨强度		备注
	总量/mm	占年平均的比例/%	日降雨量/mm	时降雨量/mm	
巴西	250～300	8～17			>20%出现灾害性滑坡
美国	250			>6	
日本	150～200			20～30	
加拿大	250				临界值
香港	350		>100	>40	
四川盆地			>200		临界值
陕西地区			>70		
鄂西地区			>100		
江西			>70		

6.2　降雨型滑坡滞后性机理

6.2.1　粒径对土持水性能的影响

土的持水性能是土体的重要特性之一，能够反映土体中孔隙水变化的难易程度。其中土-水特征曲线(soil-water characteristic curve，SWCC)作为一项解释非饱和土工程现象的基本的本构关系，是评价土体持水性能的重要指标。研究非饱和土的持水性能是研究非饱和土中的水、气存在形态以及迁移规律的基础，也是研究非饱和土中各相之间的细观现象与土的客观特性的纽带。土的持水性能与孔隙特性直接相关。影响孔隙结构的因素有很多，如干密度、粒径、温度、初始含水率、应力历史和应力状态等。不同颗粒组分引起的孔隙性状各异，土-水特征曲线也不相同，颗粒组分与土水特征曲线紧密相关。颗粒组分作为决定其孔隙大小和分布状态的主要因素，而目前关于粒径对砂土持水性能影响的研究较少，粒径对土持水性能的影响如何有待于探讨。鉴于此，通过对天然砂土筛分，首先选择不同粒径的单一粒级土粒作为研究对象，研究粒径对土持水性能的影响。

6.2.1.1　试验概况

试验中使用的砂土材料来源于某边坡，具有天然砂土颗粒的表面形状，与实际工程用砂表面特性一致。本次试验所采用的土样为重塑土。将砂土过圆孔标准筛，分别得到粒径分布为<0.075、0.075~0.105、0.105~0.250、0.250~0.420、0.420~0.850、0.850~1.400mm的粒组。土样颗粒分布曲线见图6-1。各粒组颗粒的比重均为2.71。

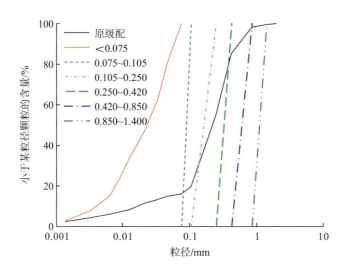

图 6-1　颗粒分布曲线

试验所用仪器为 Geo-Expert 公司所生产的 SDSWCC 应力相关土水特征曲线压力板仪系统(图 6-2)。试样采用 Φ100 mm×20.0 mm 的圆柱体土样，干密度控制为 1.4g/cm^3。取经筛分烘干后的土样按含水率10%的比例调制均匀后按照设计的干密度放入标准模具中制作成型，抽真空饱和静置 6h，然后开始试验。试验过程中按照基质吸力依次为 10kPa、50kPa、100kPa、200kPa、300kPa、400kPa、500kPa 和 600kPa。吸力加载过程中，土中的水分将流入旁边的量管，平衡后记录读数。以上完成脱湿试验，脱湿之后再进行吸湿试验，即将基质吸力逐次降至 0，水将逐渐流入土样，待平衡后读取数据。单级基质吸力荷载下土样的平衡标准参照 Pham H Q 的建议：24h 内排水量小于 0.1mL 时则可认为基质吸力达到平衡状态。

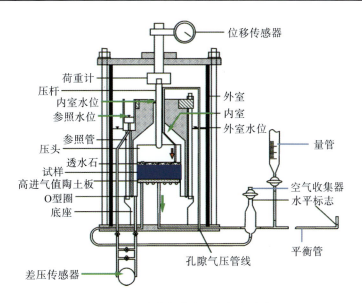

图 6-2 土水特征曲线压力板仪系统

6.2.1.2 试验结果及分析

Leong 和 Rahardjo 等比较了 Fredlund 和 Xing 模型与其他土-水特征曲线模型,认为 Fredlund 和 Xing 模型最能拟合试验数据,精度最高,且该模型的适用性较广。因此,本文选用 Fredlund 和 Xing 模型对试验数据进行拟合。Fredlund 和 Xing 模型的表达式为

$$\theta_w = C(\psi)\left(\frac{\theta_s}{\{\ln[e+(\psi/a)^n]\}^m}\right) \tag{6-1}$$

$$C(\psi) = \left(1 - \frac{\ln(1+\psi/\psi_r)}{\ln(1+10^6/\psi_r)}\right) \tag{6-2}$$

$$a = \psi_i \tag{6-3}$$

$$m = 3.67\ln\left(\frac{\theta_s C(\psi_i)}{\theta_i}\right) \tag{6-4}$$

$$n = 3.72s^* \frac{1.31^{m+1}}{mC(\psi_i)} \tag{6-5}$$

$$s^* = \frac{s}{\theta_s} - \frac{\psi_i}{1.31^m(\psi_i+\psi_r)\ln[1+10^6/\psi_r]} \tag{6-6}$$

$$s = \frac{\theta_i}{\ln(\psi_p/\psi_i)} \tag{6-7}$$

综合式(6-1)~式(6-7)可得

$$\theta_w = \left(\frac{\theta_s}{\{\ln[e+(\psi/a)^n]\}^m}\right)\left[1 - \frac{\ln(1+\psi/\psi_r)}{\ln(1+10^6/\psi_r)}\right] \tag{6-8}$$

式中,θ_w 为体积含水率;θ_s 为饱和体积含水率;θ_r 为残余体积含水率;ψ 为基质吸力(kPa);ψ_r 为残余基质吸力(kPa),ψ_i 为土-水特征曲线转折点处的基质吸力;$C(\psi)$ 与 $C(\psi_i)$ 为校

正函数；s^* 为系数；s 为减湿率；a 为进气值的相关参数（kPa）；n 为减湿率的相关参数；m 为残余含水率的相关参数；e 为自然底数，取值 2.71828。残余基质吸力、进气值、减湿率以及拟合参数（a，m，n）均由数据分析软件 Origin 确定。

图 6-3 为各粒组的土-水特征曲线，从图中可以看出，Fredlund 和 Xing 模型能有效反映试验数据，拟合参数见表 6-2。不同粒径条件下的土-水特征曲线形态基本相同。黑线为脱湿曲线，红线为吸湿曲线。土-水特征曲线呈现典型的三阶段变化特征：边界效应阶段、转化阶段和残余阶段。

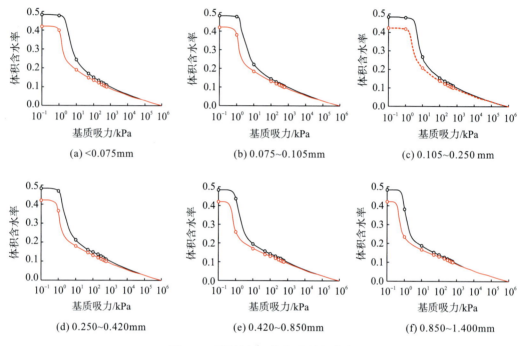

(a) <0.075mm　　(b) 0.075~0.105mm　　(c) 0.105~0.250mm

(d) 0.250~0.420mm　　(e) 0.420~0.850mm　　(f) 0.850~1.400mm

图 6-3　不同粒径下的土-水特征曲线

表 6-2　拟合参数值

粒径/mm	ψ_a /kPa	ψ_r /kPa	s	a/kPa	m	n
<0.075	3.513 0	7.323	0.357 00	4.496	0.479	2.127
0.075~0.105	1.867 7	4.348	0.390 60	2.520	0.702	2.786
0.105~0.250	1.632 0	3.922	0.397 80	2.237	0.757	4.443
0.250~0.420	1.187 0	3.119	0.412 34	1.704	0.829	6.893
0.420~0.850	0.882 0	2.570	0.436 50	1.339	0.852	9.717
0.850~1.400	0.512 0	1.990	0.505 70	0.894	0.917	13.212

对比分析不同粒径下的土-水特征曲线可以发现，受其影响，土-水特征曲线的形态随之不同。进气值 ψ_a、残余基质吸力 ψ_r 与减湿率 s 控制着土-水特征曲线的形状。进气值 ψ_a、

残余基质吸力 ψ_r 与减湿率 s 的定义如图 6-4 所示。本章将进一步探讨以上参数与模型参数 $(a，m，n)$ 的定量关系。

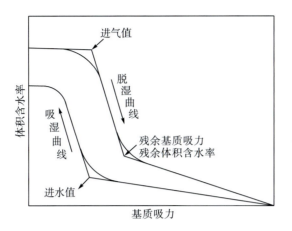

图 6-4　典型的非饱和土土-水特征曲线

边界效应阶段：进气值是土体孔隙中开始出现气泡时的基质吸力，即当基质吸力增大到该值时，空气开始进入土体，它是边界效应阶段的下边界。在边界效应阶段，土体的孔隙中完全充满水，土颗粒接触点处于水连通形态。转化阶段：曲线在半对数坐标上近似表现为一条直线，将它的切线斜率定义为减湿率，反映土体储水能力的大小。这一阶段中的液相和气相处于双连通形态，土体性质复杂，是工程中最关心的状态阶段。残余含水率 θ_r 是残余阶段的上边界。当土的含水率低于该值以后，土体孔隙中的空气处于气连通形态，孔隙水仅残存于小孔隙中。

从图 6-5 可以看出，进气值随着参数 a 的增大而线性增大，残余基质吸力随着参数 m 的增大而线性减小，减湿率与参数 n 呈二次函数关系。说明土-水特征曲线的特征参数与模型参数具有很好的对应关系，土-水特征曲线形状的变化也可以借由模型参数 $(a，m，n)$ 来量化表示。

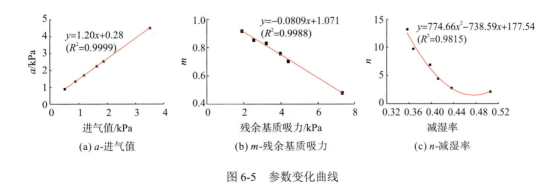

图 6-5　参数变化曲线

Arezoo 等通过数值模拟研究发现，参数 a 和 n 越大，水入渗后，边坡的安全系数越低，且降低速度越快。参数 m 越小，水入渗后，边坡的安全系数越低，且降低速度越快。

参数$(a，m，n)$对于排水性良好的边坡影响较小，对排水性较差的边坡有显著影响。

为便于比较不同粒径条件下的土-水特征曲线，将不同粒径条件下的脱湿曲线绘制于图 6-6。从图 6-6 可以看出，粒径越小，进气值和残余含水率越大，减湿率越小。且同一体积含水率条件下，粒径越小，基质吸力越大。

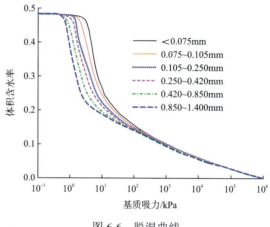

图 6-6　脱湿曲线

本章的研究目的在于研究土-水特征曲线与粒径的关系。在土体材料一定时，土体的脱湿状态及对应的基质吸力只取决于土体中孔隙的尺寸和数量，即在一定的基质吸力条件下小于该等效孔隙尺寸的孔隙中充满水，大于此孔隙尺寸的孔隙则失水。因此，土-水特征曲线在反映土体基质吸力与含水率关系的同时，也反映了土中的孔隙状态。粒径对土-水特征曲线的影响是通过改变土体孔隙状况来表现的。土-水特征曲线与孔隙尺寸分布相关。相对地，孔隙尺寸也反映着粒径分布和孔隙率。Holtz 等提出用有效粒径 D_{10} 来表示孔隙直径，等效孔隙直径为 $1/5D_{10}$。因此，本章将有效粒径 D_{10} 作为研究粒径对土-水特征曲线影响的依据。

图 6-7 给出了有效粒径与进气值、残余基质吸力及减湿率的变化关系。随着有效粒径的增大，进气值、残余基质吸力在半对数坐标上均随之呈现线性减小，减湿率呈二次函数增长。Aubertin 等对不同粒径的尾矿的土-水特征曲线进行了研究，其结论与本章一致。

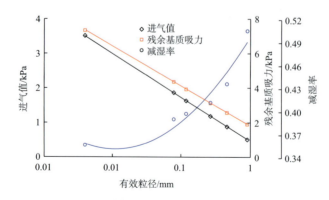

图 6-7　有效粒径与进气值、残余基质吸力及减湿率的关系曲线

Yang 等认为，粒径级配累积曲线的斜率与土-水特征曲线的减湿率存在对应关系。粒径级配累积曲线的斜率 K 的计算公式为

$$K = 0.5 / \lg(D_{60} / D_{10}) \tag{6-9}$$

式中，D_{10}、D_{60} 分别为在土的粒径累积曲线上过筛质量占 10%的粒径和过筛质量占 60%的粒径。

图 6-8 为粒径级配累积曲线的斜率与土-水特征曲线的减湿率的关系曲线。可以看出，粒径级配累积曲线的斜率越大，减湿率越大。说明土-水特征曲线与粒径分布密切相关。Fredlund 等提出过基于粒径分布的土-水特征曲线预测方法。

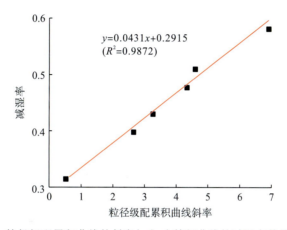

图 6-8　粒径级配累积曲线的斜率与土-水特征曲线的减湿率的关系曲线

为进一步研究粒径级配累积曲线的斜率与土-水特征曲线的定量关系，笔者引入不均匀系数 C_u：

$$C_u = D_{60} / D_{10} \tag{6-10}$$

不均匀系数越小，级配曲线越陡峻，土粒粒径分布范围越狭窄，土粒越均匀。不均匀系数与土-水特征曲线的定量关系见图 6-9。可以看出，不均匀系数越小，减湿率越大。

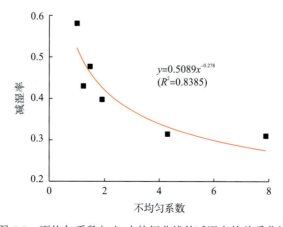

图 6-9　不均匀系数与土-水特征曲线的减湿率的关系曲线

　　吸湿曲线与脱湿曲线的形态一致，且进水值与进气值随粒径的变化趋势一致，也随着粒径的增大而减小(图6-10)。吸湿过程中，水分较先流入较小的孔隙，其次是大孔。

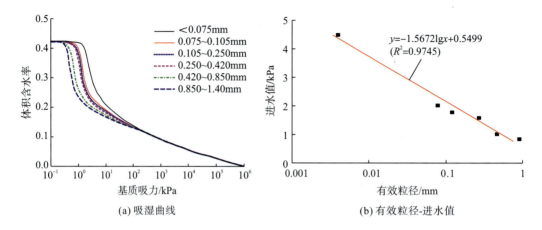

(a) 吸湿曲线　　　　　　　　　　　　　　　(b) 有效粒径-进水值

图 6-10　有效粒径对进水值的影响

　　众所周知，土-水特征曲线存在显著的滞后效应，脱湿曲线高于吸湿曲线，两者形成滞回圈。滞后效应的存在使得对应于一相同的基质吸力，土体的体积含水率不唯一。故处理涉及水分的迁移或多相流等具体的工程问题时，忽略滞后效应影响将导致一定的误差。

　　脱湿与吸湿曲线包围的面积定义为滞后现象的显著程度：

$$\text{Hysteresis} = \int_{0.1}^{10^6} [(\theta_w)_{脱湿} - (\theta_w)_{吸湿}] d\psi \tag{6-11}$$

　　脱湿与吸湿曲线包围的面积越大，其滞后效应越显著。图 6-11 为滞后效应与粒径和粒径级配累积曲线的关系曲线。从图中可以看出，滞后效应随着有效粒径的增大而减小，同样随着粒径级配累积曲线斜率的增大而减小，随着不均匀系数的增大而增大。

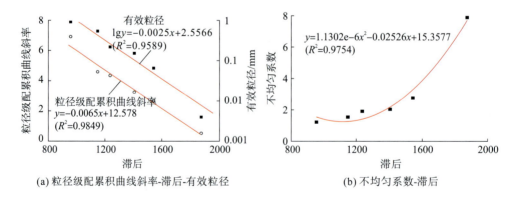

(a) 粒径级配累积曲线斜率-滞后-有效粒径　　　　(b) 不均匀系数-滞后

图 6-11　滞后效应与有效粒径和粒径级配累积曲线斜率的关系曲线

6.2.1.3　粒径对土-水特征曲线影响机制

　　孔隙水积聚在土颗粒接触点附近的缝隙中，形成弯液面。毛细管作用是水的表面张力作用而产生的现象。根据毛细上升理论推导基质吸力与弯液面半径模型：

$$u_a - u_w = 2T_s / R_s \tag{6-12}$$

式中，u_a 为孔隙气压；u_w 为孔隙水压；T_s 为水的表面张力；R_s 为弯液面的曲率半径。弯液面内的孔隙水压和水体外的孔隙气压之间压力差形成基质吸力（$u_a - u_w$）。土体含水率降低时，孔隙气体增多，毛细管增多，毛细效应增强，基质吸力增大。

土-水特征曲线在反映土体基质吸力与含水率关系的同时，也反映了土中的孔隙状态。粒径对土-水特征曲线的影响是通过改变土体孔隙状况来表现的。本章的试验是在相同干密度下进行的，所以总的孔隙体积是相同的。粒径越小，孔隙的等效直径减小，孔隙数量增多。粒径越小，孔隙的尺寸越小，所以弯液面的曲率半径减小且基质吸力增大。

松冈元用与等效孔隙尺寸等价的孔隙比 e 和有效粒径 D_{10} 的乘积来表示毛细管上升高度 h_c：

$$h_c = C / (eD_{10}) \tag{6-13}$$

式中，C 为由土颗粒的粒径和表面粗糙程度等因素决定的系数。考虑毛细管上升高度 h_c，基质吸力可表示为

$$\psi = h_c \gamma_w \tag{6-14}$$

式中，γ_w 为水的容重。将式(6-13)代入式(6-14)可得

$$\psi = \frac{C\gamma_w}{eD_{10}} \tag{6-15}$$

从式(6-15)可以发现，当孔隙比（即密度）与系数 C 一定时，基质吸力与有效粒径呈反比例关系。

粒径越小，其渗透性越差，造成进气值或进水值升高。粒径的减小造成减湿率减小，这是因为粒径的减小使得土体的渗透性下降。排水的困难引起了土-水特征曲线转化阶段曲线斜率的降低，表现为减湿率下降和残余含水率增加。

另一方面，土颗粒的大小与土的矿物成分有关。颗粒越细，矿物的亲水性越强，接触角越小，所以基质吸力就越大。

6.2.1.4　降雨型滑坡滞后性的机制

粒径级配累积曲线的斜率越大，不均匀系数越小，粒径分布越集中，孔隙尺寸也就越均一，脱湿和吸湿过程中含水率的差异越小，所以滞后效应减弱。随着粒径增大，孔隙的尺寸增大，大孔的数量增加，小孔的数量减少，造成滞后效应进一步减小[40]。

土-水特征曲线的滞后效应是非饱和土微观特性的宏观表现，产生滞回性的主要原因与非饱和土多孔多相的微观特征密切相关。造成滞后的原因主要有：

(1)瓶颈效应。不同大小的孔隙以及相互连通的孔隙喉道之间的尺寸差异造成了这种作用。由于孔隙以及与其连通的喉道之间存在着尺寸差异，孔隙水在流出或流入的过程中必然遭遇瓶颈的约束作用，如图 6-12 所示。假设孔隙的半径为 R，与其连通的喉道的半径为 r，水的表面张力为 T_s。脱湿时，基质吸力受 r 控制，即 $(\psi)_r = 2T_s / r$。而吸湿时，基质吸力受 R 控制，即 $(\psi)_R = 2T_s / R$。因为 $R > r$，所以 $(\psi)_r > (\psi)_R$，即脱湿时的基质吸力更大。

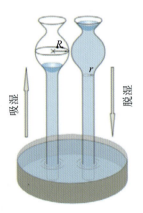

图 6-12　毛细管模型

（2）接触角。由于固体表面的不均一性，固体表面的接触角并不是唯一的，而是存在接触角滞后现象。液体对固体的湿润程度可用液体表面切线与固体表面所形成的夹角，即接触角 α 表示。而吸湿过程向前推进界面的接触角与脱湿过程中倒退的分界面的接触角不同（图 6-13）。吸湿面接触角 α_w 比脱湿面接触角 α_d 要大。所以同一含水率条件下，脱湿过程中的基质吸力要大于吸湿过程中的基质吸力，且颗粒的粗糙度和吸附在表面的杂质会增大土-水特征曲线的滞后效应。

考虑接触角 α 的基质吸力 ψ 表达式为

$$\psi = \frac{2T_s \cos\alpha}{R_s} \tag{6-16}$$

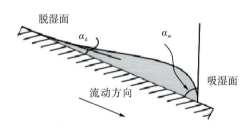

图 6-13　脱湿面与吸湿面接触角

从式（6-16）可以发现，脱湿条件下的基质吸力将大于吸湿条件下的基质吸力。

（3）孔隙尺寸效应。因为土中孔隙尺寸不均一，引起吸湿和脱湿过程中连通性较好的大孔较容易进水和排水，而小孔进水排水能力相对较弱。所以，在脱湿过程中，小孔内残留水多于吸湿过程，这导致同一基质吸力在脱湿曲线对应的含水率高于吸湿曲线。

（4）胀缩作用。基质收缩或者老化效应均会造成土体结构的变化。基质收缩或者老化效应与土的干湿历史有关。在吸湿过程中，孔隙水与土发生相互作用，导致结合水膜变厚，土颗粒骨架发生膨胀，使土体结构再一次发生变化。脱湿时，土样含水率逐渐降低，骨架收缩使得部分颗粒发生相对位移，原有结构破坏后逐渐形成了新的稳定结构。由于失水收缩部分小孔隙扩大和加深，总体上增加了土体中等孔隙和大孔隙的数量。在同一基质吸力条件下造成不同的含水率。

(5)空气体积的变化。空气在水中的溶解或者已溶于水中的空气的析出，均会造成滞后效应的发生。

瓶颈效应对滞后效应的作用主要发生在残余阶段，对转化阶段的影响较小。胀缩作用对黏土土-水特征曲线的影响显著，对低塑性粒状土的影响较小。Maqsoud 等认为，空气体积变化对滞后效应的影响较小。Ishakoglu 和 Baytas 认为接触角占主要作用。

参数 a 与进气值呈线性增加趋势，参数 m 随着残余基质吸力的增大而减小，参数 n 也随着减湿率的增大而减小。随着有效粒径的增大，进气值、进水值、残余基质吸力在半对数坐标上均随之呈现线性减小，减湿率呈二次函数增长。滞后效应随着有效粒径的增大而减小，同样随着粒径级配累积曲线斜率的增大而减小，随着不均匀系数的增大而增大。

瓶颈效应和接触角是引起滞后效应的主要因素。笔者以不同粒径的单一粒级土粒作为研究对象，后续将向多元化粒径级土粒发展，针对天然砂土进行更加深入的研究。

6.2.2　孔隙结构特征对土-水特征曲线的影响

土-水特征曲线是了解非饱和土的持水特征与其他性能指标的重要途径，利用它可以间接估计非饱和土的强度和渗透系数。一般认为，土-水特征曲线的影响因素有土的矿物成分、孔隙结构、密度、粒径、温度、土所受过的应力历史、目前所处的应力状态等。对于给定土样，可不考虑矿物成分的影响，且环境温度一般不会剧烈变化，所以需要明确的只是应力历史、应力状态和应变(孔隙)是否与土-水特征曲线有关。若有关，影响程度如何，这些问题均迫切需要解决。

传统的土-水特征曲线的测试是在压力板仪上完成的，但其无法施加外部应力和量测试件的变形。为此，Ng 和 Pang 研发出一套可以施加围压和轴压的应力式体积压力板仪，试件的尺寸为 $\phi70\text{mm}\times20\text{mm}$。谈云志等开发了一套能考虑应力作用的土-水特征曲线试验仪(试件尺寸 $\phi105\text{mm}\times20\text{mm}$)，研究了不同应力水平下土体孔隙结构的演化特征，揭示孔隙结构对其土-水特征曲线的影响机制。Tavakoli 等研究了围压对不同净应力条件下的土-水特征曲线，试件的尺寸为 $\phi38\text{mm}\times10\text{mm}$。

在实际岩土工程中，土体必然处于一定的应力状态下，所以研究应力状态对土-水特征曲线的影响有着至关重要的现实意义。为此，笔者借助自主研发的吸力控制式三轴试验仪，进行不同应力状态下的土-水特征曲线试验，并从孔隙结构的演变角度揭示应力状态对非饱和土-水特征曲线的影响机制。

6.2.2.1　试验概况

试验用设备为自主研发的吸力控制式三轴试验装置，如图 6-14 所示。该装置的底座由高进气值陶土板制成。当水分提取达到平衡状态时，气压与土的基质吸力相等。该装置的优点在于能对孔隙气压和孔隙水压进行单独控制。其轴向载荷由安装在试验装置上的压力传感器测定，轴向位移可采用试件两边的局部位移测量传感器(LDT)和压力室外部的百分表测定。但在本章的试验过程中，轴向位移较小，且局部位移测量传感器的精度更高，更适合测量小变形，所以轴向应变采用局部位移测量传感器(LDT)测得的试验数据计算，径向应变由夹式传感器测得，排水量由滴定管测得。

以某自然边坡上的粉质砂土为研究对象，其基本物性指标及土粒粒径累积曲线见表 6-3 和图 6-15。采用控制干密度的压实成型法制备试样，在最优含水率条件下将试样压实至压实度90%。试样为 ϕ75mm×150mm 的圆柱体土样。由于试件的尺寸较大，故特对试件的均匀性进行验证，利用英国 Geotek 公司生产的 MSCL-S 岩心综合测试系统可在无损的条件下测量完整试件的密度分布。通过伽马射线的衰减程度得到试件沿轴向的密度分布，如图 6-16 所示。虽然试件下部的密度大于上部的密度，但差异很小。密度范围为 1.803～1.824 g·cm^{-3}，说明了制样过程的精确性和试样的均一性，同时也避免了密度对试验结果的影响。孔隙结构特征的变化全由应力导致。

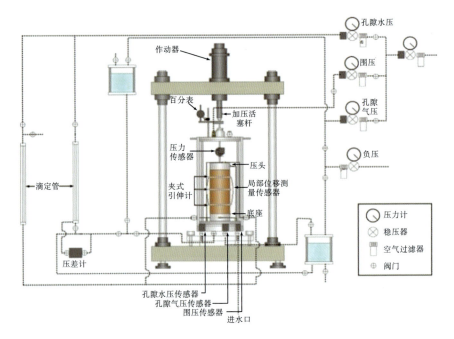

图 6-14 吸力控制式三轴试验装置

表 6-3 土的物理力学性质指标

物理性质指标	数值	物理性质指标	数值
相对密度 G_s	2.64	最小孔隙比 e_{min}	0.647
平均粒径 D_{50}/mm	0.22	液限 w_L/%	无塑性
不均匀系数 C_u	17.10	塑限 w_P/%	无塑性
级配系数 C_c	3.97	塑性指数 I_P	无塑性
含砂量/%	83.60	最优含水率 w/%	16.01
细粒含量/%	16.40	最大干密度 ρ_d/(g·cm^{-3})	1.76
最大孔隙比 e_{max}	1.160		

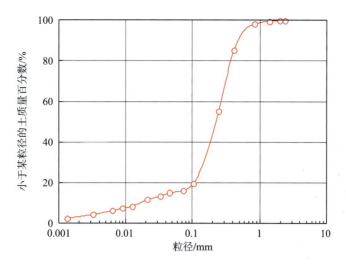

图 6-15 颗粒分布曲线

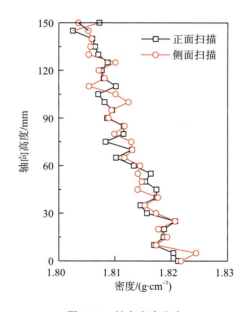

图 6-16 轴向密度分布

试验前先对陶土板和试样进行抽真空饱和,然后在各向等压固结围压作用下进行排水固结,固结完成后施加第 1 级气压(气压值等于基质吸力值),待排水量稳定(变化值小于 $0.1g \cdot d^{-1}$)后记录排水量和轴向变形以及径向变形。施加下一级气压,最大气压为 300kPa,然后按照上述气压施加方案逐级减少气压力进行增湿试验。试验过程中按照气压依次为 1kPa、2kPa、3kPa、5kPa、10kPa、20kPa、50kPa、100kPa、200kPa 和 300kPa。以上为脱湿过程,脱湿之后再进行吸湿过程,即将气压逐次降至 0,水会逐渐流入土样,待平衡后读取数据;吸湿过程结束后,将土样取出烘干,测得含水率,用于反算和修正之前测得的含水率。由于试件尺寸较大,为验证试件内含水率的分布,以加载段固结围压 100kPa 为例,土-水特征曲线试验结束后,将试件表面的橡胶膜沿轴向剪开,将试件切成如图 6-17(a)

所示的 15 份，试件各部分的含水率如图 6-17(b)所示。可见，含水率在试件各处的分布较均匀，最大差值不到 2%，反映了本章试验装置和试验结果的可靠性。

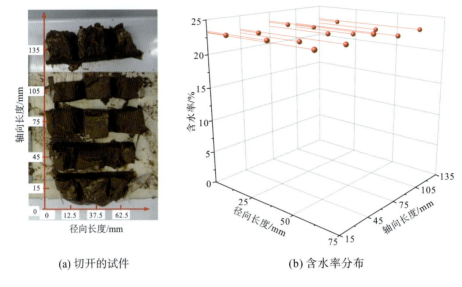

(a) 切开的试件　　　　　　　　　(b) 含水率分布

图 6-17　试件内部含水率分布

固结围压分别为 100kPa、200kPa 和 300kPa。为研究孔隙结构对土-水特征曲线的影响，对卸载过程中的土-水特征曲线进行对比。固结压力对孔隙比的影响见图 6-18。卸载后孔隙比回不到原点，这是因为土的压缩变形中只有一部分是可恢复的，如粒间应力作用下，土粒接触点的弹性变形、片状颗粒的挠曲变形、粒间结合水膜的变形等。另一部分是不可恢复的，如土粒之间的相互位移、土结构的变化等。本章在图中星号对应的固结压力状态下进行土-水特征曲线试验。

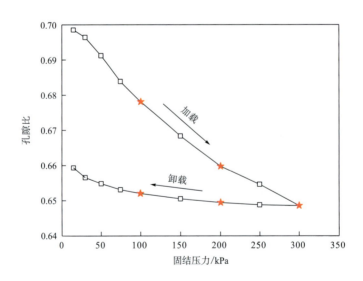

图 6-18　固结过程中的孔隙比变化

6.2.2.2　试验结果及分析

1. 应力状态对孔隙比的影响

当土体受到一定水平的应力时，会呈现出相应的体积变形，引起土体孔隙结构特征的变化，这势必导致土体的持水特性发生变化。同时，基质吸力也会导致非饱和土的力学性状发生改变。可见，土体所处的应力状态与其持水性能之间存在显著的耦合关系。Miller 等发现孔隙比对土-水特征曲线的影响显著，且土体的变形对基质吸力有贡献。

孔隙比 e 随基质吸力 ψ 和固结压力 P 的变化规律见图 6-19。曲面拟合公式为

$$e = 0.70 - 2.69 \times 10^{-4} P - 2.38 \times 10^{-4} \psi + 2.16 \times 10^{-7} P^2 + 5.14 \times 10^{-7} \psi^2 \tag{6-17}$$

可知，固结压力和基质吸力均能使孔隙比发生变化，即试件的体积发生变化。鉴于此，本章采用质量含水率作为含水率指标，研究基质吸力与之的对应关系。

从图 6-19 可看出，除固结压力外，基质吸力同样引起孔隙比的减小。由于基质吸力的作用，空气气泡将会变大并与土颗粒的表面搭接，粒间开始形成弯液面，产生毛细水压力。在水的表面张力和毛细水压力的联合作用下，土颗粒靠拢，孔径减小，即孔隙比减小，宏观上呈现收缩变形，土体的体积减小。降雨作用下，边坡的滑移变形可以看作是基质吸力减小而导致的土体变形。Fleureau 等发现孔隙比随着基质吸力的增大在半对数坐标上呈线性减小，土样总体积随着基质吸力的增大而减小。

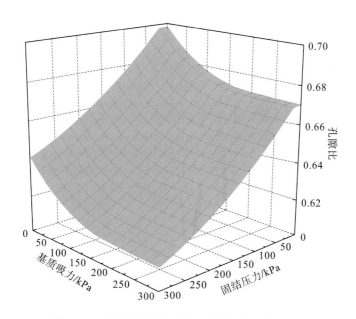

图 6-19　孔隙比随基质吸力和固结压力的变化规律

从图 6-19 可以看出，基质吸力造成的孔隙比的降幅小于固结压力引起的降幅。这符合沈珠江提出的"广义吸力"的概念，认为基质吸力中有一部分作用于增加土体的强度和抗变形能力。且降幅随着固结压力和基质吸力的增大而减小。这是由于吸附水膜的存在，若要将颗粒之间的吸附水挤出，需要施加 552MPa 的高应力，故孔隙比的降幅逐渐减小。

张俊然等发现试样所经历最大基质吸力的增大造成了其平均骨架有效应力的相应增大，所以导致孔隙比随着基质吸力的增大而减小，使非饱和土样在经过较高基质吸力的作用后表现出类似超固结土的性质。戚国庆和黄润秋发现土样的体积模量随着基质吸力的增大而增大。这是因为基质吸力越大，弯液面上的表面张力作用越强，土体骨架抵抗外部载荷作用产生变形的能力越强，所以基质吸力越大，土样的体积模量越大。

谈云志等进行了不同固结应力作用下粉土的土-水特征曲线试验，通过压汞法和氮吸附法测量了不同固结应力作用下土样的孔隙孔径分布曲线，表明固结应力的增大使得大孔隙减少，小孔隙增多。陶高梁等利用压汞法、核磁共振法和扫描电镜法观察到了相似的结果。谈云志等在脱湿过程中同样观察到粒间大孔隙的减小。谈云志等提出孔径 $d>10\mu m$ 的孔隙主要控制基质吸力 $0\sim10kPa$ 的持水能力，而孔径 $d<10\mu m$ 的孔隙则主要控制基质吸力大于 $10kPa$ 的持水能力。而在增湿过程中，孔隙比的变化与固结压力的卸载过程类似，由于固结压力的限制作用，孔隙比随基质吸力的减小而增大的趋势不明显。

应力和基质吸力虽然都能引起体积的变化，但两种力的作用位置、作用面积和作用机理都不一样。

2. 应力状态对土-水特征曲线的影响

1) 加载段

利用质量含水率作为含水率指标，加载段脱湿过程的质量含水率随基质吸力的变化规律如图 6-20 所示。从图中可以看出，不同固结压力作用下的土-水特征曲线的形态基本一致，呈现典型的三阶段变化特征：边界效应阶段、转化阶段和残余阶段。处于边界效应阶段，土体孔隙呈现出水连续孔隙结构特征。该阶段的基质吸力小于进气值，质量含水率未见明显的减小。进入转化阶段，质量含水率随基质吸力的增大而急剧减小。土体孔隙从水连续转化为气连续，基质吸力对土体的吸持作用越来越显著。在残余阶段，基质吸力非常大，孔隙状态完全到达气连续、水不连续。

低固结压力条件下土样的孔隙尺寸较大，因此，饱和质量含水率较高。较大的孔隙导致土样失水速率较大，土-水特征曲线随着基质吸力增大与高固结压力条件下的土-水特征曲线出现交叉，在残余阶段又与高固结压力条件下的土-水特征曲线的差异被缩小，说明固结压力对土-水特征曲线的影响在残余阶段不显著，在转化阶段最显著。这是由于高基质吸力段由小孔控制，固结压力作用对小孔的影响较小，所以在高基质吸力段，土-水特征曲线的差异变小。高固结压力条件下土样的孔隙被压缩，孔隙尺寸减小且连通性变差，表现出更强的持水性能，土-水特征曲线更平缓。在转化阶段，同一基质吸力条件下，固结压力越大，质量含水率越大。

进气值 ψ_a、残余基质吸力 ψ_r 与减湿率 s 控制着土-水特征曲线的形状，是土-水特征曲线的控制参数。为进一步研究进气值、残余基质吸力与减湿率随固结压力的变化规律，绘制出图 6-21。从图 6-21 可以看出，进气值和残余基质吸力随着固结压力的增大而增大，减湿率则随着固结压力的增大而减小，进气值、残余基质吸力和减湿率与固结压力的关系近似线性。

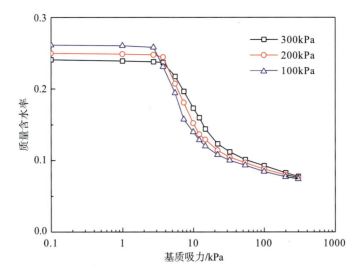

图 6-20　加载段脱湿过程的土-水特征曲线

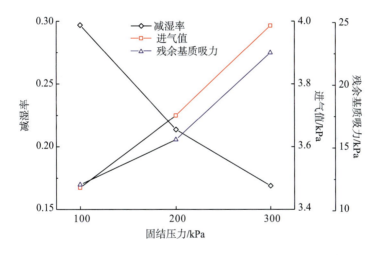

图 6-21　固结压力与进气值、残余基质吸力及减湿率的关系曲线

　　对于一给定土样，土体材料已然固定不变，土体的脱湿状态及对应的基质吸力只取决于土体中孔隙的尺寸和数量，即在一定的基质吸力条件下大于该等效孔隙尺寸的孔隙则失水，反之，小于该等效孔隙尺寸的孔隙则持水。可知，土-水特征曲线在反映土体含水率与基质吸力关系的同时，还反映了土体的孔隙结构特征。固结压力对土-水特征曲线的影响是通过改变土体孔隙状况来表现的。固结压力越大，土颗粒就越紧密，孔隙比越小，孔隙尺寸和数量越小，饱和含水率越低，且渗透性越差，表现出较好的持水能力，空气难以进入土体，土体排水困难，导致进气值增大。超过进气值后，较大固结压力作用下曲线斜率较平缓，土样排水较慢，导致相同基质吸力时，较大固结压力条件下的含水率高于较小固结压力条件下的含水率。

　　2) 卸载段

　　卸载段脱湿过程的质量含水率随基质吸力的变化规律如图 6-22 所示。从图中可以看出，卸载段的土-水特征曲线非常接近，这是因为卸载段不可恢复的孔隙变形。固结压力从 300kPa 卸载到 100kPa，孔隙比的恢复微小，见图 6-18，说明土-水特征曲线与孔隙特性的关系紧密。固结压力对土-水特征曲线的影响是通过改变孔隙结构特征来实现的，只要具有相近的孔隙结构特征，不论应力状态如何，其土-水特征曲线相近。这与 Sun 等的结论一致：只要孔隙分布特性相近，则其土-水特征曲线相近。

为验证土-水特征曲线与应力状态和孔隙比的关系，将土-水特征曲线的控制参数(即进气值、残余基质吸力及减湿率)随固结压力的变化规律和控制参数随固结完成后的孔隙比的变化规律进行对比，如图 6-23 所示。在卸载段，固结压力从 300 kPa 减小到 100 kPa，控制参数均维持在原来水平，进气值、残余基质吸力及减湿率的变化幅度分别为 0.80%、3.55% 和 3.08%，说明土-水特征曲线与应力状态无直接关系。而控制参数与孔隙比具有唯一的对应关系。即使应力状态不同，只要孔隙结构特征相近，则其土-水特征曲线相近。

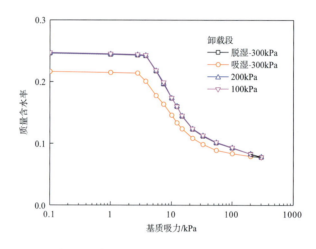

图 6-22　卸载段脱湿过程的土-水特征曲线

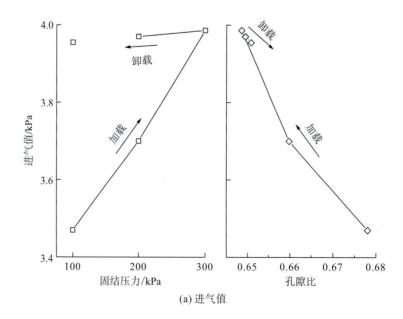

(a) 进气值

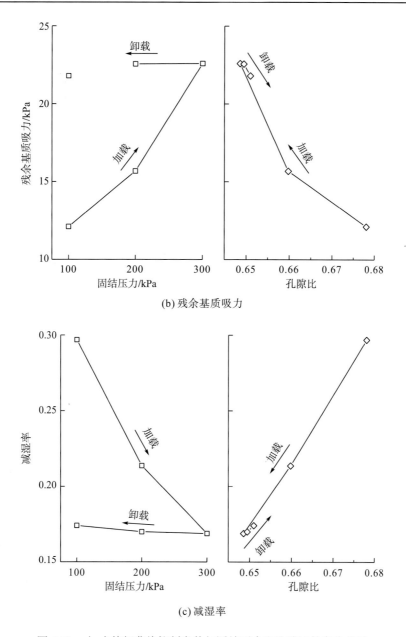

(b) 残余基质吸力

(c) 减湿率

图 6-23 土-水特征曲线控制参数与固结压力和孔隙比的变化关系

3)滞后特性

从图 6-22 可以看出,在 300kPa 固结压力作用下的脱湿曲线与吸湿曲线不一致,脱湿曲线高于吸湿曲线,彼此形成滞回圈。

将脱湿与吸湿曲线包围的面积定义为滞后特性:

$$滞后=\int\left[\left(\theta_\mathrm{w}\right)_{脱湿}-\left(\theta_\mathrm{w}\right)_{吸湿}\right]\mathrm{d}\psi$$

积分范围为基质吸力(0.1, 300)。加载段和卸载段在不同固结压力下的滞后现象的计算结果见图 6-24。

在加载段，随着固结压力的增大，滞回圈的面积逐渐减小。更大的固结压力下导致更小的孔隙与更显著的毛细作用，引起滞后特性降低。固结压力的卸载不能恢复原有的孔隙结构，所以滞后特性不会随着固结压力的卸载而显著回升。随着固结压力的增大，孔径变小，孔隙的连通性变差，出现孤立式孔隙的比例增加，瓶颈效应更加明显。

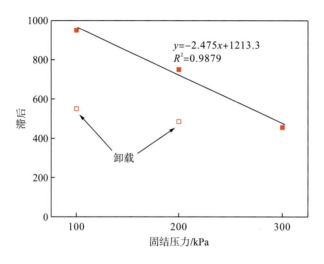

图 6-24   滞后程度与固结压力的关系曲线

6.2.2.3   应力状态对孔隙特征的影响

土的孔隙结构是由具有不同尺寸和形状的孔隙彼此联结而成的一种网格结构。由于其边-面-角的空间接触形式的絮凝结构造成了孔隙尺寸的不均匀分布，从而可将其概化为由窄道或细颈、宽通道和空腔等孔隙交叉联结而形成的三维孔隙网络。力-水耦合本构关系的构建必须先掌握脱湿或吸湿过程中孔隙结构特征对土材料持水能力的影响规律。

Lee 等发现固结压力只会影响大孔隙，对小孔隙不会造成影响。Rostami 等发现固结压力还会导致连接孔隙的喉道缩小。张先伟等利用扫描电镜对原状土样和不同固结压力下土样进行观察，发现土在压缩过程中，颗粒排列更加有序，孔隙大小趋向均一化，形状从原状土的多边形转化为稳定状的三角形或扁圆形。土粒结构主要呈封闭式片架-镶嵌结构，结构中存在大量孤立孔隙，连通性较差。周建等借助扫描电镜对固结前后的淤泥质软黏土进行了分析，利用微观结构参数(孔隙度分维值、孔隙概率熵和平均形状系数)表征了孔隙特征与固结压力的对应关系，得出：固结压力的作用使颗粒不断地移动和转动，逐渐向稳定结构调整，孔隙排列的有序性和定向性增强，孔隙向着均一化方向发展，孔隙形状逐渐圆滑，孔隙结构复杂程度降低。

对于同种土样，即使具有相同的孔隙比，但不同试样制备方法等因素造成的孔隙结构特征的不同也有可能导致不同的土-水特征曲线。

固结压力和基质吸力均能使土体收缩变形。固结压力越大，土颗粒就越紧密，孔隙比越小，孔隙尺寸和数量越小，饱和含水率越低，且渗透性越差，表现出较好的持水能力，空气难以进入土体，土体排水困难，导致进气值增大。土-水特征曲线与孔隙结构特征的关系紧密，与应力状态无直接关系。固结压力对土-水特征曲线的影响是通过改变孔隙结构特征来实现的，只要具有相近的孔隙结构特征，即使应力状态不同，其土-水特征曲线仍然相近。高固结压力对应的滞后特性较小。

6.3　塔子坪滑坡降雨破坏临界值

降雨滑坡临界值研究的关键问题，也是问题的难点，在于如何计算雨水入渗引起的斜坡暂态渗流场。目前，应用数值模拟的方法主要采用降雨入渗理论的数值解法或概念解法。从降雨诱发滑坡的机理出发，研究降雨入渗条件下滑坡体渗流场的变化特征及稳态特征。但在实际工程中，由于地质、水文、风化以及生物过程等的复合作用，边坡土体表现为明显的各向异性和层状结构，数值计算的方法难以反映斜坡的真实状态，岩土体参数和边界条件的选择又严重影响分析结果的可靠程度。因此，针对塔子坪滑坡的实际情况开展人工降雨条件下塔子坪滑坡降雨破坏的临界雨量研究。

6.3.1　塔子坪滑坡概况

6.3.1.1　滑坡概括

白沙河流域塔子坪滑坡位于都江堰市虹口乡的东南部，白沙河右岸，其地貌单元为中山构造侵蚀区，属白沙河谷右岸斜坡地貌。塔子坪滑坡坡度为 $25°\sim40°$，平均坡度约为 $32°$，为 "5·12" 汶川地震触发的堆积层滑坡。滑坡圈椅轮廓明显，已形成陡直的后缘壁，后缘壁坡度为 $35°\sim50°$，标高在 1370m 左右；前缘位于山路南侧，高程在 1007m 左右。滑坡高差约为 363m，主滑方向为 $124°$。滑体呈不规则半椭圆形，纵向长度约为 530m，平均宽度 145m，滑坡面积约 $7.68\times10^4m^2$。滑坡体岩性为碎石土，表层覆盖粉质黏土夹碎石，空间分布具有中部厚、侧缘薄的特点，厚度为 $20\sim25m$，体积约为 $116\times10^4m^3$，规模属于大型滑坡(图 6-25、图 6-26)。

图 6-25　塔子坪滑坡

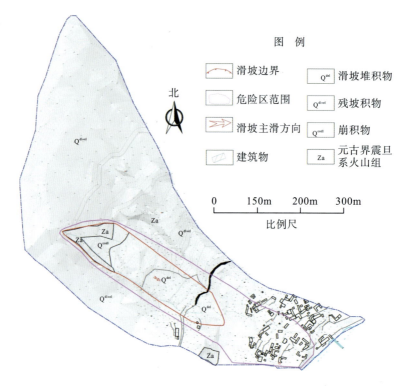

图 6-26 塔子坪滑坡平面图

　　滑坡的后缘壁坡脚与滑坡松散堆积体接触地带产生变形下错,同时在滑坡体西侧边界出现错动变形现象。地震时滑坡体滑覆至庙坝居民点北部山坡体处。滑坡前缘边界明显,且出现鼓胀变形现象。初步分析为推移式堆积层直线型滑坡(图 6-27)。

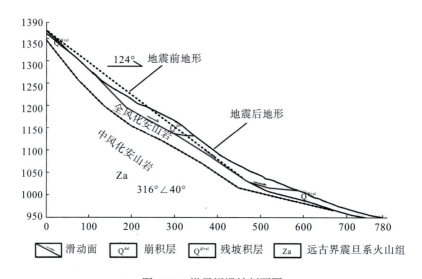

图 6-27 塔子坪滑坡剖面图

6.3.1.2 物理力学参数

汶川地震后，形成的大量松散堆积物覆盖于山坡之上，滑体以崩积层为主。崩积层主要分布于滑坡体上部表层，分布在厚度 0.5~5.0m 处，以块石、砾石为主，少量细砾物质，颜色呈灰色或灰绿色，成分以安山岩为主，块径一般 20~150cm，现场调查表层块石最大直径 2m 以上，细砾物质填充在块石之间，结构松散；厚度 5~10m 处以少量黄褐色、灰褐色粉质黏土夹碎块石为主，碎石含量为 5%~40%，分布不均；厚度 10~25m 处广泛分布碎石土，其颜色为灰绿色或杂色，稍密—密实，土质不均匀，碎石含量 50% 左右，碎石母岩为安山岩，粉质黏土或粉土充填(图 6-28)。通过现场取样，滑坡体表层碎石土的参数见表 6-4。

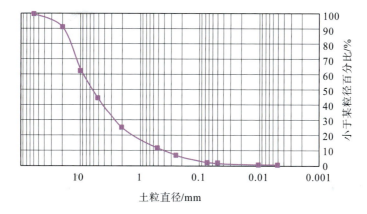

图 6-28 塔子坪滑坡土壤颗粒分析粒度图

表 6-4 塔子坪滑坡土壤物理力学参数指标

天然质量含水量/%	湿密度/(g/cm³)	比重/(g/cm³)	渗透系数/(cm/s)	黏聚力/kPa	内摩擦角/(°)	弹性模量/kPa	泊松比 μ
9.09	1.567	2.492	1.144*E-2	20.50	23.00	201.25	0.29

6.3.2　野外人工降雨试验

6.3.2.1　试验方案

试验目的是为了测试降雨条件下，坡体不同位置处水分的入渗规律。因此在坡体前缘和中部各设置一组体积含水量传感器，高度分别是距离地表 25cm、50cm、75cm、100cm（图 6-29、图 6-30）。

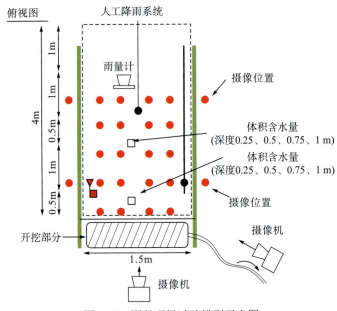

图 6-29　野外现场试验模型示意图

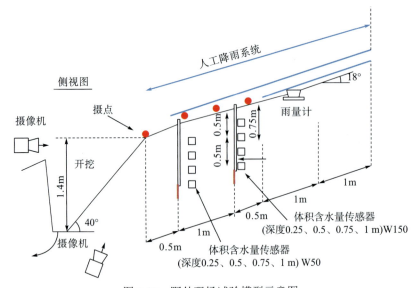

图 6-30　野外现场试验模型示意图

6.3.2.2　试验设备

现场试验模型主要由人工降雨系统、地表集流系统、摄像记录系统、地表及地下位移监测系统、内部物理参数监测系统几个部分组成(图 6-31)。

图 6-31　现场试验人工降雨模拟设备

1. 人工降雨系统

试验所使用的是 Norton VeeJet80100 型喷嘴式人工模拟降雨机。

2. 地表集流系统

地表径流小区主要由自然斜坡、集流挡板和集流槽组成。整个径流小区长 4m，宽 1.5m，斜坡物质组成为碎石土；径流小区由不锈钢隔板分割开来，隔板长 2m，宽 30cm，径流小区下方即斜坡坡脚处设置嵌入式集流槽，集流槽长 80cm，宽 15cm，出水口水管管径 3cm，并与容量为 5L 的量筒相连，用于测量地表径流。

3. 摄像记录系统

摄像记录系统主要由两台 CCD 摄像机和全天候监控系统组成。

摄像机分辨率为 1024 像素×768 像素，30 帧/秒，影像采用 sd 卡记录，分别放置于试验区的正前方和斜坡左侧前方，以便于观察整个试验过程。

全天候监控系统主要由监控摄像头、影像采集仪和显示器组成，可全天候实时监控整个试验和工作过程。

4. 地表及地下位移监测系统

(1)地表位移监测系统主要由地表测斜仪、伸缩仪和色玉组成。

地表测斜仪布置在试验区距离临空面65cm和215cm处,可实时全天候记录地表变形,记录数据为测斜仪在 X、Y、Z 三个方向上倾斜的角度变化,以(°)为单位,精度可达到0.01°,采样时间间隔为2min。

伸缩仪主机布置在试验区的后方,测量的探头分别布设在距离临空面65cm和215 cm处,与地表测斜仪相连。通过设在斜坡后缘稳定部位和斜坡体上固定点之间的监控器监测相对位移变化量来表征斜坡位移量,斜坡变形移动拉动钢丝来测量斜坡地表的位移量,精度达到0.1mm。

色玉为红色塑料制成的规则圆形浮标,用以清晰显示斜坡各部位的位移变化情况,便于测量和摄像机观察。色玉直径5cm,以50cm为间距,分别在斜坡的三个纵剖面位置放置。

(2)地下位移监测系统。

地下位移监测系统为多段式测斜仪,可实时全天候记录斜坡内部变形,记录数据为斜坡内部在 X、Y、Z 三个方向上倾斜的角度变化,以(°)为单位,精度可达到0.01°,采样时间间隔为2min。

5. 物理参数监测系统

斜坡内部物理参数监测系统由孔隙水压力监测系统、土壤体积含水量监测系统和土压力监测系统组成(图6-32)。

孔隙水压力监测系统主要由孔隙水压力计和数据接收器组成。孔隙水压力计分别放入斜坡距坡脚0.5m和1m两个孔处,在每个孔中,以0.25m为间隔放置。孔隙水压力计通过数据线接入数据处理器,数据采样接收间隔1min一次。

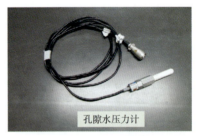

图6-32 现场试验物理力学参数监测记录设备

土壤体积含水量监测系统是通过接口接入地表位移监测仪器测斜仪,实现数据的无线记录和传输,含水量计采用 ECHO 土壤水分计进行监测(图 6-32)。ECHO 传感器通过测量土壤的电介质常数,从而计算出土壤体积含水量。它是此类传感器中唯一受土壤盐度和温度效应影响相对较低的一种,而且耗电极少。数据采样接收间隔 1min 一次。

6.3.2.3　试验过程

1. 人工降雨

6 月 29 日 11 点 20 分开始降雨,降雨量为 50mm/h,一直持续到下午 16 点 15 分,坡体无明显变化。6 月 30 日上午,改变了斜坡前缘临空面的坡度,达到 60°,并调整了降雨强度。于 8 点 59 分正式开始人工降雨,斜坡随即发生变形破坏。

1)第一次降雨

开始时间：8 点 59 分,结束时间：9 点 11 分。持续时间：12min,总降雨量：56mm。

2)第二次降雨

开始时间：10 点 55 分,结束时间：11 点 10 分。持续时间：15min,总降雨量：41.6mm。

3)第三次降雨

开始时间：11 点 30 分,结束时间：12 点 08 分。持续时间：38min,总降雨量：130mm。

4)第四次降雨

开始时间：14:05:25,结束时间：14:56:53。持续时间：51min,总降雨量：161.4mm。

5)第五次降雨

开始时间：15:21:08,结束时间：15:53:40。持续时间：32min,总降雨量：99.6mm。

6)第六次降雨

开始时间：16:19:50,结束时间：16:56:05。持续时间 36min,总降雨量：155.4mm。

2. 破坏过程

1)第一次降雨过程

(1)8 点 59 分开始降雨,结束时间 9 点 11 分,持续时间 12min。9 点 03 分,坡体前缘开始出现张拉裂缝(图 6-33),随着降雨的进行裂缝逐步扩大延伸,中部发生小规模坍滑,滑塌体积约 $30 \times 10^{-3} m^3$,临空面后退 10cm 距离。9 点 08 分 40 秒,坡体前缘左侧发生大规模滑塌,随后斜坡裂缝逐渐扩大为宽 30cm、长 80cm 的贯通裂缝。9 点 9 分后坡体变形逐渐保持稳定,9 点 11 分结束第一次降雨。坡体开挖为 60°;坡体垮塌部分堆积物长 80cm,宽 30cm,纵长 2m,破坏稳定时休止角 60°(图 6-33)。

(2)8 点 59 分 17 秒~9 点 03 分 36 秒,斜坡进入缓慢变形阶段,变形速度约 0.386mm/s。9 点 03 分 37 秒~9 点 08 分 39 秒,斜坡进入加速变形阶段,变形速度约 1.087mm/s,滑塌体积约 $30 \times 10^{-3} m^3$,临空面后退 10cm 距离。9 点 08 分 40 秒~9 点 08 分 44 秒,斜坡左侧发生破坏,快速滑塌,滑动速度约 350mm/s,破坏体积约 0.2 m^3。

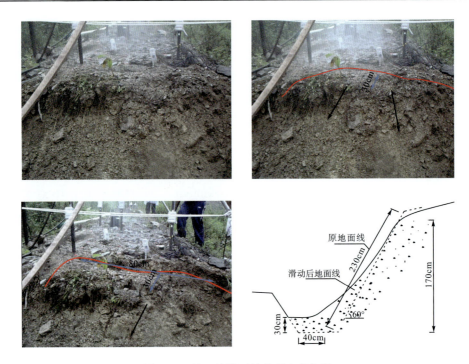

图 6-33　第一次降雨坡体形态变化图

2)第二次降雨过程

(1)10 点 55 分开始降雨,结束时间 11 点 10 分,持续时间 15min。10 点 58 分 59 秒,坡体前缘中部开始产生局部垮塌,10 点 59 分 02 秒坡体前缘右侧坡脚局部开始垮塌(图 6-34),10 点 59 分 24 秒坡体前缘右侧开始大规模垮塌。随着降雨的持续进行,坡体前缘左侧开始逐步缓慢下移。坡体垮塌部分堆积物长 2.6m,高 1.7m,破坏稳定时休止角 40°。

(2)10 点 55 分 17 秒~10 点 58 分 35 秒,斜坡缓慢变形,前缘逐步垮塌。10 点 58 分 35 秒~10 点 58 分 40 秒,发生滑动破坏,剪出口位置距临空面顶部约 1.5m,破坏体积约 0.5m³,滑动速度约 300mm/s。10 点 59 分 02 秒,右侧斜坡面开始发生连续小规模垮塌,右侧坡体加速变形,变形速度约 1.0mm/s。10 点 59 分 24 秒~10 点 59 分 27 秒,斜坡右侧发生破坏,快速垮塌,滑动速度约 500mm/s,破坏体积约 0.35 m³,临空面后退 30cm 距离。

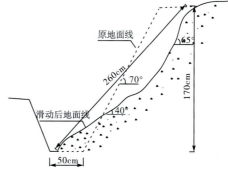

图 6-34　第二次降雨坡体形态变化图

3)第三次降雨过程

(1)11 点 30 分开始降雨,结束时间 12 点 08 分,持续时间 38min。11 点 48 分 23 秒,坡体前缘左侧开始垮塌,11 点 49 分 44 秒坡体前缘中部开始垮塌,随着降雨的持续进行,坡体前缘中部出现流态化现象。坡体开挖为 70°;坡体垮塌部分堆积物底宽 2m,中部宽 1.7m,后缘 1.5m,纵长 2.9m,坡度 36°。堆积物前缘堆积宽度 40cm,堆积高度 30cm(图 6-35)。

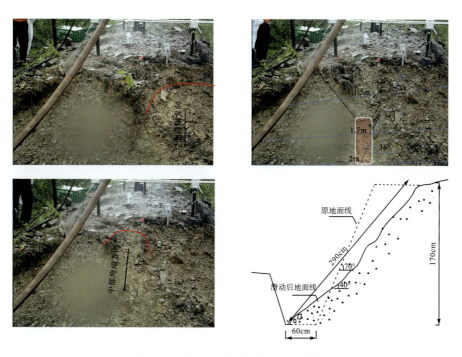

图 6-35　第三次降雨坡体形态变化图

(2)11 点 30 分 25 秒～11 点 48 分 22 秒,斜坡表面开始出现局部滑塌,斜坡临空面距离坡面 50cm 处开始出现流态化现象,左侧临空面大部分开始出现蠕滑现象。

(3)11 点 48 分 23 秒～11 点 48 分 28 秒,左侧临空面解体,并产生大规模滑动破坏,滑动速度约 250mm/s，滑动体积约 0.21m³。之后，中部临空面开始加速变形，变形速度约 2.85mm/s。

(4)11 点 49 分 44 秒，临空面中部发生快速垮塌破坏，滑动速度约 400mm/s，滑塌体积约 30×10⁻³m³。之后，在临空面距离斜坡 50cm 处，出现流态化现象，最后逐渐稳定，斜坡临空面后退至 50cm 距离。

4) 第四次降雨过程

(1)14 点 05 分 25 秒开始降雨，结束时间 14 点 56 分 53 秒，持续时间约 51min。14 点 07 分 54 秒，坡体前缘中部产生较大规模的流态化现象，2～10 色玉滑落；14 点 09 分 52 秒坡体前缘右侧开始局部垮塌；14 点 11 分 36 秒随着降雨的持续进行，坡体前缘左侧出现局部垮塌现象，2～10 色玉滑落；14 点 12 分 48 秒，坡体前缘中部出现局部垮塌现象；14 点 15 分 54 秒，坡体前缘右侧开始局部垮塌。破坏前，沟宽 85cm，高度 1.7m，开挖为 65°；破坏后底宽 2m，纵长 3m，高度 1.7m，坡度 34°（图 6-36）。

(2)14 点 06 分 17 秒，临空面出现小规模垮塌现象，临空面中部距斜坡 50cm 处逐步开始垮塌。14 点 07 分 54 秒，临空面中部大规模垮塌，2～10 色玉滑落，滑塌速度约 450mm/s。此后，从距斜坡 50cm 处临空面开始持续有土体液化现象。14 点 11 分 36 秒，临空面右侧发生垮塌，1～10 色玉滑落，垮塌速度约 700mm/s，滑塌体积约 16×10⁻³m³。14 点 12 分 48 秒，临空面前缘中部出现局部小规模垮塌现象。14 点 15 分 44 秒，临空面前缘右侧开始出现局部滑塌和加速变形迹象，直到 14 点 15 分 54 秒解体，在距斜坡约 70cm 处剪出并发生整体滑动，滑坡速度约 400mm/s，滑动体积约 30×10⁻³m³。斜坡临空面后退至 70cm 距离。

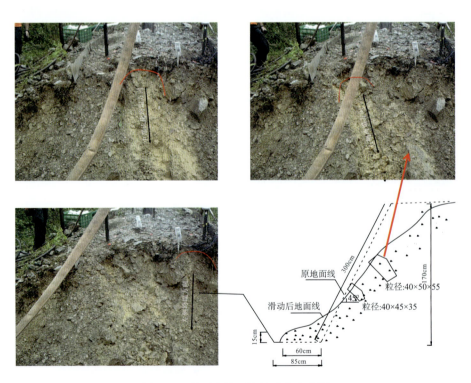

图 6-36　第四次降雨坡体形态变化图

5）第五次降雨过程

（1）15 点 21 分 08 秒开始降雨，结束时间 15 点 53 分 40 秒，持续时间约 32min。

（2）15 点 22 分 10 秒开始出现土体液化流动现象，局部地方开始发生小规模垮塌。15 点 25 分 42 秒，临空面右侧开始加速变形，并产生整体滑动，滑动速度约 140mm/s，破坏体积约 0.4m³。随后在临空面距离斜坡 50cm 处开始出现土体液化流动现象，之后坡体基本处于稳定状态。斜坡临空面后退到右侧测斜仪距离（图 6-37）。

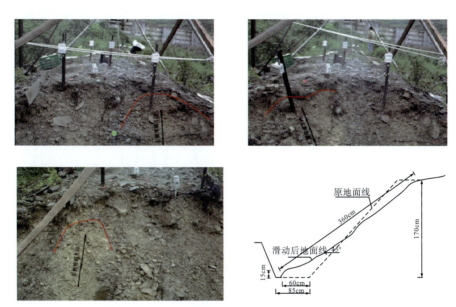

图 6-37　第五次降雨坡体形态变化图

6）第六次降雨过程

（1）16 点 19 分 50 秒开始降雨，结束时间 16 点 56 分 05 秒，持续时间约 36min。16 点 29 分 55 秒，坡体前缘右侧产生局部垮塌。破坏后坡长 2.3m，坡度 45°（图 6-37）。坡体前缘左侧逐步产生较大垮塌；15 点 40 分 27 秒坡体前缘右侧产生较大垮塌。

（2）16 点 29 分 36 秒，临空面左侧开始加速变形，滑动速度约 120mm/s，滑动体积约 50×10^{-3}m³。16 点 36 分 27 秒，临空面右侧开始加速变形，滑动速度约 150mm/s，滑动体积约 70×10^{-3}m³，测斜仪明显发生倾斜。最后临空面后退距离为最后一个内部测斜仪处。

综合六次降雨破坏的过程我们可以发现：试验区斜坡破坏的模式全部相同，都是体现出高位破坏的特点，斜坡破坏的滑动面位置大致都集中在 50cm 深度上下，并在相同位置的临空面剪出破坏。

斜坡破坏以后，破坏的物质堆积在坡脚和沟道内，斜坡临空面的坡度发生变化。根据试验现场实测，坡度在 45° 以下，破坏终止，斜坡趋于稳定。因此通过试验统计得到，斜坡临空面坡度在 60° 以上，斜坡在降雨条件下将发生破坏；而坡度在 45° 以下，则趋于稳定。临空面的原始坡度对斜坡的破坏起着非常重要的作用。

6.3.3　试验结果

6.3.3.1　降雨量

根据野外试验现场监测数据显示表明：从图 6-38 中可知，斜坡破坏的激发雨量为 29.4～54.2mm，平均雨量为 48mm（第三次降雨 79.2mm 雨量偏大是因为其间斜坡坡体含有一巨大块石，因此其坡体结构不具备斜坡的一般结构特征。如果剔除第三次破坏事件的数据，则平均雨量为 41.9mm），因此，可近似地将这个区间作为塔子坪滑坡在降雨激发条件下破坏的降雨临界区间。

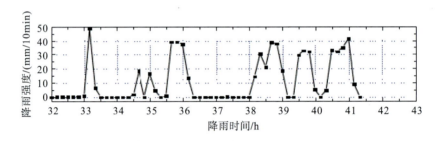

图 6-38　现场监测降雨量数据

6.3.3.2　体积含水量

将 8 个水分计分为两组，每个间隔 25cm 布设于斜坡的前缘和后缘部分，监测数据如图 6-39 所示。试验结果显示斜坡前缘部分水位计与降雨和降雨过程具有较好的对应关系。

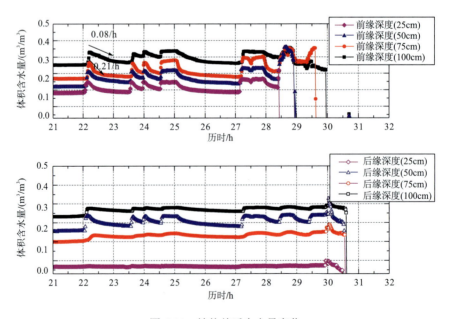

图 6-39　坡体前后含水量变化

由斜坡前端的含水量及数据分析可以看出，在天然状态下和降雨过程中，从斜坡的垂直方向上，含水量的大小随着深度的增加而增加，如图 5-40。但是，在降雨过程中，含水量增加的幅度却不尽相同，距离坡面 50cm 深度的含水量明显增长较快，含水量增加的幅度更大(图 6-40)。

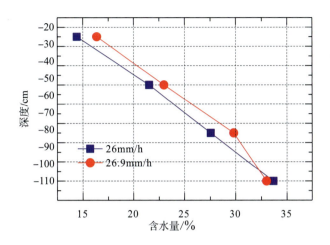

图 6-40　t=25h 时含水量在垂直方向上的变化

由斜坡后端的含水量及数据分析可以看出，在天然状态下和降雨过程中，含水量的大小并不是随着深度增加而增加。这表现在距离坡面 50cm 深度的含水量从含水量的大小和增加幅度都大大超过了 75cm 处的含水量，说明在 50cm 深度时斜坡含水量出现累积。而斜坡破坏时，临空面剪出口在降雨激发条件下，都是在 50cm 处剪出，可见斜坡的破坏往往出现在这一强度薄弱区域。

6.3.3.3　位移计

现场原位试验数据显示：斜坡破坏时的变形速率约为 2mm/h。因此，可将此变形速率作为斜坡破坏时的临界值(图 6-41)。

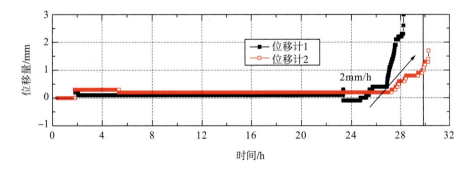

图 6-41　位移计监测位移量变化

6.3.3.4　地表测斜仪

根据现场原位试验数据,建立斜坡变形速率图(6-42),可以得到加速变形阶段后期变形速率为 $0.5°/d \sim 9.6°/d$。考虑预警的可靠性,取最小值为临界变形速率,为 $0.5°/d$。

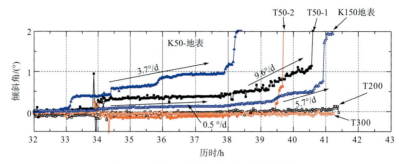

图 6-42　地表测斜仪监测倾斜角变化

6.3.4　预警模型及检验

6.3.4.1　预警模型

1. 综合预警等级

塔子坪滑坡降雨预警预报的三个指标为:临界降雨量指数 R、滑坡变形速率指数 D 和宏观变化预判指数 F。其中,临界降雨指数包括:降雨量、含水量;滑坡变形速率包括:表面变形速率、深部位移变形速率;宏观变化预判包括:视频监控、结构变形预测(表 6-5)。

2. 预警方法

(1)通过历史记录监测数据和滑坡变形破坏模型试验,计算滑坡监测预警临界阈值。根据各个指标临界指数确定研究区是否有滑坡发生的可能。

(2)如果监测数值大于临界值,根据每个滑坡发生指数,确定滑坡可能发生的地点和滑坡发生的可能性大小,划定预警预报等级。

(3)确定四级预警和预警警界区域。

(4)发布预警结果,同时结合预警区群测群防网络体系,直接通知监测责任人,做好防灾、避灾准备。

表 6-5　塔子坪滑坡预警临界值

预警指数	监测指标	监测设备	预警等级			
			红色预警	橙色预警	黄色预警	蓝色预警
临界降雨量(R)	降雨量	一体化雨量监测站	>50mm	30~50mm	10~30mm	0~10mm
	地下水位	渗压计	未知	未知	未知	未知
	含水量	TDR 水分测定仪	无效	未知	20%	未知

续表

预警指数	监测指标	监测设备	预警等级			
			红色预警	橙色预警	黄色预警	蓝色预警
滑坡变形速率(D)	表面变形	GPS、地表测斜仪	$>0.5°/d$	$0.47°/d\sim0.5°/d$	$0.45°/d\sim0.47°/d$	$0.43°/d\sim0.45°/d$
	深部位移	深部测斜仪	未知	未知	未知	未知
宏观变化预判(F)	视频监控	视频系统	滑坡即将启动	临界状态	欠稳定状态	基本稳定
	结构变形预测	人工巡查	局部发生破坏	裂缝进一步扩展、连通	地表裂缝逐渐增多	出现不明显的裂缝

注：①"未知"表示须根据监测数据确定预警值；"无效"表示该监测手段不能对该项预警等级进行有效划分。②根据气象部门对未来 24h 的雨量等级预报进行滑坡灾害预警级别的划分。

6.3.4.2　模型检验

根据塔子坪滑坡的滑动破坏模式，岩土体力学参数由三轴试验成果和反算结果综合分析，利用 Morgenstern-Price 法计算塔子坪不同降雨量工况下的稳定性。取饱和状态下的物理力学参数模拟降雨时滑坡的稳定性，搜索滑坡的滑动面(图 6-43)。

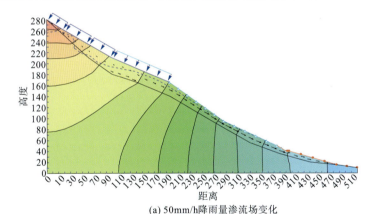

(a) 50mm/h降雨量渗流场变化

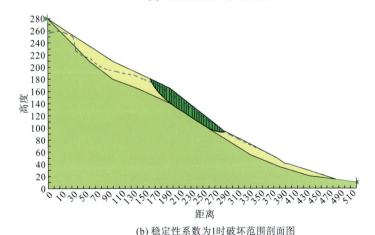

(b) 稳定性系数为1时破坏范围剖面图

图 6-43　降雨条件下塔子坪滑坡稳定性分析

　　由于滑坡单元各部分产生滑动时所需要的降雨量不尽相同，为了便于表示，根据表 6-5 将临界降雨量划分为不同的范围，各降雨量范围内潜在滑坡单元如图 6-44 所示。由图 6-44 可知，塔子坪滑坡中下部，不管降雨量多大都不会产生滑动。公路以上滑坡坡度较陡的斜坡部分，不管降雨量多小都有部分不稳定。降雨强度大于 50mm/h 时，位于公路路基上方的斜坡单元有连成片滑动的趋势，该位置有可能产生整体滑动。由此可推断，当降雨量大于 50mm/h 时与野外试验的结果完全一致。

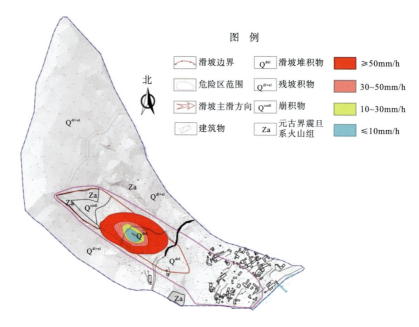

图 6-44　不同雨强条件下塔子坪滑坡的破坏范围

6.4　银洞子沟滑坡降雨破坏临界值

6.4.1　银洞子沟滑坡概况

6.4.1.1　滑坡地貌地形特征

　　根据 5.2.4 节介绍，银洞子沟滑坡位于银洞子沟下游沟口处（图 6-45）。滑坡的整体投影呈圆弧形［图 6-46(a)］，左右两侧冲沟与后缘陡壁贯通［图 6-46(b) 和 (c)］，使滑坡呈凸起的鼓状［图 6-46(d)］。滑坡中间高，左侧低，右侧更低。滑坡前缘在前方泥石流沟的冲刷下，有较高的临空面。后缘高程 1505m，有陡坎，未见拉张裂缝。左侧冲沟的左岸为相对陡峭的碎石土层［图 6-46(e)］，前缘高程 1325m，前后缘相对高差 168m，坡度 35°～42°［图 6-46(f)］，水平投影面积 76 112m²，斜坡坡面积 2418m²。前缘宽约 50m，纵向长约 120m，厚度 1.5～5m，最大厚度达 8m，体积 2.8 万 m³。目前，该斜坡体处于基本稳定状态，但在遭遇强降雨时可能会失稳破坏，成为新的物源。

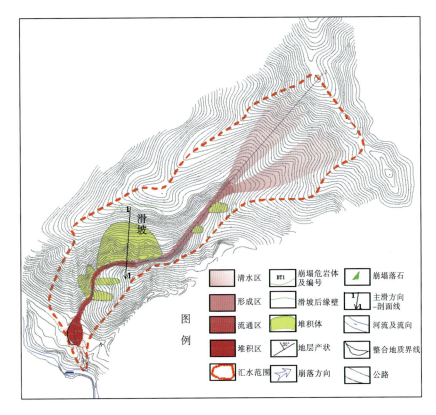

图 6-45　银洞子沟滑坡平面图

(a) 滑坡范围　　　(b) 左侧冲沟

(c) 右侧冲沟　　　(d) 滑坡前缘鼓丘

(e) 滑坡后缘侧壁碎石层　　　　　　　　(f) 滑坡坡度鸟瞰

图 6-46　银洞子沟滑坡地貌特征

6.4.1.2　岩土体性质

通过野外勘查,滑体土为坡体的残坡积硬塑-可塑的粉质黏土,滑床土为坚硬的花岗岩,滑动带为土岩结合面。从滑坡物质结构来说,分为滑体土、滑带土和滑床土。根据地面调查、井探、槽探获得的地质剖面图揭露(图 6-47),滑坡范围主要出露的地层由基岩和第四系地层组成,其中基岩为震旦系下统火山岩组(Za)的花岗岩、安山岩、闪长岩、凝灰岩及部分变质岩。第四系地层为全新统残坡积(Q_4^{el+pl})、崩积(Q_4^{col})、洪冲积(Q_4^{pal})、泥石流堆积(Q_4^{sef})层。第四系地层以松散的碎石类土为主,厚度为 1～20m,变化较大,呈现坡脊处薄、坡体前缘处厚的特点。另外滑坡后缘表层主要为相对均匀的风化土层,碎石土中大块石含量较少。因为此滑坡为堆积层,在运动过程中大小石块运动至坡体被堆积沉积冲刷,堆积体前缘的碎石土颗粒组分范围较大,大块石较多(图 6-48)。

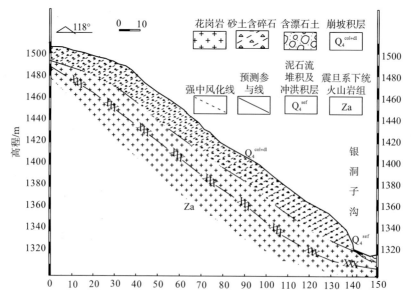

图 6-47　银洞子沟滑坡 1-1 剖面图

(a) 后缘碎石土风化表层　　　　　　　　　　　(b) 后缘碎石土风化表层

(c) 滑坡中后缘碎石土　　　　　　　　　　　(d) 滑坡前缘碎石

图 6-48　银洞子沟滑坡 1-1 剖面图

6.4.1.3　滑坡变形

此堆积层滑坡是由"5·12"地震引发的。地震以后，受 2009 年 7 月 17 日、2010 年 8 月 13 日、2013 年 7 月 9～10 日百年一遇的强降雨影响，该滑坡相继启动，并且堵沟形成溃决型泥石流。目前斜坡体处于基本稳定状态，但在坡面仍有较多残留物，局部处于不稳定状态，规模约 11 万 m³，在遭遇强降雨时将顺坡滑落，成为新的泥石流物源。如果发生整体滑动，也有再次堵沟形成溃决型泥石流的可能。此处的滑坡堆积体主要成分以碎石、块石为主，为松散状态。从存在于堆积体上的两条冲沟推断(图 6-49)，现存堆积体也是发生潜在泥石流的主要物源之一。

图 6-49　坡体表面堆积体特征(2008)

根据近几年的观察，此滑坡体表面的碎石层在多次降雨作用下，大部分都已被冲刷，目前表层依稀有植物可见，但在降雨和日照作用下，堆积层风化、冲刷较为严重，前缘碎石层的一部分已经遭受左侧冲沟的强烈冲蚀，有明显的坍落痕迹(图 6-50)。

图 6-50　滑坡前缘破坏特征(2014)

6.4.2　模型试验

为研究降雨作用下滑坡的变形破坏特征和变形破坏机理，并以此建立降雨型滑坡的多级临界雨量体系及在此体系下进行变形破坏特征的分类，定量化地描述变形破坏指标，本节分别以仿真模型、降雨入渗试验为基础来实现以下两个目标：①通过仿真模型试验，模拟多种人工降雨强度下模型的变形破坏规律；②通过降雨入渗试验，研究堆积层滑坡多级临界雨量状态对应的滑坡稳定性特征，包括稳定系数、失效概率和可靠度指标的计算。

2010 年 8 月 12 日 16 时至 13 日 04 时四川省绵竹市的降雨量达到 227mm，造成文家沟"8·13"特大泥石流暴发；2013 年 7 月 8 日至 10 日，都江堰多个雨量站的日监测雨量达到 250～500mm，累计最大雨量达到 1059mm。7 月 10 日，三溪村发生了造成 52 人遇难、109 人失踪的"7·10"高位山体滑坡。极端暴雨条件是多起滑坡灾害的主要诱发因素，因此，本研究将采用人工降雨方法分别模拟大雨、暴雨、大暴雨、特大暴雨四种工况下的六种降雨强度，以此来研究降雨作用下滑坡的破坏特征和降雨入渗特征以及临界雨量，从而建立预警模型。

模型试验以银洞子沟滑坡为基础原型。经过几个月的试验和改进后，最终确定了以下试验设计方案，并取得了较理想的实验结果。

6.4.2.1　试验设备

模型试验的试验设备主要包括人工模拟降雨设备、滑坡模型平台、物理力学参数测量系统，具体布设如图 6-51 所示。

1. 降雨模拟系统

采用 NLJY-10 下喷式人工模拟降雨系统，主要包括动力系统、控制系统、降雨输送系统(喷头和供水支架)和数据输出系统(雨量筒和电脑输出端)四部分。降雨前先把储水箱注满水，降雨控制系统控制降雨的开始与结束。降雨强度的最终大小由控制系统上的大、

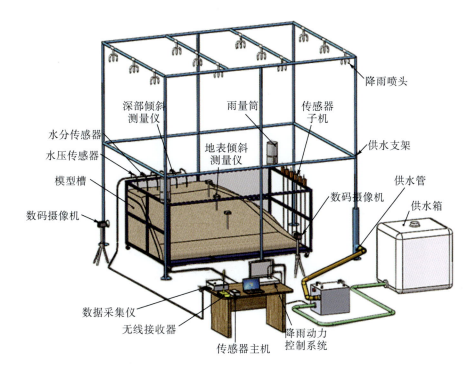

图 6-51　滑坡仿真模型试验设备

中、小雨强按钮和动力系统上的压力按钮控制。可在 20~200mm/h 的范围内变化降雨强度，降雨均匀系数大于 85%，系统启动一次的降雨周期为 10 000s，降雨测量精度为 0.01mm/h，降雨强度大小调节精度为 7mm/h，有效面积为 5×6m²，降雨高度 4m。数据输出系统包括雨量计和电脑界面输出端，通过雨量计采集数据，并连接控制系统实时显示，最终传输到电脑界面输出端，记录降雨强度随时间的变化规律，可以达到 1s/次(图 6-52)。

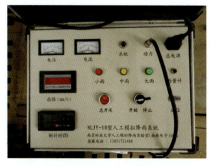

(a) 模拟降雨控制系统

(b) 模拟降雨动力系统

图 6-52　人工降雨设备

2. 模型槽

自制模型槽长、宽、高分别为 2m、3m、1.2m。底座是平整的钢板，四周骨架采用型钢。后、左、右侧由钢化玻璃作为约束，并在底板和型钢骨架上设置凹槽将其固定，用玻璃胶完全密封使其不透水。前端无约束(图 6-53)。

图 6-53　模型槽

3. 测量系统

测量系统包括微型压力传感器(图 6-54)、数据采集系统(图 6-55)、测斜仪主机(MCN-01)(图 6-56)、地表测斜仪子机(KCN-01A)(图 6-57)、土壤体积含水量传感器接触端(型号为 EC-5)、测斜仪传感器接触端(KCN-01A)(图 6-58)。工作原理是：将 MEMS 纳米技术的测斜传感器接触端所得到的倾斜角电压值、土壤体积含水率传感器测得的含水率电压值，通过 A/D 电压数字转换件转换为数值信号，然后再通过数字无线传输模块发送到信号接收主机里去，并同时存储到本机的 Micro SD 卡里，再由主机通过 RS232C、RS485 接口模块传输到电脑的软件系统中加以转换。微型压力传感器的型号采用德国 HMLM 公司制造的 HM91G-2-V2-F3-W1，主要测量由于水分流动产生的压力和吸力。数据采集系统 NTC3000 用来采集微型压力传感器输出的电压信号。

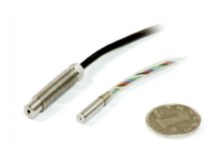

图 6-54　微型孔压传感器

图 6-55　数据采集仪

图 6-56　测斜仪主机

图 6-57　测斜仪子机

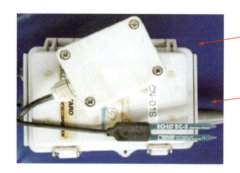

图 6-58　含水量、测斜仪传感器接触端

6.4.2.2　试验方案

1. 模型几何相似性

滑坡前后缘高差为 140～220m，滑坡长度为 190～260m，宽度为 4080m，坡度约 28°～40°，堆积层厚为 4～10m。将实测滑坡按照 1∶200 的比例构造试验模型，考虑模型实际情况，适当增加堆积层厚度和凌空高度。堆积形态如图 6-59 所示。第二条红线以下为基岩，以上为堆积层，厚度 20cm 左右。

(a) 物理模型侧面图

(b) 物理模型正面图

图 6-59　相似模型

2. 模型材料相似性

滑坡上覆堆积层主要为碎石土。试验侧重研究降雨条件下堆积层滑坡的变形破坏特征及物理力学参数对破坏的响应，因此上覆堆积层模拟材料采用示范区 2cm 以下碎石土掺以 5%的粉黏土合成。实际滑坡和模型的物理力学参数、颗粒级配分别见表 6-6、图 6-60。由于基岩面为较为完整的花岗岩，模型采用 2cm 的水泥砂浆抹面表示基岩面，将压实度较高的下覆基岩与上层堆积层分开。

表 6-6　原型和模型土体的基本参数

名称	类型	重度/(kN/m³)	变形模量/MPa	泊松比	黏聚力/kPa	内摩擦角/(°)
碎石土	原型	25~27	25~30	0.25	15~20	19~23
	模型	17.7	27.5	0.28	15	35

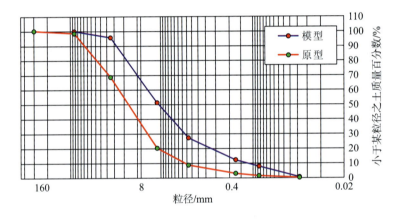

图 6-60　颗粒分析曲线

3. 试验方案

由于该地区日降雨量可达 240mm，降雨强度高达 28.3mm/10min，故选择人工降雨的强度为 30mm/h、60 mm/h、90mm/h、120 mm/h、150mm/h、180mm/h 六种。搭建一次模型，仅对应一种降雨强度。按照滑动面与距离地面 25cm、50cm、75cm 水平面的相交水平线，将试验模型分成三层，每层设置一组传感器，每组都包含内部测斜仪、地表测斜仪、孔压传感器、含水量传感器。传感器的具体布置如图 6-61 所示。

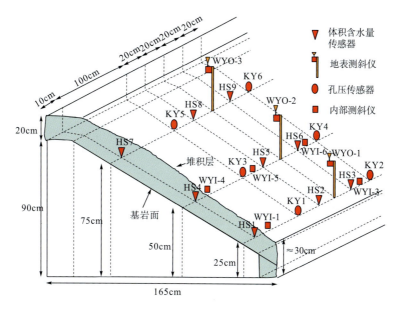

图 6-61 传感器布设图

6.4.3 基于仿真模型试验滑坡降雨临界值

6.4.3.1 仿真试验过程与结果

降雨强度不同，各个滑坡破坏的初始时间、破坏位置及规模也不同。针对每种降雨强度都进行了多次试验，每次试验时滑坡最早出现破坏的降雨历时也各不相同。有结果的仿真模型试验(搭建一次模型，仅采用一种降雨强度对此模型进行人工降雨模拟，称为一次仿真模拟试验)共有 14 次，如表 6-7 所示，其中 60mm/h 降雨强度 3 次，首次破坏出现的降雨历时分别为 31min、35min 和 37min；90mm/h 降雨强度 5 次，首次破坏出现的降雨历时分别为 12min、13min、16min、19min 和 24min；120mm/h 降雨强度 2 次，首次破坏出现的降雨历时分别为 6min 和 15min； 150mm/h 降雨强度 2 次，首次破坏出现的降雨历时分别为 5min 和 11min；180mm/h 降雨强度 2 次，首次破坏出现的降雨历时分别为 3min 和 6min。由于首次破坏历时越短，情况越不利，因此用每种降雨强度下滑坡发生破坏时经历时间最短的一次来描述滑坡的变形破坏过程。分别选择表 6-7 对应的红色降雨历时所对应的那次模拟试验对 30、60、90、120、150、180mm/h 降雨强度条件进行分析。

表 6-7 雨强与对应的降雨历时

雨强/(mm/h)	首次破坏出现时的降雨历时/min				
60	31	35	37	—	—
90	12	13	16	19	24
120	6	15	—	—	—
150	5	11	—	—	—
180	3	6	—	—	—

　　根据滑坡的变形破坏特征,可将降雨强度分为三个等级:第一级,雨强为 30~60mm/h,导致前缘不稳定部位发生一次小规模坍塌之后便再无破坏产生; 第二级,雨强为 90~150mm/h,滑坡前缘的某一部位最先发生坍塌破坏,后继降雨诱发滑坡沿着原有破坏边界发生层层坍落破坏,直至剥落不再发生,此种类型的破坏模式是多级后退式倾倒破坏; 第三级,降雨强度大于 180mm/h,在此种降雨强度下滑坡前缘也会发生小部分块体破坏,此种破坏模式是推移式破坏。以下分别介绍 30mm/h、60mm/h、90mm/h、120mm/h、150mm/h、180mm/h 降雨强度下坡体的破坏过程、传感器的响应和原因分析。

6.4.3.2 30mm/h 降雨强度条件

2015 年 8 月 6 日 15:05 开始降雨,持续到 19:15。滑坡无变形破坏现象发生。

　　从图 6-62 可以看出,坡体的初始含水量为 5%~11%,在降雨 10min 后,含水量开始增加,又过 15min 后,含水量稳定,几乎不再增加,自降雨开始至含水量稳定,持续约 30min。且不同剖面位置,含水量的变化规律并不相同。在 HS2-HS5-HS8 剖面,含水量在中间的位置最高,最上、最下几乎一致,相差约 5%;HS3-HS6-HS9 剖面,中间、最高位置的含水量较为接近,比最低位置的含水量少 5%左右。而孔隙水压力并无较大的变化,稳定在 0 左右。坡体内部和外部的测斜仪数据都几乎无变化。

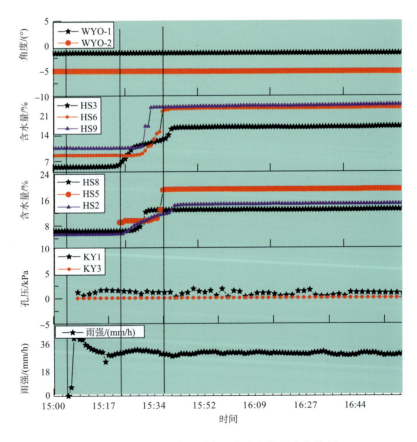

图 6-62 　30mm/h 降雨强度下各个参数的变化特征

6.4.3.3　60mm/h 降雨强度条件

2015 年 8 月 11 日 13:58，开始降雨。14:29，滑坡前缘右脚 0～0.4m 处出现小块坍落，高度约 0.35m。18:30，关闭降雨。最终破坏状态如图 6-63 所示。根据 60mm/h 降雨强度下滑坡的变形破坏特征，以 14:29 时刻为分界，将整个降雨过程分为两个阶段。

图 6-63　60mm/h 降雨强度下破坏前后

从图 6-64 可以看出，整个降雨过程中，体积含水量和孔隙水压力均从较低水平，在短时间内快速上升，达到最高值，最后趋于稳定。变化趋势并没有受到坡体右脚破坏影响。但距离破坏区域较近的体积含水量传感器 HS1 值稳定时达到的最大值接近 40%，而相同高度的体积含水量传感器 HS2 的值仅有 24%左右。16min 时，HS2 含水量达到顶峰。

在 60mm/h 降雨条件下，坡体含水量在基岩面上的分布规律是下高上低，25cm 处的含水量 HS2 最高，50cm 处的 HS5 次之，75cm 高度处的 HS8 最低，分别与这三个体积含水量传感器相距最近的孔隙水压力传感器 KY1、KY3、KY5 的数值也是从低到高依次降低。

坡体特征参数对变形破坏的响应：与同等高度的水分传感器 HS2 相比，破坏位置附近的体积含水率 HS1 值较大，可以推测体积含水率较大的位置易发生破坏。其他传感器无明显变化。

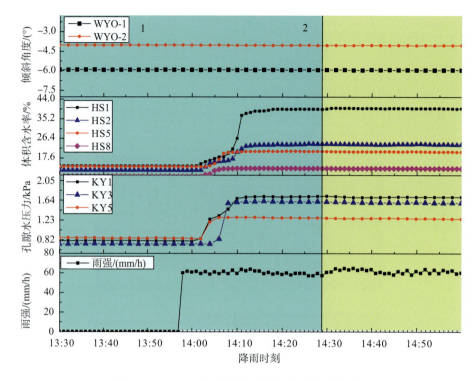

图 6-64　60mm/h 降雨强度下各个参数的变化特征

6.4.3.4　90mm/h 降雨强度条件

2015 年 7 月 31 日 10:50 开始降雨，12:20 结束，持续约 90min，具体阶段划分如表 6-8 所示。各个阶段对应的破坏状态如图 6-65 所示。在这四个阶段中，传感器的变化情况如图 6-66 所示，具体描述如下：

表 6-8　90mm/h 降雨强度下滑坡破坏过程记录

阶段	时间	标志事件
1	10:50～11:02	10:50，开始降雨
2	11:02～11:18	11:02，距滑坡前缘 0～0.5m，高约 0.42m 处出现一条裂缝，随后裂缝以下滑坡坍落，然后滑坡沿着坍落滑坡的后壁，一小块一小块剥落，坍落总高度达到 0.5m，这一过程持续到 11:04
3	11:18～11:43	11:18，距离右侧玻璃 0.5～1.0m，高度约 0.55m 处出现一条长裂缝，裂缝向下拉伸，下方滑坡坍落。同时 1.1～1.5m，高度 55cm 处出现一条与原坍落边界贯通的裂缝，裂缝向下发展，呈圆弧状向下拉伸，下方滑坡滑落。此过程历时 1min。滑坡边界在降雨的冲刷下，层层坍落
4	11:43～12:20	11:43，清淤，破坏边界的松散部分被降雨一小块一小块冲蚀。直至 12:20，破坏边界高度达到 0.6m 处，基本稳定不变

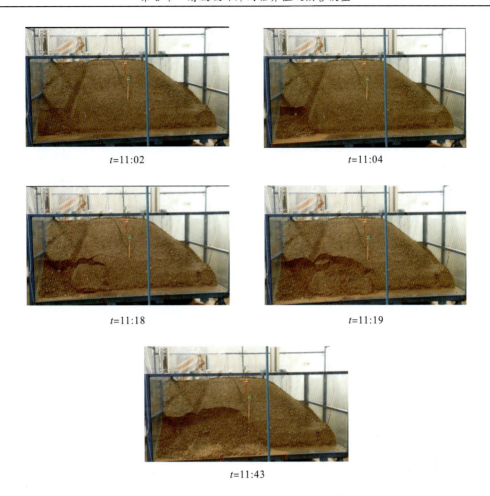

t=11:02 t=11:04

t=11:18 t=11:19

t=11:43

图 6-65   90mm/h 降雨强度下破坏过程

第 1 阶段：无破坏发生时，坡体含水量在降雨开始后均逐渐增加，13min 后水分传感器的第一个峰值出现。孔隙水压力与水分含量的发展趋势几乎保持一致，并且此变化规律并未被坡体前缘右脚出现的破坏而打破，甚至没有受其影响。

第 2 阶段：11:02 坡体前缘右脚发生破坏的位置距离传感器埋设位置还有一定距离，体积含水量传感器、孔隙水压力传感器、深部测斜仪、地表测斜仪均未立刻变化。后来破坏坡体沿着边界脱落，11:10 水分传感器 HS5、孔隙水压力传感器 KY5 均急剧降低，这时破坏发展到了距离坡体右侧玻璃 0.4m、高 0.4m 位置。此区域距离 HS5 最近，此位置下部坡体坍落，上部坡体排水能力急剧增大，体积含水率随之降低，而孔隙水压力传感器与此位置相距稍远，且与体积含水量传感器处在同一高度，根据水分的渗流特点，其不易在水平方向流动，故孔隙水压力无明显变化，而 0.75cm 高度处的体积含水量因为下部坡体排水力度变大而出现降低现象。

第 3 阶段：坡体前缘中部位置出现裂缝并向下滑动，此时首先受到影响的是处于破坏区的水分传感器 HS2、孔隙水压力传感器 KY1 和深部测斜仪 WYI-1，此三个传感器陡然发生变化，对破坏的响应十分明显。而处于上部的传感器 HS5、HS8、KY3、KY5 却并未发生明显变化。因此可断定坡体必然有破坏发生，并且破坏区域介于传感器 HS2 和 HS5 之间。

第 4 阶段：11:43 清淤，此过程是模拟降雨汇于坡体前缘冲沟，在一定降雨时刻坍落坡体会被冲沟中的泥石流带走。在清淤的过程中破坏区域内的传感器数值再次发生突变，如图 6-66 所示。地表测斜仪 WYO-1 变化也十分明显，而 WYO-3 却并无变化，因此可以断定，破坏已经发展到了 WYO-3 处，但尚未到 KY3 的埋设位置。可以看出，坡体水分含量、孔隙水压力在基岩面上的分布规律仍是自下而上依次降低，原因应与 60mm/h 降雨强度下的一致。

坡体特征参数对变形破坏的响应：破坏区域以下的传感器对破坏的响应十分明显，而破坏边界以上传感器，特别是体积含水量传感器、孔隙水压力传感器也会有不显著变化。在较上位置传感器对变形破坏无响应，而较下位置的传感器值有较明显变化时，可以认为破坏处于两个位置之间。

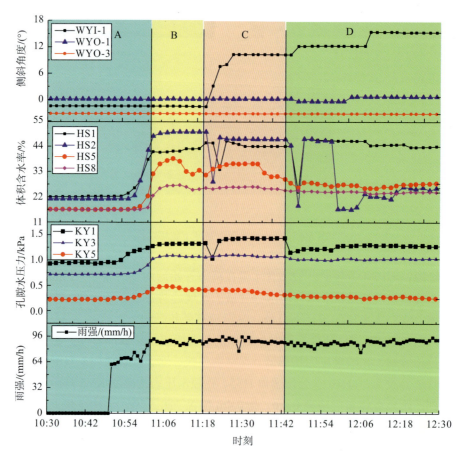

图 6-66　90mm/h 降雨强度下各个参数的变化特征

6.4.3.5　120mm/h 降雨强度条件

2015 年 8 月 8 日 9:20 开始降雨，10:20 降雨停止，降雨历时 60min。具体阶段划分如表 6-9 所示。各个阶段对应的破坏状态如图 6-67 所示。

表 6-9　120mm/h 降雨强度下滑坡破坏过程记录

阶段	时间	标志事件
1	9:20～9:27	9:20，开始降雨。9:24，前缘距离右侧玻璃 0.3～1.12m，高度约 0.3m 处出现裂缝，随后裂缝下拉，下部坡体滑落。随后破坏区后缘坡体层层剥落，坍落体下滑。破坏区域从 0.3～1.12 变为 0.3～1.2m，高度为 0.5m，下滑坡体呈舌头状
2	9:27～9:29	9:27 滑落体左缘 0.4m 高度，距右侧玻璃 1.2m 位置出现一条斜向下的裂缝，指向 0.3m 高度，距右侧玻璃 1.8m，16s 后，裂缝下部坡体向下滑落，传感器 WYO-1 倾倒。破坏区域呈现后缘有凸起的圆弧形状
3	9:29～9:36	9:29，后缘凹陷的破坏区域 0.3～1.2m 斑状剥落，持续时间约 1min
4	9:36～9:47	9:36，部分清淤，40s 后，高度 0.6m 向右下方出现一条斜裂缝直至右侧玻璃，随后，下方坡体滑坡
5	9:47～10:20	9:47，部分清淤，1min 后，WYO-2 倾倒，边界在降雨作用下斑蚀破坏。持续 5min 后，坡体几乎无明显变化产生，此时破坏区域呈圆弧形，最高处达 0.7m，前缘破坏宽度为 0～1.8m

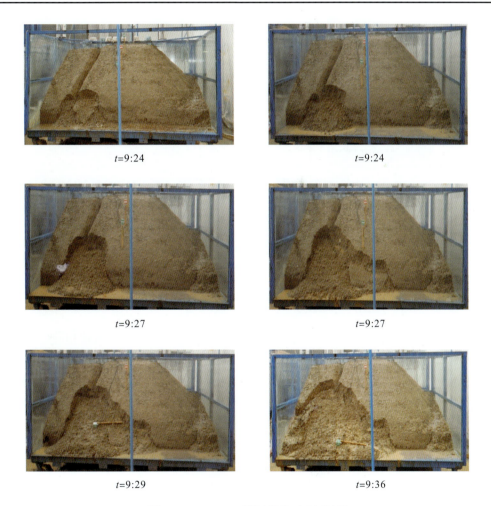

t=9:24

t=9:24

t=9:27

t=9:27

t=9:29

t=9:36

图 6-67　120mm/h 降雨强度下破坏过程

在这五个阶段中，传感器的变化情况(图 6-68)分别描述如下：

第 1 阶段：坡体含水量在降雨开始后均逐渐增加，8min 内 HS3-HS6-HS9 剖面的体积含水量几乎都达到了最大值，约 45%～50%。而 HS2-HS5-HS8 剖面中部和上部的含水量几乎与 HS3-HS6-HS9 剖面同时达到最大值，但 HS2 位置较同一高度的 HS3 位置晚。但两个剖面含水量能达到的最大值相差无几。第 2 阶段：9:28，测斜仪 WYO-1 变化，因为此位置的坡体发生了坍塌，但其他传感器并无出现明显的变化。第 3 阶段：此阶段的传感器并无明显响应。第 4 阶段：9:50 破坏扩展到 WYO-2 位置，同时附近的 HS5 也出现了明显的突变。

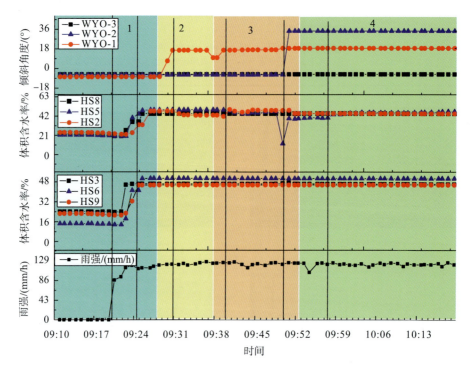

图 6-68　120mm/h 降雨强度下各个参数的变化特征

坡体特征参数对变形破坏的响应：与 90mm/h 降雨强度下发现的规律相同，处于破坏区域中的传感器对破坏的响应十分明显。在破坏区域附近，有时孔隙水压力传感器响应较为明显，有时水分传感器响应较为明显。也就是说两者同时响应时，两者都在破坏区域内，而只有一种传感器响应时，传感器很有可能在破坏区域外。另一种传感器都响应的条件是：破坏边界以下的堆积体大都被冲蚀带走。

6.4.3.6　150mm/h 降雨强度条件

2015 年 8 月 5 日 14:05 开始降雨，14:30 降雨停止，降雨历时 25min。具体阶段划分如表 6-10 所示。各个阶段对应的破坏状态如图 6-69 所示。

表 6-10　150mm/h 降雨强度下滑坡破坏过程记录

阶段	时间	标志事件
1	14:05～14:09	14:05，开始降雨
2	14:09～14:13	14:09，一条裂缝从 1.2m 至 1.75m，经过 WYO-1。随后，裂缝加宽，WYO-1 倾倒。随后裂缝下方土体滑落，脱落边界快速斑蚀。14:12，WYO-2 倾倒，滑坡边界继续发生块状坍落
3	14:13～14:17	14:13，破坏边界右侧出现一条水平裂缝，向右侧玻璃延伸，随后裂缝加宽，下部土体坍落。随后，破坏边界层层剥落
4	14:17～14:30	14:17，清淤，破坏边界的松散部分被降雨一小块一小块冲蚀。直至 14:20，破坏边界高度达到 0.6m 处，基本稳定不变
5	14:30～14:31	14:30，清淤，1min 后 WYO-3 倾倒。发生块状剥蚀破坏，直至降雨停止

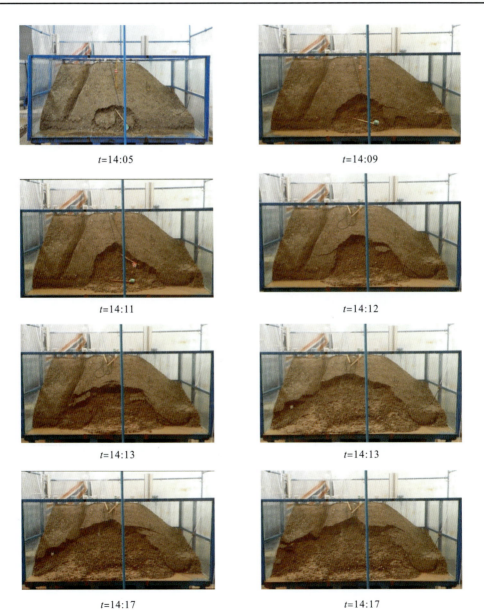

t=14:05　　　　　　　　　　　　　　t=14:09

t=14:11　　　　　　　　　　　　　　t=14:12

t=14:13　　　　　　　　　　　　　　t=14:13

t=14:17　　　　　　　　　　　　　　t=14:17

t=14:20

图 6-69　150mm/h 降雨强度下破坏过程

在这五个阶段中，传感器的变化情况(图 6-70)分别描述如下：

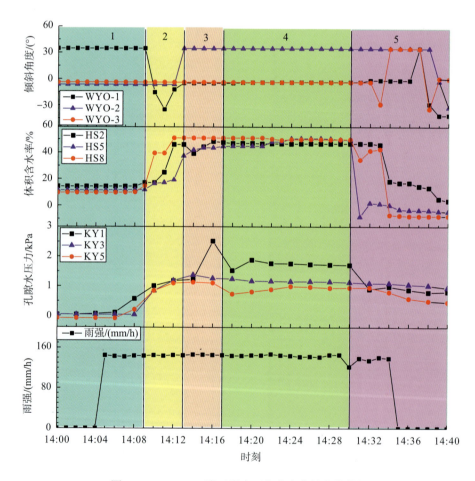

图 6-70　150mm/h 降雨强度下各个参数的变化特征

第 1 阶段：无破坏发生时，坡体含水量在降雨开始后均逐渐增加，7min 内几乎所有的水分传感器和孔隙水压力传感器都达到峰值。可见 120mm/h 降雨强度不能满足土体吸水速率的需求。

第 2 阶段：体积含水量虽然处于上升趋势，但受到破坏影响，趋势线出现了明显的波动。孔隙水压力传感器距离变化位置稍远，并没有明显变化。处于破坏体当中的地表测斜仪响应也十分明显，但都与破坏同步发生。距离破坏位置 0.3m 以外的孔隙水压力传感器并没有明显变化，而体积含水量传感器受到的扰动却十分明显。排除传感器的自身因素，此时的体积含水量传感器更易于响应附近的破坏。

第 3 阶段：水分传感器 HS2、孔隙水压力传感器 KY1、地表测斜仪 WYO-1 都处于 14:13 开始的破坏区域之内，但由于堆积体处在坡体前缘位置，在雨水的冲刷下已趋于稳定，故传感器变化并不明显。

第 4 阶段：随着降雨的继续，破坏范围层层扩大。另外坡体前缘的堆积体被雨水冲蚀下滑，破坏区域内及附近的孔隙水压力传感器也出现较大的变化，此时的孔隙水压力传感器更易于响应附近的破坏。

第 5 阶段：14:30 清淤，虽然 HS8、KY3 没在破坏区域内，但因坡体前缘堆积体几乎全被模拟冲刷，余下部分排水能力急剧增加，于是发生了显著变化。可见坡体被大量冲刷带走之后，传感器也会有明显的变化。

坡体特征参数对变形破坏的响应：与 90mm/h 降雨强度下发现的规律相同，处于破坏区域中的传感器对破坏的响应十分明显。在破坏区域附近，有时孔隙水压力传感器响应较为明显，有时水分传感器响应较为明显。也就是说两者同时响应时，两者都在破坏区域内，而只有一种传感器响应时，传感器很有可能在破坏区域外。另一种传感器都响应的条件是：破坏边界以下的堆积体大都被冲蚀带走。

6.4.3.7　180mm/h 降雨强度条件

2015 年 8 月 7 日 9:17，开始降雨，9:30 结束，持续 13min。具体阶段划分如表 6-11 所示。各个阶段对应的破坏状态如图 6-71 所示。

表 6-11　180mm/h 降雨强度下滑坡破坏过程记录

阶段	时间	标志事件
1	9:17～9:23	9:17，开始降雨
2	9:23～9:25	9:23，滑坡前缘右脚处受到降雨侵蚀。9:24，从滑坡顶部距离右侧玻璃 2m 处出现一条斜向右下方的裂缝，紧接着裂缝下方滑坡滑落。在下滑的过程中，坍落滑坡前缘呈现鼓丘状，并开裂成裂缝簇。随后坡体滑落堆积，破坏区域尖呈角叶状
5	9:25～9:30	9:25，左侧边界快速以块状形式滑落，1min 后剩余坡体除左侧坡脊位置，其他坡体全部滑落并冲刷

这种降雨强度无明显的阶段划分，其标志性的时间点分别是 9:17、9:23、9:25、9:26，具体描述见表 6-11、图 6-71。

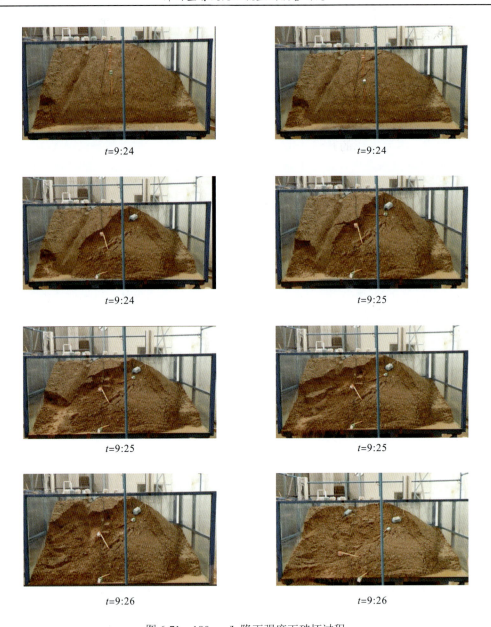

图 6-71　180mm/h 降雨强度下破坏过程

坡体特征参数对变形破坏的响应：坡体在前缘右脚出现破坏时刻是 9:23，距离降雨开始仅 5min。这段时间里，坡体前缘的体积传感器 HS3 和 KY1 在降雨时已经开始上升，余下传感器均尚未发生变化。这是因为距离破坏位置约 0.3m 处的传感器对破坏不会有明显响应（鉴于对以上几种降雨条件的分析），且降雨历时较短，不足以使位居上部的水分含量和孔隙水压明显上升。在坡体左侧上部出现裂缝时刻前 1min，深部测斜仪器 WYI-5、WYI-6 数值最大位数发生明显变化，WYI-5 的变化虽然只有 0.01°，但最大位数从-7 变为-6（图 6-72）。

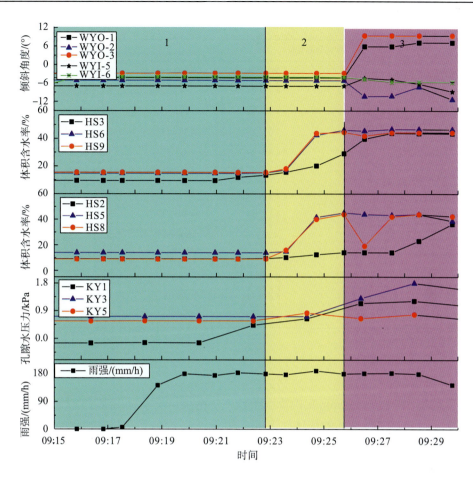

图 6-72　180mm/h 降雨强度下各个参数的变化特征

WYI-6 变化达到 0.077°，数值异常于 WYI-5 和 WYI-6 一直保持的数据值，并且 9:26 有明显的破坏迹象，随后的数据变化更加明显。可以说，9:25 已经是滑动破坏的临界时刻。随着 9:26 时刻开裂裂缝的发生发展，其他的传感器也开始响应破坏。破坏原因分析：坡体的吸水能力强，在 180mm/h 的降雨强度下，短时间内坡体内部蓄积大量水分，受基岩阻挡，水分只能沿着基岩面向坡体前缘排泄，但由于降雨强度较大，排泄速度远小于降雨入渗速度，因此坡体离基岩面越近，土体软化速度越快，且坡体前缘因水分快速下流汇集而再软化。此种情况下：坡体整体，尤其是中下部蓄水量较大，重量较大，上部坡体内部已软化。上部坡体便受下部坡体自重牵拉而产生裂缝并伸向下坡体。滑动先产生在内部，因此内部测斜仪先响应(表 6-12)。

表 6-12　180mm/h 降雨强度下各个测斜仪的变化

时刻	深部倾斜测量仪/(°)		地表倾斜测量仪/(°)		
	WYI-5	WYI-6	WYO-1	WYO-2	WYO-3
2015-8-7 09:17	-7.010 2	-4.054 28	-4.277 14	-5.171 54	-2.857 09
2015-8-7 09:18	-7.004 47	-4.054 28	-4.294 28	-5.154 4	-2.857 09

时刻	深部倾斜测量仪/(°)		地表倾斜测量仪/(°)		
	WYI-5	WYI-6	WYO-1	WYO-2	WYO-3
2015-8-7 09:19	−7.010 2	−4.054 28	−4.3	−5.171 54	−2.857 09
2015-8-7 09:20	−7.010 2	−4.065 71	−4.3	−5.177 26	−2.874 23
2015-8-7 09:21	−7.004 47	−4.054 28	−4.334 28	−5.205 84	−2.857 09
2015-8-7 09:22	−7.004 47	−4.059 99	−4.328 57	−5.205 84	−2.874 23
2015-8-7 09:23	−7.004 47	−4.059 99	−4.334 28	−5.222 99	−2.868 52
2015-8-7 09:24	−7.004 47	−4.054 28	−4.311 43	−5.217 27	−2.879 95
2015-8-7 09:25	−6.993 03	−4.137 14	−4.305 71	−5.217 27	−2.839 94
2015-8-7 09:26	−4.445 72	−4.728 6	5.899 66	−10.311 2	9.395 92
2015-8-7 09:27	−4.902 91	−5.660 3	5.899 66	−10.213 9	9.395 92
2015-8-7 09:28	−6.277 88	−5.660 3	7.182 03	−7.259 05	9.414 11
2015-8-7 09:29	−8.774 7	−5.671 74	7.182 03	−11.318 4	9.414 11
2015-8-7 09:17	−7.010 2	−4.054 28	−4.277 14	−5.171 54	−2.857 09

6.4.4 破坏模式总结

综上所述，在 30～180mm/h 的降雨条件下，滑坡仿真模型出现了三种破坏方式，如图 6-73 所示。对这三种破坏的描述如下：

(1) 局部坡脚崩塌：在 30～60mm/h 的降雨强度下，滑坡在前缘坡脚出现小块坍塌，且后继降雨并未导致进一步破坏发生，称此种破坏为局部坡脚崩塌破坏。

因为滑坡有一定高度的凌空面，坡脚前方无阻挡物，在降雨条件下，土体软化，崩塌最先在部分坡脚产生。

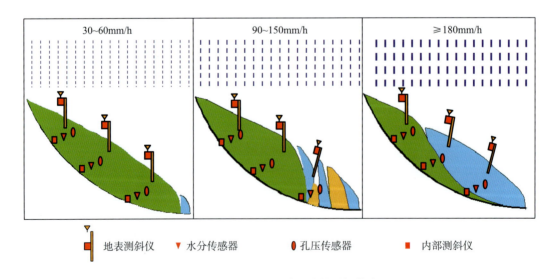

图 6-73　不同降雨强度对应的破坏模式

(2)层层后退崩塌：在 90～150mm/h 的降雨强度下，破坏的最早形式是局部坡脚破坏。随着降雨的持续，破坏以陆续小块或层层崩塌破坏方式为主，在最初的坡脚破坏基础上扩大，层层后退，直至破坏形成新的平衡，称此种情况为层层后退崩塌破坏。

最初的破坏方式与局部坡脚崩塌相同，不同的是随着降雨的持续，后续破坏陆续发生。这是因为与第一种破坏结果不同的是，较大的降雨强度将崩塌的坡脚冲刷到冲沟里，原有的破坏后缘再次形成剩余坡体的凌空面，坡体被入渗的雨水软化，层层崩塌。最后又因为入渗和排渗形成贯通的通道，坡体在此平衡下保持稳定。

(3)整体滑坡：降雨强度大于或等于 180mm/h 时，坡体在前方破坏的同时，整体破坏也同时孕育。某一强降雨时刻坡体发生大规模滑移破坏，称此种情况为整体滑坡破坏。

此种破坏模式主要是因为雨强过大，降雨下渗率较大，但坡体的排渗能力有限，短时间内在坡体渗透性较差的部位富积大量的雨水，导致土体软化甚至可能液态化。最终坡体在较大重力和孔隙水压力的条件下推动液态化土体向下流动，整体失稳破坏。

6.4.5 仿真滑坡预警临界雨量模型

对一个模型进行重复试验，便可以得到它在不同降雨强度下的破坏情况，那么不同降雨强度与降雨历时之间有怎样的对应关系？会不会像区域统计一样，出现雨强与降雨历时呈指数关系的现象呢？因此从模型试验数据中选取降雨强度与其所对应的最短历时，并绘制在笛卡儿坐标系中，如图 6-74 的黑点所示，用指数曲线来拟合这些点，得到的 I 与 D 的关系为

$$I = 49.07 \times D^{-0.44} \tag{6-18}$$

式中，I 为降雨强度(mm/h)；D 为降雨历时(h)。曲线相关系数 R^2 为 0.965，相关性较好。

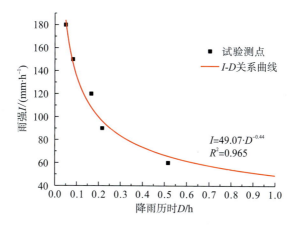

图 6-74 仿真模型试验的 I-D 关系

可见，同一坡体不同降雨强度与对应的破坏时的降雨历时也是呈现对数关系的。根据表 6-7 的记录，破坏一般在 1h 内发生。假设历时 1h 是发生破坏的极限时间，1h 发生破坏对应的降雨强度是 49mm/h，故可以将 49mm/h 假定为破坏的临界降雨强度。这是说，降

雨超过 49mm/h 时，堆积层坡体有破坏发生；反之，无破坏发生。故降雨强度达到 40mm/h 左右时，当地政府和百姓须提高警惕。

6.4.6　仿真滑坡模型的预警等级指标

一次滑坡破坏的严重程度体现在两个方面：整个破坏持续的时间和破坏的最终面积。若一次降雨短时间内引发大面积破坏，则此次破坏较为严重，但具体的严重程度可以对比相同条件下其他降雨强度引发破坏的情况。

将一次降雨作用下滑坡破坏的严重程度记为 D_e，破坏需要的时间记为 T，单位为 min，破坏体积与总滑坡体积的比记为 S，$|T|$ 为 T 的无量纲数值。历时越短，破坏面积越大，破坏越严重。因此破坏的严重程度 D_e 与破坏体积比 S 成正比，与和一定破坏面积对应的破坏历时 $|T|$ 成反比，可以定义如下：

$$D_e = \frac{S}{|T|} \tag{6-19}$$

设一次滑坡事件的严重等级用 R 表示。将最严重的一次滑坡事件的严重等级记为 1 级，则：

$$R_{max} = \frac{D_{e_{max}}}{D_{e_{max}}} \tag{6-20}$$

第 i 种降雨强度的严重等级为

$$R_i = \frac{D_{e_i}}{D_{e_{max}}} \tag{6-21}$$

用破坏面积在滑坡总面积中所占的比例来表示滑坡的破坏面积，则五种降雨强度下，各个滑坡破坏的严重程度 D_e、严重等级 R 计算结果见表 6-13。

表 6-13　各降雨强度下滑坡破坏的严重程度及等级

参数	降雨强度/(mm/h)				
	60	90	120	150	180
S	1/35	1/3.5	1/2	3.6/5	5/6
T	31	40	30	25	13
D	1/1085	1/140	1/60	1/34.72	1/15.6
R	0.0144	0.1114	0.26	0.4493	1

从表 6-13 可以看出，滑坡破坏的严重等级 R 有 0.01、0.1、1 三个数量级，恰与滑坡在降雨作用下的三种破坏程度对应，分别对应的降雨强度为 60mm/h、90～150mm/h、180mm/h。将预警等级设为：红、橙、黄三个等级，则降雨强度、破坏严重等级与预警等级的对应关系如表 6-14 所示。表 6-14 列出了传感器的响应情况以作为预警的技术参考。降雨条件下堆积层滑坡的预警技术路线如图 6-75 所示。

表 6-14　银洞子滑坡预警等级划分标准

降雨强度(mm/h)	严重等级	破坏方式	行动方式	传感器响应
$I \geqslant 180$	1	整体滑坡	快速撤离	多种传感器异于正常的变化趋势(突变)
$150 \leqslant I < 180$	0.45~1	层层后退崩塌，或整体滑坡	做快速撤离准备	多种传感器异于正常的变化趋势(突变)；前缘附近传感器先突变，逐渐向后缘蔓延
$90 \leqslant I < 150$	0.1~0.45	层层后退崩塌	一般避险	前缘附近传感器先突变，逐渐向后缘蔓延
$60 \leqslant I < 90$	0.014~0.1	发生局部坡脚崩塌，或层层后退崩塌	做一般避险准备	前缘附近传感器先突变，逐渐向后缘蔓延；坡角传感器突变，尤其是含水量和孔隙率高于其部位同种传感器
$49 \leqslant I < 60$	0~0.014	局部坡脚崩塌	警惕观察	坡角传感器突变，尤其是含水量和孔隙率高于其部位同种传感器

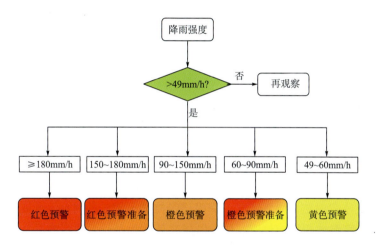

图 6-75　降雨型堆积层滑坡预警技术路线

　　仿真试验模拟降雨条件下银洞子沟滑坡的破坏情况。根据破坏的严重程度，将破坏分成三种模式：滑坡前缘某一小块崩塌破坏，破坏不严重；自滑坡前缘某一小块崩塌破坏后，后续坡体沿着破坏边界，逐次层层破坏，破坏严重；滑坡前缘出现块状破坏的同时，坡体发生大面积滑坡破坏，破坏非常严重。这三种程度的破坏模式分别对应不同的降雨强度区间，如表 6-14 所示。另外补充了两种降雨强度区间，其破坏模式存在不确定性，在预警时做好最坏状况的准备。

　　从大量的重复试验中分别得到不同降雨强度下滑坡首次破坏时的最短降雨时长，由此建立的降雨强度与降雨历时关系曲线服从指数分布。并得到此堆积层模型在降雨作用下的临界降雨强度约为 49mm/h，可作为此特征滑坡的预警参考值。

　　根据滑坡模型在某一降雨强度下的最终破坏量与最终破坏所需时间，建立滑坡模型在一次降雨强度下破坏的严重程度 D，经过类比计算得出严重等级 R，与坡体内部传感器的响应情况结合，建立降雨型堆积层滑坡预警技术参考体系，进而形成降雨型堆积层滑坡的预警技术路线。

6.5　基于降雨入渗堆积层滑坡的稳定性

在分析坡体的稳定性时，通常采用极限平衡法来计算坡体的稳定系数。它的基本原理是：下滑力等于抗滑力时，滑坡处于失稳的临界状态，在数值上等于抗滑力与下滑力的比值。目前采用的研究思路的根本仍是基于经典的刚体在斜截面上运动的临界条件。抗滑力主要由滑动面上的摩阻力、黏聚力组成，下滑力由滑面上覆土体的重度决定。与刚体运动不同的是，土体在不同的含水量条件下，其摩阻系数和黏聚力是变化的，坡体自身的重度也是变化的。鉴于此，前人已经通过研究非饱和土的抗剪强度理论得到了一些规律。对于一个固定的坡体，土体的抗剪强度达到什么样的程度取决于降雨条件下雨水入渗的程度，即降雨作用下在坡体内部形成的渗流场。

人们对水分入渗问题的研究最早来源于水文学，以及水资源、农业及环境科学，针对松散堆积层滑坡的降雨入渗规律鲜有研究。为了解松散堆积层坡体在降雨条件下的入渗情况，分别在都江堰塔子坪滑坡上进行原位人工降雨入渗试验和室内人工降雨入渗试验来研究堆积层滑坡的入渗规律。

6.5.1　降雨入渗的试验研究

基于土体为均质体的假设，得出以上入渗过程及入渗稳定状态的理论。在计算滑坡稳定性时，往往以土体在某一特定时刻对应的渗流场状态及此时的土体特性参数为基础。而滑坡发生滑动的临界时刻，通常情况下降雨已经持续了较长的时间，滑坡内部的渗流场已经稳定，则在计算滑坡的稳定性时，便需以届时条件为基础。现实情况是堆积层滑坡的土质往往是不均匀的，其在降雨条件下的入渗情况也会因为堆积层滑坡单体的特性而千差万别。为研究堆积层降雨入渗过程及稳定时内部岩土体物理力学特征参数的变化，特搭建野外人工降雨试验和室内人工降雨入渗试验，以个例为出发点研究堆积层的降雨入渗情况。

6.5.1.1　野外降雨入渗试验

根据 6.3.1 节和 6.3.2 节研究结果，野外降雨入渗试验的过程及取得的结论如下。

1. 试验过程

6 月 29 日 11 点 20 分开始降雨，降雨强度为 50mm/h，一直持续到下午 16 点 15 分，坡体无明显变化。6 月 30 日上午，改变斜坡的前缘临空面的坡度，达到 60°，并调整降雨强度。于 8 点 59 分正式开始人工降雨，斜坡随即发生变形破坏。每次降雨过程的起止时间和降雨量及降雨强度数据如图 6-76、表 6-15 所示。

第一次降雨：开始时间：8:59:00，结束时间：9:11:00。持续时间 12min，总降雨量：56mm。

第二次降雨：开始时间：10:55:00，结束时间：11:10:00。持续时间 15min，总降雨量：

41.6mm。

第三次降雨：开始时间：11:30:00，结束时间：12:08:00。持续时间 38min，总降雨量：130mm。

第四次降雨：开始时间：14:05:25，结束时间：14:56:53。持续时间 51min，总降雨量：161.4mm。

第五次降雨：开始时间：15:21:08，结束时间：15:53:40。持续时间 31min，总降雨量：99.6mm。

第六次降雨：开始时间：16:19:50，结束时间：16:46:00。持续时间 26min，总降雨量：155.4mm。

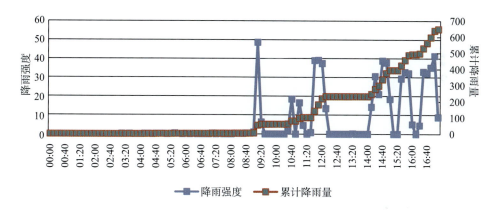

图 6-76　人工降雨累计降雨量与降雨强度

表 6-15　模拟降雨过程及相关雨量参数表

降雨次数	开始时间	结束时间	降雨历时/min	最大雨量/(mm/10min)	最小雨量/(mm/10min)	平均雨量/(mm/10min)
1	8:59:00	9:11:00	12	50	1	18.6
2	10:55:00	11:10:00	15	18.6	0.2	8.32
3	11:30:00	12:08:00	38	39.2	0.8	26(40)
4	14:05:25	14:56:53	51	38.8	14.4	26.9
5	15:21:08	15:53:40	31	34.8	5.2	24.9
6	16:19:50	16:46:00	26	35.2	4.6	25.9

2. 试验结果及分析

野外试验现场如图 6-77 所示。

图 6-77　野外试验现场

　　由于塔子坪滑坡属于地震瞬发型滑坡，坡体被震裂滑动，因此整个坡体裂隙(缝)十分发育，导致斜坡土体入渗能力较强。通过室内试验测试，土体渗透系数达到 1.144×10^{-2} cm/s。因此，斜坡内部的含水量同降雨量和降雨过程具有较好的对应关系(图 6-78)。

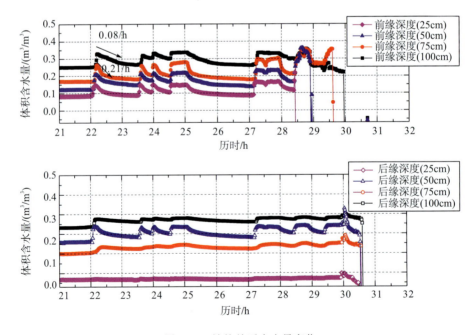

图 6-78　坡体前后含水量变化

　　由斜坡前端的含水量及数据分析可以看出，在天然状态下和降雨过程中，从斜坡的垂直方向上，含水量的大小随着深度的增加而增加，如图 6-79。但是，在降雨过程中，含水量增加的幅度却不尽相同，距离坡面 50cm 深度的含水量明显增长较快，含水量增加的幅度更大(图 6-79)。

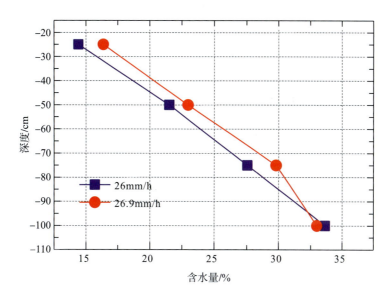

图 6-79　t=25h 时含水量在垂直方向上的变化

　　由斜坡后端的含水量及数据分析可以看出，在天然状态下和降雨过程中，含水量的大小并不随着深度增加而增加。这表现在，距离坡面 50cm 深度的含水量从含水量的大小和增加幅度都大大超过了 75cm 处的含水量，说明在 50cm 深度时斜坡含水量出现累积。而斜坡破坏时，临空面剪出口在降雨激发条件下，都是在 50cm 处剪出，可见斜坡的破坏往往出现在这一强度薄弱区域(图 6-80)。

　　从模拟人工降雨对应的物理力学参数来看，对于斜坡内部的体积含水量来说，也都是在距斜坡面 50cm 处体积含水量的变化量达到 20% 左右，斜坡发生破坏。

　　(1)20cm 时，表层、堆积层颗粒整体较大，输水通道较为流畅，蓄水能力差，含水量主要是颗粒表面的水的基质吸力表现。

　　(2)40cm 时，颗粒级配逐渐优化，输水通道变窄，局部通道被截断，除由于颗粒数量增加引起的基质吸力增加外，局部已经存在孔隙水。

　　(3)60cm 时，细颗粒进一步增多，颗粒级配进一步优化，多数输水通道被截断，孔隙水大量增加。

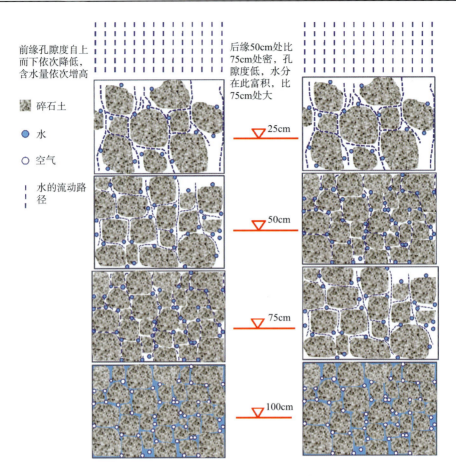

图 6-80　垂直方向上的水分含量示意图

6.5.1.2　室内降雨入渗试验

1. 试验过程

对这一组斜坡分别持续降雨，降雨时间及间歇时间见表 6-16、表 6-17。

表 6-16　25°、30°、40°坡降雨时间分配

项目	时刻	历时/h
30mm/h	10:29～14:30	4
间歇	14:30～18:30	4
60mm/h	18:30～22:30	4
间歇	22:30～6:50	8.33
90mm/h	6:50～10:50	4
间歇	10:50～14:50	4
120mm/h	14:50～16:50	2
间歇	16:50～20:50	4

表 6-17　45°、50°、55°坡降雨时间分配

项目	时刻	降雨历时/h
30mm/h	7:42～11:42	4
间歇	11:42～15:41	4
60mm/h	15:41～19:41	4
间歇	19:41～7:15	11.57
90mm/h	7:15～11:15	4
间歇	11:15～15:15	4
120mm/h	15:15～17:15	2
间歇	17:15～7:18	14.05
150mm/h	7:18～9:18	2
间歇	9:18～13:45	4
180mm/h	13:45～15:45	2

2. 试验结果及分析

室内降雨入渗试验在此部分的目的主要是研究土体在不同降雨条件下，水分及孔隙水压力在垂直方向上的变化情况。因此，仅对垂直方向上的数据变化做处理。

规律 1：降雨随高度的变化分布如下：基岩面附近高，中部低，表层高。雨强>120mm/h 时，小于 45°的坡，表层比底层高很多；<120mm/h 时，表层比底层稍低，如图 6-81 所示。

规律 2：随着时间的持续，中部的稳定含水量随着降雨强度的增加，在微小的范围内逐渐增大(图 6-81)。可能原因有两个：一是降雨渗透导致内部细颗粒逐渐被带走，孔隙大，稳定时含水量会越大；二是土壤容许入渗率大于降雨强度，随着降雨强度的增大，实际入渗率升高，含水量增大。

规律 3：20cm 处(地表)，降雨强度≥120mm/h 时，坡度为 25°～45°，表层 20cm 处土的含水量明显升高；35°～45°坡度越缓，含水量越大；25°～35°含水量变化不大，如图 6-82(a)所示。

规律 4：20cm 处，45°坡在雨强为 90mm/h 时表层含水量达到最大值 Max90；35°坡在雨强为 150mm/h 时表层含水量达到最大值 Max35；25°坡在雨强为 120mm/h 时表层含水量达到最大值 Max25，Max90<Max35≈Max25。也就是说，各个坡度下，不是降雨量越大，表层含水量就越大，而是呈现凸起型分布，如图 6-82(b)所示。

规律 5：含水量的变化随着坡度变化呈现一定的规律性，表层和中部在坡度为 25°～30°时含水量较高，在 35°时开始降低，转向 40°时增高，在 40°时含水量最大。

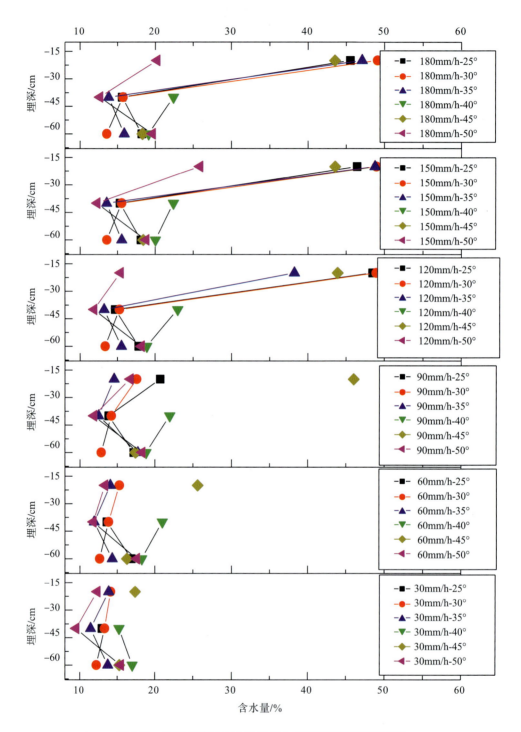

图 6-81　稳定渗流场下六种坡度含水量随降雨强度的变化

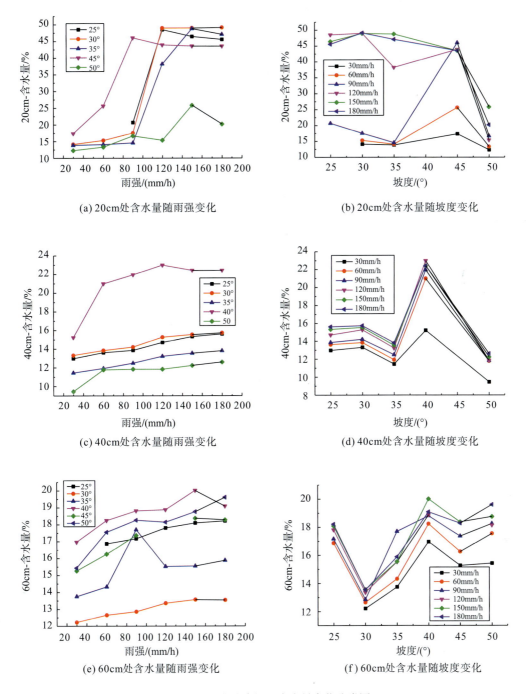

图 6-82 稳定渗流场下含水量变化分类图

水分在坡体中入渗稳定后的情况分为两种，如图 6-83 所示，左边渗流场表示降雨强度≥120mm/h 时，坡体表层含水量最高，底部次之，中部最低；右边渗流场表示降雨强度为 30～90mm/h 时，表层和底部相近，中部最低。

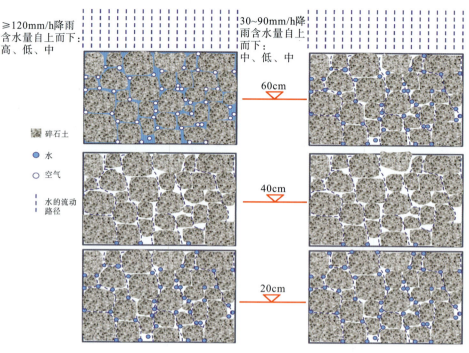

图 6-83　稳定状态下的水分分布

6.5.1.3　降雨入渗试验结论

1. 野外降雨入渗试验

都江堰塔子坪滑坡的现场降雨入渗试验表明，松散堆积层滑坡在平均降雨强度为 8.32～26.9mm/10min，降雨持续 12～15min 时，滑动面以上堆积层的含水量随高度有规律地发生变化。

在滑坡前缘，含水量自下而上依次降低，滑动面附近距离地表 1m 处最高，为 25%～34%；前缘中部距离地表 0.75m 处次之，为 17%～28%；距离地表 0.25m 处又变少，为 12%～24%；最上方，距离地表 0.25m 处最小，为 8%～17%。

在滑坡后缘后端，除了 50cm 处以外，体积含水量在同一垂线方向上也出现由低到高逐渐降低的趋势，但在 50cm 高度处，体积含水量较 75cm 处含水量高，较 100cm 处含水量低，可见 50cm 处含水量发生了富积。可能是因为 50cm 深度处土体较同一垂线方向下部及上部土体密实，雨水在此区域的下渗速率有所降低，导致此处含水量集聚，而 75cm 深度处的土体含水量变小，可推断此处的土体下渗速率增大。而 100cm 附近土体的入渗速率又降低，造成 100cm 处雨水放缓下渗，含水量变大。

对于含水量在坡体中的以上分布规律，及现场观测到的土体松散程度，可以推断坡体内部的含水量主要与土体的密实程度有关。土体较松散，渗透性能好，降雨后雨水会直接下渗，较为松散的部位含水量较小；而土体较密实的部位，降雨入渗能力降低，而降雨强度较大，供大于求，于是便造成水分集聚，含水量增大。而堆积层滑坡滑动面一般情况下是碎石与基岩的交界位置，正常情况下基岩的渗透性较差，于是随着降雨的持续，基岩的交界位置便会富积大量的水分，造成此部分土体软化，抗剪强度降低。

　2. 室内降雨入渗试验

　　室内降雨入渗试验假设模型材料各向同性，且前端降雨排水性能很好。在这样的模型材料中降雨的入渗过程也具有一定的规律，具体表现在：在≤90mm/h 的降雨强度下，坡体的含水量均<20%，且坡体底部含水量和坡体表层含水量较高，坡体中部含水量较低；在>90mm/h 的降雨强度下，除了 50°斜坡，其他斜坡表层的含水量有较大程度的提高，甚至达到 40%～50%。

　　可见降雨在坡体中的入渗规律受到降雨强度和斜坡坡度的共同影响。以 90mm/h 降雨强度为分界线，超过此降雨强度，坡体表层的含水量相近；低于此降雨强度，坡体表层的含水量相近。而坡体中部的含水量受降雨强度和坡体变化的影响较小。这可以说明，在渗流能力较强的土体中，土体内部含水量受降雨强度影响不大，而土体表层会因为降雨强度大雨水不能及时下渗或者顺着坡体表面径流而形成富积，形成暂时性的较高含水量分布，坡体底部也会因此集聚大量的水分，形成较高的含水量分布。因此浅层堆积层滑坡含水量的分布主要受土体密实程度，以及因密实程度不同而改变的土体渗透特性的影响。在中部渗流通道里的含水量的变化不大。

6.5.2　堆积层降雨滑坡的稳定性分析

6.5.2.1　堆积层滑坡降雨入渗分析

　　由于设备的自身问题，在上节的野外降雨入渗试验和室内降雨入渗试验中，对原布置的孔隙水压力的结果准确性存在怀疑。因此，对孔隙水压力的测量结果未做分析。而含水量传感器原理简单、使用方便且较为稳固可靠，因此以下仅从含水量来分析堆积层滑坡在降雨入渗下含水量的分布规律，进而讨论滑坡的稳定性。

　　通过上节对野外降雨入渗试验和室内降雨入渗试验结果的分析可以看出，堆积层滑坡垂直方向上的含水量变化主要与斜坡的破碎程度在垂直方向上的变化及降雨强度有关。在以上分析中主要出现了以下四种情况，一是土体上部破碎，中下部土体逐渐密实，在降雨作用下，含水量随着深度的增加而增加，如图 6-84(a)所示；二、三、四是土体较为均匀，在不同的降雨强度下，土体内部的含水量会出现分层分布。

　　图 6-84(b)为降雨强度<120mm/h，或者坡度>50°的坡体内，坡体底部、上部含水量高，中部低；图 6-84(c)为降雨强度>120mm/h，且坡度<50°的坡体，坡体表层含水量最高，底部次之，中部最低；图 6-84(d)为降雨强度<120mm/h 的坡体内，坡体底部含水量最高，表层次之，中部最低。

　　从以上分析可以得出如下结论：无论降雨条件、坡度怎么变化，坡体在一定的降雨时间后，坡体的含水量分布处于一个稳定状态，且坡体底部 20cm 左右，含水量较大，甚至可以达到饱和。坡体中部的含水量虽然随着降雨强度的增强而变大，但变化幅度较小，可以认为是固定值。坡体表层 20cm 左右的土层含水量会随着降雨强度和坡体的坡度而变化。坡度一定，降雨强度为 60～120mm/h 时，降雨强度越大，含水量越大；120mm/h 以上可处于最大值，降雨强度一定，坡度越缓，含水量会相对较大。但影响范围不超过 40cm。

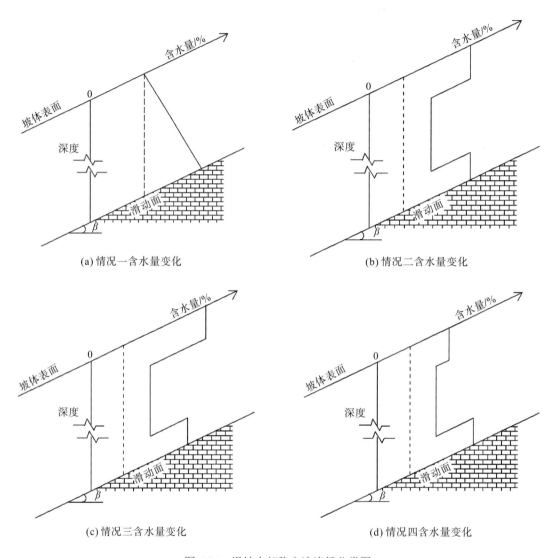

(a)情况一含水量变化   (b)情况二含水量变化

(c)情况三含水量变化   (d)情况四含水量变化

图 6-84 滑坡内部稳定渗流场分类图

在研究降雨条件下堆积层斜坡的稳定性时，需要考虑斜坡最不利的情况。根据以上讨论，可以对滑坡的最不稳定状态做如下假设：一是理想化的状态，土体全部饱和，但对于松散堆积层滑坡，这种情况基本不会出现；二是假设松散堆积层滑坡滑动面以上 40cm 的土体处于饱和状态，坡体表面以下 40cm 的这部分土体是饱和状态，位于这之间的土体含水量等于土体稳定渗流时坡体中部的含水量，此部分可以在实验室或者野外进行测试。这两种情况的含水量分布可分别表示如图 6-85(a)和图 6-85(b)。

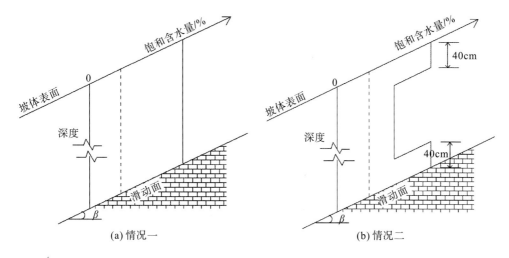

图 6-85　滑坡内部稳定渗流场简化图

6.5.2.2　松散堆积层滑坡稳定分析模型

基于以上结论,选择第二种情况(图 6-85)作为堆积层滑坡不稳定分析时坡体内水分分布情况。根据第 5 章,坡体破坏分两种情况,一种是渐进式破坏,即前缘坡体最先崩塌,后面的坡体紧随其后层层崩塌;另一种是整体破坏,即坡体发生整块滑坡现象。

根据这两种情况,滑坡的稳定性计算也需分成两种情况。与第一种破坏方式对应,在计算滑坡稳定性时,以最前缘滑坡的稳定性为对象,可采用不平衡系数传递法:将实际滑坡分成 N 个条块,采用极限平衡法,假定每个条块处于极限平衡状态,即下滑力等于抗滑力,前 $N\text{-}1$ 个条块的稳定系数为 1,最终得到第 N 个条块的抗滑力与下滑力,进而计算滑坡坡体第 N 个条块的稳定系数 F_s:

$$F_s = \frac{(\text{抗滑力})_N}{(\text{下滑力})_N} \tag{6-22}$$

与第二种破坏方式对应,以整体滑坡的稳定性为计算对象,采用极限平衡法计算每个条块的抗滑力和下滑力,进而计算滑坡整体的稳定性系数 F_s':

$$F_s' = \frac{\sum\limits_{n=1}^{N}(\text{抗滑力})_n}{\sum\limits_{n=1}^{N}(\text{下滑力})_n} \tag{6-23}$$

因为多数坡体在划分条块时,坡体后缘和前缘多数呈三角形分布,降雨在入渗过程中三角形前端土体甚至都会达到饱和,因此,在计算时,采用最不利的情况,假定坡体后缘和前缘的土体处于饱和状态(图 6-86),且每段滑动面的抗剪强度都采用饱和土抗剪强度公式计算。则滑坡稳定系数的计算可通过以下步骤实现。

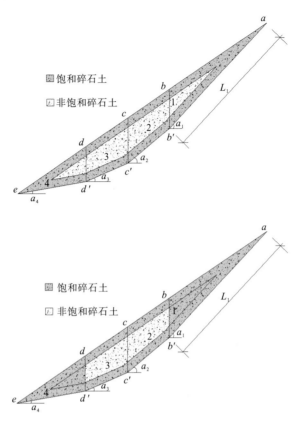

图 6-86　计算简图

1）第一段滑块 abb' 的静力平衡计算

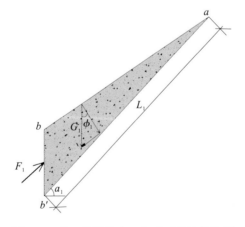

图 6-87　第 1 块滑块为三角形时的计算简图

如图 6-87 所示，沿滑动面 ab' 的受力状态，除了滑块自身的重力形成的滑动力和抗滑力以及滑体与滑动面之间的黏结力形成的抗滑力外，还会受到来自下一个滑块施加的抗滑力 F_1。根据静力平衡方程和饱和土抗剪强度公式，F_1 可表示为

$$F_1 = G_1 \sin a_1 - G_1 \cos a_1 \tan \phi_1 - c_1 L_1 \tag{6-24}$$

其中，G_1 为土体的重力，计算时采用饱和重度 γ_{sat}；c_1 为饱和堆积层的黏聚力；ϕ_1 为饱和堆积层的内摩擦角，在此等于滑动面与重心垂线夹角的余角。

2）第二段滑块 $bb'cc'$ 的静力平衡计算

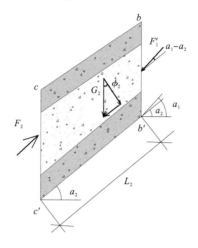

图 6-88　第 2 段滑块的计算简图

如图 6-88，在计算第二段滑体的稳定性时，滑块的重力可以分成两部分，一部分是饱和区重力，可以计算为

$$G_2' = 2 \times 0.4 \times r_{sat} \times L_2 \times S_2 \tag{6-25}$$

其中，r_{sat} 为块体的饱和重度；L_2 为滑体的长度；S_2 为滑体的面积；2×0.4 m 为滑体中饱和区的厚度。

另一部分为非饱和区的重力，即为

$$G_2'' = G_2 - G_2' \tag{6-26}$$

根据静力平衡条件和饱和土抗剪强度准则，可得第二段滑体受到的第三段滑体的抗滑力 F_2 可表示为

$$F_2 = G_2 \sin a_2 - G_2 \cos a_2 \tan \phi_2 - c_2 L_2 + F_1' \times \cos(a_1 - a_2) - F_1' \sin(a_1 - a_2) \tan \phi_2 \tag{6-27}$$

3）第 n 段滑块的静力平衡计算

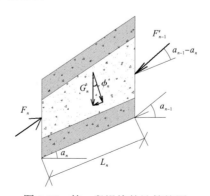

图 6-89　第 n 段滑块的计算简图

如图 6-89，由第二段滑体的计算公式可以推算第 n 段滑体受到的第 $n+1$ 段滑体的抗滑力 F_n 为

$$F_n = G_n \sin a_n - G_n \cos a_n \tan \phi_n - c_n L_n + F'_{n-1} \cos(a_{n-1} - a_n) - F'_{n-1} \sin(a_{n-1} - a_n) \tan \phi_n \quad (6\text{-}28)$$

4）最后一段滑块的静力平衡计算

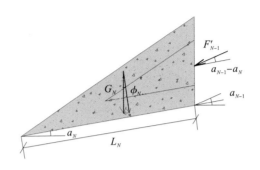

图 6-90　第 N 段滑块为三角形的计算简图

如图 6-90，最后一段滑体的下滑力和抗滑力的差值记为 ΔF，则 ΔF 为

$$\Delta F = G_N \sin a_N - G_N \cos a_N \tan \phi_N - c_N L_N + F'_{N-1} \cos(a_{N-1} - a_N) - F'_{N-1} \sin(a_{N-1} - a_N) \tan \phi_N$$

$$(6\text{-}29)$$

如果 $\Delta F > 0$，则滑坡处于稳定状态；$\Delta F = 0$，滑坡处于临界状态，在外界条件的激发下，有可能发生破坏；$\Delta F < 0$，滑坡处于不稳定状态，在某一不利因素加重以后，即很容易发生破坏。根据第 4 章的试验结果，滑坡破坏分为三种情况，一种是前缘滑坡破坏，二是层层后退式破坏，三是整体滑坡。对应的稳定性计算方法可以分为两种，一种是前缘滑块失稳引起的破坏，另一种是整体失稳导致的整体滑坡。稳定系数的表达方式分别为式（6-30）和式（6-31）：

$$F_s = \frac{(抗滑力)_N}{(下滑力)_N} = \frac{G_N \cos a_N \tan \phi_N + c_N L_N + F'_{N-1} \sin(a_{N-1} - a_N) \tan \phi_N}{G_N \sin a_N + F'_{N-1} \cos(a_{N-1} - a_N)} \quad (6\text{-}30)$$

$$F'_s = \frac{\sum_{n=1}^{N}(抗滑力)_n}{\sum_{n=1}^{N}(下滑力)_n} = \frac{\sum_{n=1}^{N}\left[G_n \cos a_n \tan \phi_n + c_n L_n + F'_{n-1} \sin(a_{n-1} - a_n) \tan \phi_n \right]}{\sum_{n=1}^{N}\left[G_n \sin a_n + F'_{n-1} \cos(a_{n-1} - a_n) \right]} \quad (6\text{-}31)$$

6.5.2.3　稳定性指标的计算

岩土物理力学参数指标往往不确定，具有变异性。国内外一些学者给出了常见的土工指标的变异范围，其中与上节降雨型堆积层滑坡稳定性相关的指标主要有土体重度、抗剪强度参数、渗透系数、含水量、孔隙比等，室内试验得出的变异范围如表 6-18 所示。

表 6-18　常见土工指标的变异规律

类别	土性指标	土类	概率分布	变异系数	文献
物理指标	浮容重	所有土类	N	0~10	Lacasse and Nadim（1996）
	密度	所有土类		5~10	Lumb（1974）
	γ，γ_d	黏土、粉土			Phoon and Kulhawy（1999）
	相对密度 D_r	砂土		7~30	Phoon and Kulhawy（1999）
	孔隙比、孔隙率	所有土类	N		Lacasse and Nadim（1996）
	孔隙比	所有土类			Lumb（1974）
	塑限	黏土	N		Lacasse and Nadim（1996）
	液限	黏土	N		Lacasse and Nadim（1996）
	含水率	黏土、粉土		8~30	Phoon and Kulhawy（1999）
强度指标	不排水剪切强度	黏土	LN		Lacasse and Nadim（1996）
		黏性粉土	N		Lacasse and Nadim（1996）
		所有土类		20~50	Lumb（1974）
	摩擦角 ϕ	砂土	N	2~5	Lacasse and Nadim（1996）
		黏土		40	Kotzias et al.（1993）
		冲积土		16	Wolff
		尾矿砂		5~20	
	$\tan\phi$	所有土类		5~15	
渗透指标	渗透系数	所有土类		200~300	Lumb（1974）

注：N 为正态分布；LN 为对数正态分布。

　　综上所述，土工试验结果往往不是实际物理力学参数的真实表现，具有较大的不确定性，而这些真实值往往可以认为是服从一定分布的，目前了解的分布有正态分布和对数正态分布。因此，在具体计算时，试验获得的参数值可以作为基础参照，结合这些指标服从的分布，采用可靠度的方法，考虑所有可能的结果，并计算滑坡最不稳定情况下的稳定系数、稳定系数的平均值，作为最终结果。

　　岩土工程可靠度研究便是基于岩土材料物理力学特性具有变异性，且其变异服从一定的规律这一思想展开的。如前人所研究，特性参数一般服从正态及对数正态分布，在用这些参数计算滑坡的稳定系数时，便可根据这些参数服从的分布特征，随机生成一系列值。

　　在计算堆积层滑坡降雨条件下的稳定性时，涉及的变化较大的物理力学参数有土体重量、黏聚力、内摩擦角。便可以野外或室内试验确定这三个参数的均值、方差、变异系数，以此为基础生成随机数，进而计算坡体的稳定系数和可靠度。具体的计算过程描述如下：

1. 生成随机数

　　将具有变异性的参数设为随机变量 X，其有 j 个试验值或观测值 x_i（$i=1,2,\cdots,j$），则样本均值 μ_x、σ_x、δ_x 可分别表示为

$$\mu_x = \frac{1}{n}\sum_{i=1}^{n} x_i \tag{6-32}$$

$$\sigma_x = \sqrt{\frac{1}{n-1}\sum_{i=1}^{n}(x_i - \mu_i)^2} \tag{6-33}$$

$$\delta_x = \frac{\sigma_x}{\mu_x} \tag{6-34}$$

根据概率分布的基本特征值生成 Num 组变异参数 G、c、ϕ，Num>1000。

2. 基于不平衡系数法的递推计算

将随机产生的 Num 组参数值，分次代入不平衡系数折减法的递推公式中进行计算。第 k 次的计算过程为

$$F_1 = G_1 \sin a_1 - G_1 \cos a_1 \tan \phi_k - c_k L_1 \tag{6-35}$$

$$F_2 = G_2 \sin a_2 - G_2 \cos a_2 \tan \phi_k - c_k L_2 + F_1' \times \cos(a_1 - a_2) - F_1 \sin(a_1 - a_2)\tan\phi_k \tag{6-36}$$

$$F_n = G_n \sin a_n - G_n \cos a_n \tan \phi_k - c_k L_n + F_{n-1}' \cos(a_{n-1} - a_n) - F_{n-1}\sin(a_{n-1} - a_n)\tan\phi_k \tag{6-37}$$

$$\cdots\cdots$$

$$F_N = G_N \sin a_N - G_N \cos a_N \tan \phi_k - c_k L_N + F_{N-1}' \cos(a_{N-1} - a_N) - F_{N-1}\sin(a_{N-1} - a_N)\tan\phi_k \tag{6-38}$$

得到每一块滑体受到其后一块滑体的推力的大小，并根据式(6-30)、式(6-31)得到本次的稳定系数为

$$F_s = \frac{(抗滑力)_N}{(下滑力)_N} = \frac{G_N \cos a_N \tan \phi_N + c_N L_N + F_{N-1}' \sin(a_{N-1} - a_N)\tan\phi_N}{G_N \sin \alpha_N + F_{N-1}' \cos(a_{N-1} - a_N)} \tag{6-39}$$

$$F_{sk} = \frac{\sum_{n=1}^{N}(抗滑力)_n}{\sum_{n=1}^{N}(下滑力)_n} = \frac{\sum_{n=1}^{N}[G_n \sin a_n + F_{n-1}' \cos(a_{n-1} - a_n)] - \sum_{n=1}^{N} F_n}{\sum_{n=1}^{N}[G_n \sin a_n + F_{n-1}' \cos(a_{n-1} - a_n)]} \tag{6-40}$$

其中式(6-40)又可表示为

$$F_{sk} = 1 - \frac{\sum_{n=1}^{N} F_n}{\sum_{n=1}^{N}[G_n \sin \alpha_n + F_{n-1}' \cos(a_{n-1} - a_n)]} \tag{6-41}$$

3. 稳定系数及可靠度指标计算

在经过 Num 次计算后，共得到 Num 个 F_{sk} 的组合，其中小于 1 的 F_{sk} 的个数为 Num'，便可计算出稳定系数 F_{sk} 的均值、标准差、变异系数、失效概率、可靠度，分别表示如下：

$$\mu_{Fs} = \frac{1}{\text{Num}}\sum_{i=1}^{\text{Num}} F_{si} \tag{6-42}$$

$$\sigma_{Fs} = \sqrt{\frac{1}{\text{Num}-1}\sum_{i=1}^{\text{Num}}(F_{si} - \mu_{Fs})^2} \tag{6-43}$$

$$\delta_{Fs} = \frac{\sigma_{Fs}}{\mu_{Fs}} \tag{6-44}$$

$$P = \text{Num}' / \text{Num} \tag{6-45}$$

$$\beta_{Fs} = \frac{\mu_{Fs} - 1}{\sigma_{Fs}} \tag{6-46}$$

6.6　基于稳定系数计算的预警体系

6.6.1　仿真模型的稳定性计算

模型的平面图、剖面图见图 6-91、图 6-92。为计算滑坡原型的稳定性指标，将 b-b' 剖面简化分块。从第 4 章各个降雨强度下体积含水量的变化特征(图 4.1、图 4.3、图 4.5、图 4.7、图 4.9、图 4.11)可以看出，体积含水量分为两种情况，一种是 30mm/h 降雨强度下达到稳定状态时体积含水量均小于 22%，另一种是其他五种降雨强度下，达到稳定状态时破坏位置的体积含水量为 40%～50%。针对这两种情况分别选取堆积层的物理力学参数如表 6-19。采用第 3 章基于蒙特卡洛方法的滑坡稳定性计算公式，用 matlab 得到的计算结果如表 6-20，得到的第一、二种条件下的稳定系数 F_s 分别约为 1.3787、0.9990，失效概率分别为 0.19、1.2206，可靠度指标 β 分别为 0.9154 和 0。

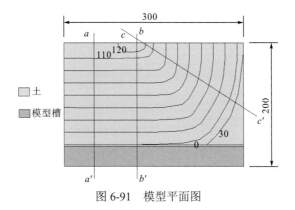

图 6-91　模型平面图

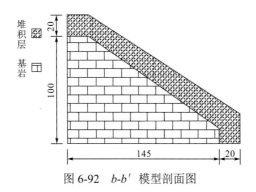

图 6-92　b-b' 模型剖面图

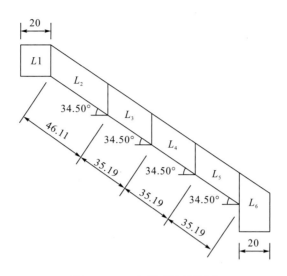

图 6-93 $b\text{-}b'$ 模型计算简图

表 6-19 $b\text{-}b'$ 剖面各滑坡条块的物理力学参数

编号	滑面宽度 B_i/m	滑面长度 L_i/m	滑面倾角 a_i/(°)	滑面高度 h_i/(m)	内聚力 c_i/kPa 天然/暴雨	内摩擦角 ϕ_i/(°) 情况一/情况二	第 i 条块土容重 γ_i/(kN/m) 情况一/情况二
1	1	0.2000	0.00	0.2000	7.5/2	15.00/10	17.50/18.4
2	1	0.2185	34.50	0.3800	7.5/2	15.00/10	17.50/18.4
3	1	0.2349	34.50	0.2900	7.5/2	15.00/10	17.50/18.4
4	1	0.2500	34.50	0.2900	7.5/2	15.00/10	17.50/18.4
5	1	0.2651	34.50	0.2900	7.5/2	15.00/10	17.50/18.4
6	1	0.4060	0.00	0.2000	7.5/2	15.00/10	17.50/18.4

表 6-20   银洞子沟滑坡稳定性指标计算结果

工况	参数				
	σ_{Fs}	δ_{Fs}	μ_{Fs}	P	β_{Fs}
工况 1	0.4086	0.2969	1.3787	0.19	0.9154
工况 2	0.0581	0.0717	0.8067	0.9990	0

根据以上计算，稳定系数的大小可以分为两个等级：情况一(模型在 30mm/h 雨强条件下)为 1.3787；情况二(模型在 60~180mm/h 雨强条件下)为 0.8067。失效概率分别为 0.19、0.9990。从此计算结果上推论：模型在低于 30mm/h 降雨强度的情况下很难发生破坏，而在 60~180mm/h 降雨强度下发生破坏的概率很大。这一推论与第 2 章对原型滑坡的变形破坏情况、第 4 章模型试验中对滑坡破坏的条件描述对应。可见，此计算方法和稳定性指标可以作为分析滑坡稳定性的一个技术参考。

6.6.2　基于稳定性参数的预警指标

鉴于上节稳定性特征参数在银洞子沟滑坡和银洞子沟模型试验中的良好对应、稳定系数指导工程实践的局限，可将表示滑坡破坏的失效概率和可靠度指标引入堆积层滑坡的预警技术参考体系中，以银洞子沟滑坡为例，可以表示如表 6-21。

表 6-21　降雨型堆积层滑坡预警临界值指标

降雨强度 /(mm/24h)	严重等级	失效概率	可靠度指标	破坏方式	传感器响应
$I \geqslant 180$	1			整体滑坡	多种传感器异于正常的变化趋势(突变)
$150 \leqslant I < 180$	0.45~1			层层后退崩塌，或整体滑坡	多种传感器异于正常的变化趋势(突变)；前缘附近传感器先突变，逐渐向后缘蔓延
$90 \leqslant I < 150$	0.1~0.45	均≈0.99	均≈0	层层后退崩塌	前缘附近传感器先突变，逐渐向后缘蔓延
$60 \leqslant I < 90$	0.014~0.1			发生局部坡脚崩塌，或层层后退崩塌	前缘附近传感器先突变，逐渐向后缘蔓延；坡角传感器突变，尤其是含水量和孔隙率高于其部位同种传感器
$49 \leqslant I < 60$	0~0.014			局部坡脚崩塌	坡角传感器突变，尤其是含水量和孔隙率高于其部位同种传感器

鉴于室内外的降雨入渗试验，得出堆积层滑坡的四种含水量分布：一种是土体上部破碎，中下部土体逐渐密实，在降雨作用下，含水量随着深度的增加而增加；另外三种情况土体较为均匀，在不同的降雨强度下，土体内部的含水量会出现分层分布。

根据这四种含水量分布，基于不平衡系数折减法，对堆积层滑坡的边坡稳定性分析模型进行简化。假设三角形形状的第一个条块和最后一个条块为饱和堆积土，其余块体分为上中下三部分，上下层的厚度依据土体的密实程度定为饱和堆积土，中部为天然状态的堆积土，若尾块不是三角形，则可与中间块体做同样处理。

此计算模型假定滑坡面附近的土体都处于饱和状态，在计算土体抗剪强度时，便可采用饱和土抗剪强度理论。并假设中部土体为一定的含水量状态，这一思路比将块体全部视为饱和状态更符合实际。

用以上计算模型计算银洞子沟滑坡的原型和模型的稳定性系数，所得结果与实际发生情况一致。

6.6.3　银洞子沟滑坡预警标准

根据雨量资料统计及模型试验结果，可以得出银洞子沟滑坡启动的累计雨量临界值如表 6-22 所示。

表 6-22　银洞子沟滑坡预警阈值

历时	试验模型预警值/mm
1h	49.00
24h	180.00

注：统计值缺少 10min 降雨资料。

　　按照国家暴雨级别划分标准，银洞子沟滑坡启动的临界降雨量应为暴雨级别。为安全起见，可采用小值作为超前预警雨量阈值的下限，即实验值 49mm/h。但需要注意的是，在实际使用过程中，雨量阈值是 24h 累计雨量，如果从决策时间起倒推 24h，该时间段内累计降雨量达到表中所示阈值，可发布预警。

　　当气象部门发布降雨天气预报后，相关部门即可以根据气象预报的降雨类型选择适当的方法及时进行预警信息发布，以减少泥石流导致的人员伤亡和财产损失，保障人民生命财产安全。银洞子沟降雨型滑坡综合预警标准如表 6-23 所示。

表 6-23　银洞子沟降雨型滑坡综合预警标准

预警等级	预警级别	雨强 /(mm/24h)	发生滑坡 可能性	斜坡破坏特点
I	蓝色	≤50	可能性小(发生概率低于 20%)	斜坡可能出现坡脚局部变形，暂时没有整体破坏的可能，暂无危险性
II	黄色	50～70	可能性较小(发生概率 40%)	斜坡可能发生坡脚局部变形破坏，并出现破坏范围扩大的趋势，危险性增大
III	橙色	70～90	可能性较大(发生概率 60%)	斜坡破坏范围逐渐发展扩大，整体滑动的趋势明显，斜坡处于不稳定状态，危险性很大
IV	红色	>90	可能性大(发生概率 80%)	斜坡内部破坏加剧，滑坡基本形成，随时发生整体滑动可能性极大，危险性极大

参 考 文 献

[1] 张明, 胡瑞林, 谭儒蛟, 等. 降雨型滑坡研究的发展现状与展望[J]. 工程勘察, 2009, 37(3):11-17.

[2] Caine N. The rainfall intensity-duration control of shallow land-slides and debris flows[J]. Geografiska Annaler:Series A,1980,62(1/2):23-27.

[3] Mark R K, Newman E B. Rainfall totals before and during the storm: distribution and correlation with damaging landslides [A].Ellen S E. Wieczored G F. Landslides, floods and marine effects of the storm of January 3~5, 1982, in the San Francisco Bay Region [C]. California: US Geological Survey Professional Paper 1434, 1989: 12-26.

[4] Larsen M C, Simon A. A rainfall intensity-duration threshold for landslides in a humid-tropical environment, Puerto Rico[J]. Geografiska Annaler, 1993, 75(1/2):13-23.

[5] Glade T, Crozier M J, Smith P. Applying probabilitydeterminationto refine landslide-triggering rainfall thresholds using an empirical-antecedent daily rainfall model [J]. Pure Appl Geophys，2000，157(6/8): 1059-1079.

[6] Polemio M, Sdao F. The role of rainfall in the landslide hazard: the case of the Avigliano urban area (Southern Apennines, Italy)[J].

Engineering Geology, 1999, 53: 297-309.

[7] Guzzetti F, Cardinali M, Reichenbach P, et al. Landslides triggered by the 23 November 2000 rainfall event in the Imperia Province, Western Liguria, Italy[J]. Engineering Geology, 2004, 73(s3-4):229-245.

[8] 杜榕恒, 刘新民, 袁建模, 等. 长江三峡库区滑坡与泥石流研究[M]. 成都: 四川科学技术出版社, 1991.

[9] 李晓. 重庆地区的强降雨过程与地质灾害的相关分析[J]. 中国地质灾害与防治学报, 1995, 6(3):39-42.

[10] 乔建平, 蒲晓虹, 王萌, 等. 汶川地震滑坡的分布特点及最大震中距分析[J]. 自然灾害学报,2009,18(5):10-16.

[11] 谢剑明, 刘礼领, 殷坤龙, 等. 浙江省滑坡灾害预警预报的降雨阈值研究[J]. 地质科技情报, 2003, 22(4): 100-101.

[12] 李媛, 杨旭东. 降雨诱发区域性滑坡预报预警方法研究[J]. 水文地质工程地质,2006,(2):101-103.

[13] 李铁锋, 丛青威. 基于 Logistic 回归及前期有效雨量的降雨诱发型滑坡预测方法[J]. 中国地质灾害与防治学报,2006, 17(1): 33-35.

[14] 高华喜, 殷坤龙. 降雨与滑坡灾害相关性分析及预警预报阈值之探讨[J]. 岩土力学, 2007, 28(5):1055-1060.

[15] Montgomery D R, Dietrich W E. A physically based model for topographic control on shallow landsliding [J]. Water Resources Research,1994,(30):1153-1171.

[16] Wilkinson P L, Anderson M G, Lloyd D M, et al. Landslide hazard and bioengineering: towards providing improved decision support through integrated numerical model development[J]. Environmental Modeling and Software, 2002,(17): 333-34.

[17] Chang K T, Chiang S H. An integrated model for predicting rainfall-induced landslides[J]. Geomorphology, 2009, 105(3-4):366-373.

[18] Iverson R M. Landslide triggering by rain infiltration [J]. Water Resources Research,2000 ,(36): 1897-191.

[19] Casadei M, Dietrich W E, Miller N L. Testing a model for predicting the timing and location of shallow landslide initiation in soil-mantled landscapes[J]. Earth Surface Processes and Landforms, 2003,(28):925-950.

[20] Jakob M, Weatherly H. A hydroclimatic threshold for landslide initiation on the North Shore Mountains of Vancouver, British Columbia [J]. Geomorphology ,2003,(54):137-156.

[21] 兰恒星, 周成虎, 王苓涓, 等. 地理信息系统支持下的滑坡-水文模型研究[J]. 岩石力学与工程学报,2003,22(8):1309-1314.

[22] 殷坤龙, 汪洋, 唐仲华. 降雨对滑坡的作用机理及动态模拟研究[J]. 地质科技情报, 2006, 21(1):75-78.

[23] 李德心. 降雨滑坡启动的临界条件与变形预测研究[D]. 北京: 中国科学院研究生院, 2011.

[24] 朱文彬, 刘宝琛. 降雨条件下土体滑坡的有限元数值分析[J]. 岩石力学与工程学报, 2002, 21(4):509-512.

[25] 陈丽霞, 殷坤龙, 刘礼领, 等. 江西省滑坡与降雨的关系研究[J]. 岩土力学, 2008, 29(4): 1114-1120.

[26] 刘礼领, 殷坤龙. 暴雨型滑坡降水入渗机理分析[J]. 岩土力学, 2008, 29(4):1061-1065.

[27] Wang G, Sassa K. Pore-pressure generation and movement of rainfall-induced landslides: effects of grain size and fine-particle content[J]. Engineering Geology, 2003, 69(1-2):109-125.

[28] 黄润秋, 戚国庆. 滑坡基质吸力观测研究[J]. 岩土工程学报, 2004, 26(2): 216-219.

[29] 罗先启, 刘德富, 吴剑, 等. 雨水及库水作用下滑坡模型试验研究[J]. 岩石力学与工程学报, 2005, 24(14):2476-2483.

[30] 牟太平, 张嘎, 张建民. 土质破坏过程的离心模型试验研究 [J]. 清华大学学报(自然科学版),2006, 46(9): 1522-1525.

[31] 徐光明, 王国利, 顾行文, 等. 雨水入渗与膨胀性土边坡稳定性试验研究[J]. 岩土工程学报,2006, 28(2): 0270-0273.

[32] 周中, 傅鹤林, 刘宝琛, 等. 土石混合体边坡人工降雨模拟试验研究[J]. 岩土力学, 2007, 28(7): 1391-1397.

[33] 许强, 汤明高, 徐开祥, 等. 滑坡时空演化规律及预警预报研究[J]. 岩石力学与工程学报, 2008, 27(6): 1104-1112.

[34] 李焕强, 孙红月, 孙新民, 等. 降雨入渗对边坡性状影响的模型实验研究[J]. 岩土工程学报, 2009, 31(4): 104-109.

[35] 林鸿州, 于玉贞, 李广信, 等. 降雨特性对土质边坡失稳的影响[J]. 岩石力学与工程学报, 2009, 28(1): 198-204.

[36] 王睿, 张嘎, 张建民. 降雨条件下含软弱夹层土坡的离心模型试验研究[J]. 岩土工程学报, 2010, 32(10): 1582-1587.

[37] 詹良通, 刘小川, 泰培, 等. 降雨诱发粉土边坡失稳的离心模型试验及雨强历时警戒曲线的验证[J]. 岩土工程学报, 2014, 36(10): 1784-1790.

[38] Wu L Z, Huang R Q, Xu Q, et al. Analysis of physical testing of rainfall-induced soil slope failures[J]. Environmental Earth Sciences, 2015, 73(12): 8519-8531.

[39] 左自波, 张璐璐, 王建华. 降雨触发不同级配堆积体滑坡模型试验研究[J]. 岩土工程学报, 2015, 37(7): 1319-1327.

[40] 陈宇龙, 黄栋. 不同应力状态下孔隙结构特征对土-水特征曲线的影响[J]. 工程科学学报. 2017, 39(1): 147-154.

第7章 溃坝泥石流启动降雨临界值及预警模型

7.1 简 介

我国是世界上遭受地震次生地质灾害最为严重的国家之一。近年来，发生的汶川 8.0 级地震、芦山 7.0 级地震等强破坏性地震，导致我国西部山区持续处于地震次生灾害的高发期，给当地人民群众生产生活带来极大的威胁。例如汶川 8.0 级地震，在大约 110 000km² 的区域内，诱发了超过 197 000 处崩滑地质灾害[1]，而崩塌和滑坡又为后期泥石流活动提供了丰富的固体物源，在强降雨作用下导致大量松散堆积物补给或转化为泥石流，给灾区人民带来了严重的二次灾难。截至 2010 年底，汶川地震灾区已经先后发生不同规模泥石流灾害约 440 余起[2]。类比国内外强震发生后地质灾害活动的时空规律[3-6]，汶川震区地质灾害可能将强烈活动 20 年甚至更长时间[2,7-14]，灾害类型以地震初期的崩塌、滑坡灾害为主逐渐转为以泥石流为主[2,12]。因此，后地震时期灾区泥石流灾害形势非常严峻。典型案例包括：2008 年"9·24"泥石流群发事件、2010 年"8·13"泥石流群发事件等六起超大规模泥石流灾害，其规模都远远超过了现有泥石流防治规范设计标准的范畴，很难依靠工程手段进行防治。据此，一些科学家和工程专家提出"在近 3～5 个雨季之内不宜进行大规模泥石流防治工程建设"[15,16]的建议。在这种情况下，监测预警技术就成为震区泥石流防灾减灾最重要的手段。

由于灾害的多发性以及不确定性，对地震灾区震后滑坡、泥石流等灾害的规律尚未得到完全的认识，因此，在工程治理的同时，加强对灾害体实时监测，观测地质灾害发展、变化过程，提前做出灾害预警，对于最大限度减轻灾害损失是十分重要的。从震后泥石流活动情况来看，震区泥石流激发雨量明显降低[17]，这说明泥石流启动临界条件相比震前发生了显著的变化。究其原因，主要是物源条件的变化[18,19]。因此，泥石流预警的核心问题就是要确定不同类型物源动储量有效参与补给泥石流活动的问题。如何构建能够反映物源特征的预警模型成为目前泥石流预警的关键科学问题和难点。乔建平等对汶川震区泥石流物源类型进行了划分，并对不同类型物源规模的统计方法进行了初步阐述[19]，这是文献中首次明确固体物源确定方法，为我们构建阈值模型提供了参考。事实上，不同类型泥石流物源，其启动条件、过程和机理都是截然不同的，因此针对不同类型物源建立预警阈值模型，是目前最为可行、也最为科学的手段。

滑坡堵沟型物源包括类似文家沟式的"完全堆满沟道"和唐家山式的"形成滑坡堰塞坝"两种情况。本章首先通过物理模型试验对堵沟型物源中堰塞坝物源启动预警方法进行研究。

对于泥石流预测预警的研究由来已久，由于泥石流灾害发生具有突发性的特点，国内外学者多基于历史上灾害发生的降雨条件入手。通过野外调查和历史资料结合理论分析可发现，只要掌握了大量泥石流历史资料和实地调查资料，采用各种理论和方法建立模型，如人工神经网络法、灰色理论、可拓学理论、回归分析法等，可能对泥石流进行预报。传统方法对泥石流灾害发生时的降水进行研究，由于受气象预报精度影响，预测预警精度不高。确定每条泥石流沟形成泥石流的临界降雨条件是开展泥石流实时预报的技术关键。为确定每条泥石流发生的临界雨量，内地省份常用的方法是在泥石流沟流域或附近设立雨量观测点，通过长期降雨观察资料与泥石流发生记录的比较分析，确定临界雨量条件。但就我国现阶段的国情来说，雨量观测点分布密度低，基本是一个县才有一个雨量观测点。并且，同一地区不同沟谷发生泥石流的进阶雨量也不尽相同，说明泥石流的发生不仅受降水条件，而且受自然因素(地形、地貌、地质构造、地层岩性)的影响。

目前，国内外通行的泥石流雨量阈值的研究主要有以下方法：①实证法。该方法主要是通过对实际的降雨和泥石流灾害资料进行统计分析，得出相应的前期有效降雨量和特征雨量(10min、30min、1h 雨量等)之间的关系，从而绘出雨量阈值曲线。该方法准确度高，但需要有丰富的、长期的雨量序列资料和灾害资料，因此，仅适用于具有长期观测历史的地区，如我国云南蒋家沟和日本烧岳等。②频率计算法。即针对雨量资料较丰富但灾害资料缺乏的山地城镇，对泥石流雨量阈值的研究可在假设灾害和暴雨同频率的基础上，通过计算暴雨的发生频率，来计算相应的泥石流阈值指标。也有部分学者根据泥石流启动条件分析了泥石流发生与降雨量、土壤含水率的关系，但却鲜有在泥石流雨量阈值中的应用。对于我国山区，尤其是西部山区，绝大多数的泥石流沟远离城镇，降雨和灾害资料均非常缺乏，一旦暴发泥石流往往对下游村庄、农田、交通枢纽和水利设施等造成严重危害。对于此类灾害和雨量资料均缺乏的地区，目前的"实证法"和"频率计算法"均不能满足当前泥石流预警报的要求。为此，潘华利等合作选择和研究了具有类似条件且具有丰富资料的地区作为参考，类比分析研究区的降雨特征，利用水力类泥石流启动机制法进行计算，提出一种适用于缺乏资料地区泥石流预警雨量阈值的确定方法，为缺乏资料地区泥石流预警报提供科学依据[20]。

许多学者对降雨与泥石流等地质灾害的关系进行了深入探讨，通过采用不同的方法和模型分析研究区域灾害发生时的雨量或雨强的临界值，其研究在一定程度上解释了降雨与泥石流等地质灾害之间的关系，从不同角度阐述了降雨对滑坡泥石流等地质灾害发生的影响。但是，目前所用的方法多缺乏理论基础，带有很大的主观性，并且，采用的方法和模型多根据当日雨量或前期累加雨量进行分析，定性或半定性地划定临界降雨量，得到的预报结果多为危险性等级，比如"危险""较危险"等，缺少如致灾概率等定量化分析。以上这些使得预报分析结果的可信度和实用性受到较大限制。基于此，丛威青等在参考前人研究成果的基础上，引入 Logistic 回归模型和前期有效降雨量相结合的方法，对泥石流发生临界雨量进行定量分析，并在辽宁某县对该方法进行了检验[21]。

暴雨滑坡泥石流预警监测模型研究也即暴雨滑坡泥石流预测模型研究，该模型说明在什么地质环境及降雨条件下可能发生滑坡泥石流，从而主要采用遥感技术监测这些条件的出现。我国学者经过数十年对数万处滑坡、数千条泥石流的调查、观测和研究，以及学习研究国外学者的相关研究成果，在暴雨滑坡泥石流预测预报研究领域已经取得的实际成果可归为以下几点：①基本确定了形成滑坡的地质环境条件和触发因素，以及斜坡变形破坏的阶段及各阶段的特征。②基本确定了形成泥石流的地质环境条件及泥石流分类分区分段概念。③已形成一套基本有效的，基于调查和监测结果统计分析的滑坡泥石流预测预报方法，即区域暴雨滑坡泥石流预测预报研究可分为区域地质环境形成滑坡泥石流的危险性评价研究和确定触发滑坡泥石流的降雨特征及临界降雨值研究；个体滑坡活动预测预报主要以判别其变形阶段、观测变形特征和监测变形量为主，个体泥石流沟的活动预测以观测沟谷内的物质条件和降雨条件为主。④已建立了一批基于灰色系统理论和模糊数学方法的滑坡预测预报模型，但尚未见单独采用这些模型成功预报滑坡的实例。⑤建立了有一定实用性的暴雨泥石流预测预报经验公式，陈景武公式在预报蒋家沟暴雨泥石流中取得了准确率达 86% 的效果；谭炳炎等的暴雨泥石流公式在铁路沿线区域符合率达到 79%。

目前存在的主要问题是：已有的滑坡泥石流预测预报模型理论意义不甚明确；选取的因子过多且因子之间关系不清楚；由于滑坡泥石流地区的地形大多复杂，主要由地面调查及地形图上获取的物质地形条件因子过于粗糙。建立物理意义明确、因子关系清晰的滑坡泥石流预测模型，更加合理地确定影响滑坡泥石流形成的地质环境因子和降雨因子，快速准确地获取这些因子数据，是暴雨滑坡泥石流预警研究的关键技术。

王治华等以数字滑坡技术为主要手段，分为六个步骤探索了建立暴雨滑坡泥石流预警监测模型，确立滑坡、泥石流地质环境及降雨条件的物理关系，建立概念模型，并确定地质环境及降雨因子指标的方法。文中以岷江上游支流牛眠沟及周围研究区为例，说明了基于数字滑坡技术建立暴雨滑坡、泥石流预警、监测模型的实际应用[22]。

白利平等运用临界雨量阈值判别（包括单因子临界雨量阈值判别和多因子临界雨量组合判别）统计方法对北京地区的泥石流进行分析时发现，由于北京市历史上泥石流灾害发生时的雨量监测数据较少，导致在临界雨量判别中将北京和山西地区作为整体进行分析、预报的结果很难反映不同地区地质背景条件的差异性。此外，各雨量（如前期雨量与当日激发雨量，前期雨量与最大 1h 雨量、10min 雨量等）要素之间相关性的大小也直接影响预报模型的准确度。以上两个原因使这种预报模式在不同地区推广存在难度。对北京地区历史上泥石流发生时的部分前期雨量与当日激发雨量进行了线性回归分析，利用最小二乘法进行了参数求解，分析结果表明，前期雨量与当日激发雨量之间的相关关系不显著，无法利用前期雨量与当日激发雨量来进行泥石流的预警预报工作[23]。

孟凡奇等、张丽萍等、白利平等将功效系数法运用到泥石流预测预警中，采用改进的层次分析法对气象、地质环境评价指标进行赋权，将预警等级分为五级，构建气象因素与地质环境相耦合的预测模型，并以辽宁省岫岩县泥石流为例进行了验证。功效系数法是根据多目标规划的原理，将所要考核的各项指标按照多档次的标准，通过功效函数转化为可以度量的评价分数，对评价对象进行总体评价的一种方法[23-25]。该方法能够根据评价对象的复杂性，从不同侧面对评价对象进行评分，具有客观、准确、公正的特点。目前，该方法多应用于财务风险预警、医疗质量综合评价、企业绩效评价、岩体优势面确定等领域，取得了较好的效果。

梁光模、姚令侃分别采用"用泥石流及暴雨频率推求临界雨量""用地面条件相似分析确定临界雨量"和"按泥石流形成机理确定临界雨量"三种方法来确定泥石流启动的临界雨量。研究表明，频率法所得到的结果精度较高，但对泥石流发生频率低的沟谷不宜应用。地面条件相似分析法在待求流域邻近区域有较多沟谷可供选择，作为比较样本时效果较好。而按行程机理的类型确定临界雨量的方法，仅在待求流域成因明显可判时才能应用[26]。

当前，在国家还不能拿出足够的经费对地震灾区每一处滑坡及泥石流物源体进行工程治理的前提下，开展监测预警成为减少人员伤亡和财产损失的重要措施。根据国家有关部门的要求，各级地方政府都在积极开展此项工作，并已纷纷列入"十二五"减灾防灾计划。泥石流远程实时监测预警系统是防御泥石流灾害的现代支撑技术手段，对重点泥石流沟道及其物源堆积体进行远程实时监测，提前发出灾害预警信息，有助于有效降低灾害可能造成的危害。目前国内一些机构已经初步建立了类似的监测预警系统。该系统一般由五个主要部分构成：①泥石流灾害识别；②专业监测设备；③信息传输系统；④预警技术平台；⑤实时监测预警方式。但在已经建立和正在建立的各类监测预警系统中，都存在一个严重滞后的问题，即五个主要组成部分"实时预警方式"中的预警临界值判别。该系统中实时预警临界值判定是实现可靠性预警的核心问题。但到目前为止，无论已有的空间预警系统，还是时间预警系统，都没有很好地解决这个问题。因此使这些预警系统的可靠性、准确性在一定程度上都会受到很大的影响。预警临界值是早已公认的世界性学科和技术难题。因为每一处灾害点都具有独特之处，所以很难找到一个通用的临界值。根据泥石流的主要触发因素，建立降雨临界值是比较可行且容易突破的技术难点。

开展泥石流预警临界值研究，不仅仅需要解决监测设备和预警技术平台的问题，更重要的是准确认识泥石流灾害发生机理，从而科学、准确地解决预警临界值的问题，为地质灾害监测预警决策提供科学依据。

本次预警的银洞子泥石流沟是典型的地震型暴雨泥石流沟，固体松散物质主要来源为汶川地震诱发的松散堆积物。

7.2　银洞子沟小流域泥石流概况

7.2.1　研究区地理位置及地形地貌

银洞子沟小流域位于都江堰市虹口乡北部的香樟坪村东北侧，沟口地理位置坐标为：东经 103°40′19″，北纬 31°9′46″。交通以陆路为主，周边有成都至都江堰的省道 S106 公路，但从市区到达工作区的道路路面窄，弯道多，坡度较大，交通条件相对较差。

银洞子沟流域为典型的中山峡谷地貌(图7-1)，沟域面积约 2.2km²，主沟整体长 2.5km，平均纵坡降 310‰。最高海拔 2050m，最低海拔 1070m，相对高差 980m。

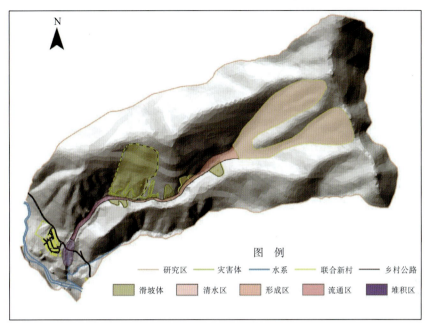

图 7-1　银洞子沟流域示意图

其中，海拔 1560~2050m 为清水区，为三面环山一面出口的漏斗状地形，集雨面积 0.45km²；为中山地貌，地形切割较浅，地形相对高差大，为该沟水系的发源地带。

海拔 1560m~1330m 为形成区，沟长 813m，集雨面积 0.35km²；为典型的中山峡谷地貌，沟谷深切，地势陡峻，谷坡坡度 45°~75°，沟谷狭窄，沟床陡直，平均比降 283‰。这种地形条件使泥石流得以迅猛直泻，沟谷两侧大量分布"5·12"地震形成的崩塌堆积物，为泥石流的形成提供了大量的固体物源。

海拔 1150~1330m 为流通区，沟长 560m，集雨面积 0.25km²；为狭窄陡深的峡谷地形，谷床纵坡平均比降为 321‰，河床较为平缓，两侧谷坡坡度 42°~70°，沟谷两侧大量分布"5·12"地震形成的崩塌、滑坡堆积物，在泥石流的流通过程中再次提供了大量的固体物源。

海拔 1070~1150m 为堆积区；为沟口相对开阔地带，建有泥石流排导槽，堆积区西侧为香樟坪居民安置点。

7.2.2　泥石流发生历史

7.2.2.1　银洞子沟泥石流事件

都江堰市虹口乡银洞子沟是典型的地震区泥石流沟。据调访，自 1949 年以来到 2008 年 "5·12" 地震以前，银洞子沟未曾发生过泥石流，仅有少量泥沙顺沟道流出。2008 年的 "5·12" 地震使沟内发生多处崩塌和滑坡，为泥石流的产生提供了大量的物源。2009 年 7 月 17 日凌晨，该区突降暴雨，6h 降雨达 219mm，降雨时间主要集中在凌晨 3 点至 6 点，雨强达 60~70mm/h，此次暴雨诱使该沟发生了泥石流。通过调查以及访问当地居民，此次泥石流在沟口附近流速为 2~3m/s。根据沟两侧泥痕高度，过流高度约 3m，最大洪峰流量约为 100m³/s。泥石流过后，沟口以下堆积总量达 2.8×10⁴m³，沟口以上沟道内淤积量可达 5×10⁴m³，规模达到中型。从此次沟口处堆积的固体颗粒来看，一般粒径 10~20cm，最大粒径约 1.0m，颗粒磨圆度较差，多呈棱角状。此次泥石流冲毁房屋五间，沟口段道路被掩埋，由于人员撤离及时，未造成人员伤亡，直接经济损失约 60 万元。该次泥石流事件以后，该泥石流沟中段开始修筑了三级泥石流拦沙坝，并在沟口修建了大型泥石流排导槽。2010 年"8·13"大规模泥石流事件中，拦沙坝全部被摧毁。

截至目前，银洞子沟已暴发 14 次泥石流事件，含 2009 年"7·17"和 2010 年"8·13"两次大规模群发性泥石流灾害事件，是典型的地震区泥石流沟。

7.2.2.2 银洞子沟泥石流激发雨量

根据前人研究，不同降雨过程激发松散固体物质启动的过程和历时也会存在差异。马超[27]认为汶川震区泥石流有短历时强降雨激发型和前期降雨量激发型；周伟、唐川等[17]则认为"汶川地震区的泥石流激发雨型可分为 3 类，即快速激发型、中速激发型和慢速激发型。快速激发型的降雨持续时间较短，累计降雨量较小，小时降雨量有一个快速突变的过程，且泥石流会在雨强突变前后暴发；中速激发型的降雨持续时间较长，累计降雨量较大，且一般在雨强达到最大值会激发泥石流；慢速激发型的降雨过程可以呈现出多个波峰，降雨的持续时间较长，一般在第 2 个或第 3 个降雨时段激发泥石流"。

本章对银洞子沟泥石流激发过程的部分雨量数据进行分析，以此来确定不同雨型条件下该沟道物源启动的降雨临界值。

图 7-2 统计了 2012 年的降雨资料，发现该降雨过程符合文献[17]中的中速激发型降雨量特征，即"激发雨型的特性表现为泥石流暴发前有一段时间的降雨，降雨量一般会从较小值缓慢增至一个最大值，然后由最大值减小直至为 0。降雨的持续时间较长，一般为 8~15h。中速激发雨型条件下泥石流一般在雨强达到最大值的时候暴发，所需的前期累计降雨量较大，且泥石流暴发时间比降雨开始时刻滞后。"

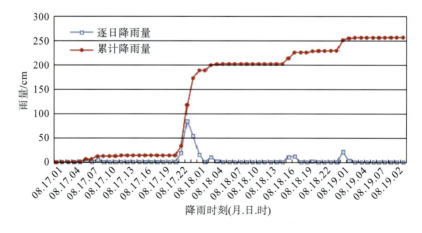

图 7-2   2012.8.17 强降雨过程联合村雨量站记录结果

同时图 7-3 统计了 2013 年 7 月 8～10 日的降雨量数据，发现该次降雨过程符合中速激发型降雨量特征，同时考虑到该次降雨过程中平均小时降雨量均达到大雨标准，并且历时较长，因此，该次降雨过程仍然是暴雨范畴。

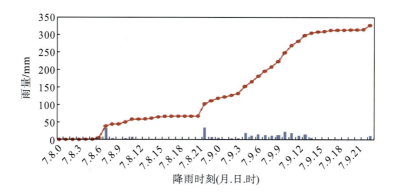

图 7-3　2013.7.9 强降雨期间塔子坪滑坡雨量站记录结果

经统计灾害发生当日的 24h 降雨量和灾害发生前 10 天一次降雨过程累计降雨量，银洞子沟泥石流暴发当日 24h 最大降雨量为 217.2mm，一次降雨过程最大累计降雨量为409.5mm，均发生在 2013 年 "7·9" 洪灾期间；当日 24h 最小降雨量为 39mm，一次降雨过程最小累计降雨量为 61.7mm。因此，当日降雨量超过 40mm，一次降雨过程累计降雨量达到 60mm 以上时，该沟就有可能诱发泥石流灾害。

根据图 7-4、表 7-1 对银洞子沟泥石流当日 24h 降雨量和灾害发生前 10 天一次降雨过程累计降雨量开展统计发现，当日 24h 降雨量和灾害发生前 10 天一次降雨过程累计降雨量呈现正相关的关系，反映出灾害发生当日 24h 雨量越大，累计降雨量越大的规律。这与一般统计研究中发现的灾害当日激发雨量和累计雨量通常呈负相关(即激发雨量越大，累计雨量越小)的规律不一致，表明累计雨量主要与在灾害发生当日的 24h 雨量相关。因此可推测银洞子沟泥石流的诱发因素主要是当日降雨激发。也即，银洞子沟泥石流是物源控制型暴雨泥石流。

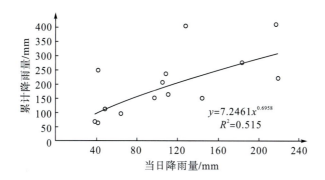

图 7-4　当日 24h 降雨量和灾前累计降雨量散点图

表 7-1　银洞子沟泥石流暴发时间及雨量统计表

时间(年.月.日)	灾害特征	24h 降雨量/mm	累计降雨量/mm
2009.07.17	虹口乡群发性泥石流	97.40	219.00
2010.08.13	虹口乡群发性泥石流	183.20	275.10
2010.08.19	虹口乡群发性泥石流	98.00	150.00
2011.07.21	暴雨，发生泥石流	65.10	95.10
2011.08.15	4 点 30 分出现少量泥石流	42.00	61.70
2011.08.16	9 点 15 分、16 点 23 分发生泥石流	49.00	110.70
2011.08.21	2 点 30 发生泥石流	144.80	150.10
2011.09.06	5 点 30 发生泥石流	39.00	66.60
2012.08.18	晚上发生泥石流	105.60	206.00
2012.08.19	泥石流一直流到白沙河	41.90	247.90
2013.07.08	有大量泥石流冲出	111.60	163.90
2013.07.09	有大量泥石流冲出	217.20	409.50
2013.07.26	4 点 10 分出现大量泥石流	108.80	235.00
2013.07.29	有大量泥石流冲出	128.10	403.00

7.2.3　物源基本特征及分布

银洞子沟小流域处于地壳强烈抬升区，区内地壳活动频繁、强烈，NNE 向断层发育，距离龙门山中央大断裂(北川-映秀断裂)仅数公里。地震后岩石破碎，引起两岸斜坡失稳坍塌，尤其是银洞子大滑坡，为泥石流的发生储存了大量固体物质。据河北省地勘局秦皇岛资源环境勘查院 2010 年开展的《都江堰市虹口乡联合村银洞子泥石流应急勘查报告》，银洞子沟的泥石流物源主要如下。

7.2.3.1　古松散堆积体

调查区内地壳活动频繁、强烈，近南北向断层发育，河流下切强烈，岩石破碎，结构疏松，易于风化。且长期以来这些岩石在地震和构造运动的作用下处于强烈风化剥蚀状态；被风化剥蚀的固体物质一部分残留于地形坡度较缓地带，一部被运移到沟谷中，为泥石流的发生贡献了少量固体物质。

7.2.3.2　滑坡、崩塌堆积体

"5·12"地震造成银洞子沟泥石流形成区及流通区发生 5 处崩塌、1 处滑坡，其形成的堆积物为泥石流的发生提供了丰富的物源。

1. 滑坡

"5·12"地震引发的滑坡发生于主沟形成区和流通区衔接处的右侧山体，该滑坡后缘高程 1520m，前缘高程 1352m，前后缘相对高差 168m，水平投影面积 76 112m²，斜坡坡

面面积 102 418m²，主滑方向 182°，总体呈扇形，堆积体坡度 35°～42°，体积约 31万 m³。滑坡前缘冲入银洞子沟，堵塞沟道，是震后泥石流固体物质的主要来源，也是 2009 年"7·17"堵沟溃决型泥石流的主要物源。目前，该滑坡整体处于基本稳定状态，但在坡面仍有较多残留物，处于不稳定状态，约有 11 万 m³，在遭遇强降雨时将顺坡滑落，形成新的堵沟型物源。此处的滑坡体堆积物主要成分以碎石、块石为主，为松散状态。从堆积体上的两条冲沟推断，此堆积体为 2009 年 7 月 17 日发生的泥石流提供了主要的物源，现存堆积体也是发生潜在泥石流的主要物源之一(图 7-5)。

图 7-5　滑坡体堆积物

2. 崩塌

"5·12"地震引发沟内发生多处崩塌，经统计共有 5 处，这些崩塌堆积体沿形成区、流通区的沟谷两侧山体分布，堆积体坡度 30°～40°，主要崩塌特征见表 7-2。

崩塌、滑坡堆积体均堆积于坡度大于 30°的斜坡上。通过现场勘查，堆积较薄的崩塌堆积体绝大多数松散不稳定，滑坡堆积体约 1/3 的表层松散不稳定，降雨入渗浸湿后，这部分很快会达到饱和，成为可移动物源。综上所述，银洞子沟泥石流是物源控制性泥石流沟。

表 7-2　银洞子沟崩塌分布统计

编号	性质	特　征	形态	稳定性	危害程度	位置
BT1	岩质崩塌	崩塌堆积体长 70m，宽 30m，体积约 6200m³。崩塌堆积为松散块碎石	倒立锥状	欠稳定	小	形成区
BT2	岩质崩塌	崩塌堆积体长 50m，宽 20m，体积约 4900m³。崩塌堆积为松散块碎石	倒立锥状	欠稳定	小	形成区
BT3	岩质崩塌	崩塌堆积体长 50m，宽 160m，体积约 16 000m³。崩塌堆积为松散块碎石	倒立锥状	欠稳定	小	流通区
BT4	土质崩塌	崩塌堆积体长 80m，宽 20m，体积约 6200m³。崩塌物为松散碎石土	倒立锥状	欠稳定	小	流通区
BT5	土质崩塌	崩塌堆积体长 70m，宽 30m，体积约 6000m³。崩塌物为松散碎石土	倒立锥状	欠稳定	小	流通区

目前，该沟域内可被洪水带走形成泥石流的固体物源(物源动储量)约 $35.93×10^4m^3$。其中，有 $15×10^4m^3$ 为近期可移动物源，银洞子滑坡提供的动储量物源为 $11×10^4m^3$，见表 7-3、图 7-6。银洞子滑坡堆积体堵塞沟道形成一定规模的滑坡堰塞坝，是未来该沟发育泥石流灾害最主要的物源。

表 7-3 泥石流物源情况统计表

位置	性质	物源总量/ (10^4m^3)	动储量/ (10^4m^3)
形成区	BT1 堆积体	0.62	0.5
	BT2 堆积体	0.49	0.4
	沟道	0.4	0.3
形成区下游 流通区上游	滑坡堆积体	31	11
流通区	BT3 堆积体	1.6	1.2
	BT4 堆积体	0.62	0.5
	BT5 堆积体	0.6	0.5
	沟道	0.6	0.6
合计		35.93	15

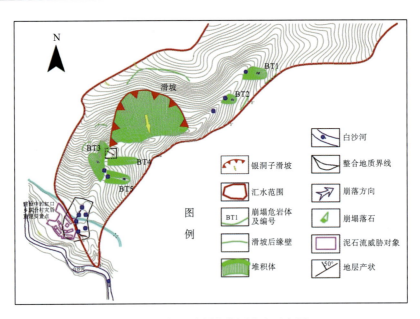

图 7-6 银洞子沟固体物源分布示意图

7.2.4 银洞子沟泥石流威胁对象

银洞子沟小流域地质环境复杂，地形陡，冲刷侵蚀作用强烈；降雨量集中且多暴雨，加之地震造成植被减少及沟谷两岸边坡失稳坍塌，使得区内泥石流地质灾害较为突出，直接威胁到银洞子沟沟口(泥石流堆积区)左侧联合村香樟坪安置点 56 户(约 228 人)的生命财产安全。同时，一旦发生泥石流灾害，通往香樟坪的村道会直接被泥石流截断，失去通往外界的救援通道。若是泥石流规模较大，直接淤积进入白沙河，将对下游产生巨大的威胁。

鉴于前述分析，可以将银洞子泥石流沟定性为：典型地震扰动区物源控制型暴雨泥石流沟，该泥石流沟现今固体物源量较为丰富，危险性很高。因此，在该沟域开展泥石流监测预警工作，对整个地震灾区的物源控制型泥石流监测预警都有较强的示范作用。

7.3　银洞子沟泥石流预警方法

7.3.1　预警目标

对于暴雨型泥石流而言，泥石流是否发生决定于流域内的降雨条件及固体物质的储备和分布状况，其中，降雨量和降雨强度的大小是激发泥石流的决定性因素。在一条泥石流沟中，若一定时期内无地震等极端事件发生，流域沟床条件往往相对比较稳定，而降雨和固体物质储备及其分布则存在一定的时空变化。因此，在查清沟道内可形成泥石流的松散固体物质储备及分布的情况下，可采用降雨资料预警泥石流发生。

银洞子沟泥石流的最危险物源为银洞子滑坡堆积体，强降雨作用下会引发沟谷两侧不稳定斜坡及处于休眠状态的滑坡强烈活动。该滑坡在暴雨条件下可能发生局部甚至整体滑动，冲入银洞子沟堵塞沟谷，形成滑坡堰塞坝。沟道两岸坡松散残坡积堆积层也会发生大面积滑塌，在局部较狭窄的沟段造成严重堵塞，之后迅速形成高位滑坡堰塞湖。流域上游洪水迅速汇流后猛烈冲刷沟谷和斜坡松散固体堆积物，堰塞湖一旦溃决即可形成溃决型泥石流。这也是汶川地震扰动区非常普遍的震后泥石流发育模式，例如红椿沟泥石流就是这种成因模式[21]。

因此，银洞子沟泥石流预警的目标是，确定滑坡堰塞坝在什么降雨条件下能够溃决形成泥石流的问题。该预警方法的关键在于确定能够促使堰塞坝溃决形成泥石流的临界降雨量——雨量阈值，合理的雨量阈值是保障泥石流预警准确性的关键。通常的做法是采用雨量资料统计得到，或者通过模拟试验得到。本次监测预警的做法是：通过模型试验的方法，研究滑坡堵沟后溃坝泥石流启动时的临界水深，并以此来反推泥石流启动时的临界降雨量。亦即将确定雨量阈值的问题转化为确定激发泥石流所需临界水深的问题，可采用理论计算和水槽模型试验两种方法来确定泥石流启动的临界水深。

7.3.2　预警指标确定依据

7.3.2.1　雨量阈值计算模型

泥石流的激发是短历时暴雨和前期降雨量共同作用的结果，多出现在降雨过程峰值降雨之中的某一时刻。峰值雨量的持续时间一般较短，通常只有几分钟到几十分钟，这种短历时的峰值降雨称为泥石流的激发雨量。不同短历时的暴雨均可以说明泥石流的激发雨量，通常选用 10min 雨强或者 30min 雨强、1h 雨强等作为泥石流的激发雨量，而前期影

响雨量是指导致泥石流激发的 1h 峰值雨量前的总降雨量。因此，激发泥石流启动的雨量阈值可以表示为

$$P_{ac} = P_b + P_c \tag{7-1}$$

式中，P_{ac} 为泥石流雨量阈值(mm)；P_b 为泥石流的前期影响雨量或泥石流发生前土壤中的含水量(mm)；P_c 为特征雨量，即从泥石流激发时刻算起 1h 内的雨量(mm)。

$$P_b = K^0 P_1 + K^1 P_2 + K^2 P_3 + \cdots + K^{n-1} P_n \tag{7-2}$$

式中，P_b 为前期影响雨量，即导致泥石流激发的 1h 峰值雨量前的总降雨量，即从泥石流暴发前 1h 算起，以 24h 为一天倒推 n 天，在经历了辐射、蒸发以及土壤渗透后，仍然保留在土壤中的有效雨量(mm)；P_n 为从泥石流暴发前 1h 起算第 n 天的降雨量(mm)；K 为递减系数(0.8～0.9)。

根据"蓄满产流"的原理，若某次降雨量为 P_c，水量平衡方程表达式还可以表示为

$$H = P_c - (I_m - P_b) \tag{7-3}$$

式中，H 为发生泥石流时的临界径流深(mm)，指在某一时段内的径流总量平铺在全流域面积上所得的水层深度；I_m 为降雨结束时流域内土壤能达到的最大蓄水量(mm)。

故，由式(7-1)、式(7-3)可以将雨量阈值的表达式写成用径流深(H)和最大蓄水量(I_m)表达的公式，即式(7-4)

$$P_{ac} = P_b + P_c = H + I_m \tag{7-4}$$

对一特定流域，I_m 通常为常数，可以通过《四川省中小流域暴雨洪水计算手册》查表得到。由上可知，只要确定 H，$H + I_m$ 为一定值。也即是说，当 $P_b + P_c$ 达到 $H + I_m$ 时，就表明该泥石流沟即将发生泥石流。因此，式(7-4)可以用来对泥石流的发生进行预警报，也即，将雨量阈值转化为泥石流启动的临界水深来确定。

7.3.2.2　临界水深的计算

流域的径流深 H 可以表示为

$$H = Q / A \tag{7-5}$$

式中，Q 为发生泥石流时堰塞湖库容(m³)，对于特定的堰塞湖实体来说，Q 实际上是个定值；A 为流域面积(m²)。

由式(7-5)计算得到 H 值，则可以根据式(7-4)反算得出泥石流启动的临界雨量阈值 P_{ac}。

7.3.3　预警方法

在第 1 章中已经建立的预警方法以及预警等级的基础上，本章建议将雨量阈值作为分级的指标依据，雨量预警的判别指标是实际累计降雨量。结合第 1 章表 1-4 中预警等级划分，可设置泥石流发生可能性四级预警标准以及对应的 24h 雨量，即可能性较低(Ⅰ级)、可能性较大(Ⅱ级)、可能性大(Ⅲ级)、可能性极大(Ⅳ级)四个级别，并分别采用蓝色、黄色、橙色和红色加以识别(表 7-4)。

表 7-4　泥石流预警等级划分及识别

预警等级	预警标示	24h 雨量	发生灾害可能性分析	灾害性质描述及防御对策
I	蓝色	I 级雨量	可能性很小(发生概率低于 20%)	高危险区域内有发生小型地质灾害的可能性,但发生概率低,当地群众可不避险转移
II	黄色	II 级雨量	可能性较小(发生概率 40%)	高危险区域内有发生中、小型泥石流的可能性,但发生概率较低,当地群众可暂不转移,但应根据发展趋势随时作好避险转移准备
III	橙色	III 级雨量	可能性较大(发生概率 60%)	高、中危险区域内发生大、中型泥石流的可能性增大,发生的概率较高,当地群众可暂不转移,但应根据发展趋势随时作好避险转移准备
IV	红色	IV 级雨量	可能性大(发生概率 80%)	高、中危险区域内发生大、中型泥石流的可能性大,发生的概率高,危险地带的群众必须及时撤离转移

7.4　模型试验设计

在对研究区资料分析及预警方案确定的基础上,采用物理模型试验的方法获取预警指标。本次模型试验主要是模拟降雨汇水产流后水流在主沟道内冲毁滑坡堰塞坝形成溃决型泥石流的过程。目的在于重现堵沟物源补给泥石流过程,查明堵沟型物源失稳临界条件,获取泥石流启动时特定截面的临界水深 h_0,进而构建堵沟型物源失稳模式,确定预警指标。

7.4.1　堰塞坝堆积形态分析

7.4.1.1　研究意义

经野外实地调查,银洞子沟小流域为典型的中山峡谷地貌,最高海拔高程 2050m,最低海拔高程 1070m,相对高差 980m。银洞子沟域面积约 2.2km²,主沟整体长 2.0km。其中,海拔高程 1560~2050m 为清水区,为三面环山一面出口的漏斗状地形,集雨面积 0.45km²(S_1)。海拔高程 1330~1560m 为形成区,沟长 813m,集雨面积 0.35km²(S_2),为典型的中山峡谷地貌,沟谷深切,地势陡峻,谷坡坡度 45°~75°,沟谷狭窄,沟床陡直,平均比降 283‰(图 7-7、图 7-8)。

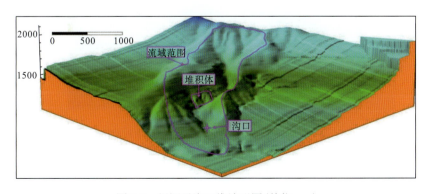

图 7-7　银洞子沟三维地形图(单位:m)

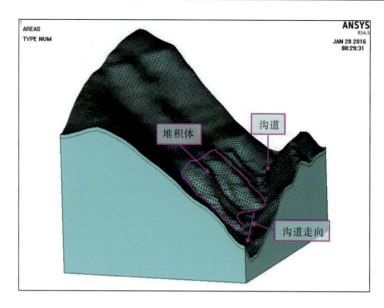

图 7-8　银洞子沟主沟模型(局部)

　　目前,银洞子沟滑坡还未发生彻底失稳堵塞沟道,未来滑坡失稳堵沟的规模及堵沟后堰塞坝体是何种形态等均是未知、但又必须考虑的发生事件,因此有必要对滑坡堵沟的形态进行研究。Costa 和 Schuster 指出,绝大多数滑坡堰塞坝的破坏是由漫顶溃决引起[28]。堰塞坝的堆积形态对漫顶溃决过程有重要影响,以著名的四川茂县 1933 年叠溪 7.5 级地震滑坡堰塞坝现如今的溃决情况为例,堰塞坝由左右两个滑坡堆积形成,滑坡形成堰塞坝时,前缘明显低于后缘,而最终溃决的位置,也是在前缘位置(图 7-9)。由此可见,滑坡堰塞坝的堆积形态决定了堰塞坝漫顶溃决时初始溃口的位置。

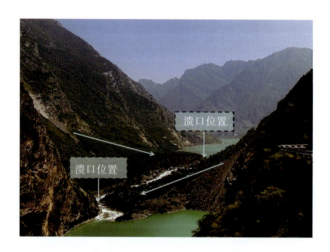

图 7-9　1933 年叠溪地震滑坡堰塞坝堆积形态

　　对于堵沟型堰塞坝,堰塞坝的堆积形态决定初始溃口位置的同时,可能还会对堰塞坝溃决形成泥石流的物源补给量造成影响。因为初始溃口在坝体侧面时,溃决水流的侧向侵蚀作用是单向的，而初始溃口在堰塞坝中间位置时，溃决水流的侧向侵蚀效应是双向的。为了验证上述推断，在进行正式试验之前，两组验证性试验被率先开展，为模型试验顺利施行奠定基础。试验在横断面为 1.0m×0.8m(宽×高)的试验槽内进行，两组对比性试验的坝体密实条件、坝体材料、坝体最小高度以及坝前来流量等均相同，不同点在于堰塞坝初始溃口位置不同，一组在滑坡前缘与对岸接触位置，一组在堰塞坝中间位置(图 7-10)，试验结果如图 7-11 所示。试验结果证明上述推断完全正确，双向侵蚀条件下泥石流的物源冲出量明显大于单向侵蚀情况。

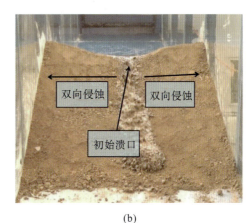

(a)　　　　　　　　　　　　　　　　(b)

图 7-10　堰塞坝侧向侵蚀方向

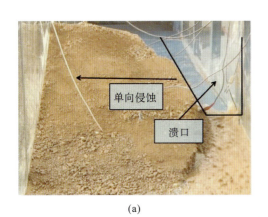
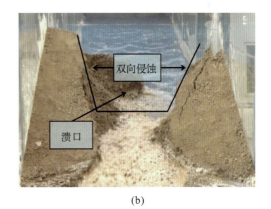

(a)　　　　　　　　　　　　　　　　(b)

图 7-11　溃决后的残余坝体

综上所述，滑坡堰塞坝的堆积形态决定了堰塞坝漫顶溃决时初始溃口的位置，初始溃口的位置又决定了侧向侵蚀是单向侵蚀还是双向侵蚀，单向侵蚀和双向侵蚀会引起堰塞坝溃决形成泥石流时物源冲出量不同。因此，对滑坡堰塞坝的堆积形态进行研究，不仅可以加强对滑坡堰塞坝的直观认识，而且对有关堰塞坝溃决防灾减灾工作有重要的指导意义和参考价值。

7.4.1.2　堰塞坝堆积形态

1. 研究方法

通过上述分析，可知堰塞坝的堆积形态对堰塞坝漫顶溃决有重要影响。因此，在开展模型试验之前，基于离散元素法(DEM)对沟道内滑坡堰塞坝的堆积形态开展数值分析。数值分析借助 EDEM 离散元软件，颗粒与颗粒以及颗粒与几何体之间接触模型采用 Hertz-Mindlin with JKR 模型，表面能为 $10J/m^2$。为方便计算，假设滑坡堵沟时，沟内没有水流，并且考虑到模型试验的需要，沟道建模时假设沟道材料为钢材料。数值计算采用的颗粒以多球面方法建立的基本粒子为基础(一个基本粒子由三个半径为 0.015m 的球面组成)，然后在基本粒子半径 0.6～1.2 倍的范围内随机产生。为了避免颗粒沿沟道滚动，引起模拟失真，基本粒子建立时球面球心按等边三角形方式排列(图 7-12)。为便于计算，滑

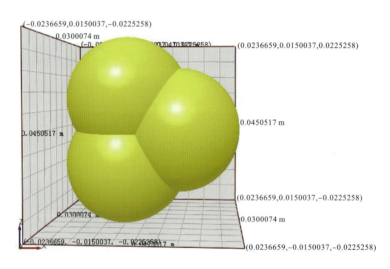

图 7-12　颗粒形态

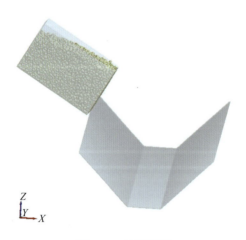

图 7-13　计算模型

坡体的初始形态概化为形状比较规则的块体，滑槽尺寸为 1m×1m×0.6m(长×宽×高)，滑槽内颗粒质量为 700kg。沟道纵向长度 3m，横向面为梯形，几何尺寸为 1.6m×0.4m×0.6m(上底×下底×高)，沟道倾角为 15°，数值计算模型如图 7-13 所示。钢材密度 $7.8×10^3kg/m^3$，剪切模量 $1.0×10^4MPa$，泊松比 0.25；颗粒密度 $2.6×10^3kg/m^3$，剪切模量 10MPa，泊松比 0.25。研究中假设滑坡体滑入沟道的倾角为 30°，主要分析滑坡体滑入沟道的倾角对堰塞坝堆积形态的影响，速度值分别考虑 1m/s(低速)、2m/s(中速)、3m/s(高速)三种情况。

2. 计算结果

不同速度(V)条件下，堰塞坝堆积形态的模拟结果如图 7-14(a)～(c)所示。相应的滑坡堰塞坝的横断面形态如图 7-15(a)～(c)所示，纵断面形态如图 7-16(a)～(c)所示。

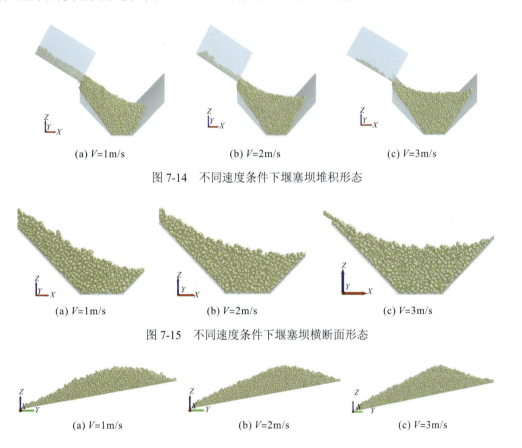

|(a) V=1m/s|(b) V=2m/s|(c) V=3m/s|

图 7-14　不同速度条件下堰塞坝堆积形态

|(a) V=1m/s|(b) V=2m/s|(c) V=3m/s|

图 7-15　不同速度条件下堰塞坝横断面形态

|(a) V=1m/s|(b) V=2m/s|(c) V=3m/s|

图 7-16　不同速度条件下堰塞坝纵断面形态

3. 实例验证

为了验证数值计算的结果正确与否，将试验模拟结果与所收集的滑坡堰塞坝案例进行对比，如图 7-17(a)、(b)所示。从图中可以看出，数值计算的结果与真实的堰塞坝堆积形态非常吻合，证明数值计算的结果可信度较高。这为模型试验的开展奠定了基础。

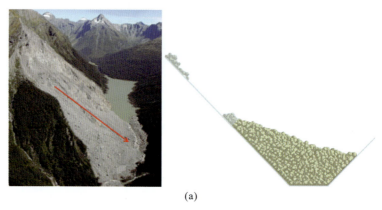

(a)

（左图为 Young 河滑坡堰塞坝，2007，Sara Page 摄；右图为对应梯形沟道，速度 V=1m/s）

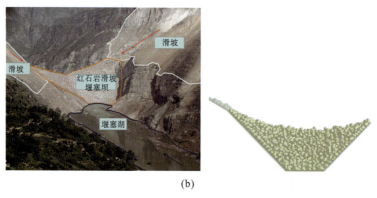

(b)

（左图为红石岩滑坡堰塞坝，2014；右图对应梯形沟道，速度 V=3m/s）

图 7-17　梯形沟道内滑坡堰塞坝堆积形态对比

7.4.1.3　银洞子滑坡堰塞坝堆积形态预判

李倩倩采用物理模型试验探讨了银洞子滑坡失稳的危险性。根据仿真模型破坏的不同形式和不同严重等级划分模型的多级临界雨强值域，认为银洞子滑坡失稳的起点为临界雨强为 49mm/h。多级临界值域分别为 49～60mm/h、60～90mm/h、90～120mm/h、 150～180mm/h、≥180mm/h，对应的破坏模式分别为局部坡脚崩塌、局部坡脚崩塌或层层后退式崩塌、层层后退式崩塌、层层后退式崩塌或整体滑坡、整体滑坡[29]。发现根据银洞子滑坡的破坏形态可以将降雨特征划分为三个级别，即：①30～60mm/h，前缘局部小规模崩塌；②90～150mm/h，多级后退式崩塌；③>180mm/h，推移式破坏、整体滑坡。

根据都江堰虹口乡联合村的雨量站记录，该区域在 2012 年 8 月 17 日晚 22 时至 23 时降雨量达到 84.3mm，为历年小时雨量峰值。因此，选取李倩倩研究成果中与实际降雨相近的滑坡失稳形态进行方量估算，选择 90mm/h 的降雨条件作为估算依据。在 90mm/h 降雨条件下，滑坡逐渐发生局部失稳现象，最先失稳的部位发生在靠近沟谷的前缘临空面，随着降雨时间持续，变形破坏范围逐渐扩大。该研究成果中，降雨持续 53min 后，1∶50 比例缩小后的滑坡模型失稳区域为宽 1.0～1.5m、高 0.55m 的圆弧形坡面区域，坡度约 40°，可以大概估算出实际沟道中失稳规模约为 $1.6×10^4m^3$。失稳的滑坡堆积体涌入狭窄的银洞子沟，瞬间在长达 51m 的沟道内形成高约 12.5m 的堰塞坝并堵断沟道。上游汇水随之在坝后迅速集聚，形成中小规模堰塞湖。随着上游汇水加剧，堵沟坝体溃决补给洪水，从而形成溃决型泥石流。

此外，根据银洞子沟滑坡堆积体的实际条件，银洞子沟潜在滑坡的滑距较短，从滑坡体潜在的能量而言，这决定了滑坡堰塞坝的堆积形态。理由是：银洞子沟潜在滑坡的这种地形条件一方面决定了滑坡体不会拥有很高位能，可转化为动能的能量有限；另一方面决定了滑坡体在重力作用下发生失稳后，没有足够长的加速通道。所以，滑坡体滑入沟道的速度较小，不会出现向沟道对岸爬高的现象。新的滑坡堰塞坝可能的堆积形态是滑坡后缘明显高于前缘，前缘与对岸接触的位置为新堰塞坝的初始溃口。

7.4.1.4　试验模型概化

根据上述分析，这里对模型作如下假设：坝体纵断面为三角形，初始溃口在坝体侧面，设置好初始溃口后，溃决断面形态变为梯形。堰塞坝坝高 12.5m，潜在滑坡坡脚处沟道宽度为 25m，上游放坡比例和下游放坡比例均为 1∶2，坝底边长度为 51m，如图 7-18 所示。

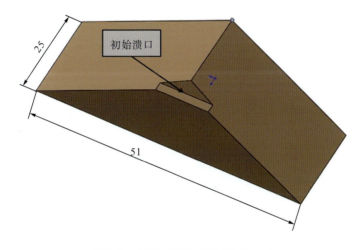

图 7-18　堰塞坝坝体模型（单位：m）

7.4.2　模型试验相似准则

室内模型试验与现场模型试验有很大差别，主要体现在沟槽差异和泥沙原料差异两方面。由于试验水槽尺寸限制，无法承受实际沟道中宽级配土颗粒的冲撞，而且颗粒直径超过一定范围将会放大水槽边界的约束影响。因此，在室内试验过程中需要按一定比例缩小沙、土粒径，以保证试验材料的级配特征与实际堰塞坝沟道堆积物的级配特征尽可能一致，达到材料的几何相似。但是缩小后泥沙材料的受力方式、运动特征等与实际泥石流沟道物质的情形相比将会严重失真。为此，试验中需要在几何相似的同时，考虑水动力学相似问题、溃口过程相似问题。

试验中，将滑坡堵沟堰塞坝溃决过程视为水流与坝体材料间相互耦合的一个过程。因此，对以下两个方面进行相似模拟：①水动力学相似，因溃坝水流属于重力流，因此本试验采用重力相似准则；②溃口过程相似。

针对这两个相似需求，试验中采用"重力相似"准则和"泥沙运动相似"理论对试验中的相似比尺进行推导。

7.4.2.1　水动力学相似

由于溃坝过程中的水流运动主要受重力及惯性力的作用，因此根据相似理论，要实现溃坝模型与原型的水动力学相似，只需满足重力相似准则，即使原型与模型的弗劳德数 $(Fr=V/(gL)^{1/2})$ 相等：

$$\lambda_{Fr}=\frac{V_p/\sqrt{g_pL_p}}{V_m/\sqrt{g_mL_m}}=\frac{\lambda_V}{\lambda_g^{\frac{1}{2}}\lambda_L^{\frac{1}{2}}}=1 \tag{7-6}$$

式中，p 为原型；m 为模型；V 为特征速度；g 为重力加速度；L 为水深；λ_g、λ_L、λ_V 分别为重力加速度比尺、几何比尺和速度比尺。

由于原型与模型中的重力加速度相同，因此式(7-6)中 $\lambda_g=1$，可推导出：

$$\lambda_V=\lambda_L^{\frac{1}{2}} \tag{7-7}$$

$$\lambda_T=\frac{\lambda_L}{\lambda_V}=\lambda_L\lambda_L^{-\frac{1}{2}}=\lambda_L^{\frac{1}{2}} \tag{7-8}$$

$$\lambda_Q=\lambda_V\lambda_L^2=\lambda_L^{\frac{1}{2}}\lambda_L^2=\lambda_L^{\frac{5}{2}} \tag{7-9}$$

式中，λ_T、λ_Q 分别为时间比尺和流量比尺。

另外，溃坝过程中水流运动除了受重力作用外，还受到黏滞力的影响。为了消除黏滞力对试验结果的影响，需要使模型和原型的水流均处于紊流阻力平方区，即模型与原型的水流雷诺数（$Re=LV/\nu$）均大于临界雷诺数（Re_c），本试验中 Re_c 取为4000。

7.4.2.2　溃口发展过程相似

滑坡堵沟堰塞坝属土石坝。在土石坝漫顶溃决过程中，溃口的冲蚀过程主要表现为"陡坎式"冲蚀，因此溃口发展过程的相似有必要模拟"陡坎"运动过程。

本试验采用的坝体材料中黏粒含量很少，因此视为非黏性土均质坝。溃坝水流对坝体材料冲蚀过程可近似为推移质运动。根据 Yalin 的水沙运动相似理论，溃坝模型试验中遵循以下四个相似准则：

$$Re_*=\frac{v_*}{\nu}=\text{idem} \tag{7-10}$$

$$\tau_*=\Theta=\frac{\rho v_*^2}{(\rho_s-\rho)gd}=\text{idem} \tag{7-11}$$

$$\frac{h}{d}=\text{idem} \tag{7-12}$$

$$s=\frac{\rho_s}{\rho}=\text{idem} \tag{7-13}$$

式中，idem 为相似判据；Re_* 为砂粒雷诺数；v_* 为摩阻流速；d 为砂粒粒径(一般可取 d_{50})；v 为水的动力黏度；τ_* 为无量纲剪切应力，亦为水流强度参数 Θ；ρ、ρ_s 分别为水和砂粒的密度；g 为重力加速度；h 为水深。

实际情况下，要同时满足以上四个相似准则几乎是不可能的。但根据 Shields 对非黏性泥沙启动流速的研究成果——Shields 曲线可知，当砂粒雷诺数 Re_* 大于临界值(Yalin 建议值为 70～150)时，对推移质运动影响较大的水流强度参数 θ 将不受砂粒雷诺数 Re_* 变化影响而基本保持恒定。并且，根据紊流理论可知，此时挟沙水流将处于紊流粗糙区，因此只要保证模型与原型的相对粗糙度 (k_s/r_0) 相等，即满足式(7-12)，即可保证模型的水流流态相似。

因此，在满足 $Re_* > 70$ 的条件下，对于正态模型，由式(7-11)～式(7-13)可得

$$\lambda_d = \lambda_h = \lambda_L \tag{7-14}$$

$$\lambda_{r_s} = \lambda_r = \lambda \tag{7-15}$$

式中，λ_d 为砂粒粒径比尺；λ_h 为水深比尺；λ_{r_s} 为砂粒密度比尺；λ_r 为水密度比尺。

7.4.2.3　模型比尺选择

模型试验拟在矩形试验水槽系统内完成，按照 1：25 的长度比尺将实际模型缩小。根据前述分析，可得相应的速度比尺和时间比尺为 1：5，流量比尺为 1：15 625，特征粒径和水深比尺为 1：25。

根据 7.4.1 节中试验工况介绍的汇水面积为

$$S=S_1+S_2=0.45+0.35=0.8\text{km}^2$$

据 7.3.2.2 节中介绍，银洞子沟小流域有记录的最大降雨强度 I 为 70mm/h。在忽略降雨入渗的条件下，可求得实际沟道内的清水流量为

$$Q=S*I=0.8\times10^6\times70/3600/1000\text{m}^3=15.56\text{m}^3/\text{s}$$

综上所述，模型试验应设置的坝体模型尺寸为：纵向长度 2.04m，横向宽度 1m，坝高 0.5m，如图 7-19 所示。试验装置的模型槽和坝体的整体形态如图 7-20 所示。

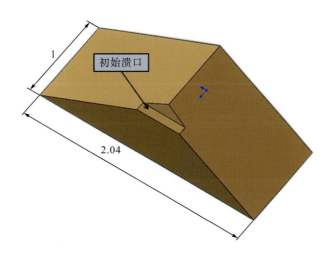

图 7-19　堰塞坝坝体缩尺模型(单位：m)

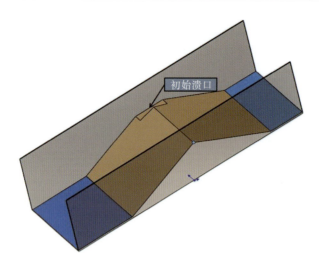

图 7-20　模型试验完整模型

7.4.3　试验方案

7.4.3.1　拟解决的关键问题

本试验拟解决的关键问题是滑坡堵沟形成堰塞坝后,在何种水利条件和几何形态下容易发生溃决,对变化过程中的坝体物理变化过程进行实时观察和微观监测,得到不同条件下各物理量之间的变化规律。

7.4.3.2　试验变量控制

根据试验目的及拟解决的关键科学问题,这里为了简化试验和方便分析,在试验过程中采用单因子变量的方式开展。

1)不同密实度坝体

鉴于本试验模拟的是银洞子单沟泥石流的预警问题,而对于固定小流域来说,坝体物质不论是宏观的级配特征还是微观矿物成分及矿物结构,都是相对稳定的,不会发生较大的变化。因此,试验中考虑改变坝体的密实程度作为分析的单因子变量之一。

2)不同初始含水率

不同的密实度对应不同的极限含水率,在理论上称为最优含水率。在相同密实度的基础上,不改变坝体几何形态和坡体结构,选择不同初始含水量的坝体作为研究对象。

3)上游清水流量 Q

沟道内的清水流量对土石坝的稳定性有着重要影响。本试验的清水流量受降雨强度控制,汇水面积一定,不同降雨强度对应不同的清水流量。试验拟模拟不同清水流量 Q 对坝体溃决过程和溃决时间的影响。

7.4.3.3　试验材料选择

本试验选取经过加工的银洞子沟沟道松散堆积物进行试验。为此,野外选取了沟域内四个比较典型位置的松散土体对松散物质进行级配分析，分析结果见图 7-21。可见，不同地段的颗粒级配特征稍有差异，主要表现在 0.1～10mm 段颗粒含量的差异。总体来说，颗粒级配参数分别为：$d_{60}=5.75$，$d_{30}=1.20$，$d_{10}=0.30$，不均匀系数：$C_u = \dfrac{d_{60}}{d_{10}} = 19.17$，曲率系数：$C_c = \dfrac{d_{30}^2}{d_{60} \times d_{10}} = 0.83$。

　　所以，级配结果为不良好。

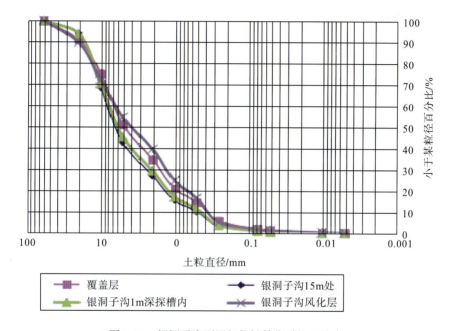

图 7-21　银洞子沟不同部位松散物质级配分布

7.4.3.4　试验模型堆筑

　　根据 7.4.1 节、7.4.2 节分析结果，坝体尺寸为 2.04m×1.0m×0.5m，初始溃口断面形式设为直角梯形，尺寸为 0.13m×0.1m×0.1m（上底×下底×高）（图 7-22）。

(a) 侧面视图

(b) 正面视图

图 7-22　坝体模型

7.4.3.5　传感器布设

试验采用的传感器有微型孔隙水压力传感器(6 个)和体积含水量传感器(6 个)，按 2 层安放，每层 3 个。孔隙水压力传感器和体积含水量传感器安放位置相同(图 7-23)。

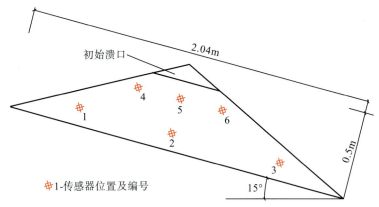

图 7-23　传感器布置位置示意图

7.4.4　试验步骤

(1)准备阶段：准备试验仪器，具体包括水槽、传感器、摄像机、水箱、水泵、数据采集仪、塑料标志球、变压箱。分别检查各仪器能否正常运行。

(2)堆积土石模型，按 7.4.2 中拟解决的关键科学问题，分别设置 3 组试验，按照图 7-23 分层布设孔隙水压力传感器和体积含水量传感器，堆土结束后在模型表面布设地表测斜仪。

(3)打开数据采集仪，调试各个传感器直到正常工作为止。统一各传感器初始采集时刻，同时打开正面侧面摄像机。注意：各摄像机保持镜头垂直于模型的正面侧面，分别记录水流侵蚀过程和坝体破坏过程。

(4)打开电源，运行水泵，设置一定流量水流模拟上游汇水冲刷滑坡堰塞坝。

(5)当水位漫顶形成坡面流时，向坝后水库投白色小球以记录洪水/泥石流表面流速。

(6)当决堤或坝体溃决过程结束时，关闭水泵、摄像机、数据采集仪。试验结束。

(7)清理现场：收集好水流冲刷流失的土石体，以备下次循环使用，打扫现场卫生。

(8)整理：对于传感器、摄像机、照相机等信息采集设备采集到的信息及时归纳整理，做好备份。

7.5　模型试验过程

由 7.3.2 节知，要确定雨量阈值，首先需要确定一系列中间量指标，这些指标的确定方法包括野外实地量测、室内土工试验和室内模型试验。因此，模型试验只是整个试验环节的一个重要组成部分。整个预警指标获取包括室内土工试验和物理模型试验两大部分。

7.5.1　室内土工试验

7.5.1.1　试验材料

根据试验理论，考虑到材料尺寸相似难以实现，遂将物源粒径缩小 *n* 倍。试验材料主要选自都江堰银洞子沟，经现场 2cm 过筛处理，去除大于 2cm 颗粒，然后按照原始级配，根据几何相似比进行试验材料配制。现场采取探槽内取样，使用电子秤、*d*=20cm 铁筛、工兵铲等工具随机对某一沟道横截面一定深度的堆积物取样。试验用土取其颗粒级配如图 7-24。

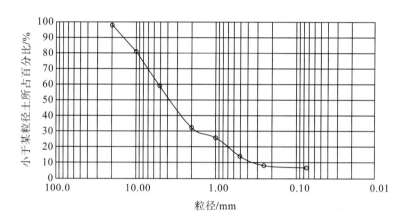

图 7-24　试验材料颗粒级配曲线

7.5.1.2　材料基本参数测定

采用室内土工试验测试试验材料的初始参数。试验的内容包括：筛分(d_m)、三轴试验(c、ϕ)、直剪试验(c、ϕ)及土常规(测比重 G_s、干密度 ρ_d、孔隙率 n)。使用的仪器包括：SZS 型三维振筛机、马尔文激光粒度仪、DGG-9240A 型电热恒温鼓风干燥箱、电子天平、比重瓶计、直剪仪、三轴仪等(图 7-25)。

(a) 三维振筛机

(b) 电热恒温鼓风干燥箱

(c) 三轴剪切仪　　　　　　　　　　　　　(d) 马尔文激光粒度仪

图 7-25　室内土工试验测试仪器

1. 天然状态下

根据勘察报告，研究区材料天然状态的物理参数如表 7-5 所示。

表 7-5　岩土体物理力学指标建议表

岩土名称	重度 γ /(g/cm^3)	基底摩擦系数	变形模量 E_0	承载力特征值 fak/kPa	黏聚力 c /kPa	内摩擦角 ϕ
稍密碎石	2.2	0.45	25～30	450	0	19
中密碎石	2.3	0.50	30～35	550	0	23

对四个不同部位选取材料的水理性指标进行测试（表 7-6）。

表 7-6　试验材料的水理性质

样品名称	室内编号	界限含水率 / %		
		液限	塑限	塑性指数
上部覆盖层	1	22.80	15.70	7.00
银洞子沟 15m	2	22.10	16.30	5.90
银洞子探槽 1m	3	20.90	11.00	9.90

由于试验材料级配较差，且在形成泥石流的过程中，细颗粒物质的作用较为突出，这里采用不固结不排水剪（UU）三轴试验（图 7-26），可以测得饱和状态下的松散堆积物抗剪强度指标（图 7-27）。试样规格：d=61.8mm，h=123mm；剪切速率：0.9mm/min。

同时，采用应变控制式直接剪切仪进行快剪试验，单独测试细颗粒物质的物理力学参数特征，荷重级别分别为 50kPa、100kPa、200kPa、300kPa，剪切速率为 0.8mm/min，试验结果见图 7-26。

综上，取直剪试验结果和三轴试验结果的均值，得到银洞子沟物源物质的 c、ϕ 值分别为：17.5kPa，21°。

试样制作

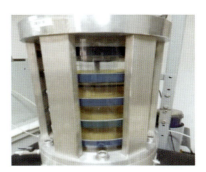

样品上机

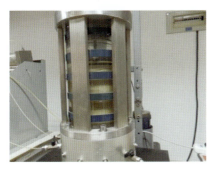

剪切破坏

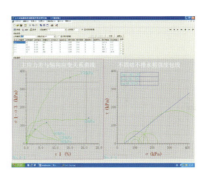

计算机采集数据系统

图 7-26　三轴试验(UU)过程及结果

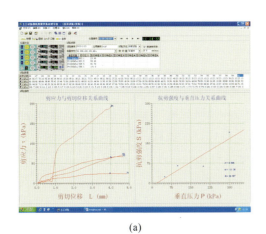

(a)

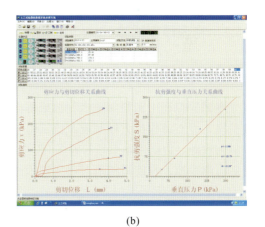

(b)

图 7-27　土工试验微机采集系统得到的抗剪指标

表 7-7　银洞子沟土体基本参数

名称	c / kPa	ϕ / (°)	泊松比
碎石土	15～20	19～23	0.25

2. 含水率对力学特性的影响

鉴于研究区内土体属于宽级配土体，大颗粒物质较多，且细颗粒物质主要以安山岩、花岗岩强风化形成的长石粉末、石英碎屑为主。因此，细颗粒物质的亲水性较差。这两方面原因导致物源物质的黏结力可以忽略不计，其物理力学性质主要针对内摩擦角ϕ。本试验中分析了密度为1.85g/cm^3的细颗粒物质在不同含水量状态下（分别为5%、15%、25%和35%）的内摩擦角变化（图7-28）。

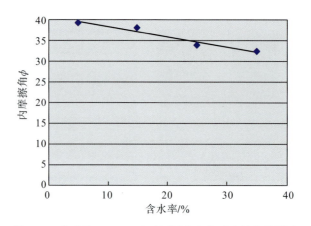

图 7-28　密度为1.85g/cm^3时不同含水率对摩擦角的影响

7.5.2　物理模型试验

7.5.2.1　试验设备

本试验拟在中国科学院水利部成都山地灾害与环境研究所"山地灾害与地表过程重点实验室"泥石流模拟大厅开展。该试验系统集成了蓄(供)水装置、泵水装置、试验平台、废料回收池、数据采集系统等设备（图7-29），能够进行泥石流冲击、启动，以及山洪等地质灾害的模拟，也能模拟滑坡堰塞坝的溃决。

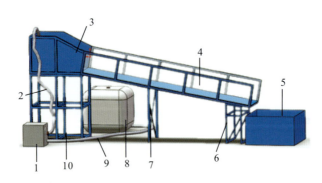

图 7-29　试验系统示意图

1-水泵；2、9-输水管；3-蓄水箱；4-水槽；5-废料池；6、7、10-支架；8-供水箱

1. 供水系统

该部分共包括一部变电箱、一个微型水泵、一个 3500L 容量水箱。

供水系统：采用 NLJY-10 下喷式人工模拟降雨系统，该系统主要包括电压控制系统（图 7-30）、动力控制系统（图 7-31）、降雨输送系统（喷头和供水支架）和数据输出系统（雨量筒和电脑输出端）四部分。这里仅使用动力控制系统和电压控制系统。

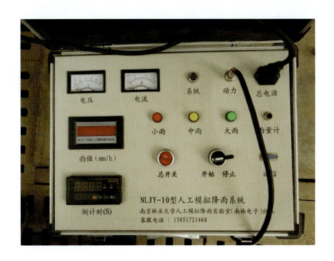

图 7-30　电压控制系统

图 7-31　送水动力控制系统

2. 试验平台

该部分主要包括蓄水箱、水槽、废料池三部分。

试验水槽倾斜角度 15°，尺寸为 5m×1.0m×0.8m（模型尺寸为 2.04m×1.0m×0.5m），底座是平整的钢板，四周骨架采用型钢，侧壁以透明钢化玻璃作为约束，并在底板和型钢骨架上设置凹槽将其固定，用玻璃胶完全密封使其不透水。前端无约束（图 7-32），能够满足试验要求。

图 7-32 试验水槽

3. 数据采集系统

该部分包括孔隙水压力传感器、体积含水率传感器及其传输系统，具有自主版权的地表测斜仪子母机，三部摄像机，一部照相机和一台数据处理计算机。

仪器设备及其型号如下：微型压力传感器（图 7-33）及数据采集系统（图 7-34）、主机（MCN-01）（图 7-35）、地表倾斜测斜仪子机（KCN-01A）（图 7-35）、土壤体积含水率传感器、测斜仪传感器接触端（型号为 EC-5）。工作原理是：将 MEMS 纳米技术的测斜传感器接触端得到的倾斜角电压值和土壤体积含水率传感器测得的含水率电压值，通过 A/D 电压数字转换件转换为数值信号，再通过数字无线传输模块发送到信号接收主机里去，并同时存储到本机的 Micro SD 卡里。由主机通过 RS232C、RS485 接口模块传输到电脑的软件系统中加以转换。微型压力传感器的型号采用德国 HMLM 公司制造的 HM91G-2-V2-F3-W1，主要测量由于水分流动产生的压力和吸力。数据采集系统 NTC3000 用来采集微型压力传感器输出的电压信号。

图 7-33 微型孔压传感器

图 7-34　数据采集仪

(a) 主机

(b) 子机

图 7-35　地表测斜仪子母机

视频记录主要依靠高速摄像机抓拍，拍摄速度可达 500 帧/秒(图 7-36)。另外，在水槽两侧和正面分别布置一台普通摄像机，以及流动数码照相机一台。

图 7-36　高速相机及照明装置

7.5.2.2 试验参数设置

堰塞坝溃决是一个复杂的过程。大致为：降雨条件下，小流域形成汇水逐渐进入沟道，遇滑坡堰塞坝阻挡，形成局部小水库。随着上游汇水持续增加，坝后水库水位不断上升，同时水分不断浸润坝体，逐渐在坝体内形成湿润锋，自坝后不断前进。当坝后水位满库时，继续补给就会发生堰塞坝漫顶侵蚀破坏，相应的坝体发生拉槽侵蚀形成泥石流；当水库尚未满库就已经形成渗流通道时，坝体将发生管涌渗透破坏，迅速溃坝形成泥石流。整个过程中，坝体失稳影响因素众多，包括坝后库容大小、上游来水流量等外部条件和坝高、坝长、土体密实度、土体含水量等内部条件。

因此，物理模型试验采用单因子变量的方法进行。滑坡在失稳滑向沟道形成堰塞坝的过程中，不同的启动速度、不同滑程都可能导致形成的滑坡堰塞坝体密实度不一样。密实度的差异直接影响坝体土石与地表径流的耦合作用，进而影响松散物质内部的力学性质变化。在同一流量的上游来水条件下，密实的坝体不容易形成管涌渗透破坏，而松散坝体则容易发生管涌渗透破坏。因此，这里主要考虑不同密实度对堰塞坝溃决的影响。

1. 模型坝体大小

根据前述分析按照 1∶25 的长度比尺将实际模型缩小，可得相应的速度比尺和时间比尺为 1∶5，流量比尺为 1∶3125，特征粒径和水深比尺为 1∶25（图 7-37）。

图 7-37　模型试验准备完成

2. 条件设置

试验对比设置单因子为不同密实度的坝体，试验中坝体的体积是固定的，因此可以通过控制坝体的总质量制作出不同密度的坝体。这里分别设置 1.85g/cm³、1.95g/cm³ 和 2.05 g/cm³ 三种密度的坝体，代表了三种不同的密实程度，即松散、压密和密实。上游来水流量设置为：1.68L/min、1.89L/min、2.02L/min、2.15L/min、2.32 L/min。

3. 试验次数与取样

水槽模型试验中，对沟道分别进行五次不同流量条件下的冲刷，每次必须保证潜在侵蚀泥沙为图 7-24 所示的标准配料，且每次取样三份，并依次编号为 1#~15#。试验过程使用 Phantom v611 高速摄像机及普通摄像机记录，并运用 Cine viewer675 软件进行处理。

7.5.3　试验现象

试验过程中发现，坝体密实度不同，上游来水流量不同，会影响坝体的破坏形式。不同的坝体破坏模式，其试验现象差别较大，因此这里按照破坏模式来描述坝体破坏过程中的宏微观现象。在试验中，主要发现了两种破坏模式，即漫顶侵蚀破坏和管涌渗透破坏。

7.5.3.1　漫顶侵蚀破坏

漫顶侵蚀破坏是滑坡堰塞坝自上而下发生的破坏，指一般发生在上游来水速度较大、堰塞坝土体相对密实导致来不及形成贯通的管涌通道就已经形成漫顶水流的一种堰塞坝破坏模式。随着汇水增加，坝后库水位线不断升高，坝体内湿润锋不断向坝前迁移。当水位达到堰塞坝顶时，湿润锋尚未穿越坝体形成渗透通道，积水已经漫过坝顶低洼处开启漫顶侵蚀过程(图 7-38)。

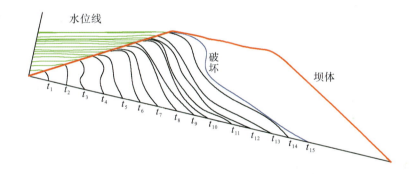

图 7-38　漫顶破坏时坝后水位与坝内湿润锋随时间变化规律

其中 t_1 =4s，t_2 =10s，t_3 =18s，t_4 =26s，t_5 =30s，t_6 =39s，t_7 =45s，t_8 =54s，t_9 =64s，t_{10} =72s，t_{11} =77s，t_{12} =85s，t_{13} =95s，t_{14} =109s，t_{15} =113s。时间 t_n 表示湿润锋浸润位移为 $n \times 10$cm 时所用的时间

本试验中，试验材料体积含水量 ω 为 11.2%。由于水力坡降大，试验过程中下蚀和溯源侵蚀强烈，二者几乎贯穿整个堰塞坝的溃决历程。总的来说，坝体溃决可概括为以下几个过程：

(1)坝顶下蚀与下游坝坡冲刷。坝后水位高于坝顶后，出现漫顶溃决，坝顶物质被水流携走，下游坝坡物质逐渐被水流推移运动，在坡面形成冲沟［图 7-39(a)、图 7-39(b)］。

(2)下蚀、侧蚀与溯源侵蚀。冲沟贯穿下游坡面后，溯源侵蚀不断发展，形成近似平行于原有坡面的冲槽，坝体逐渐变薄，下蚀继续发展，坝高不断减小，同时水流侧蚀使溃口侧壁发生间歇性滑动或坍塌［图 7-39(c)］。

(3)溯源侵蚀与侧蚀。溯源冲刷不断向上游发展，坝高继续降低，溃口侧壁发生间歇性失稳破坏，直到最后溃决完成［图 7-39(d)］。

(a) 坝顶下蚀与下游坝坡冲刷(t=5s)

(b) 坝顶下蚀与下游坝坡冲刷(t=20s)

(c) 下蚀、侧蚀与溯源侵蚀(t=30s)

(d) 侧蚀、溯源侵蚀(t=60s)

图 7-39　堰塞坝典型漫顶溃决过程

7.5.3.2　管涌渗透破坏

试验中观察到滑坡堰塞坝的另一种破坏形式是"管涌渗透破坏"。"管涌"现象是指土体中可动细颗粒在骨架孔隙中运移流失的过程。管涌首先开始于土体内部的薄弱区域，如细粒、容重较轻的颗粒和孔隙较大的地方，土体表面的颗粒先被水流带出形成空隙，这个空隙渐渐扩大，并且向下发展，形成不规则的管状通道。土体内部细料不断被水流带出流出，孔洞的直径逐渐增大，它的深度也逐渐向堤身或堤基土内部延伸，管涌不断侵蚀导致堤基塌陷造成堤防不均匀沉降和整体失稳。

与漫顶破坏不同，管涌渗透破坏是一种自下而上的破坏过程。随着堰塞坝水位不断升高，湿润锋运移水平距离不断扩大(图 7-40)。当湿润锋到达某一位置时，由于坝体内部渗透通道形成，在水位未达到漫顶侵蚀破坏的条件时，湿润锋已经穿越坝基，在坝前形成吐水现象，随后坝体整体变形破坏，发生溃坝。

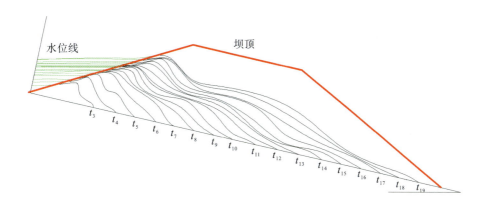

图 7-40　管涌侵蚀破坏水头运移图

t_3 =23s, t_4 =33s, t_5 =44s, t_6 =56s, t_7 =71s, t_8 =81s, t_9 =90s, t_{10} =97s, t_{11} =104s, t_{12} =113s, t_{13} =118s, t_{14} =122s, t_{15} =128s, t_{16} =144s, t_{17} =161s, t_{18} =183s, t_{19} =194s。时间 t_n 表示湿润锋浸润位移为 $n \times 10 \mathrm{cm}$ 时所用的时间

在坝体内部湿润锋不断向下游扩张的过程中，由于渗透通道的形成会导致通道上方发生沉降变形。图 7-41 为一组视频截图，可以看到不同时刻管涌渗透破坏的坝体正面变形特征。根据不同时刻图中红色点位的位移变化量，得到该种破坏模式的"变形量-时间"变化曲线(图 7-42)。

图 7-41　管涌渗透破坏中坝前变形过程图

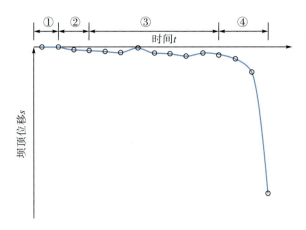

图 7-42　管涌渗透破坏阶段划分

①无变形阶段；②微变形阶段；③加速变形阶段；④溃决破坏阶段

　　结合试验过程中湿润锋位移和坝体表面变形特征及速率，将管涌溃坝破坏共划分为四个发展阶段：无变形阶段、微变形阶段、加速变形阶段、溃决破坏阶段(图 7-43)。

　　(1)无变形阶段：该阶段随着水库水位上涨，湿润锋不断前行，湿润锋水平距离不断扩大，坡体较稳定，无变形[图 7-43(a)]。

　　(2)微变形阶段：该阶段随着水位上升，湿润锋继续前进，坡体持续发生小的局部变形，各时间段变形量不同。在进入下一阶段之前变形量较小[图 7-43(b)]。

(a) 无变形阶段

(b) 微变形阶段

(c) 加速变形阶段

(d) 溃决破坏阶段

图 7-43　管涌破坏各阶段湿润锋对应的位置

(3)加速变形阶段：管涌的临界水头标志着土料中细料颗粒开始流失，此阶段坝前底部开始渗水，逐渐形成过水通道。随后涌水量增大，坡脚出现液化现象，首次发生局部小范围垮塌。然后出现第二处垮塌，直到若干处垮塌结合为一处，该阶段变形速率较上一阶段明显加快［图7-43（c）］。

(4)溃决破坏阶段：坝前坡脚继续发生坍塌，坍塌范围进一步扩大。坝前坡面出现大量不规则裂纹，迅速发展为裂缝。管涌破坏发生后通道发展速度很快，较短的时间内就会贯通，坡体快速坍塌，发生大规模溃坝［图7-43（d）］。

7.5.4　坝体破坏的影响因素

7.5.4.1　密实条件对溃决过程的影响

滑坡堰塞坝密实程度与滑坡体滑动前势能有关。滑坡体滑移进入沟道形成堰塞坝时，如果受到强烈重力夯实，且坝体物质经历一定的固结，则坝体密实度较大，反之，则密实度小，结构松散。

在水利水电工程中，陡坎式破坏[30-32]模型是土石坝漫顶溃决常用模型(图7-44)。陡坎破坏模式是一种类似瀑布的大角度冲刷并产生反向漩流，加速坝体破坏的一种理论模型。人工土石坝在筑坝过程中，坝体材料都经过人工碾压，往往较密实，但滑坡堰塞坝在成坝过程中，结构可能很松散。为了验证材料密实情况对滑坡堰塞坝溃决过程的影响，试验过程中在含水量 ω 为11.2%条件下，分松散(密度 ρ 为1.85g/cm^3，密实度为0.82)、稍密(密度 ρ 为1.95g/cm^3，密实度为0.87)、密实(密度 ρ 为2.05g/cm^3，密实度为0.91)三种情况分别进行对比试验(图7-45)。试验结果表明：在坝体材料很松散(密实度为0.82)情况下，整个漫顶溃决过程中，并没有出现明显的陡坎式破坏，但随着坝体密实(密实度为0.87和0.91)情况增大，漫顶破坏过程中，陡坎式破坏越来越明显。也即说明，在该试验条件下，堰塞坝漫顶溃决出现陡坎式破坏是有条件的。

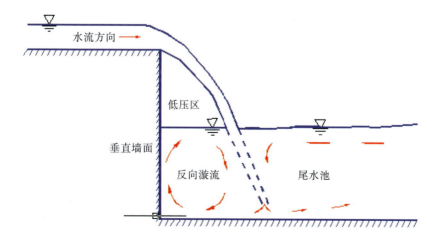

图 7-44　陡坎示意图

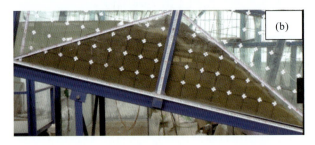

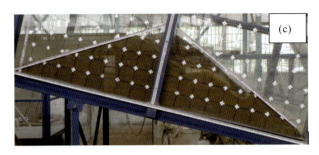

图 7-45 不同密实条件堰塞坝漫顶溃决试验

7.5.4.2 溃决断面坝高和底长变化

为了反映不同密实条件下，堰塞坝漫顶溃决中下蚀与溯源侵蚀随时间的变化规律，在此将溃决断面(沿水流方向)的坝高定为 h，溃决断面底部(沿水流方向)长度定为 L。通过水槽侧壁网格及标尺读数，可以记录不同密实条件下堰塞坝坝高和底宽随时间变化的规律（图 7-46、图 7-47）。

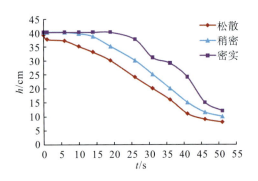

图 7-46 不同密实条件下溃决断面坝高变化曲线

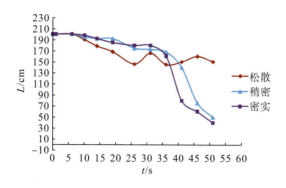

图 7-47　不同密实条件下溃决断面坝底宽变化曲线

从图 7-46 可以看出，堰塞坝溃决断面高度起初随时间平缓减小，但是随着溃口发展，冲蚀加剧，坝高变化过程线明显变陡，且随着堰塞坝密实情况增大，坝体抗侵蚀能力增强，溃决历时更长。图 7-47 表明，在较密实条件下 (密实度为 0.91)，溃决断面坝体长度起初随时间缓慢变短，后期有一明显转折，这是溯源冲刷加剧的标志，冲刷断面坝体长度快速减小；松散条件下 (密实度为 0.82)，冲刷断面坝长变化缓慢，这是因为此时溃口侧壁持续失稳破坏进入溃口所致，而密实条件下，溃口侧壁主要以间歇性破坏为主，且破坏土体进入溃口很快即被水流携走。

7.5.4.3　坝前水位变化

从图 7-48 中可以看出，在蓄水阶段，不同密实条件下坝前水位变化趋势几乎一致，但密实条件不同对渗流量有影响，越密实渗流量越小，同一时刻密实条件下水位要高于其他情况。松散条件下，坝体材料吸水饱和过程中会出现体积压缩，导致漫顶溃决发生时，坝前水位高度明显低于另外两种情况。坝体开始出现漫顶溃决，坝前水位并不是立即降低，而是继续升高，直到溃决水流深度达到某个值后，才开始快速降低。

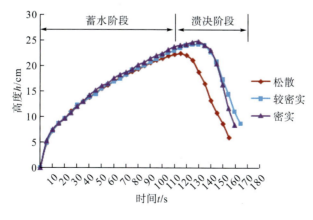

图 7-48　不同密实条件下坝前水位变化曲线

7.5.4.4　坝体内部孔隙水压力

堰塞坝在蓄水过程中，坝体内部本身存在渗流。本试验未设防渗措施，尽可能使坝体漫顶溃决过程与实际情况相符，采用孔隙水压力传感器记录堰塞坝从蓄水到漫顶溃决过程中的孔压变化情况。这里分析了 8 组试验的孔隙水压力变化规律，如图 7-49、图 7-50 和图 7-51 所示。

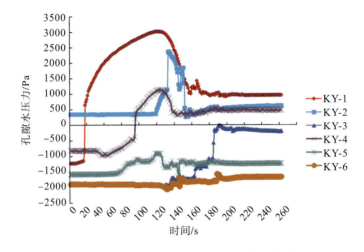

图 7-49　松散条件下坝体内部孔压变化曲线

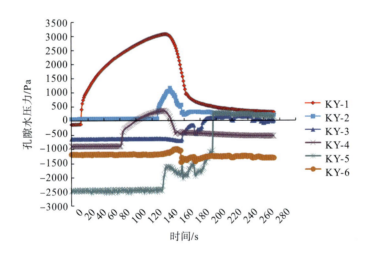

图 7-50　稍密条件下坝体内部孔压变化曲线

KY-1～KY-3 为靠坝底面布置的传感器，KY-4～KY-6 为靠近坝顶面的一层传感器。其中，KY-1 和 KY-4 布设在迎水面一侧；KY-3 和 KY-6 布设在出水面一侧。从孔隙水压力图可以看出，从蓄水到溃决过程中，坝体内不同位置孔压变化悬殊，但基本上都经历先增大后减小的变化过程。孔压变化最规则的为迎水一侧，变化情况和坝前水位变化趋势类似，随着水位升高，孔压随之增大，溃决发生后，随着水位降低，孔压也快速降低。

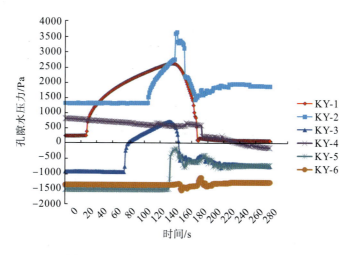

图 7-51 密实条件下坝体内部孔压变化曲线

7.5.4.5 体积含水量变化

图 7-52、图 7-53 是部分试验的体积含水量变化规律图。其中，NO.1 和 NO.4 是迎水一侧的传感器量测值，NO.3 和 NO.6 是背水一侧的传感器量测值。

由于试验过程中的随机性，导致每次试验的变化曲线都有差别，这是由岩土工程试验的非均匀性和各向异性特征决定的。加之砾石土的宽级配特征，不同试验模型总会形成不同的渗流通道，导致渗流路径附近的传感器值处于高值。尽管试验结果存在一定的或然性，总体变化规律仍然是可靠的。

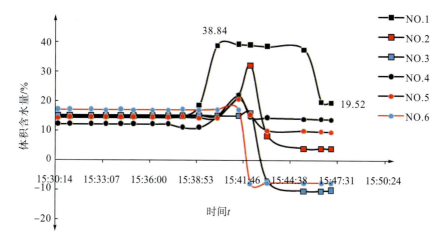

图 7-52 松散状态下坝体内体积含水量变化规律

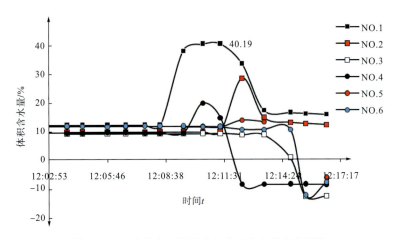

图 7-53　密实状态下坝体内部体积含水量变化规律

表 7-6 表明试验材料在含水量达到 19%~23%时，就已经达到或者接近液化状态，因此，在分析体积含水率时以液限作为分析基础。例如，试验材料含水量达到 40%左右时，表明该部位已经完全被水浸泡，孔隙达到饱和状态。NO.2 传感器最大值则表明达到该含水量条件时，内部已经形成径流通道。NO.3 传感器一直没有达到液限值，表明该坝体自始至终没有形成渗透通道。

同时，对比不同密实度土体分别达到饱和和形成径流通道时的含水量值，可知密实度较大的土体达到饱和状态和形成径流通道时其含水量均大于松散土，这可能是由于密实土中不利于水分扩散，局部形成饱水带的原因。

因此，在监测坝体稳定性时，地下水位/含水量监测是一个很重要的内容，不仅能随时了解不同坝体部位含水量情况，还可以依据含水情况评估是否会发生液化、形成渗流通道等。

7.5.4.6　渗流速度

渗流速度的大小直接决定了堰塞坝体发生破坏的基本模式。图 7-54 和图 7-55 分别分析了不同密实度土体中的渗流速度。发现，坝体内部渗流速度基本呈现迅速减小→小范围上下波动且总体呈减小趋势→最后阶段又逐渐增大的特征。

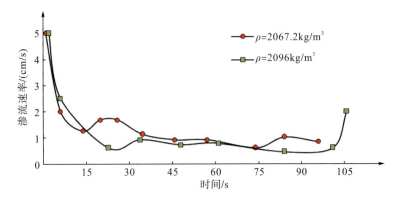

图 7-54　不同密实状态下坝体内部渗流速度变化规律

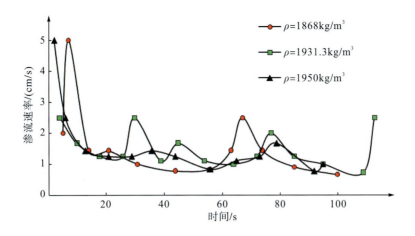

图 7-55 松散坝体内渗流速度变化规律

同时，对比不同密实度坝体内部渗流速度的波动情况，发现坝体越密实，渗流速度越稳定，反之，渗流速度变化越大。同时，密实土中的渗流速度平均值约为 1.0cm/s，而松散土中的平均值约为 1.5cm/s，这充分说明堆土中的渗流速度与土体的密实程度有很大关系。

通过分析渗透速率监测值，结合达西定律，可以得到坝体内部不同时刻湿润锋的理论位移图。将理论值与实际位移图对比，可以确定渗透系数的合理性，进而为确定水位与湿润锋关系提供依据。图 7-56 为数组试验得到的渗流位移图。

不同密实程度的坝体内部，当渗流位移理论值与实际值较为吻合时，渗透系数变化分别为：松散土约为 3.0；稍密土约为 3.2；密实土变化较大（起始段约 3.5，坝前半段为 2.3～2.5），总体约为 3.0。

因此可以认为，在材料相同的情况下，密实度对渗透系数的影响并不大，主要影响因素在于土体内部孔隙的连通情况。

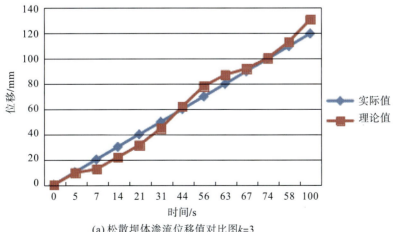

(a) 松散坝体渗流位移值对比图 $k=3$

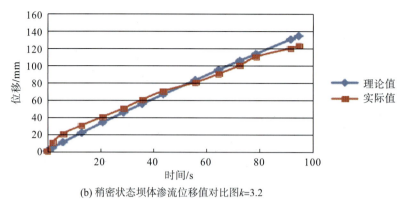

(b) 稍密状态坝体渗流位移值对比图$k=3.2$

图 7-56　渗流位移图

7.5.4.7　流量对溃坝的影响

这里对中密状态的坝体采用不同流量进行试验，流量分别设置为 2.05L/s 和 1.02L/s。

试验发现，不同流量条件下，坝体破坏模式发生了变化。Q 较大时，表明上游产汇流条件好，或者说处于较大降雨条件，坝体发生了漫顶侵蚀破坏；而流量较小时，即雨量较小时发生了渗透管涌破坏。

图 7-57 统计了设定统一含水量和密实度、改变上游来水流量时堰塞坝内部的渗流速率。可以看出，不同破坏过程中，坝体内部渗透速率相差不大。这说明同一密实度土体渗透系数差别不大；但管涌渗透的时间较漫顶破坏增加一倍。这充分说明发生管涌破坏的前提条件在于上游来水速度要小一些。

同时，可以更加确定的是，发生渗透管涌和漫顶侵蚀破坏的判别依据就在于渗透速率与水库水位上升速率的大小。水库水位上涨速度为 $V_{涨}=\dfrac{水库高差h_{水库}}{时间t}$，坝体中渗透流速为 $V_{渗}=\dfrac{水库下底宽l_{底宽}}{时间t}$。在 t 一定的情况下，当 $V_{渗}>V_{涨}$ 时，就会发生漫顶侵蚀破坏现象，反之发生管涌渗透溃决。

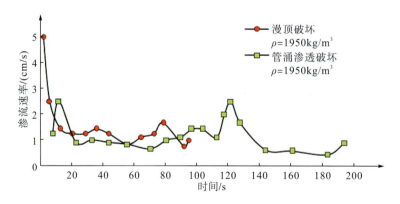

图 7-57　渗流破坏与漫顶破坏渗流速度对比图

7.6　试验结果分析

7.6.1　溃坝试验统计结果

试验共进行了 15 组，受试验条件限制，水箱可以供给的流量分别为 1.68L/min、1.89L/min、2.02L/min、2.15L/min 和 2.32L/min。

为了使试验结果具有统计性，每个流量条件下分别设计了 3 组试验。试验结果见表 7-8，其中，放水时间为观察记录值，流速为设置变量，截面面积为设置常量。根据这三个值可以计算出试验总流量，结合试验设计中的比例及相似关系，计算得到实际降雨量。其中，表中前四列为试验数据，后四列为计算推导出的降雨量。

表 7-8　试验流量与实际降雨量换算表

放水时间 t/s	流速控制 /(L/min)	实际流速 /(m³/s)	试验总流量 q/m³	实际总流量 Q/m³	实际降雨量 /(m/s)	小时雨量 /(mm/h)	小时平均雨量 /(mm/h)
560	0.61	5.08E-02	3.62E-03	11.32	1.41E-05	50.92	
541	0.61	5.08E-05	3.50E-03	10.93	1.37E-05	49.19	49.28
525	0.61	5.08E-05	3.39E-03	10.61	1.33E-05	47.74	
470	0.98	8.17E-05	4.88E-03	15.26	1.91E-05	68.66	
441	0.98	8.17E-05	4.58E-03	14.32	1.79E-05	64.42	64.76
419	0.98	8.17E-05	4.35E-03	13.60	1.70E-05	61.21	
380	1.45	1.21E-04	5.84E-03	18.25	2.28E-05	82.13	
376	1.45	1.21E-04	5.78E-03	18.06	2.26E-05	81.27	80.55
362	1.45	1.21E-04	5.56E-03	17.39	2.17E-05	78.24	
328	2.02	1.68E-04	7.02E-03	21.95	2.74E-05	98.76	
321	2.02	1.68E-04	6.87E-03	21.48	2.68E-05	96.66	96.45
312	2.02	1.68E-04	6.68E-03	20.88	2.61E-05	93.95	
303	2.32	1.93E-04	7.45E-03	23.29	2.91E-05	104.78	
295	2.32	1.93E-04	7.25E-03	22.67	2.83E-05	102.02	102.48
291	2.32	1.93E-04	7.16E-03	22.36	2.80E-05	100.64	

注：表中 10min 雨量和 1h 雨量均为平均雨量。

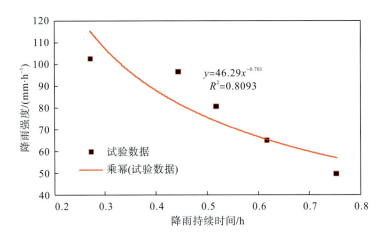

图 7-58 　试验结果统计图(小时降雨量)

根据表 7-8 可以得到堰塞坝溃决的降雨-时间统计关系图(图 7-58)。图中 1h 降雨量与降雨持续时间存在幂函数关系，即

$$I=46.29D^{-0.701} \qquad (R^2=0.8093) \qquad (7\text{-}16)$$

式中，I 为平均降雨强度；D 为临界雨量对应的降雨持续时间。

依据式(7-16)可以计算出银洞子沟发生堰塞坝溃决的理论临界雨量值。依据试验模型，可以计算出堰塞坝溃决的 1h 临界雨量为 46.29mm，则 24h 降雨量为 119.72mm。该雨强是导致堰塞坝溃决的最小雨量，因此可以作为预警临界值。

7.6.2 　历史雨量分析

为了判断"降雨-时间"模型在实际泥石流破坏过程中的作用，本章统计了都江堰银洞子沟、锅圈岩沟及红色干沟在 2009~2013 年"7·9"特大暴雨期间的降雨量值，这些降雨过程都曾导致银洞子沟发生泥石流(部分数据来自文献资料)，也统计了 2014~2016 年24 小时降雨达到暴雨级别的降雨过程，统计结果见图 7-59。图中红色点为发生泥石流的降雨过程，绿色方点为未发生泥石流的降雨过程。由图可知，2009~2013 年发生泥石流的阈值下限为蓝色线。2014~2016 年，仅有极少部分降雨过程突破了该阈值下限，但是并未引发泥石流，这可能与物源量减少、物源堆积方式和形态发生变化有关。从总体降雨规模分析发现，2014~2016 年研究区的降雨强度也远远小于 2009~2013 年的同期水平。这两方面可能是近两年多时间以来银洞子沟未发生泥石流事件的原因。考虑到 2010 年 8月中旬和 2013 年 7 月上旬的降雨过程历史罕见，是 100 年一遇甚至 200 年一遇的特大暴雨，强烈剥蚀和搬运了地表松散物质，导致物源量急剧减少，同时，强降雨下渗也使得地表松散土体固结程度提高。也就是说，地震过去五年后，震区泥石流激发雨量阈值提高了。

由于部分降雨资料来源于文献资料，没能获取 10min 激发雨强，因此，图 7-58 只提供了 24h 平均雨量。对比试验数据与历史降雨数据如图 7-60 所示。

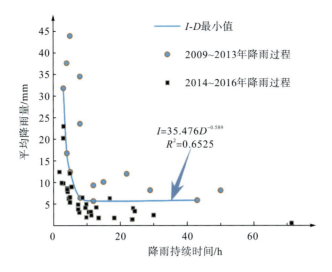

图 7-59　银洞子沟近 7 年降雨过程统计图

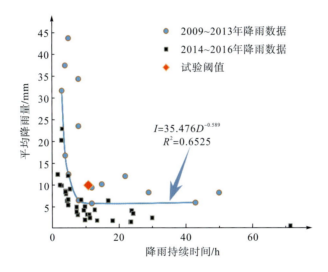

图 7-60　试验数据与实际降雨数据对比

7.6.3　模型试验阈值确定

图 7-60 对比了试验数据和历史降雨资料，I-D 最小值以下区域的降雨量已经无法启动泥石流事件，而试验结果也有较好的验证，因此可以采用拟合曲线的最小 I-D 曲线作为银洞子沟滑坡堰塞坝启动的预警模型，即

$$I=35.476D^{-0.589} \qquad (R^2=0.6525) \tag{7-17}$$

式中，I 为小时降雨平均值；D 为降雨过程持续时间。根据该模型可以得到银洞子沟发生堰塞坝溃决的降雨阈值，1h 降雨临界值为 35.746mm，则根据公式(7-17)，24h 降雨临界值为：$24×35.476×24^{-0.589}=130.98$mm。

综合 7.6.1 节中试验统计结果，根据实际降雨量资料不完全统计，可以分别得出堰塞坝溃决的 24h 雨量临界值：

①模型计算值——根据公式(7-17)，24h 降雨临界值为：$24 \times 35.476 \times 24^{-0.589} = 130.98$mm；

②试验值——根据公式(7-16)，24h 降雨临界值为：$24 \times 46.29 \times 24^{-0.701} = 119.72$mm。

为安全起见，这里可采用所得雨量阈值中较小值作为预警临界雨量阈值。参照 7.3 节预警方法，可以分别得到雨量预警和时间预警的阈值表。当小流域出现降雨天气，即可以选择适当的方法及时进行预警信息发布，以减少泥石流导致的人员伤亡和财产损失，保障人民生命财产安全。

7.6.4　银洞子沟堰塞坝溃决泥石流预警标准

根据雨量资料统计、土工试验参数计算及模型试验可以分别得出银洞子沟泥石流启动累计雨量临界值如表 7-9 所示。

表 7-9　银洞子沟堰塞坝溃决形成泥石流预警阈值

时间	试验模型预警值/mm	统计模型预警值/mm
1h	46.29	35.476
24h	119.72	130.98

注：统计值缺少 10min 降雨资料。

根据国家暴雨级别划分标准，银洞子沟堰塞坝溃口的临界降雨量应为暴雨—特大暴雨级别。

为安全起见，可采用小值作为预警雨量阈值下限，即试验值 119.72mm。需要注意的是，在实际使用过程中，雨量阈值是 24h 累计雨量，如果从决策时间起倒推 24h，该时间段内累计降雨量达到表中所示阈值，可发布预警。

当气象部门发布降雨天气预报后，相关部门即可以根据气象预报的降雨类型选择适当的方法及时进行预警信息发布，以减少泥石流导致的人员伤亡和财产损失，保障人民生命财产安全。银洞子沟降雨溃坝型泥石流综合预警标准如表 7-10 所示。

表 7-10　银洞子沟降雨溃坝型泥石流综合预警标准

预警等级	预警级别	累计雨量(mm/24h)	发生溃坝可能性	溃坝破坏特点
I	蓝色	<60	可能性小(发生概率低于 20%)	堰塞体暂时稳定，坝体未出现明显冲刷缺口或漫顶溢流，坝体暂时未进入危险状态
II	黄色	60~90	可能性较小(发生概率 40%)	堰塞体开始渗水饱和，坝体已出现局部不稳定迹象，坝体开始冲刷缺口或漫顶溢流，坝体局部出现不稳定迹象，具有一定危险性
III	橙色	90~120	可能性较大(发生概率 60%)	堰塞体开始出现冲刷缺口或漫顶溢流，并可能逐渐扩大破坏范围，坝体稳定性下降，发生溃坝的可能性很大，危险性提高
IV	红色	>120	可能性很大(发生概率 80%)	堰塞体冲刷缺口或漫顶溢流加剧，坝体已经不稳定，随时可能发生溃坝，危险性极高

参 考 文 献

[1] 许冲, 徐锡伟, 吴熙彦, 等. 2008 年汶川地震滑坡详细编目及其空间分布规律分析[J]. 工程地质学报, 2013, 01: 25-44.

[2] 黄润秋. 汶川地震地质灾害后效应分析[J]. 工程地质学报, 2011, 02: 145-151.

[3] Shou K J, Hong C Y, Wu C C, et al. Spatial and temporal analysis of landslides in Central Taiwan after 1999 Chi-Chi earthquake[J]. Engineering Geology, 2011, 123 (1-2): 122-128.

[4] Lin C W, Liu S H, Lee S Y, et al. Impacts of the Chi-Chi earthquake on subsequent rainfall-induced landslides in central Taiwan[J]. Engineering Geology, 2006, 86 (2): 87-101.

[5] Chang K J, Taboada A, Chan Y C, et al. Post-seismic surface processes in the Jiufengershan landslide area, 1999 Chi-Chi earthquake epicentral zone, Taiwan[J]. Engineering Geology, 2006, 86 (2-3): 102-117.

[6] Saba S B, Meijde M V D, Werff H V D. Spatiotemporal landslide detection for the 2005 Kashmir earthquake region[J]. Geomorphology, 2010, 124: 17-25.

[7] Tang C, Zhu J, Li W L. Rainfall triggered debris flows after Wenchuan Earthquake[J]. Bull Eng Geol Environ, 2009, 68: 187-194.

[8] 崔鹏, 韦方强, 陈晓清, 等. 汶川地震次生山地灾害及其减灾对策[J]. 中国科学院院刊, 2008, 04: 317-323.

[9] 谢洪, 钟敦伦, 矫震, 等. 2008 年汶川地震重灾区的泥石流[J]. 山地学报, 2009, 04: 501-509.

[10] 乔建平, 黄栋, 杨宗佶, 等. 汶川震中距问题讨论[J]. 灾害学, 2013, 28 (1): 1-5.

[11] 唐川. 汶川地震区暴雨滑坡泥石流活动趋势预测[J]. 山地学报, 2010, 28 (3): 341-349.

[12] 崔鹏, 庄建琦, 陈兴长, 等. 汶川地震区震后泥石流活动特征与防治对策[J]. 四川大学学报 (工程科学版), 2010, 42 (5): 10-19.

[13] 许强. 四川省 8.13 特大泥石流灾害特点、成因与启示[J]. 工程地质学报, 2010, 05: 596-608.

[14] Tang C, Van Asch T W J, Chang M, et al. Catastrophic debris flows on 13 August 2010 in the Qingping area, southwestern China: The combined effects of a strong earthquake and subsequent rainstorms[J]. Geomorphology, 2012, 139 (2): 559-576.

[15] 陈晓清, 崔鹏, 赵万玉. 汶川地震区泥石流灾害工程防治时机的研究[J]. 四川大学学报 (工程科学版), 2009, 41 (3): 125-130.

[16] 游勇, 柳金峰. 汶川 8 级地震对岷江上游泥石流灾害防治的影响[J]. 四川大学学报 (工程科学版), 2009, 41 (5): 16-22.

[17] 周伟, 唐川, 周春花, 等. 汶川震区暴雨泥石流激发雨量特征[J]. 水科学进展, 2012, 23 (5): 650-655.

[18] 胡凯衡, 崔鹏, 游勇, 等. 物源条件对震后泥石流发展影响的初步分析[J]. 中国地质灾害与防治学报, 2011, 22 (1): 1-6.

[19] 乔建平, 黄栋, 杨宗佶, 等. 汶川地震极震区泥石流物源动储量统计方法讨论[J]. 中国地质灾害与防治学报, 2012, 23 (2): 1-6.

[20] 潘华利, 欧国强, 黄江成, 等. 缺资料地区泥石流预警雨量阈值研究[J]. 岩土力学, 2012, (07): 2122-2126.

[21] 丛威青, 潘懋, 任群智, 等. 泥石流灾害多元信息耦合预警系统建设及其应用[J]. 北京大学学报(自然科学版), 2006, (04): 446-450.

[22] 王治华, 郭兆成, 杜明亮, 等. 基于数字滑坡技术的暴雨滑坡、泥石流预警、监测模型研究[J]. 地学前缘, 2011, (05): 303-309.

[23] 白利平, 孙佳丽, 南赟. 北京地区泥石流灾害临界雨量阈值分析[J]. 地质通报, 2008, (05): 674-680.

[24] 孟凡奇, 李广杰, 王庆兵, 等. 基于功效系数法的泥石流灾害预警研究[J]. 岩土力学, 2012, (03): 835-840.

[25] 张丽萍, 唐克丽, 陈文亮. 人为泥石流起动及产沙放水冲刷实验——以神府-东胜矿区为例[J]. 自然灾害学报, 2000,

(04):94-98.

[26] 梁光模，姚令侃. 确定暴雨泥石流临界雨量的研究[J]. 路基工程, 2008, (06): 3-5.

[27] 马超. 基于土体含水量和实时降雨的泥石流预警指标研究[D]. 中国科学院水利部成都山地灾害与环境研究所，2014.

[28] Costa J E, Schuster R L. The formation and failure of natural dams[J]. Geological society of America bulletin, 1988, 100(7): 1054-1068.

[29] 李倩倩. 基于模型实验的堆积层滑坡降雨临界值研究[D]. 成都:中国科学院水利部成都山地灾害与环境研究所, 2016.

[30] Chinnarasri C, Tingsanchali T, Weesakul S, et al. Flow patterns and damage of dike overtopping[J]. International Journal of Sediment Research, 2003, 18(4): 301-309.

[31] Schmocker L, Hager W H. Dike breaching due to overtopping[C]// 33nd IAHR Congress. Water Engineering for a Sustainable Environment. Vancouver: ASCE, Canada, 2009: 3896-3903.

[32] Hanson G. J. Preliminary results of earthen embankment breach tests[C]. ASAE Annual International Meeting. Milwaukee, 2001.

第8章　泥石流坡面物源启动降雨临界值及预警模型

8.1　研究动态及目标

泥石流是发生在沟谷或者坡地中的含有大小连续分布的各种颗粒(小至黏粒,大至巨砾)的固液两相流[1]。国外对泥石流的研究不足两百年历史,国内也只有五十年,但由于发展迅速,现已经成为一门独立的学科。本研究旨在通过物理模拟试验对坡面物源启动的降雨阈值和其他参数临界值进行相关性分析,进而得出坡面物源启动的降雨阈值模型和物源破坏规模模型,为银洞子泥石流沟的预警预报提供可靠的技术支撑。

本研究区位于都江堰市北部虹口乡的银洞子泥石流沟,距市区约 30km,沟口地理位置坐标为东经 103°40′19″,北纬 31°9′46″。从外地通往都江堰市区的交通状况比较好,但从市区到达工作区的道路路面较窄,弯道较多,坡度较大,部分路段道路泥泞,交通条件相对较差。

据访问,新中国成立以来到"5·12"地震前,银洞子沟未曾发生泥石流,仅有少量泥沙顺沟道流出。2008 年的"5·12"地震,使沟内发生多处崩塌和滑坡,为泥石流的产生提供了大量的物源。2009 年 7 月 17 日凌晨,该区突降暴雨,6h 内降雨高达 219mm,降雨时间主要集中在凌晨 3 点至 6 点,雨强达 $60\sim70$mm/h,此次暴雨诱使该沟发生了泥石流。通过调查以及访问当地居民,此次泥石流在沟口附近流速为 $2\sim3$m/s,根据沟两侧泥痕高度判断,过流高度约 3m,最大洪峰流量约为 100m³/s。泥石流过后,沟口以下堆积总量达 3×10^4m³,沟口以上沟道内淤积量可达 5×10^4m³,规模达到中型。从此次沟口处堆积的固体颗粒来看,一般粒径 $10\sim20$cm,最大粒径约 1.0m,颗粒磨圆度较差,多呈棱角状。此次泥石流冲毁房屋 5 间,沟口段道路被掩埋,由于人员撤离及时,未造成人员伤亡,直接经济损失约 60 万元。

目前在泥石流沟口堆积扇区右侧正在修建虹口乡联合村灾后重建安置点,该安置点计划安置 56 户,人口 228 人。据此,泥石流潜在危险性为中型,对 200 多人的生命财产安全造成了巨大威胁。通过对坡面物源启动的研究,给出科学准确的超前预警预报并保护安置人员的生命财产安全是我们迫在眉睫的任务。

泥石流沟自上而下通常分为形成区(物源区)、流通区、堆积区(图 8-1)。各位专家学者对于流通区沟道内泥石流启动临界值的研究已趋于更加精细化和多元化的发展。然而对于形成区坡面物源的启动过程却鲜有研究。因为泥石流多发生在偏远的高山沟谷地带并成灾迅速难以实地观察,甚至很多学者从未亲眼见过形成区坡面物源启动的过程。而形成区坡面物源的启动又为沟道内泥石流的启动提供了丰富的动储量，并且物源区坡面泥石流的发生早于沟道内泥石流的启动过程，所以选取形成区坡面物源启动的降雨临界值作为研究对象对于实现泥石流超前准确的预警预报具有重要的指导和现实意义。

图 8-1　银洞子泥石流沟沟口全貌图

国内外通过物理模拟试验对坡面泥石流启动条件和形成机理有如下的成果与认识：
(1)试验揭示了坡面松散物质启动或滑坡转化形成泥石流的优势条件。

土体方面，试验土体主要为宽级配砾石土，人工降雨条件下泥石流启动试验重点研究了黏粒含量对降雨型泥石流启动的影响。陈晓清等[2]通过试验发现，当黏粒含量从 1.0％增加到 7.5％时，孔隙水压力逐渐增大；黏粒含量为 7.5％时，孔隙水压力上升最大；但当黏粒含量从 7.5％到 18.0％时，孔隙水压力逐渐减小，表明黏粒含量为 7.5％的土体易于发生泥石流。高冰等[3]则通过试验从细颗粒在雨水作用下的运动和流失方面提出了细颗粒是导致堆积土体内部力学变化以及从短暂的流土状态转化为泥石流的主要因素；水源方面，人工降雨条件下泥石流启动试验重点研究了雨强、历时以及土体含水量与泥石流启动的关系。王裕宜等[4]通过试验发现土体含水量超过 11.5％时，容易形成坡面流。陈晓清等开展的试验表明土体遭受破坏时并不一定全部处于饱和状态，在非饱和的状态下土体也可能破坏。Godt等[5]对西雅图地区降雨激发浅表层滑坡、泥石流的特征雨量研究发现：单纯依靠临界雨量或者临界 I-D 方程的预警方程最大问题是忽略了降雨过程中前期土体含水量对孔隙水压力的影响。在基于前期有效降雨和实时雨量的泥石流预警模型中，前期有效雨量主要影响土体含水量条件，从而影响土体启动所需的临界雨量和泥石流规模[6-8]。而在特定泥石流源区，大部分崩塌、浅表层滑坡体等物源体在降雨过程中启动所需要的雨量存在阈值，说明源区土体失稳是在一定前期降雨条件下产生的，导致土体失稳启动的力学条件是一致的。因此在以"前期有效降雨+实时雨强"为基本模式的泥石流预警方法中，前期有效降雨可以用土体含水量来代替，这样显得更加直观而且具有物理意义[9,10]。水源条件的认识对泥石流预警预报将具有重要的参考价值；另外，近年来借助人工降雨与泥石流启动试验的开展，关于地形、降雨、物源补给等组合条件的规律也进一步显现。李驰等[11]在模拟北川魏家沟泥石流启动时发现相同雨强条件下，坡度越大，泥石流启动时间越短；相同坡度条件下，随雨强增加，泥石流启动所需总雨量减小，而当雨强逐渐减小时，泥石流启动时间越慢。

(2)试验印证了人工降雨条件下坡面松散物质启动或滑坡转化为泥石流的机理和过程。

综合近年来开展的人工降雨条件下坡面松散物质启动与泥石流形成试验，越来越多的现象表明土力类泥石流形成多表现为降雨入渗和土体含水量增加、超渗产流、土体强度衰减破坏、崩滑土体失稳、泥石流形成的过程。但不同试验表明这些过程会随着不同雨强而表现出差异。高冰等[12]通过试验发现不同雨强下斜坡产生了不同的水土力学作用现象，当雨强较小时，堆积土体形成了以块体滑移为主的块体滑动性泥石流；在强降雨条件下，堆积土体形成以表面冲蚀为主的流滑性泥石流。尹洪江等[13]开展的试验则呈现出低雨强作用下，土体破坏以坡面侵蚀为主，中高雨强作用下，先后呈现出坡面、沟道侵蚀和大规模溜滑的规律。

为了进一步对照国内外泥石流启动物理模拟试验开展情况，本章收集、分析了近年来国外学者针对泥石流启动开展的典型物理模拟试验[14-16]。从模拟对象来看，国外学者主要针对坡面泥石流、滑坡转化形成泥石流以及沟床沉积物启动形成泥石流开展模拟试验。坡面泥石流启动试验通过岩土离心机模拟试验、环剪试验等手段分别研究了斜坡土体失稳与泥石流启动过程中渗流、表流的贡献作用，土壤团聚体孔隙率和胀缩特性关系以及土体细颗粒含量与孔隙水压力变化；多数滑坡转化形成泥石流试验的开展基于土体临界状态理论，部分试验表明滑坡向泥石流转化主要受松散土体孔隙压力的影响，然而稠密土体滑坡也被证实强降雨条件下存在向泥石流转化的可能。沟床沉积物启动形成泥石流试验的开展主要通过水槽实现，分别研究了沟床堆积物粒度与侵蚀速率的关系，表层覆盖(如燃烧灰)对流体密度、径流流量、携带能力的影响以及泥石流演化的关系。综上可以看出，国外泥石流启动物理模拟试验的开展正朝着精细化、微观化、多因素关联化的方向发展。

纵观国内外研究现状，基于物理模拟试验的泥石流启动研究多受到边界条件或相似性的限制，使试验结果往往处于一个区间值，这使得泥石流的预报常出现漏报、错报的情况。本试验基于产生误差的三个主要方面着手：

(1)提高泥石流启动物理模拟试验的相似性。

相似性是试验科学与成功的重要前提。根据中国降雨型泥石流启动试验研究现状，目前泥石流模型试验还没有成熟的相似率，本章将进一步考虑物理模拟试验中的相似性问题，包括与泥石流启动试验相对应的初始条件相似、边界条件相似、几何相似、材料相似、物理相似、运动相似等。目前中国降雨型泥石流启动试验开展考虑较多的是几何相似性，普遍采用缩尺结构从试验槽尺寸、试验土样配置等方面保障。然而本章将进一步对其他相似性进行考虑，如人工降雨类型与降雨过程相似性、泥石流物源补给方式的相似性。

(2)丰富降雨雨型、坡度和坡面模型的研究。

在试验进行之前，已对研究示范区进行了详细勘查工作，将灾害点成灾历史进行了详细的了解，同时对形成区物源灾害体进行了详细的分区。在本试验中每种坡度采用六种雨强进行试验，这极大地丰富了降雨的雨型，可找到泥石流启动的降雨临界值。

(3)细化物理力学特征参数变化与泥石流启动过程的响应关系。

土体失稳过程是泥石流形成与致灾的关键环节。在水土作用过程中,土体的物理力学特征发生着明显的变化,而在失稳过程中,这些物理力学特征往往相互关联并存在临界状态条件。土体的结构、粒度分布、孔隙度、含水率、孔隙水压力状态以及所处斜坡、沟床的坡度、雨水的入渗、土体内部渗流、地表和沟道径流侵蚀都是影响土体物理力学特征变化和泥石流启动的重要因素。部分学者逐步开展了降雨条件下土体类型、斜坡坡度、土体侵蚀阻力与斜坡稳定性关系试验、土体偏应力试验、黏土含量对泥石流启动影响试验、土壤湿度与压力和浅层滑坡失稳转化泥石流试验等,但进一步基于不同土体物理力学特征条件及其组合条件,开展泥石流启动物理模拟试验才能有利于对泥石流启动条件的深入认识。本试验在这方面通过将土内埋设的传感器探头(含水率传感器、孔压传感器)和安放在地表的地表测斜计数据结合起来,这样就可知道泥石流启动时地下物理参数的变化与地表变形破坏的响应关系。

本章主要研究坡面物源在降雨影响下的启动机理及临界雨量,为提前预警奠定基础,研究内容如下:

(1)采用物理模拟试验方法开展银洞子沟形成区坡面物源启动的研究。

主要进行银洞子沟形成区坡面物源发生滑坡或泥石流为沟道提供物源动储量的大型物理模型试验。通过泥石流启动原型试验,分析降雨过程中坡面土体的产汇流机制,观察土体失稳、启动向泥石流转化过程的现象和特征,以及不同降雨强度下泥石流启动试验中重要力学参数变化过程,根据试验所得到的结果与实际稳定性分析结果相比较。以都江堰银洞子沟作为原型,选取典型的物源体进行降雨、滑坡位移、孔隙水压力实时监测。通过孔隙水压力变化过程与降雨量进行比对,分析人工降雨条件下,泥石流源区土体内部的含水量变化过程,以及土体失稳过程与降雨量、孔隙水压力值之间的内在关系,分析降雨过程中坡面土体的位移变化过程,以及降雨产生泥石流的机制。

(2)建立多参数修正的降雨模型 *I-D* 曲线。

仅依靠传统 *I-D* 曲线得出的降雨阈值指标,对泥石流的启动进行预警预报过于单一。而本试验将建立多参数修正的降雨模型进行预警预报。坡面泥石流的启动是天地耦合的结果,将地面以下物理力学指标的变化与地面以上的降雨量以及地表变形情况结合起来,可使泥石流启动的预警预报更加精确化、具体化、明确化。

(3)获得银洞子沟的降雨临界值。

建立基于土体含水量、降雨雨型、降雨历时、累计降雨量和实时降雨的泥石流预警方法和提炼预警指标。分析降雨过程中土体含水量变化和泥石流启动时的土体含水量条件,提出基于土体含水量和实时降雨等多参数的泥石流预警方法,给出预警流程和实施方法,建立该预警方法基本框架,提炼相应预警指标,利用泥石流监测实例进行演算,以确定不同降雨条件下碎石土滑坡为泥石流物源提供动储量的确定模型。

本试验拟解决的关键性问题为基于试验的降雨激发坡面泥石流形成的降雨阈值研究,其中包括以下创新点:解决相似率问题;对 *I-D* 曲线降雨模型进行多参数的修正;建立不同降雨量、不同坡度下的产流模型;获取银洞子沟全流域降雨激发坡面泥石流启动后为沟道泥石流启动提供的方量。

8.2　银洞子沟泥石流坡面物源基本特征及分布

　　试验前已对都江堰银洞子泥石流沟物源和地层状况进行了详细的野外实地调查和地质勘查工作，对全流域进行了精准的测图和探槽的开挖，并在 1∶500 的地形图上对坡面泥石流的地质地貌要素进行了详细的量算和统计，得到了银洞子沟全流域主要为物源区真实物源的分布、储量、形态等特征要素。图 8-2 是比例尺为 1∶500 的等高线地质图，该图将形成区滑坡、崩塌等灾害点做了 9 个明确的分区，且标明了 12 个地质剖面的位置，并在地质纵剖面上做了 13 个不同深度的探槽开挖，以探明覆盖堆积层的厚度。

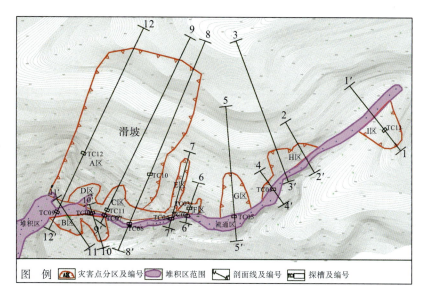

图 8-2　银洞子泥石流沟坡面物源分区图

8.2.1　银洞子泥石流沟物源条件

　　现根据现场调查(2016 年 9 月补充勘查结果)，将物源分为九个区，各物源具体情况见表 8-1。

表 8-1　银洞子沟物源调查统计表

编号	类型	位置	稳定性	物源总量/(万 m³)	物源动储量/(万 m³)	补给方式	补给条件
A 区	滑坡	下游右岸	不稳定	27.8	10.26	坡面冲刷	暴雨、洪水
B 区	崩塌堆积体	下游左岸	不稳定	0.2	0.05	坡面冲刷	暴雨、洪水
C 区	滑坡	下游右岸	不稳定	13.9	6.6	坡面冲刷	暴雨、洪水

续表

编号	类型	位置	稳定性	物源总量 /(万 m³)	物源动储量/(万 m³)	补给方式	补给条件
D 区	滑坡	下游右岸	欠稳定	12.3	5.4	坡面冲刷	暴雨、洪水
E 区	滑坡	下游右岸	基本稳定	3.2	0.2	坡面冲刷	暴雨、洪水
F 区	滑坡	中上游右岸	欠稳定	2.4	0.1	坡面冲刷	暴雨
G 区	滑坡	中上游右岸	欠稳定	2.6	0.06	坡面冲刷	暴雨、洪水
H 区	滑坡	上游右岸	欠稳定	6.25	0.2	坡面冲刷、溜滑体变形破坏	暴雨、洪水
H-1 区	滑坡	上游右岸	基本稳定	2.3	0.1	洪水或泥石流裹挟、坡面冲刷	暴雨、洪水、泥石流冲刷
I 区	滑坡	上游左岸	欠稳定	12.6	0.05	洪水、坡面冲刷	暴雨、洪水
合计				83.55	23.02		

根据现场调查，将物源按照区域和粒径大小统计划分如下：

(1)沟道中上游区(U 型沟谷区)：即最后一个拦挡坝至 I 区滑坡区段，沟道长 400～500m，主要为碎石，含细颗粒，碎石粒径比较均匀，0～5cm 占 80%，最大宽度 50m，平均宽度 25m，最大厚度 50m，平均厚度 35m。

(2)流通区(V 型沟谷区)：沟道长 322～350m，沟道最大宽度 13m，平均厚度 10～20m，主要特征为大小不均匀碎石，部分区段见裸露基岩。

(3)沟道下游区(U 型沟谷区)：即靠近 A 区滑坡至排导槽区段，沟道长 370～450m，主要为碎石，粒径比较均匀，0～5cm 占 80%，沟道宽度达 30m，平均厚度 40～50m。

沟道总物源量为：83.55 万 m³，坡面可参与泥石流活动的动储量为：23.02 万 m³。

8.2.2　泥石流堆积物组成和结构特征

根据现场调查，泥石流堆积物主要分布于 V 型沟谷底部，其次主要分布于各滑坡与崩塌区的坡脚，呈扇形分布(图 8-3、图 8-4)。

根据现场调查，泥石流堆积物以在沟道下游靠近沟口附近堆积为主，另外在区域内的崩塌和滑坡区坡脚处呈扇形堆积，堆积较厚。通过现场勘查及探槽揭示，在堆积物中以粒径 5～100mm 的颗粒所占比例较大，碎石成分较多。为了查明泥石流沟堆积物的组成特征，分别对不同区域的开挖探槽进行取样试验，从各探槽的取样试验结果来看(表 8-2)，堆积物颗粒组成上以 2～20mm 的颗粒为主，所含比例占堆积体颗粒成分的 45%以上，其次是粒径 20～60mm 的颗粒，而粒径小于 2mm 的颗粒含量较少。因此，可以看出，堆积物主要以碎块石及砂粒为主。从现场调查情况看，泥石流堆积物上部还分布有较多的碎块石，直径大于 0.5m 的石块占 10%～15%。从沟口泥石流堆积的块石来看，块石直径一般为 0.5～1.0m。

图 8-3　泥石流沟堆积物分布情况

图 8-4　泥石流沟道堆积物分布情况

表 8-2　堆积物颗粒组成特征

取样位置	取土深度/m	颗粒组成/%						
		砾			砂粒			粉粒
		>60mm	20~60mm	2~20mm	0.5~2.0mm	0.25~0.5mm	0.075~0.25mm	<0.075mm
TC01	0.5		25.6	64.0	6.8	1.2	1.6	0.8
	1.0~1.1	7.6	36.3	46.3	4.5	2.6	1.9	0.8
	1.5~1.6		42.3	46.5	5.6	3.3	1.4	0.9
TC02	0.5		5.9	62.4	19.8	6.0	4.9	1.0
	1.2~1.3		44.3	45.5	6.5	1.2	1.7	0.8
TC03	1.0	14.6	1.5	54.0	16.8	4.3	5.9	2.9
	1.5		38.3	54.3	3.7	1.6	1.3	0.8
TC04	1.0	8.4	32.8	41.6	10.9	2.1	2.9	1.3
	1.5~1.6		26.6	50.0	6.4	2.1	5.3	9.6

取样位置	取土深度/m	颗粒组成/%						
		砾			砂粒			粉粒
		>60mm	20～60mm	2～20mm	0.5～2.0mm	0.25～0.5mm	0.075～0.25mm	<0.075mm
TC05	1.0～1.1		24.4	46.2	19.3	5.1	4.2	0.8
	1.5～1.6		17.8	52.6	14.0	10.4	5.2	
TC06	1.7		29.0	56.5	7.2	3.3	2.4	1.6
TC07	1.5		31.4	46.0	6.5	2.2	4.4	9.5
TC08	1.0	20.8	43.1	26.3	4.7	2.4	1.5	1.2
TC10	1.0～1.1		17.3	67.3	9.8	2.2	2.6	0.8
	1.6～1.7	6.6	19.7	47.8	7.8	2.7	4.6	10.8
TC11	1.0		40.5	41.1	4.9	1.8	3.7	8.0
TC12	1.0～1.1	13.0	23.6	53.6	5.7	2.5	1.2	0.4
TC13	0.5-0.6	6.5	31.0	42.9	10.0	3.1	4.8	1.7

8.2.3　物理性质指标

为了查清泥石流沟内岩土体的物理力学性质，此次勘查在调查区域内的不同位置进行了探槽，对探槽内不同深度的土体进行取样试验，得到土体的物理性质指标如表 8-3。

表 8-3　土体物理性质指标

钻孔编号	所处位置	取土深度/m	天然状态土的物理性指标	
			含水率 w/%	密度 ρ/(g/cm³)
TC01	滑坡 H 区坡脚处	0.5	3.1	1.63
		1.0～1.1	3.7	1.63
		1.5～1.6	4.5	1.63
TC02	滑坡 F 区坡脚沟道处	0.5	4.1	1.63
		1.2～1.3	5.0	1.63
TC03	滑坡 F 区坡体上方	1.0	6.1	1.63
		1.5	2.1	1.63
TC04	滑坡 E 区下方沟道内	1.0	2.1	1.63
		1.5～1.6	6.3	1.63
TC05	滑坡 G 区坡脚处	1.0～1.1	5.8	1.63
		1.5～1.6	3.6	1.63
TC06	滑坡 D 区下方沟道内	1.7	6.5	1.63
TC07	滑坡 C 区下方沟道内	1.5	6.9	1.63
TC08	崩塌 B 区下方沟道	1.0	5.7	1.63
TC10	滑坡 D 区斜坡上	1.0～1.1	3.1	1.63
		1.6～1.7	9.8	1.63
TC11	滑坡 C 区斜坡下方	1.0	9.7	1.63
TC12	滑坡 A 区斜坡上	1.0～1.1	3.6	1.63
TC13	滑坡 I 区斜坡上	0.5～0.6	5.1	1.63

8.2.4　崩塌滑坡九个典型灾害点分区详情

1. 崩塌堆积 B 区

崩塌 B 区位于银洞子沟下游左岸，该滑坡形成于 2009 年 7 月 17 日。该崩塌区域宽约 120m，高约 45m，面积约 3865m²，所在斜坡坡度为 45°～55°，基岩出露，坡表岩体风化严重，岩体较破碎。目前处于欠稳定—不稳定状态，在暴雨及地震的情况下松散的岩土体仍可能向下崩落，提供松散物源（图 8-5、图 8-6）。

图 8-5　崩塌 B 区　　　　　　　　　　　图 8-6　崩塌 B 区强风化破碎岩体

2. 滑坡 A 区

滑坡 A 区位于银洞子沟下游右岸，该滑坡形成于 2009 年 7 月 17 日。该滑坡区宽约 110m，斜长约 358m，所在斜坡坡度为 40°～48°，坡表为滑坡堆积体，局部见基岩出露，坡体较为松散。目前仍处于不稳定状态，仍不时有松散碎块石从坡体上滑落，在暴雨及地震的情况下仍可能向下滑动，提供松散物源（图 8-7、图 8-8）。

图 8-7　滑坡 A 区　　　　　　　　　　　图 8-8　滑坡 A 区坡脚堆积物

3. 滑坡 C 区

滑坡 C 区位于银洞子沟下游右岸，该滑坡形成于 2009 年 7 月 17 日。该滑坡区宽约 60m，斜长约 65m，所在斜坡坡度为 40°～45°，坡表主要为碎石土，局部见基岩出露，坡体结构较为松散，靠近坡脚处碎块石堆积物较厚，呈扇形分布。该滑坡目前处于不稳定状态，仍不时有松散碎块石从坡体上滑落，在暴雨及地震的情况下仍可能向下滑动，为泥石流提供松散物源(图 8-9、图 8-10)。

图 8-9　滑坡 C 区　　　　　　　　　　图 8-10　滑坡 C 区坡脚堆积物

4. 滑坡 D 区

滑坡 D 区位于银洞子沟下游右岸，该滑坡形成于 2009 年 7 月 17 日。该滑坡区宽约 80m，斜长约 300m，所在斜坡坡度为 43°～48°，坡表多为碎块石松散体，坡脚处堆积体因多次的滑塌呈扇形堆积，坡体局部见基岩出露，坡体整体结构较松散。目前处于欠稳定状态，仍不时有松散碎块石从坡体上滑落，在暴雨及地震的情况下仍可能向下滑动，为泥石流提供松散物源(图 8-11、图 8-12)。

图 8-11　滑坡 D 区　　　　　　　　　　图 8-12　滑坡 D 区坡脚堆积物

5. 滑坡 E 区

滑坡 E 区位于银洞子沟下游右岸，该滑坡形成于 2009 年 7 月 17 日。该滑坡区宽约 25m，斜长约 115m，所在斜坡坡度为 32°～40°，坡体多为强风化基岩出露，岩体较破碎。目前处于基本稳定状态，偶尔有松散碎块石从坡体上滑落，坡脚有小型的扇形堆积，在暴雨及地震的情况下仍可能发生垮塌及滑动(图 8-13)。

图 8-13　滑坡 E 区

6. 滑坡 F 区

滑坡 F 区位于银洞子沟中上游右岸，该滑坡形成于 2009 年 7 月 17 日。该滑坡区宽约 45m，斜长约 25m，滑坡面积约 950m^2，该滑坡区所在斜坡坡度为 35°～37°，坡体多为强风化基岩出露，岩体较破碎。目前处于欠稳定状态，在暴雨及地震的情况下仍可能发生垮塌及滑动，为泥石流提供松散物源(图 8-14)。

图 8-14　滑坡 F 区

7. 滑坡 H 区

滑坡 H 区位于银洞子沟上游右岸，该滑坡形成于 2009 年 7 月 17 日。该滑坡区宽约 100m，斜长约 50m，面积约 5000m²，所在斜坡坡度为 30°～45°，呈上缓下陡的趋势，中间最陡处坡度约 45°，坡体多为松散的滑坡堆积体，呈上薄下厚分布，坡脚处松散碎块石为滑坡堆积形成。目前处于欠稳定状态，偶尔有松散碎块石从坡体上滑落，在暴雨及地震的情况下仍可能向下滑动，为泥石流提供松散物源(图 8-15、图 8-16)。

图 8-15　滑坡 H 区　　　　　　　　　　图 8-16　滑坡 H 区坡脚松散堆积物

8. 滑坡 H-1 区

滑坡 H-1 区位于银洞子沟上游右岸，与滑坡 H 区相邻，形成于 2009 年 7 月 17 日。该滑坡区宽约 45m，斜长约 33m，面积约 1485m²，滑坡所在斜坡坡度为 45°～50°，坡体上植被覆盖较少，坡脚处松散碎块石为滑坡堆积形成。该滑坡目前处于基本稳定状态，但在暴雨及地震的情况下，坡表的破碎松散体易沿着坡表发生滑动，为泥石流提供松散物源(图 8-17、图 8-18)。

图 8-17　滑坡 H-1 区　　　　　　　　　图 8-18　滑坡 H-1 区坡表层堆积物

9. 滑坡 I 区

滑坡 I 区位于银洞子沟上游左岸,该处沟道呈"V"字形,该滑坡形成于 2009 年 7 月 17 日。该滑坡宽约 95m,斜长约 76m,面积约 5400m²,滑坡所在斜坡坡度为 35° 左右,坡体上植被覆盖较少,靠近坡脚处多为松散的碎块石,呈扇形堆积状。目前处于欠稳定状态,仍不时有碎块石沿坡表向坡脚滑动,在暴雨及地震的情况下仍可能向下滑动,为泥石流提供松散物源(图 8-19、图 8-20)。

图 8-19　滑坡 I 区坡表情况　　　　　　图 8-20　滑坡 I 区坡脚堆积物

8.3　泥石流坡面物源启动人工降雨试验研究

8.3.1　模型试验装置及试验原理

8.3.1.1　模型试验装置

本次模型试验在中国科学院成都山地灾害与环境研究所大型物理模拟试验中心的泥石流坡面物源启动物理模拟试验箱内进行,该系统主要由模型试验箱坡度变化系统、降雨系统和数据采集系统组成。

1. 模型箱

模型箱长×宽×高=3.0m×2.0m×1.2m,骨架由钢板焊接而成,底部为平整的可透水钢板,四脚带万向轮可方便移动并调整位置,箱体前端无约束,其他三个立面都有可视化的钢化玻璃,为接受降雨,模型箱顶盖为敞开设计。试验土体可根据试验设计方案在模型箱内进行不同坡度的堆放。试验模型箱如图 8-21 所示。

图 8-21　物理模拟试验的模型

2. 降雨系统

　　国内现对于坡面物源启动的试验研究多采用室内物理模拟试验的方式进行。室内物理模拟试验相对于原位试验或室外物理模拟试验的试验条件具有更加可控、采集参数更加精细的优点。通常室内关于泥石流启动的试验多分为两种主要类型：水流冲刷试验和人工降雨泥石流启动试验。水流冲刷试验多用于模拟沟道内的泥石流启动过程，而人工降雨泥石流启动试验多用于模拟坡面泥石流的形成。室内降雨激发的泥石流启动试验多采用人工降雨设备。由于本研究的主要研究内容为银洞子沟在不同降雨条件下坡面物源启动的临界值及实时预警模型研究，故降雨集成系统成为本试验装置中最重要的组成部分。现行人工降雨设备和装置多由发电机、水泵、喷水管、降雨喷头、降雨支架和管线组成，有一部分人工降雨也采用消防车进行。水管上的喷头由于泵机输送的压力不同，可产生不同的降雨强度、雨滴密度和冲击能量。这些指标基本满足试验与实际工程的误差要求。

　　本试验的降雨系统设计主要由四部分构成，分别为：①水箱；②雨量系统控制箱；③作为动力系统的压力泵；④36个喷头及支撑它们的钢骨架（图 8-22～图 8-25）。

图 8-22　水箱

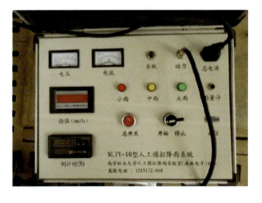

图 8-23　雨量系统控制箱

图 8-24　人工降雨压力泵　　　　　　　　图 8-25　36 个喷头及钢骨架

降雨集成系统的工作原理及流程如下：首先水箱储水，打开降雨系统控制箱的总开关，待显示实时雨强的屏幕亮起，电脑中的雨强软件打开正常工作就可继续开启控制动力泵的开关，这时动力泵开始启动，接下来选择大、中、小三种不同雨型其中的一种，动力泵开始将水箱中的水上抽至喷头中进行降雨。降雨过程中降雨强度通过雨量筒实时采集并将雨强数据传输到电脑与控制箱案板上，可通过调节泵的压力值来对一种雨型范围内的雨强进行进一步的调节，雨强可调节的范围值为 30～180mm/h。

降雨条件下泥石流坡面物源模型试验系统的整体设施如图 8-26。

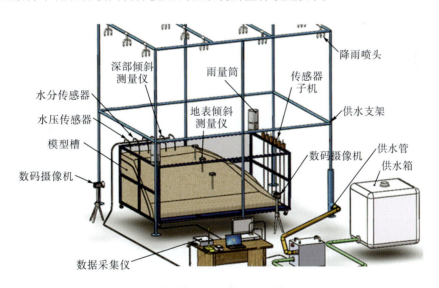

图 8-26　坡面物源启动模型试验整体示意图

3. 传感器数据采集系统

试验中传感器的数据采集是试验过程中的关键步骤。本试验共采用三种传感器：孔隙水压力传感器、含水率传感器、地表测斜仪，来探明降雨激发泥石流坡面物源启动过程中地表与地下参数变化的响应关系。

1) 孔隙水压力传感器

孔隙水压力传感器由南京宏沐有限公司研发，探头型号 HM91G-2-V2-F3-W1，采用 5mm 直径标准的外形结构，分体传感器出线达到 2m 的防水要求，与变送器的航空插头连接，变送器结构为铸铝长方盒，变送器直出线为 2m，另一端与数据采集箱连接（图 8-27、图 8-28）。

 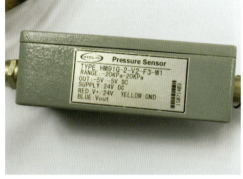

图 8-27　孔隙水压力传感器　　　　　图 8-28　微型压力变送器

2) 含水率传感器

含水率传感器的探头由两个插入土中的插片构成，一端埋设在土体中，另一端导线连入数据采集仪中。含水率传感器由日本中央开发株式会社研发并制造。含水率传感器的工作原理是通过将非电量的土体的介电系数转化为计算机能识别的电压值来测定土体内的含水率变化规律（图 8-29）。

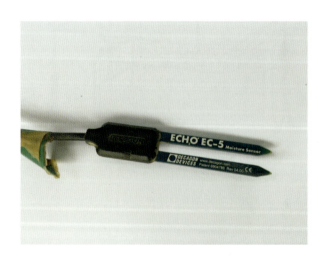

图 8-29　含水率传感器

3) 采集箱

采集箱是由德国进口，孔隙水压力传感器和含水率传感器的采集端都连接在采集仪的对应端口上。数据采集仪共有 32 个端口可供连接，每个端口四个可连接导线的小孔分别可连接一对电源线和一对信号线。通过端口的连接，孔隙水压力和土体含水率等参数就可成功地转化为电信号，并采集到电脑中(图 8-30)。

图 8-30 数据采集箱图片

4) 地表测斜仪

地表测斜仪也称为地表倾斜测量计，本试验的位移计由日本东京大学、日本中央开发株式会社与中国科学院成都山地灾害与环境研究所联合研发，于 2013 年 6 月分别获得日本与中国实用新型专利。试验所需位移计由六个安放在土体表面的子机组成，子机数据通过 DTU 综合后传入主机，最后通过 GPRS 传入监测数据综合管理平台。地表测斜仪采集的数据和数据采集箱采集到的土体深部各项物理参数变化值都可调整至相同的采集频率并进入电脑监测平台，这样可进一步方便分析它们之间相互的关联与响应关系(图 8-31)。

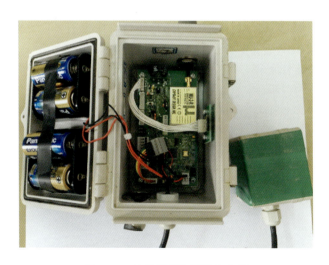

图 8-31 地表测斜仪子机和主机

8.3.1.2 模型试验原理

室内模型试验的优点：经济性好，由于该模型试验为缩尺试验，所以模型的尺寸小；针对性强，试验中突出了降雨和坡度主要控制因素，略去了次要因素；数据准确，所采集的试验数据可自主调节所需采集频率，数据更加准确。

8.3.2 模型试验设计

模型通常是指把原型按照一定的比例关系缩小或放大后的代表物。经济有效的系统仿真之所以能取代昂贵的、危险的、缓慢的、太快的或者目前物理上不可能实现的真实系统试验，其理论基础就是相似理论。而土力学中的模型试验主要是依据相似准则与相似原理把土体或其他构筑物按一定的比例缩小而制成模型，模拟与天然情况相似的土体进行观测和采集数据分析研究，然后将模型试验的结果换算和应用到原型中区，分析判断原型的情况。模型试验中的两大关键性问题就是，如何设计模型使其获得的力学量能够反映原型的力学规律从而指导试验；如何将模型试验的结果转换到原型上去。而相似理论与模型试验遵从三大定理：

(1) 相似第一定理。相似现象以相同的方程式描述，彼此相似现象的相似指标为 1，即 $f_i = 1$。

(2) 相似第二定理(π 定理)。如果描述一个物理现象需用 n 个物理量，其中 m 个物理量是相互独立并可被选为基本单位，则这个物理现象可由 $(n-m)$ 个相似判据表示出来。设一物理现象的参数方程为 $\phi(j_1, j_2, \cdots, j_n) = 0$，选三个相互独立的物理量 j_q、j_r、j_s 为基本单位，则第 i 个物理量为导出单位 $j_i = j_q^{xi} j_r^{yi} j_s^{zi}$，其无量纲为 $\pi_i = \dfrac{j_i}{j_q^{xi} j_r^{yi} j_s^{zi}}$ 相似判据。

(3) 相似第三定理。如两个现象的单值条件相似，而且由单值量组成的同名相似判据相同，则这两个现象相似。

由上述三大相似定律可得，试验过程中相关物理量越多，其做到相似模仿的难度就越大。所以在试验设计的过程中，应满足主要几个指标相似，而次要相似指标可用其他方法进行补充或者将试验现象进行分割使其用部分相似进行缓和，并通过不断地改善试验的条件，用所积累的更多的经验对试验加以完善。

8.3.2.1 模型相似比例的确定

本试验以银洞子泥石流沟形成区的坡面物源体在降雨条件激发下的启动条件为研究对象，要保证土力学相似，主要满足以下相似条件：几何相似、运动相似、动力学相似、初始条件和边界条件相似。

1. 几何相似

几何相似(空间相似)指银洞子沟坡面物源体原型和试验设计模型的几何形状相似，即原型和模型及其运动过程中所有相应的线性长度的比值均相等。本试验主要研究内容为坡度和降雨量这两个可控变量的变化对斜坡松散物源体启动临界条件的影响。为了方便研究减少变量并便于分析，在试验中将堆积层的厚度控制为不变量，均为 20cm，因此对于不同厚度的坡面松散物源有着不同的几何相似比例。在而后试验数据分析并进行坡面物源启动破坏方量计算时，可用不同的几何相似比例反算模型体在实际情况中的破坏堆积方量。该计算严格遵守几何相似比例法则：

长度比例尺：

$$\lambda_l = \frac{l_n}{l_m} \tag{8-1}$$

式中，λ_l 为长度比例尺；l_n 为原型坡体长度；l_m 为模型坡体长度。

面积比例尺：

$$\lambda_A = \frac{A_n}{A_m} = \frac{l_n^2}{l_m^2} = \lambda_l^2 \tag{8-2}$$

式中，λ_A 为面积比例尺；A_n 为原型面积；A_m 为模型面积。

体积比例尺：

$$\lambda_v = \frac{V_n}{V_m} = \frac{l_n^3}{l_m^3} = \lambda_l^3 \tag{8-3}$$

式中，λ_v 为体积比例尺；V_n 为原型体积；V_m 为模型体积。

2. 物理相似

基本几何相似常数确定后，物理力学性质指标相似是相似条件中最为重要的一项。本次模型试验是以银洞子泥石流沟形成区坡面物源在降雨条件下启动为研究对象。当几何相似常数取 $C_l = 20$ 时，重度相似常数取 $C_\gamma = 1$，松散物源土体、基岩面的相似物理量的相似常数根据第二相似定律中的 π 定律导出，如表 8-4。

表 8-4　坡面物源启动试验中的相似常数

物理量	相似常数
长度 l	$C_l = 20$
线荷载 q	$C_q = 400$
上覆土压力 σ_v	$C_{\sigma_v} = 20$
土体泊松比 μ_c	$C_{\mu_c} = 1$
弹性模量 E_c	$C_{E_c} = 20$
应力 σ_c	$C_{\sigma_c} = 20$

3. 运动相似

在满足几何相似的条件下，因泥石流是固液两相流，从松散的固态物源体通过降雨变成黏性或稀性的流态，在运动过程中的速度场（加速度场）要保证相似，即两流场对应时刻、各相应点(包括边界上各点)的速度 u 及加速度 a 方向相同，且大小具有同一个比值。

时间比例尺：

$$\lambda_t = \frac{t_n}{t_m} \tag{8-4}$$

式中，λ_t 为时间比例尺；t_n 为原型坡体物源运动时间；t_m 为模型坡体物源运动时间。

速度比例尺：

$$\lambda_v = \frac{v_n}{v_m} = \frac{l_n / t_n}{l_m / t_m} = \lambda_l \lambda_t^{-1} \tag{8-5}$$

式中，λ_v 为速度比例尺；v_n 为原型坡体物源运动速度；v_m 为模型坡体物源运动速度。

加速度比例尺：

$$\lambda_a = \frac{a_n}{a_m} = \frac{v_n / t_n}{v_m / t_m} = \lambda_l \lambda_t^{-2} = \lambda_v \lambda_t^{-1} \tag{8-6}$$

式中，λ_a 为加速度比例尺；a_n 为原型坡体物源运动加速度；a_m 为模型坡体物源运动加速度。

体积流量比例尺：

$$\lambda_{Q_v} = \frac{Q_{vn}}{Q_{vm}} = \frac{l_n^3 / t_n}{l_m^3 / t_m} = \frac{\lambda_l^3}{\lambda_t} = \lambda_l^2 \lambda_v \tag{8-7}$$

式中，λ_{Q_v} 为体积流量比例尺；Q_{vn} 为原型坡体物源体积流量；Q_{vm} 为模型坡体物源的体积流量。

运动黏度比例尺：

$$\lambda_\nu = \frac{\nu_n}{\nu_m} = \frac{l_n^2 / t_n}{l_m^2 / t_m} = \frac{\lambda_l^2}{\lambda_t} = \lambda_l \lambda_v \tag{8-8}$$

式中，λ_ν 为运动黏度比例尺；ν_n 为原型坡体物源的运动黏度；ν_m 为模型坡体物源的运动黏度。

4. 动力学相似(时间相似)

动力学相似是指运动相似流场中，对应空间点上、对应瞬时作用在两相似几何微团的同名力方向相同，其大小比值相等。

力的比例尺：

$$\lambda_F = \frac{F_n}{F_m} = \frac{m_n a_n}{m_m a_m} = \lambda_\rho \lambda_l^3 \cdot \lambda_l \lambda_t^{-2} = \lambda_\rho \lambda_l^2 \lambda_v^2 \tag{8-9}$$

式中，λ_F 为力的比例尺；F_n 为原型受力；F_m 为模型受力；m_n、a_n 分别为原型坡体的质量与运动加速度；m_m、a_m 分别为模型坡体的质量与加速度；λ_ρ 为坡体物源的密度比例尺。

力矩的比例尺：

$$\lambda_M = \frac{M_n}{M_m} = \frac{F_n l_n}{F_m l_m} = \lambda_F \lambda_l = \lambda_\rho \lambda_l^3 \lambda_v^2 \tag{8-10}$$

式中，λ_M 为力矩的比例尺；M_n 为原型力矩；M_m 为模型力矩。

5. 初始条件和边界条件相似

初始条件：适用于非恒定流。在本试验设计过程中，初始条件相似主要体现在土体的初始含水率和密实度等方面。由于坡面物源的启动受前期降雨的影响很大，而前期降雨量与降雨的雨型、降雨强度、间歇时间和降雨历时等因素关系非常密切，这些因素相叠加又非常的复杂。而初始含水率也因下垫面情况的不同而不同，因此将前期降雨量和下垫面情况用土体的初始含水率这一指标来统一就使问题变得简单而更具有说服力。野外实际调查结果加之室内土工试验，研究区覆盖层土体含水率为 4%～6%。试验中取 5%这一初始含水率进行试验。而为保证土体密实度与实际情况相似，堆土过程中采取人工分层夯实并静置一天的方法使其进一步固结后到达与实际土体密实度相吻合的目标。

边界条件：有几何、运动和动力三个方面的因素。边界条件对试验的影响主要体现在试验边界对模型体的边界约束作用。例如，通过国内对泥石流沟道启动的试验研究发现，试验者大多数采用水流冲刷试验，遵从相似性准则，采用直斜形的小型槽来模拟沟床，用供水箱供水，而模型槽的长度有数米甚至十几米，但宽度和深度一般都不会超过 50cm[17]。模型槽宽度和深度由于尺寸的限制，往往对土体运动具有明显的边界约束作用，不利于得到理想的真实结果。该试验的模型槽尺寸为 3.0m×2.0m×1.2m，模型槽较一般模型槽大很多甚至数倍，物源堆积体与钢化玻璃接触面的后缘面，因坡体启动时，坡体由于重力作用向下运动，所以后端钢化玻璃对滑坡体无约束。而两侧的玻璃与堆积坡体的接触面积有限：$S=h(厚度)×l(坡长)=20cm×1.3m≈0.6～0.7m^2$，可忽略，且整个模型体前端无约束，使得试验模型槽能够很好地克服了边界约束条件的影响作用。

6. 降雨条件相似

该试验的最终研究目的是通过降雨量这一重要指标为银洞子泥石流沟坡面物源启动提供科学的监测预警技术，创建多参数修正的预警 I-D 模型（I 为降雨强度，D 为降雨历时），并结合通常研究的 10min 最大降雨量、1h 最大降雨量等这些累计降雨量对其进行综合研究。已经有研究表明一流域汇水时间为 2～15min[14]。本试验降雨设备在设计过程中，考虑到了雨滴密度、降雨强度与冲击能量大小等因素，能够准确地模拟实际降雨情况并采用连续降雨并且降雨强度不变的方式进行降雨。对坡面物源发生启动的降雨临界条件进行统计并得出可靠的降雨阈值。

8.3.2.2　模型材料

1. 坡面物源体模拟

为了满足地层主要物理量的相似，本次试验的相似模拟材料选用银洞子泥石流沟形成区上覆堆积层土体经过 2cm 孔径过筛后的碎石土。试验土体实地现场采回，由于模型尺寸的限制剔除了大块石。实际地层与模型地层参数对比如表 8-5 所示，模拟地层厚度为实际地层厚度的 1/50 左右。相似材料的重量配合比为：碎石土∶水=20∶1。根据原状土与试验碎石土的级配研究发现，由于试验过程中雨水不断的冲刷，造成细颗粒迁移和流失现象严重，因此本试验通过改进，在试验前加入适量的黏粒和试验所用砾石土体进行拌合，以保证级配的相似性。室内土工试验的内容包括：筛分（d_m）、三轴试验（c、ϕ）、直剪试验（c、ϕ）及土常规（测比重 G_s、干密度 ρ_d、孔隙率 n）。使用的仪器包括：SZS 型三维振筛机、马尔文激光粒度仪、DGG-9240A 型电热恒温鼓风干燥箱、电子天平、比重瓶计、直剪仪、三轴仪等。对泥石流形成区所取样品进行干燥、筛分、粒度分析，可得试验土体粒径级配曲线，见图 8-32。采用马尔文法可对粒径小于 $2000\,\mu\text{m}$ 的细小颗粒进一步进行颗粒细分。根据试验土体分布曲线可以求出 $d_{60}=5.75$，$d_{30}=1.20$，$d_{10}=0.30$。不均匀系数：$C_u = \dfrac{d_{60}}{d_{10}} = 19.17$，

曲率系数：$C_c = \dfrac{d_{30}^2}{d_{60} \times d_{10}} = 0.83$，属于级配不良好（$C_u > 5$，$1 < C_c < 3$）[18]（图 8-33）。其他物理力学性质指标参数如表 8-5。

表 8-5　地层原型与模型物理力学参数对比表

力学参数	原型土体	试验模型土体（相似材料）
$\gamma / (\text{kN/m}^3)$	25	25
	27	27
$w/\%$	4	4
	6	6
c/kPa	15	0.3
	20	0.4
$\phi /(°)$	19	19
	23	23
压缩模量/变形模量 E_s/MPa	25	0.5
	30	0.6

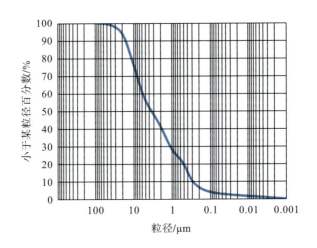

图 8-32　试验土体颗粒级配

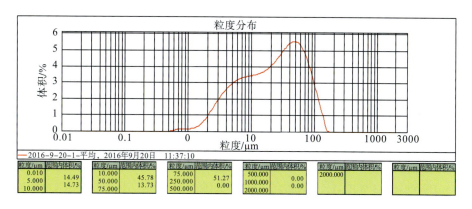

图 8-33　马尔文法粒度百分数曲线

2. 基岩面的模拟

基岩面是指基岩与上覆松散堆积层的交界面。研究区基岩主要为震旦系下统火山岩组 (Za) 的花岗岩、安山岩、闪长岩、凝灰岩及部分变质岩。基岩面对坡面物源启动的影响有三个方面：基岩面的形态、透水性和粗糙程度。根据勘查纵向剖面图，基岩面的形态多样，起伏不定，但在小范围内可近似看成平整的面来进行模拟。由于存在于基岩体裂隙中的节理充分发育，可使降雨入渗。堆积层平均厚度为 5～7m，暴雨激发浅表层泥石流启动时土体往往不饱和并入渗不到基岩面上，故用不透水的水泥抹面来模拟基岩面。基岩面模拟中的重点是保证与实际土体的粗糙程度——糙率一致。在试验设计过程中，为了满足基岩面的相似常数，基岩面需用相似材料进行模拟，选用水泥砂浆(重量配合比为水泥：河沙：水=1：1.1：1)根据不同的坡度进行 2cm 厚平整的抹面。为了增加糙率，在抹面未干时，表层嵌入棱角分明的碎石(图 8-34)。

图 8-34　模拟基岩面的水泥抹面

8.3.2.3 试验测试内容及数据采集

1. 孔隙水压力与土体含水率采集

为了测试松散堆积体在不同深度下孔隙水压力和含水率的变化,在土体内埋设孔隙水压力传感器与含水率传感器各 12 个。两种传感器在土体中分两层埋设,第一层在模拟的基岩面上,第二层在堆积体厚度为10cm 处。两种传感器同一个位置各布设一个,每层纵向布设三排两列传感器,纵向间距 40cm,横向间距 100cm.。孔隙水压传感器编号为PWP1-1~PWP1-6,PWP2-1~PWP2-6,水分计编号分别为 MC1-1~MC1-6,MC2-1~MC2-6。采集频率为 10s/次。具体布设如图 8-35 所示。

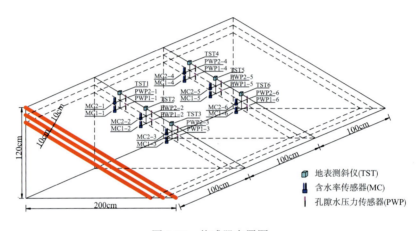

图 8-35 传感器布置图

2. 地表变形采集

为了便于将地表位移与地面以下孔压和含水率物理参数结合起来分析比较,真实地反映土体表层及内部变形破坏现象,在土体表面安放了六个地表测斜仪子机(图 8-36)来测定地表土体发生的变形量。地表位移计与孔压和含水率传感器的安放位置在垂直方向上成一条直线,编号分别为 TST1、TST2、TST3、TST4、TST5、TST6。采集频率为 1min/次。

3. 其他采集数据

除以上三种参数外,试验过程中采集的数据还有降雨量(雨强,mm/h),采集频率为1min/次(表 8-6)。另外还有产流面积(S)和松散物源侵蚀体积(V)。

表 8-6 试验测试参数汇总表

地表以上采集参数		地面以下采集参数
	地表测斜仪参数(x,y)	孔隙水压力传感器参数(kPa)
	降雨量(雨强,mm/h)	
产流破坏参数	产流面积(S) 松散物源侵蚀体积(V)	含水率传感器参数(%)

图 8-36　试验中布设好的地表测斜计

8.3.2.4　物理模拟试验流程及施工步骤

1. 假设基岩面

在试验的最开始，根据提前设定的坡体角度在侧面可视化玻璃上贴上彩色可撕胶带用来控制坡面角度。图 8-37 中最下方一条红色胶带即为基岩面的位置，基岩面下方用碎石土压实即可。

图 8-37　侧面可视化钢化玻璃

2. 传感器的埋设

第一层即最下面一层传感器直接按位置摆放在基岩面上即可。摆放后堆填第一层土体，待达到 10cm 的厚度后整平，按位置摆放第二层传感器，待摆放完毕后继续堆土。最后在地表处按位置安放地表测斜仪。

3. 碎石土体的堆填

首先进行拌土，将晾晒好的干土与水按比例混合并均匀搅拌直至达到 5% 的初始质量含水率后开始堆填。上覆碎石土层为 20cm，在施工过程中，每次虚铺高度为 2cm，然后整平、碾压、夯实，现场取样并进行物理试验，达到土层的设计要求后，再进行下一层的铺设，直至达到设计高度。土体堆填完毕，传感器埋设成功后调试设备并在有效降雨区域内摆放量筒，最后在模型箱正前方和侧面安放两个高清摄像机，记录土体启动和破坏的全过程试验现象。施工过程如图 8-38 所示。

(a) 铺土整平　　　　(b) 夯实　　　　(c) 现场取样

图 8-38　施工过程

4. 完工与测试

本次模型试验在中国科学院成都山地灾害与环境研究所的模拟试验中心进行，历时 3 个多月，施工完全按照设计方案进行，完成了模型制作、监测传感器的埋设。模型试验现场如图 8-39 所示。

图 8-39　试验中心及模型试验现场全貌

8.3.2.5　选取的典型模型体(坡度)和试验设计分组介绍

1. 选取的典型坡面物源模型体

根据试验之前的勘查工作共完成了 12 个坡面的纵剖面图的绘制。从断面图得到银洞子泥石流沟形成区的坡面角度为 32°～42°。其中 32°左右坡占 8.3%，34°～38°坡占 75%

左右，42°左右坡体占 16.7%，可见形成区坡体以 34°～38°坡为主，故选取 32°、34°、37°、42°这 4 种典型坡度作为研究对象。4 种坡度的设定既涵盖了银洞子泥石流沟的主要坡度类型与银洞子沟泥石流的实际情况具有很强的相关性，又能方便在分组试验过程中掌握坡度变化对坡体降雨破坏的影响关系。

试验选取 4 个坡度可对应 4 个实际坡面模型体，分别是：I 区的 1-1′剖面所在坡体，坡面平均坡度为 32°；F 区 6-6′剖面所在坡，坡面平均坡度为 34°；H 区 4-4′剖面所在坡体，坡面平均坡度为 37°；H 区 3-3′剖面所在坡体，坡面平均坡度为 42°。表 8-7 为试验分组设计表，其中包括坡度、阶梯降雨雨强以及试验过程中拟采用的监测设备。

表 8-7　试验分组设计表

坡度	典型模型坡体剖面图	阶梯降雨雨强	拟采用的试验设备
32°		低雨强条件：60mm/h 中雨强条件：90mm/h、120mm/h 高雨强条件：150mm/h、180mm/h	雨量计(监测降雨过程中的实时雨强)，采集频率：1min/次
34°		低雨强条件：60mm/h 中雨强条件：90mm/h、120mm/h 高雨强条件：150mm/h、180mm/h	摄像机、地表位移计(记录坡体变形现象、发生破坏时间点及测点处的偏移量)，采集频率：1min/次
37°		低雨强条件：60mm/h 中雨强条件：90mm/h、120mm/h 高雨强条件：150mm/h、180mm/h	孔隙水压力传感器，采集频率：10s/次

续表

坡度	典型模型坡体剖面图	阶梯降雨雨强	拟采用的试验设备
42°	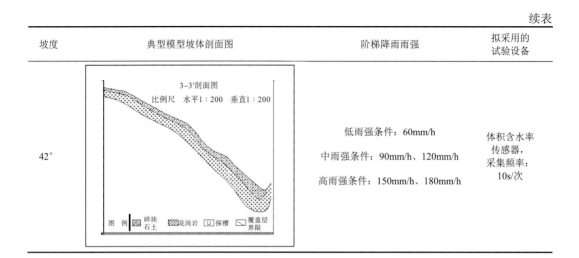	低雨强条件: 60mm/h 中雨强条件: 90mm/h、120mm/h 高雨强条件: 150mm/h、180mm/h	体积含水率传感器, 采集频率: 10s/次

2. 试验分组

试验的可控制变量为小时降雨雨强与坡度。试验设计了 4 个坡度, 每个坡度的阶梯雨强为 60mm/h、90mm/h、120mm/h、150mm/h、180mm/h。其中 60mm/h 代表低雨强条件, 90mm/h 与 120mm/h 代表中等雨强降雨条件, 150mm/h 与 180mm/h 为高雨强降雨条件, 共进行 20 组试验与验证试验(表 8-7)。每种雨强为等间隔设定(间隔为 30mm/h), 由于导致坡体失稳的雨强并非一个具体值, 而是一个雨强区间, 故 5 种雨强设计的目的在于方便找到造成坡体失稳的雨强区间, 为科学监测与超前预警预报泥石流发生提供理论基础。

试验分 4 批完成, 每批固定为一个坡度, 每个坡度根据不同雨强共有 5 组试验, 分别探究坡度和降雨量的变化对坡面物源启动的影响关系, 为建立雨量阈值模型提供数据支撑。

8.3.3　泥石流坡面物源启动模型试验结果分析

8.3.3.1　试验第一组——坡度为 32°

1. 32°坡 180mm/h 雨强

1) 试验现象分析

00:00:00 降雨开始, 之后可见坡体向下发生极慢速的缓慢蠕移, 蠕移时长为 9 分 54 秒, 而距离只有 8cm, 速率约为 0.8cm/min。直到 00:09:54, 如图 8-40 所示, 左侧坡脚发生土体失稳, TST3 发生移动, 失稳处产生弧形张拉裂缝, 裂缝宽为 1cm, 裂缝总长度为 1.5m。之后随着 180mm/h 的降雨继续进行, 坡体再未发生明显移动或失稳现象, 并保持稳定。另外, 由于降雨初期降雨以向下入渗为主, 坡脚处水体清澈, 直到降雨进行到 8min 左右坡脚水体开始变浑, 说明在渗透水流的作用下, 土中细颗粒在粗颗粒形成的孔隙中移动并流失, 孔隙不断变大, 较粗颗粒也被带走, 最终导致土体内形成了贯通的渗流通道, 并发生管涌现象。在降雨进行到 15min 以后, 坡脚水体逐渐变清(图 8-41)。

(a) T=00:00:00　　　　　　　　　　　(b) T=00:09:50

(c) T=00:09:54　　　　　　　　　　　(d) T=00:30:00

图 8-40　不同时间点试验现象图

2）传感器采集数据分析

孔压传感器选取 PWP2-2、PWP1-6、PWP1-5、PWP2-5、PWP2-6 作为研究分析对象。在降雨过程中，坡体未见明显的失稳现象，由于坡面很缓，底槽板为不透水水平板，降雨不易排出，在坡脚处产生了张拉裂缝并产生了弧形失稳破坏区，最后坡脚处土体接近饱和又发生蓄满产流现象。但 PWP1-6、PWP2-6 的埋放位置处于坡脚上方 50cm 处，位于失稳区上方，仍未形成有效的渗透水流，故这 5 个传感器所在位置一直未形成有效的孔隙水压力，一直都在 0kPa 左右浮动。由埋放在不同层的体积含水率传感器数据可见降雨先入渗至表层土体导致 MC2-1、MC2-3 先增加，碎石土的渗透系数大造成含水率的增加非常快，MC2-1、MC2-3 从初始体积含水率 8% 左右分别增加至 25.6%（可塑态）、20.3%。MC1-2、MC1-5、MC1-6 埋放在土体最深处，雨水入渗时间较长，出现剧烈增长的时间晚于上层传感器，增长后体积含水率分别达到了 32.8%、37.5%、31.1%。MC1-5 达到了液态化的含水量条件（图 8-41）。

图 8-42 为三个地表测斜仪在 X、Y 轴方向上的位移变化，地表位移前 10min 的变化充分对应了降雨开始后长达 9 分 54 秒的坡体缓慢蠕移现象。TST1 在 X、Y 方向分别从 13.37°、-4° 变为 -34.74°、5.39°。TST2 在 X 轴方向由 5.09° 变为 7.54° 后基本保持稳定。三个传感器数据稳定的时间为坡体缓慢蠕移和坡脚失稳结束之后。本次试验为小坡度 32° 高雨强试验，雨强调节在 180mm/h 左右。

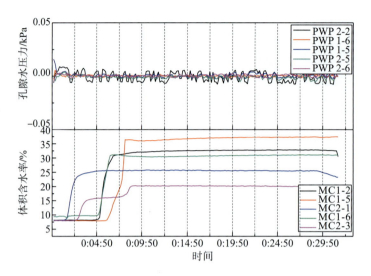

图 8-41　孔隙水压力及体积含水率变化曲线

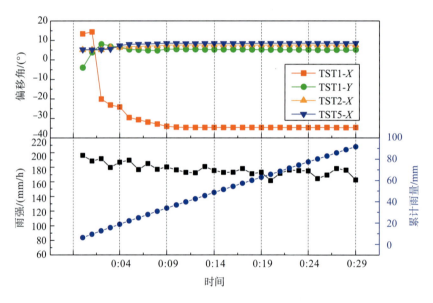

图 8-42　地表测斜仪变化曲线与雨强累计雨量线

8.3.3.2　试验第二组——坡度为 34°

1. 34°坡 90mm/h 雨强

1）试验现象分析

图 8-43 为不同时间段的视频截图，试验雨强为 90mm/h 的中雨强条件，但在整个降雨过程中未见坡体蠕滑或失稳现象。坡体整体基本保持稳定，随降雨持续进行，坡面细颗粒迁移现象明显，表面碎石棱角出露。降雨共进行 30min。

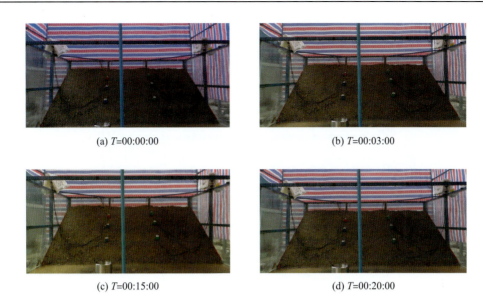

(a) T=00:00:00　　　　　　　　　　　(b) T=00:03:00

(c) T=00:15:00　　　　　　　　　　　(d) T=00:20:00

图 8-43　不同时间点试验现象图

2）试验采集参数分析

由选取的 4 个孔压传感器数据可见，在 90mm/h 的雨强条件下，34°坡体内未形成较大的孔隙水压力，监测值都在 0kPa 左右波动。其中 PWP2-1 波动幅度最大，达到 40Pa 左右。PWP1-2、PWP1-3、PWP2-5 波动较小，数值范围在 ±20Pa。由体积含水率传感器数据变化线可见 MC1-2、MC2-1、MC2-3 由于雨强较小，坡度较缓，体积含水率无明显增长，降雨进行后分别维持在 8.6%、8.62%、8.85%左右。由于 MC1-5、MC1-6 埋放在坡体底层中下部，体积含水量增加较快，在 00:13:10 左右分别增加至极大值 26.6%、14.9%之后保持稳定。其中 MC1-5 已达到可塑态，但坡体未发生失稳破坏现象。降雨共进行了30min，传感器数据采集至 00:03:50（图 8-44）。

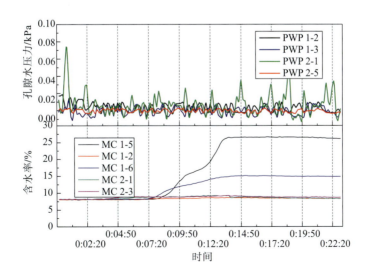

图 8-44　孔隙水压力及体积含水率变化曲线

图 8-45 为选取的 3 个地表测斜仪分别沿 X、Y 轴的偏移角度变化线，4 条直线均接近平直线，可见坡体未发生蠕变或失稳现象，最大波动幅度不超过 0.45°。本次降雨平均雨强为 90mm/h 左右，为中低雨强降雨条件。

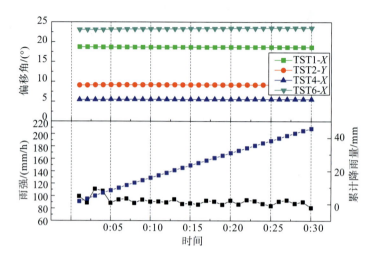

图 8-45　地表测斜仪变化曲线与雨强累计雨量线

2. 34°坡 150mm/h 雨强

1）试验现象分析

降雨从 00:00:00 开始，随着降雨不断入渗，坡体在前 5min 共发生了 2cm 的缓慢蠕移，蠕移速率为 4mm/min。5min 以后，蠕移速率不断加快，越接近第一次失稳，蠕移速率越大。在降雨进行了 5~7min 这一时间段，坡体整体又发生了 11cm 的较快速蠕移，平均蠕移速率为 5.5cm/min。第一次坡面大面积整体快速失稳发生在 00:07:17，坡体在 3s 内整体向下运动，左侧坡脚冲出 28cm，距钢槽底板边缘 3cm，此时测点 1 位置的传感器出露。降雨继续进行，坡体保持暂时稳定，并在坡体表面出现较浑浊的地表径流。直到 00:10:15，右侧由于受边界约束作用未能垮塌的部分坡体，在之前较快速的一次蠕变之后，发生了失稳破坏，坡脚冲出 26cm 左右。之后坡体未见明显形变，降雨共进行了 14min（图 8-46）。

(a) T=00:00:00

(b) T=00:05:00

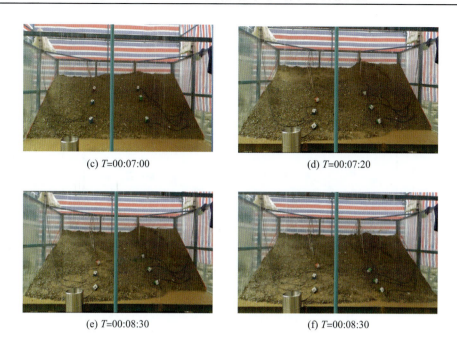

(c) T=00:07:00　　　　　　　　　　(d) T=00:07:20

(e) T=00:08:30　　　　　　　　　　(f) T=00:08:30

图 8-46　不同时间点试验现象图

2)试验采集参数分析

图 8-47 为选取的安放在不同层的 4 个孔隙水压力传感器趋势变化线,可见这 4 个传感器处都未产生较大的有效孔隙水压力,在 0kPa 左右上下波动,但波动的趋势与土体失稳破坏规律相一致,其中 PWP2-1、PWP1-2 波动较明显。例如,PWP2-1 从 00:07:17 第一次失稳前的 37Pa 在破坏后突然消散至 2Pa,并从 00:10:15 第二次失稳前的 12.6Pa 在破坏后降至 2.8Pa。体积含水率传感器选取了不同层的 4 个传感器作为研究对象,其中埋放在

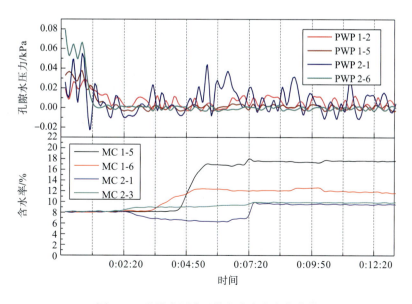

图 8-47　孔隙水压力及体积含水率变化曲线

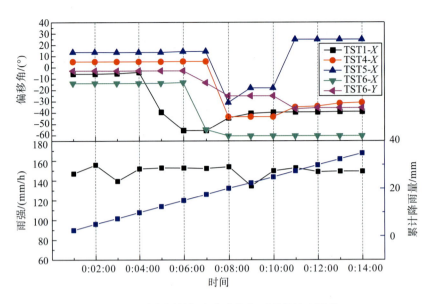

图 8-48　地表测斜仪变化曲线与雨强累计雨量线

浅层 10cm 处的 MC2-3 开始先行增加,从 8%的初始含水率增至 9.9%后趋于稳定。随后由于雨水入渗至坡体底层,MC1-5、MC1-6 开始从 8.1%分别增加至 20.1%、15.1%,都未达到可塑态。另外,MC1-5、MC1-6、MC2-1、MC2-3 均在坡体第一次失稳破坏之前达到峰值并维持较稳定状态,在两次失稳过后,由于土颗粒之间结构重组、掺混,体积含水率略微下降 0.4%左右,可见两次失稳时间段的趋势线呈小突起状。

图 8-48 为 4 个地表测斜仪整分钟采集的分别沿 X、Y 轴偏移角度变化线,由于降雨进行到 5min 以后,坡体蠕移加快,变化最明显的为安放在左侧坡体上方的 TST1,沿 X 轴方向从 4min 的-4.23°偏移至 7min 的-55.75°。第一次坡体失稳发生在 00:07:17,各地表位移计在 8min 采集到的数据均发生了较大突变,如 TST5 沿 X 方向较上一分钟偏移了45.29°。降雨进行 8~10min 这一时间段,坡体较稳定,位移计数据都维持较稳定状态,基本呈一条平直线。第二次右侧坡体失稳发生在 00:10:15,11min 采集到的数据均发生突变,其中埋放在右侧的 TST5 传感器变化最剧烈,较前一分钟沿 X 轴偏移了 43°。之后各位移计数据基本维持稳定。本次试验雨强控制在 150mm/h,为中高雨强降雨条件。

3. 34°坡 180mm/h 雨强

1)试验现象分析

降雨从 00:00:00 开始,雨强为 180mm/h,随着降雨进行了 4min,坡体共发生了 2cm 的缓慢蠕移,蠕移速率为 0.5cm/min。00:04:00 至 00:06:30 坡体的蠕移速度明显加快,这一时间段共发生 14cm 的较快速蠕动,蠕动速率为 5.6cm/min。直至 00:06:31 坡体发生第一次快速失稳现象,坡脚向前冲出 30cm,冲出前端到达钢槽边缘,此时测点 1 位置的传感器出露。随后降雨继续进行,坡体基本保持稳定并且坡体表面开始蓄满产流,降雨共进行了 12min,传感器数据采集至 00:13:40。降雨停止后,可见地表径流对坡体表面的冲刷侵蚀作用明显(图 8-49)。

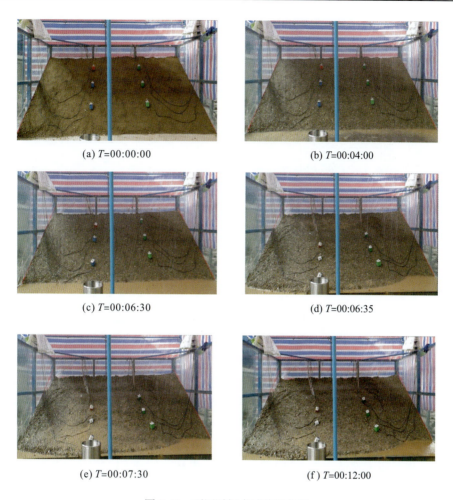

(a) T=00:00:00　　　　　　　　　　(b) T=00:04:00

(c) T=00:06:30　　　　　　　　　　(d) T=00:06:35

(e) T=00:07:30　　　　　　　　　　(f) T=00:12:00

图 8-49　不同时间点试验现象图

2）传感器数据分析

从选取的 5 个孔隙水压力传感器的变化趋势线可见，埋放在坡体最底层下部的 PWP2-5 产生了较大的孔隙水压力，并且变化趋势最明显，从降雨开始的 0.23kPa 逐渐增加至 00:06:30 的 0.33kPa，当坡体 00:06:30 发生第一次大面积失稳后，孔隙水压力迅速消散回归至 0.001kPa 左右。PW1-2、PWP1-5、PWP1-3、PWP2-1 处都形成了一定的孔隙水压力，并出现失稳之前逐渐增加的趋势，失稳之后孔隙水压力消散至 0kPa 左右并呈小幅波动，如 PWP2-1 在失稳前从 0.015kPa 增至 0.044kPa，失稳后突然降至 0.001kPa 左右。PWP2-4 与 PWP2-1 的变化趋势非常相似，符合客观事实，但其一直为负值，这是由于该传感器初始标定出现了错误。从 5 条体积含水率传感器的数据变化趋势线上可以看出，埋放在浅层的 MC1-5、MC1-6 在第一次失稳前 30s 左右分别增加至峰值 18.8%、12.1%，均未达到可塑态，失稳之后基本保持稳定。MC2-2、MC2-3 随后开始分别增加至 15.7%、10.1%，含水率条件较低。MC2-1 增加至 10.7%，含水量条件较低。由上述数据可见，坡体发生失稳时，土体并不饱和（图 8-50）。

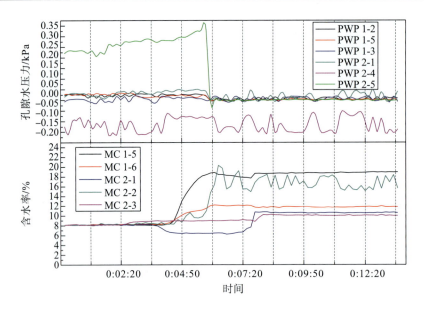

图 8-50　孔隙水压力及体积含水率变化曲线

图 5-51 选取了 5 个地表位移计中 6 条分别沿 X、Y 轴的倾斜角度变化线作为分析对象，4min 以前坡体基本稳定，仅发生 2cm 的蠕动，6 条变化线在此阶段呈较平直状态，变化幅度不超过 0.14°。4min 以后随着蠕动加快，TST4 在降雨进行 5min 左右发生沿固定轴的失稳转动，沿 X 方向偏移 38.44°，沿 Y 轴方向偏移 12.02°。在蠕移加快阶段，其他地表位移计也发生了较前阶段较大的蠕移变化。第一次坡体整体失稳发生在 00:06:31，可见 7min 数据发生了较大波动，如 TST2 沿 X 方向从失稳前的-8.54° 偏移至失稳后的 13.4°，之后坡体稳定，各地表位移计的数据也趋于稳定，折线呈平直状。本次试验为最大可控降雨量，维持在 180mm/h 左右。

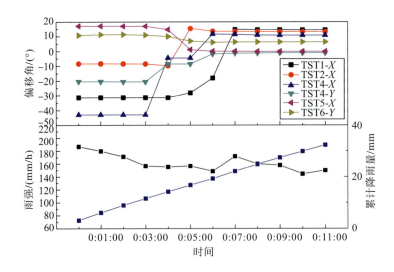

图 8-51　地表测斜仪变化曲线与雨强累计雨量线

8.3.3.3　试验第三组——坡度为 37°

1. 37° 坡 90mm/h 雨强

1) 试验现象分析

降雨从 00:00:00 开始，雨强保持在 90mm/h 左右。由于该次试验为中低雨强条件，在整个降雨过程中，雨水入渗，坡体未见明显形变和失稳现象，基本保持稳定。土体为碎石土，渗透系数较大，在降雨过程中由于雨水的冲刷侵蚀作用大量黏粒被带出，坡脚水体浑浊，坡面可见细颗粒迁移现象明显(图 8-52)。

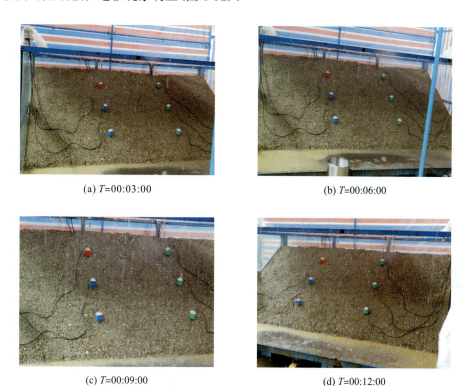

(a) T=00:03:00　　　　　　　　　　(b) T=00:06:00

(c) T=00:09:00　　　　　　　　　　(d) T=00:12:00

图 8-52　不同时间点试验现象图

2) 传感器数据分析

本次降雨进行了 15min，而后数据采集至 23min。由选取的 5 个典型孔隙水压力传感器数据变化曲线可以看出，PWP1-2、PWP1-5、PWP2-1、PWP2-6 都未产生有效的孔隙水压力，维持在 0kPa 左右，其中 PWP2-1 波动最明显，但波动幅度不超过 0.083kPa。PWP2-4 与 PWP2-1 波动趋势相似，但一直为负值，孔隙水压力为负值即产生基质吸力的先行条件是体积含水率达到接近饱和状态并产生毛细饱和区，这与降雨刚开始土体并不能立即达到饱和状态的事实相悖，所以该传感器的初始值标定有误，但可看到虽然其值呈上下波动状态，但基本维持在一个相对稳定值，波动幅度不超过 0.081kPa。埋放在表层 10cm 处的体积含水率传感器 MC2-1、MC2-3 先行增加，增幅不大分别增加至 8.87%、9.23% 左右，待降雨进行 15min 结束后，值略有下降。而后 MC1-5、MC1-6 从降雨进行到 8min 左右开始分别迅速增加至 26.6%、15.14%，可见坡体底部下方土体一直维持在可塑态，但未发生坡体失稳现象(图 8-53)。

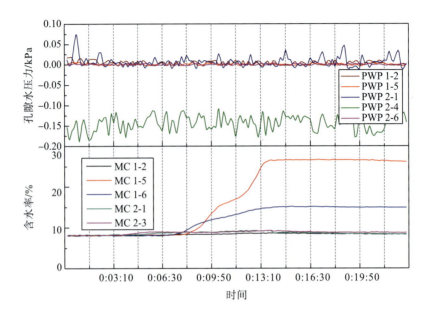

图 8-53　孔隙水压力及体积含水率变化曲线

图 8-54 为地表测斜仪的数据变化散点图。因整个降雨过程中，未见土体明显失稳和破坏现象，选取的四个地表测斜仪分别沿 X、Y 方向未发生大幅度偏移，只可见小幅度浮动，浮动范围均不超过 0.17°。本次降雨雨强一直维持在 90mm/h 左右(图 8-54)。

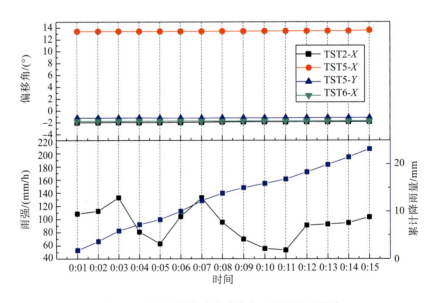

图 8-54　地表测斜仪变化曲线与雨强累计雨量线

2. 37°坡 120mm/h 雨强

1)试验现象分析

降雨从 00:00:00 开始,持续到 00:07:10 左右坡体并未发生明显形变。从 00:07:10 以后至 00:09:00,坡体进入蠕移阶段,由于两侧边界条件的约束作用,此次坡体并非整体蠕移,而是中间坡体发生了明显的蠕移变化,蠕移距离为 11cm,蠕移速率为 6cm/min。蠕移阶段坡体两侧出现了斜向下的两条张拉裂缝。由于雨水的冲刷和下渗作用,坡体在开始发生蠕移之后,细颗粒发生向下迁移,坡脚的水体开始变浑浊。随着降雨进行到 00:09:02,坡体发生了第一次快速大面积失稳,冲出坡脚 25cm。之后降雨持续进行,坡体暂时保持稳定。至 00:10:52,坡体再次发生第二次快速失稳现象,产生了坡面泥石流,坡脚冲出距离 52cm,未冲出钢槽底板,此时 1、2、4 测点位置的传感器出露。附着在上方裸露基岩面上的黏粒被不断冲刷并入渗向下迁移,坡脚堆积体较薄且槽底板不透水,在坡底产生了一定面积的地表径流。此次降雨共持续了 17min(图 8-55)。

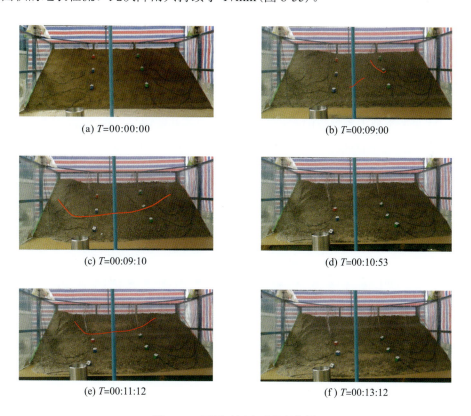

(a) T=00:00:00

(b) T=00:09:00

(c) T=00:09:10

(d) T=00:10:53

(e) T=00:11:12

(f) T=00:13:12

图 8-55 不同时间点试验现象图

2)试验传感器数据分析

图 8-56 为孔隙水压力传感器数据变化曲线,可见 4 个不同层传感器处都未形成较大的有效孔隙水压力,一直维持在 0kPa 左右,波动幅度不超过 0.004kPa。埋放在土体表层 10cm 处的 MC2-2、MC2-3 传感器由于雨水入渗作用开始先行增加,从初始含水率 8.1%左右分别

增加至 12.1%、11.2%。而后 MC1-2、MC1-5、MC1-6 分别开始增加,其中由于 MC1-5、MC1-6 埋放在土体最深接近坡脚处,分别达到较大峰值(26.2%、22.2%)后维持稳定。在 00:10:52 坡体发生第一次大规模坡面泥石流时,体积含水率值都有略微下降,之后保持稳定。

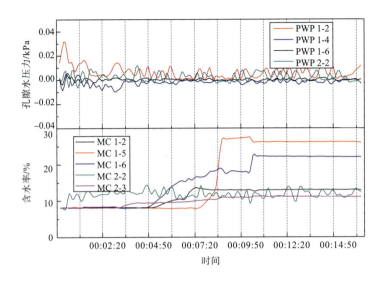

图 8-56　孔隙水压力及体积含水率变化曲线

图 8-57 为 5 个地表测斜仪的变化数据曲线,由于从降雨进行到 7min 左右,坡体发生缓慢蠕移,可见地表测斜仪在这之后开始小幅波动,如 TST4 在第一次失稳前沿 X 轴方向共偏移 1.47°。第一次失稳发生在 00:09:02,第二次失稳并发生坡面泥石流在降雨开始后 00:10:52,地表位移计在 10min、11min 整分钟采集数据发生了较大变化,TST6 偏离 X 轴方向从 14.8°变化至-13.97°。12min 以后由于失稳过程结束,地表位移计数据只发生微小浮动,浮动范围不超过 0.49°。此次试验雨强维持在 120mm/h,为中等雨强降雨条件。

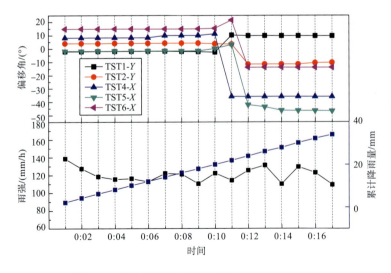

图 8-57　地表测斜仪变化曲线与雨强累计雨量线

3. 37°坡 150mm/h 雨强

1）试验现象分析

降雨从 00:00:00 开始，直到 00:04:40 未见坡体有明显的变形，降雨持续入渗。00:04:40 以后至 00:05:45，坡体开始发生缓慢的蠕移，蠕移速率为 3cm/min。00:05:46 左侧坡体发生了快速失稳变形，坡体右上方产生 5cm 宽的张拉裂缝。随着降雨继续沿着坡体表面和裂缝快速入渗土体，很快至 00:06:08 坡体沿基岩面发生第二次整体失稳，3s 内发生了 21cm 的位移。00:07:37 开始暴发最大规模的一次坡面泥石流，在泥石流暴发的瞬间可见基岩裸露面存在大量黏粒附着，并且测点 1、2、4 位置的传感器出露。之后由于破坏后颗粒结构重组，渗流通道还未立即打开，出现了坡面地表径流，之后坡体保持稳定，降雨共持续了 11min（图 8-58）。

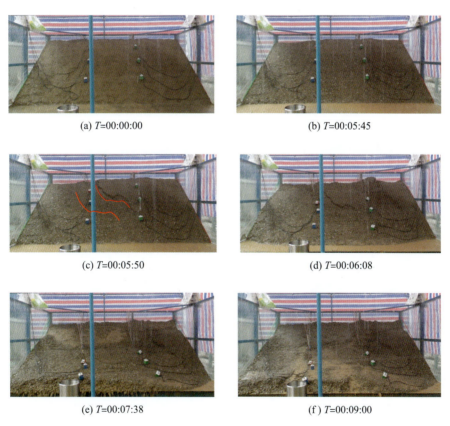

(a) T=00:00:00	(b) T=00:05:45
(c) T=00:05:50	(d) T=00:06:08
(e) T=00:07:38	(f) T=00:09:00

图 8-58　不同时间点试验现象图

2）试验数据分析

从孔压传感器 PWP1-1、PWP1-2、PWP1-5、PWP1-6、PWP2-2、PWP2-6 的数据变化趋势图（图 8-59）可见 PWP1-5、PWP1-6、PWP2-2、PWP2-6 所埋放的位置未形成有效的孔隙水压力，保持在 0kPa 左右。PWP1-2 由于埋放在土体最深部（20cm 处），细颗粒不断地向下迁移，深部土体中黏粒增加，结合水与自由水并存，使该处从刚开始的 0.008kPa

产生了一定的孔隙水压力至 0.12kPa。并可见在土体发生失稳或产生坡面泥石流后，由于土体的原始结构发生破坏解体，发生了孔隙水压力消散并再次逐渐增加的现象。PWP1-1与 PWP1-2 由于埋放在同一土层上，孔压的起伏变化规律相似，符合客观规律。但 PWP1-1从一开始就为负孔压，由于降雨刚开始雨水未入渗基质吸力不能够产生，故 PWP1-1 一直为负值的原因是该传感器的初始标定值有误。由于降雨先入渗至上层传感器，MC2-2、MC2-3 从初始含水率 8.1%左右最先开始分别增加至 15.1%、12.7%，但一直未达到可塑态。随后降雨开始入渗至最深层土体，MC1-6、MC1-5、MC1-2 开始依次较快速增加，分别达到 22.45%（可塑态）、26.32%（可塑态）、16.08%。由图 8-60 又可见 00:05:46、00:06:08、00:07:37坡体发生大规模失稳或坡面泥石流的这 3 个时间点，体积含水率都呈现增加速率减缓或稍稍降低的态势，并且坡面泥石流发生时土体不饱和。

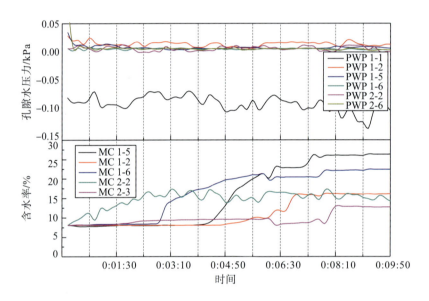

图 8-59　孔隙水压力及体积含水率变化曲线

　　图 8-60 为地表测斜仪的数据变化线。由于在 00:05:46 第一次失稳之前土体处于缓慢蠕移状态，数据在平稳状态下发生轻微浮动，浮动范围不超过 0.02°。第一次大面积失稳后 6min 采集的数据可见 4 个地表测斜仪都发生了剧变，如 TST1 沿 Y 轴方向从 3.92°偏移至 17.66°。随后的两次失稳和坡面泥石流现象都使 7min、8min 整分钟采集的数据发生了变化。8min 以后由于坡体基本保持稳定，地表测斜仪的数据保持平稳状态。本次试验的雨强控制在 150mm/h 左右，代表了中高雨强条件。

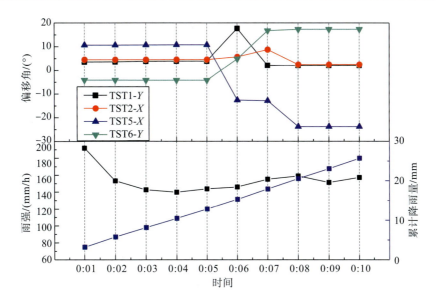

图 8-60 地表测斜仪变化曲线与雨强累计雨量线

4. 37°坡 180mm/h 雨强

1) 试验现象分析

降雨从开始 00:00:00 至 00:04:30,坡体可见发生缓慢蠕移的现象,移动速率仅为 0.93cm/min。在这段缓慢蠕移期间,00:02:47 时 TST1 发生转动,00:03:19 时 TST2 沿着插入土中用来固定的钢丝发生转动,00:03:37 和 00:03:47 时 TST4、TST5 由于自重作用依次发生沿固定钢丝发生转动的现象。00:04:30 至 00:05:56 坡体的蠕移速度开始明显增快,1 分 26 秒的时间内移动距离达 8cm,移动速率为 5.59cm/min。在这一坡体较快蠕移阶段,坡体与钢槽后壁出现了 8cm 宽度的横向张拉水平裂缝。00:05:57 坡体发生第一次整体失稳,并沿基岩面向下运动 20cm,测点 1 位置的传感器出露。00:07:06 时右侧上方坡体再次发生小范围的失稳现象,直到 00:07:15 第二次大规模的坡面泥石流暴发,3s 内冲出距离长达 1m,前端失稳土体已冲出槽底,测点 2、4、5 的传感器开始出露。00:07:28 左右开始坡体表面出现了浑浊的地表径流,这是由于试验土体在坡面泥石流暴发之后,粗颗粒与细颗粒结构发生重组并掺混,堵塞了原有的渗流通道,形成地表径流。随着降雨的冲刷侵蚀作用不断进行,土体表面的细颗粒再次被雨水带走,土体内逐渐又形成了新的渗流通道,因而最后发生了浑浊的地表径流逐渐变清澈并发生水流逐渐减小的现象(图 8-61)。

(a) T=00:00:00

(b) T=00:04:30

(c) *T*=00:05:56   (d) *T*=00:06:03

(e) *T*=00:7:15   (f) *T*=00:7:28

图 8-61 不同时间点试验现象图

2）试验参数分析

降雨从 00:00:00 开始，选取孔隙水压力传感器 PWP1-2、PWP1-4、PWP1-5、PWP2-2、PWP2-3 作为分析对象。可见 PWP1-2、PWP1-4、PWP1-5 处都未形成明显的孔隙水压力，值都维持在 0kPa 左右。PWP2-2 在降雨进行到 0:02:10 左右开始形成孔隙水压力，迅速从 −0.18kPa 增加至 0.045kPa，之后在降雨开始 6min 左右呈逐渐小幅增加态势。当降雨进行了 11min 结束后，由于雨水出渗，土体的总应力值减小，孔隙水压力逐渐降低接近 0kPa，该传感器与安放在同一位置的含水率传感器 MC2-2 变化趋势相似。传感器 PWP2-2 数值一直在-0.16kPa 左右维持稳定，说明该传感器处孔压未有大的变化，但一直为负值，产生负的基质吸力的条件是在地下饱水层上方存在一定厚度的毛细饱和区，刚开始降雨未入渗，地层也未饱和。体积含水率传感器随着降雨的不断进行都呈现不断增加的趋势。最先开始增加的为埋放在浅层的 MC2-2、MC2-3 传感器，增加到 15%、14.1%左右，都还未达到可塑态。埋放在底层的传感器 MC1-2、MC1-4、MC1-5、MC1-6 在 00:04:40 左右从初始含水率 8%开始迅速分别增长至 26.68%、27.07%、32.44%、28%，含水量条件达到可塑态但未达到软塑态。MC1-5、MC1-6 稳定后的体积含水率高于 MC1-2、MC1-4，是由于两个传感器测点的位置更接近坡脚。该试验中可见含水量开始急剧增长至峰值的时间点早于坡体第一次整体大型失稳的时间，并且坡面泥石流发生时土体不饱和。第二次坡面泥石流暴发的瞬间还可见坡底有层流现象出现（图 8-62）。

图 8-63 为四个地表测斜仪分别沿 *X*、*Y* 轴倾斜角度的变化值。TST1、TST4、TST5 分别在 3min 时出现拐点，对应在降雨初期坡体蠕移期间，这三个传感器由于土体缓慢下移加之自重作用发生绕固定钢丝旋转移动现象。00:05:57 坡体第一次发生大面积失稳，四个传感器在 6min 采集的数据都发生了突变，00:07:15 坡体发生第二次大规模坡面泥石流现象，地表测斜仪数据在 8min 以后基本保持稳定。降雨雨强通过雨型和压力阀控制维持在 180mm/h 左右的高雨强状态。

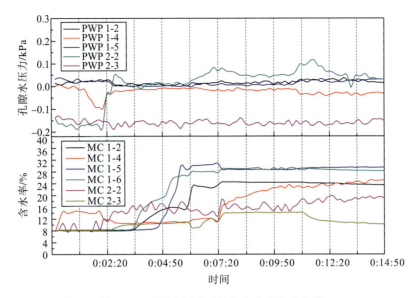

图 8-62　孔隙水压力及体积含水率变化曲线

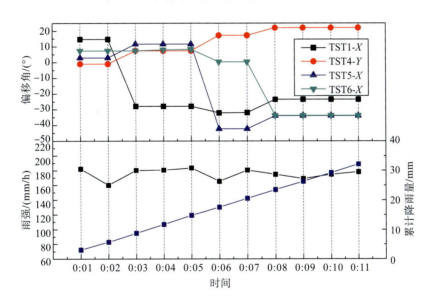

图 8-63　地表测斜仪变化曲线与雨强累计雨量线

8.3.3.4　试验第四组——坡度为 42°

1. 42°坡 60mm/h 雨强

1) 试验现象分析

图 8-64 为等时间间距的试验现场视频截图，可见从开始降雨到降雨结束，坡体基本保持不动状态，并未发生任何失稳或蠕滑现象。60mm/h 在试验中代表低雨强条件，即使坡度很陡，但低雨强条件使降雨的入渗量小于或等于雨水的出渗量，故土体一致保持稳定状态，并未发生任何失稳现象。在图中仍可见细颗粒迁移现象明显，尤其坡体左下方随着

降雨的持续，充填在孔隙中的细颗粒不断地被雨水冲刷并带走，最后没有被带走的碎石土中大颗粒在坡体表面显现。

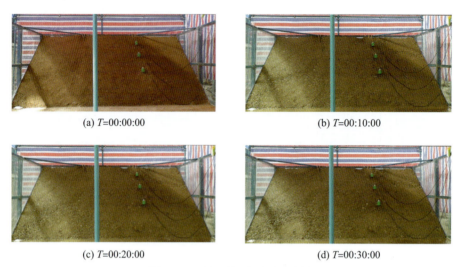

(a) T=00:00:00　　　　　　　　　　　　(b) T=00:10:00

(c) T=00:20:00　　　　　　　　　　　　(d) T=00:30:00

图 8-64　不同时间点试验现象图

2) 试验采集参数分析

降雨在低雨强条件下入渗坡体，由于坡面斜向下 42°，入渗的雨水产生较高的位置水头与流速水头，并对土颗粒和土骨架施加渗透力。土骨架中存在较大孔隙，孔隙大部分贯通，流体在势能差的作用下在孔隙中沿着坡体向下的方向运动，但雨强条件低，碎石土颗粒渗透性良好，故未产生有效的孔隙水压力。PWP1-1、PWP1-3、PWP2-2、PWP2-3、PWP2-4、PWP2-5 都保持在 0kPa 左右。含水率传感器 MC2-3 由于埋放在 10cm 处的浅层，降雨入渗后继续下渗至下方的土体，故其含水率保持在 5%左右波动。而 MC1-1、MC1-2、MC1-5 埋放在 20cm 厚坡体处，且下方为不透水的模拟基岩面，上方入渗的雨水一部分在这一层累积，使得体积含水率迅速增加到 18%左右，另一部分由于位置水头的作用沿基岩面下渗，所以一直处于硬塑状态。但 MC1-3 传感器却呈现不断增加的态势，推断是由于 MC1-3 的位置处于左下方，一部分接受上方降雨入渗，另一部分接受沿坡面水的渗透作用并且未形成有效的渗流通道，水体坡脚附近再次积蓄导致体积含水率不断增大达到 34.2%。从视频中也可看到左下方土体的细颗粒迁移现象也最明显，体积含水量也达到了液态化的含水量条件(图 8-65)。

图 8-66 为 TST4、TST6 两个地表测斜仪分别在 X、Y 轴方向的位移变化。由于土体一直处于稳定状态，故两个传感器在 X、Y 轴方向几乎无变化(小幅波动为正常误差范围之内)，呈一条直线。本次试验的降雨量维持在 60mm/h 左右的低雨强条件。

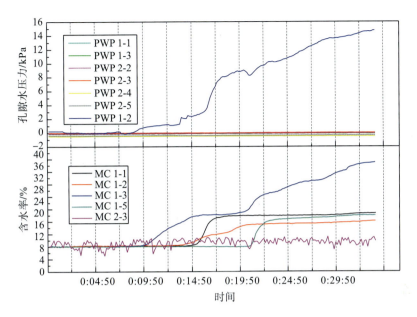

图 8-65　孔隙水压力及体积含水率变化曲线

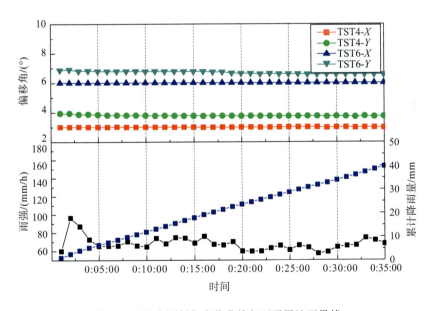

图 8-66　地表测斜仪变化曲线与雨强累计雨量线

2. 42°坡 90mm/h 雨强

1) 试验现象分析

降雨从 00:00:00 开始，雨强为 90mm/h，降雨开始后，坡体基本处于稳定状态。直到 00:06:51，坡体整体发生快速失稳，2s 内，沿基沿面向下滑动 15cm。坡脚水流清澈，说明雨水仍处于不断入渗阶段。00:08:55 之前又发生向下 2cm 的缓慢蠕移。00:09:20 发生了

1cm 的缓慢蠕移。00:10:27 又发生了 3cm 的稍快蠕移，耗时 3s，移动速率 1cm/s。降雨继续进行，接着在 00:11:17 坡体发生又一次快速的土体失稳运动，5s 内运动 6cm，移动速率较快为 1.2cm/s。00:12:25 坡体再次在 3s 内发生了 4cm 的较快蠕移。00:14:48 坡体发生最后一次运动，2s 内位移 5cm。之后降雨持续，但坡体处于基本稳定状态(图 8-67)。

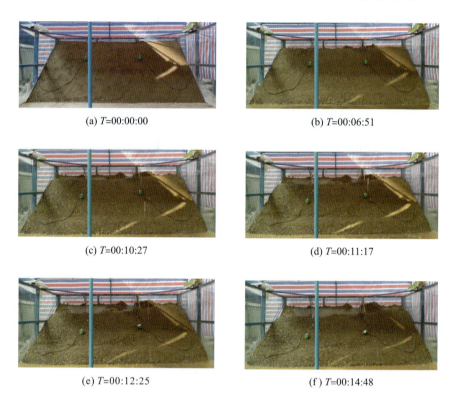

(a) T=00:00:00　　　　　　　　　　　　　(b) T=00:06:51

(c) T=00:10:27　　　　　　　　　　　　　(d) T=00:11:17

(e) T=00:12:25　　　　　　　　　　　　　(f) T=00:14:48

图 8-67　不同时间点试验现象图

2)传感器数据分析

PWP1-2、PWP1-5 这两个传感器的增长趋势相近，在 00:09:50 以后呈迅速增长态势。两个传感器从 00:10:00 的 0.003kPa、0.03kPa 分别快速增长至 00:11:30 的 0.80kPa、0.40kPa，之后处于逐渐上升状态。这两个传感器位于土体 20cm 处的同一水平线上，所以变化规律相似，突然迅速增大是由于土体含水率在此刻迅速累积增加接近饱和状态，土体总应力由孔隙水压力与土骨架所承受的有效应力共同承担，两个传感器所在附近产生了渗透水流使孔压增大后并未立即消散。传感器 PWP2-1、PWP2-2 埋设在土体 10cm 处，处在浅层位置。由于土体为碎石土，渗透系数较大，土体继续向深处入渗导致该层土体未能形成饱和水层，故未产生孔隙水压力，孔压值一直维持在 0kPa 左右。两个传感器孔压迅速增大的时间发生在坡体第一次失稳破坏前后。含水率传感器 MC1-3 从坡体第一次失稳前 0:05:00 的 8.48%迅速增长为 0:11:00 的 38%，而后又稍稍增加，最后体积含水率稳定在 41.1%左右，这一体积含水率已非常接近坡体饱和状态下 42%的含水率。MC1-5 传感器开始剧烈增长的时间较晚但增速更快，从 0:08:50 的 7.6%迅速增长为 0:09:40 的 40.2%，接近土体饱和含水率，说明在 MC1-5 附近已形成暂态保水层，含水率突增后，PWP1-5 的孔压值也逐步攀升。MC1-2、MC2-3、MC1-6 也是在坡体第一次失稳前从坡体初始含水率 5%左右开始迅速增大到峰值后稳定在 29.8%左右，该层坡体达到可塑态并已达到软塑态 27.2%的含水条件（图 8-68）。

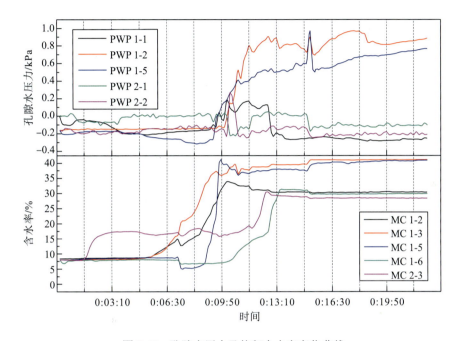

图 8-68　孔隙水压力及体积含水率变化曲线

选取 TST4、TST6 两个地表测斜仪分别在 X、Y 轴的变化值进行分析。地表测斜仪传感器的采集频率为分钟采集，由于 00:06:51 发生第一次快速失稳，可见 00:07:00 两个传感器在 X、Y 轴方向都发生了变化，TST4 在 X 方向由前一分钟的 4.51°变为 4.87°，TST6 在 X 方向由前一分钟的 6.52°变为 7.45°。第一次失稳后，多次蠕移与滑动造成了地表测斜计的不断变化，其中变化最剧烈的为 TST4 在 X 方向上的变化，从开始的 6.53°左右变为最终的-30.33°。由于最后一次失稳发生在 00:14:48，之后坡体处于稳定状态，故 00:15:00 以后 TST4、TST6 在 X、Y 方向并无大的变化。降雨的平均雨强保持在 90mm/h（图 8-69）。

3. 42°坡 120mm/h 雨强

1）试验现象分析

00:00:00 降雨开始，开始一段时间内坡体无明显位移变化。直到 00:06:34，坡体第一次失稳，整体向下滑动 15cm 并堆积在坡脚，左侧上方此时出现了长 35cm、宽 20cm 的张拉裂缝，右侧滑体与上方未动土体产生长 80cm、宽 10cm 的张拉裂缝，并且上方未动土体产生了临空面。00:07:50 坡体再次失稳，右侧上方坡体由于临空面的作用向下运动在此形成一条新的横向裂缝，长、宽 10cm。00:08:12 坡体发生第三次失稳现象，向下位移 5cm，可见右侧裂缝上方的土体发生明显的坍落现象。00:09:12 坡体第四次失稳，00:10:56 坡面泥石流暴发，00:11:22 坡面泥石流发生了二次启动现象，之后处于稳定状态，再无变化，人工降雨持续了 19min（图 8-70）。

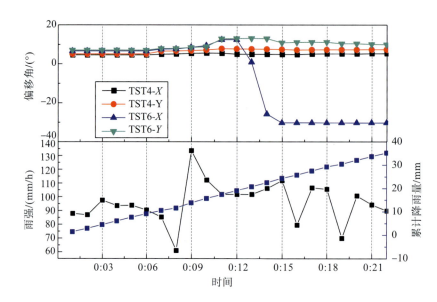

图 8-69　地表测斜仪变化曲线与雨强累计雨量线

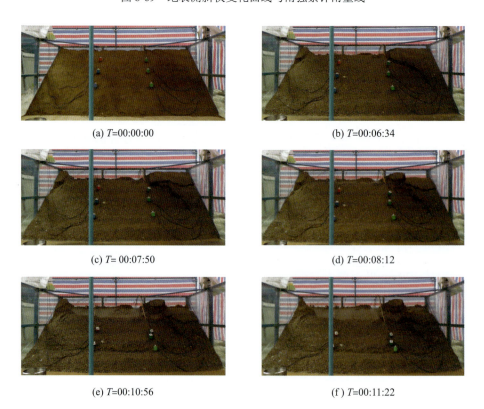

(a) T=00:00:00　　　　　　　(b) T=00:06:34

(c) T= 00:07:50　　　　　　　(d) T=00:08:12

(e) T=00:10:56　　　　　　　(f) T=00:11:22

图 8-70　不同时间点试验现象图

2）传感器数据分析

在 42°坡 120mm/h 雨强时，孔隙水压力传感器选取 PWP1-1、PWP1-2、PWP1-3、PWP2-1、PWP2-4 这五个具有代表性的传感器作为分析对象。PWP1-3、PWP2-1 这两个传感器所在位置由于未形成有效的渗透水流，故未能产生孔隙水压力，一直保持在 0kPa 左右。PWP1-1、PWP1-2 变化趋势明显并相近。从 00:06:34 土体第一次开始失稳后呈逐渐增加的态势，分别由 00:06:40 的-0.08kPa、0kPa 逐渐增加到峰值 0.77kPa、1.08kPa，后稍微下降但并未发生明显消散。这是由于 PWP1-1、PWP1-2 埋放在最底层，第一次失稳后基岩面产生了 15cm 宽的裸露面更有利于降雨入渗。降雨入渗量增加之后，在渗透压力的作用下导致孔压增大，而降雨继续不断地进行，使土体内部产生渗透水流。一部分降雨累积在土体内部导致孔压、含水率值不断积蓄并增加，另一部分降雨通过土体内部的渗流通道沿坡脚流出，最终达到一个先不断累积后孔隙水压力与渗透压力趋于较平衡的一个状态。PWP2-4 的变化趋势也同样与坡体的数次失稳发生坡面泥石流的过程相对应。从六个含水率传感器的数据分析图上可知，含水率的变化规律是在土体失稳前后迅速增加到峰值，后呈小幅波动并维持稳定。六个传感器突然增加至峰值的时间有先有后，MC1-2 传感器从 0:06:10 的 9.41%迅速增加到 0:07:40 的 31.49%并最先达到峰值。含水率传感器 MC1-2、MC1-5 最后分别稳定在 31%、32.7%，坡体达到软塑态。MC1-6 传感器最后稳定在 39% 左右，说明这一深度附近的坡体虽然未达到饱和但已达到流态化的含水量条件并形成坡面泥石流体。MC2-4 由于埋放在右侧最上方 10cm 处，只接受了降雨，极少地接受上方通过渗流通道流下的降雨，故一直未达到饱和，降雨后期一直稳定在 32.7%左右，处于可塑态（图 8-71）。

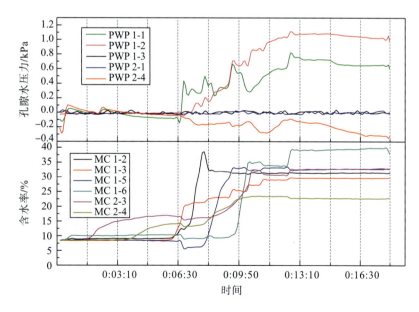

图 8-71　孔隙水压力及体积含水率变化曲线

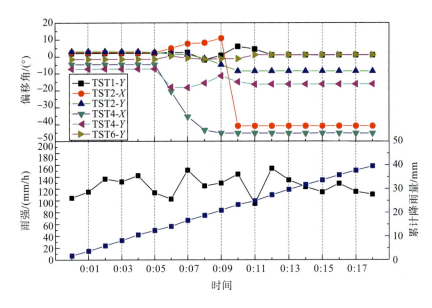

图 8-72　地表测斜仪变化曲线与雨强累计雨量线

由摄像机视频资料可见 00:06:30 时土体发生第一次失稳,地表测斜仪 00:07:00 整分钟采集的数据可见均发生了位移变化。每一次数据的变化与土体失稳或发生坡面泥石流相对应。其中位移量最大的地表测斜仪传感器为 TST2 与 TST4 的 X 方向,分别从 2.38°、-4.7°变为-40.91°、45.22°。00:11:00 以后由于土体整个破坏过程结束并保持稳定,地表测斜仪的数据也趋于稳定不变。由降雨量柱状图可知平均降雨雨强维持在 120mm/h 左右(图 8-72)。

4. 42°坡 150mm/h 雨强

1)试验现象分析

根据地表测斜仪以及与摄像机记录的试验现象相结合对试验过程进行分析。降雨开始后,坡体处于较稳定状态,当降雨持续到 00:05:06 时,坡体整体沿着基岩面发生滑动,滑动距离为 20cm,初步失稳的土体由于受阻力影响,淤积在了坡脚的下方。第一次滑移后坡体处于不动状态,降雨继续进行并不断入渗坡体,直到降雨持续到 00:07:52 时,上部坡体的浅表层再次启动,此时 TST1、TST4、TST5 这三个地表测斜仪也随坡体发生明显移动。当降雨持续到 00:08:34,坡体浅表层坡体再次发生蠕移。由于基岩面有 20cm 的裸露,更利于雨水下渗并流入坡体中,00:09:27 时坡面松散堆积体在此发生大规模移动。此时在淤高堆积体的上部可见一次次坡面物质启动层层堆积的现象。00:10:17 时发生坡体启动,上方与淤高堆积体中间正好形成一个横向沟槽,在坡体表面形成一个"凹形坡"。随后凹形坡上产生了蓄满产流甚至超渗产流的现象。00:11:34 时最后一次形成坡面泥石流。坡面松散堆积体形成泥石流体运动并堆积,由于泥石流的侵蚀与冲刷作用,钢槽底部不断有浑水流出(图 8-73)。

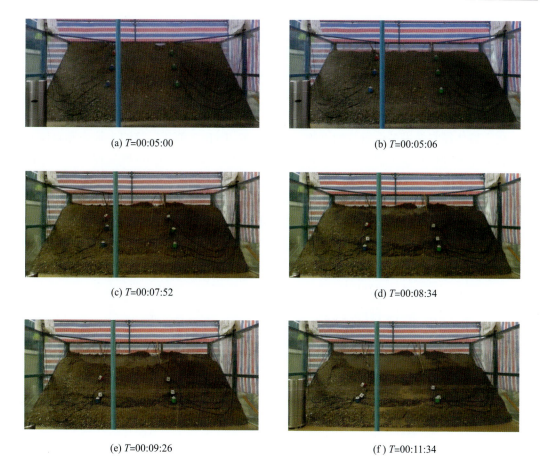

(a) T=00:05:00　　　　　　　　　　　　　(b) T=00:05:06

(c) T=00:07:52　　　　　　　　　　　　　(d) T=00:08:34

(e) T=00:09:26　　　　　　　　　　　　　(f) T=00:11:34

图 8-73　不同时间点试验现象图

2）试验结果分析

本次试验选取 PWP1-3、PWP1-5、PWP2-3、PWP2-5、PWP2-6 这五个传感器进行有效的数据对比分析。PWP2-5、PWP2-6 安放土层一致，位置相近，所以数值变化波动非常吻合。因只有高强度的连续降雨才能在斜坡体内部产生孔隙水压力效应，又因土体表面形成了凹形暂态饱和区，埋放在土体上层的传感器 PWP2-3、PWP2-5、PWP2-6 发生的变化较大，在坡体第一次破坏之前呈缓慢上升趋势并保持一定的孔压值。由于淤高堆积体在前方堆积较厚，坡体内水流不易流出，导致孔压迅速累积增大，而后又由于渗透压力大于孔隙水压力，孔压来不及消散最后 PWP2-5、PWP2-6 数据维持较大值362Pa、288Pa 左右不变。由于 PWP1-3、PWP1-5 埋放在土体 20cm 处，为最深处，坡体虽然多次失稳，但都未形成有效的渗透水流，因此孔隙水压力值接近于 0。MC1-2、MC1-3、MC1-5、MC1-6 埋放在土体最深部，在开始降雨时的 5min 内因降雨还未入渗到该层土体中，传感器数据基本保持初始含水率 8.1％不变。到 00:05:06 时土体含水率一起发生变化对应第一次坡体失稳的 2s 小蠕移阶段。由于传感器出露线固定，失稳土体对传感器有拖拽摩擦的作用，该小段变化值不甚准确，但符合失稳后含水率的变化规律。MC1-2 在 0:07:10 至 0:07:30 时间段内，迅速从 7.8％激增到 35.31％。MC1-2 传感器数据激增达到极大值的时间 0:07:30

早于第二次坡体大面积失稳的时间 0:07:52。土体从 7.8％的硬塑态迅速达到流态化的含水量条件(34.2％)。由于超渗产流现象的出现，以及坡脚处淤高堆积体的阻挡，含水率条件达到较大的极大值后呈逐渐稍稍增加的态势。而后 34.2％的体积含水率表示孔隙被大量的降水充填，在地表水流的牵引作用和坡面土体剪切力的作用下，坡面松散土体失稳后转化为泥石流(图 8-74)。

由于坡体经常做沿坡面垂直向下的运动，选取 TST1、TST4、TST5 地表测斜仪的 Y 轴变化值作为分析对象更能体现土体表层的位移变化大小。00:05:06 时坡体第一次失稳被 TST4 传感器在 00:06:00 采集时记录了下来。由于坡体多次失稳和坡面泥石流的形成，TST1、TST4、TST5 分别从 00:06:00 的-0.56°、-7.22°、3.82°分别变为 00:13:00 的 0.35°、-8.08°、3.71°。而后坡体稳定，地表测斜仪数据不变。降雨过程中通过对雨型和水泵压力的调整，保持平均雨强为 150mm/h(图 8-75)。

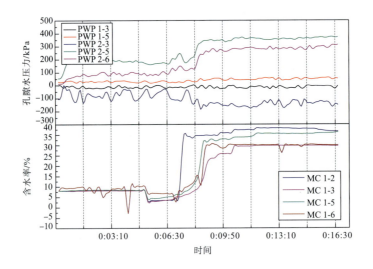

图 8-74　孔隙水压力及体积含水率变化曲线

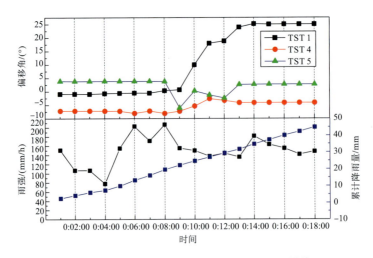

图 8-75　地表测斜仪变化曲线与雨强累计雨量线

5. 42°坡 180mm/h 雨强

1）试验现象

第一阶段降雨开始持续到 00:02:21，斜坡体沿基岩面发生整体蠕滑，滑动位移 10cm，滑动速度为 2.5cm/s；第二阶段 00:02:25～00:03:50，坡体整体发生缓慢蠕移，蠕动位移 20cm，时长 85s，平均蠕动速度 0.24cm/s，后期蠕动加速；00:03:50～00:04:16 坡体处于暂时稳定状态，在此时间段，坡体进一步吸收降雨；第三阶段 00:04:16 整个坡面泥石流第一次暴发，00:04:40 第二次坡面泥石流形成，00:05:01 坡体浅表层发生第三次坡面泥石流并在坡面产生浑浊的地表径流，00:05:28 右侧坡面再次启动形成坡面泥石流并冲出模型槽，00:05:47 后又有部分坡面再次启动，直到 00:07:28 以后，坡体不发生变化。试验结束后，坡体松散物源体冲出最长距离为 90cm，坡体全部启动。由于该组试验坡度最大，降雨最强，局部坡面泥石流启动的次数也最多，高达六次（图 8-76）。

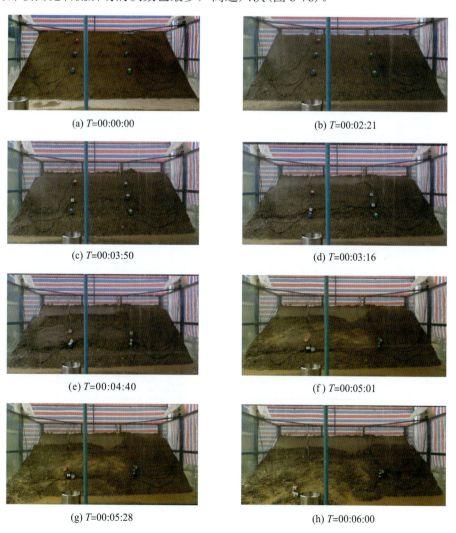

(a) T=00:00:00　　　　　(b) T=00:02:21

(c) T=00:03:50　　　　　(d) T=00:03:16

(e) T=00:04:40　　　　　(f) T=00:05:01

(g) T=00:05:28　　　　　(h) T=00:06:00

图 8-76　不同时间点试验现象图

2）试验传感器参数分析

孔隙水压力选取五个采集效果较好更具代表性的传感器进行对比分析，由于 PWP2-5 与 PWP2-6 安放在 10cm 厚土体中的同一垂直线上，两者显示孔压变化趋势非常相似，降雨刚开始后，传感器孔压值在小幅波动后趋于暂时稳定，当降雨时间持续到 00:1:30 时，PWP2-5 与 PWP2-6 开始分别从 0.0047kPa、0.0014kPa 迅速增长为 00:2:21 的 0.35kPa、0.22kPa，这一孔压激增过程对应坡体整体的第一次蠕滑现象。00:2:25～00:3:20 两个传感器开始稍缓慢分别增长至 0.36kPa、0.26kPa，达到极大值，对应第二阶段的缓慢蠕移。第一次大规模发生坡面泥石流的时间为 00:04:16，可见孔隙水压力在土体破坏前不断增长并存在极值且达到极大值的时间早于土体失稳时间。当土体失稳后，又急速下降至较稳定状态。PWP1-2、PWP1-4、PWP1-5 这三个传感器埋放在土体最底层，孔压值敏感程度比上层传感器低，变化差值不大，但变化趋势与前两个传感器符合，能充分反映土体深部孔压值的变化规律。含水率传感器的埋放位置与孔压传感器相同，MC2-2 传感器第一阶段随降雨进行体积含水率逐渐增大，增加速率在达到极值之前的增长速率最快，从 00:03:30 至 00:03:50 短短 20s 的时间内，体积含水率就从 15.62% 迅速增长到 33.96%，当数据达到极值 35.6% 后，含水率缓慢下降。该试验所用土体达到饱和时，含水率为 42%，而含水率接近土体饱和含水率，说明土体在坡面泥石流暴发之前，土体内部产生了有效的渗流通道。当发生坡面泥石流后，含水率趋于稳定保持在 34% 左右。MC2-3 与 MC2-2、MC1-5 与 MC1-3 这两组传感器的变化趋势分别相同，可见同一层传感器的变化趋势相似。MC2-3 达到极大值的时间早于 MC1-3 传感器，由于降雨为土体下渗过程，所以上层土体先达到最大值随后入渗导致下层土体中的传感器数值继续增加而达到极值。另外，在人工降雨过程中，细颗粒迁移现象非常明显。在渗流作用下，土体中的细颗粒被地下水从粗颗粒的孔隙中带走，从而导致土体形成贯通的渗流通道，产生管涌现象，发生部位有的在渗流逸出坡脚处，也发生在土体内部，因而被称为渗流的潜蚀现象，并可见流出水体浑浊，土体中的细颗粒黏粒等被不断带走（图 8-77）。

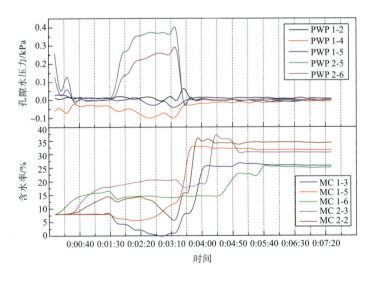

图 8-77　孔隙水压力及体积含水率变化曲线

图 8-78 为地表测斜仪变化数据以及每分钟采集一次的雨强数据。地表测斜仪的优点是可将地表土体变形情况与土体内部土体参数变化的响应规律相结合。TST3 测斜仪由于安放在坡体下方，坡体运动时做垂直向下运动，故 x 轴方向基本无变化。TST1 与 TST2 在 00:02:21～00:04:17 时间段内发生变化，每分钟采集数据各不同，00:02:21 以后的变动代表坡体开始了蠕滑与蠕移过程，00:04:17 坡体启动后位移计的变化结束，启动后地表测斜计稳定保持在-4.03°并出露坡体表面。降雨量雨强统计图可以得出本次试验雨强平均值保留在 180mm/h。

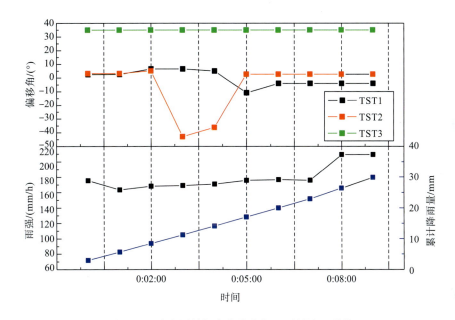

图 8-78　地表测斜仪变化曲线与雨强累计雨量线

8.3.4　试验结果分析

为直观对照各次试验的雨强与变形的相关性，为以下分析提供分析依据，将试验主要结论归纳为表 8-8。

表 8-8　试验主要结论统计表

坡度 G/(°)	雨强 I/(mm/h)	发生第一次失稳破坏降雨历时 D/h	坡体主要失稳过程	坡体内部物理参数主要变化		
				孔隙水压力 PWP/kPa	体积含水率 MC/%	地表位移计参数 TST/(°)
42	180	0.07111	00:02:21 坡体物源整体失稳；00:02:25～00:03:50 缓慢蠕移阶段；00:04:16 形成局部坡面泥石流体并启动。共发生一次整体失稳，六次局部坡面泥石流	上层土体中下部产生有效孔隙水压力高达 0.35kPa，土体破坏后快速消散	体积含水率从第二次失稳后均开始急剧增加至极值，其中最大值高达 33.96%，而后保持基本稳定	地表土体的变形主要集中在降雨进行 2～8min 之间

续表

坡度 G/(°)	雨强 I/(mm/h)	发生第一次失稳破坏降雨历时 D/h	坡体主要失稳过程	坡体内部物理参数主要变化		
				孔隙水压力 PWP/kPa	体积含水率 MC/%	地表位移计参数 TST/(°)
	150	0.085	00:05:06 坡体物源整体沿基岩石面首次滑动 20cm,00:07:52 上部坡体的浅表层再次启动。共发生五次坡体失稳破坏,一次坡面泥石流	第二次失稳前 10cm 厚度处土体右侧中下部分别产生 362Pa、288Pa 孔隙水压力,而后未及时消散并保持稳定	第二次失稳前均迅速增加至峰值,其中体积含水率最大处为底层中部土体高达 35.31%,达到 34.2% 液态化含水率条件	地表土体的变形主要集中在第一次失稳后 7～13min 之间
	120	0.10944	00:06:34,坡体第一次整体失稳向下滑动 15cm,左侧上方土体产生张拉裂缝,00:07:50 坡体第二次失稳,共发生四次坡体失稳破坏,两次坡面泥石流	底层上部和中部土体处产生有效孔隙压力分别为 0.77kPa、1.08kPa,后略微下降	10cm 厚处土体增加至 32.7% 左右,底层土体在破坏前增加至峰值,其中左侧坡脚处含水率最大高达 39%,接近饱和状态	变形发生在降雨进行 6～11min 之间
	90	0.11417	00:06:51 坡体整体向下滑动 15cm,之后缓慢蠕动,蠕动速率逐渐加快,00:11:17 坡体发生第二次快速的土体失稳运动,随后又发生二次失稳现象。共发生四次失稳	底层中部两侧土体产生有效孔压,分别为 0.80kPa、0.40kPa	由表及里,上层土体含水率先行增加,第一次失稳破坏后出现拐点,后又剧烈增加,其中底层左侧坡脚处含水率最大高达 38%,接近饱和	右上部土体沿 X 方向偏移最剧烈,由 6.53° 偏移至-30.33°
	60	/	无明显变形破坏痕迹,坡体基本保持稳定	只有底层左侧中部产生有效孔压并逐渐增大	坡脚处含水率不断增加至 34.2%,其他部位土体增加至 18% 左右后保持稳定	位移计读数几乎无变化
37	180	0.09917	降雨开始后坡体蠕移并产生 8cm 宽水平张拉裂缝,00:05:57 第一次失稳,00:07:06 右侧上方坡体小范围失稳,00:07:15 大规模的坡面泥石流暴发,冲出 1m。共两次失稳,一次坡面泥石流	10cm 厚度处左侧土体中部由降雨开始前的基质吸力 -0.18kPa 增加至孔隙水压力 0.045kPa	10cm 厚处土体增加至 15%、14.1% 左右。底层中下部两侧土体在第一次失稳前分别增加至 26.68%、27.07%、32.44%、28%	地表土体变形时间集中在试验开始后的 2～8min,从蠕移到失稳破坏
	150	0.09611	降雨开始后 00:04:40～00:05:45 发生蠕移,00:05:46 坡体快速失稳右上方产生 5cm 宽的张拉裂缝。00:06:08 第二次失稳,00:07:37 第一次坡面泥石流暴发。共两次失稳,一次坡面泥石流	底层左侧中部处由 8Pa 产生一定孔隙水压力至 120Pa,其余位置土体未产生明显孔隙水压力,其中底层上部土体维持负孔压上下波动	底层中部两侧土体分别增加至 16.08%、26.32%,下部右侧土体增加至 22.45% 左右。10cm 厚处土体增加至 12.7%～15.1%	主要变形发生在 5～8min。蠕移阶段,数值变化范围不超过 0.02°
	120	0.15056	00:07:10～00:09:00 坡体蠕移,坡体两侧产生斜向下两条拉张裂缝,00:09:02 第一次失稳,00:10:52 产生坡面泥石流,坡脚冲出槽底 52cm。共一次失稳,一次坡面泥石流	未形成较大孔压,均在 0kPa 左右波动,波动范围不超过 0.03kPa	10cm 厚度处土体含水率随降雨进行增加至 12.1%、11.2%,底层右侧中下部土体含水率分别增加至 26.2%、22.2%	剧烈变形集中在 9～12min,主要变形时间段以外轻微蠕变为主
	90	/	未发生坡体明显失稳破坏现象,呈基本稳定状态	未产生孔压明显增大趋势,呈波动状态,幅度不超过 0.05kPa	底层右侧中下部土体积含水率增加明显,分别增加至 26.6%、15.14%	数据基本呈直线,浮动范围小于 0.17°

续表

坡度 G/(°)	雨强 I/(mm/h)	发生第一次失稳破坏降雨历时 D/h	坡体主要失稳过程	坡体内部物理参数主要变化		
				孔隙水压力 PWP/kPa	体积含水率 MC/%	地表位移计参数 TST/(°)
34	180	0.10861	降雨开始至 00:06:30 发生 16cm 蠕移，越临近失稳，蠕移速率越快，00:06:31 第一次失稳，坡脚冲出 30cm。共发生一次失稳现象	10cm 厚处右侧中部土体在破坏前增加至 0.33kPa，土体破坏后立即消散至 0kPa 左右	底层右侧中下部增加至 18.8%、12.1% 后保持稳定，10cm 厚处右侧土体含水率分别增加至 15.7%、10.1%	主要变形集中在降雨进行 3~7min
	150	0.1213	降雨开始后开始蠕变，速率不断增大，00:07:17 大面积整体失稳，左侧坡脚冲出 28cm，00:10:15 右侧之前受边界约束的坡体开始启动。共两次失稳	未产生较大孔压，但变化趋势符合坡体破坏阶段，如 10cm 厚处土体由 37Pa 在破坏后突然消散至 2Pa	底层右侧中下部分别增加至 20.1%、15.1%，10cm 厚处土体含水率略微增加	变形集中在 4~11min，两次失稳后位移计变化剧烈
	90	/	坡体未见明显变形	孔压主要呈直线上下波动状态	底层右侧中下部增加较大，分别至 26.6%、14.9%	数据呈平直线
32	180	/	降雨后发生蠕移，蠕移平均速率 0.8cm/min，00:09:54 坡脚发生部分垮塌，呈现弧形拉张裂缝。未见坡体大型整体失稳	孔隙水压力一直都在 0kPa 左右浮动	10cm 厚处左侧土体含水率增加至 25.6%（可塑态）、20.3%，底层中下部土体增加至 32.8%、37.5%、31.1%	位移计前 10min 变化充分反映了坡体的持续蠕移

8.3.4.1　坡面物源启动破坏阶段划分

通过试验现象观察，坡面物源启动模式主要受坡度影响和控制，将其失稳破坏阶段分为两大类。

(1)大坡度的坡面松散物源破坏过程可分为以下几个阶段(以 42°为主)：初始浸润阶段→整体失稳→产流冲蚀效应及细颗粒迁移侵蚀阶段→土体溜滑→坡面物源呈泥石流体状阵性暴发(图 8-79)。

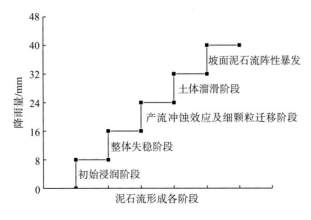

图 8-79　陡坡坡面物源破坏阶段划分

陡坡度的坡面物源启动过程如下：松散砾石土渗透系数大，降雨开始初期，降水不断快速入渗至坡体，由于基岩面的弱透水性，坡底土体体积含水率逐渐增大至接近饱和状态，并产生有效径流通道和一定高度的自由水水头，底部层流的牵引拖拽作用使得坡体底部的抗剪强度小于土体的剪切力从而发生沿坡体底部的整体失稳。失稳后，一方面由于两侧上方土体产生张拉裂缝形成临空面，或钢槽后端的基岩面因坡体失稳而裸露，加强了雨水的进一步入渗作用和裸露基岩面上的水流冲刷作用；另一方面，由于失稳后颗粒结构的重新组合掺混，原来打开的通道被暂时阻塞，坡面发生产流现象并形成超渗表面流，表面细颗粒被不断冲刷及向下迁移，在坡脚钢槽底板处可见浑浊水流。形成区的产流概念不同于沟道内泥石流的产汇流，泥石流的产汇流是土体液化产流或水流冲刷产流或两者都有，这里主要是指降雨过程中的地表径流。失稳后土体在坡脚处形成淤高，淤高堆积体受到上方来水入浸，渗流通道被重新打开，堆积体启动溜滑，形成泥石流体。大坡度高雨强条件下的坡面泥石流暴发具有渐进侵蚀和阵发性的特点。渐进侵蚀的启动方式是指在高雨强陡坡条件下第一次失稳产生地表径流过后，表层土体受到雨水的剧烈冲刷，在地表径流的牵引作用下向泥石流转化并启动，表现为由外及里层层破坏的模式。坡面物源失稳后并形成坡面泥石流体的阵发性特点是指坡面物源形成泥石流体并进入沟道内的过程是非连续性的，表现为阵性发育的规律。并且坡度越陡，雨强越大，发生坡面阵发性泥石流的次数就越多，如42°坡在180mm/h的条件下共发生 1 次失稳，6 次坡面泥石流启动。试验过程中斜坡失稳形成滑坡和坡面泥石流启动两个过程连续发生紧密相连并且难以区分，通过含水率传感器测定的体积含水率，达到或接近流态化条件31.2%，即认为坡面松散物源达到了泥石流体的含水量条件。

(2)中低坡度(32°～37°)坡面物源失稳破坏过程可大致分为如下几个阶段：初始雨水入渗阶段→前期蠕移阶段→整体失稳→出现雨滴溅蚀和地表径流侵蚀现象→形成坡面泥石流体并启动。其中失稳次数不大于 2 次，形成坡面泥石流后的启动次数不超过 1 次(图 8-80)。

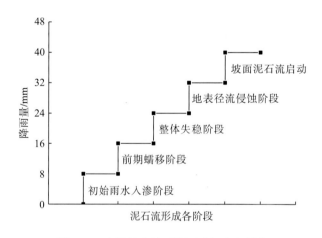

图 8-80　中等坡度坡面物源破坏阶段划分

中低坡度(32°～37°)坡面物源启动模式与大坡度条件下破坏模式的区别为土体缓慢蠕移阶段更加明显，历时更长，可发生 4～7min 的缓慢蠕移，并且呈现越临近第一次失稳破坏蠕移速率越快的趋势。整体失稳指蠕变后第一次斜坡失稳，这时往往未形成泥石流体，降雨不断入渗,坡面形成地表径流侵蚀现象,最终可能形成泥石流体并启动。中低坡度 (32°~37°) 与大坡度条件下坡面泥石流形成模式差异是由于两者的启动机制不同,中低坡度 (32°~37°) 条件下降雨过程中由于降雨不断入渗,细颗粒向下迁移现象明显,坡体底部黏粒等细颗粒明显增多,细颗粒发生剪缩效应,体积减小,孔隙水压力增大,有效应力减小,其中只有有效应力的变化才能真正引起土体强度的变化,进而土体与基底面的摩擦力减小并发生失稳破坏。大坡度条件下的坡面泥石流发生主要由地表径流冲刷以及土体内部形成的自由水水头甚至渗透水流等水动力条件控制。

8.3.4.2 试验采集物理参数变化规律

1. 孔隙水压力变化规律

当试验堆积体坡度为 42° 时,五种雨强条件下均产生较明显的孔隙水压力,其中高雨强条件下(150mm/h、180mm/h)较大的孔压(200~350Pa)形成于 10cm 厚土体埋设传感器附近,这是由于雨强较大,入渗速率较快,使入渗后的土体产生了承担部分总应力的条件。中低雨强条件(120mm/h、90mm/h、60mm/h)下孔隙水压力都在堆积体底层处产生,10cm 厚处埋设的孔压传感器都未见明显增加趋势,这是由于底层为相似材料模拟的基岩与覆盖层交界面,透水性较低,易形成有效孔压。试验堆积体坡度为 37° 时,高雨强条件(150mm/h、180mm/h)下,产生有效孔压,其中雨强为 180mm/h 时,孔压同 42° 坡一样产生于 10cm 厚土体处,由负孔压(基质吸力)增加至 45Pa;雨强条件为 150mm/h 左右时,孔压产生于底层土体,由降雨前 8Pa 增加至 120Pa。37° 坡其他两组中低雨强条件 (90mm/h、60mm/h)下都未产生有效孔压。当试验坡度设定条件为 34° 时,只有高雨强条件(150mm/h、180mm/h)下的两组试验分别在底层和 10cm 厚土体处产生了 30Pa 左右较小的孔隙水压力。当试验设计坡度为 32° 时,最大雨强条件(180mm/h)条件下各处都未产生有效孔压,在 0Pa 左右上下波动。

总结后,在试验中,孔隙水压力值的变化存在以下规律:

(1)孔隙水压力值的变化受降雨强度与堆积体坡度的双重控制,坡度越陡,产生孔压的降雨条件越低。

(2)坡度相同条件下,降雨量越大,孔压开始迅速增长的时间点越早,增加后的孔压值也越大。

(3)高雨强条件下,孔压多产生于 10cm 厚处的土体,而中低雨强条件下,孔压多产生于模拟基岩面附近。

(4)坡体在失稳前,孔隙水压力呈剧烈增加的态势增长至峰值,在土体发生失稳破坏之后,孔压存在不同程度的消散,且整个降雨过程中,孔隙水压力与体积含水率传感器达到峰值点的时间较接近。

2. 体积含水率变化规律

经土工试验测定,试验用土饱和度为 40%,土体流态化含水量为 31.2%,达到软塑态含水量条件为 27.2%,可塑态含水量条件为 18%左右。当坡度条件为 42° 时,高雨强条件下(180mm/h、150mm/h),由于坡度最陡,斜坡在短时间内很快发生整体失稳,在第 2 次失稳前体积含水率分别迅速增加至峰值 33.96%、35.31%，达到了坡体呈现流态化状态的含水量条件(31.2%)；中雨强条件下(120mm/h、90mm/h)，底层体积含水率分别增加至最大值 39%、38%，土体已接近饱和度 40%，即基岩面上产生暂态饱水层或出现层流现象；雨强为 60mm/h 时，坡体虽未发生大型失稳，坡脚处的含水率也达到 34.2%，达到流态化条件发生坡脚局部坍塌。当试验坡度为 37° 时，高雨强条件(150mm/h、180mm/h)下，底层体积含水率最大处可平均增至 26.1%左右；中雨强条件(120mm/h、90mm/h)下，底层土体的体积含水率最大处分别增加至 26.32%、26.2%，其中雨强为 90mm/h 未发生明显坡体失稳。当坡度为 34° 时，高雨强条件(150mm/h、180mm/h)下，体积含水率的最大值产生于坡体底层，分别为 18.8%、20.1%，并发生了坡体的失稳破坏；雨强小于 120mm/h 时，坡体物源未启动，且坡脚处产生体积含水量最大值 26.6%。当试验坡度条件为 32° 时，之前降雨初期蠕滑，未见明显失稳破坏，底层坡脚处由于雨水的不断下渗累积，均达到了液态化的含水量条件(31.2%)。

经总结，体积含水率随降雨进行主要呈现以下主要变化规律：

(1)体积含水率基本在土体发生第一次大型失稳破坏之前增加至峰值，也就是出现峰值的时间早于土体失稳破坏时间，且坡度为 42° 时，破坏前呈短时剧烈增加的趋势；坡度较缓的条件下，体积含水率呈现逐渐增加至峰值的趋势。

(2)发生失稳破坏时土体往往不饱和：其中 42° 坡失稳时接近饱和，32°～37°土体第 1 次大型失稳时最大体积含水率为 26.1%左右。

(3)底层传感器体积含水率高于 10cm 厚处土体的含水率，发生土体失稳破坏时，体积含水率的最大值均产生于基岩面上的传感器附近，若发生失稳破坏，10cm 厚处的土体含水率增加后维持在 12.1%～15.7%。

(4)体积含水率的变化趋势线中会有"小突起"现象，对应发生土体失稳破坏或坡面泥石流体启动的时间点后可发现：破坏结束后，体积含水率都会略微下降但不会剧烈降低，破坏阶段在趋势线上就会呈现出"小突起"状。

3. 地表测斜仪变化规律

地表测斜仪数据为测点处子机分别沿法面直交面和法面方向的偏移角度(图 8-81)，在试验过程中可对地表位移(倾斜变动)进行精准把握，可精确到 0.02°。在实际野外监测预警工作中，地表测斜仪也得到广泛应用(图 8-82)，可通过现场监测数据线的变化速率对位移进行异常感知并进行紧急点检。

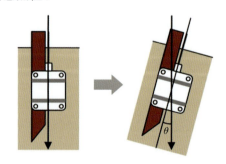

图 8-81　地表测斜仪的初期状态与变形发生后

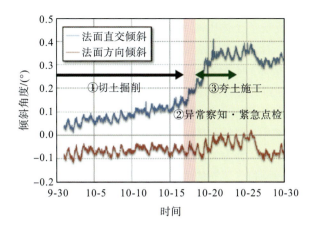

图 8-82　现场监测数据

在本次试验过程中,摄像机可确定变形发生的现象及坡体破坏时间点,而位移计则精准地测定测点位置表层土体的变形量。地表测斜仪的变化呈现以下主要规律:

(1)地表测斜仪的变化与坡体破坏阶段相吻合:蠕变阶段变化速率较小,失稳后数据出现突变,斜坡失稳及坡面泥石流启动次数越多,地表测斜仪剧烈变化的时间段就越长,变形结束后,数据基本趋于稳定。

(2)随降雨入渗,初期坡体变形以蠕变为主,在第 1 次失稳破坏时间点前,蠕变变形速率逐渐增快。

(3)未发生变形的试验,地表测斜仪数据均呈平直线状。

8.3.4.3　地表变形与坡面物源内部物理参数变化规律的响应

本节探讨地表测斜仪监测数据、实时降雨雨强、地下埋设的孔压传感器监测数据与体积含水率传感器监测数据变化之间的响应规律,并将数据与坡体失稳相关性强的指标确定为可实现的预警指标。

失稳破坏前为各监测参数值变化的重要阶段,因失稳前坡体以蠕变变形为主,地表测斜仪呈现逐渐变化的趋势,且变化速率逐渐增快直至发生第 1 次失稳;在高雨强大坡度条件下才能产生孔隙水压力,失稳前孔压剧烈增加至极值;体积含水率随降雨开始入渗至测点处开始逐渐增加,并在发生第 1 次失稳之前达到极值。

破坏过程中,由于坡体先发生 1~2 次大型整体失稳运动,随后阵发性坡面泥石流体启动,该阶段为地表测斜仪变化最为剧烈的时间段;孔压传感器由于失稳后土体结构的变化,有可能发生立即消散或逐渐变化;体积含水率在失稳后立即略微下降,趋势线呈"小突起状"。

破坏后趋于稳定阶段,地表测斜仪的变化趋势线呈平直状,沿法面及法面垂直面的偏移方向不超过 0.2°,体积含水率保持稳定。可见地表测斜仪的剧烈变化集中在破坏阶段,而孔隙水压力和体积含水率的剧烈增加一般出现在第 1 次失稳之前。

由以上地表变形与坡体物源内部物理参数变化的相应关系可知:地表测斜仪的数值在失稳前蠕变速率不断增快,该阶段的数值变化可加入监测预警系统为坡面失稳的激发雨量提供支撑；孔隙水压力反映了土体内应力变化，只有在大雨强大坡度条件下才有可能产生较大的有效孔隙水压力，且波动剧烈，是否消散也较随机，故孔隙水压力可支撑试验结果但不能作为理想的预警指标。体积含水量反映了随降雨进行坡体内雨水入渗情况，呈现出明显的增长规律，失稳后维持稳定状态，且不同的坡度条件下坡体失稳前存在体积含水量对应极值，可将土体深部体积含水率选为预警指标。

在野外监测预警系统中，降雨量为一级预警系统，可预测沟道内是否有可能发生泥石流；地表测斜仪、次声、地声等为二级预警，其中造成局部地表测斜仪变化的偶然因素较多(动物经过、农民意外触碰)，泥石流发生时必产生次声与地声，但具体发生在哪条沟道不能确定。因此现多采用视频仪作为三级预警设备，多安放在沟口以便实时观测泥石流发生的具体位置。

本章对试验现象及试验结果已做出细致分析，揭示了坡面物源体失稳或坡面泥石流体启动模式，掌握了地表与地下监测数据的变化过程及响应规律。数十组大型物理模型试验的完成，力求通过数据以新的视角分析坡面物源启动机制与形成过程，为银洞子泥石流沟的险情预报奠定科学基础和理论依据。

8.4　基于模拟试验的泥石流坡面物源破坏规律研究

8.4.1　坡面物源启动的时空规律与统计模型

8.4.1.1　传统 *I-D* 模型统计

Nel Caine 于 1980 年首次提出了浅层滑坡和泥石流的 *I-D* 模型，*I*(intensity)为降雨强度，*D*(duration)为降雨历时，两者呈幂函数形式，其标准型为 $I = aD^{-b}$，其中 *a*、*b* 为参数。*I-D* 模型不断得到发展及广泛应用(表 8-9)，已成为预测滑坡或泥石流是否发生的经典模型并沿用至今，该模型优点是可准确判别泥石流或滑坡启动的临界雨量条件即降雨阈值，多采用降雨资料统计的方法。在本节中主要运用试验资料统计法来确定银洞子泥石流沟发生失稳破坏的 *I-D* 雨量模型。

表 8-9　*I-D* 模型的统计总结表

I-D 模型统计者	地区	方程式	降雨历时/h
Caine(1980)	世界	$I = 14.82D^{-0.39}$	0.167＜D＜240
Jibson(1989)	世界	$I = 30.53D^{-0.57}$	0.5＜D＜12
Guzzetti et al.(2008)	世界	$I = 2.2D^{-0.44}$	0.1＜D＜1000
Cannon(2008)	加利福尼亚州南部	$I = 14.0D^{-0.5}$	0.167＜D＜12
Larsen and simon(1993)	波多黎各	$I = 91.46D^{-0.82}$	2＜D＜312
Chien-Yuan et al.(2007)	中国台湾	$I = 115.47D^{-0.8}$	1＜D＜400

I-D 模型统计者	地区	方程式	降雨历时/h
Guzzetti et al.(2007)	加利福尼亚	$I = 10.30D^{-0.35}$	0.1<D<48
Dahal and Hasegawa(2008)	喜马拉雅山脉(尼泊尔境内)	$I = 73.9D^{-0.79}$	5<D<720
Jibson(1989)	日本	$I = 39.71D^{-0.62}$	1<D<12
Hitoshi(2010)	日本	$I = 2.18D^{-0.26}$	3<D<537
Guo X J et al.(2012)	中国蒋家沟	$I = 2.67D^{-0.4298}$	0.13<D<25

1. 42° 坡度条件下的 I-D 模型

在坡度为 42° 的条件下, 由于坡面过陡峭, 较小雨量可激发斜坡的失稳破坏或发生坡面泥石流, 雨量条件分别为 90mm/h、120mm/h、150mm/h、180mm/h(表 8-8)。当降雨强度为 60mm/h 时, 坡体未见失稳破坏现象, 可判定降雨预警区间为 60～90mm/h。对 4 组发生坡体破坏现象的时间点进行幂指数拟合(图 8-83), 得到:

$$I = 7.5028D^{-1.2066} \qquad (R^2 = 0.894\,02) \tag{8-11}$$

式中, I 为降雨雨强; D 为降雨历时; R 为相关性系数。

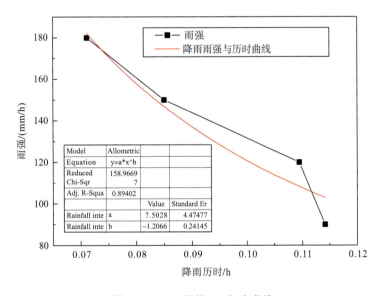

图 8-83　42° 坡体 I-D 拟合曲线

2. 37° 坡度条件下的 I-D 模型

当坡体坡度为 37° 时, 试验过程中发生斜坡失稳破坏或形成坡面泥石流体的雨量条件为 120mm/h、150mm/h、180mm/h。在中低雨强条件下(60mm/h、90mm/h)未发生破坏, 故 37° 坡降雨预警区间为 90～120mm/h。根据表 8-8 中的 I、D 试验数值的拟合结果可得到该坡度条件下的 I-D 模型(图 8-84):

$$I = 32.774D^{-0.6926} \qquad (R^2 = 0.369\,76) \tag{8-12}$$

式中，I 为降雨雨强；D 为降雨历时；R 为相关性系数。

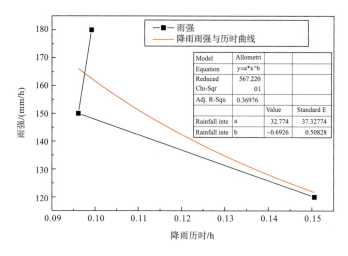

图 8-84　37° 坡 $I\text{-}D$ 拟合曲线

3. 34° 坡度条件下的 $I\text{-}D$ 模型

34° 坡在五种雨强中只有两种雨强条件下（120mm/h、150mm/h）发生了坡面物源失稳破坏现象，仅有的两个临界数据点给拟合带来了困难，而在银洞子泥石流沟形成区的实际坡度条件中，34°～38° 坡占 75% 左右，故将 34° 与 37° 坡角条件下的临界点共同拟合，可得到较准确和全面的结论。该坡度条件下，雨量预警区间为 90～120mm/h（图 8-85）。本次模型共将五个临界点进行拟合，得到 $I\text{-}D$ 方程：

$$I = 37.0486D^{-0.6591} \qquad (R^2 = 0.443\,37) \tag{8-13}$$

式中，I 为降雨雨强；D 为降雨历时；R 为相关性系数。

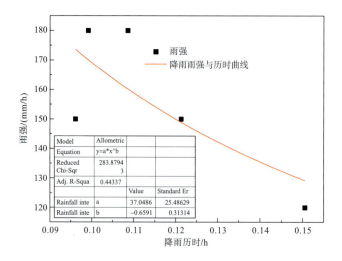

图 8-85　34° 和 37° 坡试验结果统计图

4. 三种混合坡度条件下的 *I-D* 模型

忽略坡度条件不同，将试验过程中得到的 3 种坡度临界点进行拟合运算，20 组试验中共有 9 次发生了斜坡的失稳破坏，故将这 9 个点共同拟合，得

$$I = 42.4425D^{-0.545\,27} \qquad (R^2=0.200\,94)$$

式中，I 为降雨雨强；D 为降雨历时；R 为相关性系数。

从散点图 8-86 中可看到，当雨强为 180mm/h 时，在 42°、37°、34° 这三个坡度条件下均发生坡体失稳破坏，3 个破坏临界点在 I=180mm/h 这条平直线上；雨强为 150mm/h 时，有 3 个破坏临界点在 I=150mm/h 这条平直线上；当雨强为 120mm/h 时，共有 2 个点在 I=120mm/h 这条平直线上（图 8-86），这样会造成拟合曲线的相关性系数较低，但仍具有较全面的预警价值。

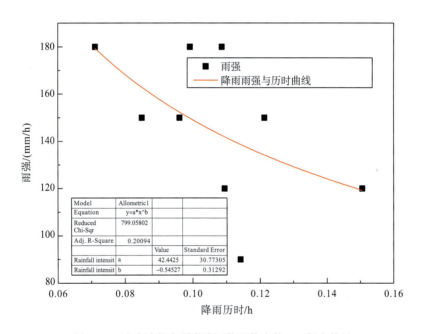

图 8-86　试验过程中所有降雨临界值点的 *I-D* 拟合统计

I-D 最小值以下区域的降雨量已经无法启动泥石流事件，而试验结果也有较好的验证，因此可以采用包括所有试验数据的公式（8-14）作为银洞子沟坡面物源启动的预警模型，即：

$$I = 42.4425D^{-0.545\,27} \tag{8-14}$$

式中，I 为小时降雨平均值；D 为降雨过程中发生第一次大面积坡体失稳破坏的时间。根据该模型可得到银洞子泥石流沟物源区失稳的降雨阈值，1h 降雨临界值为 42.4425mm。42° 坡发生坡体破坏的雨强条件为 90mm/h，37° 与 34° 坡发生坡体失稳破坏的雨强条件分别为 90mm/h、120mm/h、150mm/h。为保守起见，选取试验所得坡面物源启动最小值，故将银洞子沟沟道坡面物源启动临界雨量阈值定为 90mm/h。

8.4.1.2　多参数预警模型建立

在降雨不断入渗的过程中，银洞子泥石流沟形成区发生坡面物源失稳破坏或形成坡面泥石流启动是"天地耦合"的共同作用结果。传统的 I-D 降雨模型仅考虑了降雨对坡体破坏的激发作用，而忽略了下垫面坡度形态及可用来当作有效预警指标的反映土体渗透性质的体积含水率等地下物理参数变化的影响。故在本节中将建立坡度、地下深部体积含水率与降雨雨强、历时相结合的形成区失稳破坏的预警模型，实现对以上传统 I-D 降雨模型的修正。

表 8-10 为多参数预警数据统计表，其中共有 9 组数据统计表，这 9 组即为 20 组大型物理模型试验中发生坡体失稳破坏或坡面泥石流体启动的试验。其中坡度为试验设定坡度，雨强为降雨过程中的固定雨强，降雨历时为坡体第一次发生大面积失稳破坏的时长，体积含水率的值为坡体第一次大面积失稳前体积含水率达到的峰值。其中，坡度(G)、雨强(I)为试验设定的自变量，降雨历时(D)、体积含水率(M)根据不同的坡度降雨条件发生变化，因此设为因变量。考虑到两种因变量，采取对单个变量分别进行三维拟合的方式得到 IGD 模型与 IGM 模型。

表 8-10　多参数预警模型数据统计表

坡度/(°)	雨强/(mm/h)	降雨历时/h	体积含水率/%
42°	180	0.0711 1	35.974
42°	150	0.085	35.315
42°	120	0.109 44	38.211
42°	90	0.114 17	40.191
37°	180	0.099 17	30.818
37°	150	0.096 11	21.229
37°	120	0.150 56	27.191
34°	180	0.108 61	18.862
34°	150	0.121 3	18.035

1. IGD 模型

由于本次试验的控制变量为降雨雨强(I)与坡度(G)，因变量为降雨历时(D)，故将 x、y 分别设为 I、G，因变量 z 设为 D。采用 Exponential 2D 模型可达到较高的拟合精度（图 8-87～图 8-89）。Exponential 2D 指数模型的标准型为

$$z = z_0 + B \exp\left(-\frac{x}{C} - \frac{y}{D}\right) \tag{8-15}$$

三维拟合后得

$$z = 0.059 + 47.67 \exp\left(-\frac{x}{67.06} - \frac{y}{7.96}\right) \tag{8-16}$$

相关性系数 R^2=0.715 71，I、G、D 分别替换 x、y、z 即可得到 IGD 数学模型：

$$D = 0.059 + 47.67 \exp\left(-\frac{I}{67.06} - \frac{G}{7.96}\right)$$ (8-17)

式中，I 为降雨雨强，30mm/h$<I<$200mm/h；G 为坡面物源坡度，30°$<G<$45°；D 为坡体第一次发生大面积失稳破坏的降雨历时，单位为 h。

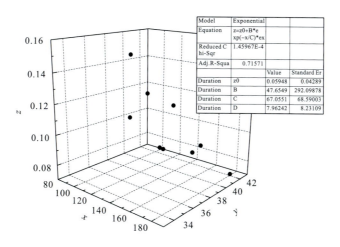

图 8-87　IGD 数据散点图

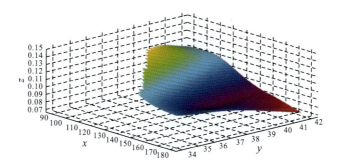

图 8-88　数据三维曲面图

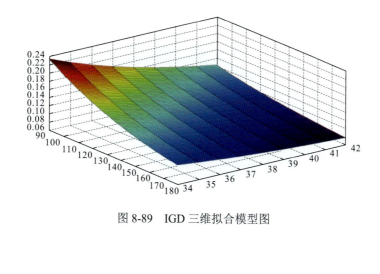

图 8-89　IGD 三维拟合模型图

2. IGM 模型

IGM 数学模型是将自变量同样控制为降雨雨强（I）与坡度（G），因变量为土体深部体积含水率（M），故将 x、y 分别设为 I、G，因变量 z 设为 M。同样采用 Exponential 2D 模型可达到较高的拟合精度（图 8-90～图 8-92）。Exponential 2D 指数模型的标准型为式（8-15）。三维数学拟合后得

$$z = 78.87 - 299.83\exp\left(-\frac{x}{2.394\mathrm{E}97} - \frac{y}{21.22}\right) \tag{8-18}$$

相关性系数 R^2=0.830 57，I、G、D 分别替换 x、y、z 即可得到 IGM 数学模型：

$$M = 78.87 - 299.83\exp\left(-\frac{I}{2.394\mathrm{E}97} - \frac{G}{21.22}\right) \tag{8-19}$$

式中，I 为降雨雨强，30mm/h$<I<$200mm/h；G 为坡体覆盖层坡度，30°$<G<$45°；M 为坡体第一次发生大面积失稳破坏前的深部土体体积含水率，单位为%。

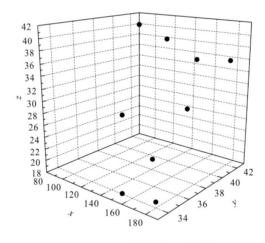

图 8-90　IGM 模型数据散点图

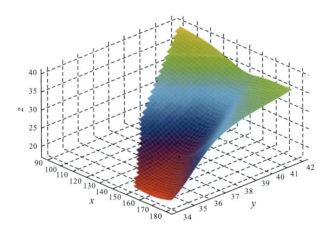

图 8-91　IGM 模型数据三维曲面图

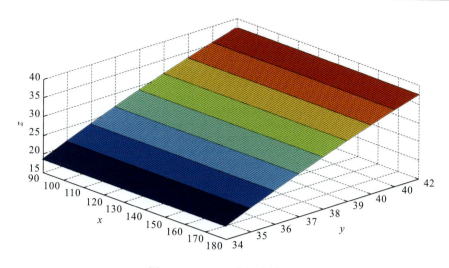

图 8-92　IGM 三维拟合模型图

以上为银洞子泥石流沟模型试验得出的 IGD、IGM 数学模型，土体的前期降雨与土体渗透性质都影响了体积含水率，而坡体失稳破坏与坡体形态、下垫面形态关系密切。本模型成功地将仅考虑降雨的传统 I-D 模型进行了修正，得到了银洞子泥石流沟形成区坡体松散物源失稳破坏的判别式，为政府进一步实现超前预警预报银洞子泥石流发生提供理论参考。

8.4.2　银洞子沟坡面物源失稳预警标准

由式(8-14)给出了基于试验资料的 I-D 统计模型，当降雨历时 D=24h 时，则：

$$I = 42.4425D^{-0.545} = 42.4425 \cdot \frac{1}{5.6522} = 7.509(\text{mm / h})$$

$$7.509 \times 24 = 180.2\text{mm}$$

所以，试验模型得出银洞子沟坡面物源启动 24h 累计雨量预警值为 180mm。

根据模型试验资料，可得银洞子沟坡面物源启动雨量临界如表 8-11 所示。

表 8-11　银洞子沟形成区坡面物源启动预警阈值

时间	试验模型预警值/mm	统计模型预警值/mm
1h	90	42.44
24h		180.2

注：统计值缺少 10min 降雨资料。

根据国家暴雨级别划分标准，银洞子沟坡面物源启动的临界降雨量应为大暴雨级别。为安全起见，可采用较小值作为预警雨量阈值下限，即试验值 42.44mm/h。需要注意的是，在实际使用过程中，雨量阈值是 24h 累计雨量，如果从决策时间起倒推 24h，该时间段内累计降雨量达到表中所示阈值，可发布预警。

当气象部门发布降雨天气预报后,相关部门即可以根据气象预报的降雨类型选择适当的方法及时进行预警信息发布,以减少泥石流导致的人员伤亡和财产损失,保障人民生命财产安全。银洞子沟降雨型泥石流坡面物源综合预警标准如表 8-12 所示。

表 8-12 银洞子沟降雨型泥石流坡面物源预警标准

预警等级	预警级别	累计雨量/(mm/24h)	发生启动可能性	启动破坏特点
I	蓝色	<50	可能性小(发生概率低于 20%)	坡面物源基本稳定,暂时未进入危险状态,但继续降雨将降低稳定性
II	黄色	50~70	可能性较小(发生概率 40%)	坡面物源可能发生局部溜滑,局部不稳定,但未出现整体启动,具有一定危险性
III	橙色	70~90	可能性较大(发生概率 60%)	坡面物源可能发生部分滑动,整体处于不稳定状态,整体即将启动,危险性增大
IV	红色	>90	可能性大(发生概率 80%)	坡面物源已极不稳定,可能随时发生整体滑动,为泥石流提供物源,危险性很大

参 考 文 献

[1] 胡明鉴, 汪稔. 蒋家沟流域暴雨滑坡泥石流共生关系试验研究[J]. 岩石力学与工程学报, 2003, 22(5): 824-828.

[2] 陈晓清, 崔鹏, 冯自立, 等. 滑坡转化泥石流启动的人工降雨试验研究[J]. 岩石力学与工程学报, 2006, 25(1): 106-116.

[3] 高冰, 周健, 张姣. 泥石流启动过程中水土作用机制的宏细观分析[J]. 岩石力学与工程学报, 2011, 30(12):2567-2573.

[4] 王裕宜, 邹仁元, 李昌志. 泥石流土体侵蚀与始发雨量的相关性研究[J]. 土壤侵蚀与水土保持学报, 1999, 5(6): 34-38.

[5] Godt J W, Baum R L, Chleborad A F. Rainfall characteristics for shallow landsliding in Seattle, Washington, USA[J]. Earth Surface Processes & Landforms, 2010, 31(1):97-110.

[6] 陈景武. 降雨预报泥石流的原理及方法[A]. 第二届全国泥石流学术会议论文集, 北京: 科学出版社, 1989: 84-89.

[7] 崔鹏, 杨坤, 陈杰. 前期降雨量对泥石流形成的贡献—以蒋家沟泥石流形成为例[J]. 中国水土保持科学, 2003,1(1):11-15.

[8] 韦方强, 胡凯衡, 陈杰. 泥石流预报中前期有效降水量的确定[J]. 山地学报, 2005, 23(4):453-457.

[9] 崔鹏. 泥石流启动条件及机理的实验研究[J]. 科学通报, 1991, 36(21):1650-1652.

[10] Kim J H, Jeong S S, Park S W, et al. Influence of rainfall induced wetting on the stability of slopes in weathered soils[J]. Eng Geol, 2004, 75:251-262.

[11] 李驰, 朱文会, 鲁晓兵, 等. 降雨作用下滑坡转化泥石流分析研究[J]. 土木工程学报, 2010, 11(15):499-505.

[12] 高冰, 周健, 张姣. 泥石流启动过程中水土作用机制的宏细观分析[J]. 岩石力学与工程学报, 2011, 30(12):2567-2573.

[13] 尹洪江, 王志兵, 胡明鉴. 降雨强度对松散堆积土斜坡破坏的模型试验研究[J]. 土工基础, 2011, 25(3):74-76.

[14] Dai F C, Lee C F, Wang S J. Analysis of rainstorm-induced slide-debris flows on natural terrain of Lantau Island,Hong Kong[J]. Engineering Geology,1999,51:279-190.

[15] Huang C C, Yuin S C. Experimental investigation of rainfall criteria for shallow slope failures[J]. Geomorphology, 2010, 120:326-338.

[16] Milne F D, Brown M J, Knappett J A, et al. Centrifuge modelling of hillslope debris flow initiation[J]. Catena, 2012, 92(2):162-171.

[17] 倪化勇, 唐川. 中国泥石流启动物理模拟试验研究进展[J]. 水科学进展, 2014, 25(4):606-613.

[18] 李广信, 张丙印, 于玉贞. 土力学[M]. 北京: 清华大学出版社, 2013.

第9章 沟道泥石流启动降雨临界值及预警模型

2008 年 "5·12" 汶川地震以后，后续降雨诱发了大量的山洪泥石流灾害，给灾区灾后重建、人居安全、生态安全、经济社会可持续发展等带来了巨大的威胁和危害。灾前预警报工作是减少人员伤亡和财产损失的一项重要措施。山洪泥石流监测预警至今是一个世界性难题，地震灾区大部分沟道在地震之前没有灾害，地震之后突变为泥石流沟且暴发频率高、危害严重。虽然后期开展了降雨、灾害等的野外监测，获取的监测资料相对来说仍然十分有限。因此，研究区属于资料缺乏地区，如何获取资料合理的泥石流雨量阈值，对于灾区泥石流的监测预警等防灾减灾工作至关重要。本章以锅圈岩沟为例，开展沟道型泥石流启动的降雨临界值及预警关键参数的研究，探索资料缺乏地区山洪泥石流启动的临界条件指标的计算方法，为灾区亟待解决的泥石流实时预警提供科学依据。

9.1 泥石流降雨临界值的研究现状

对于暴雨型泥石流而言，降雨量和降雨强度的大小是泥石流激发的决定性因素。在同一条泥石流沟中，当无地震等极端事件发生时，流域内沟床条件在一定时期内，可认为是相对稳定的，而降雨条件和固体物质的储备分布在流域内存在一定的时空变化。对某一泥石流沟道，泥石流是否发生决定于流域内的降雨条件及固体物质的储备和分布状况。因此，在查清沟道内可形成泥石流的松散固体物质的储备及分布的情况下，利用降雨资料预警泥石流发生是国内外目前通行的一种方法。合理的雨量阈值指标是保障泥石流预警报准确性的关键，对于研究泥石流形成机制、分析预测泥石流未来活动特点以及指导泥石流防治工程设计等方面均具有重要意义。

国际上对这一问题进行研究主要集中在 1970 年以后，其主要是对激发泥石流的降雨特征(如前期雨量、降雨量、降雨强度、降雨历时等)进行统计分析后，确定泥石流的临界降雨量，建立泥石流预警模型。例如，日本学者奥田節夫于 1972 年首先提出了 10min 雨强为激发泥石流雨量的概念，并确定了日本烧上沟的激发泥石流的 10min 雨强为 8mm[1]。Caine 在 1980 年首次对泥石流及浅层滑坡的发生与降雨强度-历时经验关系做了统计分析，并给出了一个指数经验表达式[2]。通常，临界降雨量具有明显的地域特征。Cannon、Ellen 在考察美国西部泥石流时，发现激发科罗拉多州泥石流的临界雨量强度为 1~32mm/h，降雨历时较短，为 6~10min，而加利福尼亚州泥石流发生的临界雨量强度仅需 2~10mm/h，但降雨历时较长，为 2～16h，并统计建立了降雨强度和历时关系[3]。之后 Wieczorek，Jibson，Larsen 和 Simon，Chien-Yuan 等，Hong 等，Dahal 等，Saito 等，Crosta 和 Frattini，Aleotti，Guzzetti 等[4-13]对此进行了进一步的研究，分别建立了相应研究区域的降雨强度-历时关系与泥石流形成的预警模型。另外，De Vita 等[14]在研究意大利西南部泥石流与降雨关系时发现，前期降雨量对引发泥石流的日降雨量影响显著。Takahashi[15]、谢正伦[16]利用累计降雨量和降雨强度指标建立土石流发生的临界经验条件，并广泛应用于日本和中国台湾地区预警系统。

而中国大陆对降雨引发泥石流的临界值问题研究稍晚。自 1980 年以来，中国科学院水利部成都山地灾害与环境研究所和中国科学院东川泥石流观测研究站就利用当地气象台 10min 降雨记录，结合西南山区各地泥石流发生情况，建立一系列不同降雨特征条件下的泥石流预报模型，如谭万沛提出的最大 10min 雨强或 1h 雨强与总有效雨量组合判别模型[17]，日雨量、小时雨量、10min 雨量组合模式[18]和小时雨强与日雨量组合判别模型[19]。谭炳炎等[20]对成昆铁路沿线泥石流观测后，提出最大日降雨雨强、最大 10min 雨强、最大小时雨强组合模型；通过对 1981 年四川凉山彝族自治州南部和松潘—平武等山区暴雨泥石流的调查分析后，唐邦兴得出暴雨泥石流是 10min 雨强(10.5mm)和 1h 雨强(31.2mm)共同作用的结果[21]；文科军等[22]以降雨强度与当日激发雨量和前期有效雨量为基础，建立了泥石流判别方程；另外，田冰等[23]根据泥石流暴发的前期雨量与日降水量的权重关系，将蒋家沟泥石流分为前期降水型、强降水型和特殊型三种；魏永明等[24]以层次分析法和多元回归法对降雨型泥石流预报模型进行了研究；李铁锋等[25]、丛威青等[26]利用 Logistic 回归模型对当日雨量和前期有效降雨量进行回归分析，形成了一整套对降雨型泥石流临界雨量进行定量分析的方法，并以此进行泥石流预报；梁光模等[27]、倪化勇等[28]、赵然杭等[29]针对前期降雨量对暴雨型泥石流的贡献问题，对泥石流预警预报模式问题等进行了研究，提出了降雨型泥石流的预警框架和建议；王治华等[30]根据现阶段泥石流在预测研究领域取得的成果，依据数字滑坡技术建立了泥石流预警、监测模型；潘建华等[31]基于模糊综合评判对震后灾区泥石流气候风险进行评估；王春山等[32]、赵鑫等[33]则就具体流域泥石流进行了综合评判及危险性评价，从而为泥石流监测、预警提供参考依据。随着研究的深入，许多典型单沟泥石流的临界雨量指标逐步获得，如东川蒋家沟、波密古乡沟、加马其美沟、西昌黑沙河、武都火烧沟等。

归纳起来，以上方法都属于实证法。即通过对实际的降雨和泥石流灾害资料进行统计分析，得出相应的前期有效降雨量和特征雨量(10min/30min/1h 雨量等)之间的关系，从而绘出雨量阈值曲线。该方法准确度高，但需要有非常丰富的、长期的雨量序列资料和灾害资料，因此仅适用于具有长期观测资料的地区。此外，还有一类方法是在假设灾害和暴雨同频率的基础上，通过计算暴雨的发生频率，来计算相应的泥石流雨量阈值指标，即频率分析法[34-38]。

对于我国山区，尤其是西部山区，绝大多数的泥石流沟远离城镇，降雨和灾害资料均非常缺乏，其一旦暴发泥石流往往对下游村庄、农田、交通枢纽和水利设施等造成严重危害。对于此类灾害和雨量资料均缺乏的地区，目前的"实证法"和"频率计算法"均不能满足当前泥石流预警报的要求。汶川地震强烈的主震和往复频繁的余震造成大量山体破碎，很多沟道从震前的普通山洪沟变成泥石流沟，这些沟道在之前几乎都没有灾害记录，也没有形成区的雨量资料。因此，如何确定资料缺乏地区泥石流启动临界雨量，为地震灾区泥石流的实时预警提供科技支撑，是目前亟待解决的关键问题。

9.2　锅圈岩泥石流沟特点

锅圈岩沟位于都江堰市虹口乡，属于白沙河一级支流深溪沟流域的支沟。深溪沟是汶川地震中地表破裂的最大垂直错动区域所在。汶川地震前，锅圈岩沟没有泥石流发生的记录，为普通山洪沟。地震导致锅圈岩沟上游发生大面积滑塌，沟内松散固体物质广布，从震后起连续多年发生泥石流，属于典型的暴雨沟道型泥石流沟(图 9-1～图 9-3)。根据野外调查和试验分析，锅圈岩沟泥石流容重为 $1.8\sim2.1\mathrm{kg/m^3}$。

(a) 2006年9月14日　　　　　　　　　　(b) 2008年6月28日

图 9-1　汶川地震前后锅圈岩沟影像对比图(来自谷歌地图)

图 9-2　锅圈岩沟上游的滑坡及大量松散物源

图 9-3   布满大量松散物质的沟道

9.3   沟道泥石流启动的降雨临界值研究

计算沟道泥石流启动临界降雨量的思路是，首先通过详细的野外调查，查明沟道的下垫面特征，包括沟道纵坡、典型横断面特征、植被分布、固体物质特性等。在此基础上，判断流域泥石流的类型，从而根据泥石流启动机理，计算流域内泥石流启动所需的临界水深。同时，通过现场监测，分析流域内的降雨特征。继而根据流域性质，通过小流域产汇流分析，计算泥石流启动临界水深所对应的降雨量，即为泥石流启动临界降雨量(图 9-4)。

根据调查，锅圈岩沟泥石流属于水力类泥石流，因此在计算泥石流启动临界水深时按水力类泥石流启动机理进行计算。而对锅圈岩沟流域内降雨特征的分析见第 3 章有关锅圈岩沟泥石流灾害与降雨的相关性部分，本章不再赘述。

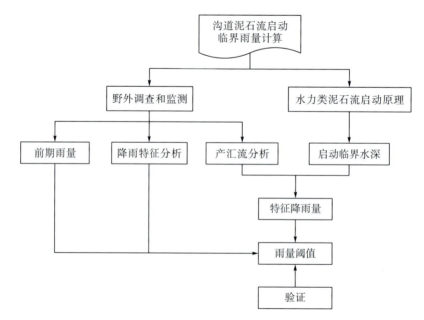

图 9-4   锅圈岩沟泥石流启动的降雨临界值计算思路

9.3.1 前期影响雨量的计算

泥石流的激发是短历时暴雨和前期降雨量共同作用的结果。以往多处实测资料表明，泥石流的激发多出现在降雨过程的峰值降雨之中的某一时刻。峰值雨量的持续时间一般较短，通常只有几分钟到几十分钟，这种短历时的峰值降雨在泥石流研究中被称为泥石流的激发雨量。不同短历时的暴雨均可以说明泥石流的激发雨量，通常选用 10min 暴雨或者 30min 暴雨、1h 暴雨等作为泥石流的激发雨量，需根据具体情况而定（下面分析以 1h 雨强为例）。

前期影响雨量是指导致泥石流激发的 1h 峰值雨量前的总降雨量，可以表示为

$$P_a = P_{a0} + R_t \tag{9-1}$$

其中，P_a 为泥石流的前期影响雨量；P_{a0} 为前期有效雨量；R_t 为激发雨量，单位均为 mm。

激发雨量（R_t）是指 1h 雨强前的本次（日）降雨过程的总降雨量，它直接影响固体补给物质的含水状况，直接参与泥石流的形成，因此：

$$R_t = \sum_{t_0}^{t_n} r \tag{9-2}$$

式中，t_0 为本次（日）降雨过程的开始时间；t_n 为 1h 雨强前的时间；r 为降雨量（mm）。

前期有效雨量（P_{a0}）是指泥石流暴发日前对固体补给物质含水状况仍起作用的降雨量，它受时空变化、辐射强度、蒸发量以及土壤渗透能力等多种因素的影响。为了正确揭示固体补给物质含水量的实际情况，可采用下式：

$$P_{a0} = P_1 k + P_2 k^2 + P_3 k^3 + \cdots + P_n k^n \tag{9-3}$$

式中，P_1，P_2，P_3，$\cdots$，P_n 分别为泥石流暴发前 1 天、2 天、3 天至 n 天的逐日降雨量（mm）；k 为递减系数。

利用式(9-3)能相对说明泥石流暴发前一天的固体物质含水量的情况，问题的关键在于递减系数 k 值的确定。在水文计算中，k 值为 0.8～0.9，可根据天气状况，如晴天、多云天和阴天的不同而确定恰当的 k 值。

一次过程的降雨量经过 k 值的逐日递减，一般在 20 天就基本耗尽。不同类型的暴雨泥石流沟，所需前期间接雨量的天数不同，根据泥石流激发雨量和前期雨量的关系而具体确定天数。一般暴雨型泥石流沟取到 20 天前的降雨，大暴雨型泥石流沟取到 10 天前的降雨即可，特大暴雨泥石流沟的激发主要决定于本次降雨过程，前期降雨量可忽略不计。

9.3.2 基于泥石流启动机理的雨量阈值计算

当沟道中的水流足够大时，沟床中的松散物质被掀揭，水流固体物质含量浓度增大，以致流体从挟沙水流转变为泥石流。这种泥石流的形成条件完全是一种水动力过程。根据水力类泥石流启动机理(图 9-5)，可以计算得出在形成区内泥石流启动的临界水深及所需流量。根据产汇流计算方法，可以得出不同前期降雨条件下，泥石流形成区所需要的当次降雨的特征雨量(如 10min 雨量、30min 雨量或 1h 雨量)以及当次降雨的激发雨量，从而可以得出一系列前期有效雨量和特征雨量之间的相关关系，即泥石流发生临界雨量曲线。

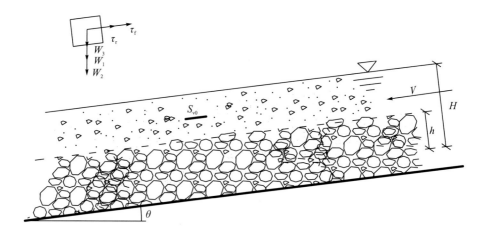

图 9-5   水力类泥石流启动分析图

9.3.2.1   临界水深模型

根据高桥保提出起因于溪床堆积物的泥石流，在堆积物的表面受水流作用时，发生泥石流的临界水深条件为

$$h_0 = \left[\frac{C_*(\sigma-\rho)\tan\phi}{\rho\tan\theta} - \frac{C_*(\sigma-\rho)}{\rho} - 1 \right] d_m \tag{9-4}$$

式中，C_* 为堆积体的体积浓度，根据试验测定，当堆积体体积浓度达到饱和时，C_*=0.812；σ 为砂砾密度，通常取 2.67t/m³；ρ 为水密度，为 1.0 t/m³；θ 为沟床坡度；ϕ 为内摩擦角；d_m 为砂砾平均粒径(mm)，$d_m = \dfrac{d_{16}+d_{50}+d_{84}}{3}$；$d_{50}$、$d_{16}$、$d_{84}$ 分别为粒径累积曲线上重量百分含量等于 50%、16%和 84%所对应的泥沙颗粒粒径(mm)。

9.3.2.2   产汇流计算原理

在两种透水性有差别的土层形成的相对不透水界面上，可形成临时饱和带，其侧向流动即成为壤中流；若该界面上土层的透水性远好于其下面土层的透水性，则随着降雨的持续，这种临时饱和带容易向上发展，直至上层土壤全部达到饱和含水量，这时如仍有降雨补给，将出现表面径流现象。这种山坡水文学产流理论揭示了蓄满产流的机制。

蓄满产流情况下的总径流深 R (mm)，可用水量平衡方程式表达如下：

$$R = P - I = P - (I_m - P_a) \tag{9-5}$$

式中，P 为一次降雨量(mm)；P_a 为降雨开始时的土壤含水量，即前期降雨量(mm)；I_m 为降雨结束时流域达到的最大蓄水量，即流域的最大损失量(mm)；I 为一次降雨的损失量(mm)。

根据《四川省中小流域暴雨洪水计算手册—1984》中四川省暴雨损失参数单站分析成果，距离锅圈岩沟最近的白沙河流域杨柳坪站的流域最大损失量 I_m 为 100mm。则蓄满产流公式可以改写为

$$P + P_a = R + 100 \tag{9-6}$$

式中，P 为一次降雨量(mm)；P_a 为前期降雨量(mm)；R 为总径流深(mm)。

用泥石流暴发前 1 小时的量 I_{60} 表示当前降雨量，则锅圈岩沟泥石流雨量阈值模型为

$$I_{60} + P_a = R + 100 \qquad (9\text{-}7)$$

式中，I_{60} 为泥石流暴发前 1 小时的降雨量(mm)；P_a 为前期降雨量(mm)；R 为总径流深(mm)。

9.3.3 锅圈岩沟泥石流雨量阈值计算

9.3.3.1 临界水深计算

根据泥石流启动机理，利用公式(9-4)，对锅圈岩沟泥石流启动临界水深 h_0 进行计算，结果如表 9-1。

表 9-1 锅圈岩沟流域泥石流启动临界水深计算表

参数	C_*	σ	ρ	$\tan\theta$	d_{16}	d_{50}	d_{84}	ϕ	$\tan\phi$	d_m	h_0
取值	0.812	2.67	1.0	0.333	0.18	1.9	10.2	21.21	0.388	3.83	7.04

9.3.3.2 产汇流计算

由流域内泥石流启动的临界水深计算结果，可计算出流域的平均流量。径流深是指在某一时段内的径流总量平铺在全流域面积 F 上所得的水层深度：

$$R = \frac{W}{1000F} = \frac{3.6\sum Q \cdot \Delta t}{F} \qquad (9\text{-}8)$$

以泥石流形成区出口断面(拦挡坝)为计算断面，根据对沟道的现场调查和测量，拦挡坝处沟道宽度 B 为 20.0m。由泥石流运动计算结果，泥石流流速以 1.5m/s 计算，则锅圈岩沟泥石流启动临界水深对应的流域形成区和清水区的 1 小时内平均降雨计算结果如表 9-2 所示。也即是说，锅圈岩沟泥石流启动雨量阈值模型为 $I_{60} + P_a = 106.4$。

表 9-2 锅圈岩沟流域平均雨量计算表

参数	h_0/mm	B/m	V/(m/s)	Q/(m³/s)	Δt/h	F/km²	R/m	I_m/mm	$I_{60}+P_a$/mm
取值	7.04	20.0	1.5	0.197	1	0.11	6.9	100	106.9

9.3.3.3 临界雨量模型的验证

将近年发生的几场典型泥石流灾害的雨量资料进行整理，分别计算其前期影响雨量和小时激发雨量，与计算所得的雨量阈值曲线点绘在同一幅图里(图 9-6)。同时，为了比较分析，整理了 2010 年以来的数场未发生泥石流的暴雨过程，以最大小时雨强为 I_{60}，按照相同的计算方法点绘在图中。图中几场灾害的雨量点均位于阈值曲线的右侧，表明阈值曲线初步合理。

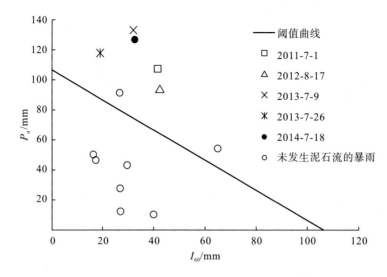

图 9-6　基于临界水深的锅圈岩沟泥石流激发雨量阈值曲线

图中，有两次未发生泥石流的雨量点也位于阈值曲线的右侧，也即是说，这两次暴雨过程中，虽然其前期影响雨量和小时降雨量之和超过了泥石流激发雨量阈值，但是并未发生泥石流。这是因为，在本方法分析里，主要考虑了降雨的实时性，而对松散物源的特征分析则未考虑其空间变异、时间演变等特征。这也是沟道泥石流实时监测预警研究需要进一步解决的问题之一。

9.4　实时预警模型

通过上述计算，锅圈岩沟流域山洪泥石流灾害的综合报警阈值曲线为：$I_{60} + P_a = 106.4$。根据国土部门惯例，将锅圈岩沟泥石流降雨激发预警等级分为四级，如表 9-3 所示。

表 9-3　锅圈岩沟泥石流综合报警方案

报警雨量（$I_{60} + P_a$）/mm	报警等级	报警方案
75	I（蓝色预警）	有降雨，未来有发生泥石流的风险
85	II（黄色预警）	降雨量较大，且降雨持续发生，有发生泥石流的风险
95	III（橙色预警）	降雨量较大，且降雨持续发生，短时间内可能发生泥石流
106	IV（红色预警）	降雨达到阈值，即将发生泥石流

当雨量指标即前期降雨量和小时降雨量之和达到 75mm 时，并且持续降雨，发布四级预警（蓝色预警），继续监测，科技与管理人员关注降雨发展趋势。

当雨量指标即前期降雨量和小时降雨量之和达到 85 mm 时，并且降雨持续，此时发布三级预警(黄色预警)，科技与管理人员密切关注降雨发展趋势。

当雨量指标即前期降雨量和小时降雨量之和达到 95mm 时，并且降雨仍在持续，此时发布二级预警(橙色预警)，提醒公众注意，可能发生泥石流，作好避灾准备，注意后续预警信号，科技与管理人员高度关注降雨发展趋势。

当雨量指标即前期降雨量和小时降雨量之和达到 105mm 时，此时发布一级预警等级(红色预警)，即将发生泥石流，马上按撤离路线转移到安全区域。

参 考 文 献

[1] 谭万沛, 王成华, 姚令侃, 等. 暴雨泥石流滑坡的区域预测与预报—以攀西地区为例[M]. 成都: 四川科学技术出版社, 1994: 1-279.

[2] Caine N. The rainfall intensity-duration control of shallow landslides and debris flows[J]. Physical Geography, 1980, 62A(1/2): 23-27.

[3] Cannon S H, Ellen S D. Rainfall conditions for abundant debrisflow avalanches in the San Francisco Bay region California [J].California Geology, 1985, 38(12): 267-272.

[4] Wieczorek G F. Effect of rainfall intensity and during in debrisflows in central Santa Cruz Mountains, California [C]// Debrisflows /Avalanches: Process, Recognition and Mitigation. New York: Geological society of America, 1987, 17: 93-104.

[5] Jibson R. Debris flow in southern Puerto Rico[J]. Geological Society of America, Special Paper, 1989, 236: 29-55.

[6] Larsen M C, Simon A. A rainfall intensity-duration threshold for landslides in a humid-tropical environment, Puerto Rico [J].Geografiska Annaler. Series A. Physical Geography, 1993, 75:13-23.

[7] Chien-Yuan C, Tien-Chien C, Fan-Chieh Y, et al. Rainfall durationand debris-flow initiated studies for real-time monitoring [J]. Environmental Geology, 2005, 47(5): 715-724.

[8] Hong Y, Hiura H, Shino K, et al. The influence of intense rainfall on the activity of large-scale crystalline schist landslides in Shikoku Island, Japan[J]. Landslides, 2005, 2(2): 97-105.

[9] Dahal R K, Hasegawa S, Nonomura A, et al. Failure characteristics of rainfall-induced shallow landslides in granitic terrains of Shikoku Island of Japan[J]. Environmental Geology, 2009, 56(7): 1295-1310.

[10] Saito H, Nakayama D, Matsuyama H. Relationship between the initiation of a shallow landslide and rainfall intensity-duration thresholds in Japan[J]. Geomor-phology, 2010, 118(1): 167-175.

[11] Crosta G B, Frattini P. Rainfall thresholds for the triggering of soil slips and debris flows[C]// Proceedings 2nd Plinius Conference on Mediterranean Storms. Siena, Italy. 2001: 463-488.

[12] Aleotti P. A warning system for rainfall-induced shallow failures[J]. Engineering Geology, 2004, 73(3/4): 247-265.

[13] Guzzetti F, Peruccacci S, Rossi M, et al. The rainfall intensity—duration control of shallow landslides and debris flows: an update[J]. Landslides, 2008, 5(1): 3-17.

[14] De Vita P. Fenomeni di instabilità delle coperture piroclastiche dei Monti Lattari, di Sarno e di Salerno (Campania) ed analisi degli eventi pluviometrici determinant[J]. Quaderni di geologia applicata, 2000, 7(2): 213-235.

[15] Takahashi T. Estimation of potential debris flows and their hazardous zones: soft countermeasures for a disaster[J]. Natural Disaster Science, 1981, 3(1): 57-89.

[16] Shied C L, Chen L Z. Developing the critical line of debris-flow occurrence[J]. Journal of Chinese Soil and Water Conservation, 1995, 26(3): 167-172.

[17] 谭万沛. 泥石流沟的临界雨量线分布特征[J]. 水土保持通报, 1989, 9(6): 21-26.

[18] 谭万沛. 中国暴雨泥石流预报研究基本理论与现状[J]. 土壤侵蚀与水土保持学报, 1996, 2(1): 88-95.

[19] 吴积善, 康志成, 田连权, 等. 云南蒋家沟泥石流观测研究[M]. 北京: 科学出版社, 1990: 197-213.

[20] 谭炳炎, 段爱英.山区铁路沿线暴雨泥石流预报的研究[J]. 自然灾害学报, 1995, 4(2): 43-52.

[21] 唐邦兴. 1981 年四川暴雨泥石流分析[C]. 重庆: 科学技术文献出版社重庆分社, 1983: 9-13.

[22] 文科军, 王礼先, 谢宝元, 等. 暴雨泥石流实时预报的研究[J]. 北京林业大学学报, 1998, 20(6): 59-64.

[23] 田冰, 王裕宜, 洪勇. 泥石流预报中前期降水量与始发日降水量的权重关系[J]. 水土保持通报, 2008, 28 (2): 71-75.

[24] 魏永明, 谢又予. 降雨型泥石流(水石流) 预报模型研究[J]. 自然灾害学报, 1997, 6(4): 48-54.

[25] 李铁锋, 丛威青.基于 Logistic 回归及前期有效雨量的降雨诱发型滑坡预测方法[J]. 中国地质灾害与防治学报, 2006, 17(1): 39-41.

[26] 丛威青, 潘懋, 李铁锋, 等. 降雨型泥石流临界雨量定量分析[J]. 岩石力学与工程学报, 2006, (1): 2808-2812.

[27] 梁光模, 姚令侃. 确定暴雨泥石流临界雨量的研究[J]. 路基工程, 2008, (6): 3-5.

[28] 倪化勇, 王德伟.基于雨量(强) 条件的泥石流预测预报研究状、问题与建议[J].灾害学, 2010, 25(1): 124-128.

[29] 赵然杭, 王敏, 陆小蕾. 山洪灾害雨量预警指标确定方法研究[J].水电能源科学, 2011, 29(9): 55-59.

[30] 王治华, 郭兆成, 杜明亮, 等. 基于数字滑坡技术的暴雨滑坡、泥石流预警、监测模型研究[J]. 地学前缘, 2011, 18(5): 303-309.

[31] 潘建华, 彭贵芬, 彭俊, 等. 基于模糊综合评判的汶川 8.0 级地震重灾区滑坡泥石流气候风险评估[J].灾害学, 2012, 27(1): 10-16.

[32] 王春山, 巴仁基, 刘宇杰, 等. 四川省石棉县安顺场飞水岩沟泥石流综合评判及风险性分析[J]. 灾害学, 2013, 28(1):69-73.

[33] 赵鑫, 程尊兰, 刘建康, 等. 云南东川地区单沟泥石流危险度评价研究[J]. 灾害学, 2013, 28(1): 102-106.

[34] 姚令侃. 用泥石流发生频率及暴雨频率推求临界雨量的探讨[J]. 水土保持学报, 1988, 2(4): 72-78.

[36] 段生荣. 典型小流域山洪灾害临界雨量计算分析[J]. 水利规划及设计, 2009, 2: 20-22.

[37] 段生荣. 典型小流域山洪灾害临界雨量计算分析—以黄河流域大通河支流为例[J]. 中国农村水利水电, 2008, 8: 63-65.

[38] 梁光模, 姚令侃. 确定暴雨泥石流临界雨量的研究[J]. 路基工程, 2008, 6(141): 3-5.

第10章 降雨型滑坡、泥石流实时监测系统及监测数据分析

降雨型滑坡泥石流在世界范围内广泛分布，每年造成大量的经济损失和人员伤亡[1-6]。对于降雨型地质灾害，已经引起主要受灾国家的重视，相应地采取了治理或监测等不同的减灾方案，以针对性地降低或减少其带来的风险。本章以都江堰白沙河流域为对象，建立监测研究示范系统。

10.1 监测系统及设计

10.1.1 监测意义

以滑坡泥石流发生时间为轴，其监测系统应建立于灾害发生前，属于防患于未然的性质。如果灾害发生后再建立监测系统，能否再发挥作用完全取决于灾害生成条件是否还具备；如果已不具备灾害条件再建立监测系统，会导致监测目标的缺失，从而形成监测系统的空载。

一般工程项目在建设前通常会衡量工程的投资效益比，其社会、经济效益常因避免了可能的损失导致与防护工程相比不显著。如同为2010年汶川地震之后由于强降雨诱发的泥石流灾害，舟曲泥石流事先未预警，导致遇难1557人，失踪284人[7]；绵竹清平乡仅依靠降雨预报和群测群防，实现文家沟泥石流的成功预警，人员伤亡为个位[8]。对于已造成重大损失的区域，通常灾后会重视地质灾害监测系统的建设，而未发生过重大灾害或距离重大灾害发生时间较久的区域，灾害监测系统的建设容易被忽视，尤其是建成灾害监测系统后未发生灾害的区域，地质灾害监测系统常常由于失去维护而导致失效，如舟曲在1992年、1996年先后暴发过泥石流。1997年完成泥石流治理工程后，泥石流监测预警站被取消，2010年之前一直没有大的泥石流灾害发生，灾害来临前无任何预警[9]。

多数人认为地质灾害监测的意义仅在于提供灾前预测，并不了解灾害监测所提供实时、远程气象、岩土信息对于不同行业人员的意义。

(1)相对于工程防治动辄上百万元的投资，地质灾害监测是一种投资较小的轻量级减灾手段[10-13]，即通过监测来预测灾害的发生时间[14-16]，以便提前采取应对措施。

(2)对于灾害领域研究人员，监测数据是研究区域规律及降雨导致的崩塌、滑坡、泥石流等岩土灾害机理的重要数据来源与依据，也是本研究的主要目标。

（3）对于减灾管理部门及有关政府，监测系统是进行搬迁避让、工程治理等相关减灾决策的依据和重要参考。

（4）对于生活、工作在灾害区域附近的居民与旅游、出差等外来人口而言，灾害监测系统为他们提供更为具体的灾害信息与动态，为他们在监测区域活动提供参考。

（5）对于地质灾害防治工程，监测系统可以提供工程效果反馈，为提高防治工程效率提供数据。

10.1.2　监测目标及对象

本研究中监测区域包括可移动的岩土物质在重力作用下从山脊至河道的运移过程区域。由于地层岩性、地形、地貌、降雨等因素的作用，山顶主要发育崩塌灾害，坡面上以碎石、碎屑堆积物滑坡为主，沟道内发育有泥石流及山洪。为全面反映物质运移过程规律，监测目标与对象设定为崩塌、滑坡、泥石流、山洪四个灾种的灾害现象。

10.1.3　监测内容

监测目标中包括四种灾害类型，根据项目研究主题，重点监测降雨条件下滑坡、泥石流灾害的生成与成灾过程，崩塌与山洪主要监测灾害的物质来源（碎石、碎屑、洪水）。

崩塌监测内容为：从山顶或山脊处崩落或滚落的碎石。

滑坡监测内容包括：斜坡表面的地表位移监测、斜坡深部位移监测、斜坡地表裂缝变化监测、应力应变监测等[17]。

泥石流、山洪监测内容包括：泥（水）位、地声、断线。

相关影响因素包括：降雨量观测、水位观测、气温变化观测以及用于人工检测灾害现场的视频监测。

10.1.4　监测方案设计

经过中日双方研究人员的共同研究，选择四川省都江堰市白沙河流域中下游区作为研究示范区，监测对象为银洞子沟、干沟、锅圈岩沟三条沟（图10-1）。以中日合作监测设备[18, 19]作为主要监测设备，对白沙河流域震后降雨型滑坡、泥石流进行实时监测。

监测对象紧邻白沙河，与龙门山断裂近似平行（图10-2），由上游至下游规模依次减小。由于规模大、灾种全、灾害发生频率较高，银洞子沟作为主要监测对象；干沟沟道长度较短，对其沟口红色村影响大；锅圈岩沟规模最小，且开展监测时间较长，可以增加对震后泥石流规律的认识。

初期监测设计方案全部为地表传感器，相对于灾害区域而言，通过传感器所获取的数据属于抽样数据，对于全局的变化难以有效反映。因此，后期增加无人机遥感影像监测全局变化。

图10-1　都江堰白沙河流域降雨地质灾害监测系统分布示意图(Google earth)

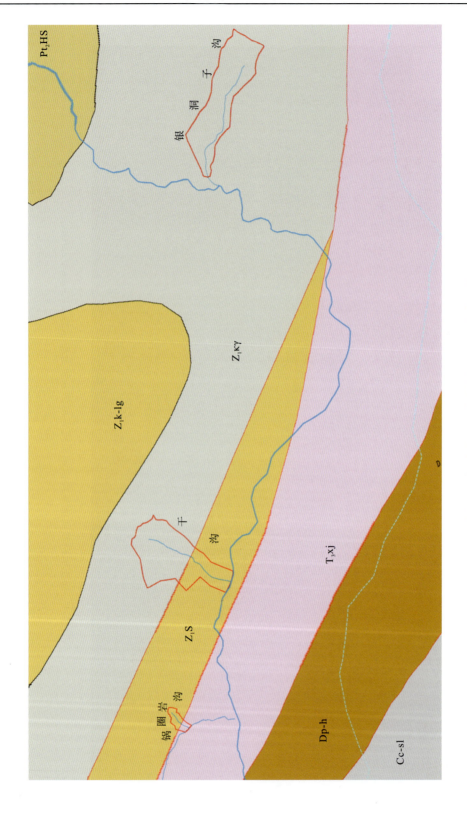

图10-2　都江堰白沙河流域断裂、地层示意图
（据中国地质调查局2015年发布的中国1∶50000地质图剪载取）

10.1.4.1 银洞子沟

银洞子沟主要灾害特点为：坡面的滑坡、沟道中下游泥石流成灾；其灾害驱动因素为降雨与重力；物质来源为震后坡体崩滑所产生的坡面碎屑堆积物。灾害威胁对象为沟口联合村 4 社，2009 年 7 月 17 日泥石流曾冲毁房屋 5 间。

根据上述灾害特点，监测对象包括：

(1)泥石流固体物质来源：坡面崩滑体及坡面堆积物是否向沟道运动，构成新的泥石流物源。

(2)泥石流流体：降雨及沟道内水位/泥位高度，泥石流运动产生的震动及断线等特征。

采用监测设备及监测对象如下(表 10-1、图 10-3)：

(1)以地表测斜计监测固体物源的变动。

(2)以自动雨量计监测流体来源。

(3)以水势计监测坡体碎屑物质的含水量。

(4)以泥位计监测泥石流流通区流体变化特征。

(5)以地声和断线监测设备监测泥石流的发生情况。

(6)以视频监测作为后备监测手段，检测沟道变化及泥石流发生情况与规模。

表 10-1　银洞子沟监测设备表

仪器名称	数量/(件、套)	位置
雨量计	2	中游左岸上下各 1 个
泥位计	1	沟口排导槽右岸
视频摄像头	1	沟口排导槽对面
测斜计	12	沿沟道右岸物源体展布
土壤水分计	4	与测斜计 10～12#位置相同
水势计	2	与 1#雨量计位置接近
地声检测设备	1	沟道中游第 1 拦沙坝下方
断线检测设备	1	沟道中游第 1 拦沙坝下方
共计	24	

10.1.4.2 干沟

干沟主要灾害特点为：坡顶崩塌、沟道中下游泥石流成灾；其灾害驱动因素为降雨与重力；物质来源为山脊处崩塌及坡面碎屑堆积物。干沟威胁对象为沟口红色村 4 社，2009 年 7 月 17 日的泥石流曾造成 2 人死亡。

由于干沟的沟道长度较短，属于小型泥石流沟。因此，干沟的灾害监测对象类似于简化版的银洞子沟。

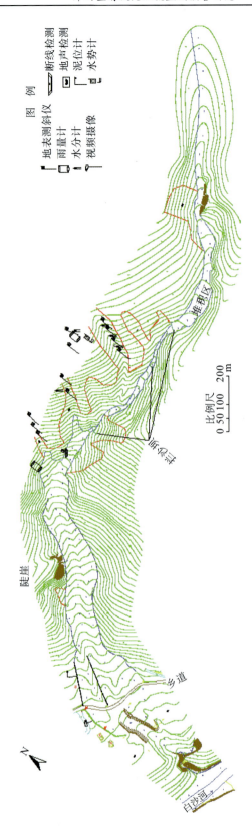

图10-3　银河子沟监测系统布置平面图

监测设备及监测对象如下(表 10-2、图 10-4):

(1)以地表测斜计监测固体物源的变动。

(2)以自动雨量计监测流体来源。

(3)以泥位计监测泥石流流通区流体变化特征。

(4)以视频监测作为后备监测手段,检测沟道变化及泥石流发生情况与规模。

表 10-2 干沟监测设备表

仪器名称	数量/(件、套)	位置
雨量计	1	拦挡坝左肩下游处 1 个
泥位计	1	排导槽起始处右岸
测斜计	3	拦挡坝上游右岸上下 2 处,拦挡坝左肩 1 处
水分计	1	拦挡坝上游右岸 1#测斜计下方
视频摄像头	1	下游大桥上游排导槽右岸
共计	7	

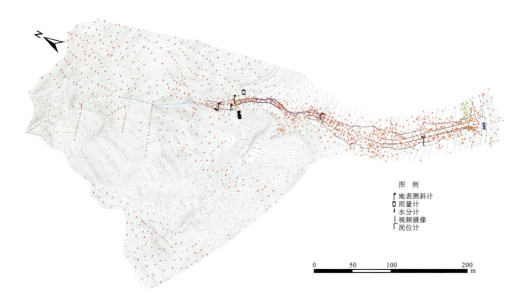

图 10-4 干沟监测系统设计平面图

10.1.4.3 锅圈岩沟

深溪沟流域是地震活动频繁的地区,地处龙门山准地槽南缘山前褶皱带,属于龙门山脉的中南段,处在映秀断裂和二王庙断裂之间。2008 年汶川地震烈度达 XI,造成该流域内垂直错动高达 4.5m 以上,成为整个汶川灾区地表破裂最大的地方。地震使得山坡和沟道的稳定性差,山脚泥石流固体物质储存量较大。另外,该流域年内降雨分布不均,点暴雨密集发生在雨季,为此震后该区域常常暴发山洪(包含山洪引发的滑坡、泥石流)灾害。

根据上述灾害特点，锅圈岩沟主要监测降雨、山洪产汇流、泥石流及其源区物质的变动等，以期获取地震灾区坡面、沟道山洪泥石流产汇流、泥石流启动、运动等灾害的物理灾变过程。共有 8 套仪器设备（表 10-3、图 10-5）。

表 10-3　锅圈岩沟监测设备表

仪器名称	数量/(件、套)	位置
雨量监测站	2	锅圈岩大桥、拦挡坝左肩各 1 个
超声波泥位计	5	锅圈岩泥石流排导槽 3 个、武显庙沟出口及深溪沟出口各 1 个
红外摄像头	1	锅圈岩沟拦挡坝右肩
共计	8	

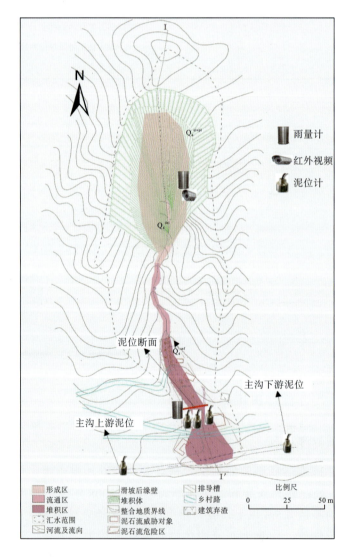

图 10-5　锅圈岩沟监测系统布置平面图

雨量监测站分别位于锅圈岩沟大桥下和拦挡坝上方两处位置(表 10-4)。

表 10-4　锅圈岩沟雨量站位置表

观测点	位置			行政位置
	经度	纬度	海拔/m	
锅圈岩沟大桥下	E 103°37′07.2″	N 31°05′31″	960	深溪沟村 5 组
拦挡坝	E 103°37′05.8″	N 31°05′310.9″	1040	深溪沟村 6 组

10.1.5　地表传感器

设计方案中共有 7 种 39 套传感器设备,其中地表测斜计包括数据采集与转发的主机、通过无线电发送测斜数据的子机及利用 Zigbee 技术上传数据的孙机(图 10-5、表 10-5)。

表 10-5　监测传感器设备

设备类型	型号	生产厂家
翻斗式雨量计	FDY-02 131417	长春丰泽水文气象仪器有限公司
地表测斜计	MCN-01(主机) KCN-02S(子机) KCN-TWE(孙机)	日本中央开发(株)
土壤水分计	EC-5	美国 Decagon
雷达泥位计	JFY-LDNW56	成都佳峰源科技
地声预警仪	DS-A	成都山地所自制
断线检测设备		成都山地所自制
视频摄像头	TC-TED89	深圳市保千里电子有限公司

各仪器设备的主要性能与参数如下。

10.1.5.1　雨量计

雨量对山洪、泥石流暴发有决定性作用,对于滑坡和崩塌的发生亦有诱发作用。雨量分为分钟雨量、小时雨量、当日雨量、前期雨量;泥石流雨量预警监测系统主要是通过对泥石流沟进行水源观测,在监测区域内布设一定数量的遥测雨量计或固定专人观测雨量,及时掌握雨季降水情况。通过远程网络(电话网或广域网),配合监控中心雨量监测报警系统,根据当地泥石流发生的临界雨量,在一次降雨总量或雨强达到一定指标时立即发出预警报信号。

雨量站的布置必须具有代表性,确定代表性好的雨量站才能准确地说明泥石流发生时的降雨条件。泥石流临界雨量需要根据雨量站的降雨条件来确定,可见,雨量站的代表性将直接影响泥石流预警预报的质量。同时考虑到雨量计的安全及日常简单管理、维护。

干沟、银洞子沟所采用雨量计的性能指标如下：

- 承雨口径：$\Phi200+0.60$mm；
- 分辨率：0.5mm 或 0.2mm；
- 雨强范围：0.01～4mm/min，在 8mm/min 时可以工作；
- 发讯方式：开关通断信号；
- 误差：±3%；
- 平均无故障工作时间：≥20 000h；
- 工作温度：0～50℃；
- 开关容量：DC，V≤12V，I≤500mA。

10.1.5.2 地表测斜计

对于堆积土、碎石土等易产生非整体变形的坡体，地表产生的局部小规模不连续变形具有很大的随机性，难以利用裂缝计、GPS 等传统的变形监测方法，利用新型的微机电系统(micro-electro-mechanical system，MEMS)开发而成的地表测斜仪，体积小、耗电少，对监测该类边坡变形有较好的效果[20-23]。在多期国际合作项目的支持下，已发展至第三代，设备更加轻巧，覆盖范围更大。

- 主机可采集/接收雨量计等传感器数据(图 10-6)；
- 主机与子机间通讯以无线电方式实现远距数据实时传送；
- 子机具有 2D 倾斜与 3D 加速度两种传感器，并可外接土壤水分计(图 10-7)，实现一机多能；
- 2D 倾斜传感器精度 0.01°，3D 加速度传感器精度 $0.1g/m^2$；
- 可为子机单独设置 2D 倾斜报警值；
- 主机采样频率可由短信或外部指令远程修改；
- 子机具有 SD 卡存储及 RS232 数据接口；
- 子机采用两种供电方式(太阳能/外部供电或干电池供电)；
- 子机超低功耗，两节 AA 干电池可确保一年使用；
- 子机通过 Zigbee 与孙机实现数据交换和自组网，方便重点区域多传感器监测(图 10-8)。

图 10-6 地表测斜计主机及雨量计、主机辅助箱

图 10-7　地表测斜计子机及外接土壤水分计

图 10-8　地表测斜计孙机(2016 年新研发)

10.1.5.3　土壤水分计

土壤含水量作为土壤的一个重要物理参数，是水循环、植物生长及岩土等科学研究中不可缺少的基本资料。传统的土壤水分测量方法多有不足，TDR 是新近发展起来的测定土壤含水量的方法，因其快速、准确、操作简便，并可实现定点自动监测土壤水分动态变化等特点，被誉为测定土壤水分的最先进方法[24]。此处采用的是美国 Decagon Devices 公司的小型土壤湿度传感器 EC-5（图 10-9），具有准确性高、容易安装使用、体积小、易集成、价格低等优势。主要性能参数如下[25]：

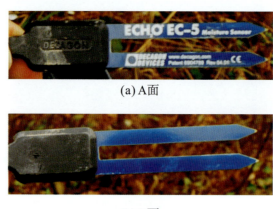

(a) A面

(b) B面

图 10-9　EC-5 土壤水分计

精度：矿物质土：±3% VWC，多数矿物质土最大 8dS/m，标定后±1%～2% VWC

　　　石棉：±3% VWC，0.5～8 dS/m

　　　盆栽土：±3% VWC，3～14 dS/m

分辨率：0.1% VWC（矿物质土）

　　　　0.25% VWC（石棉）

测程：与标定有关，为 0～100% VWC

尺寸：8.9cm×1.8cm×0.7cm

导线长度：标准导线长 5m

测量时长：10ms

电源：2.5～3.6 V DC，10mA

输出：电压，与土壤线性相关或与体积含水率相关

温度范围：-40～50℃

接口类型：3.5mm "stereo" 接口或线缆正负极连接

10.1.5.4　雷达泥位计

超声波泥位计根据超声波回声测距原理开发而成。当沟床断面相对稳定时，可以根据泥位计断面，监测山洪经过断面时的流量；当有泥石流经过泥位断面时，可以监测泥石流的泥深。泥石流流量同泥深（泥位）成正比关系，所以泥深既能客观地反映泥石流规模的大小，也能反映泥石流可能危害的程度。

泥位计一般安装于沟道的流通区或堆积区沟道较狭窄处，沟道不容易移动之处，以方便监测（图 10-10）。

(a) 锅圈岩沟泥石流排导槽断面处的3个超声波泥位计

(b) 锅圈岩沟上游(武显庙沟出口)超声波泥位计

(c) 锅圈岩沟下游(深溪沟出口)超声波泥计

(d) 干沟排导槽上方泥位计

(e)银洞子沟排导槽处泥位计

图 10-10　雷达泥位计

10.1.5.5　视频摄像

视频摄像用于地灾领域的监测较多，技术也较为成熟。此处采用视频摄像监测、验证泥石流、滑坡等灾害，以便与其他文本数据进行对比分析，增加感性认识(图 10-11)。

(a)银洞子沟摄像头

(b)干沟摄像头

(c)锅圈岩沟摄像头

图 10-11　视频摄像头

10.1.5.6　地声传感器

地声传感器由陈精武等于 20 世纪末提出[26]，可以较好地检测因泥石流、滑坡、崩塌等导致的地面震动等(图 10-12)。

图 10-12　地声传感器

10.1.5.7　泥石流断线检测

断线检测设备通过横置于沟道上方，检测是否被泥石流或山洪冲断，从而检测山洪、泥石流的发生。该设备较为简单，包括横跨沟道上方的线缆、开关线路、数据发送装置三部分(图 10-13)。

图 10-13　泥石流断线检测(银洞子沟)

10.1.5.8 水势仪

土壤水势指土壤水所具有的势能,即在大气压下从特定高度的纯水池转移极少量的水到土壤中, 单位数量纯水所需做的功。

水势计准确监测土壤中水分运移情况。此处采用设备型号为 GL5W(图 10-14), 采用 Tensio Mark 探头,可监测土壤水势和温度。

图 10-14 水势传感器

传感器性能参数如下:

测量范围: 0~6300 hPa

测量精度: 5hPa

温度测量范围: -40~+80℃

温度测量精度: ±0.5℃

尺寸: 23mm×15mm×125mm

电缆长度: 2.5m

电源: 10~12V DC

功耗: 50mA

信号输出: SDI-12 输出水势和土壤温度

10.1.6 无人机遥感

本研究所用无人机有两个型号,均为大疆公司产品(表 10-6)。

表 10-6 遥感所用无人机及相机型号

无人机型号	相机型号	生产厂家
精灵 PHANTOM 4 PRO	自带相机	大疆
悟 INSPIRE	DJI MFT 15mm f/1.7 ASPH	大疆

1. 悟（INSPIRE）

产品类型　四轴飞行器

产品定位　专业级

飞行载重　3400g

悬停精度　垂直：0.5m；水平：2.5m

旋转角速度　俯仰轴：300°/s；航向轴：150°/s

升降速度　最大上升速度：5m/s；最大下降速度：4m/s

飞行速度　18m/s（ATTI 模式下，海平面附近无风环境）

飞行高度　4500m

飞行时间　约 15 分钟

轴距　559mm

动力系统　动力电机型号：DJI 3510H

螺旋桨　螺旋桨型号：DJI 1345T

抗风等级　5 级

相机：

镜头　可更换

M4/3 卡口，支持自动对焦，支持可控光圈

支持的镜头型号：DJI MFT 15mm f/1.7 ASPH

　　　　　　　　Panasonic Lumix G Leica DG Summilux 15mm f/1.7 ASPH

　　　　　　　　Olympus M.Zuiko Digital ED 12mm f/2.0

　　　　　　　　Olympus M.Zuiko 17mm f1.8

传感器　Type 4/3 CMOS 传感器

像素　1600 万

ISO 范围　100～25 600

快门速度　8～1/8000s

照片分辨率　4608×3456

录像分辨率　UHD：4K（4096×2160）24/25p；4K（3840×2160）24/25/30p；
　　　　　　　　2.7K（2704×1520）24/25/30p

　　　　　　　FHD：1920×1080 24/25/30/48/50/60p

拍摄模式　单张拍摄；多张连拍（BRUST）：3/5/7 张
　　　　　　自动包围曝光（AEB）：3/5 张@ 0.7EV 步长
　　　　　　定时拍摄（3/5/7/10/20/30/60 秒）

文件格式　支持文件存储格式：FAT32（≤ 32 GB），exFAT（> 32 GB）
　　　　　　照片格式：JPEG，DNG（RAW）
　　　　　　视频格式：MP4/MOV（MPEG-4 AVC/H.264）

存储卡类型　Micro SD 卡，最大支持 64GB 容量，传输速度为 Class 10 及以上或达
　　　　　　到 UHS-1 评级的 Micro SD 卡

2. PHANTOM 4 PRO

产品类型　四轴飞行器

产品定位　入门级

悬停精度　垂直：±0.1m(视觉定位正常工作时)；

　　　　　　　±0.5m(GPS 定位正常工作时)

　　　　　水平：±0.3m(视觉定位正常工作时)；

　　　　　　　±1.5m(GPS 定位正常工作时)

旋转角速度　最大旋转角速度：250°/s(运动模式)；150°/s(姿态模式)

升降速度　最大上升速度：6m/s(运动模式)；5m/s(定位模式)

　　　　　最大下降速度：4m/s(运动模式)；3m/s(定位模式)

飞行速度　最大水平飞行速度：72km/h(运动模式)；58km/h(姿态模式)；50km/h(定位模式)

飞行高度　最大飞行海拔高度：6000m

飞行时间　约 30 分钟

轴距　350mm

相机：

FOV84°；8.8mm/24mm(35mm 格式等效)；光圈 f/2.8-f/11

带自动对焦(对焦距离 1m—无穷远)

传感器　1 英寸 CMOS；有效像素 2000 万(总像素 2048 万)

ISO 范围　视频：100～3200(自动)；100～6400(手动)

　　　　　照片：100～3200(自动)；100～12800(手动)

快门速度　机械快门：1/2000～8s；电子快门：1/8000～1/2000s

照片分辨率　3∶2 宽高比：5472×3648

　　　　　　4∶3 宽高比：4864×3648

　　　　　　16∶9 宽高比：5472×3078

PIV 拍照尺寸　16∶9 宽高比：5248×2952(3840×216 024/25/30p, 2720×153 024/25/30p,

　　　　　　　　1920×108 024/25/30p, 1280×720 24/25/30p)

　　　　　　　3840×2160(3840×216 048/50p, 2720×153 048/50p,

　　　　　　　　1920×108 048/50/60p, 1280×72 048/50/60p)

　　　　　　17∶9 宽高比：4896×2592(4096×216 024/25/30p)

　　　　　　　4096×2160(4096×216 048/50p)

10.1.7　服务器

采用浪潮英信 NF5280M3 双路服务器(图 10-15)。设备性能参数为：

1)基本参数

产品类别：机架式

产品结构：2U

2）处理器

CPU 类型：Intel 至强 E5-2600

CPU 型号：Xeon E5-2620

CPU 频率：2GHz

智能加速主频：2.5GHz

标配 CPU 数量：1 颗

最大 CPU 数量：2 颗

制程工艺：32nm

三级缓存：15MB

总线规格：QPI 7.2GT/s

CPU 核心：六核

CPU 线程数：12 线程

3）主板

主板芯片组：Intel C600

扩展槽：1×PCI-E 3.0 x16；4×PCI-E 3.0 x8

(a) 监测服务器机柜

(b) 型号铭牌

图 10-15　监测服务器

4) 内存

内存类型：DDR3

内存容量：8GB

内存插槽数量：24

最大内存容量：768GB

5) 存储

硬盘接口类型：SAS

标配硬盘容量：300GB

内部硬盘架数：最大支持 24 块 2.5 英寸 SATA/SAS 硬盘

6) 网络

网络控制器：双千兆网卡

7) 显示系统

内置集成显卡：16MB 显存

后添加独立显卡：NVidia Quodro Mx，显存 1G

8) 接口类型

标准接口：4×RJ45 网络接口

　　　　　8×USB 接口 (2 个前置，4 个后置，2 个内置)

　　　　　1×VGA 接口 (后置)

　　　　　2×串口 (1 个后置，1 个内置)

9) 管理及其他

系统管理：集成系统管理芯片，支持 IPMI2.0、KVM over IP、虚拟媒体等；支持浪潮
　　　　　睿捷系列服务器管理、部署软件；可选浪潮睿捷 LCD 管理模块，提供本
　　　　　地可视化系统监控和故障诊断功能

操作系统支持：Windows Server 2008 SP1 32/64bit

　　　　　　　Windows 2003 Enterprise with SP2 32/64bit

　　　　　　　Red Hat Enterprise Linux 5U3 32/64bit

　　　　　　　SuSE Linux Enterprise Server 10 SP2 32/64bit

　　　　　　　SuSE Linux Enterprise Server 11 32/64Bit

10) 电源性能

电源数量：2 个

电源电压：110～240V

11) 外观特征

产品尺寸：88mm×430mm×745mm

产品重量：25kg

12) 适用环境

工作温度：5～35℃

10.1.8　监测系统安装与测试

干沟、银洞子沟的设备设计与主要安装时间由 2014 年 5 月 7 日开始，包括 2016 年 4 月 26 日补充水势监测及新开发的测斜仪孙机；2016 年 5 月 24 日添加泥石流地声及断线检测（表 10-7）。

表 10-7　都江堰市白沙河流域监测系统安装情况表

沟名	安装日期	安装公司	安装设备
银洞子沟	2014.5.7	成都东中	雨量计、测斜计、水分计
	2014.5.16	成都东中	13、14、15＃测斜计
	2014.10.3	成都东中	泥位计、视频仪
	2016.4.26	成都东中	水势计、测斜仪孙机
	2016.5.24	成都山地所	地声、断线检测设备
干沟	2014.5.7	成都东中	雨量计、测斜计、水分计
	2014.10.15	成都东中	泥位计、视频仪
锅圈岩沟	2013	格致科技	雨量计、泥位计、视频仪

注：成都东中全称为成都东中环境防灾减灾技术有限公司；格致科技全称为成都格致科技发展有限公司。

干沟设备较少，按监测设计方案完成。

银洞子沟监测设备较多，主要安装于银洞子滑坡体及其下方部位（图 10-16）。

锅圈岩沟监测设备安装于 2013 年。

系统测试于安装后完成，数据采集、传输达到设计要求。

(a) 总体分布

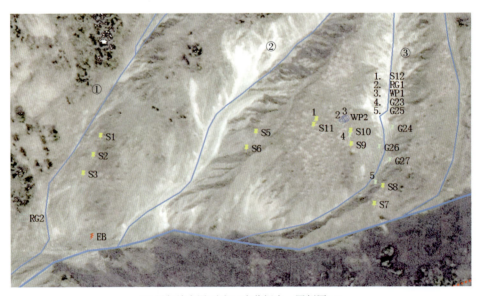

(b) 局部放大图[对应(a)中紫框内，图例同(a)]

图 10-16 银洞子沟监测设备位置示意图

10.2 监测数据分析

监测数据主要来源于各监测传感器上传至服务器数据，降雨数据引用成都市气象局布设的部分自动雨量站数据，地震数据来自于中国地震信息网地震记录。

10.2.1　数据预处理

10.2.1.1　降雨

1. 数据有效性

由于数据库服务器故障和监测系统软件升级，降雨监测数据出现异常(图 10-17)。

采集时间	总累计雨量	十分钟雨量
2015-01-08 10:40:(	0	NULL
2015-01-08 10:50:(	0	NULL
2015-01-08 11:00:(	0	NULL
2015-01-08 11:10:(	0	NULL
2015-01-08 11:20:(	0	NULL
2015-01-08 11:30:(	0	NULL
2015-01-08 11:40:(	0	NULL
2015-01-08 11:50:(	0	NULL
2015-01-08 12:00:(	0	NULL
2015-01-08 12:10:(	0	NULL
2015-01-08 12:20:(	0	NULL
2015-01-08 12:30:(	0	NULL
2015-01-08 12:40:(	0	0
2015-01-08 12:50:(	0	0
2015-01-08 13:00:(	0	0
2015-01-08 13:10:(	0	0
2015-01-08 13:30:(	0	0
2015-01-08 13:40:(	0	0
2015-01-08 13:50:(	0	0
2015-01-08 14:00:(	0	0
2015-01-08 14:10:(	0.2	0.2
2015-01-08 14:20:(	0	-0.2
2015-01-08 14:30:(	0	0
2015-01-08 14:40:(	0	0
2015-01-08 14:50:(	0.2	0.2
2015-01-08 15:00:(	0	-0.2
2015-01-08 15:10:(	0	0
2015-01-08 15:20:(	0	0
2015-01-08 15:30:(	0	0
2015-01-08 15:40:(	0	0
2015-01-08 15:50:(	0.2	0.2
2015-01-08 16:00:(	0	-0.2
2015-01-08 16:10:(	0	0
2015-01-08 16:20:(	0	0
2015-01-08 16:30:(	0	0

图 10-17　雨量监测异常数据(干沟)

1)干沟雨量计

(1)(包括)2015-1-8 12:30 之前 10min 降雨数据为 NULL 值，共计 32 188 条。

(2)2015-01-08 12:40 至 2015-5-10 9:30 之间，累计降雨等同 10min 降雨。

(3)共有 440 条记录 10min 降雨值为负值。

2)银洞子沟雨量计 1

(1)(包括)2015-1-8 12:20 之前 10min 降雨数据为 NULL 值，共计 32 256 条。

(2)2015-1-8 12:30 至 2015-5-10 15:40 之间，累计降雨等同 10min 降雨。

(3)共有 33 条记录 10min 降雨值为负值。

3）银洞子沟雨量计 2

(1)（包括）2015-1-8 12:20 之前 10min 降雨数据为 NULL 值，共计 32 123 条。

(2)2015-1-8 12:30 至 2015-5-10 15:40 之间，累计降雨等同 10min 降雨。

(3)共有 479 条记录 10min 降雨值为负值。

其中降雨负值为数据采集过程中，由于寄存器高位被填充，未能将寄存器清空，导致下一个数据正负标志被认为负值。

4）银洞子沟泥位计

2015-1-18 5:30 至 2015-5-10 16:07 之间银洞子沟泥位计因设备故障，数据缺失。

5）银洞子沟土壤水分计/测斜计

由于上述参数在数据库中存在同一表内，此处一并统计。

水分计、测斜计数据存在如下问题：

(1)仅 9#～12#四个测斜计安装有水分计，其余水分计数据为负，不可用。

(2)11#水分计损坏，数据无效。

(3)8#测斜计丢失 2016-6-14 2:38 至 2017-3-30 15:08 之间数据。

2. 处理方案

(1)将 2015-5-10 9:30 之前，累计降雨数据赋值于 10min 降雨数据，将负值归 0。

(2)统计 1h、24h、月、年累计降雨值。

(3)统计每个降雨周期的时间长度及雨量。

(4)统计雨强(按国家气象局降水等级划分标准，此处采用 24h 划分，表 10-8)

表 10-8　雨强(降水)等级

雨强	12h 降雨/mm	24h 降雨/mm
小雨	<5	<10
中雨	5～14.9	10～24.9
大雨	15～210.9	25～410.9
暴雨	30～610.9	50～910.9
大暴雨	70～1310.9	100～1910.9
特大暴雨	>140	>200

10.2.1.2　测斜计

主要统计 1h、24h[26]累计数据(2D)，以及 1h、24h[26]加速度数据(3D)。

2D 倾斜累计计算方法：计算 X、Y 方向每次记录相对于上条记录变化值。

3D 加速度取值：按时间间隔直接读取数据。

10.2.1.3　泥位计

读取各时间节点泥位(水位)高度值。

10.2.1.4　地震

此处根据地震信息网查询到从 2014-5-7 至 2016-10-5（查询日）为止距银洞子沟、干沟、锅圈岩沟距离 20km 内彭州、都江堰、汶川三县、市发生的地震记录（图 10-18、图 10-19）共 865 次（注：由于地震信息网给出经纬度坐标到小数点两位，因此位置精度有限）。

1. 按震级统计

（1）4 级以上地震 1 次，发生于 2015 年 8 月 12 日 7 时 11 分，震级为 Ms4.2 级。

（2）3～3.9 级地震 14 次，占总次数的 1.7%。

（3）2～2.9 级地震 93 次，占总次数的 13.8%。

（4）2 级以下地震 730 次，占总次数的 84.4%。

显然，随着震级的增加，地震次数呈指数下降［图 10-18（a）］。如果对地震次数取对数，可以得到灾害次数随震级的增加呈线性下降［图 10-18（b）］。其关系可以表达为

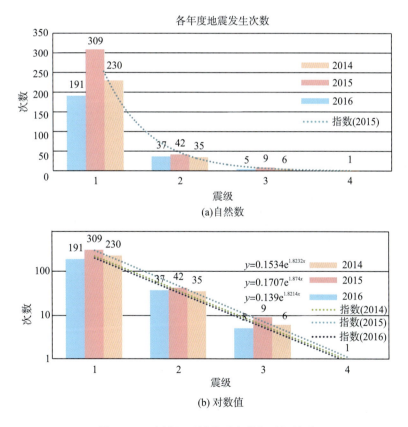

图 10-18　白沙河区域地震次数与震级关系

$$N_{2014}=0.1534e^{1.8232X} \tag{10-1}$$

$$N_{2015}=0.1707e^{1.874X} \tag{10-2}$$

$$N_{2016}=0.139e^{1.8214X} \tag{10-3}$$

式中，N 为地震次数；X 为地震震级；e 为常数；2014～2016 为年度。

将上述公式进行平均，得到白沙河地区年度地震次数与震级经验公式为

$$N=0.154e^{1.84X} \tag{10-4}$$

2. 按距离统计

(1)距离沟道 5km 范围内地震共有 45 次，震级为 2～3 级 7 次，小于 2 级 38 次。

(2)距离沟道 5～10km 地震共 175 次，3 级以上 2 次，2～2.9 级 16 次，2 级以下 157 次。

(3)距离沟道 10～20km 地震共 645 次，4 级以上 1 次，3～3.9 级 13 次，2～2.9 级 96 次，2 级以下 535 次。

(4)从空间位置上看，地震主要发生于龙门山断裂带与茂汶断裂之间，少数发生于彭灌断裂与龙门山断裂带之间，在彭灌断裂东南方向地震明显减少(图 10-19)。

3. 按时间统计

年度：3 级以上地震：2014 年 6 次，2015 年 5 次，2016 年至 8 月 31 日 5 次(图 10-20)。

月份：5、6 月份地震较多，7 月份较少，1～4 月较少，8～9 月较多(图 10-21)。

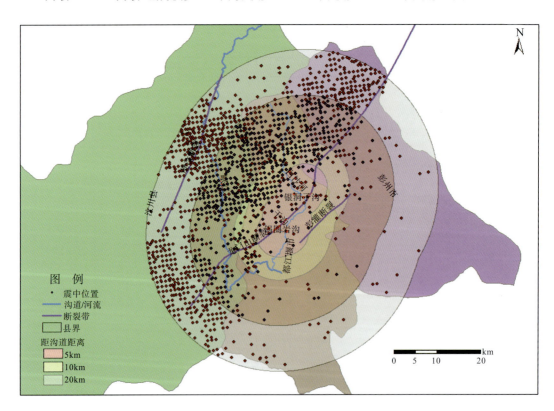

图 10-19 都江堰白沙河流域历史地震位置图

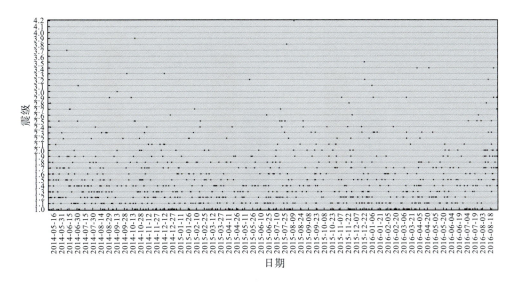

图 10-20　都江堰白沙河流域地震记录时序图

1级以上地震发生月份

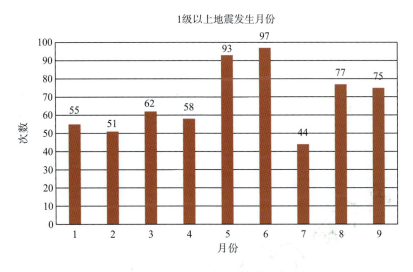

图 10-21　白沙河区域地震次数月度分布

10.2.2　银洞子沟泥石流

10.2.2.1　监测数据分析解读

1. 降雨

银洞子沟共获取到监测记录 815 天 104 113 条记录,其中 2014 年 237 天、2015 年 364 天、2016 年 212 天。

1)年降雨

银洞子沟两个雨量计差别较大,1#雨量计监测值相对于都江堰年均降雨量及 2#雨量计都偏小,差幅最大为 2016 年降雨只占 2#雨量计的 24.6%(图 10-22)。

图 10-22　银洞子沟雨量计年度累计降雨对比

　　之所以 1#雨量计雨量偏小，推测由于其安装位置在接近下游沟道边缘，尽管安装时已经砍伐过周边树木与灌丛(图 10-23)，但由于水气条件优越，树木生长速度较快，一定程度上阻止了降雨从沟道外侧飘入雨量筒内，从而造成 1#雨量计数据的可靠性较差。

图 10-23　银洞子沟 1#雨量计周边植被示意图

2)月降雨

　　由月度降雨图上可以看出银洞子沟降雨的时间具有不均衡性。7、8 月份是本沟降雨的最大时期，峰值可超过>300mm；5、6、9、10 是本沟降雨的第二台阶，月降雨>150mm；11、12、1、2 月份为降雨低谷期，降雨<50mm；3、4 月份降雨处于雨季开始前的过渡时段，降雨量在 50mm 上下波动(图 10-24)。

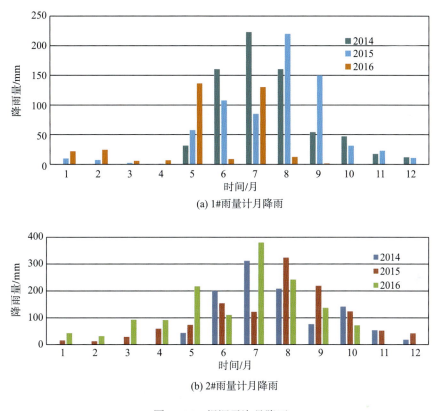

(a) 1#雨量计月降雨

(b) 2#雨量计月降雨

图 10-24　银洞子沟月降雨

由于 1#雨量计的偏差，以下(24h 降雨、降雨次数与历时)以 2#雨量计监测数据进行统计。

3)24h 降雨

银洞子沟 24h 最大降雨可达 100mm 以上，与月降雨峰值相似，主要出现在 7、8 月份，24h 降雨超过 70mm 即有可能成为年度峰值。监测期间，累计降雨天数为 593 天，无降雨天数 284 天，分别占监测天数的 67.6%和 32.4%。即银洞子沟 2/3 时间每日都有降雨，在 7、8 月份平均降雨天数略高于全年平均，可达 68.4%(以 2#雨量计统计)(图 10-25)。

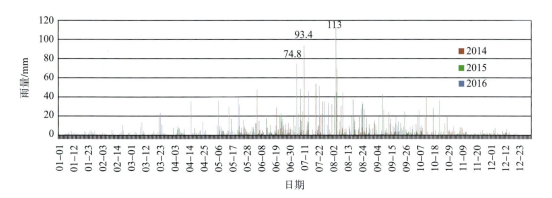

图 10-25　银洞子沟 24h 降雨

从银洞子沟 24h 雨强可以看出，沟内降雨主要是小雨，中雨较少，大雨仅占 5%，暴雨、大暴雨很少，特大暴雨未出现（图 10-26）。

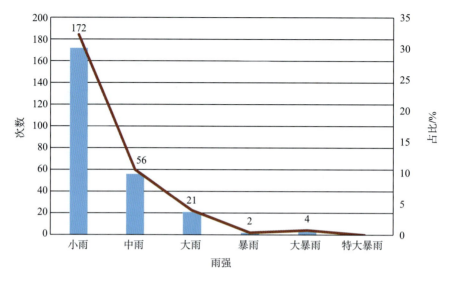

图 10-26　银洞子沟 24h 雨强（以 2#雨量计统计）

4）降雨次数与历时（以 2#雨量计统计）

监测期间共发生降雨 2847 次，其中 2014 年 950 次，2015 年 1589 次，2016 年 308 次。

最大单次降雨可达 810.8mm（2014-7-10 11:30），98%的单次降雨量＜10mm；单次降雨 10mm 以上的共 59 次，占全部降雨的 2.1%；单次降雨＞50mm 共有 4 次，仅占监测总数的 0.1%。

降雨历时最长为 20h10min，30min 以内降雨 2365 次，占 83%；1h 以上 211 次，占 7.4%；12h 以上降雨 2 次，仅占总数 0.1%（图 10-27）。

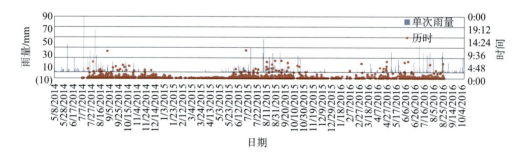

图 10-27　银洞子沟 2#雨量计单次降雨统计

因此，可以看出，银洞子沟降雨频繁，平均每日降雨 4 次；降雨类型以 30min 以内的短时降雨为主，单次降雨量以 10mm 以内为主要类型。降雨时长与降雨量之间相关性不大。

2. 泥位

泥位值显示银洞子沟泥石流的发生情况，根据监测数据，共有 7 次大于 0.5m 的记录，分别是 2015-8-11 15:59 的 0.6m 和 2015 年 9 月 6 日（12:34:05～12:39:36）期间 6 次 0.56～0.57m。

通过将每日最大泥位值与 24h 降雨对比，发现在弱降雨条件下（24h 降雨量＜20mm），泥位与降雨相关性较好；在强降雨条件下（24h 降雨＞50mm），泥位对应降雨有滞后现象，推测与地表植被等对降雨的吸收与迟滞及汇流过程有关。

2015-10-3 之后，泥位数据偏高，与降雨性相关性较差，疑似泥位计故障，数据未能归零。将其减去 0.26（2015-10-4 至 2015-10-31 之间无降雨最低值）后，相关性有明显改善，如图 10-28 所示。

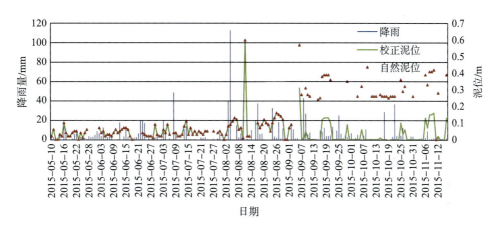

图 10-28　银洞子沟泥位-雨量对比图

3. 土壤含水率

土壤含水率通常随降雨变化，但滞后于降雨（图 10-29）。

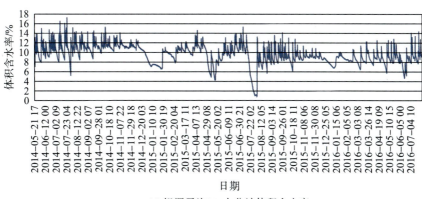

(a) 银洞子沟9#水分计体积含水率

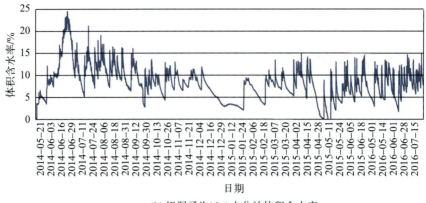

(b) 银洞子沟12#水分计体积含水率

图 10-29   银洞子沟不同位置体积含水率

4. 地表测斜

银洞子沟地表测斜仪布设较多，先后安装了 12 台测斜仪，部分测斜计(1#、8#、9#)数据变化较大(图 10-30)。由此可以看出，传感器的位置对监测数据的影响较大。

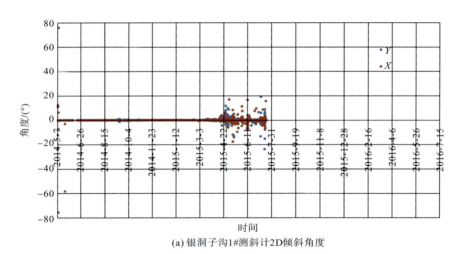

(a) 银洞子沟1#测斜计2D倾斜角度

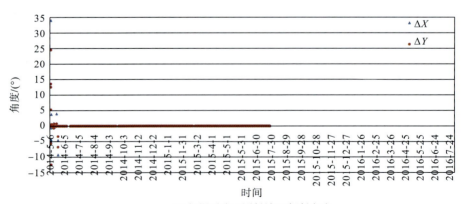

(b) 银洞子沟2#测斜计2D倾斜角度

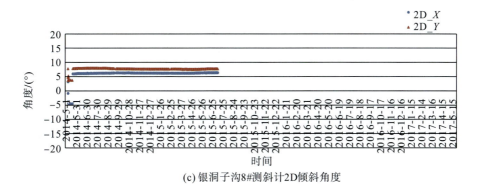

(c) 银洞子沟8#测斜计2D倾斜角度

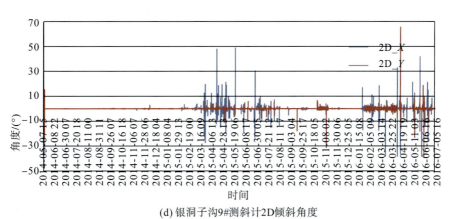

(d) 银洞子沟9#测斜计2D倾斜角度

图 10-30　银洞子沟不同位置 2D 倾斜角度

5. 地声

自 2016 年 5 月 24 日安装调试完成后, 先后接收到 221 次撞击事件警报, 2016 年一日最多有 33 次(8-25), 2017 年一日最多有 48 次撞击(图 10-31、图 10-32)。

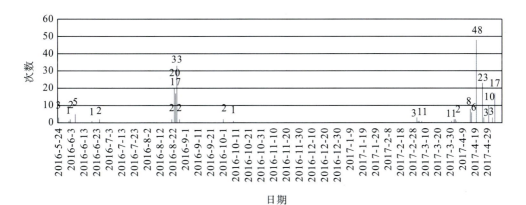

图 10-31　地声事件发生日期及次数

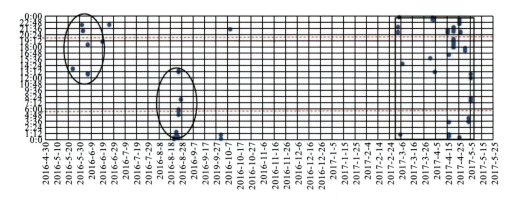

图 10-32　地声事件发生时间

6. 泥石流断线检测

截至报告完成时间（2016-10-10），尚未发生泥石流断线冲断事件。

7. 水势

1#水势计变动幅度较大；2#相对较小，但在 2017 年 3～4 月间值升高（图 10-33）。

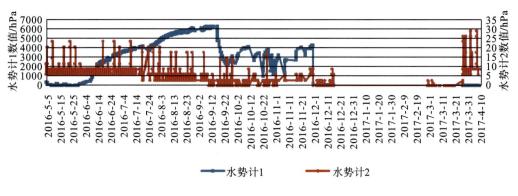

图 10-33　水势变化图

8. 视频

通过视频截图，可以明显看到在降雨条件下图像明显差于晴天，晴天时可以清楚地看到沟口坡崩积物（图 10-34）。

10.2.2.2　极端事件

1. 地震

2015 年 8 月 12 日 7 时 11 分，都江堰市境内发生 Ms=4.2 级地震，震中位置为北纬 31.25°，东经 103.63°，震源深度 20km，震中地面距银洞子沟最近处为 10.5km。由不同介质地震波的传播速度计算，由震源到达银洞子沟时间最快的纵波需要约 2.5s，最慢的横波在沉积岩中传播最慢，需要约 15s。7:00～7:20 期间 1#雨量计监测值为 0，2#雨量计监测值为 0.4mm（表 10-9）。

(a) 阴雨天视频截图

(b) 晴天视频截图

图 10-34　视频摄像截图

表 10-9　Ms4.2 地震时降雨数据

雨量计	10min 降雨量/mm	1h 降雨量/mm	24h 降雨量/mm	降雨次数
银洞子沟 1#	0	0	0	0
银洞子沟 2#	0.4（7:20）	—	0.6	1
干沟	0	0	0	0

银洞子沟 1、2、3、5、6、7、8 号测斜计变化较小或无反应，4、9、10、11 号测斜计 2D 测斜角度分别在震后出现一定程度的变化（图 10-35），3D 加速度未出现明显变化。

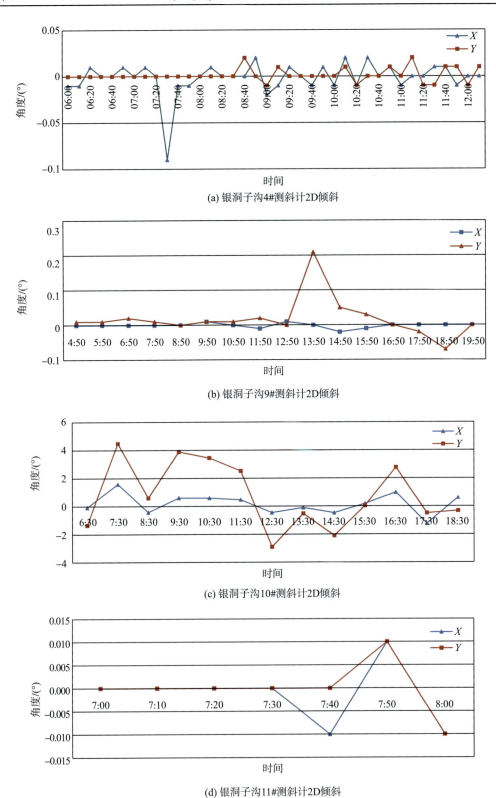

(a) 银洞子沟4#测斜计2D倾斜

(b) 银洞子沟9#测斜计2D倾斜

(c) 银洞子沟10#测斜计2D倾斜

(d) 银洞子沟11#测斜计2D倾斜

图 10-35　Ms4.2 地震时银洞子沟测斜计数据

该震之后，3D 加速度无明显变化，仅部分测斜计的 2D 角度有所反应，是否由地震引发，尚无明确证据，需要结合震动台试验及后续的监测进行验证。

2. 降雨

监测过程中，有多次极值降雨可供选择：

(1) 单次最大降雨为 2014-7-10 11:30 的 810.8mm，持续时间为 10h40min。

(2) 10min/1h 最大降雨为 2016-8-9 15:30 的 43.2mm。

(3) 单日最大降雨为 2015-8-4 的 113mm。

此处选择降雨强度最大的 10min 降雨最大值，后添加的新测斜计 KOKI16107 在 2D 方向上出现即时变化 (图 10-36)，X 方向变化为 $0.01°$，Y 方向变化为 $0.02°$。

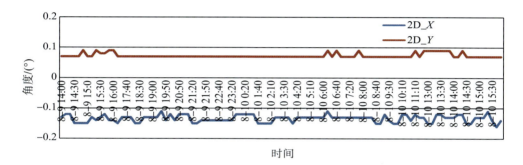

图 10-36　KOKI16107 测斜计变形曲线图

3、5、6、7 号测斜计 2D 角度出现变化，其中 3#、7#是即时变化，5#、6#滞后于降雨。3#测斜计在 X、Y 两方向上出现变化，滞后时间为 30min，X 方向变化幅度增大 $0.07°$，Y 方向增大 $0.04°$，在 20:30 之后开始出现大幅消退，X 方向达 $0.23°$，Y 方向达 $0.14°$；7#测斜计 Y 方向最大变化可达 $0.75°$ (图 10-37)。

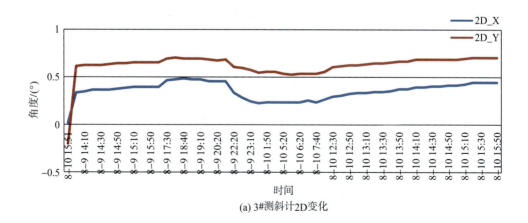

(a) 3#测斜计2D变化

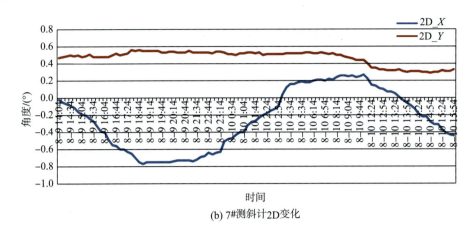

(b) 7#测斜计2D变化

图 10-37 测斜计 2D 即时变化

5#、6#只有 Y 方向出现滞后变化，其中 5#滞后时间为 1h24min，6#滞后时间为 2h13min（图 10-38）。

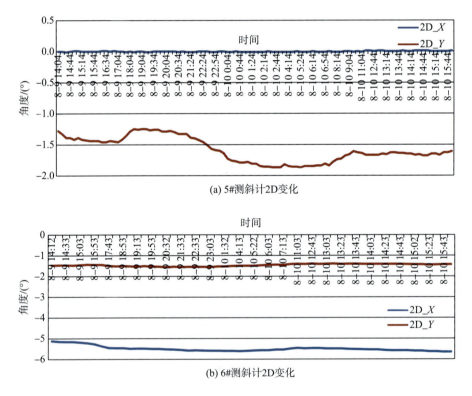

(a) 5#测斜计2D变化

(b) 6#测斜计2D变化

图 10-38 测斜计 2D 无变化

12#倾斜计在 X 方向有滞后变化，滞后时间为 3min，最大变化幅度为 10.7°，如图 10-39 所示。

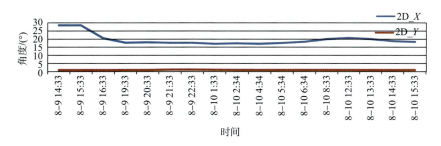

图 10-39　12#测斜计 2D 滞后变化

该时刻 9#、10#、12#水分计有数据，其中 9＃水分计在 5h 以内仅呈振荡模式；在当日 20:53 之后，有小幅攀升，最大由 10.32%上升至 10.44%。10#、12#水分计呈下行模式，与降雨无相关性(图 10-40)。由此反映①支沟、②支沟相对活跃，③支沟右岸植被茂密，对降雨反应迟缓。

(a) 9#水分计土壤含水率

(b) 10#水分计土壤含水率

(c) 12#水分计土壤含水率

图 10-40　水分计变化

3. 崩塌

监测中有三次小型崩塌发生于支沟右岸底部，时间分别为（图 10-41）：2015/1/9 13：10～14：10；2015/1/14 18：10～20：10；2016/1/19 20：10～2016/1/21 23：10。

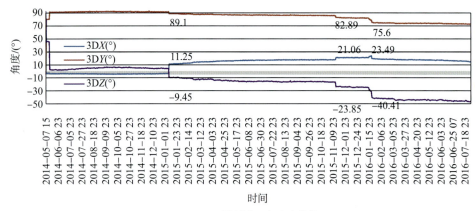

(a) 4#测斜计3D加速度曲线

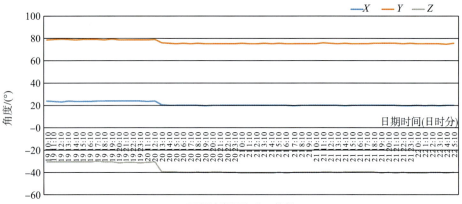

(b) 4#测斜计崩塌前后3D数据(2015/1/9)

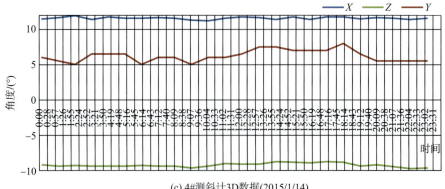

(c) 4#测斜计3D数据(2015/1/14)

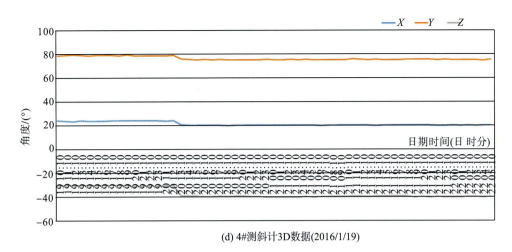

(d) 4#测斜计3D数据(2016/1/19)

图 10-41　银洞子沟崩塌事件

10.2.2.3　监测总结

对比 2009～2013 年临近区域降雨资料及泥石流灾害暴发历史，可以看到灾害的启动雨量(24h)在 2011 年下降至 40mm 左右。其后，随着物源的减少，从 2013 年后开始升高至 100 以上(图 10-42)。

图 10-42　银洞子沟泥石流事件与降雨关系

由近三年的监测可知，银洞子沟即使在 24h 降雨达到 130mm 的情况下，依然未有大规模的滑坡及泥石流发生。

为详细了解银洞子沟地貌及泥石流物源的变化情况，研究人员分别在雨季中的 2016 年 7 月 21 日、雨季后的 2016 年 10 月 12 日两次前往现场进行无人机及实地现场调查，均未发现有明显泥石流或大规模滑坡迹象，在坡顶可见到小型坡面崩滑现象。从遥感影像(图 10-43)上可以看出，银洞子沟流域的植被覆盖率已相当高；经过 2013 年及之前的多次暴发，泥石流的可启动物源已大为减少。因此，在监测周期内，监测到的只有局部崩塌现象，未见到泥石流的暴发。

(a) 无人机影像(2016-8-26)

(b) 卫星影像(google earth, 2016-2-26)

图 10-43　银洞子沟遥感影像

10.2.3　干沟泥石流

10.2.3.1　监测数据分析解读

1. 降雨

截至成稿(2016 年 10 月 7 日)，干沟共获得监测数据 859 天 116 815 条记录，记录间隔为 10min。监测系统安装完成时间为 2014 年 5 月 7 日，监测时间长度分别为：2014 年为 229 天，2015 年 360 天，2016 年 270 天。

1) 年降雨

即使在缺失前 4 个月降雨的情况下，2014 年的累计降雨已超过其多年平均值 1243.8mm；2016 年在缺失后一季度降雨的情况下，年降雨为 1334.8mm（图 10-44）。说明近年来，干沟区域降雨相对充沛。

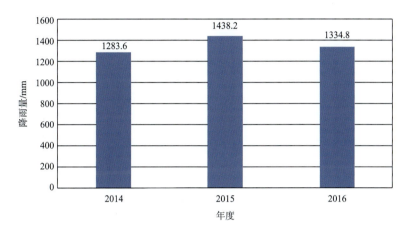

图 10-44　干沟年度累计降雨

2) 月降雨

从月度降雨分布上分析（图 10-45），5~10 月份是干沟的主要降雨季节，一般降雨量在 100mm 以上；每年的最大降雨季节主要为 7、8 两月，监测期间月度降雨最大值可达 446mm；1、2 月份降雨最低，通常在 50mm 以下。

2014 年降雨集中于 6、7、8、10 四个月中，峰值出现于 7 月份，除 10 月份异常突出外，其他月份以 7 月份为对称轴递减；2015 年 8 月份降雨相对集中，是近三年降雨的单月最大值；2016 年峰值与 2014 年一样，同样出现于 7 月份，向年初和年尾方向递减。

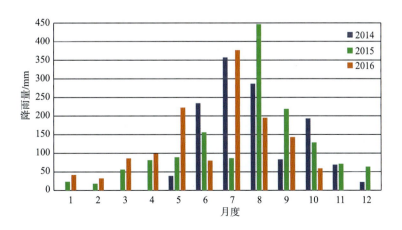

图 10-45　干沟月度累计降雨图

3）24h 降雨

降雨＞0 的天数共有 531 天，其中 2014 年 162 天有降雨记录，2015 年有 242 天，2016 年有 127 天。

从雨强上分析，干沟降雨主要是小雨（24h 降雨＜10mm）和近 0 值的"微雨"，中雨较少，大雨及暴雨很少（图 10-46）。

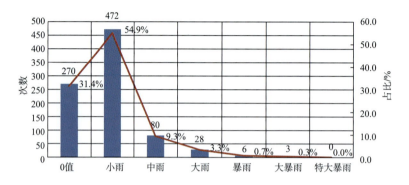

图 10-46 干沟降雨强度统计

24h 累计降雨在 10mm 以内的共有 472 次，占降雨总数的 80.1%。其中 2014 年 131 次，占全年降雨总数的 80.9%；2015 年 199 次，占全年降雨总数的 82.2%；2016 年 101 次，占全年降雨总数的 710.5%。

24h 累计降雨超过 50mm 的暴雨天气共有 9 天，其中 2014 年 5 天，均位于 6～7 月期间；2015 年 2 天，均位于 8 月；2016 年 2 天，均位于 7 月。

24h 累计降雨超过 100mm 的大暴雨有 3 天，分别为 2014 年 7 月 12 日的 118mm、2015 年 8 月 5 日的 131.6mm 和 8 月 6 日的 127mm，2016 年未出现大暴雨。

24h 内特大暴雨（降雨量≥250mm）无（图 10-47）。

以上数据表明，2014 年降雨峰值以 6～7 月份为主，2015 年集中于 8 月初，2016 年 3～5 月份降雨值较前两年高，但全年峰值低于 2014、2015 年，峰值出现在 7 月。

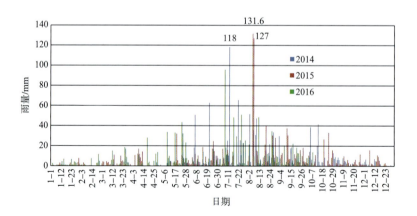

图 10-47 干沟 24h 累计降雨

4) 降雨次数与历时

由于雨量计的特点，多数降雨数据都是以时间间隔划分。实际降雨则有可能是连续的，因此需要考虑以降雨的自然次数来统计。在本研究中，一次降雨定义为监测数据中 10min 雨量大于 0 或连续大于 0(中间无间断)的降雨值。过程雨量累加和即为一次降雨，过程时间累加为降雨历时。

三年期间，共发生降雨 3223 次，其中 2014 年降雨 1002 次，2015 年降雨 1535 次，2016 年 685 次(图 10-48)。

2016 年 5 月 22 日，干沟监测数据中最长的一次降雨历时 10.5h，累计降雨 21.8mm。降雨历时在 5h 以上三年中都较为少见，均为个位数; 2h 以上为 25～50 次，1h 以上为 70～120 次。显然，历时越长的降雨，次数越少，也反映了干沟的山地气候多变性，降雨时间短而频繁(图 10-48)。

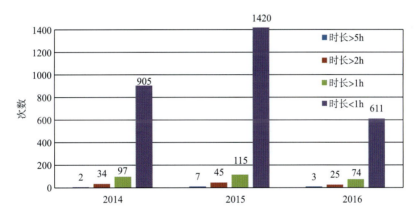

图 10-48　干沟单次降雨历时统计

从单次降雨量来看，单次超过 100mm 的仅 2014 年 7 月 10 日一次，超过 50mm 的降雨有 5 次，其中 2014 年 2 次，2015 年 1 次，2016 年 2 次(图 10-49)。

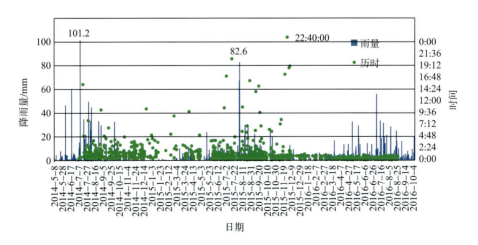

图 10-49　干沟单次降雨雨量与历时关系

2. 泥位

干沟泥位计由于布设于排导槽岸边，设备位置固定，而沟道内水流随季节变化较大，旱季时沟道内水位接近于 0，雨季时常改道，导致数据变化较大（图 10-50）。

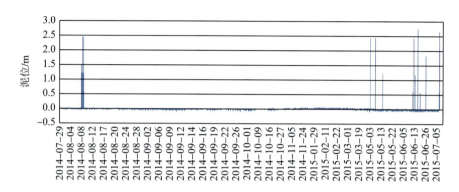

图 10-50　干沟泥位监测数据

3. 土壤含水率

干沟仅 1#测斜计上接入了水分计。受崩塌影响，2014-7-6～2016-4-26 水分计无数据，有效数据仅有 2016 年一段，从数据图上可以看出土壤含水率具有上升快，下降缓的特点（图 10-51）。

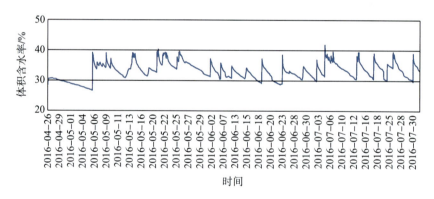

时间

图 10-51　干沟右岸土壤含水率

10.2.3.2　极端事件

1. 崩塌

根据监测记录，2014-7-6 共出现两次明显的灾变记录，从 9:10 出现变化至 11:40 设备损坏，数据消失。

1）2D 测斜

9:10 干沟 1#测斜计 2D 测斜出现明显变形（表 10-10、图 10-52）。

表 10-10　干沟 1#测斜计 2D 变化数据

时间	$X/(°)$	$Y/(°)$
9:00	1.30	10.65
9:10	-42.37	-33.67

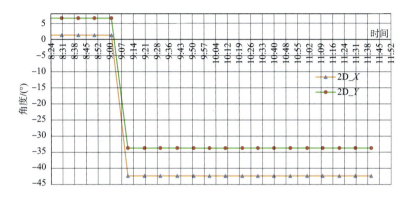

图 10-52　干沟 1#测斜计 2D 变化曲线

2）3D 加速度

3D 加速度共有两次变化，分别为 9:10 和 10:20，第二次变化更为明显，Y 轴变化基本不明显（表 10-11、图 10-53），反映其倾倒方向与 y 轴无关。

表 10-11　干沟 1#测斜计 3D 变化数据

时间	$X/(m/s^2)$	$Y/(m/s^2)$	$Z/(m/s^2)$
9:00	1.53	810.01	5.76
9:10	1.89	88.74	-10.21
10:00	1.71	88.92	-10.21
10:10	1.89	88.83	-10.3
10:20	4.23	88.56	-7.29
10:30	4.41	88.74	-7.29

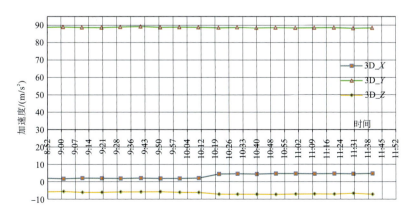

图 10-53　干沟 1#测斜计 3D 变化曲线

3) 降雨与土壤含水量

崩塌发生前后,并无降雨发生,与崩塌事件关联性不大(图 10-54);土壤含水量数据无。

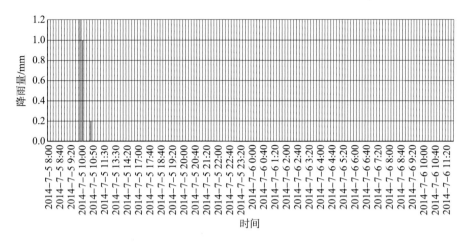

图 10-54　干沟降雨监测数据

4) 地震

2014 年 7 月 6 日 9 点之前,附近区域只有汶川县(31.15,103.50)在 08:42:32 发生 1.2 级地震,震源深度 2km。由于该地震震级小,距离监测沟道直线距离为 13.5km(图 10-55),初步判断与崩塌事件无关。

图 10-55　2014-7-6 震中位置与监测沟道位置关系图

5）崩塌照片

崩塌前后的照片如图 10-56 所示。

(a) 干沟1#测斜计安装后

(b) 崩塌位置

(c) 崩塌后的坡面

(d) 崩塌后损毁的测斜计

图 10-56 干沟崩塌发生前后测斜计及沟道照片

10.2.3.3 监测总结

图 10-57 干沟左岸滑坡裂缝(2016-10-12)

　　经过近三年的监测，干沟范围内未发生泥石流灾害，2014 年 7 月 6 日发生中游右岸山坡的崩塌和 2016 年 10 月发现左岸有滑坡裂缝（图 10-57）。植被覆盖率稳步上升，在无人机遥感影像及卫星影像上（图 10-58），坡顶依然存在崩塌现象，坡体中下部植被覆盖率良好，未监测到泥石流的发生。

(a) 无人机影像(2016-7-21)

(b) 卫星影像(Google earth，2016-2-26)

图 10-58　干沟遥感影像

10.2.4　锅圈岩沟泥石流

10.2.4.1　监测数据分析解读

1. 降雨

2013～2015 年,锅圈岩沟共获得监测数据 678 天 976 320 条记录。监测时间长度分别为:2013 年为 214 天,2014 年 211 天,2015 年 253 天。

1) 年降雨

该沟自 2013 年监测以来,年降雨呈缓慢降低之势(图 10-59)。其中,2013 年累计降雨达 1190.6mm,2013 年锅圈岩沟发生较大规模的泥石流灾害;2015 年降雨严重偏少,与前两年降雨总值差值达 400mm,雨量计设备已使用超过三年,可靠性存在问题。

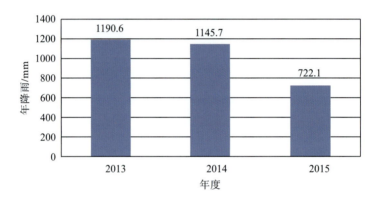

图 10-59　锅圈岩沟年度累计降雨

2) 月降雨

锅圈岩沟月降雨主要集中于 7、8 月份,但 2013 年 7 月的降雨超出平常值 1 倍以上,达到 828.5mm(图 10-60)。深溪沟流域(锅圈岩沟所在区域)遭遇百年一遇的强降雨,日降雨量达到 244.5mm,降雨日数达到 14 天。在强降雨的影响下,深溪村锅圈岩沟在 7 月 9 日和 7 月 26 日分别暴发了山洪泥石流灾害。该时期都江堰发生大量的泥石流滑坡灾害,相邻的干沟、银洞子沟泥石流均冲出沟口,部分堵塞河道;都江堰南部的中兴镇发生大型滑坡转化泥石流灾害,导致近 200 人死亡(图 10-61)。

从月度降雨分布上分析,6～9 月份是锅圈岩沟的主要降雨季节,一般降雨量在 50 mm 以上;每年的最大降雨季节主要为 7、8 两月,监测期间月度降雨最大值可达 828.5 mm;12、1、2 月份降雨最低,通常在 50mm 以下。

2013 年降雨集中于 6、7、8、9 四个月中,峰值出现于 7 月份,除 7 月份异常突出外,其他月份以 7 月份为对称轴递减,2013 年 7 月份降雨相对集中,是近三年降雨的单月最大值;2014 年峰值出现在 8 月份,月降雨量达到了 337.4 mm,日降雨量最大为 180.8 mm;2015 年与 2013 年一样,降雨峰值出现在 7 月份,向年初和年尾方向递减。

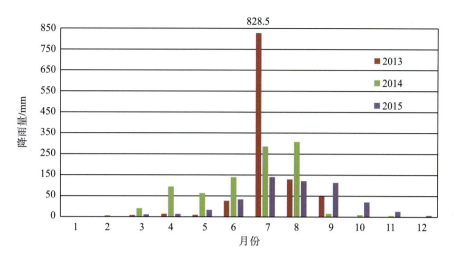

图 10-60　锅圈岩沟月累计降雨

图 10-61　2013 年都江堰市中兴镇五里坡滑坡/泥石流灾害

3）24h 降雨

降雨＞0 的天数共有 548 天，其中：2013 年 175 天有降雨记录；2014 年有 178 天，2015 年有 195 天。

从雨强上分析，锅圈岩沟降雨主要是小雨（24h 降雨＜10mm）和近 0 值的"微雨"，中雨较少，大雨及暴雨很少（图 10-62）。

24h 累计降雨在 10mm 以内的共有 460 次，占降雨总数的 83.94%。其中 2013 年 133 次，占全年降雨总数的 76.00%；2015 年 156 次，占全年降雨总数的 87.64%；2015 年 171 次，占全年降雨总数的 87.69%。

24h 累计降雨超过 50mm 的暴雨天气共有 8 天，全部集中在 2013 年，位于 2013 年 6、7、8、9 月份，分别为 1 天、4 天、2 天、1 天。

24h 累计降雨超过 100mm 的大暴雨有 2 天，分别为 2013 年 7 月的 176mm 和 162.5mm，其他年未出现大暴雨天气。

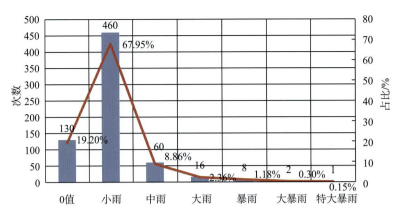

图 10-62　锅圈岩沟降雨强度统计

24h 内特大暴雨(降雨量≥250mm)只有 1 次(图 10-63),为 2013 年 7 月 9 日的降雨,在该强度降雨作用下,锅圈岩暴发了百年一遇的泥石流灾害,该时期都江堰也发生大量的泥石流滑坡灾害,如都江堰南部的中兴镇滑坡,导致近 200 人死亡。

以上数据表明,2013 年降雨峰值以 7~8 月份为主,2014 年集中于 8 月初,2015 年 3~5 月份降雨值较前两年低,10~12 月份降雨值较前两年高,但全年峰值低于 2013 年和 2014 年,峰值出现在 7 月。

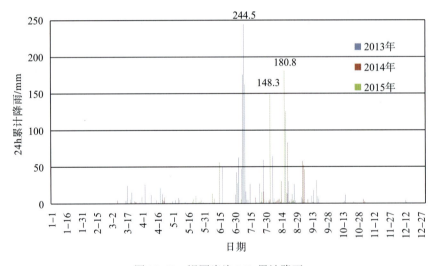

图 10-63　锅圈岩沟 24h 累计降雨

2. 泥位

锅圈岩沟排导槽左岸的泥位计位于排导槽中部,而沟道内水流随季节变化较大,旱季时沟道内水位接近 0,雨季由于降雨作用,水位较旱季高,导致数据变化较大(图 10-64)。泥位与降雨量成正相关,降雨越大,径流量越大,所测泥位值越大。2013 年 7 月 9 日锅圈岩沟暴发了百年一遇的降雨,对应的泥位值也越大,为全年最大值 3.15m。

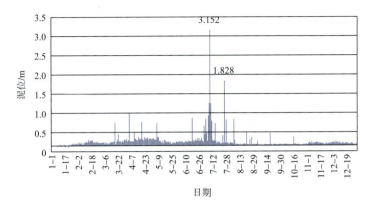

图 10-64　锅圈岩沟上游泥位监测数据

10.2.4.2　极端事件

1. 崩塌

2008 年"5·12"汶川特大地震之前，锅圈岩沟植被茂密，山清水秀，几无山洪泥石流灾害发生。

而"5·12"汶川特大地震之后，锅圈岩沟物源区大量滑坡崩塌，形成类似围椅状陡峭地形 [图 10-65(b)]。

(a) 2005年7月22日

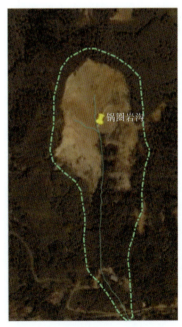

(b) 2008年6月28日

图 10-65　锅圈岩沟在汶川地震前后变化(google earth)

　　调查发现锅圈岩沟滑坡体主要为第四纪堆积物,粗细颗粒物质混杂堆积,有一定的胶结,遇水易垮塌,此围椅状滑坡体是锅圈岩泥石流形成的主要松散固体物质来源。

　　2013 年都江堰暴发了百年一遇的强降雨。根据监测记录,锅圈岩沟围椅状源区在强降雨作用下发生了大的崩塌(图 10-66),随原来的滑坡堆积物形成了此次"7·9"泥石流的主要物质来源。

(a) 崩塌路线　　　　　　　　　　　　　　　　　(b) 崩塌堆积物

图 10-66　锅圈岩崩塌

2. 泥石流

　　监测期间,锅圈岩沟发生了两次较大规模的泥石流灾害事件,即 2013 年"7·9"泥石流和 2013 年"7·26"泥石流。

　　1)2013 年"7·9"泥石流

　　从 2013 年 7 月 7 日起,都江堰市普降大暴雨。据深溪沟流域内雨量站点的观测,7~11 日深溪沟流域的降雨量分别达到了 47.5 mm、176 mm、244.5 mm、162.5 mm、16.5 mm,此次降雨一直延续至 7 月 16 日;7 月 9 日,虹口深溪沟流域的锅圈岩沟发生山洪泥石流灾害,将沟口民房淤埋,泥石流沟道淤满,沟口电力设施及锅圈岩大桥受损,严重威胁沟口居民生命财产安全和深溪沟地震遗址公园(图 10-67)。

图 10-67　锅圈岩沟 2013 年"7·9"山洪泥石流

　　根据深溪沟流域野外监测点的雨量记录发现：此次"7·9"泥石流的总降雨量为683.5 mm（图 10-68）；"7·9"灾害当日雨量为 244.5 mm（图 10-69）。

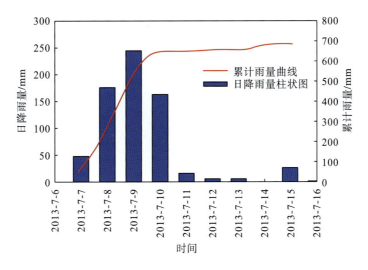

图 10-68　锅圈岩沟 2013 年"7·9"山洪泥石流累计降雨与日雨量柱状图

图 10-69　锅圈岩沟 2013"7·9"山洪泥石流暴发当日的雨量记录

　　此次降雨随着时间的持续，在某一段时间降雨强度突然增大，而其他时间降雨强度较小，在雨量过程线上有明显的峰值，峰值出现在 7 月 9 日某时刻（图 10-70）。由此判断，此次降雨的雨型为尖峰型降雨，峰值主要出现在降雨初期。众所周知，降水的缓急不仅影响径流形成，同样也影响山洪泥石流灾害的形成和发展。因为不同的降雨将使土体含水率不同，从而使土体的内部结构、应力状况、抗蚀性、抗滑性等均有差异。总之，不同的降水既影响清水产汇流，也影响固体物质的补给。

　　根据监测数据，前 5d 降雨量为 285mm；泥石流的激发雨量为 41mm。

　　由此可知，此次灾害的前期降雨量较多，土体处于湿润状态，泥石流的激发雨强为32 mm/h，激发雨量较低。泥石流的激发雨量与泥石流的前期雨量密切相关，直接影响泥石流的启动及其启动的松散固体物质的量。

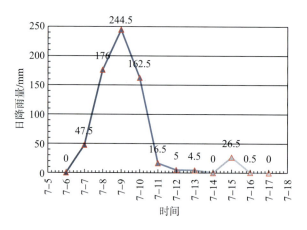

图 10-70　锅圈岩沟 2013 年 "7·9" 山洪泥石流降雨过程的雨型图

2）2013 年 "7·26" 泥石流

2013 年 7 月 26 日 14:00，深溪沟流域锅圈岩沟产生强降雨，暴发了山洪泥石流灾害，泥石流倾泻而下，对沟口居民和深溪沟主沟、白虹路、白沙河等造成了严重的影响（图 10-71）。

(a) "7·26" 泥石流冲毁沟口白虹路施工工地　　　　　　　(b) 运动中的泥石流

图 10-71　锅圈岩沟 2013 年 "7·26" 山洪泥石流灾害

根据安装在锅圈岩沟内两部雨量监测仪，得到 2013 年 "7·26" 泥石流暴发前两天的总降雨量为 157.4mm，三个降雨时间段分别为 25 日凌晨 3:00、25 日下午 18:00 以及 26 日下午 14:00；25 日第一次降雨总量达 25mm，对锅圈岩沟物源区进行浸润；第二次降雨总量达 70mm，1h 雨量最大达到 28mm 且下雨持续时间长达 5h，较第一次降雨浸润土体效果更明显；26 日下午 14:00 开始的第三次降雨，1h 雨量继续增大到 40mm 左右，在前面两次降雨浸润固体物质、降低固体物质抵抗力的基础上，突发的强降雨使得锅圈岩沟物源区松散物质迅速饱水，快速形成泥石流喷泻而下（图 10-72）。

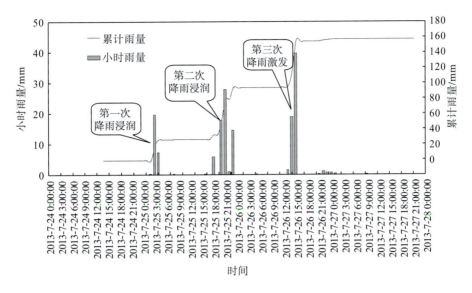

图 10-72　锅圈岩沟"7·26"山洪泥石流灾害

7 月 26 日当日雨量为 62.4mm，其中泥石流的激发雨量为 310.6mm（图 10-73）。

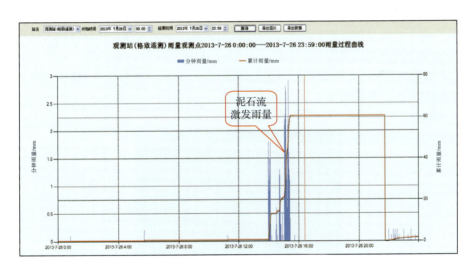

图 10-73　锅圈岩沟 2013 年"7·26"山洪泥石流暴发当日的雨量记录

统计锅圈岩沟前 5d（图 10-74）、前 10d、前 20d、前 1 月的降雨量分别为 117.4mm、123.9mm、124.4mm 和 144.4mm。由于地处龙门山雨区，雨季降雨十分充沛，震后的前 10～15 年内，锅圈岩沟泥石流激发雨量将逐步恢复到震前水平。

总的来说，锅圈岩沟沟水主要受大气降水补给，目前泥石流沟内地表水流量小，水动力较强，冲蚀和携带固体物质的能力较强。正因为如此，特别是暴雨条件下，富含泥沙的地表水从较大落差的高处冲下，冲洗、掏蚀和裹带沟床及沟岸两侧松散物质并沿沟而下，致使流体中固体物质含量增多，并形成破坏力较强的稀性泥石流。

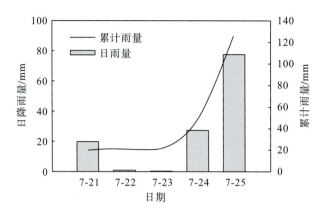

图 10-74　锅圈岩沟 2013 年"7·26"泥石流前 5 天的前期雨量示意图

10.2.4.3　监测总结

经过近三年的监测，2013 年发生了两次较大规模的泥石流灾害。震后锅圈岩沟泥石流源区修建有拦挡坝，起到了稳床固坡、拦截松散固体物质的作用，加之震后多次泥石流灾害已经将大部分的可移动固体松散物质运送出拦挡坝，堆积于泥石流流通区和堆积区。虽然生态环境已逐渐恢复，植被覆盖率大幅提高，但是由于地震使锅圈岩沟山体破坏严重，山体的结构尚未恢复至震前的稳定状态，松散土体也未固结完成。在强降雨的作用下，源区山体还会发生滑坡崩塌灾害(图 10-75)，沟道的松散堆积物还会启动，再次发生泥石流灾害。故锅圈岩沟的泥石流野外监测设备应继续运行，以防再次发生大规模的泥石流灾害，给沟口的居民生产、生活带来重大损失。

图 10-75　锅圈岩无人机遥感影像(2017-3-1)

10.3　监测结论与建议

10.3.1　仪器设备评价

监测过程中共用到 7 种 39 件(套)地表传感器和 2 种无人机影像传感器。无人机影像主要用于评价区域灾害的变化态势；监测预警主要依靠地表传感器自动监控。因此监测预警的效果取决于设备的可靠性。

10.2.1 节已经列出相关数据情况。此处依据数据的完整性给予简单评价，以方便监测设备的选择。

1. 翻斗式雨量计

设备成熟，可靠性高。需要注意的是，应减少附近植物对其遮挡，如果周边植物较多，应加强巡视，以避免雨量筒被叶子等堵塞。

2. 地表测斜计

设备仍处于改进发展中。对于浅层地表变化敏感，适用于崩滑、碎屑流等监测。

3. 土壤水分计

对浅层土体含水率测量较好，但设备可靠性略差，容易损坏。注意安装时应插入土体中并用土压紧。

4. 雷达泥位计

测量泥石流、山洪效果较好。对于设备位置要求较高，应尽量安装于水流上方。

5. 地声预警仪

受干扰较多，无法分辨地声来源和起因。

6. 断线检测

仅当所处沟道水流中含有大量漂砾或固体物质较多时方有效，对于低频泥石流或水流监测效果欠佳。

7. 视频摄像系统

受天气、布设位置等影响较大，在光照条件充足时效果较好，用于事后检验效果最佳。

10.3.2　监测结论

在本研究结束时，已经距离"5·12"汶川大地震8年多。原先遍布崩滑流、砂石裸露的白沙河流域，在充沛的降雨条件下(图 10-76、图 10-77)，生态环境已逐渐恢复，植被覆盖率大幅提高(图 10-78)。

根据近三年多的地表传感器监测与后期加入的无人机遥感影像检测，可以得到以下结论：

(1)降雨是地震后高烈度区内滑坡、崩塌、泥石流的主要诱发与控制因素。

2013 年 7 月 9 日都江堰区域普降暴雨，造成大范围内的滑坡泥石流灾害发生，本项目所选择监测的三条沟道均发生大规模泥石流灾害；由此至今的降雨无论是降雨强度还是历时均未能达到 2013 年的峰值。

(2)2013 年 8 月至今，白沙河流域崩塌、滑坡、泥石流、山洪灾害处于休眠期。

上述灾害所需要的物质、能量等条件不足，致使大型、群发性地质灾害罕见。如 Tang 等认为，白沙河相邻的映秀区域 90%震后地质灾害在 2013 年之后趋于休眠[27,28]。

(3)虽然白沙河流域内各沟道下游灾害活动性较差，但沟道内部接近坡顶处崩塌、滑坡现象仍处于活动中。

由于地表监测传感器的布置受地形、人力等因素影响未能将仪器设备布置于沟道源区与坡顶，受益于无人机遥感技术的进步，利用多时相无人机遥感监测到沟道内部的崩塌、滑坡仍在不断孕育、发展中。

(4)灾害治理工程在建成后起到了预期效果，但应注意泥石流拦沙坝多数已淤满。

监测示范区三条泥石流沟沟道下游的排导槽被多次淤满，经多次人工清淤后基本保持空槽状态；而设在中游的拦沙坝由于清理困难，经多年的淤积后，已经淤满，难以满足未来灾害的防治需要。

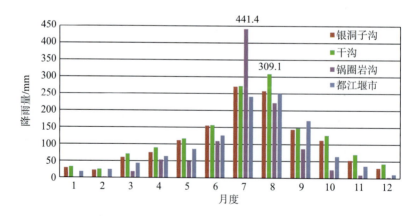

图 10-76　都江堰市多年平均月降雨与白沙河流域监测点月平均降雨

资料年度：都江堰市 1987～2008，监测点 2013～2016

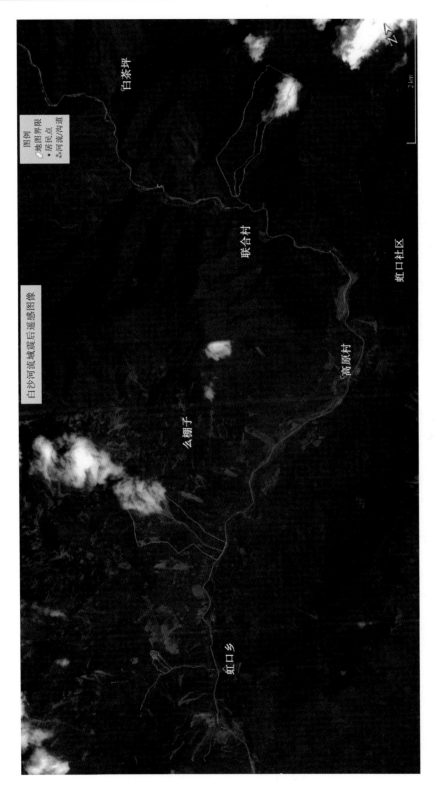

图10-77　白沙河流域震后遥感影像(Google earth, 2006)

图10-78 白沙河流域遥感影像(Google earth, 2014-5)

10.3.3　减灾建议

由上述结论，有下列减灾建议可供灾害管理部门参考：

（1）地震之后的灾害发展经历了由高转低的过程，相对于前期的持续高压与高关注度，现在灾害形势已呈转弱趋势，应适当调整关注焦点与工作重心，由全面防治转向加强灾害预警，防止特定条件下的个别大型灾害启动造成大的损失。

（2）由于震后灾害效应的趋势转弱，对于地质灾害的监测可以由高强度监测如 10min 一次降雨采集频率调整为更低，并针对降雨的季节性规律进行适当调整，如在旱季关闭传感器及数据传输设备等措施以减少数据冗余。

（3）监测设备的管理与维护对灾害规律研究、灾害预警等至关重要，应将管理与维护规范化，以减少对数据质量的影响。

（4）作为预警用的临界值应根据地质环境、气象规律等的变化做出适时调整，临界值受多种因素影响，处于动态变化之中。

参 考 文 献

[1] 温铭生. 哀牢山区降雨型滑坡预警理论与方法研究[D]. 北京: 北京交通大学, 2014.

[2] 高华喜, 殷坤龙. 降雨与滑坡灾害相关性分析及预警预报阀值之探讨[J]. 岩土力学, 2007（05）: 1055-1060.

[3] Lin C W, Liu S H, Lee S Y, et al. Impacts of the Chi-Chi earthquake on subsequent rainfall-induced landslides in central Taiwan[J]. Engineering Geology, 2006, 86（2）:87-101.

[4] Lin G W, Chen H. The relationship of rainfall energy with landslides and sediment delivery[J]. Engineering Geology, 2012, 125（1）:108-118.

[5] Polemio M, Sdao F. The role of rainfall in the landslide hazard: the case of the Avigliano urban area（Southern Apennines, Italy）[J]. Engineering Geology, 1999, 53（3-4）:297-309.

[6] Guzzetti F, Peruccacci S, Rossi M, et al. Rainfall thresholds for the initiation of landslides in Central and Southern Europe[J]. Meteorology & Atmospheric Physics, 2007, 98（3-4）:239-267.

[7] http://baike.baidu.com/link?url=n1tn6elO38FvONWgHThf_5tmjFk4SihWqTbkuFT92hgXL0wPLxEFb1-Blbtrdf6ex510-EO8-0tl eZ0y5jazb4eexbNxH14hECZL5qxsCdiFNaBraeMFvgoaFEEROHratrsoA-Eg_vhvq0cJ0RXtSvTJ6L2Udxm8uNg0Q-42CRRCg G7K3dwbdiStAha2w_QcR#reference-[1]-4098677-wrap.

[8] 庞山岚, 廖兴友, 梁波. 解读特大泥石流背后的"清平范本"[J]. 中国西部, 2010（Z9）: 6-17.

[10] 欧阳洪亮. 丰满大坝拆修争议[J]. 珠江水运, 2010, （9）:74-78.

[11] 陈龙. 汶川地震区泥石流监测预警方法研究[D]. 成都: 成都理工大学, 2013.

[12] 欧阳何顺. 泥石流临灾监测预警关键技术的研究[D]. 兰州: 兰州大学, 2013.

[13] 唐红梅. 群发性崩塌灾害形成机制与减灾技术[D]. 重庆: 重庆大学, 2011.

[14] 唐亚明, 张茂省, 薛强, 等. 滑坡监测预警国内外研究现状及评述[J]. 地质论评, 2012, （03）: 533-541.

[15] 李天斌. 滑坡实时跟踪预报概论[J]. 中国地质灾害与防治学报, 2002, 13（4）:17-22.

[16] 李秀珍. 滑坡灾害的时间预测预报研究[D]. 成都: 成都理工大学, 2004.

[17] 周平根. 地灾监测预警传感器网络技术应用现状及发展建议[J]. 南方国土资源, 2011, 106(10):12-14.

[18] 蒋廷耀, 王尚庆, 马凯. 三峡库区滑坡监测信息平台的设计和实现[J]. 舰船电子工程, 2007, (04):172-175.

[18] 乔建平. 大地震诱发滑坡分布规律及危险性评价方法研究[M]. 北京: 科学出版社, 2014.

[19] 乔建平. 长江三峡库区蓄水后滑坡危险性预测研究: 以重庆市万州区库岸为例[M]. 北京: 科学出版社, 2012.

[20] Uchimura T, Towhata I, Wang L, et al. Precaution and early warning of surface failure of slopes using tilt sensors[J]. Soils & Foundations, 2015, 55(5):1086-1099.

[21] Uchimura T, Towhata I, Anh T T L, et al. Simple monitoring method for precaution of landslides watching tilting and water contents on slopes surface[J]. Landslides, 2010, 7(3):351-357.

[22] Towhata I, Uchimura T. Low-cost and simple early warning systems of slope instability[J]. Springer Berlin Heidelberg, 2013:213-225.

[23] Tian H, Qiao J, Uchimura T, et al. Monitoring on earthquake induced landslide –a case study in Northwest Chengdu, China[J]. Geotechnical Engineering, 2012, 43(2):71-74.

[24] 李笑吟, 毕华兴, 刁锐民, 等. TRIME-TDR 土壤水分测定系统的原理及其在黄土高原土壤水分监测中的应用[J]. 中国水土保持科学, 2005, (01): 112-115.

[25] http://www.decagon.com/en/soils/volumetric-water-content-sensors/ec-5-lowest-cost-vwc/.

[26] 陈精日, 刘立秋. NJ-2A 泥石流地声报警器研制与应用[J]. 山地学报, 2001(05): 452-455.

[27] Tang C, Westen C J V, Tanyas H, et al. Analysing post-earthquake landslide activity using multi-temporal landslide inventories near the epicentral area of the 2008 Wenchuan earthquake[J]. Natural Hazards & Earth System Sciences, 2016, 16(12):1-26.

[28] 李强. 震后汶川震区沟谷型泥石流中长期发育机制研究[D]. 成都: 成都理工大学, 2014.

第11章 滑坡泥石流监测信息系统

为了便于安装维护及不同专业技术人员发挥各自优势，目前的灾害监测系统多采用分层结构，即根据监测系统设备类型与功能及数据流向，分为不同的功能层[1]。

第9章主要涉及滑坡、泥石流监测预警系统监测灾害现场部分设计，主要包括采集、传输部分及相应的数据规律分析，未谈及数据库及应用层。地质灾害监测系统的主要功能与目的还是服务于社会及科研应用，完善监测预警系统，补充监测系统功能中欠缺的数据存储、分析、展示等功能[2-6]。本章完成配套的软件系统设计方案并完成开发应用。

11.1 系 统 设 计

11.1.1 用户

系统有以下几类用户：

(1)信息系统管理员，用以维护软件系统，管理用户。

(2)灾害专业研究人员，用以查询监测数据，分析灾害规律。

(3)设备维护人员，用以检验数据采集、传输、存储、显示是否正常，添加设备维护信息。

(4)其他用户，包括普通公众、相关企业、政府部门等无专业背景人员。

11.1.2 系统结构

地质灾害信息系统一般采用 B/S 结构或 C/S 结构(参考第4章内容)，其基本内容包括如下两方面：

(1)用于存储监测数据的数据库。

(2)面向用户的客户端。

根据本系统的用户及数据特点，采用 B/S 结构，即利用数据库服务器与客户端浏览器完成监测数据的存储与查询显示等功能。

为了便于用户在不同场景下的查询应用，终端平台分为网页客户端与移动客户端两部分，分别适用于办公场景及移动应用场景。

11.1.3 数据库设计

监测系统所用到的数据有以下几类:

(1)传感器采集的监测信息,如水位、倾斜角度等。

(2)传感器等设备相关信息。

　　①设备功能信息,如电量、传感器温度、数据卡的启用日期等;

　　②设备维护信息,如安装时间、设备修换等;

　　③设备位置信息,如坐标及高度等。

(3)用户信息与权限。

11.1.3.1 传感器采集监测数据

监测传感器类型共有 10 种,为测斜计、水分计、雨量计、泥位计等,对应数据的信息结构如表 11-1~表 11-5 所示。

表 11-1　测斜计及水分计数据表

列名	数据类型	长度	允许空值	备注
设备编号	Varchar	20	否	
时间	DateTime		否	
2D_X	Numeric	4.2		
2D_Y	Numeric	4.2		
VW	Numeric	4.1		水分计
3D_X	Numeric	8.2		
3D_Y	Numeric	8.2		
3D_Z	Numeric	8.2		
主板温度	Numeric	4.1		
主板电压	Numeric	4.1		

表 11-2　泥位计数据表

列名	数据类型	长度	是否允许空值	备注
设备编号	Varchar	20	否	
时间	DateTime		否	
泥位	Numeric	4.2		

表 11-3　地声计数据表

列名	数据类型	长度	是否允许空值	备注
设备编号	Varchar	20	否	
时间	DateTime		否	
地声事件	Bit			

表 11-4　泥石流断线检测数据表

列名	数据类型	长度	是否允许空值	备注
设备编号	Varchar	20	否	
时间	DateTime		否	
冲断事件	Bit			

表 11-5　水势计数据表

列名	数据类型	长度	是否允许空值	备注
设备编号	Varchar	20	否	
时间	DateTime		否	
水势	Numeric	4.2		

11.1.3.2　设备属性

监测传感器的设备类型与各设备共同属性分为两表进行储存,其中设备类型为设备种类的统一描述(表 11-6),设备信息为各监测设备的位置与安装、维护信息等(表 11-7)。

表 11-6　设备类型

列名	数据类型	长度	是否允许空值	备注
设备类型	Int	4	否	
功能参数	Varchar	200		
设备名称	Varchar	40		

表 11-7　设备信息

列名	数据类型	长度	是否允许空值	备注
设备编号	Int	6	否	
设备类型	Int	3		
灾害点名称	VarChar	20		
经度	Numeric	9.6		
纬度	Numeric	9.6		
高度	Numeric	8.2		
安装时间	Datetime			
最近维护时间	Datetime			
最近维护内容	Text	80		
故障内容	Text	80		
检修周期	VarChar	6		
维护人	Char	20		
维护电话	Char	9		

11.1.3.3 用户数据

不同用户具有不同的操作权限，用户信息表(表 11-8)用于储存用户名称、类型、密码信息。

表 11-8 用户信息

列名	数据类型	长度	是否允许空值	备注
用户名称	Varchar	30	否	
用户类型	Int	3	否	
用户密码	Varchar	10	否	

11.1.4 功能设计

本系统定位为科研示范应用系统，主要功能如下：
(1)系统管理功能，包括用户管理，软件设置等。
(2)监测数据单、多参数实时图形展示。
(3)视频监测资料的实时查看、云台控制及图像存储。
(4)历史数据复合查询分析。
(5)灾害事件预警。
(6)预警临界值调整、预警信息。
(7)设备及维护管理。
辅助功能包括：数据及图件的打印、导出，维护日志等。

11.1.5 终端用户平台

系统最终用户平台目前有两种：
(1)网页客户端：适用于办公场景，具有良好的带宽与设备性能，需要较为详细的功能。
(2)移动客户端：适用于用户在移动场景下查询，如野外考察、出差等缺少高性能计算机及上网设备，目前仅完成 Android 手机系统，由于 IOS 系统的封闭性，需要苹果公司的应用商店审核等，如未来需求较大将完成定制开发。

11.1.6 界面设计

网页客户端采用分栏式 Web 页面设计，除登录页面及系统主页面外，均采取分栏页面设计，即顶部为系统名称及菜单，中部左侧为当前功能区，中部右侧为数据与信息，下方为状态栏与辅助信息栏(图 11-1)。

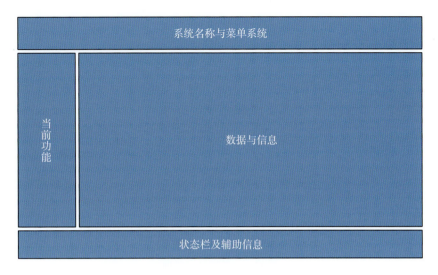

图 11-1　分栏式系统界面

移动客户端由于版面较小，采取单一界面，由系统定义按键控制前进、返回等操作。

11.2　系统开发平台

平台以数据库为核心，开发语言及工具采用以.Net 技术为核心的微软开发套件，具体为（系统结构见 11.1.2 节）：

数据库：Microsoft® SQL Server

开发工具：Microsoft® Visual Studio

开发语言：ASP.Net，C#，Silverlight

11.3　客户端界面

11.3.1　网页客户端

由于界面较多，功能较直观，因此本处只展示界面，不做过多解释。操作与常见网页操作一致，不再介绍。

系统共分三部分：①系统登录界面；②日常功能界面；③具体功能页面，包括设备分布、测站信息、灾害点管理、监测选择项、监测点管理、预警信息管理、系统管理共 7 类。（系统结构见 11.1.2 节，服务对象即用户见 11.1.1 节）

1. 系统登录界面

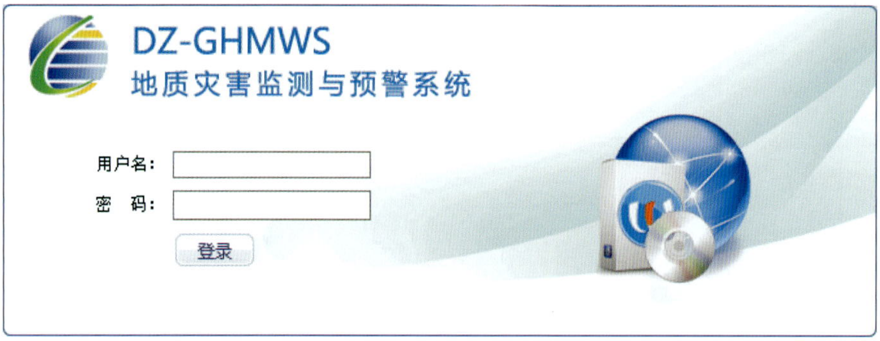

图 11-2　系统登录页面

2. 系统主界面

图 11-3　系统主界面

3. 设备分布图

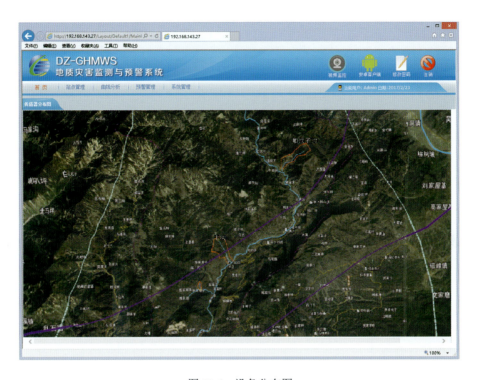

图 11-4　设备分布图

4. 测站信息

1) 测站基本信息

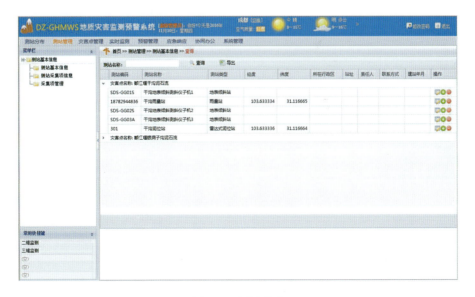

图 11-5　测站信息

2) 采集项信息

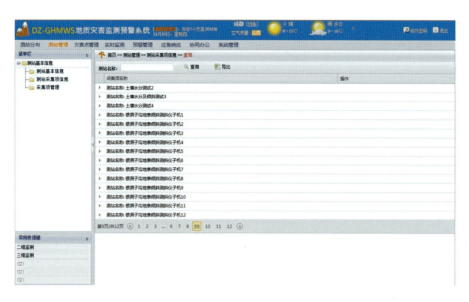

图 11-6　采集项信息

3) 采集信息管理

图 11-7　采集信息管理

5. 灾害点管理

1）灾害点信息

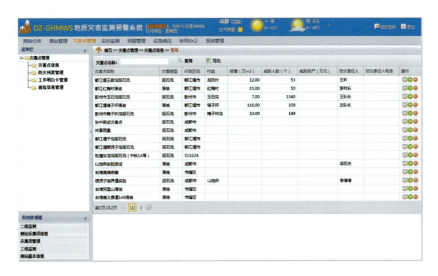

图 11-8　灾害点信息管理

以下三项主要用于服务灾害管理部门，尚未添加。

2）防灾预案管理

3）工作明白卡管理

4）避险信息管理

6. 监测选择项

图 11-9　监测选择项

1) 实时视频

该部分与视频接收云平台内容重复，由云平台查看、操作。

图 11-10　视频监测云平台

2) 多曲线分析

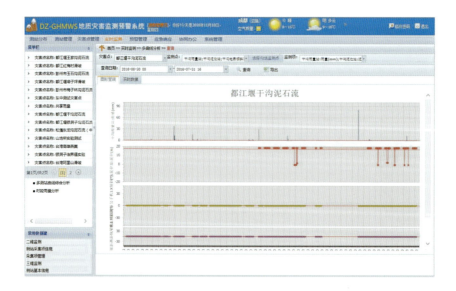

图 11-11　多曲线分析

3）位移深度分析

该项用于分析深部测斜仪数据，尚未有监测站点安装该设备。

4）监测数据表格

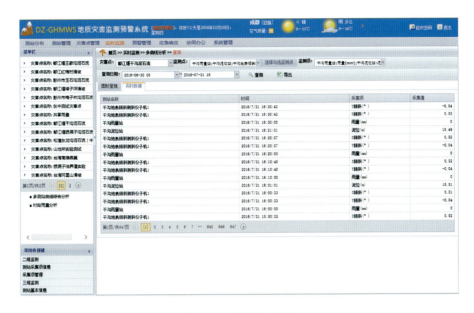

图 11-12　监测数据表格

5）时段雨量分析

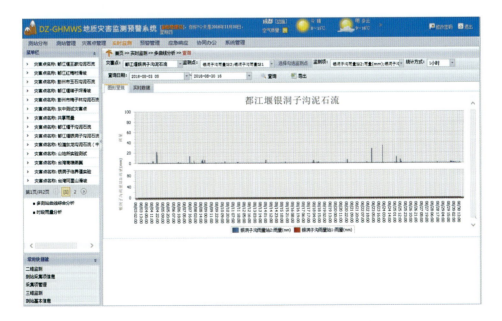

图 11-13　时段雨量分析

7. 预警管理

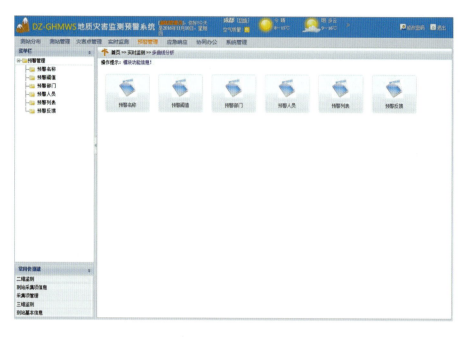

图 11-14　预警管理

1）预警名称

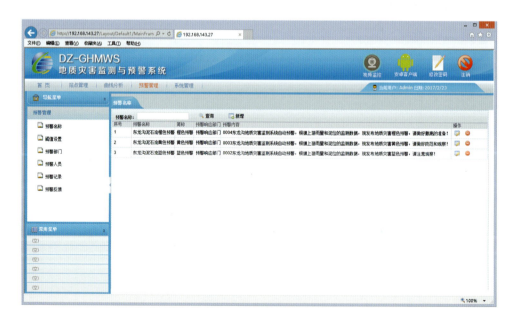

图 11-15　预警名称

2) 预警阈值

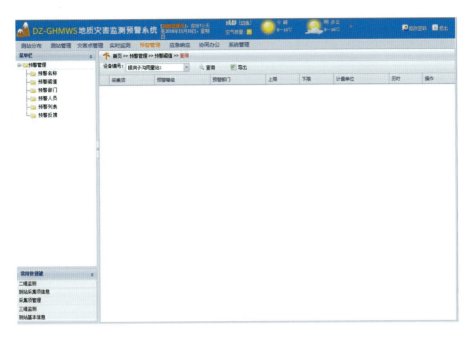

图 11-16　预警阈值

3) 预警部门

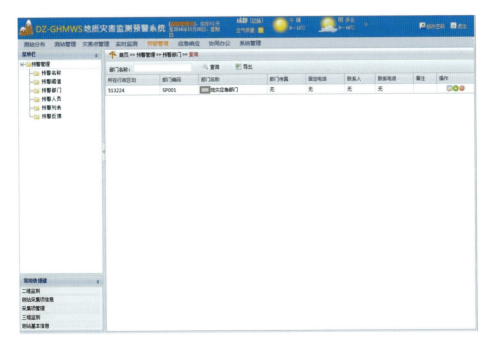

图 11-17　预警部门

4）预警人员

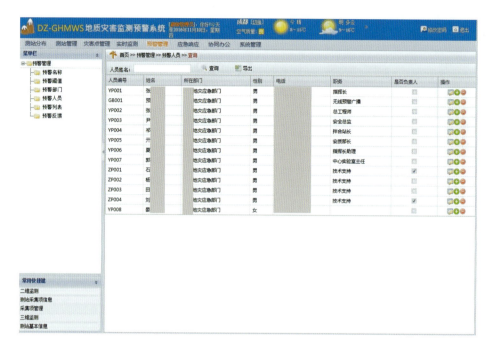

图 11-18　预警人员

5）预警列表

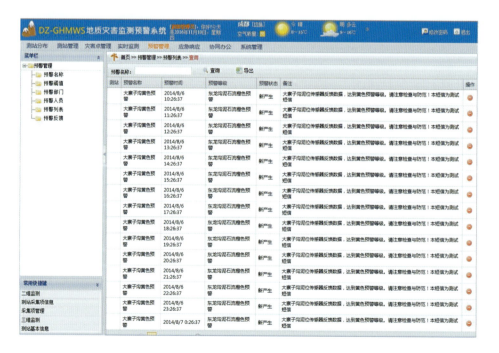

图 11-19　预警列表

6) 预警反馈

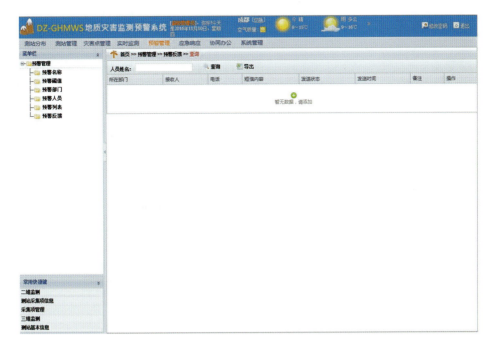

图 11-20　预警反馈

8. 系统管理

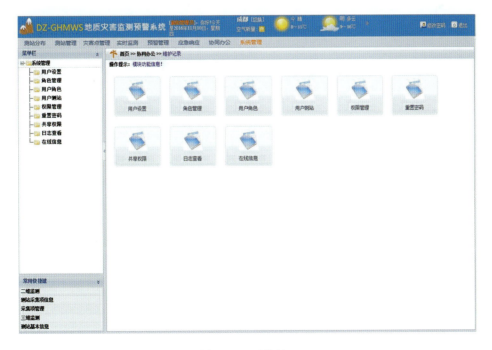

图 11-21　系统管理

1)用户设置

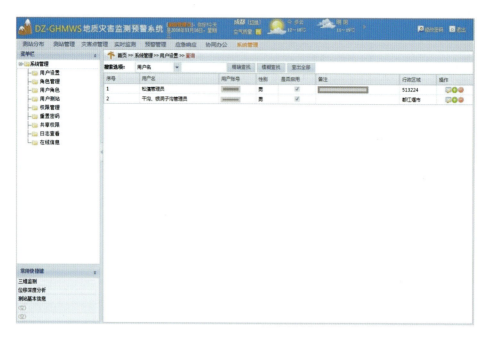

图 11-22　用户设置

2)角色管理

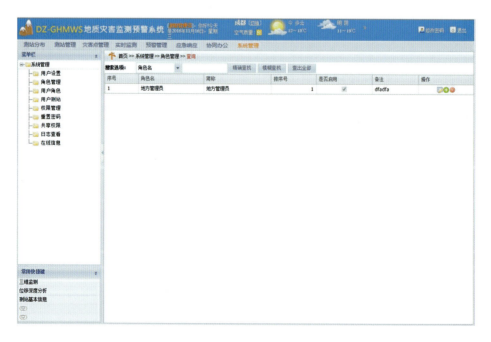

图 11-23　角色管理

3）用户角色

4）权限管理

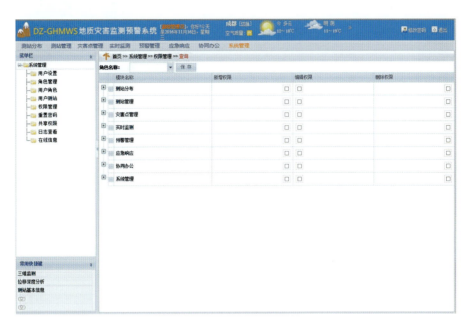

图 11-24　权限管理

5）重置密码

6）共享权限

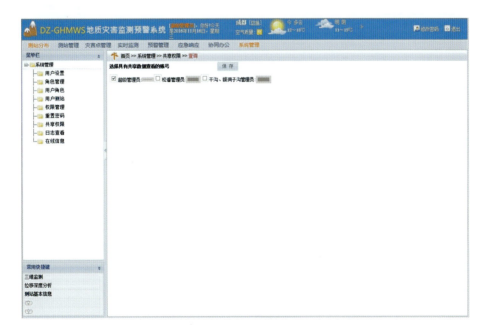

图 11-25　共享权限

7) 日志查看

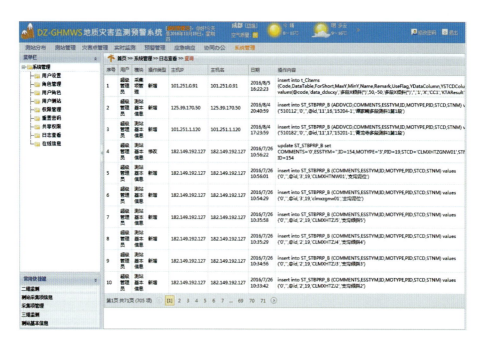

图 11-26　日志查看

8) 在线信息

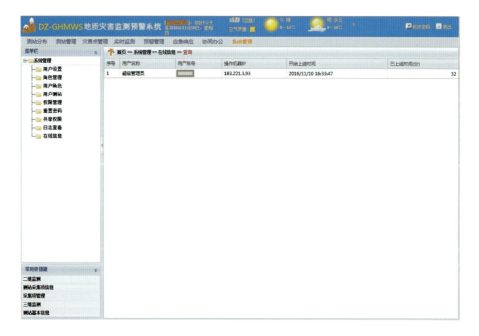

图 11-27　在线信息

11.3.2　移动客户端界面

系统结构见 11.1.2 节，服务对象即用户见 11.1.1 节、11.1.5 节。

1. 软件欢迎界面

图 1-28　欢迎界面　　　　　　　　　　　图 11-29　登录界面

2. 主界面

图 11-30　主界面

3. 测站分布

图 11-31　测站分布(普通图)

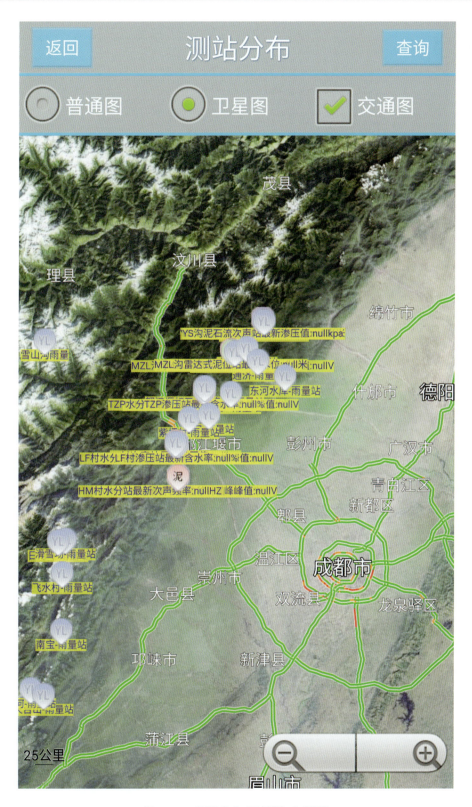

图 11-32　测站分布(卫星图+交通图)

4. 雨量查询

图 11-33　雨量查询

5. 伸缩计查询

图 11-34　伸缩计查询

6. 测斜计查询

站点编号:KOKIQLS04
当前值: -0.04
采集时间:2016/11/10 4:00:19

站点名称: 主沟倾斜3
站点编号:KOKIZG003
当前值: -0.15
采集时间:2016/11/10 4:00:17

站点名称: 谭家嘴3号子机
站点编号:KOKITJZ03
当前值: 0.12
采集时间:2016/11/10 4:00:14

站点名称: 主沟倾斜2
站点编号:KOKIZG002
当前值: -0.58
采集时间:2016/11/10 4:00:11

图 11-35　测斜计查询

7. 预警信息

图 11-36　预警信息

8. 天气预报服务

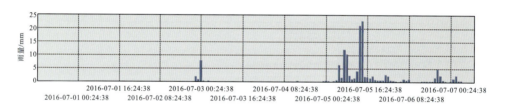

图 11-37   天气预报查询

11.4   系统查询应用实例

经过开发人员努力，完成上述信息系统的开发后，实际测试查询界面如下。

1. 干沟 2016/7/1～2016/7/7 雨量查询

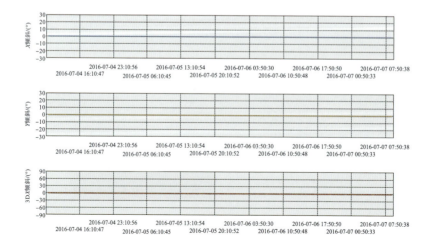

图 11-38   雨量查询结果

2. 干沟 2016 年 6～7 月多参数对比分析结果图

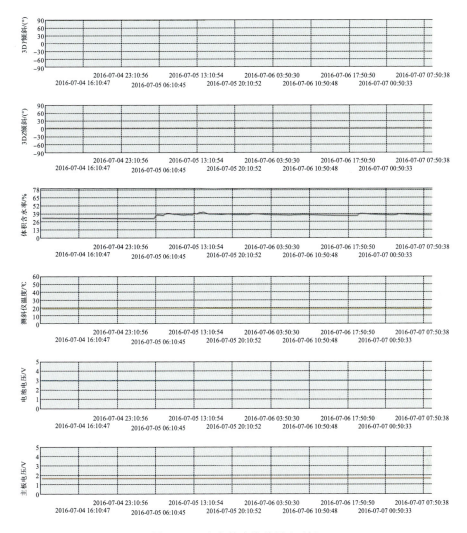

图 11-39　多参数查询结果(干沟)

3. 银洞子沟 2016/7/2～2016/7/6 雨量及测斜多参数分析图

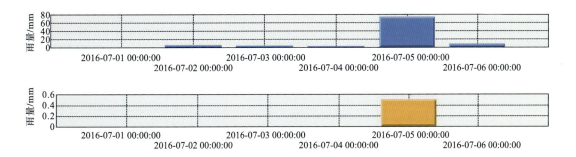

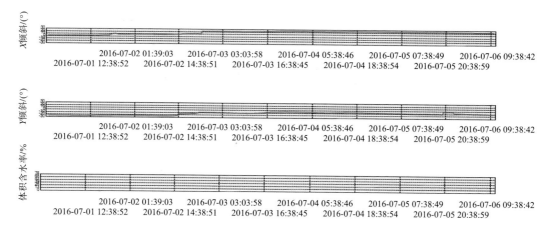

图 11-40　多参数查询结果示意图(银洞子沟)

参 考 文 献

[1] 乔建平. 大地震诱发滑坡分布规律及危险性评价方法研究[M]. 北京: 科学出版社, 2014.

[2] 田宏岭. 降雨滑坡预警平台系统研究[D]. 中国科学院研究生院(成都山地灾害与环境研究所), 2007.

[3] Tian H, Qiao J, Wu C, et al. Muchuan Rainfall-Induced Landslide Alarm System[C]// International Iscram Workshop on Information Systems for Crisis Response and Management. 2007:30-35.

[4] 乔建平. 滑坡风险区划理论与实践[M]. 成都: 四川大学出版社, 2010.

[5] 田宏岭. 地质灾害监测预警信息系统: 2016SR276571[P]. 国家版权局,2016-09-27. http://ir.imde.ac.cn/handle/131551/17683.

[6] 刘宇. 地质灾害实时监测与信息管理集成系统关键技术研究[D]. 重庆: 重庆大学, 2015.

第12章 成果检验与分析

12.1 主要研究成果及结论

12.1.1 预警模型及临界值

降雨型滑坡泥石流监测预警研究的关键是解决预警模型和降雨临界值问题。通过以上各章节的研究总结，将研究示范区分为两大预警类型，即：①区域空间滑坡泥石流预警类型（第2、3、4章）；②典型滑坡滑动、滑坡堵沟溃坝泥石流启动、沟道坡面物源启动、产汇流沟道泥石流启动4种预警类型（第5、6、7、8、9章）。

通过大量的野外调查和试验数据统计，分别研究了在降雨条件下的滑坡泥石流预警方法，初步建立了区域滑坡泥石流空间和典型滑坡泥石流时间的预警模型、降雨临界值判据。根据以上各章节研究成果，获得降雨型滑坡泥石流预警模型及临界雨量值的主要研究成果，归纳如表12-1所示。

表 12-1　预警模型及临界雨量统计表

灾害类型	预警模型	临界雨量值域
区域滑坡（第3章）	$I_{cr} = T\left(\dfrac{b}{A}\right)\sin\theta\left(\dfrac{\rho_s}{\rho_w}\right)\left[\left(1-\dfrac{\tan\theta}{\tan\varphi}\right)+\dfrac{c}{\rho_w gD\cos\theta\tan\varphi}\right]$	$I=100、150、200、250、300$mm/24h；5级预警临界值
区域泥石流（第3章）	$H=0.29M+0.29F+0.14S_1+0.09S_2$ $+0.06S_3+0.11S_4+0.03S_5$	$I=100、150、200、250、300$mm/24h；5级预警临界值
典型滑坡（第6章）	$I=49.07\times D^{-0.44}$（试验模型）（$R^2=0.965$）	试验临界值：$I=49.00$mm/h $I'=180.00$mm/24h
溃坝泥石流（第7章）	$I=35.476D^{-0.589}$（统计模型）（$R^2=0.6525$） $I=46.29D^{-0.701}$（试验模型）（$R^2=0.8093$）	统计临界值：$I=35.47$mm/h，$I'=130.98$mm/24h 试验临界值：$I=42.29$mm/h，$I'=119.72$ mm /24h
坡面物源（第8章）		
42°坡面物源	$I=7.5028D^{-1.2066}$（$R^2=0.89402$）	
37°坡面物源	$I=32.774D^{-0.6926}$（$R^2=0.36976$）	试验临界值：$I=90$mm/h 统计临界值：$I=42.44$mm/h
34°坡面物源	$I=37.0486D^{-0.6591}$（$R^2=0.44337$）	$I'=180.2$mm/24h
综合坡度坡面物源	$I=42.44D^{0.5452}$（统计模型）（$R^2=0.2009$）	
沟道泥石流（第9章）	$I_{60}+P_a=106.4$（实发事件分布点检验）	统计临界值：$I_{60}+P_a\geqslant 100$

12.1.2 实时监测结果

本研究共采用 8 种野外监测仪器设备分别对示范区三条泥石流沟内的降雨量、滑坡变形、崩塌活动性、坡面物源启动、沟道侵蚀等进行了 600～800 天的持续实时监测（第 10、11 章），监测有效数据达到 399.28 万余条。8 种监测仪器的工作状态统计如表 12-2 所示。

表 12-2　监测仪器设备工作状态统计表

仪器类型	安装位置	记录数据	工作天数	缺失天数	正常率/%
雨量计	干沟 1#	65 535	1103	/	100
	银洞子沟 1#	48 901	611	/	100
	银洞子沟 2#	65 535	1068	35	96.8
	锅圈岩沟 1#	1 470 744	1095	123	88.7
测斜仪	干沟 1#	15 491	816	156	80.8
	2#	50 152	816	223	72.7
	3#	53 635	804	24	97.0
	银洞子沟 1#	55 545	816	/	100
	2#	52 539	816	/	100
	3#	52 629	816	/	100
	4#	56 160	816	/	100
	5#	55 704	817	/	100
	6#	55 819	816	/	100
	7#	57 060	816	/	100
	8#	51 349	771	45	94.1
	9#	56 731	816	/	100
	10#	57 372	816	/	100
	11#	56 482	816	/	100
	12#	32 145	816	304	62.7
	13#	45 179	633	/	100
水分计	干沟 1#	8 788	96	/	100
	银洞子沟 9#	56 452	802	/	100
	10#	57 123	802	/	100
	11#	/	/	/	/
	12#	31 846	802	/	100
泥位计	干沟	8 642	682	/	100
	银洞子沟	13 488	682	74/	89.1
	锅圈岩沟 1#	510 720	1095	131	88.0
	2#	425 528	917	91	90.0
	3#	425 517	917	91	90.0
地声仪	银洞子沟	/	434	/	100

续表

仪器类型	安装位置	记录数据	工作天数	缺失天数	正常率/%
断线仪	银洞子沟	未发生断线	/	/	/
水势仪	银洞子沟		443	/	100
视频仪	干沟	正常使用			100
	银洞子沟	正常使用			100
	锅圈岩沟	未正常工作			0

通过对三年的监测数据分析获得如下结论:

(1)银洞子沟泥石流。2014~2016 年三年的监测数据表明,银洞子沟 24h 降雨达到最大为 130mm 的情况下,未发生过明显的滑坡、坡面物源、沟道物源活动,仪器设备未记录任何大小规模泥石流发生。

(2)干沟泥石流。2014~2016 年三年的监测数据表明,干沟 24h 降雨达到最大 101.2mm 的情况下,未发生泥石流灾害,但 2014 年 7 月 6 日发生中游右岸山坡局部崩塌滚石,测斜仪记录了此次崩塌事件。野外调查发现,2016 年 10 月左岸出现局部沟道边坡裂缝。

(3)锅圈岩沟泥石流。2013~2015 年三年的监测数据表明,2013 年发生了两次较大规模的泥石流灾害,分别为 2013 年 7 月 9 日,锅圈岩沟 24h 降雨达到 244.5mm,发生第一次泥石流;2013 年 7 月 26 日,锅圈岩沟 24h 降雨达到 157.4mm,发生第二次泥石流。泥位计完整记录了两次泥石流发生全过程。之后 2014~2015 年锅圈岩 24h 降雨达到最大 180.8mm 和 150mm 的情况下,未发生泥石流灾害。

12.1.3　预警标准

由于滑坡泥石流的类型不同,形成机制多样,发生和发育条件存在差异,所以在降雨条件下需要发布的预警指标也具有各自的特点。通过各章节的总结(表 3-21、表 6-23、表 7-10、表 8-12、表 9-3),参考国土部门的标准,可以综合建立蓝、黄、橙、红四级降雨型滑坡泥石流预警标准(表 12-3~表 12-6)。在这些标准中,分别描述了各类预警等级中滑坡泥石流灾害在降雨条件下的发育特点和危险性。根据不同级别的危险性,相关人员可以做出避险预判。

表 12-3　降雨型滑坡预警标准

预警等级	预警级别	雨量/(mm/24h)	发生滑坡可能性	斜坡破坏特点
I	蓝色	≤60	可能性很小(发生概率低于 20%)	斜坡可能出现坡脚局部变形,暂时没有整体破坏的可能,暂无危险性
II	黄色	60~90	可能性较小(发生概率 40%)	斜坡可能发生坡脚局部变形破坏,并出现破坏范围扩大的趋势,危险性增大
III	橙色	90~150	可能性较大(发生概率 60%)	斜坡破坏范围逐渐发展扩大,整体滑动的趋势明显,斜坡处于不稳定状态,危险性很大
IV	红色	>150	可能性大(发生概率 80%)	斜坡内部破坏加剧,滑坡基本形成,随时发生整体滑动可能极大,危险性极大

表 12-4　降雨型溃坝泥石流预警标准

预警等级	预警级别	雨量/(mm/24h)	发生溃坝可能性	溃坝破坏特点
I	蓝色	≤60	可能性小(发生概率低于20%)	堰塞体暂时稳定,坝体未出现明显冲刷缺口或漫顶溢流,坝体暂时未进入危险状态
II	黄色	60～90	可能性较小(发生概率40%)	堰塞体开始渗水饱和,坝体已出现局部不稳定迹象,坝体开始冲刷缺口或漫顶溢流,坝体局部出现不稳定迹象,具有一定危险性
III	橙色	90～120	可能性较大(发生概率60%)	堰塞体开始出现冲刷缺口或漫顶溢流,并可能逐渐扩大破坏范围,坝体稳定性下降,发生溃坝的可能性很大,危险性提高
IV	红色	>120	可能性大(发生概率80%)	堰塞体冲刷缺口或漫顶溢流加剧,坝体已经不稳定,随时可能发生溃坝,危险性极高

表 12-5　降雨型坡面物源预警标准

预警等级	预警级别	雨量/(mm/24h)	发生启动可能性	启动破坏特点
I	蓝色	≤60	可能性小(发生概率低于20%)	坡面物源基本稳定,暂时未进入危险状态,但继续降雨将降低稳定性
II	黄色	60～90	可能性较小(发生概率40%)	坡面物源可能发生局部溜滑,局部不稳定,但未出现整体启动,具有一定危险性
III	橙色	90～120	可能性较大(发生概率60%)	坡面物源可能发生部分滑动,整体处于不稳定状态,整体即将启动,危险性增大
IV	红色	>120	可能性大(发生概率80%)	坡面物源已极不稳定,可能随时发生整体滑动,为泥石流提供物源,危险性很大

表 12-6　降雨型沟道泥石流预警标准

预警等级	预警级别	雨量/(mm/24h)	发生活动可能性	泥石流活动特点
I	蓝色	≤75	可能性小(发生概率低于20%)	泥石流基本保持不活动,暂时未进入危险状态,但持续降雨将增加泥石流启动的概率
II	黄色	75～95	可能性较小(发生概率40%)	局部有松散物质进入沟道,开始出现洪水夹沙流,尚未形成泥石流,但开始进入泥石流危险状态
III	橙色	95～106	可能性较大(发生概率60%)	产汇流条件逐渐形成,坡面和沟道物源即将启动,形成泥石流的危险状态迅速提高,已进入泥石流待发状态
IV	红色	≥106	可能性大(发生概率80%)	沟源坡面物源和沟道物源都已进入沟床,具备泥石流启动条件,泥石流即将启动,已进入极危险状态

12.2　成　果　检　验

成果检验的目的是验证研究结论的准确性和可靠性，总结研究方法的科学性和合理性、存在的问题，以及改进的建议。任何一项科学研究成果都需要经过实践检验，才称得上真实可靠，成果具有应用价值。表 12-1 中的降雨型滑坡泥石流监测预警模型与临界雨量研究结论和成果，基本是通过野外调查、历史资料数据统计和室内外模拟试验获得。但在短暂的三年研究工程中，还没有经历过实际有效强降雨过程验证，难免存在与实际不符的结果。如预警模型和降雨临界值是否符合真实情况，是否可靠，都还有待于经过长期实践检验，不断修正才可能达到真实可靠结果。尽管如此，通过室内多重试验和数值检验，这些成果仍能够代表作者对研究示范区降雨型滑坡泥石流监测预警方法和发展规律的探索，为今后长期研究降雨型滑坡泥石流监测预警提供了宝贵经验和资料数据。

12.2.1　检验方法

目前滑坡泥石流监测预警成果检验还没有统一的标准和技术方法。现有众多的滑坡泥石流预报预警模型、临界值等研究成果检验都延续了数值模拟、拟合模型的方法[1,2]，基本缺少实地现场验证，更没有实例事件的检验。当然要获得的一个准确的预警模型需要大量样本数据支撑，但现实中很难具备理想状态的条件，所以典型样本检验基本不能实现。本书的研究成果检验主要采取两种方法(图 12-1)：①采用区域滑坡泥石流预警模型和降雨临界值进行分布密度统计方法检验；②采用典型滑坡泥石流试验预警模型和降雨临界值进行现场考察和数学统计方法检验。

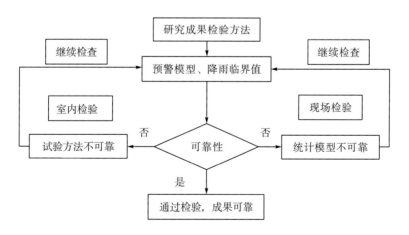

图 12-1　滑坡泥石流监测预警研究成果检验方法

12.2.1.1 数学统计检验

1. 区域滑坡泥石流预警检验

区域滑坡泥石流预警可根据不同临界降雨量危险度的灾害体分布密度，检验雨量与密度的相关性是否符合增长规律。如第 3 章介绍，由于泥石流与临界降雨量的相关性受物源区滑坡数量及规模控制，所以知道滑坡与临界雨量的相关性特点，便可以检验表 12-1 中区域滑坡泥石流预警模型及临界雨量的可靠性。将从图 3-20～图 3-24 中获得的临界雨量与滑坡规模数量进行统计(图 12-2)，可得出滑坡发生规模随临界雨量增长的相关性，即：

$$V_L = 258.9I + 1566.9 \qquad (R^2 = 0.9938) \tag{12-1}$$

式中，V_L 为滑坡规模(10^4m^3)；I 为临界雨量(mm)。式(12-1)表明，当临界雨量越大时，滑坡规模越大，区域临界雨量与滑坡发生规模成正相关关系。由于泥石流物源受滑坡规模控制，因此区域泥石流也应该符合此规律。检验证明，区域滑坡泥石流预警模型及临界雨量满足数学检验，研究成果成立。

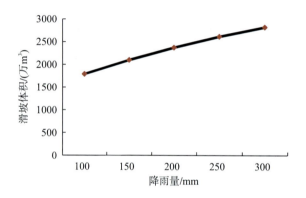

图 12-2　滑坡规模与临界雨量统计

2. 典型滑坡泥石流预警检验

通过室内外模拟试验所获得的典型滑坡泥石流预警模型和临界降雨值，同样可以采用数学检验方法验证。如表 12-1 可知：

(1)典型滑坡预警模型相关系数为：$R^2 = 0.965$。

(2)溃坝型泥石流降雨模型相关系数为：$R^2 = 0.8093$，$R^2 = 0.6525$。

(3)坡面物源预警模型相关系数为：42°坡面物源：$R^2 = 0.89402$；37°坡面物源：$R^2 = 0.36976$；34°坡面物源 $R^2 = 0.44337$；综合坡度坡面物源：$R^2 = 0.2009$。

(4)沟道泥石流预警模型相关性为：统计的实际灾害数据点均分布在临界预警线以上，证明确定的临界雨量值可靠。

以上三种模拟试验所获得的预警模型经过数学检验，其中滑坡和溃坝型泥石流试验预警模型相关性系数均达到 0.8 以上，相关性强，证明试验方法正确，统计模型可靠。历史数据统计模型相关性系数为 0.6，相关性一般。预警临界值都具有一定可靠性。由于受坡面物源试验分形(如 42°、37°、34°)数据量偏少的影响,三种坡度和综合坡度的坡面物源预警模型相关性系数都较低,基本分布于 0.36~0.89 之间,相关性较低,预警结果可能有一定影响,仅供预警参考。沟道泥石流预警模型的实际事件分布点均位于统计曲线之上,具有一定可靠性,证明统计方法合理,预警降雨临界值符合实际结果。

12.2.1.2　野外实地检验

野外宏观调查检验是最真实可靠的验证方法。通过野外调查可以直观见证灾害的现状和演变趋势。本研究分别对研究示范区的典型滑坡泥石流进行野外实地调查和影像资料判译,获得宏观判别结论如下。

1. 干沟泥石流

如第 5 章介绍,干沟泥石流自 2009 年第一次暴发成灾后,共暴发了三次大规模泥石流(图 12-3~图 12-5),每一次泥石流的规模和危害程度有所不同。

1)第一次暴发泥石流

2009 年 7 月 17 日境内普降大暴雨,暴雨历时近两个小时,累计降雨量约 219mm,凌晨 5 点左右发生第一次泥石流,历时约 150 分钟,估算一次泥石流堆积总量约 30 000m³,因灾死亡 2 人。

2)第二次暴发泥石流

2010 年 8 月 13 日境内普降大雨,日最大雨量为 183.2mm(13 日),6 小时降雨量达到 136.6mm,1 小时最大降雨量为 90.6mm(13 日凌晨 1 时至 2 时),估算一次泥石流堆积总量约 60 000m³,因灾死亡 1 人,直接经济损失 142.7 万元。

3)第三次暴发泥石流

2013 年 7 月 8~11 日境内普降大雨,降雨总量达 1151mm,估算一次泥石流堆积总量约 40 000m³。由于泥石流已经进行工程治理,所以没有造成较大的灾害损失。

图 12-3　2009 年 7 月 17 日干沟泥石流全景

图 12-4　2010 年 8 月 13 日干沟泥石流全景

图 12-5　2013 年 7 月 9 日干沟泥石流全景

(a) 泥石流沟源

(b) 泥石流沟道　　　　　　　　　　　(c) 泥石流沟口

图 12-6　干沟泥石流沟实地照片（2016 年 9 月）

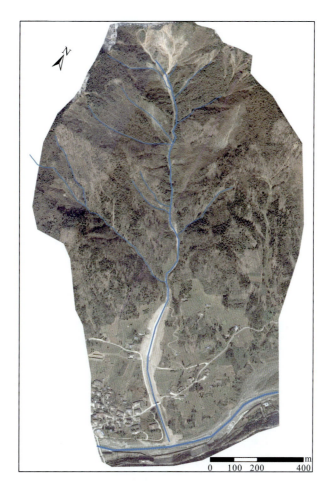

图 12-7　干沟泥石流全景（2016 年 7 月卫星照片）

　　通过 2016 年 7 月～2017 年 3 月的多次野外实地调查，干沟泥石流形成区大规模松散物源已经明显消退，植被快速恢复，物源体的细粒物源大量减少，坡面残留物源以大颗粒为主（图 12-6），现有物源的透水性较好，在缺少托浮细粒物质的情况下，泥石流物源再次大规模启动的条件明显减弱，但沟源仍有部分崩塌物源残留。如第9章介绍，沟内监测设备曾记录到崩塌滚石事件，所以发生小规模泥石流的可能性依然存在。对比工程治理前后的照片及卫片(图12-3～图12-7)可见，近年内没有泥石流发生，证明目前干沟泥石流基本处于低频间歇状态。

2. 银洞子沟泥石流

银洞子沟泥石流与干沟泥石流一样，自2009年第一次暴发成灾后，共暴发了三次大规模泥石流(图12-8～图12-10)，每一次泥石流的规模和危害程度有所不同。

1)第一次暴发泥石流

2009年7月17日凌晨，该区突降暴雨，6小时内降雨达219mm，降雨时间主要集中在凌晨3点至6点，雨强达60～70mm/h。暴雨诱使该沟发生了第一次泥石流。此次泥石流规模可达50 000m³。沟口段道路被掩埋，由于集中安置区人员撤离及时，未造成人员伤亡，但直接经济损失约60万元。

2)第二次暴发泥石流

2010年8月12日8时至13日8时，该区日最大雨量为183.2mm(13日)，6小时降雨量达到136.6mm，1小时最大降雨量为90.6mm(13日凌晨1时至2时)，平均雨强22.8mm/h。暴雨诱使该沟发生了第二次泥石流。此次泥石流规模可达80 000m³，破坏耕地4亩，破坏公路2000m，直接经济损失280.68万元。

3)第三次暴发泥石流

2013年7月8日早晨6点开始，降雨过程持续72个小时，累计降雨量达564.8mm，最大小时雨强35.3mm/h。7月9日24小时降雨量为217.2mm。暴雨诱使该沟发生了第三次泥石流，此次泥石流规模可达50 000m³。已建的拦挡工程虽然遭到破坏出现部分损毁，但排导槽仍发挥了较大作用，使集中安置区未受到任何损失，人员和财产安全，仅沟口公路受到断道影响。

图12-8　2009年7月17日银洞子沟泥石流全景

图 12-9　2010 年 8 月 13 日银洞子沟泥石流全景

图 12-10　2013 年 7 月 9 日银洞子沟泥石流全景

(a) 泥石流主要物源滑坡

(b) 泥石流沟道　　　　　　　　　　　　　　(c) 泥石流出口

图 12-11　银洞子沟泥石流实地照片(2016 年 9 月)

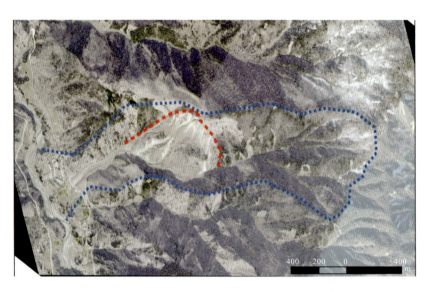

图 12-12　银洞子沟泥石流全景(2016 年 4 月卫星照片)

银洞子沟泥石流主要物源来自于流通区的滑坡体。通过 2016 年 7 月～2017 年 3 月的多次野外实地调查,滑坡整体出现新的活动变形迹象,坡面松散物有所减少,植被得到一定程度恢复,沟口无泥石流堆积物(图 12-11、图 12-12),证明近年内没有泥石流发生。但滑坡顶部、滑坡脚(沟道处)仍有松散物分布。目前虽进入低频间歇活动期,一旦降雨条件达到触发临界雨量标准,该沟再次发生泥石流的可能性大,其规模仅小于前三次泥石流规模。

3. 锅圈岩沟泥石流

锅圈岩沟泥石流自 2008 年第一次暴发成灾后,至 2014 年每年都有暴发规模不一的泥石流(图 12-13～图 12-20),每一次泥石流的规模和危害程度有所不同。其中,比较典型的几次如下。

1) 2008 年 9 月 24 日泥石流

由于地震造成后壁滑塌，沟内聚集大量松散固体物质。2008 年 9 月 24 日，连日强降雨导致该沟第一次暴发泥石流。此次泥石流规模较小，通过访问当地居民，该次泥石流造成沟口道路和一栋房屋被淤埋，沟口两侧的两栋在建房屋过流。

2) 2009 年 7 月 17 日泥石流

2009 年 7 月 17 日凌晨，该区突降暴雨，6 小时内降雨达 219mm，降雨时间主要集中在凌晨 3 点至 6 点，雨强达 60~70mm/h，此次暴雨诱使该沟发生了泥石流。通过现场调查及访问当地居民，此次泥石流在沟口附近流速大约为 4.7m/s。根据沟两侧泥痕高度，过流高度约为 3m，最大洪峰流量约为 47m³/s。泥石流过后，出山口以下堆积总量约为 0.8×10⁴m³，规模为小型。此次泥石流冲毁房屋三间，沟口段道路被掩埋，由于人员撤离及时，未造成人员伤亡，直接经济损失约 40 万元。

3) 2010 年 8 月 13 日泥石流

2010 年 8 月 13 日境内普降大雨，日最大雨量为 183.2mm(13 日)，6 小时降雨量达到 136.6mm，1 小时最大降雨量为 90.6mm(13 日凌晨 1 时至 2 时)。白沙河流域暴发大规模泥石流，锅圈岩沟口段道路被淹，沟口两侧的两栋房屋底层再次被埋。

4) 2011 年 7 月 1 日泥石流

2011 年 7 月 1 日境内普降大雨，降雨总量达 1151mm。根据现场调查、访问和红外视频监测发现，此次泥石流暴发时间大约在中午 12 点 25 分，为阵性流，先后发生三次规模不同大小的泥石流。在沟口附近流速大约为 4.0m/s，根据沟两侧泥痕高度，过流高度约 2.8m，最大洪峰流量约为 45m³/s。泥石流过后，出山口以下堆积总量达 0.65×10⁴m³。泥石流浆呈稠浆状，根据室内试验数据，容重为 1.6t/m³ 左右。此次导致沟内新建的泥石流拦沙坝被淤满，沟口两座房屋底层被淤埋。由于对泥石流已经进行工程治理，所以没有造成较大的灾害损失。

5) 2012 年 8 月 17 日泥石流

20012 年 8 月 17 日晚上 9 点，该区突降暴雨，6 小时内降雨达 239mm，降雨时间主要集中在 17 日晚上 10 点至 18 日凌晨 2 点，雨强达 60~70mm/h，最大雨强发生在 18 日凌晨 1 点。此次暴雨诱使该沟发生了泥石流，泥石流发生时间大约为 23:55。通过调查、访问当地居民，此次泥石流流速大约为 4.2m/s。根据排导槽两侧泥痕高度，过流高度约 3.3m，最大洪峰流量约为 64.0m³/s。泥石流过后，出山口以下堆积总量达 0.70×10⁴m³，泥石流浆呈稠浆状，根据室内试验数据，容重为 1.5t/m³ 左右。

6) 2013 年 7 月 9 日和 7 月 26 日泥石流

从 2013 年 7 月 7 日起，都江堰市普降大暴雨。据深溪沟流域内雨量站点的观测，7~11 日深溪沟流域的降雨量分别达到了 47.5mm、176mm、244.5mm、162.5mm、16.5mm，此次降雨一直延续至 7 月 16 日，为百年一遇降雨。7 月 9 日当日雨量为 244.5mm，虹口深溪沟流域的锅圈岩沟发生山洪泥石流灾害，将沟口民房淤埋，泥石流沟道淤满，沟口电力设施及锅圈岩大桥受损，严重威胁沟口居民生命财产安全和深溪沟地震遗址公园。根据红外视频监测资料显示，此次泥石流暴发时间在 7 月 9 日上午 9:45 左右。通过调查访问，以及灾后对泥石流排导槽泥位监测断面的泥痕测量,此次泥石流在监测断面泥痕最大高度为 3.6m,流速大约为 4.5 m/s,最大洪峰流量约为 75 m³/s,泥石流过后,出山口以下堆积总量达 $2.0 \times 10^4 m^3$。

　　7 月 24 日开始区内开始新一轮强降雨,到 7 月 26 日 14:00,锅圈岩再次暴发泥石流。根据雨量监测设备记录,泥石流暴发前两天的总降雨量为 157.4mm。通过现场调查,此次泥石流在监测断面泥痕最大高度为 2.5m,流速大约为 3m/s,最大洪峰流量约为 30m³/s,泥石流活动时间约为 15 分钟,最终冲出物质约为 $0.5 \times 10^4 m^3$。

图 12-13　2008 年 9 月 24 日锅圈岩沟泥石流沟口(2008. 10. 4)

图 12-14　2009 年 7 月 17 日锅圈岩沟泥石流全景(2010 年 2 月)

图 12-15　2009 年 7 月 17 日锅圈岩沟泥石流沟道(2010 年 2 月)

(a) 2011.6.2　　　　　　　　　　　　　　(b) 2011.7.7

图 12-16　2011 年 7 月 1 日锅圈岩沟泥石流前后沟道对比

图 12-17　2012 年 8 月 17 日锅圈岩沟泥石流后上游沟道情况

(a) 2013年7月9日　　　　　　　　　　(b) 2013年7月26日

图 12-18　2013 年 7 月两次泥石流前后上游沟道对比情况(监测设备被破坏)

(a) 泥石流沟源　　　　　　　　　　(b) 泥石流沟道

图 12-19　2017 年 5 月 12 日锅圈岩沟泥石流

　　从 2015 年起,锅圈岩沟已经连续两年没有发生泥石流。2014 年的两次泥石流规模也非常小,仅沿排导槽有少量物源冲出。通过多次野外实地调查发现,锅圈岩沟泥石流形成区大规模松散物源已经明显消退,植被快速恢复,物源体的细粒物源大量减少,坡面残留物源以大颗粒为主,现有物源的透水性较好,在缺少托浮细粒物质的情况下,泥石流物源再次大规模启动的条件明显减弱。虽然后壁仍有崩塌现象,沟源仍有一定的崩塌物源,但由于近年来多次泥石流事件后坡面的自适应调整,加之拦挡坝的修建,大量松散物质回淤抬高了侵蚀基准面,减缓了坡降,对后壁的坡面物质起到了一定的稳固作用。所以锅圈岩沟发生小规模泥石流的可能性依然存在,但发生大规模泥石流的条件将提高,锅圈岩沟泥石流暴发进入了低频间歇阶段。

　　综上所述,通过三条泥石流沟野外检验,干沟和锅圈岩沟泥石流再次暴发大规模泥石流的可能性偏小,依然存在暴发小规模泥石流的可能。由于银洞子沟物源仍然较丰富,再次暴发中等规模泥石流的可能性很大,应该成为今后重点关注的泥石流沟。

图 12-20　锅圈岩泥石流沟全景(2017 年 3 月 1 日)

12.2.1.3　监测数据系统检验

示范区监测数据采集系统三年内基本保持正常运转(包括采集仪与传输、接收平台)。根据监测仪器设备记录的有效数据率,对表 12-2 的仪器设备运行效果采用:A(好)、B(较好)、C(较差)三级划分标准进行评价,即:

$$\delta = \frac{\tau_{\max} - \tau_{\min}}{3}, \quad x_1 = \tau_{\max}, \quad x_2 = \tau_{\max} - \delta, \quad x_3 = \tau_{\min} + \delta, \quad x_4 = \tau_{\min} \quad (12\text{-}2)$$

$$\begin{cases} A级:运行效果好 & \tau_1 = x_1 \sim x_2 \\ B级:运行效果较好 & \tau_2 = x_2 \sim x_3 \\ C级:运行效果较差 & \tau_3 = x_3 \sim x_4 \end{cases} \quad (12\text{-}3)$$

式中,τ 为表 12-2 中的正常率值。采用式(12-2)、式(12-3)可以获得各类仪器设备运转效果评价结果(表 12-7):

$$\delta = \frac{100 - 62.7}{3} = 12.43$$

$$x_1 = 100，\quad x_2 = 100 - 12.43 = 87.57，\quad x_3 = 62.7 + 12.43 = 75.13，\quad x_4 = 62.7。$$

A 级：$\tau_1 = 100 \sim 87.57$；B 级：$\tau_2 = 87.57 \sim 75.13$；C 级：$\tau_3 = 75.13 \sim 62.7$。

表 12-7　监测仪器设备效益评估表

等级标准	仪器设备类型							
	雨量计	测斜仪	水分计	泥位计	地声仪	断线仪	水势仪	视频仪
A 级	4A	13A	4A	5A	1A	/	1A	2A
B 级	/	1B	/	/	/	/	/	/
C 级	/	2C	1C	/	/	/	/	1C

通过对监测仪器设备运转的定量等级评价，35 件仪器设备中三年中正常运转的 A 级共 30 件，占总数的 85.7%；B 级 1 件，占总数的 2.8%；C 级 4 件，占总数的 11.4%。可见监测仪器设备运转总体良好。

12.2.1.4　预警标准检验

预警标准应该在实际应用中进行检验，主要检验分级预警标准与实际灾害体活动的特征是否吻合。但目前示范区尚未发生过滑坡泥石流，因此该检验有待今后条件具备时完成。

12.2.2　检验分析

为了证明研究成果的可靠性，本节对各章节主要研究内容和结论采用不同方法进行检验，经过以上检验可以获得如下结果：

1）监测数据

经监测数据系统检验，大部分野外仪器设备能够完整记录、传输、接收降雨和滑坡泥石流相关信息数据，其中系统中 A 级为 30 件，占总数 85.7%；B 级为 1 件，占总数 2.8%；C 级为 4 件，占总数 11.4%。说明选择的监测数据系统基本可靠，能够为监测预警结果验证提供依据。不足之处是，部分监测仪器设备的数据丢失现象严重，包括采集、传输和接收系统也出现过短暂数据缺失，使数据的完整性受到一定影响。

2）试验数据

三种降雨型滑坡泥石流仿真模拟试验(滑坡滑动、溃坝泥石流、坡面物源启动)的假设条件成立，模型体仿真效果基本准确，试验的次数和获得的数据量基本满足统计分析需要(但也有个别试验分形数据不够)。试验采用与野外基本相同的监测仪器设备，通过模拟试验获得的数据支撑了预警模型的建立，确定了预警临界雨量指标。由此可见，试验方法可行，试验数据可靠，试验结论能够提供实际应用参考。

3）预警模型

依靠模型试验和实测统计数据分析，建立了滑坡、溃坝泥石流、坡面物源启动的雨强与持续降雨时间相关联的 *I-D* 预警模型，以及沟道泥石流的前期降雨量与小时雨强相关联的 *I-P* 预警模型。这两种预警模型都具有较强的针对性，基本符合实际情况。此外两种模型结构简单，物理意义明确，便于操作使用。根据这些模型计算的临界雨量值与已发生泥石流事件对比，能够达到预警要求。

4) 临界雨量

表 12-1 获得的临界降雨量值基本为 $Q \geqslant 100mm$，参考这个基本标准建立在预警临界值基础上的表 3-21、表 6-23、表 7-10、表 8-12、表 9-3 预警分级雨量标准，经过与 2009 年、2010 年、2013 年三次大规模滑坡泥石流事件的雨量标准相比，现制定的预警临界雨量值均低于三次触发雨量标准。按照四级划分标准分级预警，适当增加了避险相应时间和安全储备度，更具有适用性。其中，确定的典型滑坡泥石流临界雨量值更具合理性和可靠性，而区域滑坡泥石流临界雨量值严谨性不够。因为区域滑坡泥石流的降雨条件难以采用一个统一标准判断，所以表 3-21 的临界雨量也只能代表一种趋势规律性。

5) 野外验证

野外验证是最真实可靠的方法，本书采用不同时段进行现场考察和遥感及无人机航拍照片对比分析的方法评价。通过野外跟踪考察，既验证了监测数据的真实性和可靠性，又能够查看滑坡泥石流的形态和变化趋势，判别区域环境演变对滑坡泥石流的直接影响，如物源条件和植被条件等。通过野外调查，证明研究示范区的滑坡趋于稳定，泥石流发生频率普遍降低。但泥石流沟内仍有局部少量松散物源存在。此结论也基本符合"5·12"汶川地震灾区降雨型滑坡泥石流的普遍规律。

12.3　检　验　结　论

1) 物源减少，泥石流暴发频率降低

研究示范区经过 2009 年 7 月 17 日、2010 年 8 月 13 日、2013 年 7 月 9 日三次大规模泥石流暴发事件之后，银洞子沟、干沟、锅圈岩沟三条泥石流沟的主要物源体基本冲出沟口进入白沙河。经现场考察可见，三条泥石流沟内的滑坡物源、崩塌物源、坡面物源、沟道物源都已经开始残余固结，细粒物质基本流失，松散固体物源大量减少，剩余的大颗粒物源架空性明显，透水性好，启动条件大大降低。物源量的减少和变异改变了泥石流形成的必要条件，因此暴发频率明显降低。三条典型泥石流沟的发育特点基本代表了小流域区域内泥石流的特点，区域泥石流发生数量大大减少，规模减小，发育速度明显变缓，但局部仍有滑坡发生。

2) 降雨量偏少，泥石流暴发频率降低

自 2013 年研究区内普遍发生大规模泥石流后，2014～2016 年三年间，研究示范区雨季均没有发生过强降雨事件。尽管 2009～2012 年的年总降雨量小于 2014～2016 年，但 2008 年地震后的前三年泥石流沟道丰富物源在较小的降雨条件下也能够启动，发生泥石流。后三年年度降雨量与 2013 年相比明显处于较弱趋势(图 12-21)，缺少触发泥石流降雨量的充分条件。所以银洞子沟、干沟、锅圈岩沟三条泥石流沟三年中均没有大小规模的泥石流发生，客观上使本研究成果的预警模型和预设临界雨量值都没能得到真实有效的实际检验。但通过研究区的野外监测数据分析，以及野外现场调查检验，可以发现示范区的三条泥石流受降雨条件限制,具有明显的衰减趋势,因此暴发频率明显降低。

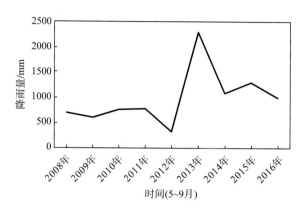

图 12-21 研究示范区 2008～2016 年 5～9 月降雨量统计图

3) 防治工程发挥效益,改变了滑坡泥石流发生条件

自 2009 年之后,示范区内陆续大批量开展滑坡泥石流工程治理,其中对银洞子沟、干沟、锅圈岩沟三条泥石流、塔子坪滑坡都进行了相应的工程治理,如修建拦沙坝、排导槽、防护堤、抗滑桩等。这些治理工程逐渐开始发挥作用。拦沙坝基本满库,既减小了纵坡降,又抬高了沟道冲刷基准面,固结了沟床物源,减少边坡侵蚀,使泥石流形成的基本内部条件得到改善,因此也起到降低泥石流暴发频率的作用。抗滑桩完全阻挡滑坡变形,滑坡基本稳定。

4) 植被迅速恢复,改善生态环境

地震前,研究示范区的生态环境良好,植被茂密,从未有滑坡泥石流发生。2008 年 5 月 12 日汶川大地震改变了原有的生态环境,滑坡、崩塌、泥石流极为发育。地震发生至今,已经历了 9 年的时间。由于研究示范区的降雨条件充沛,银洞子沟、干沟、锅圈岩沟三条泥石流沟内的植被快速恢复,除裸露基岩外,松散堆积体上基本出现新生植被覆盖。良好的植被条件将从根本上改变泥石流沟的生态环境,逐渐改善泥石流发生条件,逐渐恢复到地震前的生态环境。

5) 总体趋势变缓,泥石流进入低频期

2008 年 5 月 12 日汶川大地震至 2017 年已 9 年时间,震区经过三次大规模滑坡泥石流发育期后(2009 年、2010 年、2013 年),随着震区的生态环境逐渐恢复,根据逐年的地质灾害调查统计[3],目前汶川地震灾区的滑坡泥石流发育趋势普遍减弱。滑坡经过首次滑动后,能量释放,基本处于停止状态,复活的概率极低。崩塌还需要较长的重力侵蚀过程。由于物源量的大大减少,降雨量偏低,泥石流的高频活跃期基本结束,开始转为低频发育期。

6) 不能低估低频泥石流的危害

尽管降雨示范区的滑坡泥石流已进入低频发育期,但根据我国泥石流发育特点,低频泥石流的危害往往不亚于高频泥石流。因为低频泥石流的隐蔽性强,识别有一定难度,容易被人们忽略。一旦沟内物源能量储备到达一定阶段,在超强降雨触发下,也会偶发泥石流。我国的低频泥石流灾害屡见不鲜。研究示范区的银洞子沟、干沟、锅圈岩沟三条泥石流沟内虽然植被恢复较好,但通过实地考察和无人机照片可见,都还有一定量的物源存在。随着后期的小规模崩塌、滑坡、坡面物源活动,发展到一定程度时,发生中、小规模泥石流的可能依然存在,切勿掉以轻心。

7) 动态调整预警临界值,持续深入研究

降雨型滑坡泥石流监测预警需要经过长期野外监测,深入研究,不断总结滑坡泥石流发育规律,才可能获得符合客观实际的预警临界值。本研究仅仅掌握了三年的滑坡泥石流活动数据,预警临界值主要通过室内试验和经验统计得出,现实中又没有获得一次检验机会,所以预警模型和临界雨量标准都可能与实际情况存在一定差距。作者希望通过今后长期的监测,动态调整预警模型和降雨临界值,终能得到符合客观实际的结果。

参 考 文 献

[1] 王朝阳, 许强, 杨建英. 滑坡预报模型的质量检验研究[J]. 工程地质学报, 2010, 18(2):178-182.

[2] 李宇梅, 徐晶. 2006 年汛期全国地质灾害预报模型检验与分析[C]// 中国气象学会年会灾害天气事件的预警、预报及防灾减灾分会场. 2009.

[3] 佚名. 2006 年中国国土资源公报[J]. 国土资源通讯, 2007(12):12-17.